Umweltnatur- & Umweltsozialwissenschaften

Springer-Verlag Berlin Heidelberg GmbH

Wolf Dieter Grossmann

Entwicklungsstrategien in der Informationsgesellschaft

Mensch, Wirtschaft und Umwelt

Mit 68 Abbildungen, 5 davon in Farbe und 18 Tabellen

Springer

Autor:

Dr. Wolf Dieter Grossmann
UFZ Umweltforschungszentrum Leipzig-Halle GmbH
Permoserstraße 15
04318 Leipzig

sowie für Gemeinschaftsprojekte:

GKSS-Forschungszentrum Geesthacht GmbH
Max-Planck-Straße
21502 Geesthacht
wolf@grossman.de

ISBN 978-3-540-67800-7

Die Deutsche Bibliothek - CIP-Einheitsaufnahme
Grossmann, Wolf D.:
Entwicklungsstrategien in der Informationsgesellschaft : Mensch, Wirtschaft und Umwelt /
Wolf D. Grossmann. - Springer-Verlag Berlin Heidelberg GmbH

(Umweltnatur- & Umweltsozialwissenschaften)
ISBN 978-3-540-67800-7   ISBN 978-3-642-56871-8 (eBook)
DOI 10.1007/978-3-642-56871-8

© Springer-Verlag Berlin Heidelberg 2001
Ursprünglich erschienen bei Springer-Verlag Berlin Heidelberg New York 2001

Umschlaggestaltung: Erich Kirchner, Heidelberg
Satz: Büro Stasch, Bayreuth

SPIN: 10776310   30/3130xz - 5 4 3 2 1 0 - Gedruckt auf säurefreiem Papier

Danksagung

Die Forschung, die diesem Buch zugrunde liegt, ist vor allem im Rahmen der Gruppe Regionale Zukunftsmodelle (RZM) des Umweltforschungszentrums Leipzig/Halle unter Leitung des Autors entstanden. Ohne die großen Herausforderungen in den neuen Bundesländern wäre es nicht zu dieser Arbeit gekommen. Insbesondere gilt ein Dank dem Bundesministerium für Bildung, Wissenschaft, Forschung und Technologie (BMBF), welches das wichtigste Projekt, das „Kulturlandschaftsprojekt"[1], ermöglicht hat, ganz besonders Helmut Schulz, sowie für vorbildliche Unterstützung durch den Projektträger GSF. Weitere Grundlagen des Projektes waren das mit der Musterstadt Visselhövede und ihren Bürgern erarbeitete Stadtentwicklungskonzept: „Neuer Alternativer Landschaftsplan" sowie die Fallstudienarbeiten in der Stadt Borna im Südraum der Stadtregion Leipzig. Dr. Tichmann hat als administrativer Direktor des UFZ Dr. Stefan Fränzle für einige Zeit im Vorab finanziert, was die Erschließung eines neuen Ansatzes im Kulturlandschaftsprojekt ermöglichte. Seit 1998 erbringt das EU-Projekt MOSES („Modelling Sustainable Regional Development in the European Information Society"[2]) Ergebnisse, die in dieses Buch eingehen. Die Zusammenarbeit mit dem Bereich DG XII der EU im Rahmen des EU-Projektes MOSES ist erfreulich.

Ein besonderer Dank geht an meine Mitarbeiter Michael Meiß, Stefan Fränzle, Hans Kasperidus, Thomas Multhaup, Andreas Rösch und Mathias Lintl für die engagierte und oft nächtelange Projektarbeit. Die Zusammenarbeit war stets hervorragend, obwohl das Team multidisziplinär Sozial- und Naturwissenschaften umfaßte.[3] Als ex-

---

[1] BMBF-Förderkennzeichen: 07OWI04. „Soziologisch-, ökonomisch- und ökologisch lebensfähige Entwicklung in der Informationsgesellschaft". Laufzeit: März 1996 bis April 1998. Projektleitung: Wolf Dieter Grossmann. Projektmitarbeiter: Stefan Fränzle: (31.03. 1996–30.04. 1998), Karl-Michael Meiß: (31.03. 1996–30.06. 1997), Thomas Multhaup: (01.09. 1996–30.9. 1997), Andreas Rösch: (01.10. 1996–31.03. 1998). Kooperationspartner: Prof. Donald F. Costello (Costello Associates, Lincoln, Nebraska, USA), Prof. Michael Sorkin (Sorkin Studios New York), Gerriet Hellwig (Essen), Frank Simon (IN).

[2] EU Programm „Environment and Climate", Area 4: Human Dimensions of Environmental Change. Durchgeführt von RZM zusammen mit Chris Collinge (Universität Birmingham, Großbritannien), Shmuel Burmil, Zev Naveh, Didi Kaplan, Yakov Mammane (Technion Haifa, Israel), Manfred Fischer, Jutta Pfisterer-Pollhammer (Wirtschaftsuniversität Wien), Luis Perez y Perez, Jesus Barreiro Hurle (University of Zaragoza, Spanien), Olivier Crevoisier, Leila Kebir (Université de Neuchâtel-IRER, Schweiz). Contract No. ENV4-CT97-0461-2600-PL97-0543, Laufzeit: 01.02. 1998–31.01. 2000. Projektleitung: Wolf Dieter Grossmann.

[3] Dazu O. Fränzle (1996): Es interessiert […] interdisziplinäre Umweltforschung in diesem Zusammenhang vorrangig nur dann, wenn sie Natur- und Sozialwissenschaften übergreift, denn diese Art Zusammenarbeit ist in der deutschen Umweltforschung bei weitem seltener und ungleich schwieriger zu praktizieren, als interdisziplinäre Forschung entweder innerhalb der Natur- oder innerhalb der Sozialwissenschaften.

terne Projektbeteiligte haben Donald Costello, Michael Sorkin, Gerriet Hellwig und Frank Simon mit großem Enthusiasmus an diesem Projekt mitgewirkt. Seit Mitte 1997 hat Rüdiger Warnke viele Wochenenden mit dem Autor verbracht, um die Resultate für Anwendungen in Wirtschaft und Umweltgestaltung aufzubereiten. All dies ist in das Buch aufgenommen worden.

In die Forschung gingen Ergebnisse von früheren Partnern und Kollegen des Autors ein. Soweit diese veröffentlicht wurden, sind sie zitiert; vieles aber wurde nur besprochen und nie veröffentlicht. Die solcherart beteiligten Personen sind Eberhard F. Brünig, Abraham Beer, Edgar Cabella, Donald Costello, Hans-Peter Dürr, Manfred Fischer, Jürgen Friedrichs, Wolfgang Haber, Crawford Holling, Hanns Langer, Zev Naveh, Christian Smoliner, Hartwig Spitzer, Billy Turner III, Frederic Vester und Clemens Graf Waldstein. Auch ein 1992 mit Gabriela Graf-Kocsis entstandener Ansatz zum „Zukunftswachstum" bildet eine Grundlage der Forschung.

Der Autor dankt Andreas Rösch und Stefan Fränzle für die Durchsicht einer frühen Version des Textes, Iris Grossmann für das mehrmalige Lesen des Manuskriptes in verschiedenen Stadien und Michael Meiß für seine außerordentliche Energie bei der Projektbeantragung des Kulturlandschaftsprojektes.

Wolf Dieter Grossmann

UFZ – Umweltforschungszentrum Leipzig/Halle

Inhalt

KAPITEL 1

Zukunftsfähige Lebensweisen und Informationsgesellschaft

1.1
Die gegenwärtige Chance für eine günstige Entwicklung

Zwei weltweite Entwicklungen prägen zunehmend das menschliche Leben: das Bemühen um die Schaffung umweltfreundlicher und zukunftsfähiger Lebensweisen[1] und die rasche Entwicklung einer Informationsgesellschaft.

Durch die rasch wachsenden Fähigkeiten, mit umfangreicher Information umgehen zu können und durch weltweite enge Vernetzung erlangt die „Basisentität" Information einen ganz neuen Wert; Information beginnt die beiden anderen und bisher dominanten Basisentitäten Materie und Energie mehr und mehr zu ergänzen, zu bereichern und zu ersetzen. In vergleichbarer Weise wie nach 1800 eine bis dahin „energiearme" Kultur zu einer „energiereichen" Lebensführung überging, die zunehmend fossile Energie nutzte und damit die Entstehung der Industriegesellschaft bewirkte, findet nun ein Wechsel von einer informationsarmen zu einer informationsreichen Epoche statt – die hier Informationsgesellschaft[2] genannt wird – und es entsteht eine informationsbasierte Wirtschaft, die Wirtschaft, die zur Informationsgesellschaft gehört. Dies wird von vielen Beobachtern als epochaler Übergang aufgefaßt.

In den letzten 20 Jahren hat zugleich ein grundlegend neues Verständnis lebendiger Systeme begonnen, also von Ökosystemen, sozialen Gruppen, Individuen und Unternehmen. Daraus ist Wissen zum Umgang mit diesen Systemen erwachsen, das sich in der Praxis außerordentlich günstig ausgewirkt hat, im Ökosystemmanagement, in der Entwicklung von Gruppen, im Unternehmensmanagement und in der Psychotherapie und persönlichen Entwicklung. Dieses neue Grundverständnis lebendiger Systeme ist für Nachhaltigkeit und günstige soziale Entwicklung unentbehrlich; es jedoch im sozialen und wirtschaftlichen Bereich durchzusetzen, erfordert weitgehende Umgestaltungen der menschlichen Lebensführung, der Umwelt und der Wirtschaft.

Hier werden Wege gezeigt, die derzeitige Umgestaltung zur Informationsgesellschaft so zu nutzen und zu fördern, daß sie zusammen mit dem neuen Grundverständnis über lebendige Systeme den Übergang zu sozial- und umweltfreundlichen

---

[1] Aus dem Bewußtsein um die Verletzlichkeit und Endlichkeit der Erde und der Beschränktheit ihrer Vorräte ist in den letzten 20 Jahren das Vorhaben entstanden, dieser und den nachfolgenden Generationen ein angemessenes Leben sichern zu wollen. Dieses Vorhaben wird mit vielen Begriffen benannt wie „dauerhaft umweltgerechte Entwicklung" durch den deutschen Sachverständigenrat für Umweltfragen oder „Zukunftsfähigkeit" durch das Wuppertal-Institut für Umweltfragen. In der Forstwirtschaft hat sich seit fast zweihundert Jahren das Konzept der „Nachhaltigkeit" bewährt, nur so viel an Bäumen zu schlagen, wie im Mittel wieder nachwächst. Im folgenden werden alle diese Begriffe im Sinne der oben genannten Zielsetzung verwendet.

[2] Anderswo werden die Begriffe „Wissensgesellschaft" oder „postindustrielle Gesellschaft" für das gleiche Phänomen verwendet.

Lebensweisen eröffnen kann. Dies erfolgt über die Förderung des Wandels und des prinzipiellen Neuentstehens von Lebensstilen, von informationsbasierten Unternehmen und von neuen Arbeitsplätzen, also mittels breiter grundlegender Innovation und Kreativität. Es hat sich vielfach bestätigt, daß grundlegende Innovationen nur mit sozialen und ökologischen Netzwerken durchzusetzen sind, mit überwiegend freundlichen, vielfältigen, sich wandelnden Netzwerken. Daher werden hier Netzwerke gründlich analysiert und die Ergebnisse für die Praxis aufbereitet.

Dieser Weg zum Erreichen sozialer und ökologischer Ziele über Innovation, Netzwerke, lebendige Systeme und die Informationsgesellschaft, und erst später über die Umwelt, gibt zunächst der neuen, informationsbasierten Wirtschaft und den hier entstehenden Arbeitsplätzen einen Vorrang. Dieser Weg wurde eingeschlagen, weil sich mit der informationsbasierten Wirtschaft und mit neuen Arbeitsplätzen bei der derzeitigen Prioritätensetzung der Menschen Mehr und Besseres, auch für die Umwelt, erreichen läßt als bei einer vorrangig ökologischen Zielsetzung. Dieser Weg erfordert zunächst ein prinzipielles Verstehen der sogenannten informationsbasierten Wirtschaft, das auch einschließt, wie man das Entstehen dieser neuen Wirtschaft fördern kann und sich dadurch soziale und ökologische Verbündete schafft. Mit diesen Verbündeten aus Wirtschaft und Gesellschaft ist dann ökologisch weit mehr zu erreichen, als bei direkten ökologischen Aktionen, die zwar grundlegende Sorgen der Menschen aufgreifen, aber noch grundlegendere – Arbeitsplatz, Einkommen, Existenz hier und jetzt – vernachlässigen.

Das gesamte Vorgehen wurde in der Praxis erprobt, in regionalen Fallstudien, im Consulting und in der Beratung von Beschäftigungsgesellschaften für Randgruppen sozial Benachteiligter. Die Erfolge sind ungemein ermutigend.

Informationsbasierte Wirtschaft ist schon allgegenwärtig, aber noch immer weitgehend unbekannt und unverstanden. Sie bedeutet nicht nur die Produktion von Informationsprodukten wie etwa Mediaprodukten, Computern oder Handynetzen[3], sondern *jegliche* Tätigkeit in *jedem* Sektor, die in hohem Maße Information und netzbasierte[4] Kommunikation für Management, Entwicklung, Fertigung, Verteilung, Vermarktung und weitere Dienstleistungen sowie als Bestandteil der Produkte nutzt. Die informationsbasierte Wirtschaft wächst sehr rasch und hat bereits beträchtliche Umsätze erreicht. Hier entstehen je nach Land sehr unterschiedlich viele Arbeitsplätze neu[5]. Deutsche und internationale Auswertungen wirtschaftlicher Entwicklung belegen, daß neue Arbeitsplätze fast nur in informationsbasierten Unternehmen entstehen.

Gemessen an den neuen Möglichkeiten ist die gegenwärtig noch vorherrschende Wirtschaft informationsarm, verschwenderisch und verschmutzend. Diese Wirtschaft ist ressourcen- und energieorientiert, was zusammen mit ihrem anhaltenden Wachstum und einer global zunehmenden Bevölkerung immer erheblichere Konflikte mit

---

[3] Die Sendestationen haben eine Reichweite von nur wenigen Kilometern. Um eine Flächendeckung in Deutschland zu erreichen, sind Tausende von Sendestationen erforderlich, zwischen denen die Gespräche vermittelt werden. Jedes Handynetz bedeutet ein komplexes Netzwerk mit zahlreichen Computern und umfangreicher Software.

[4] Kommunikation über das Internet und andere Computernetze.

[5] In den USA in den Jahren 1983–1994 22 Millionen zusätzliche Arbeitsplätze. Dadurch ist die Arbeitslosigkeit weitgehend verschwunden, siehe Abschnitt 5.8. Die Qualität dieser Arbeitsplätze wird in Anhang B aufgeschlüsselt.

der Umwelt bedingt. Andererseits hat diese Wirtschaft ihren Höhepunkt überschritten und verdankt ihr gegenwärtiges Wohlbefinden nur noch den, wie Dyson und Kollegen (Dyson et al. 1994) es nennen, „technologischen Durchbrüchen der Dritten Welle"[6], also informationsbasierten Produkten und Diensten.

Der Zusammenhang zwischen informationsbasierter Wirtschaft und Nachhaltigkeit ist eng. Für die Entwicklung nachhaltiger Lebensweisen sind sehr umweltverträgliche Technologien, Produkte und Verfahren notwendig. Sie müssen dafür äußerst energie- und ressourceneffizient ausgelegt sein. Effiziente Technologien und Produkte sind fast ausnahmslos „intelligent", nutzen also große Mengen von Information und sind damit Produkte der Informationsgesellschaft. Damit ist ohne die Informationsgesellschaft keine Nachhaltigkeit zu erreichen. Umgekehrt ist gedeihliche regionale und wirtschaftliche Entwicklung, hin zur Informationsgesellschaft, auf Nachhaltigkeit angewiesen. Es gibt folglich im Ressourcenbereich keinen zwangsläufigen Konflikt zwischen informationsbasierter Wirtschaft und Umwelt. Auch die Landnutzungskonflikte zwischen Wirtschaft und Umwelt könnten weitgehend überwunden werden, denn bei den Standortanforderungen neuer, informationsbasierter Wirtschaft besitzen ökologisch intakte und vor allem attraktive Landschaften eine zentrale Bedeutung. Damit läßt sich ein Knoten entwirren: der wirtschaftliche Druck nach Arbeitsplätzen kann die Entwicklung der Informationsgesellschaft vorantreiben und damit gleichzeitig die Mittel zur Verfügung stellen, um in weit höherem Maß energie- und ressourceneffizient zu produzieren und Landschaften ökologisch zu revitalisieren, und damit die neuen Landschaftsansprüche befriedigen. Umweltanliegen müssen nicht mehr gegen wirtschaftliche Entwicklung durchgesetzt werden, sondern können die Entstehung der informationsbasierten Wirtschaft sogar unterstützen. Dies hat RZM (Gruppe Regionale Zukunftsmodelle des UFZ) in Fallstudien erprobt; es waren die Vertreter der Wirtschaft, die „eine hochwertige ökologische Wiederherstellung des Stadtumlandes fordern, um in der Informationsgesellschaft wettbewerbsfähig zu werden".

Ökologisches Überleben und ein glückliches Leben für die Menschen in der Informationsgesellschaft sind auf Synergien und Kooperationen zwischen mehreren Bereichen angewiesen: Individuen und Gruppen, Wirtschaft einschließlich Land- und Forstwirtschaft, Umwelt – eine nicht nur ökologisch funktionierende sondern den Menschen ansprechende, attraktive und gesunde Umwelt – und Kultur. Wenn es gelingt, echte Synergien zu formulieren, sind demgegenüber einseitig auf einen Bereich zugeschnittene Förderungen – etwa nur für die Wirtschaft – selbst für die Wirtschaft oder andere jeweils begünstigte Bereiche nicht so gut wie die Ergebnisse integrierter Ansätze.

Hier wird eine Basis für eine tragfähige Entwicklung von Menschen, Umwelt und Wirtschaft mit großer allgemeiner Gültigkeit dargestellt. Grundlage sind theoretische Begründungen, Fallstudien und praktische Beispiele sowie Erfahrungen im Bereich der Umwelt, der Wirtschaft und zum Teil auch der persönlichen, sozialen, menschlichen Entwicklung. Es werden Handlungsmöglichkeiten entwickelt, um neue Arbeitsplätze, eine zukunftsfähige Wirtschaft und eine ökologisch lebendige Umwelt gleichzeitig aufzubauen.

---

[6] Ein Beispiel: Da Wertschöpfung und Nutzen eines Kfz immer mehr von Mikroprozessoren und Software abhängen, haben BMW und Mercedes neue Entwicklungszentren in den USA in Nachbarschaft zu Zentren der Informationsindustrie aufgebaut.

Die Chance, eine derart günstige Entwicklung zu fördern, besteht nur derzeit; sie besteht vielleicht nur einmalig. Aktivitäten zur Förderung dieser günstigen Entwicklung stehen unter dem Imperativ der Eile und der knappen Zeit. Denn in zehn bis fünfzehn Jahren wird sich die Informationsgesellschaft – ob man sie sieht oder leugnet – so weit in die Machtzentren ausgedehnt haben, und sie wird so stark geworden sein, daß sie nur mehr sehr schwer beeinflußbar ist. Die Emissionen der in China und Indien entstehenden gigantischen, kohlebasierten Industrien bedeuten ein immenses Risiko für das globale ökologische Funktionieren und für das globale Klimasystem. Die entwickelten Länder müssen jetzt die neuen Möglichkeiten für Mensch und Umwelt bei sich verankern und aus eigener Kenntnis den sich entwickelnden Ländern diese Möglichkeiten und Methoden einer informationsbasierten, effizienten und umweltfreundlichen Wirtschaft vermitteln.

In diesem Buch wird der Ansatz verfolgt, diese einmalige Chance des Übergangs zu etwas Neuem zu verstehen, zu ergreifen und aus dem Blickwinkel verschiedener Wissenschaften mitzugestalten, statt abzuwarten, passiv zuzuschauen und nur zu forschen, um klarer zu sehen. Die Informationsgesellschaft sollte energisch dafür entwickelt werden, ansprechende Arbeit für jeden zu schaffen, zu einer umfangreichen ökologischen Revitalisierung beizutragen und entscheidende Ansätze zu einer nachhaltigen Lebensweise zu ermöglichen.

Theorie und Praxis umfassen alle Bereiche, also das Wohlergehen des Menschen, die Förderung einer informationsbasierten Wirtschaft, das Entstehen neuer Arbeitsplätze und eine umfangreiche ökologische und kulturelle Aufwertung der landschaftlichen und städtischen Umgebung. Diese Ergebnisse stellen eine „freundliche" Welt und Umwelt in Aussicht. Die hier verwendeten Forschungsergebnisse sind von der Praxis motiviert und theoretisch robust unterlegt. Ihre Relevanz hat sich durch Nachfrage nach entsprechenden Consultingleistungen aus der Wirtschaft bestätigt, aus großen Unternehmen mit eigenem Planungsstab genauso wie von kleinen Unternehmen. Nach einer ersten Umsetzung in einer kleinen Musterstadt (Visselhövede in Niedersachsen, etwa 60 km nördlich von Hannover) soll nach einstimmigen Voten von Stadtrat und Verwaltungsausschuß ein wesentlich ausgeweitetes Projekt folgen. Zur Übertragung auf den europäischen Maßstab wird derzeit in sechs Ländern unter Leitung von RZM ein EU-Projekt zu dieser Thematik durchgeführt.

1.2
Die Informationsgesellschaft und ihre Wirtschaft – „Entthronung der Materie"

Der Übergang zur Informationsgesellschaft bedeutet den globalen Aufbau von etwas gänzlich Neuem. Viele europäische Länder sind bei diesem Neuaufbau zurückgeblieben[7]. Der deutschen Öffentlichkeit erscheint die Informationsgesellschaft oft als abstrakter und abgehobener Begriff und als ferne und eher abschreckende Zukunft. Dies gilt selbst für Teile der Wirtschaft[8], wobei sich hier die Einstellung rasch verändert.

---

[7]   Trotz zahlreicher Entschließungen und politischer Treffen, etwa spezielle G7-Gipfel und Berichte der EU wie „People First" oder „Learning in the Information Society" (Internet www.ispo.cec.be und http://europa.eu.int).

[8]   Die Schlagzeile der deutschen „Computerzeitung" vom 22.01.1998 lautet: „Internet fehlt viel zum Einkaufs-Netz – E-Commerce-Enquête: Manager bemängeln fehlende Sicherheit."

Wie nah oder fern ist die Informationsgesellschaft? Dazu hat Dostal (1995, S. 528 f.) die Entwicklung der Arbeitszeit in Deutschland in den Bereichen Produktion, Dienstleistung, Land- und Forstwirtschaft und im Informationsbereich gegenübergestellt. Aus seiner Statistik geht hervor, daß schon jetzt mehr Arbeitszeit im Informationsbereich eingesetzt wird als jemals für die Produktion aufgewendet wurde, selbst in der Aufbauzeit nach dem 2. Weltkrieg und in der Hochkonjunktur der 1960er Jahre. Von den zwölf global größten Firmenfusionen der letzten 14 Monate erfolgten zehn zwischen Unternehmen der informationsbasierten Wirtschaft; die größte mit 140 Milliarden US-Dollar war dabei die zwischen MCI WorldCom und Sprint; zwei Unternehmen im Kommunikationsbereich, die vor allem Fachleuten, aber kaum der Öffentlichkeit bekannt sind. Die in der Öffentlichkeit aufsehenerregende Fusion zwischen Daimler und Chrysler war mit einem Volumen von „nur" 38 Milliarden US-Dollar so klein, daß sie in dieser Statistik erst auf Platz 14 vorkäme. Darin drückt sich ein schon immenser Wert von neuen, informationsbasierten Unternehmen aus, der bekannte Großunternehmen der etablierten Wirtschaft auf hintere Plätze verdrängt.

Aus der Arbeitsstatistik und dem Wert von Unternehmen geht hervor, daß die Informationsgesellschaft kein fernes Phänomen ist, sondern rasch wachsende, jedoch noch deutlich verkannte Gegenwart. Verkannt wird sie auch deshalb, weil derzeit mit ihren neuen Mitteln vor allem bekannte Produkte und Dienste besser hergestellt werden und wirklich Neues in auffallendem Umfang erst seit wenigen Jahren entsteht. Allmählich erreicht dieses wirklich Neue einen Umfang, der neben dem Etablierten auffällt. Es wird jetzt nur noch wenige Jahre dauern, bis das wirklich Neue den Hauptteil wirtschaftlicher Aktivitäten ausmacht, weil sich die Entwicklung erheblich beschleunigt. Beispielsweise wird Handel über die Netze („Electronic Commerce"), der vor zwei Jahren noch weitgehend unbekannt war, bis 2002 weltweit eine Billion (1 000 Milliarden) US-Dollar Umsatz überschreiten (nach Forrester Research, Internet). Rasche und tiefe Veränderungen von Wirtschaft und Lebensführung werden derzeit deutlicher fühlbar; sie werden weiterhin schnell zunehmen und für Jahrzehnte das Leben bestimmen.

Dyson und Kollegen formulieren in ihrer „Magna Charta for the Information Age" folgende Sicht der gegenwärtigen Veränderungen (Dyson et al. 1994)[9]: „Das zentrale Ereignis des 20. Jahrhunderts ist die Entthronung der Materie. In Technologie, Wirtschaft und der nationalen Politik hat Wohlstand – in der Form physischer Ressourcen – an Wert und Bedeutung verloren. Die Kräfte des Geistes überholen überall die brutale Kraft von Dingen. In einer „Ersten-Welle-Wirtschaft" sind Land und Landarbeit die Hauptproduktionsfaktoren. In einer Wirtschaft der „Zweiten Welle" bleibt das Land wertvoll, aber die Arbeit wird um Maschinen und große Industrien konzentriert. In einer Wirtschaft der „Dritten Welle" besteht die zentrale Ressource aus „aus-

---

[9] „The central event of the 20th century is the overthrow of matter. In technology, economics, and the politics of nations, wealth – in the form of physical resources – has been losing value and significance. The powers of mind are everywhere ascendant over the brute force of things. In a First Wave economy, land and farm labor are the main „factors of production." In a Second Wave economy, the land remains valuable while the „labor" becomes massified around machines and larger industries. In a Third Wave economy, the central resource – a single word broadly encompassing data, information, images, symbols, culture, ideology, and values – is actionable knowledge. The industrial age is not fully over. In fact, classic Second Wave sectors (oil, steel, auto-production) have learned how to benefit from Third Wave technological breakthroughs – just as the First Wave's agricultural productivity benefited exponentially from the Second Wave's farm-mechanization."

führbarem Wissen", einem einzigen Wort, das in einem breiten Sinn Daten, Information, Bilder, Symbole, Kultur, Ideologie und Werte umfaßt. Das Industriezeitalter ist noch nicht völlig vorüber. Vielmehr haben Sektoren der „Zweiten Welle" (Öl, Stahl, Autoproduktion) gelernt, von den technologischen Durchbrüchen der Dritten Welle zu profitieren – genauso, wie die Produktivität der „Ersten Welle" der Landwirtschaft exponentiell von der landwirtschaftlichen Mechanisierung durch die „Zweite Welle" profitiert hat[10]."

Nur bei der Basisentität Information besteht derzeit noch ein Engpaß, bedingt durch die beschränkten menschlichen Verarbeitungskapazitäten. Dagegen gibt es derzeit keinen Engpaß an Verfügbarkeit oder Verarbeitungskapazität bei den Basisentitäten Material und Energie. Dieser Engpaß wird gegenwärtig durch das rasche Wachstum neuer Möglichkeiten im Informationsbereich überwunden. Da diese drei Basisentitäten einander in ihrer Nutzung ergänzen und wechselseitig verstärken, wird die Überwindung des letzten verbleibenden Engpasses tiefgreifende Umbrüche auslösen.

Wenn Information und Vernetzung einen Mittelpunkt bei Arbeit und Lebensführung einnehmen, setzt dies neue Kenntnisse voraus. Im 19. Jahrhundert wurden die Volksschulen und das duale System der Berufsausbildung eingeführt, um für die neuen Berufe der Industriegesellschaft zu qualifizieren. Ganz entsprechend sind jetzt Kenntnisse in den neuen Medien und Möglichkeiten der Vernetzung notwendig. Wie damals erfordert dies eine, wie es in den USA genannt wird, „neue Alphabetisierung" von jedem, nicht nur von einer hochqualifizierten kleinen Schicht und auch jetzt werden sehr unterschiedliche Qualifikationsniveaus benötigt. Es ist schon empirisch belegt, daß Qualifikationsanforderungen in einer Informationsgesellschaft weit breiter und verschiedener sein müssen als in einer Industriegesellschaft, daß aber Grundqualifikationen für jeden notwendig sind. Die „neue Alphabetisierung für jeden" ist entscheidend für eine günstige Zukunftsentwicklung. Zum Lesen, Schreiben und Rechnen ist jetzt die Beherrschung grundlegender „CyberSkills" hinzugekommen, wie die neue Alphabetisierung in Großbritannien genannt wird; Fähigkeiten, die weiter hinten beschrieben werden. Diese Qualifikation für jeden ist deshalb mit besonderem Nachdruck zu leisten, weil sonst die Gemeinschaft in zwei Gruppen von Menschen zerfällt, eine Gruppe, die in der neuen Umgebung wohlhabend wird und eine Gruppe von Zurückbleibenden. Wird diese Qualifizierung dagegen durchgeführt, besteht die Chance, die Randgruppen der vielen Benachteiligten und Behinderten zahlenmäßig deutlich zu vermindern[11]. Geschäftsführer im Bereich der Beschäftigungsgesellschaften sehen in den hier vorgestellten Ansätzen eine bedeutende Chance, ihren Vermittlungserfolg von Randgruppenangehörigen in Arbeitsverhältnisse auszuweiten (persönliche Mitteilung u. a. der in Fußnote 11 genannten Personen).

Als „Informationspotential" wird hier die Summe der neuen Möglichkeiten, die Menge an verfügbarer Information und der Umfang der Vernetzung bezeichnet (siehe

---

[10] Diese „drei Wellen" sind schon in Toffler (1980) formuliert.
[11] Dies wird von zahlreichen Geschäftsführern von Beschäftigungsgesellschaften bestätigt. So berichtet Gordon Uhlmann, Hamburg, daß er jugendliche Langzeitarbeitslose nach entsprechender Qualifikation mit großem Erfolg im Multimedia-Bereich unterbringen konnte, Michael Wendt, Hamburg, berichtet gleiches für den Bereich der Computervernetzungen. Es wird auch durch Auswertungen des Autors in der „Gemeinschaftsinitiative Beschäftigung" bestätigt, dem hunderte Vertreter von entsprechenden Bildungsträgern und Initiativen angehören.

Abschnitt 5.3 für eine genaue Definition). Das Informationspotential entwickelt sich in unterschiedlichen Phasen. Ein Verständnis dieser Phasen erleichtert es, das Informationspotential nutzen zu lernen.

Das Informationspotential ist eine Basisinnovation; eine jener grundlegenden Innovationen, die das menschliche Leben deutlich verändern und die Art des Wirtschaftens erheblich und alltäglich beeinflussen wird, wie kontinentale Eisenbahnen ab 1870, oder die seit 1930 vorherrschenden Basisinnovationen wie Kfz, Telefon, Unterhaltungselektronik, Kühltechnik und auch das Versicherungs- und Bankwesen in den meisten seiner jetzigen Angebote. Die hierauf aufbauende etablierte Wirtschaft befindet sich derzeit überwiegend in den letzten Phasen ihrer Entwicklung, den Reifephasen.

Grundlegend für die Nutzung des Innovationspotentials ist auch ein Verständnis der persönlichen Eigenheiten und Kenntnisse, die in jeder der Entwicklungphasen von Basisinnovationen benötigt werden. Für jede Phase gibt es andere entscheidende Personen, ohne die die Entwicklung unmöglich wäre, und die in diesem Sinn Schlüsselpersonen darstellen. Diese Schlüsselpersonen verschiedener Phasen unterscheiden sich erheblich voneinander in ihren Kenntnissen, Neigungen, Umwelt- und Lebensansprüchen.

Jegliche wirtschaftliche Aktivität reift und altert. Derzeit altert die bestehende Wirtschaft durch das schnell wachsende Informationspotential besonders rasch, weil letzteres überlegene Produkte ermöglicht hat, die auf einem drastisch ausgeweiteten Informations- oder Vernetzungsanteil basieren. Andererseits kann die etablierte Wirtschaft durch Nutzung der neuen Möglichkeiten oft eine Art von „zweitem Leben" erreichen und zum Teil vollkommen transformiert werden. Es entsteht also, parallel zum Entstehungs- und Alterungsprozeß der etablierten Wirtschaft, eine informationsbasierte Wirtschaft. Diese altert ihrerseits ebenfalls. Die zwei parallelen Prozesse von Reifung der etablierten, informationsarmen Wirtschaft und das Entstehen informationsbasierter Wirtschaft sind in Abb. 1.1 dargestellt.

Beispiele alternder informationsreicher Wirtschaft bieten die Unternehmen der etablierten Telekom, der Unterhaltungselektronik und der Großcomputer.

Die Produkte der informationsbasierten Wirtschaft erlauben umfangreiche Rationalisierungen in der alten Wirtschaft, die einen beschleunigten Arbeitsplatzverlust

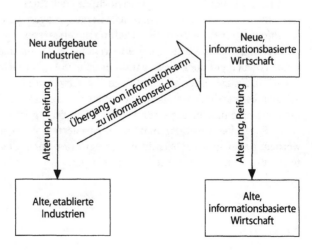

Abb. 1.1. Verschränkung von Entstehung und Alterung der etablierten Industrie und gleichzeitigem Übergang zu einer informationsbasierten Wirtschaft (*Quelle:* Grossmann et al. 1997b)

bedeuten. Deshalb wird sehr häufig versucht, diese neue Entwicklung zu unterdrükken und das Alte durch Stützungen zu bewahren. Stillstand ist jedoch in einer sich rasch ändernden Welt nur für kurze Zeit möglich und dabei staut sich der Veränderungsdruck noch auf. Zudem wird den etablierten Unternehmen erst durch diese Rationalisierungen das erwähnte „zweite Leben" ermöglicht.

Um den Arbeitsplatzverlust auszugleichen, wird politisch zumeist, da Bewußtsein für die neue Wirtschaft fehlt, der Neuaufbau von *etablierter* Industrie gefördert. Diese stellt jedoch selbst in ihrer jeweils modernsten Form bestenfalls kommende Altindustrie, wenngleich auf höchstem technologischen Niveau, dar. Auf diese Art werden folglich nur Arbeitsplätze mit kurzer Lebensdauer und hohem Subventionsbedarf geschaffen. Frühe Stillegungen und verlorene Hoffnungen sind damit vorprogrammiert. Dies ist weltweit in subventionierten, neu geschaffenen (Alt-)Industrielandschaften zu beobachten.

 Eine wirtschaftliche Zukunft kann in der gegenwärtigen Situation nur noch durch die Nutzung der neuen Basisinnovationen erreicht werden.

Dies ist nicht anders als in der Vergangenheit, denn auch bisher konnte jede der großen wirtschaftlichen Depressionen – wie die gegenwärtige mit ihrer hohen und hartnäckigen Arbeitslosigkeit – nur durch neue Basisinnovationen überwunden werden. Gegenwärtig kann nur dann etwas eine Basisinnovation sein, wenn es informations- oder vernetzungsreich ist, ob dies neue Verfahren der Chemie oder Landwirtschaft sind oder neue Produkte oder Dienstleistungen. Eine Förderung der neuen informationsreichen Wirtschaft bedingt zwar politische Umorientierungen, ist jedoch dafür wirtschaftlich das einzige, was Zukunft haben kann und dabei zugleich die Energie- und Ressourceneffizienz deutlich erhöhen kann.

Der Übergang zu einer Informationsgesellschaft verläuft sehr viel dynamischer als die Entwicklung nachhaltiger Lebensweisen. In den USA besteht neben dem Arbeitsplatzabbau in etablierten Branchen ein Boom durch die informationsbasierte Wirtschaft, der zwar vor allem hochwertige Arbeitsplätze geschaffen hat (16 Millionen der in den Jahren 1984–1995 entstandenen zusätzlichen 22 Millionen), aber die Arbeitslosigkeit ist auch für Minderqualifizierte weitgehend verschwunden. Die Gewinnchancen in der „neuen Wirtschaft" sind hoch; deshalb fließen enorme Kapitalströme hierhin, die aus der etablierten Wirtschaft herausgezogen werden und die das Wachstum der informationsbasierten Wirtschaft noch verstärken.

Gegenwärtig wirkt die Umweltbewegung in Deutschland und anderen Ländern müde (Dye (1998) über die Situation in den USA: „Die Grünen verschwinden von der Szene"[12]). Zwar werden weltweit neue Umweltverordnungen erlassen, aber gemessen an dem Notwendigen ist das Fortkommen zu langsam. Die Bewegung müßte sich vielmehr beschleunigen. Ein Grund für die Ermüdung ist die Sorge um Arbeitsplätze. Diese Sorge kann mit der informationsbasierten Wirtschaft systematisch aufgelöst werden; dabei sind zugleich in eng integrierter Form die Umweltforderungen einer nachhaltigen Lebensweise zu berücksichtigen.

---

[12] „Greens Fade from the Scene".

1.3
Umweltanforderungen für eine nachhaltige Lebensweise

Das Bewußtsein um die Gefährdung der Natur durch menschliche Handlungen besteht seit langen Zeiten. Dies belegt eine Passage aus Huxleys Buch „Perennial Philosophy" (Huxley 1985, S. 105–106, zuerst publiziert 1945), wo Huxley zunächst den Taoisten Chuang Tzu zitiert[13]: „Der Herrscher des südlichen Ozeans war Shu, der Herrscher des nördlichen Ozeans war Hu und der Herrscher des Zentrums war Chaos. Shu und Hu trafen sich beständig im Land von Chaos, der sie sehr gut behandelte. Sie beratschlagten sich, wie sie ihm seine Freundlichkeit vergelten könnten und sagten: ‚Die Menschen haben sieben Öffnungen für die Zwecke des Sehens, Hörens, Essens und Atmens, wohingegen einzig dieser Herrscher nicht eine einzige Öffnung hat. Laßt uns deshalb versuchen, ihm welche zu schaffen'. Entsprechend schufen sie ihm jeden Tag eine Öffnung. Am Ende der sieben Tage starb Chaos". Hierzu gibt Huxley folgende Erläuterung[14]: „In dieser delikat komischen Parabel stellt Chaos die Natur im Zustand des *wu-wei*, des Gleichgewichts, dar. Shu und Hu sind die lebenden Abbilder der geschäftigen Personen, die glaubten, die Natur verbessern zu können, indem sie trockene Prärien in Weizenfelder verwandelten und damit Wüsten hervorbrachten; [...] die ausgedehnte Wälder abholzten, um die Zeitungen bereitzustellen, die von einer universellen Belesenheit verlangt wurden, um die Welt für Intelligenz und Demokratie zu erschließen, und die dafür weiträumige Erosion, Schundblätter und die Presseorgane der Faschisten, Kommunisten, Kapitalisten und nationalistischer Propaganda bekamen. Kurz gesagt sind Shu und Hu die Anhänger der apokalyptischen Religion des ‚Unvermeidlichen Fortschritts'."

Spiegelt sich diese Haltung noch in den Zukunftsvisionen? Dazu als Zitat aus der umfangreichen Forschung einer US-Denkfabrik die Schlüsselaussage Nr. 1 aus dem Buch: „2025 – Scenarios of US and Global Society Reshaped by Science and Technology" (Seite 5)[15, 16]: „Der Fortschritt hin zu einer *vollkommen verwalteten Umwelt* wird beträchtlich sein. Die Ozeane, Wälder, Grasflächen und Wasservorräte werden den größten Flächenanteil der verwalteten Umwelt ausmachen. ‚Makro-Ingenieurwesen' – Bauingenieurarbeiten planetarischen Ausmaßes – werden einen weiteren Bestandteil der gemanagten Umgebung bilden".

---

[13] „The ruler of the Southern Ocean was Shu, the ruler of the Northern Ocean was Hu, and the ruler of the Centre was Chaos. Shu and Hu were continually meeting in the land of Chaos, who treated them very well. They consulted together how they might repay his kindness, and said: ‚Men all have seven orifices for the purpose of seeing, hearing, eating and breathing, while this ruler alone has not a single one. Let us try to make them for him.' Accordingly they dug one orifice in him every day. At the end of seven days Chaos died."

[14] „In this delicately comic parable Chaos is Nature in the state of wu-wei – non-assertion or equilibrium. Shu and Hu are the living images of those busy persons who thought they would improve on Nature by turning dry prairies into wheat fields, and produced deserts; [...] who chopped down vast forests to provide the newsprint demanded by that universal literacy which was to make the world safe for intelligence and democracy, and who got wholesale erosion, pulp magazines and the organs of Fascist, Communist, capitalist and nationalist propaganda. In brief Shu and Hu are devotees of the apocalyptic religion of Inevitable Progress."

[15] Coates et al. 1997.

[16] „Movement toward a totally managed environment will be substantially advanced at national and global levels. Oceans, forests, grasslands, and water supplies will make up major areas of the managed environment. Macroengineering – planetary-scale civil works – will make up another element of that managed environment."

Diese beiden Zitate sprechen dafür, daß Nachhaltigkeit zuerst ein Problem des Bewußtseins und der Einstellung ist. Es sind zahlreiche Beiträge aus allen Perspektiven für die Nachhaltigkeit entstanden[17]. Mit am erstaunlichsten und erfreulichsten sind die enormen Leistungen mancher Wirtschaftsunternehmen für die Nachhaltigkeit (z. B. Nill 1995, oder Winter 1995, 1996). Für vier zentrale Bereiche werden hier Forderungen formuliert:

a *Ressourcen:* Um welchen Faktor ist in etwa der Verbrauch nicht erneuerbarer Ressourcen zu vermindern – die Frage der „Dematerialisierung".

b *Landnutzung:* Es ist ein neues, ökologisch und kulturell hochwertiges, Paradigma[18] für die Landnutzung erforderlich.

c Benötigt wird ein neues Paradigma zum Umgang mit komplexen Systemen, nämlich das der *Lebensfähigkeit* dieser Systeme.

d *Entwicklung und Neuentstehen:* Lebensfähigkeit kann Verteidigung der jeweiligen Form und damit Verharren im Status quo und Stagnation bedeuten. Doch was in einer sich entwickelnden Welt stagniert, wird schließlich hinfällig. Was erfordert Leben über bloße Lebensfähigkeit hinaus? Hierzu wird das sehr tragfähige Paradigma der Lebendigkeit, der lebendigen Systeme, entwickelt.

Diese Forderungen und Ansätze werden nun genauer ausgeführt.

1.3.1
Dematerialisierung im Ressourcenbereich und Klimaaspekte

Es ist eine kurze Bilanz notwendig, um welchen Faktor der Verbrauch nicht erneuerbarer Ressourcen in etwa zu vermindern ist.

Die Emissionen an Treibhausgasen sind global so hoch, daß sie Klimaänderungen erwarten lassen. Der „Faktor-10-Club", zu dem das Wuppertal-Institut gehört, fordert, daß Produkte und Dienste bei gleich guten Lebensbedingungen und gleich guten oder besseren Produkten und Diensten mit einem Zehntel des jetzigen Ressourcen- und Energieverbrauchs hergestellt und betrieben werden sollen („Dematerialisierungsfaktor 10")[19]. Entsprechend würden auch die Emissionen von Treibhausgasen sinken. Der österreichische „Nationale Umweltplan" sieht eine Reduktion des Materialflusses in der österreichischen Volkswirtschaft um einen Faktor 10 bis zum Jahr 2040 vor[20].

Diese Verminderung um den Faktor 10 dürfte generell erreichbar sein. Beispielsweise konnte der Energieverbrauch bei neuen Häusern bei verbessertem Komfort in den letzten 20 Jahren sogar auf weniger als 1/10 gesenkt werden und der nächste Schritt nach dem jetzt marktreifen Pkw mit einem Treibstoffverbrauch von 3 Litern auf 100 km ist das 1-Liter-Auto[21], das zweifellos auch bequem und sicher gebaut sein kann.

---

[17] Beispielsweise wird ein Überblick über hunderte von Initiativen in Philip und Tenner (1997) geboten.

[18] Ein Paradigma bedeutet ein System von grundlegenden Regeln für einen Bereich, wie etwa Ökologie oder Wirtschaft.

[19] Siehe auch: Bernardini und Galli (1993).

[20] Internet: http://www.to.or.at/~global2000 /nawarom.htm.

[21] Weizsäcker et al. 1996 berichten über derartige Fortschritte in der Pkw-Konstruktion.

Wenn eine Dematerialisierung auf 10 % des jetzigen Verbrauchs aus Umweltgründen notwendig ist, dürften sich die Entwicklungsländer nicht mehr entwickeln. Sonst wird ein weiterer Faktor 5 bis 10 notwendig werden, denn China, Indien, Südostasien und Lateinamerika streben den Wohlstand der westlichen Welt an. Die Folgen stellen sich beispielsweise für den Kfz-Bestand wie folgt dar: Deutschland mit 80 Millionen Menschen verfügt über etwa 40 Millionen Kfz. Weltweit gibt es bei einer Bevölkerung von jetzt 6 Milliarden Menschen ca. 600 Millionen Kfz. Wenn die Entwicklungsländer sich weiterhin nach dem derzeitigen Muster entwickeln, werden sie in etwa die deutsche Kfz-Dichte erreichen. Wenn dies 40 Jahre braucht, werden die bis dahin 7,5 bis 8,5 Milliarden Menschen[22] über ca. 4 Milliarden Fahrzeuge verfügen, also sieben mal so viel wie derzeit. Wenn diese pro Fahrzeug nur noch 10 % des gegenwärtigen Ressourcenverbrauchs und der jetzigen Emissionen aufweisen, dann wären wegen 7fach höherer Zahl von Kfz auch Ressourcenverbrauch und Emissionen im Jahr 2040 um diesen Faktor 7 zu hoch. Notwendig erschiene hiernach eine Senkung von Ressourcen- und Energieverbrauch um einen Dematerialisierungsfaktor von insgesamt 70 statt 10, wenn den Entwicklungsländern die gleichen Entwicklungschancen zugestanden werden wie der entwickelten Welt. Dieser Faktor dürfte kaum direkt erreichbar sein.

Wenn man die Fortschritte zur Nachhaltigkeit an dem mißt, was erforderlich ist, erscheinen sie auf absehbare Zeit als gänzlich ungenügend. Dies verschärft sich, weil eingesparte Ressourcen jeder Art – etwa durch erfolgreiche Dematerialisierung um den Faktor 10 bei den Hauptverbrauchsfeldern – sehr rasch für neues quantitatives Wachstum in neuen Feldern genutzt werden, wenn dies einen Vorteil bedeutet. Einen Vorteil bringt alles, was nachgefragt wird. Da die menschlichen Wünsche unbegrenzt sind, ist auch die Nachfrage im Prinzip unbegrenzt. Es sind folglich Systeme von Anreizen und Abschreckungen (incentives and disincentives) zu entwickeln, um zu erreichen, daß mühsam Eingespartes nicht anderswo wieder verbraucht wird.

Anreize und Abschreckungen allein reichen nicht aus, um den erforderlichen Umfang der Dematerialisierung zu erfüllen. Zusätzliche Ansätze werden dadurch verfügbar, daß die Dematerialisierung im Bereich der menschliche Wünsche vollkommen anders erfolgen kann als im Bereich der menschlichen Grundbedürfnisse Nahrung, Kleidung und Wohnen. Denn die Bedürfnisse für Nahrung, Kleidung und Wohnen können zwar effektiver und auf unterschiedliche Weise erfüllt aber nicht dematerialisiert werden, wohingegen im Bereich der Wünsche eine weitreichende Gestaltungsfreiheit besteht. Das Informationspotential führt schon heutzutage zu einer Wunschverlagerung auf informationsbasierte Produkte und Dienste, die oft mit einem sehr geringen Ressourcenverbrauch auskommen. Das Angebot an informationsbasierten Produkten ist für vielfältigste Menschengruppen attraktiv geworden, und es wird rasch weiterentwickelt, verbreitert und auf immer neue Geschmäcker ausgerichtet. Hier könnten Anreizsysteme und Disincentives greifen, um informationsbasierten und zugleich ressourcenarmen Produkten und Diensten eine hohe Chance zu eröffnen, ressourcenintensive Produkte und Dienste zu verdrängen.

---

[22] Die neuen Projektionen der UNO zur Weltbevölkerungszahl gehen von einem Maximum von nur noch etwa 8 Milliarden Menschen im Jahr 2040 aus, evtl. (jüngste Überlegungen) sogar nur 7,5 Milliarden, s. u.

Entsprechend sollten auch die Emissionen von Klimagasen gegenüber dem derzeitigen Stand verringert werden – die steigende Produktion der Entwicklungsländer eingerechnet. Die Verringerung der Klimagasemissionen in Entwicklungsländern erscheint als noch dringender und schwieriger als die Verminderung des Ressourcenkonsums, da die meisten großen Entwicklungsländer, etwa China, Indien und Thailand, zur Energiegewinnung auf Stein- und Braunkohle setzen. Diese haben überdurchschnittlich hohe Kohlendioxid-Emissionswerte pro erzeugter Kilowattstunde[23], und wenn sie ohne Filtertechnologien und ohne Katalysatoren arbeiten, kommen hohe Emissionen von Schwefeldioxid, Stickoxiden, Staub und evtl. sogar noch von flüchtigen Kohlenwasserstoffen hinzu. Um diesen Ausbau zu begrenzen, ist außer effizienter, intelligenter Energienutzung und Nutzung erneuerbarer Energiequellen *besonders dringend in diesen Ländern* eine weite Verbreitung von informationsbasierten Produkten und Diensten anzustreben, die einen sehr geringen Ressourcenverbrauch aufweisen.

Und damit ist die informationsbasierte Wirschaft gefordert, denn nur diese kann Produkte hervorbringen, die informationsreich und zudem material- und energiearm sind, und so in ihrer Produktion und Nutzung deutlich weniger Klimagase verursachen.

Um die Klimaproblematik zu verringern, muß also die informationsbasierte Wirtschaft so entwickelt werden, daß sie ein weitmöglichstes Potential für geringe spezifische Emissionen pro Wertschöpfungseinheit (pro Werteinheit erzeugten Gutes oder Dienstes) entfaltet.

Dies sind zentrale Aufgaben einer vorsorgenden Umweltgestaltungsforschung, eines zu entwickelnden außerordentlich wichtigen Gebiets der Umweltforschung.

1.3.2
Landnutzungsanforderung der Nachhaltigkeit

Die derzeitige Landnutzung stellt ein weiteres zentrales Problem für die Nachhaltigkeit dar[24]. Mit dem wachsenden Wohlstand steigt der Bedarf an Häusern, Straßen, Infrastruktur und Erholungsfläche. Der Individualverkehr erschließt immer entfernter gelegene Flächen für Wohn- und Gewerbzwecke; zunehmende Pkw-Zahlen und immer ausgedehntere Verkehrsinfrastruktur beschleunigen die Zerstörung von Kulturlandschaften. Dies bedeutet nicht nur hohe ökologische Verluste, sondern auch Verluste von Kultur und Lebensqualität. Viele dieser Landschaften sind so schön und gleichzeitig ökologisch stabil, daß sie als Weltkulturerbe zu betrachten sind. Dies gilt für deutsche bäuerliche Landschaften in den Alpen wie für die Reisterrassen auf Bali. Dieses Problem verschärft sich durch eine wachsende Weltbevölkerung und durch ihren steigenden Wohlstand. Mit der Zunahme der Bevölkerung und mit dem Ansteigen des Wohlstands steigt der Bedarf an Nahrungsmitteln und landwirtschaftlicher Produktionsfläche. Da die Landwirtschaftsfläche immer intensiver bewirtschaftet

---

[23] Es werden Technologien zur Kohlendioxidbindung in Abgasen diskutiert. Bei Nutzung von Erdgas wäre chemisch die Entstehung von Kohlendioxid pro erzeugter Kilowattstunde geringer als bei Kohlenutzung, aber die Erdgaslager erscheinen als nicht annähernd so groß wie die Kohlevorräte.

[24] Als Standardwerk hierzu Turner et al. (1990).

wird, werden mehr fossile Energie- und nichterneuerbare Materialressourcen pro Kilogramm Produkt verbraucht als in einer naturnäheren Landwirtschaft.

Die Landnutzung braucht ein neues Paradigma der ökologischen Lebendigkeit und einen deutlich verringerten Anteil jener Flächen, deren Entwicklung von Menschen bestimmt wird. Dafür müssen wirtschaftliche Aktivitäten derart entwickelt werden, daß sie einen deutlich geringeren spezifischen Flächen- und Transportbedarf aufweisen. Zudem darf die Landwirtschaft nicht weiterhin mit ausgedehnten Monokulturen operieren. Diese sind ohnehin auf die vergleichsweise primitiven Bearbeitungsmöglichkeiten der Industriegesellschaft zugeschnitten. Die Landwirtschaft muß vielmehr in einer vielfältigen Landschaft spezialisierte Hochwertrohstoffe und Lebensmittel höchster Gesundheit hervorbringen. Für diese spezialisierten Hochwertrohstoffe sind informationsintensive Verfahren für Produktion und Vermarktung erforderlich, die eine weit höhere Wertschöpfung pro Flächeneinheit bei dramatisch gesenktem Input von Betriebsstoffen pro erzeugter Werteinheit ermöglichen.

Endlich muß die Landnutzung den hohen ästhetischen Ansprüchen einer Menschheit genügen, die ihr Einkommen vor allem durch den hochwertigen Umgang mit Information und Wissen, nicht länger vorrangig durch die Verarbeitung von Ressourcen und den für letztere erforderlichen Dienstleistungen erzielt.

1.3.3
Lebensfähigkeitsanforderung der Nachhaltigkeit

Der Mensch ist für sein Überleben auf die ökologischen Funktionen des Planeten angewiesen; es steht nirgends auch nur die Spur eines menschengeschaffenen Ersatzes in Aussicht, auch wenn die von Coates et al. (1997) befragten Wissenschaftler ein großflächiges planetares Management[25] vorhersehen. Nach Nefiodow (1997a) sind in großem Umfang nicht nur ökologische, sondern auch soziale und psychische Funktionen gestört. Dies erfordert, wie Nefiodow ausführt, eine „ausgedehnte Heilungsperiode: Gesundheit im ganzheitlichen Sinn (körperlich, seelisch, geistig, sozial)."

Der Haupthinderungsgrund für erfolgreiches „planetares Management" dürfte in folgendem Faktum bestehen: Fast alle Systeme der menschlichen Welt und Umwelt können vielfältiges, unvorhersagbares Verhalten aufweisen (Abschnitt 10.3.4). Diese Einsicht wurde seit Beginn der 1970er Jahre gewonnen und wird in der Raumplanung und im Management von Ökosystemen und Unternehmen noch kaum beachtet. Denn wenn man prinzipiell nur eingeschränkt vorhersagen kann, folgt hieraus zwangsläufig, daß sich Erwartungen häufig nicht erfüllen und Entwicklungen anders verlaufen als geplant. Dies ist auch Erfahrungswissen; gleichwohl wird das weitgehende Scheitern großer und kleiner Planungsansätze eher als Betriebsunfall betrachtet, dem mit einer Verbesserung der bisherigen Planungs- und Managementmethoden, wie etwa dichterem Monitoring und vermehrten Steuerungsinputs, beizukommen sei. Zweifellos helfen verbesserte Methoden in vielen Fällen weiter; auch dies ist Erfahrungswis-

---

[25] Sicher kann im Ökosystemmanagement vieles von dem gemacht werden, was in dem Werk von Coates et al. steht. Nur ist dies nicht eigenständig lebensfähig, sondern braucht beständige Inputs, viele Ressourcen, beständiges Monitoring, beständige Korrekturen. Je rigider ein Management wird, desto mehr Inputs benötigt es und desto mehr muß es kontrollieren. Dies widerspricht zutiefst den Erfolgsregeln, die in den letzten 20 Jahren in der Ökologie genauso wie im Unternehmensmanagement erworben wurden.

sen. Sie können jedoch keine unverrückbaren Grenzen des alten Ansatzes überwinden, wie sie durch das Verständnis derartiger Grenzen offenbar geworden sind. Schon deshalb kann Erfolg offensichtlich nicht mit einer neuen Superplanung erzielt werden, wenn diese nicht zugleich die fundamentalen Grenzen der Vorhersagbarkeit berücksichtigt.

> **!** Noch tieferliegend dürfte der Fehlschlag enger Planungsansätze dadurch bedingt sein, daß lebendige Systeme – Menschen, Tiere, Pflanzen, Ökosysteme wie das gesamte geobiochemische System unseres Planeten – erst durch eine vielfältige, beständige, raffinierte Nutzung der durch Unbestimmtheit möglichen Freiheiten leben können.

Damit werden charakterlich vollkommen andere Ansätze notwendig. Erfolgsstrategien der Lebensfähigkeit stellen einen geeignet erscheinenden neuen Ansatz dar, denn Lebensfähigkeit zu stärken ist ein besonders wirkungsvoller Ansatz, gegen Unerwartetes gewappnet zu sein. Deshalb baut dieses Buch auf einem umfassenden Ansatz der Lebendigkeit und ihrer Strategien auf.

Warum sollte ein derartiger Ansatz, der in vielem komplexer oder jedenfalls ungewohnter ist als die gegenwärtigen Managementverfahren, Erfolg haben können trotz der weitgehenden Unvorhersagbarkeit komplexer Entwicklungen? Das größte Labor, in dem beständig unerwartete Entwicklungen erfolgen und in dem in dieser Hinsicht mit offensichtlichem Erfolg gelernt wurde, ist die Biosphäre. Hier haben sich nur Systeme behauptet, die vorbildliche Strategien der Lebens- und Entwicklungsfähigkeit beherrschen[26], die hier zusammenfassend als Strategien der Lebendigkeit bezeichnet werden.

Derartige Strategien wurden zuerst dort beobachtet; seit den letzten 20 Jahren werden sie für Umweltsysteme genauso wie für Unternehmen und soziale Gruppen entwickelt und eingesetzt. Diese Methoden haben sich in hohem Maß bewährt; sie sind in der Mehrzahl der Situationen den etablierten Methoden weit überlegen. Nachhaltigkeit zu verbessern erfordert, die Anforderungen der Lebendigkeit von Ökosystemen – lokalen, regionalen und kontinentalen – zu beachten[27]. Aus den Existenzvoraussetzungen lebendiger Systeme ergeben sich Kriterienprofile, die für Projekte, Maßnahmen und Forschung neue und oft unerläßliche Ansätze eröffnen.

1.3.4
Entwicklungsanforderung der Nachhaltigkeit

Oft wird Nachhaltigkeit ausschließlich als Bewahrung oder als Wiederherstellung mit anschließendem Erhalten angesehen. Dabei ist Naturschutz vielfach gescheitert, wenn er Ökosysteme dadurch zu bewahren suchte, daß er sie strikt vor allen Störungen und Einwirkungen abschirmte. Die Natur selbst bewahrt nicht nur, sondern entwickelt sich vor allem. Dabei können wertvolle Ökosysteme neu entstehen; sehr oft jedoch

---

[26] Einen ersten Schritt in diese Richtung stellten Vesters Biokybernetische Regeln dar (z. B. in Vester und von Hesler 1980).

[27] Diese Forderungen vertragen sich mit der Beschreibung moderner Planung, wie sie Jänicke (1997) für nationale Umweltpläne vornimmt, die als ergebnisorientiert aber offen charakterisiert werden können.

wird das wertvolle Schutzgut durch aus menschlicher Wertung nach Schönheit, Seltenheit oder Diversität weniger wertvolle Ökosysteme verdrängt.

Auch Wirtschaftspolitik ist zumeist gescheitert, wenn sie mit Abschirmung gegen weitgehend unvorhersagbar operierende Außen- oder Innenwelten erfolgte. Der Mensch selbst verändert seine Welt schon deshalb beständig, weil sein Wunsch nach eigener Entwicklung nie gestillt ist[28]. Da dieser Wunsch selten bewußt und direkt gelebt wird, treten viele Ersatzbefriedigungen, derzeit noch zumeist materieller Art, an seine Stelle. Psychologisch ist bekannt, daß Ersatz selten ausreicht und, wenn er ausreicht, dies oft als psychische Störung angesehen wird. Die „ewige Suche des Menschen[29]" geht weiter. Im allgemeinen resultiert daraus Veränderung des Menschen selbst und seiner Umwelt.

Damit bedeutet Leben weit mehr als nur Bewahren des gerade Existierenden. Leben bedingt auch Entwicklung, Morphogenese und Evolution. Neben Ressourcen und Fläche sind auch das psychische und soziale Aufnahmevermögen und die Lernfähigkeit begrenzt. Platz für Neues in einer beschränkten Welt entsteht vor allem durch das Verschwinden von Vorhandenem, Aufgabe des Existierenden und Verlassen von alten Umgebungen und alten Gewohnheiten, so sehr dies oft beklagt wird. Leben bedingt auch Verluste und das Zulassen und Fördern letztlich unvorhersehbarer Entwicklungen, also eine breite und gelebte Entwicklungsfähigkeit.

Dies, also Leben, schafft fortwährend neue Probleme in der Wirtschafts- und Umweltpolitik. Entwicklungsfähigkeit erfordert einen souveränen Umgang mit ihren Konsequenzen. Diese Souveränität ist nicht einfach zu erlangen. Aldous Huxley hat wiederholt betont, daß unsere Welt so beschaffen sei, daß wir nicht etwas für nichts erhalten können[30].

1.3.5
Synergien zwischen Mensch, Umwelt und Wirtschaft

Hier werden auch vielfältige Synergien zwischen Mensch, Umwelt und Wirtschaft entwickelt. Der Ansatz von Synergien ist wissenschaftlich notwendig, denn die Erklärung des Erfolgs des isolierten, darwinschen Wettbewerbers durch seine Überlegenheit ist in einer Vielfalt von Konstellationen unzureichend[31]. Ein isolierter Wettbewerber kann im allgemeinen nur exponentielles Wachstum erreichen, wohingegen bestimmte synergistische (kooperative) Netzwerke hyperbolisches Wachstum ermöglichen. Diese Form von Wachstum ist exponentiellem Wachstum dramatisch überlegen. Leben existiert vor allem in Symbiosen. Die neue Wirtschaft entwickelt sich in „kooperierend-konkurrierenden" Netzwerken, der „coopetition".

Überlegene Lösungen haben sich in der Umweltgestaltung und Wirtschaft letztlich immer durchgesetzt. Mit Synergien zwischen Mensch, Umwelt und Wirtschaft werden Lösungen verfügbar, die allen bisher bekannten Lösungen weit überlegen sind.

---

[28] Wilber 1988.
[29] Titel eines Buches von Annemarie Schimmelpfennig über den indischen Schah Abdul Latif.
[30] Z. B. in seinem Werk „Perennial Philosophy" (deutsch „Ewige Philosophie"), Huxley 1985.
[31] Dies ist theoretisch belegt (z. B. Dissertation von Breckling, Universität Kiel), mathematisch und mit Systemmodellen zu demonstrieren, siehe Kapitel 6 und beweist sich in der Entwicklung neuer Wirtschaft. Hier wird die zentrale Rolle von Kooperation von allen Beobachtern und Akteuren betont, z. B. California Economic Strategy Panel 1998.

Da schon die notwendige drastische Dematerialisierung weit überlegene Lösungen benötigt, ist eine Nachhaltigkeit, wenn überhaupt, nur mit Synergien zwischen Mensch, Umwelt und Wirtschaft erreichbar. Überdies gibt es bei nicht kooperativen Strategien unvermeidbar Probleme mit der wirtschaftlichen oder sozialen Seite, wenn einseitig optimiert wird, sei es ökologisch, sozial oder wirtschaftlich. Hier werden praktikable Synergien dargestellt, die viele der bekannten Schwierigkeit im „Dreisäulen-Ansatz" von Ökologie, Ökonomie und Sozialem zu vermeiden oder zu überwinden gestatten.

1.3.6
Gesamtoptimierung[32] von Umwelt und Wirtschaft im Übergang zur Informationsgesellschaft

Hohe Finanz- und Forschungsmittel werden eingesetzt, um bestehende Wirtschaft und derzeitige menschliche Verhaltensweisen für die Umwelt verträglicher zu machen. Beispiele sind Filteranlagen in Kraftwerken und Abgaskatalysatoren für Kfz. Die Lebensdauer derartiger Umweltmaßnahmen und ihrer zugrunde liegenden Forschungsergebnisse hängt von der Lebensdauer der Anlagegüter, Unternehmen und Branchen ab, zu denen sie nachgerüstet und für die sie entwickelt wurden. Man könnte Finanzmittel und Forschung teilweise dazu verwenden, das Entstehen einer umweltfreundlichen Wirtschaft der Informationsgesellschaft zu fördern, um damit die derzeitige Wirtschaft weitgehend abzulösen und zu verdrängen und auf diese Weise ihre Umweltschäden zu beenden. Dies würde Kapitalverluste im Umweltschutz vermeiden, denn wenn eine spezielle, kostspielig umweltverträglich gemachte Industrie ohnehin nur noch eine kurze Lebenserwartung hat, bevor sie durch informationsbasierte Wirtschaft verdrängt wird, verschwinden mit der Industrie auch die in ihr getätigten Umweltinvestitionen. Die Frage lautet also: Welche Entscheidung – Nachrüstung oder Förderung des Neuen zur Verdrängung des Alten – ist jeweils kosteneffizienter, welche wirkt rascher, welche ist langfristig günstiger? Was ist die günstigste Mischung von Maßnahmen zur Nachrüstung oder zur Verdrängung von überholter Wirtschaft und Industrie, der günstigste Policy-Mix?

Diese Fragestellung erfordert es, den Kapitaleinsatz für den Aufbau einer informationsbasierten Wirtschaft und für die Umweltnachrüstung etablierter Wirtschaft und Anlagegüter gemeinsam zu betrachten. Daraus ergibt sich der Ansatz einer Gesamtoptimierung von Umwelt und Wirtschaft im Übergang zur Informationsgesellschaft. Hierzu stellt man den *zusätzlichen* Entwicklungsaufwand dafür, das Entstehen einer *umweltfreundlichen und sozialen* Informationsgesellschaft zu fördern, den Kosten für „Umweltnachrüstung" etablierter Wirtschaft gegenüber und vergleicht die Umweltentlastungen jeweils innerhalb der hierdurch bestimmten Zeitrahmen des Übergangs. Dabei wird sich ein breites Spektrum herausstellen; es könnte sein, daß für viele Produkte und manche Industrien schon jetzt die Förderung des Neuen der weiteren Umwelterforschung und Umweltnachrüstung des Bestehenden überlegen ist.

---

[32] Es handelt sich hier nicht um eine Optimierung, für die wohl nie alle Fakten und Daten vorliegen können, sondern im Sinn von Herbert Simon um ein „Satisfycing", ein iteratives Vorgehen, das so lange verbessert wird, bis Zufriedenheit mit den Ergebnissen erreicht ist.

1.3.7
Förderung des Neuen oder Vorrang für Bedenken?

Es gibt sehr viele Bedenken gegen die Informationsgesellschaft, unterbreitet in Dutzenden von Büchern und Tausenden von Artikeln. Die Hauptargumente besagen, daß menschliche Kontakte weiter verringert werden, daß Süchte durch die neuen Medien auftreten, daß die Anfälligkeit der technischen Zivilisation für Störungen zu hoch wird und daß die Gesellschaft noch mehr Energie und materielle Ressourcen verbrauchen wird, um den ganzen Cyberzirkus aufrechtzuerhalten, als alle Zivilisationen vor ihr.

In allen diesen Argumenten sind zutreffende Bestandteile enthalten. Menschliche Kontakte werden offensichtlich verringert, wenn z. B. Bankangestellte durch Bankomaten abgelöst werden. Dies gilt aber nicht generell, denn die einsamsten Menschen sollten hiernach die Internethacker sein, die in besonders intensiver Weise die neuen Netztechniken nutzen, und gerade diese stellen sich bei persönlicher Bekanntschaft eher als soziale Genies heraus, die das Potential der neuen Technologien auch deshalb mit erschlossen haben, um damit weltweite Kontakte aufzubauen.

Zutreffend ist des weiteren, daß die Informationsgesellschaft in extremer Weise die Möglichkeiten und Angebote von Unterhaltung und Freizeit bereichert. Neill Postman warnt vor einem massiven Suchtpotential: „Wir amüsieren uns zu Tode[33]". Huxley sah in seiner „Brave New World" schon in den 1930er Jahren eine Diktatur voraus, die dem Menschen alle seine Probleme nimmt, unter anderem durch Verabreichung eines Idealrauschgiftes namens „Soma" mit dem Ergebnis menschlicher Unmündigkeit. Man kann sagen, daß heutzutage auch Soma dematerialisiert und durch die Breite der Informationsmöglichkeiten diversifiziert werden kann, um es besser an die Fülle und Breite menschlicher Wünsche anzupassen und dementsprechend besser zu vermarkten. Parallel zum entstehenden neuen Suchtpotential, im gleichen Maße, wie diese Angebote wachsen, entstehen nicht nur neue Probleme, sondern eröffnen sich Chancen für neue Lebensstile. Wenn man mit den neuen Welten zu tun hat, kann man immer wieder auf jemanden treffen, der im Internet gerade einen wunderbaren Text gelesen hat[34], den er in Bibliotheken kaum gefunden hätte, weil Suche in Büchern so unendlich viel langsamer ist als im Internet.

Die Befürchtungen in skeptischen Artikeln und Büchern werden von der derzeitigen Entwicklung zugleich bestätigt und widerlegt.

Weit über das Entstehen neuer Medien hinaus werden generell Lebensstile in vergleichbarer Weise informationsintensiv und informationsbasiert, wie sie mit der industriellen Revolution nach dem Jahr 1800 energieintensiv wurden. Dies sagt nichts darüber, ob das Leben einfacher oder schwieriger wird, denn Information ist nicht Wissen, und Wissen ist noch lange nicht Weisheit. Sehr wohl ist Information aber feiner als Materie, und insofern könnte eine informationsintensive Lebensführung

---

[33] Amusing Ourselves to Death: Public Discourse in the Age of Show Business.
Es gibt Suchtopfer der neuen Medien. Erzieher berichten, daß vor allem junge, kontaktgestörte Männer zu Suchtopfern von Computerspielen oder virtuellen Welten werden, dagegen kaum Personen mit normalen sozialen Kontakten (Schröder, o. J.). Es wäre angemessen, wenn die Betreuer von Randgruppen hier Maßnahmen ergreifen könnten, wie Herauslösung der Betroffenen durch soziale Spiele und eine „neue Alphabetisierung" für die Anforderungen der Informationsgesellschaft (diese wird weiter unten erklärt).
[34] Etwa in den Tausenden von Volltexten des „Project Gutenberg" (Internet: http://mirrors.org.sg/pg/ und: http://mirrors.org.sg/pg/lists/list.html).

gegenüber einer mehr „materialistischen" Lebensführung reicher und bisweilen sogar feiner gestaltet werden.

Würden Verbote und Regulierungen helfen, damit nur die günstigen Dinge emporkommen, oder würde es helfen, die neuen Möglichkeiten zu unterdrücken, bis man klarer sieht, was vorteilhaft ist, oder sollte man wenigstens die Entstehung des Neuen verlangsamen? Eine Welt strikt überwachter Verbote ist wahrscheinlich die schlimmste Alternative. Würde man das Bestehende gegen die neue Entwicklung zu verteidigen und zu bewahren versuchen, würde wohl das Schicksal eintreten, das konservierende Gesellschaften historisch fast immer ereilt: nach einiger Zeit werden sie von innen oder außen zum Zusammenbruch gebracht.

Das rasche Aufkommen einer Informationsgesellschaft muß man als gegeben ansehen. Dies liegt schon daran, daß sich diese Informationsgesellschaft derzeit mit hyperbolischer Wachstumsgeschwindigkeit entwickelt. Alles, was auch nur für wenige Jahre hyperbolisch wächst, setzt sich mit größter Wahrscheinlichkeit durch. Hyperbolisches Wachstum im Bereich des Informationspotentials verdrängt oder überprägt unvermeidlich andere Wirtschaftsbranchen und Lebensstile[35].

Darf oder soll man dann diese Entwicklung fördern? Für eine Förderung gibt es folgende Argumente:

- Zwar ist mit den neuen Möglichkeiten der Informationsgesellschaft das Erreichen der Nachhaltigkeit in keiner Weise garantiert, aber ohne diese neuen Möglichkeiten ist eine Nachhaltigkeit unmöglich.
- Nur in diesem Bereich entstehen, noch dazu in großer Zahl, neue (und wie weiter unten berichtet wird) hochwertige Arbeitsplätze.
- Der Ansatz der Stärkung der Lebens- und Entwicklungsfähigkeit, der Lebendigkeit, aller angesprochenen Systeme ist richtig, da er sich in der Biosphäre bewährt hat.
- Es ist menschlich richtig, Menschen in ihrem Entwicklungspotential zu unterstützen.
- Es ist menschlich richtig, die Kreativität breiter Bevölkerungskreise zu fördern, was andererseits wirtschaftlich auch nötig ist, um die neuen Möglichkeiten in all ihrer Breite zu entwickeln und zu nutzen.

Durch die Stärkung der Lebens- und Entwicklungsfähigkeit von Mensch und Natur und die Unterstützung der Kreativität breiter Bevölkerungskreise ist der hier vertretene neue Ansatz nicht bevormundend, sondern dienend. Dienen heißt nicht, daß nicht ganz bewußt die besten Optionen gesucht, weiterentwickelt und gefördert werden können. Es heißt nicht, blind zu dienen, sondern aus Vertrauen in günstige Möglichkeiten effektiv zu handeln und sich eine klare Sicht für Vorzüge und Nachteile zu bewahren.

1.4
Soziale Anforderungen

In der Agenda-21-Formulierung der Nachhaltigkeit wird der Gerechtigkeitsaspekt auch in Form einer Vorsorge für die gegenwärtige und kommende Generationen betont. Nachhaltigkeit ist als Idee der Gerechtigkeit auf das „Überleben des Menschen

---

[35] Auf diese Art von Wachstum wird im Zusammenhang mit Systemen gegenseitigen Nutzens eingegangen, Kapitel 6; siehe auch Trömel und Loose (1995).

unter humanen Umständen" (Siebenhüner 1998) ausgerichtet. Soziale Gerechtigkeit erfordert ein positives Verhältnis und eine geschickte Nutzung der Möglichkeiten für Kooperation. Sie ist mit dem Menschenbild des Homo Oeconomicus[36] der etablierten Wirtschaftswissenschaften kaum verträglich (Siebenhüner 1998). Nachhaltigkeit erfordert Ermutigung der Menschen für ihre persönliche Entwicklung und ein Einbinden menschlicher Eigenheiten und Stärken – wie Gefühle, Intuition und Ästhetik – in ein Programm zur Lebendigkeit sozialer Systeme. Soziale Nachhaltigkeit erfordert eine besonders sorgfältige Ausbildung von Angehörigen sozial benachteiligter Gruppen (Randgruppen) für die entstehende neue Welt.

Was hier utopisch und idealistisch klingen mag hat sich unter den „harten" Rahmenbedingungen besonders in der Wirtschaft seit einiger Zeit glänzend bewährt und sollte, da es zugleich wissenschaftlich durch neue Erkenntnisse der Systemwissenschaft als begründet und notwendig erscheint, in Nachhaltigkeitsrahmen bruchlos integriert werden.

1.5
Umweltgestaltungsforschung

Damit ist ein Programm ausgesprochen: die Informationsgesellschaft sollte in einer zugleich umsichtigen und aggressiven Weise dafür entwickelt werden, ansprechende Arbeitsplätze für praktisch jeden zu schaffen, eine neue zukunftsträchtige Wirtschaft aufzubauen, Umweltprobleme in großem Maßstab zu lösen und zu einem neuen Paradigma der Kulturlandschaften, der menschlich gebauten und natürlichen Umgebung, beizutragen. Die bedeutende Aufgabe der Nachhaltigkeit ist nur mit einer weitreichenden Orientierung auf eine umweltfreundliche, ressourcenschonende Lebensweise zu erfüllen. Hierfür sind die neue, informationsbasierte Wirtschaft, eine neue, informationsreiche Lebensführung und ihre Zusammenhänge zur Umweltproblematik als Gesamtsystem zu sehen.

Wie kann man hier Einfluß nehmen? Dazu wird der Ansatz der vorsorgenden Umweltgestaltungsforschung dargestellt. Das Grundkonzept lautet, daß es in der Frühzeit einer grundlegend neuen Entwicklung, wie der Informationsgesellschaft, effektiv und noch relativ einfach ist, aktiv die günstigsten Entwicklungen zu fördern. Dieses Grundkonzept bedeutet eine Weiterentwicklung der Technikfolgenabschätzung, der primär die Aufgabe obliegt, kritisch auszuwerten und zu begleiten, was anderswo gedacht und gemacht wird[37].

Für diese Umweltgestaltungsforschung sind sehr unterschiedliche Bereiche aufeinander zu beziehen; der Bereich Bewußtsein, Einstellung, Erziehung, der Bereich Wirtschaft, der Bereich Wissen und Technologie und schließlich der Bereich der Landschaft und Umwelt im weitesten Sinn. Dies bedeutet ein systemorientiertes und inter- bzw. transdisziplinäres Vorgehen (Naveh und Lieberman 1994, einige Fallstudien in Holling 1978, Vester und von Hesler 1980).

In den derzeitigen Entwicklungen der Informationsgesellschaft, ihrer informationsbasierten Wirtschaft und den Lebensstilen der Menschen sind ökologisch und

---

[36] Dies betrachtet in verkürzter Formulierung den Menschen als rationalen, von Egoismus getriebenen Entscheider.
[37] Neuere Entwicklungen in der TF beinhalten auch eine derartige Gestaltungsforschung.

sozial sehr unterschiedlich günstige Ausgestaltungen möglich. Je nach Maßnahmen und Optionen, die getroffen und eingesetzt werden, folgen unterschiedlich günstige Entwicklungen, die das menschliche Leben, die Wirtschaft, die Umwelt und das Klima betreffen.

KAPITEL 2

Die gemeinsame Entwicklung von Mensch, Umwelt, Wirtschaft und Wissen

Bewußtsein, Umwelt, Wirtschaft und Wissen werden hier als vier „Landschaften" im übertragenen Sinn aufgefaßt. Wie der Mensch mit seiner Umwelt umgeht, welche Wirtschaft er aufbaut und welches Wissen er entwickelt, hängt von seinem Denken und seiner Einstellung, also seinem Bewußtsein ab. Die „Bewußtseinslandschaft" wird hier so verstanden, daß sie die Felder Einstellung, Gefühle, Spiritualität, Intuition und Denken einschließt[1]. Die „Wirtschaftslandschaft" enthält die Land- und Forstwirtschaft, die „Wissenslandschaft" umfaßt auch Know-how und Technologie, und die umgebende städtische und natürliche Landschaft umfaßt die naturnahe, bewirtschaftete oder bebaute, gestaltete, physische Landschaft und die Umwelt, auch im umweltökologischen Sinn (Abb. 2.1). Der Begriff Landschaft wurde gewählt, weil sich jeder dieser vier Bereiche in vielfältigen Umbrüchen befindet, aus denen neu strukturierte vieldimensionale „Räume", eben „Landschaften" entstehen[2].

Eine genauere Kenntnis der Zusammenhänge der Landschaften und ihrer Umbrüche ist wichtig, weil in Auswertungen deutlich geworden ist, daß Systeme gegenseitigen Nutzens zwischen diesen vier Landschaften notwendig für eine Nachhaltigkeit sind und daß dieser gegenseitige Nutzen durch die gegenwärtigen Umbrüche ermöglicht wird.

2.1
Zusammenhänge zwischen den vier Landschaften

Enge Zusammenhänge zwischen den vier Landschaften bestehen auf drei sehr verschieden tiefen Ebenen. Neben einfachen direkten Zusammenhängen, wie beispielsweise: „der Bau einer Straße verändert die Landschaft und senkt das Grundwasser ab", bestehen komplexe indirekte Zusammenhänge, wie die zwischen anfänglich hoher Attraktivität einer Region für Zuzügler, daraus folgendem Zuzug mit dadurch ausgelösten Veränderungen der Region durch diese Neuankömmlinge und langfristig oft ungünstigen Rückwirkungen auf die Attraktivität durch Verbauung, Verlärmung und Verkehr. Derartige direkte und indirekte Beziehungen sind ein Hauptanliegen der Regionalforschung und Planung. Als drittes gibt es sehr tiefe, verdeckte Beziehungen. Beispielsweise bezeichnet Georg Picht die menschliche Ästhetik als Frühwarnsystem für drohende Gefahren, so daß die Ästhetik einer Landschaft Signale zur Lebensfähigkeit bedeutet.

---

[1] Siehe auch Penrose (1995).
[2] Siehe auch im Deutschen Begriffe wie „geistige Landschaft". Im Englischen gibt es das entsprechende Wort „scape", z. B. „landscape" und „mindscape".

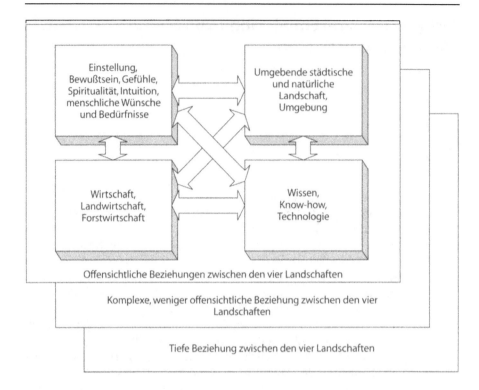

Abb. 2.1. Wechselwirkungen der „vier Landschaften" (*Quelle:* Grossmann et al. 1997c)

Bewußtsein und Einstellungen führen zu menschlichen Handlungen, die ihrerseits auf die Entwicklung der Umweltsituation einwirken und die Gestaltung der Landschaft verändern. Bewußtsein und Einstellungen lenken auch die Entwicklung von Wissen und Können, Wirtschaft und Lebensstilen. Letztere bewirken ihrerseits Veränderungen der Landschaft.

Nach 1800 erfolgte das bedeutende Aufbauwerk der Wiederbewaldung der weitgehend entwaldeten und entblößten deutschen Landschaften in einer zunehmend romantischer gestimmten Welt. Der „heilige deutsche Wald" spielte eine Hauptrolle in Carl Maria von Webers Oper „Der Freischütz", die in der Zeit der Wiederbewaldung geschrieben wurde. Aus dieser romantischen Grundstimmung führte die Wiederherstellung von verwüsteten Landschaften in einigen Gebieten zu romantischen Monumenten, etwa im Wörlitzer Park.

Gegenwärtig ist die Einstellung nicht länger romantisch sondern orientiert sich an Wirtschaftsinteressen. Daher folgt die Landschaftsgestaltung einer wirtschaftlichen Optimalität, die dazu führt, daß Industrieanlagen, Gewerbeparks und Einkaufszentren „auf der grünen Wiese" nahe an Autobahnabfahrten errichtet werden. Die Schönheit der Landschaft hat einen geringen Stellenwert; das Interesse gilt der wirtschaftlichen Entwicklung, den Arbeitsplätzen und günstigen Einkaufsmöglichkeiten.

Eine weitere Veränderung geht von der Wissenslandschaft aus. Das Wissen nimmt rasch zu, insbesondere über Informationsverarbeitung, über Vernetzung durch Computer sowie das Know-how über Bearbeitung von Materialien („intelligente Materialien", Nanotechnologie usw.) und neue Fertigungsmethoden. Die rasch ansteigende Vernetzung von Menschen, Unternehmen, Institutionen und Regierungen spielt eine Schlüsselrolle in der Änderung der vier Landschaften. Das Bewußtsein verändert sich durch eine neue Erfahrung müheloser großer eigener Reichweite und beständiger Erreichbarkeit durch die allgegenwärtige globale Vernetzung[3]. Die zentrale Rolle derartiger Kategorien, wie Bewußtsein in der Lebensgestaltung, wird von Tarnas (1991) herausgehoben. Seine Darstellung bezieht sich auf die tiefe Ebene der Beziehungen zwischen den vier Landschaften[4]: „Realität ist nicht etwas Gegebenes, das wir von außen zu verstehen versuchen. Vielmehr spielen wir dabei eine Rolle, Realität zu schaffen, und daher müssen wir die Werte und Absichten einbringen, von denen wir glauben, daß sie die am stärksten lebensfördernde („life-enhancing") Welt und Weltsicht schaffen. Wir müssen dies in die epistemologische[5] Gleichung einbringen. Insofern stellen Dinge wie Glaube, Hoffnung, Mitgefühl (oder Identifikation: „empathy") kritische menschliche Fähigkeiten und Werte dar, die dabei eine Rolle spielen, wie wir Realität kennen und insofern auch dabei, was für uns Realität wird."

Auch auf der tiefen Ebene der Beziehungen zwischen den vier Landschaften bestehen Verbindungen zwischen Lebensfähigkeit und Ästhetik. Um auf den Beobachter ästhetisch und attraktiv zu wirken, muß ein System selbstähnliche Strukturen aufweisen, es darf weder von Chaos dominiert sein, das keine Orientierung zuläßt, noch von einer starren, reizlosen Ordnung. In einem von Abraham Beer[6] angeregten Projekt zur „Revitalisierung des Inneren der Stadt Hamburg" stellte sich eine überraschende Charakterisierung von Lebensfähigkeit heraus[7]:

Eine überlebensfördernde Organisationsform von Systemen ist die multifokale, aus vielen Zentren bestehende Struktur, wie sie beispielsweise die Organisation von Stadt- und Dorflandschaften des vorigen Jahrhunderts kennzeichnete. In einem multifokalen System ist nicht alles mit allem eng vernetzt (Abb. 2.2, links), sondern es besteht aus einer Anzahl voneinander weitgehend unabhängiger, jedoch jeweils in sich recht eng vernetzter Subsysteme (Abb. 2.2, rechts). Ein multifokales System ist weit stabiler als ein durchgehend eng vernetztes System. Denn selbst wenn ein Zentrum zerstört wird, können die anderen eigenständig weiterexistieren; es kann hier keinen „Laufmascheneffekt" geben, wie er in einem eng vernetzten System möglich ist. Ein Zentrum kann nur dann eigenständig sein, wenn es von seiner Nachbarschaft klar abgrenzbar ist, also nicht Teil eines Siedlungsbreis.

Wie wird diese räumliche Organisation von Menschen wahrgenommen? Wenn ein Zentrum von den anderen klar getrennt ist, muß es irgendwo erkennbar zu Ende

---

[3] Seit November 1998 ist das Handy-Satellitennetz Iridium in Betrieb, das erste seiner Art, so daß weltweite Erreichbarkeit überall gegeben ist, auch an den Polen oder im Himalaja. Große Internet-Provider, wie AOL, bauen in den entlegensten Regionen lokale Einwahlknoten (also Ortsgesprächsgebühr) für ihre Internetkunden auf, AOL z. B. in Kathmandu.

[4] It shows that reality is not a „given" that we are trying to know from outside, as it were. Rather, we are playing a role in creating it, and therefore we need to bring the values and the aspirations that we believe would create the most life-enhancing world and world view. We need to bring that to the epistemological equation. So things like faith, hope, empathy, and imagination and aesthetic sensibility are critical human faculties and values that play a role in how we know reality, and therefore play a role in what reality becomes for us.

[5] Philosophische Erkenntnistheorie: wie Erkenntnisse erzielt werden.

[6] Stadtplaner, seinerzeit Universität Hamburg, Projektbeginn 1979.

[7] Grossmann 1987a.

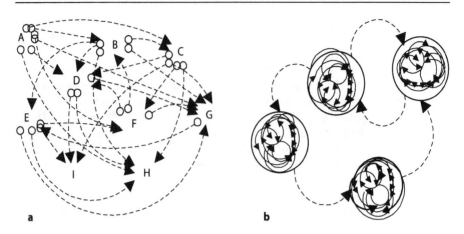

Abb. 2.2. Strukturen eines eng vernetzten (*links*) und eines multifokalen Systems (*rechts*). Im rechten System besteht nur innerhalb eines Focal Point enge Vernetzung, nicht zwischen den Focal Points

gehen. Daß dieses Zentrum erkennbar zu Ende geht, führt zu der Wahrnehmung, nicht einer unbegrenzten, unübersehbaren Welt ausgesetzt zu sein, woraus ein Gefühl der Geborgenheit entspringt. Die multifokale und insofern überlebensfördernde Organisationsform wird also mit dem Gefühl der Geborgenheit wahrgenommen.

Ein Zentrum, wie ein Dorf oder eine Stadt, kann nur dann autonom sein, wenn es dort alle Berufe gibt, um die zum Leben benötigten Leistungen bereitzustellen. Dort müssen also Bauern leben, die Lebensmittel erzeugen, Ärzte, Lehrer, Schneider, Lieferanten von Brennmaterialien, Menschen, die Wohnungen erstellen und reparieren können, und Priester, Menschen also, die sich um das Seelenleben kümmern. Dieser Vielfalt der Berufe in einem derartigen System entsprach seinerzeit eine Vielfalt der Bekleidungen, Arbeitsstätten, Wohnungen, Transportmittel und eine Vielfalt an Austauschprozessen der verschiedenen Produkte und Leistungen. Diese Vielfalt zeigte sich in einer entsprechenden Vielfalt der Gebäudeformen, der Dächer, der Kleidungen und des Wegenetzes. Die Fähigkeit dieses Systems, autonom überleben zu können, äußerte sich damit in seiner deutlichen Vielfalt. Nach den Erkenntnissen von Portele (Universität Hamburg, persönliche Mitteilung) reagieren die meisten Menschen am positivsten auf ein mittleres Maß von Vielfalt. Die vielfältigen Stadt- und Dorflandschaften des vorigen Jahrhunderts wurden als „Augenweide" bezeichnet, weil sie mit ästhetischer Befriedigung wahrgenommen wurden. Der Sinn für Ästhetik reagiert mit Freude auf eine zweite Grundvoraussetzung der Überlebensfähigkeit, die Vielfalt.

Zusammenfassend scheinen diese zwei Gefühle – Geborgenheit und Ästhetik – dem Menschen zu ermöglichen, etwas über die Lebensfähigkeit seiner Umgebung wahrzunehmen. Auch in anderen Zusammenhängen wird langsam offenbar, auf welche Art Schönheit und Lebensfähigkeit eng miteinander zusammenhängen, vergleiche Marchetti 1983 mit seinem frechen, berühmt gewordenen Artikel: „On the beauty of sex and the correctness of mathematics" („Über die Schönheit des Sex und die Richtigkeit der Mathematik"). Über die Verbindung zur Ästhetik würde sich die Wahrnehmung und Darstellung der Lebensfähigkeit auch in den Bereich der Kunst ausdehnen, denn künstlerisches Empfinden ist eng mit ästhetischen Kategorien verbunden. Vermutlich tragen auch weitere Begabungen dazu bei, die Lebensfähigkeit eines Systems unmittelbar zu erkennen, wie Ahnungen, Intuition und Empfindungen. Hier besteht eine tiefe Verbindung zwischen der Bewußtseinslandschaft und ihren Ausdrucksformen und der umgebenden Stadt- und Naturlandschaft.

Mindestens noch bis zum Ende der Romantik sind auch transzendente Motive bei der Landschaftsgestaltung prägend gewesen, wie sich an der Auswahl von Standorten für Kirchen und anderen sakralen Bauten und der Gestaltung von deren Umgebung zeigt. Nancy Nash betont den Rang derartiger Motive für die Gestaltung von Landschaften im buddhistischen Umfeld[8].

Die derzeitige enge wirtschaftliche Bewertung von Landschaften bedeutet einen kostspieligen wirtschaftlichen Irrweg, wenn sie derartige ästhetische und tiefe Zusammenhänge als irrelevant betrachtet. Denn die umgebende Stadt- und Naturlandschaft und die Umwelt im weitesten Sinn wirken auf die regionale Entwicklung der Wirtschaft und der Gesellschaft ein, da ästhetisch und funktionell attraktive Landschaften einen Standortfaktor von herausragender Wichtigkeit darstellen. Die landschaftliche Attraktivität der Räume München und „Silicon Valley" (USA) hat daran mitgewirkt, daß in beiden Räumen eine wirtschaftliche Entwicklung mit Ausnahmerang begann. Den Rang von Ästhetik zu leugnen bedeutet, Regionen die bestmöglichen Entwicklungen unmöglich zu machen.

In sehr attraktiven Landschaften setzen jedoch gegenintuitive Folgen ein; sie können durch Zuzug und Wirtschaftswachstum zu Boomregionen werden, was tiefgreifende und ungünstige Umgestaltungen bewirken kann. Damit verspielen diese Regionen eine ursprüngliche Quelle ihres Aufstiegs mit oft verheerenden Folgen für ihre langfristige Entwicklung. Dies deutet sich seit einiger Zeit im Silicon Valley an und wird von einigen Beobachtern auch für den Raum München befürchtet. Hier sind dringend neue Konzepte erforderlich, da anscheinend die bekannten Rezepte der Regionalplanung noch nie gegen einen Boom Bestand hatten[9].

Sack (1990) weist auf weitere Zusammenhänge zwischen solchen abstrakten Landschaften hin. Zwar analysiert er drei etwas anders definierte Landschaften statt vier, aber seine Einsichten sind übertragbar. Er verwendet in seiner Mensch-Natur-Theorie ein intellektuelles Gebilde („intellectual surface") von drei interagierenden Sphären („realms"): Natur, soziale Beziehungen und Sinn[10, 11]: „Wir haben Argumente unter-

---

8 Internet 1997 (http://iisd1.iisd.ca/50comm/panel/pan28.htm): „Nancy Nash is International Coordinator of Buddhist Perception of Nature, A New Perspective for Conservation Education, a nongovernmental environmental organization based in Hong Kong [...]. Throughout her career, Ms. Nash has linked diplomatic and environmental high level initiatives, assisting such global organizations as the United Nations and the World Wildlife Fund International. Ms. Nash is a Founding Member and Advisor of Earth Ethics Research Group, an Advisor of Gallup International Institute, and Hong Kong Coordinator of the Global Network on Responsibilities to Future Generations."
9 Später wird ein derartiges neues Konzept in Form des „gleichsinnigen, gleichgerichteten Profitierens der Natur" unterbreitet.
10 „We have examined arguments that claim meaning can shape nature and social relation; that nature can shape meaning and social relations; and that social relations can do the same for meaning and nature. Within this circularity lie the undercutting issues of reflexivity. Where then do we turn? Each position purports to tell us something about the causes for human alteration of the environment. But each can be undermined by another."
11 Der von Sack verwendete Begriff „Sinn" erlebt derzeit eine deutliche Aufwertung (z. B. im Consulting durch den Unternehmensberater Pater Hermann-Josef Zoche, Waldshut, oder durch Senge 1990).

sucht, wonach Sinn die Natur und soziale Beziehungen formen kann, wonach Natur ihrerseits Sinn und soziale Beziehungen prägen kann und wonach soziale Beziehungen das gleiche mit Sinn und Natur bewirken. Dieser Kreisprozeß wird durch Reflexivität[12] [...] logisch unterhöhlt".

Sack sieht sich für seine Analyse der auslösenden Faktoren mit der „Henne-Ei-Problematik" konfrontiert, wonach in kausalen Kreisprozessen die ursprünglich auslösende Ursache kaum feststellbar ist. Im Vergleich zu Sacks Analyse ist das Vorgehen hier systemorientiert: In Kreisprozessen kann man an jeder Stelle eingreifen; der Kreisprozeß trägt die Auswirkungen der Veränderung dann weiter. Kreisprozesse stellen rückgekoppelte Systeme dar, ohne die es kein Leben gibt. Es geht darum, gegenintuitive Wirkungen im Kreisprozeß zu vermeiden.

Zudem sieht Sack eine weitere Problematik aus der Reflexivität entspringen. Natürlich reagieren Menschen auf die Änderungen ihrer Umwelt. Dies kann zu einer Unterhöhlung in der Form unvorhergesehener Reaktionen führen, es kann aber auch dazu verwendet werden, Menschen als Verbündete für geplante günstige Veränderungen zu gewinnen. Hier wird der Ansatzpunkt gewählt, Menschen zu neuen Einkommensmöglichkeiten mit den Mitteln der Informationsgesellschaft zu verhelfen, und anschließend mit ihnen die daraus resultierende „Bringeschuld" an günstigen Umweltveränderungen abzuleisten, um statt gegenintuitiven Reaktionen eine weitere Unterstützung des begonnenen Wegs zu erfahren.

Anschließend fragt Sack weiter: „Wohin wenden wir uns also? Jede Position gibt vor, uns etwas über die Gründe für Änderungen der Umwelt durch den Menschen sagen zu können. Aber jede kann von der anderen untergraben werden." (Sack 1990, S. 667).

Jede kann von der anderen untergraben werden; aber über die gleichen systemaren Zusammenhänge können auch Systeme gegenseitigen Nutzens aktiv werden, um so mehr, als derartige Systeme für alle potentiellen Partner attraktiv sind. Dies ist einer der Gründe, weshalb Systemen gegenseitigen Nutzens hier eine so bedeutende Rolle zugewiesen wird.

Damit unterstützt das Rahmenwerk der vier kommunizierenden Landschaften eine Analyse der Wirkungen auch tiefer Veränderungen. Wenn Information die Dominanz der Materie beendet, um Dyson et al. zu zitieren, dann wird diese Dominanz der Materie ebenfalls in der Gestaltung von Landschaft und Umwelt aufhören. Gefühle könnten wieder wichtiger werden als zweckrationale Nutzung von Fläche für materieorientiertes Leben, und Ästhetik könnte mit ihren Botschaften zur Lebendigkeit der Umgebung wieder eher gehört werden.

Die vernetzende Wirkung des neuen Informationspotentials könnte in hohem Maß die Schaffung von Synergien zwischen den vier Landschaften begünstigen. Denn schon immer hat es in der Entwicklung der vier Landschaften Synergien gegeben, wie zu Anfang des vorigen Jahrhunderts bei dem „gewaltigen Aufbauwerk der Wiederbewaldung" Deutschlands nach dem weiträumigen Kahlschlag wegen Holznutzung durch wandernde Industrien und darbende Bauern. Durch die Notwendigkeiten einer materiedominierten Wirtschaft überwogen aber in jüngster Vergangenheit bis in die Gegenwart die ungünstigen wechselseitigen Einflüsse.

---

[12] Reflexivität bedeutet z. B., daß Menschen als Reaktion auf Entwicklungen in unvorhersehbarer Weise neue Elemente einführen können.

2.2
Vier abstrakte Sphären zur Ergänzung der vier Landschaften

Das Bild der vier Landschaften allein reicht nicht, um die Grundelemente der Nachhaltigkeit zu erfassen, denn der Mensch ist zwar ein Wesen mit Bewußtsein und Wissen, aber genau so auch ein soziales, kulturelles und intellektuelles Wesen. Diese menschlichen Sphären stehen wie die vier Landschaften miteinander in enger Wechselbeziehung (Abb. 2.3).

Zum Beispiel könnte kein Lehrer einem Schüler kulturelles Wissen oder spirituelle Weisheiten weitergeben, wenn soziale Bande unmöglich sind. Die kulturelle Sphäre ist so kennzeichnend für Menschen, daß ohne sie die anderen Sphären kaum denkbar wären. In diesem Beziehungsgeflecht wird deutlich, daß jede Sphäre auf das Funktionieren aller angewiesen ist. Wenn man zur positiven Entwicklung einer Sphäre beiträgt, kann dies zugleich die Entwicklungsmöglichkeiten der anderen Sphären verbessern. Damit können letztere von einer verbesserten Position stärkend und entwickelnd auf die erste Sphäre zurückwirken. Dadurch sind Systeme wechselseitigen Nutzens möglich, die eine Entwicklung aller Sphären fördern.

Auch hier ändern sich die Beziehungen zwischen den vier Sphären in der Zeit: In mittelalterlichen Gesellschaften Europas mag der Schwerpunkt auf der spirituellen Sphäre gelegen haben. Mit der Aufklärung begann die intellektuelle Sphäre[13] ihren

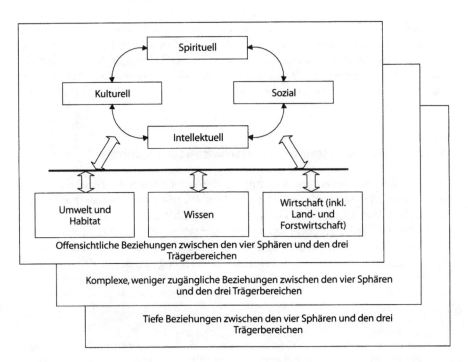

Abb. 2.3. Vier abstrakte menschliche Sphären und drei Trägerbereiche

---

[13] Zur intellektuellen Sphäre siehe Slobotkin 1994.

Aufstieg zu ihrer gegenwärtigen starken Position, wobei die Wertschätzung der kulturellen Sphäre einem beständigen Wandel unterlag. Gegenwärtig scheinen die kreativen und intuitiven Fähigkeiten zu einer neuen Wertschätzung zu gelangen und demgegenüber wird über einen relativen Bedeutungsverlust der intellektuellen Sphäre spekuliert. Dieser mag den Rückgang von Studienanfängern in naturwissenschaftlichen Fächern in allen entwickelten Ländern bewirkt haben[14]. Andererseits wenden sich viele junge Leute nicht länger den analytischen Naturwissenschaften, sondern intellektuell vergleichbar anspruchsvollen aber „synthetischen" Wissensgebieten zu, wie der Erstellung neuer Software und anderen intellektuellen Produkten, und dies mit größter Intensität und oft unbezahlt. Beispielsweise hat diese intensive Zuwendung zum intellektuellen Abenteuer einer Vernetzung die Vernetzungssoftware des Internet hervorgebracht und damit das Internet geschaffen.

Eine Informationsgesellschaft ist eng mit der intellektuellen Sphäre verbunden; eröffnet der Kultur viele neue Möglichkeiten[15] und kann insofern im Prinzip von mehreren Ansatzpunkten aus zu einer günstigen Zukunft aller vier Sphären beitragen und ihrerseits davon profitieren.

Die würdigste und verantwortungsvollste Regionalpolitik sollte dieses wechselseitige aufbauende Verhältnis der vier Landschaften und der vier Sphären anzuregen und zu fördern versuchen.

Diese Bilder der vier Landschaften und der vier Sphären sollten bei dem gegenwärtigen Übergang zur Informationsgesellschaft beachtet werden, um nicht aus vorübergehenden Moden und Meinungen langfristig bestehende Dinge zu schaffen, wie beispielsweise Verkehrsinfrastruktur, sondern um aus einem Bewußtsein für die unterschiedliche zeitliche Gültigkeit der verschiedenen Anforderungen zu handeln. Günstige Optionen in den beiden Systemen der menschlichen Sphären und der vier Landschaften sind eher verwirklichbar, wenn sie alle hier angesprochenen Bereiche einbeziehen, also *zusammen mit der Bevölkerung, Politik, Verwaltung und Wirtschaft ausgearbeitet* werden.

2.3
Wechselnde Prioritäten der Landschaften und Sphären

Umweltprobleme wurden erst seit Anfang der 1970er Jahre wahrgenommen und bestimmten seitdem zunehmend das Handeln. Dies war eine Periode hohen wirtschaftlichen Wohlstands und knapper Arbeitskräfte, weshalb Wirtschaftsthemen weniger Aufmerksamkeit genossen. Ab Ende der 1980er Jahre wurde die Wirtschaftssituation in Deutschland ungünstiger und die Arbeitslosenzahlen nahmen zu. Dies führte nicht zu einer sofortigen Prioritätsverschiebung zugunsten der Wirtschaft, sondern es wurden große Umweltmaßnahmen durchgeführt, wie die Entschwefelung

---

[14] Hartwig Spitzer, Universität Hamburg, persönliche Mitteilung.
[15] Beispiel 1: Das „American Photo Magazine" prüfte 1997 die Zahl der Photoausstellungen im Internet und kam auf ca. 12 000, bei der nächsten Prüfung waren es ca. 15 000.
Beispiel 2: Viele Bilder vieler Museen sind im Internet ausgestellt.
Beispiel 3: Das „Project Gutenberg" bietet Tausende von Volltexten, mittlerweile werden auch zahlreiche deutsche Texte aller Zeiten angeboten (außer den noch durch Urheberrecht geschützten).

der Kraftwerksabgase, die Förderung des Pkw-Katalysators und die Verringerung der Emissionen von flüchtigen Kohlenwasserstoffen. Seit jedoch die Arbeitslosigkeit hoch ist, nahm die Bereitschaft ab, Umweltproblemen weiterhin eine besondere Priorität einzuräumen. Dieser Trend hat sich gegen Ende der 1990er Jahre deutlich verstärkt; beispielsweise werden die Konventionen zur Verringerung von klimawirksamen Gasen nur abgeschwächt ratifiziert und langsam umgesetzt.

Dagegen genießt die Förderung der Wirtschaft jetzt allgemein höchste Priorität, wenngleich aus regional unterschiedlichen Gründen. In Westeuropa ist die Arbeitslosigkeit ein bedeutender Antrieb, in den USA die Begeisterung über den Boom und die vielen neuen Möglichkeiten durch das Wachsen des Informationsbereichs. In den Entwicklungsländern besteht die Notwendigkeit, Hunger, Armut und Unterentwicklung zu vermindern. Weltweit wirkt die Aussicht auf Wohlstand und Wirtschaftswunder beflügelnd, nicht nur die Not. Dies zeigt sich in den Entwicklungsvorstellungen der asiatischen „Tigernationen" und dem weltweiten Wunsch nach raschem Reichtum und eigenem Auto.

Da die Förderung der Wirtschaft derzeit weltweit Vorrang genießt, jedoch überall sehr unterschiedliche Motive genannt werden, kann man davon ausgehen, daß letztlich nicht nur diese genannten Motive die treibende Kraft darstellen, sondern daß es zusätzlich tiefere Beweggründe gibt. Diese könnten bewirken, daß die Priorität für Wirtschaft auch bei einem Wandel der wirtschaftlichen Gegebenheiten anhalten wird. Für die Existenz derartiger Gründe spricht, daß ein beginnender Wohlstand in Teilen Asiens nicht zu einer Verringerung des Wirtschaftsaufbaus geführt hat, obwohl er eine teilweise Zuwendung zu anderen Bereichen erlaubt hätte, ganz besonders die Wiederherstellung der Kulturlandschaft. Statt dessen wirkte wirtschaftlicher Erfolg dort wie in den USA selbstverstärkend, d. h. er vergrößerte den Wunsch nach weiterer wirtschaftlicher Entwicklung. Diese Priorität für die Wirtschaft könnte in der durch die Informationsgesellschaft bewirkten Aufschwungphase die Konflikte zwischen Wirtschaft und Umwelt ausweiten.

2.4
Zusammenfassung

Durch die neuen Möglichkeiten des Informationspotentials zeichnen sich realistische Chancen ab, die notwendige Dematerialisierung dramatischen Umfangs zu erreichen, sowie eine Strategie der Lebens- und Entwicklungsfähigkeit, der Lebendigkeit, für alle vier Landschaften und Sphären zu verwirklichen. Damit können die Landschaften und Sphären nicht nur ungünstige Ereignisse auffangen, sondern sie werden in ihrer eigenen Entwicklung unterstützt.

Die neuen Möglichkeiten gestatten den Aufbau von Systemstrukturen wechselseitiger Förderung, also Synergien, zwischen allen vier Landschaften und menschlichen Sphären.

 Vermutlich können nur derartige Synergien den ökologisch zerstörerischen Schwung weltweiter wirtschaftlicher Entwicklung auffangen, umlenken und in gutem Sinn nutzbar machen.

2.5
Überblick über das gesamte Vorgehen

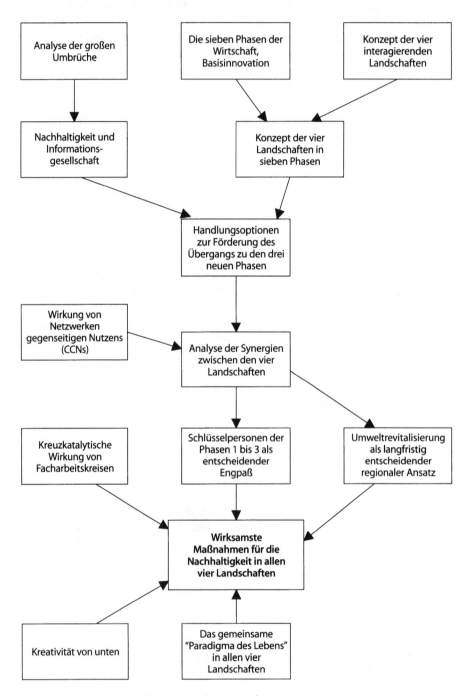

Abb. 2.4. Die Beziehung der Themenbereiche zueinander

KAPITEL 3

Sieben Entwicklungsphasen einer Basisinnovation

In der Geschichte der letzten 200 Jahre werden Zyklen von etwa 50–60 Jahren offenbar, in denen ausgedehnte Branchen verschwanden und in der Folge neue aufstiegen.

Nach 1800 erschloß die Dampfmaschine zunächst die Kohle in Bergwerken – also eine damals fast unbegrenzte Energiequelle – und ermöglichte dann mechanisches Spinnen und Weben und etwas später den Transport mittels Schiffen und Eisenbahnen. In der Folge hat sie Lebensmuster, die Erreichbarkeit ferner Kontinente und die Verteilung von Macht und Reichtum vollkommen verändert. Regionen verarmten, andere wurden wohlhabend.

Die kontinentalen Eisenbahnnetze nach 1870 bewirkten ganz neue Handelsströme und rückten z. B. in Europa den bis dahin fernen Orient in eine erreichbare Nähe; der „Orientexpress" wurde zu einer Legende. Zugleich entstand eine neue Chemie auf der Basis der reichlich vorhandenen Kohle und sehr bald begann auf derselben Basis die Erzeugung von Elektrizität. Wieder veränderte sich die Verteilung von Macht und Reichtum; selbst das politische Gewicht der europäischen Länder verschob sich.

Das Kfz erlaubte etwa ab 1930 eine Neugestaltung der Städte, den Bau von Vorstädten in einer grünen Umgebung und Familienurlaube in der Ferne. In Verbindung mit der Kühltechnik ermöglichte das Kfz den Ferntransport von Lebensmitteln und die zentrale Lagerung und Vorratshaltung in den Haushalten, was eine Umwälzung räumlicher Muster der landwirtschaftlichen Produktion, der Vermarktung und des Wohnens auslöste[1]. Wiederum wurden manche wohlhabenden Regionen arm, andere stiegen auf.

Dampfmaschine, Eisenbahn, Elektrizität, Kfz und Kühltechnik sind Beispiele von sogenannten Basisinnovationen; Innovationen, die das Leben der Menschen und ihre Wirtschaft weitreichend verändern. Diese Basisinnovationen sind jeweils im Zusammenhang mit dem Verschwinden von ausgedehnten Branchen und Aufstieg neuer Branchen aufgetreten.

---

[1] Nach Freeman (1986) sind Basisinnovationen außerdem durch folgende Merkmale gekennzeichnet: a) Dramatische Kostensenkungen (z. B. drastische Senkung des Kilometerpreises nach Einführung der Eisenbahn). b) Dramatische Verbesserung der technischen Merkmale von Produkten und Diensten (z. B. Automobil statt Pferdekutsche), d. h. verbesserte Qualität, Verläßlichkeit oder Geschwindigkeit. c) Soziale und politische Akzeptanz (der „Paradigmenwechsel" umfaßt auch Veränderungen des Ausbildungssystems, der Arbeitsorganisation und des Managements). d) Umweltpolitische Akzeptanz (Freeman ordnet daher die Nuklearindustrie nicht als echte Basisinnovation ein, wohl aber die Mikroelektronik). e) Durchdringende Effekte im gesamten wirtschaftlichen System.

Auf diese langen Zyklen wurde zuerst Kondratieff (1926) in den 1920er Jahren aufmerksam. Diese Analysen wurden fortgesetzt mit dem Konzept der „kreativen Zerstörung" bestehender Verhältnisse von Schumpeter (1962) und den Arbeiten von Mensch (1984), der die Verbindungen dieser langen Wirtschaftszyklen[2] mit den Basisinnovationen[3] herstellte.

Am Anfang einer Basisinnovation steht oft eine Idee oder ein Traum, etwas, das begeistert oder aufbegehren läßt und das neue Wege öffnet und alte Welten abstürzen läßt. Basisinnovationen treten zumeist in Gruppen oder Bündeln auf; bisher löste jede bedeutende Innovation Dutzende von Folgeinnovationen aus. Die Dominanzdauer einer derartigen Gruppe von Basisinnovationen beträgt etwa 50–70 Jahre. Am Ende werden die Basisinnovationen wirtschaftlich vergleichsweise unwichtig oder verschwinden gänzlich. Dabei kommt es fast immer zu ausgedehnten Wirtschaftskrisen mit hoher Arbeitslosigkeit – kreative Zerstörung – bevor etwas Neues wieder Einkommen und Vollbeschäftigung bewirkt.

In Abb. 1.1 wurden nur zwei Phasen der Wirtschaftsentwicklung unterschieden; alt und neu. Dies reicht zwar, um generelle Alterungs- und Ablösungsprozesse darzustellen; aber für das Verständnis der technologischen, wirtschaftlichen und sozialen Entwicklung von Basisinnovationen ist es notwendig, fünf bis acht Phasen von Entstehen über Reife bis hin zum Bedeutungsverlust oder gar Verschwinden gegeneinander abzugrenzen (Abb. 3.1). Gaines (1995) verwendet sechs, die australische Unternehmensberatung IBIS sieben Entwicklungsphasen. Für ökologische und soziale Sachverhalte haben sich sieben Phasen am besten bewährt.

Diese sieben Phasen werden zunächst für wirtschaftliche und dann für soziale und Umweltentwicklungen dargestellt.

Diese sieben Entwicklungsphasen reichen von der ersten zögernden Herstellung gänzlich neuartiger Produkte (in der Systemformulierung in Abb. 3.1: e1, Economy 1) bis zum Stadium der wirtschaftlich nicht mehr prägenden Bedeutung der Basisinnovation oder bisweilen ihres gänzlichen Verschwindens (in Abb. 3.1: e7, Economy 7), wie etwa der Transatlantik-Passagierschiffahrt nach Verbreitung der Düsenverkehrsmaschinen.

---

[2] Hierzu führt Multhaup (RZM, unveröffentlichter Text) folgendes aus: Siehe zu formal-theoretischen Modellen des Produktzyklus und seiner globalen Auswirkungen auf die globale Verteilung der Einkommen Krugman (1979), Brezis et al. (1993) und zu den Auswirkungen der Globalisierung Krugman (1995), wo er die Analyse um die Bedeutung der „trade costs" erweitert. Duysters (1996) verbindet den Produktzyklus mit der evolutionären Ökonomie und führt empirische Analysen für verschiedene Branchen (Computer, Telekommunikation, Halbleiter) durch. Zu Theorie und Evidenz der Langen Wellen siehe Spree (1991), Berry (1991) und Kleinknecht (1992). Berry (1991) weist die Existenz langer Wellen der wirtschaftlichen Entwicklung für die USA nach. Er bedient sich hierbei auch eines graphischen Ansatzes der Chaosanalyse, mit denen er „strange attractors" der Wirtschaftsentwicklung aufzeigt. Die Beiträge in Kleinknecht (1992) verwenden zeitreihenanalytische Verfahren für die Ermittlung langer Wellen in verschiedenen europäischen Ländern und den USA. Vgl. Metz (1992) und Gerster (1992).

[3] Dazu gibt Multhaup folgende Zusammenstellung: Die Daten von Mensch sind oft kritisiert worden, siehe z. B. Berry (1991), weil er für die 1930er Jahre keinen kausalen Zusammenhang zwischen den Innovationen des sogenannten „information bunch" sieht. Oft wird die Auswahl der Innovationen in Frage gestellt. Neuere Untersuchungen zeigen aber, daß die von Mensch aufgezeigten Tendenzen plausibel sind; z. B. weist Kleinknecht 1992 mit Hilfe einer Analyse verschiedener Innovationssamples (von 1. Mensch, 2. van Duijn, 3. Haustein und Neuwirth) nach, daß es vor allem nach 1875 und dann wieder nach 1927 zu einem längerfristigen Anstieg des Aufkommens an Basisinnovationen gekommen ist.

Abb. 3.1. Grundmodell der sieben
Phasen wirtschaftlicher Entwicklung von Basisinnovationen

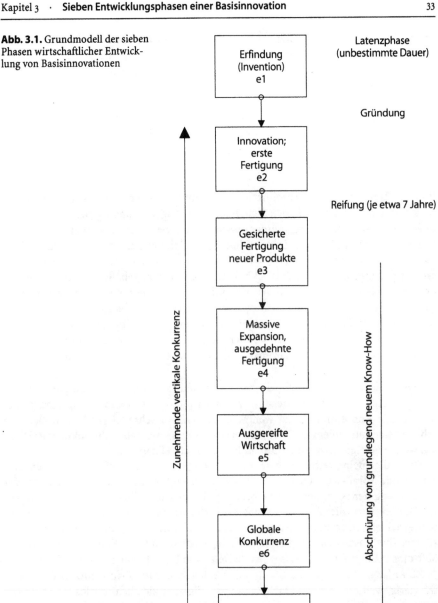

Latenzphase
(unbestimmte Dauer)

Erfindung
(Invention)
e1

Gründung

Innovation;
erste
Fertigung
e2

Reifung (je etwa 7 Jahre)

Gesicherte
Fertigung
neuer Produkte
e3

Massive
Expansion,
ausgedehnte
Fertigung
e4

Ausgereifte
Wirtschaft
e5

Globale
Konkurrenz
e6

Maximaler
Gewinn,
sklerotische
Phase
e7

Zunehmende vertikale Konkurrenz

Abschnürung von grundlegend neuem Know-How

Wirtschaftlicher Abstieg,
oft Verschwinden

Phase 1. Inventive Phase, in der Systemformulierung „Economy 1 (e1)", die Phase der
zumeist skurrilen bis verrückten Erfindungen. Erfindungen werden zumeist viele
gemacht; die wenigsten werden irgendwann genutzt. Dieser Prozeß ist so verblüffend,
weil „aus dem Nichts" etwas entsteht.

Phase 2. Das sehr bedeutende Stadium der Überführung einer Erfindung zu etwas Nützlichem und Verkäuflichem (Economy 2: e2, Innovation). Hier entsteht das erste Produkt, gleichgültig ob es eine Dienstleistung oder ein dingliches Produkt ist, und in dieser Phase beginnt die erste Produktion. Hierfür sind Finanzmittel (Risiko- und Startkapital) und spezielle Managementkenntnisse erforderlich. Gewinne sind hier noch nicht groß; zumeist werden keine erzielt. Diese Phase ist magisch, da hier die weite Kluft zwischen dem Bereich der vielen untauglichen Erfindungen und dem Bereich des Brauchbaren, Begehrenswerten, Verkäuflichen überbrückt wird. Der Entwicklungsaufwand ist hier oft noch größer als für die Erfindung.

Phase 3. Gesicherte Pionierproduktion (Economy 3: e3) der grundlegend neuen Entwicklung. Die Mengen sind noch nicht hoch aber steigen beständig; hier können erste Gewinne entstehen. Das Fertigungswissen wird verläßlicher und breiter. In dieser Phase kommt es zu einer breiten Produktdiversifizierung und zur Einführung vieler begleitender Basisinnovationen sowie schon hier zu ausgedehnten Unternehmenszusammenlegungen. Die neue Entwicklung wird an vieles angepaßt, was schon existiert und mit vielem zusammengeführt, was mit ihr zusammen entsteht und vor allem wird die nötige neue Infrastruktur erstellt. Dadurch kommt es zu einer Innovationsfront. In dieser Phase werden dringend Personen gesucht, die sich mit den neuen Ideen rasch und tief anfreunden können und zur Entwicklung und Ausbreitung des Neuen beitragen. Die Dauer der Phasen ab e2 beträgt jeweils fünf bis acht Jahre.

Phase 4. Hier erfolgt eine schnelle massive Expansion der Produktion einer breiten Gruppe mittlerweile weithin bekannter neuer Produkte (Economy 4: e4, Expansionsphase). Die Konzentration auf wenige Unternehmen schreitet rasch fort. Dadurch erhalten sich nur diejenigen Regionen eine Fertigung der neuen Produkte oder Dienste, wo die Fertigung weit überdurchschnittlich schnell zunimmt.

Diese allgemeine Verbreitung der neuen Produkte kann erst erfolgen, nachdem entsprechende Voraussetzungen geschaffen wurden und weiterhin Zug um Zug mit der Ausdehnung der Fertigung und Verbreitung der neuen Produkte entstehen, zum Beispiel infrastruktureller Art: Die Eisenbahnen erforderten zu ihrer Verbreitung ein wachsendes Schienennetz; Pkws ein noch größeres Straßennetz sowie Tankstellen und Werkstätten. Die Internet-Nutzung erfordert PCs, Modems, Informationsinfrastruktur und Software. Handys erfordern ausgedehnte Netze von Basisstationen und viel Software.

Zu Anfang einer Basisinnovation ist der Aufbau von zugehöriger Infrastruktur noch schwierig, weil die Infrastruktur zwar kostspielig aber ziemlich wertlos ist. Denn der Wert der zugehörigen Infrastruktur steigt stärker als die Zahl der Nutzer oder Teilnehmer (Kelly 1997), ist also zu Anfang sehr niedrig. Beispielsweise ist ein Telefonnetz mit nur einem Teilnehmer sinnlos; erst wenn einige Promille der Bevölkerung und Unternehmen angeschlossen sind, wird der Erwerb eines Telefons sinnvoll. Der Wert eines jeden schon installierten Telefons und der Wert des gesamten Telefonnetzes steigen mit der Zahl der Teilnehmer. Wenn es so weit ist, daß zu einer Basisinnovation vernetzende Infrastruktur in größerem Umfang aufgebaut wird, steigt die Bedeutung der Basisinnovation zusätzlich auf exponentielle Weise mit der Ausdehnung dieser Infrastruktur. Dies ist derzeit für das Internet in fast allen seinen Anwendungen zu beobachten, genauso wie für geschäftliche Transaktionen über Netze, denn jedem Netzteilnehmer sind um so mehr Käufe und Verkäufe möglich, je mehr Teilnehmer sich im Netz befinden.

Die personelle Ausweitung erfolgt in Phase e4 sehr rasch. Es kommt zu umfangreichen Schulungsmaßnahmen und oft zur Gründung von „Akademien" und „Universitäten", wie immer sich diese Bildungseinrichtungen bezeichnen. Beispielsweise existieren derartige Einrichtungen bei Unternehmen wie SAP (SAP College in der Schweiz) oder Oracle, die beide momentan überwiegend in der Phase e4 aktiv sind[4]. In Phase e4 fallen die größten regionalen Einkünfte an, da hier besonders viele Personen beschäftigt sind und durchschnittlich die höchsten Pro-Kopf-Einkommen erzielt werden.

Phase 5. Nach der raschen Expansion erfolgt die Reifephase mit Marktsättigung (Economy 5: e5). Die ehemals neuen Produkte sind jetzt vertraut, ihre Herstellung ist an vielen Stellen möglich. Dadurch steigt die Konkurrenz rasch an und wird international. Rationalisierung ist erst für gut bekannte Produkte, also etwa ab dieser Phase e5 möglich. Der Konkurrenzkampf erfordert einen Abbau von Mitarbeitern, der durch Rationalisierung geleistet wird. In Phase e5 kann es trotz Rationalisierung noch zum Ansteigen der Mitarbeiterzahl kommen, wenn die Nachfrage rascher wächst als die Rationalisierungsmöglichkeiten. Jedoch kann das Produkt mit durchschnittlich weniger qualifizierten Mitarbeitern erstellt werden, so daß die durchschnittlichen Einkommen zurückgehen. Dagegen steigen die Gewinne der überlebenden Unternehmen durch Kosteneinsparungen. Unternehmen, die in Phase e4 in der Expansion zurückbleiben, sind dann in Phase e5 im Vergleich zur Konkurrenz so klein, daß sie kaum Chancen haben, die internationale Konkurrenz im Preis- und Vermarktungswettbewerb zu überstehen.

Phase 6. Die Konkurrenz ist in dieser Phase sehr hoch geworden. Daher ist in dieser Phase geschickte Verwaltung entscheidend wichtig, denn sie spart Kosten, glättet Abläufe und sorgt für zufriedene Lieferanten und Kunden. Tiefe Innovationen erfolgen zumeist zuletzt in Phase 4, also in Phase 6 schon seit mehr als 10 Jahren nicht mehr. Für tiefe Innovationen wäre eine reine Verwaltung auch ungeeignet. Durch weltweite Fertigung nimmt die Konkurrenz so zu, daß ein Überleben auch eine geschickte regionale Verteidigung erfordert. Dies bedingt eine enge regionale Zusammenarbeit von führenden Managern, führenden Gewerkschaftlern und führenden Regionalpolitikern. Derartige enge regionale Koalitionen sind derzeit allenthalben zu beobachten. Sie sind unerläßlich, um die kostbaren regionalen Standorte in der globalen Konkurrenz zu verteidigen. Diese Koalitionen entwickeln derzeit oft sehr kreative neue Organisationen der Arbeit, wie flexible 4-Tage-Wochen, um die Flexibilität der Fertigung im internationalen Wettbewerb zu erhöhen. Jegliche gefährliche Störung wird unterdrückt, wozu auch grundlegende Innovationen gehören würden. Damit werden insbesondere neue Basisinnovationen unterdrückt. Hohe Umweltforderungen sind nicht mehr möglich. Nicht nur wird der Personalabbau massiv fortgesetzt, der (nach internen Unterlagen von IBIS aus den frühen 1980er Jahren genauso wie nach heutigen Geschäftsberichten) zugleich eine weitere Gewinnsteigerung gestattet. Die Unternehmen müssen sich auch mit sehr verläßlicher Qualität behaupten. Durch Produktdiversifikation werden die Produkte sowohl als auswechselbare Massenprodukte angeboten, als auch als hochwertige Produkte, die sich durch Imagekomponenten und neue Funktionen verändern und aus der Masse herausheben.

---

[4] Beide greifen jedoch immer noch Innovationen aus Phase 2 auf, wie etwa die Internet-Nutzung.

Kasten 3.1. Variationen von Basiszyklen

Der Vergleich mit tatsächlichen Entwicklungen zeigt, daß dieses Bild der Phasen eine gut verwendbare Idealisierung darstellt und auch modifizierte Abläufe festzustellen sind, wie an der Entwicklung des Pkw deutlich wird. Die klassischen Komponenten, d. h. Motor, Fahrgestell und Karosserie,
werden in einem weltweiten Wettbewerbsmarkt gefertigt und sind wirtschaftlich relativ nicht mehr
so bedeutend wie vor 20 Jahren. Dennoch wird insgesamt eine höhere Wertschöpfung als je erreicht.
Diese Erhöhung stammt von neu integrierten Komponenten wie Musikanlage, Elektronik und Bord-
computer, ABS-Systeme, Airbags, GPS-Komponente, digitale Fahrzeugleitsysteme und seit kurzem
auch Internetanschluß, alles informationsbasierte Produkte. Möglich ist die Integration vielfältiger
neuer Komponenten deshalb, weil ein Pkw ein großes Transportvermögen hat. Deshalb kann man in
den Pkw viele zusätzliche Angebote hineinkonstruieren. Dadurch erfüllen Pkw über das Mobilitäts-
bedürfnis hinaus zunehmend andere Wünsche. Durch den Einbau von Handy und mobilem Internetanschluß wird der Pkw zu einem fahrbaren Büro und unterstützt Funktionen im Bereich Arbeit. In
dem Maß, wie der Pkw immer mehr Hauptaktivitäten des Menschen bedient, tritt seine Transport-
leistung fast in den Hintergrund. Es ist immer wieder passiert, daß ein Produkt sich so gewandelt
hat, daß es am Ende seine ursprüngliche Funktion verlor. Im Falle des Pkw könnte dies bedeuten,
daß einige seiner Weiterentwicklungen nicht länger eine Transportfunktion anbieten.

Phase 7. Zu Beginn dieser Phase (Economy 7: e7) werden die höchsten Gewinne
erzielt, weil die Produkte und alle Märkte gut bekannt sind, weiter rationalisiert wird
und insofern die Kosten bei Entwicklung, Produktion und Vermarktung anteilsmäßig
gering und gut einschätzbar sind. Absolut können die Entwicklungskosten hier
gleichwohl sehr hoch sein; die Entwicklung einer grundlegend neuen Basisinnovation
ist zumeist viel billiger als die Entwicklung einer neuen Produktlinie bei einer etablierten Automarke. Geringe Zahlen von sehr großen Unternehmen, umgeben von
Zulieferern, bedienen den globalen Markt. Die Gewinne werden jedoch oft nicht
mehr mit dem Ausgangsprodukt erzielt, sondern mit Ausstattungen und Ausrüstungen, die später dazugekommen sind. In dieser Phase verliert der Wertschöpfungs-
aspekt der Ausgangsprodukte der frühen Phasen e1 bis e3 massiv an Bedeutung. Auch
komplexe Produkte können wirtschaftlich im Vergleich zu ihrer besten Zeit ganz verschwinden oder relativ bedeutungslos werden, wie etwa Elektromotoren, die zwar
weiter verbreitet sind als je zuvor, aber die für keine Region eine auffallende Bedeutung behalten haben dürften. Durch Unterdrückung grundlegender Innovationen
und scharfe internationale Konkurrenz bei tiefen Einschnitten in die regionale Kaufkraft kann die Lage regional hoffnungslos werden. Viele Regionen schaffen es jedoch,
ihren Produkten zusätzliche Merkmale zu geben, die sie von der Masse differenzieren, wie Lebensgefühl, Styling und Markennamen. In einigen Regionen regieren die
Aussitzer im, wie Läpple es nennt, „sklerotischen Milieu" einer lernunfähig gewordenen Region, in anderen Regionen gelingen geschickte Produktumfunktionierungen,
die der alten Basisinnovation neue menschliche Aktivitätsbereiche erschließen. Im
Angesicht zurückgehender regionaler Kaufkraft greifen manche Politiker und
Gewerkschaftler zu Rezepten wie starker Lohnerhöhung, um die breite Kaufkraft wieder zu erhöhen. Damit jedoch ändert sich die Stellung der Basisinnovation in ihrem
Lebenszyklus nicht; ein derartiges Vorgehen könnte in dieser Situation eher gegen-
produktiv wirken. Die Wirtschaft, die derartige Produkte weiterhin herstellt, kann so
vernachlässigbar geworden sein, daß sie nach einer vorhergehenden Abstiegsphase
des Aussitzens und der Unbeweglichkeit als praktisch verschwunden gelten kann. Bisweilen – z. B. Transatlantikpassagierschiffahrt – verschwindet sie sogar physisch.

> Die krassen regionalen und sozialen Auswirkungen derartiger fundamentaler Alterungsprozesse sollten mit den vielen neuen Einsichten über die Existenzbedingungen von lebendigen Systemen in Zukunft vermieden werden können.

Die Phasen 2 bis 7 dauern je etwa fünf bis acht Jahre, die Erfindungsphase oft sehr viel länger, wobei die Entwicklung nicht schematisch, sondern individuell verläuft. Vor allem erfolgen in den Phasen 3 und 4 immer wieder Rückgriffe auf neue Entwicklungen, die sich erst in den Phasen 1 oder 2 befinden, um das entstehende Basisinnovationscluster zu ergänzen, wo es nötig oder profitabel ist. Beispielsweise hat die Kältetechnik zur Entwicklung von Kühllagern, Kühlwagen, Haushaltskühlschränken und zentralen Supermärkten geführt.

Die Entwicklung der Phasen 1 bis 7 stellt einen offenen Prozeß dar, der gut erkennbaren Regeln unterworfen ist. Dieser dauert etwa 60 bis 80 Jahre[5], wobei in den Statistiken vor allem der Abschnitt der letzten 50 bis 70 Jahre erscheint; siehe z. B. Berry (1991, S. 75f).

Hier wird die Abfolge der sieben Entwicklungsphasen durch ein Zusammenwirken verschiedener Faktoren erklärt, die in der Literatur alternativ beschrieben werden. Diese werden hier sämtlich benötigt und noch um zwei Faktoren erweitert, um eine kausal und dynamisch plausible Modelldynamik zu erreichen.

1. Begonnen wird der Zyklus von einer begründenden Generation der Erfinder und darauf aufbauend der Innovatoren[6]. Hall und Preston (1988) erwähnen nur Innovatoren und machen im Gegensatz zu Senge nicht den für regionale Entwicklungspolitik und Firmenneugründungen zentralen Unterschied zwischen Erfindern und Innovatoren. Dieser Zyklus kann sich i. allg. nur entfalten, wenn die vorherige Welle von Basisinnovationen sich durch den Zyklusdurchlauf bis Phase 7 erschöpft hat und damit Ressourcen für Neues frei werden. Eine grundlegend andere Basisinnovation kann aber dann mitten in einem Zyklus dazukommen, wenn sie für die bestehenden Basisinnovationen außerordentlich nützlich ist. Dies macht die Zyklen schwieriger und unübersichtlicher, hebt sie aber nicht auf.
2. Ausbreitung der neuen Basisinnovationen, verknüpft mit einem Generationenwechsel: Die Basisinnovationen benötigen eine Menschengeneration (30 Jahre von e1 bis e4), um heranzureifen, begründet durch eine beschränkte menschliche Fähigkeit, grundlegend neue Innovationen zu bewältigen (Brody 1981). Mit Beginn der zweiten 30 Jahre herrscht die Gruppe von Basisinnovationen unangefochten, wenn also die Erbengeneration anfängt. Eine Umwälzung, die die Herrschaft der Erbengeneration beendet, wird nach Kuhn (1970) erst mit der Ablösung durch eine neue Generation ermöglicht. Auch empirisch erscheint die Ausbreitungsgeschwindigkeit von grundlegend neuen Produkten und Innovationen als relativ langsam[7]. Modellauswertungen haben ergeben, daß der Prozeß zu chaotischem Verhalten neigt; erst die Generationenerklärung durch Kuhn bringt stabilisierende Faktoren in den Prozeß. Eine Generationenerklärung würde auch besagen, daß sich die Ent-

---

[5] Zu dem noch eine mehr oder weniger lange Latenzphase der Erfindung hinzukommen kann.
[6] Die Unterscheidung in „inventors" und „innovators" geht auf Senge (1990) zurück. Der Innovator macht aus der Erfindung die ersten attraktiven, verkäuflichen Produkte. Dies ist die entscheidende Transformationsleistung in der Entwicklung einer Basisinnovation.
[7] Die sogenannte Diffusion von Innovationen.

Kasten 3.2. Entwicklungsgeschwindigkeit von Basisinnovationen

Die Dampfmaschine von Watt, also die erste brauchbare Dampfmaschine, wurde 1769 entwickelt, der erste brauchbare Computer 1946: „Mit der Dampfmaschine von James Watt konstruierte Robert Fulton im Jahr 1807 das erste verwendbare Dampfboot, die Clermont" (zitiert aus „Grolier's Electronic Lexicon"). Der Einbau der Dampfmaschine in ein Schiff 1807 erfolgte 40 Jahre nach Entwicklung der brauchbaren Dampfmaschine. Damit entstand eine völlig neue Transportkategorie, der mechanisierte Transport. Diese Mechanisierung von Transport führte über Kfz und Flugzeug zur Raumfahrt und bewirkte damit für die Dauer von 200 Jahren immer neue Umbrüche. Es könnte sein, daß der Computer einen ähnlichen Paradigmenwechsel erst in seiner Verbindung mit Kommunikationsnetzen erreichte, also effektiv in den 1980er Jahren ebenfalls etwa 40 Jahre nach seiner Einführung oder gar erst in deren praktisch relevanter Anwendung in Netzen wie dem Internet und den Bankomaten (Automated Teller Machines) der Kreditinstitute in den frühen 1990er Jahren, also 50 Jahre nach seiner Einführung. Ist Entwicklung heutzutage langsamer als 1800?

wicklung grundlegender Umbrüche derzeit nicht generell beschleunigt, Kasten 3.2 und Kasten 3.3.

Heutzutage machen jedoch viel mehr Menschen Erfindungen und entwickeln grundlegend neue Produkte als je zuvor. Deshalb gehen viele Autoren von einer Beschleunigung der Entwicklung aus.

Die meisten der in diesem Buch unterbreiteten Ansätze und Verfahren sind davon unabhängig, ob diese Beschleunigung stattfindet oder nicht und ob die gegenwärtige Basisinnovationswelle erst noch aufsteigt oder den Höhepunkt ihres Wachstums schon überschritten hat, so daß dies hier nicht geklärt zu werden braucht.

3. Existenz von zwei Generationen: In Übereinstimmung mit Punkt 2 unterscheidet auch Watt, allerdings aufgrund von empirischen Studien, die Existenz von zwei Generationen als Abfolge von Gründern zu Bewahrern bzw. Verteidigern (Watt 1990). Dies präzisiert Kuhns Erklärungsmuster des Paradigmenwechsels. Unabhängig vom Erklärungsmuster bedingt die Zeitspanne pro Phase von etwa 7 Jahren ohnehin, daß etwa in Phase 4 ein Generationswechsel erfolgt. Dieser bedeutet einen sozialen und psychologischen Bruch, da die erste Generation die Pioniererfahrung des Aufbaus von etwas Neuem gemacht hat, die nachrückende Generation dagegen etwas Funktionierendes übernimmt und die Erfahrung macht, daß sich das Vorhandene enorm, selbstverständlich und mühelos ausweiten läßt.

4. Das sogenannte Multiplier-Accelerator-Modell: Durch den Anstieg der regionalen Kaufkraft bis Phase 4 und das nachfolgende allmähliche Zurückgehen der Kaufkraft ab Phase 6 vermindert sich auch die Kaufkraft zum Erwerb der Produkte. Nachlassende Kaufkraft verschärft die Konkurrenz und damit den Druck für weitere Rationalisierungen. Dies ist eine ungünstige, sich wechselseitig verstärkende Rückkopplung zwischen den Faktoren Einkommen, Nachfrage, Rationalisierung und zurückgehender regionaler Kaufkraft, die zunächst zu einer ausgedehnten Wirtschaftskrise und schließlich zu einem regionalen Zusammenbruch führen kann.

5. Als hier neu eingeführter Faktor die „vertikale Konkurrenz": In dem Maß, wie besonders in den Phasen 5 und später eine Basisinnovation und von ihr abgeleitete Produkte besser, leichter, sicherer und billiger hergestellt werden können, verbes-

Kasten 3.3. Computer: neuer Basiszyklus oder nur Basisinnovation?
Gegenwärtig beschleunigte Entwicklung oder relative Konstanz der Zeitdauer von Basisinnovationen?

Nefiodow (1997b) führt statistische Belege an, wonach die Computertechnologie als derzeit herrschende Basisinnovation ihr schnellstes Wachstum schon hinter sich gelassen hat. Er argumentiert mit Kondratieff-Wellen und legt den Anfang des gegenwärtigen (fünften) Kondratieffs auf die Mitte der 1970er Jahre – den Beginn sehr schneller Computerausbreitung – und nimmt folglich an, daß dieser Kondratieff etwa im Jahr 2015 ausgelaufen sein dürfte (Nefiodow 1997b, 221ff). Damit würden sich der letzte und der gegenwärtige Kondratieff von zuvor etwa 50–60 Jahren Dauer auf jeweils 40 Jahre Dauer beschleunigt haben (1930–1975 und 1975–2015). Wenn die gegenwärtigen Basisinnovationen schon jetzt ihre Herrschaft verlieren, besteht die Möglichkeit für gänzlich andere Basisinnovationen. Zwar führt Nefiodow an: „Dieser Trend – Reorganisation der Gesellschaft hin zur kreativen und produktiven Verwertung von Informationen – wird sich weiter verstärken, so daß der Umgang mit immateriellen Gütern auch im 21. Jahrhundert richtungsweisend für den Strukturwandel sein wird", im Mittelpunkt des anschließenden sechsten Kondratieff-Zyklus ab 2015 sieht er jedoch die Gesundheit von Mensch und Natur („Gesundheit im ganzheitlichen Sinn, körperlich, seelisch, geistig, sozial", Nefiodow 1997a).

Aus der hier verwendeten Argumentation mit Basisinnovationen und kreuzkatalytischen Netzen ohne strikte Bindung an Kondratieff-Wellen ergeben sich andere Schlüsse. Historisch begann sich die Computertechnologie in den 1960er Jahren durchzusetzen, obwohl damals weder Arbeitslosigkeit noch Deflation herrschten. Unter derartigen Umständen dürfte sich in der Kondratieff-Welt keine neue Basisinnovation durchsetzen. Die Computertechnologie wirkt in vielfacher Hinsicht synergistisch („kreuzkatalytisch", Kapitel 6) und konnte sich deshalb in der Mitte eines Zyklus etablieren, ohne dabei einen neuen Kondratieff zu begründen. Die entscheidenden Bestandteile des gegenwärtigen Komplexes von Basisinnovationen – die bisher immer auch eine infrastrukturelle Komponente hatten, wie Marchetti belegen konnte –, entstanden erst in den 1980er Jahren mit der Entwicklung der globalen Computernetze. Anders als Nefiodow es für die Computertechnologie zutreffend analysiert, ist in diesem Bereich derzeit nicht nur ein enormes Wachstum, sondern auch eine bedeutende Zunahme der Wachstumsgeschwindigkeit festzustellen. Wenn das jetzige Basisinnovationsmuster sich erst im Aufstieg befindet und nicht schon in der Sättigungsphase, würde auch der in den 1930er Jahren begonnene Kondratieff eine „normale" Länge von etwa 50–60 Jahren erreicht haben, da er in der wirtschaftlichen Krisensituation der späten 1980er und frühen 1990er Jahre ausgelaufen wäre (mit einer Krise, wie es nach dem Zyklusmodell auch sein müßte). Erst die zunehmende Nutzung vor allem des Internets würde den Beginn des neuen Kondratieff markieren.

Es spricht vieles für eine erst jetzt beginnende Basisinnovationswelle. Eine Fülle von Indizien legen diesen Schluß nahe, neben den hohen und rasch wachsenden Investitionen in diesem Bereich, die rasch zunehmenden Arbeitsplätze, Auswertungen wie die des US-Wirtschaftsministeriums (Margherio et al. 1998) und insbesondere die Beurteilung des gewaltigen ungenutzten Informationspotentials (Abschnitt 5.3).

---

sert sich die Konkurrenzfähigkeit der hier etablierten Unternehmen gegenüber Versuchen, ab e1 oder e2 die Produkte dieser Basisinnovationslinie noch einmal neu und besser zu erfinden (Abb. 3.1, linker Pfeil). Beispielsweise gelang es nie, neue und potentiell überlegene Antriebe für Pkws durchzusetzen, wie etwa den Wankelmotor oder einen Turbinenantrieb. Erst die kalifornischen Gesetze über „Zero-Emission"-Pkws scheinen dem Elektroantrieb gegen anfänglich massiven Protest der Pkw-Hersteller zum Durchbruch zu verhelfen. Zugleich bringt eine hohe Verteidigungsfähigkeit der Unternehmen ab Phase 5 mit sich, daß auch grundlegend neue Innovationen abgeblockt werden. Mit dieser Blockade entzieht sich eine Region selber die Grundlage für ein Mitmachen der nächsten Basisinnovationswelle. Dies zeigt sich beispielsweise an der Entwicklung des Ruhrgebietes bis ca. 1980. Jedoch ist die vertikale Konkurrenz notwendig für das wirtschaftliche und soziale Überleben im Angesicht von ausgedehnter globaler Konkurrenz. Die vertikale Konkurrenz erklärt das Beharrungsvermögen einer Basisinnovation innerhalb einer Region und ist damit entscheidend für das Zustandekommen langer regionaler wirtschaftlicher Zyklen.

6. Als weiterer neuer Faktor die „Kaufkraftkonkurrenz". Diese wird in Kapitel 5 in Zusammenhang mit dem Übergang zu einer neuen Gruppe von Basisinnovationen dargestellt.

In jeder der Phasen e1 bis e7 verschwinden etliche Wirtschaftsunternehmen, so daß ihre Anzahl im Phasenverlauf immer geringer wird, in den ersten beiden Phasen um 90 %.

Auch Großunternehmen verschwinden; so war z. B. ein Drittel der Unternehmen, die im Jahr 1970 in der Fortune 500-Liste[8] aufgeführt wurden, im Jahr 1981 nicht mehr vorhanden (Geus 1988).

Es ist hier schon deutlich geworden, daß jede Phase unterschiedliche Schlüsselpersonen aufweist, die sich in ihren Kenntnissen, Neigungen und Umwelt- und Lebensansprüchen sehr unterscheiden. Diese Schlüsselpersonen können zudem als Indikatoren für kommende Lebensweisen angesehen werden. Sie entsprechen nicht dem alten Bild von Eliten. Schlüsselpersonen im Sinn der gegenwärtigen Entwicklung der informationsbasierten Wirtschaft sind Personen, die in ungewohnten, wenig bekannten und als „komisch" angesehenen Bereichen neue Entwicklungen beginnen. Derzeit sind Hacker ein Beispiel. Als wie komisch die gegenwärtigen neuen Entwicklungen gelten oder noch vor kurzem galten, zeigt der Wertewandel, der sich binnen drei Jahren zum Begriff Hacker von „kriminell" über „komisch" zu „Helden eines neuen Wirtschaftsaufbaus" vollzogen hat.

Diese neuen Entwicklungen beginnen jeweils in einigen wenigen Regionen, die günstige Bedingungen für die neue Basisinnovation aufweisen. In welchen der weltweit vielen geeigneten Regionen dieser Prozeß beginnt, scheint nach dem derzeitigen Stand der Kenntnis auch vom Zufall abzuhängen. Karl und Nienhaus (1989) sprechen generell von einer ungeklärten Komponente der Regionalentwicklung.

> Die erfolgreiche regionale Entwicklung einer Basisinnovation prägt dann diese Region immer mehr und verdrängt zumeist alle dort zuvor bedeutenden wirtschaftlichen Aktivitäten.
>
> Damit wird ein wirtschaftlicher Zyklus zusätzlich zu einem regionalen Entwicklungsprozeß.

---

[8] Eine Liste der 500 größten Unternehmen, die regelmäßig in der Zeitschrift Fortune veröffentlicht wird.

KAPITEL 4

Bausteine der Systemmodelle

Synergien, also Systeme wechselseitigen Nutzens, können kompliziert werden, weil z. B. ein Angehöriger eines derartigen Systems einem anderen helfen kann, dieser einem Dritten usw. und schließlich der Dritte oder Vierte oder noch jemand anders vielleicht wieder dem Ersten. Für die Entwicklung ist es ideal, wenn diese Systeme wechselseitigen Nutzens eine Form annehmen, die als kreuzkatalytisches Netzwerk (Cross Catalytical Network, CCN)[1] bezeichnet wird. Katalyse ist jener Vorgang, wo ein Dritter eine Reaktion beschleunigt oder erleichtert, ohne selbst wesentlich verändert zu werden. Autokatalyse ist jener Prozeß, wo ein System seine eigene Entwicklung beschleunigt („katalysiert"). Dies ist in Abb. 4.1 schematisch dargestellt: Die Unternehmung (Rechtecksymbol, bewertet nach ihrem investierten Kapital[2]) wächst mit

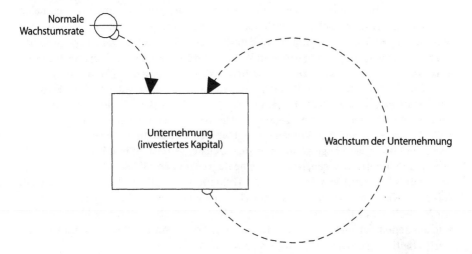

Abb. 4.1. Autokatalytisches Wachstum einer Unternehmung. Je größer die Unternehmung, desto größer ist das absolute Wachstum bei gleicher „normaler Wachstumsrate", denn 10 % von einer großen Unternehmung sind mehr als 10 % von einer kleinen Unternehmung. Insofern kann eine Unternehmung ein autokatalytisches System darstellen

---

[1] Cross Catalytical Networks: Clarke 1980. CCNs wurden für die Untersuchung des Übergangs zur Informationsgesellschaft durch Stefan Fränzle in die Forschung von RZM eingeführt, Fränzle 1999.
[2] Diese Bewertung ist insofern konventionell vorgenommen worden, um informationsbasierte Wirtschaft mit anderer vergleichen und um die Kenntnisse der Firmenbewertung einsetzen zu können. Zur Diskussion informationsbasierter Wirtschaft siehe schon Porat (1977).

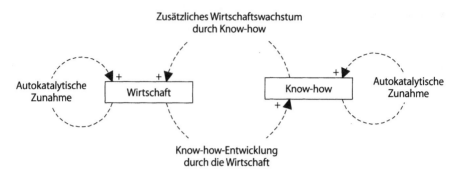

Abb. 4.2. System gegenseitigen Nutzens zwischen Know-how-Entwicklung und Wirtschaft

einem bestimmten Prozentsatz pro Jahr („normale Wachstumsrate"), z. B. mit 10 % pro Jahr.

Autokatalytische Systeme sind allgegenwärtig. Alle Pflanzen und Tiere können sich autokatalytisch ausbreiten, Pflanzen können die meiste Zeit ihres Lebens autokatalytisch wachsen; Tiere können dies zumindest in ihrer Entwicklungsphase hin zum erwachsenen Tier. Zum Teil können sich Ökosysteme autokatalytisch ausbreiten und zunehmen, zum Beispiel Wälder.

In Abb. 4.2 wird ein kreuzkatalytisches Netz als sogenanntes Kausaldiagramm dargestellt: In vielen Ländern wächst die Wirtschaft jedes Jahr um einen prozentualen Anteil, d. h., mehr Wirtschaft bewirkt das Entstehen von noch mehr Wirtschaft. Dies wird durch den Kreis links im Bild mit dem Text „autokatalytische Zunahme" gekennzeichnet, der von Wirtschaft zurück zu Wirtschaft führt. Eine Vergrößerung des Wirtschaftsbereichs führt damit zu einer weiteren Vergrößerung der Wirtschaft, was mit dem Pluszeichen neben dem Pfeilkopf angedeutet wird. Eine ganz analoge Struktur beschreibt den Wissensbereich („Know-how", rechts in der Abbildung): Mit mehr Wissen, etwa in der Form von besseren Meßinstrumenten, besseren Theorien oder mehr Daten, kann weiteres Wissen erzeugt werden. Durch diese jeweiligen autokatalytischen Zusammenhänge könnten beide Bereiche, Wirtschaft und Know-how, theoretisch unbegrenzt wachsen, wenn es keine Begrenzungen gäbe.

Zusätzlich besteht je eine fördernde Verbindung von Know-how zur Wirtschaft (Pfeil von Know-how zu Wirtschaft mit Pluszeichen neben der Pfeilspitze), sowie von der Wirtschaft zur Know-how-Bildung (Pfeil von Wirtschaft zu Know-how mit Pluszeichen neben der Pfeilspitze). Die Kreuzgeometrie kommt zustande, wenn man die wechselseitigen Förderungen über Kreuz zeichnet.

 Ein derartiges System von zwei oder mehr Subsystemen, die jedes autokatalytisch wachsen können, und die sich wechselseitig fördern, wird als kreuzkatalytisches Netzwerk bezeichnet (Englisch: cross-catalytical network CCN).

CCNs erlauben eine dramatische Wachstumsgeschwindigkeit, die autokatalytisches Wachstum weit überschreitet. Dieses sehr rasche Wachstum kann nur in Systemen wechselseitiger Förderung von zwei oder mehr Partnern zustande kommen; ein isolierter Wettbewerber allein erreicht bei weitem nicht diese Geschwindigkeit.

Ab hier kann Kap. 4 von einem nicht technisch interessierten Leser übersprungen werden!

Die ISIS-Modellfamilie (Information Society Integrated Systems Model) wurde erstellt[3], um die Zusammenhänge zwischen Menschen, Umwelt, Wirtschaft und Wissen im Phasenablauf und in der Synergie der vier Landschaften besser verstehen zu können[4]. Die hier eingesetzten Systemmodelle leisten eine Formalisierung, wenngleich nicht unbedingt eine Quantifizierung[5]. Auch eine nur qualitative statt quantitative Logik ist geeignet, Reaktionsweisen des Gesamtsystems zu erkennen und zu verstehen. Um diese Darstellung ohne Rückgriff auf Spezialliteratur lesbar zu halten, werden die Bausteine derartiger Systemmodelle kurz erläutert.

In Abb. 4.3 wird obige CCN-Konfiguration als Systemmodell gezeigt. In dieser Abbildung erkennt man sehr gut die Kreuzgeometrie zwischen dem Wirtschaftsbereich, linke Seite, und dem Know-how-Bereich, rechte Seite. Dieses Modell wird hier zunächst anhand seiner Bausteine und anschließend als Gesamtsystem erläutert. Das Gesamtsystem besteht aus zwei Subsystemen, dem der Wirtschaft („Econ", Economy), linke Seite der Abb. 4.3 und dem Know-how-Subsystem, rechte Seite. Die entscheiden-

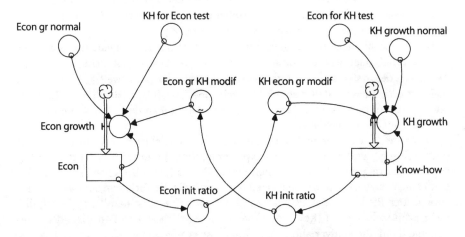

Abb. 4.3. CCN-Verbindung zwischen Wirtschaft und Know-how innerhalb einer Phase. *Econ:* Economy; *init:* Anfangswert zu Beginn der Modellauswertung; *gr:* Growth; *KH:* Know-how; *modif:* Modifier; *normal:* Durchschnittswert, der während der Modellauswertung nicht verändert wird (Konstante); *ratio:* Quotient; *test:* im Modellauf fester Parameter, der zu Anfang der Modellauswertung auf einen bestimmten Wert gesetzt wird, um bestimmte Annahmen einzufügen oder zu ändern

---

[3] Die größeren Modelle der ISIS-Familie sind in DYS/ARC mit Visual Basic geschrieben, die kleineren in der Modellumgebung STELLA (der Firma High Performance Systems). Für beide Modellumgebungen gelten so ähnliche Konventionen, daß hier die Darstellung von Modellstrukturen für beide Modellumgebungen zugleich erfolgen kann.

[4] Die Auffassung zur Modellierung deckt sich mit der in Müller et al. (1996) vertretenen.

[5] Die Methode der „fuzzy logic" hat beispielsweise gezeigt, wie mit geordneten, aber nicht notwendig quantitativen, Kategorien logische Entscheidungen und Steuerungen möglich sind. Eine derartige Logik ist für eine Reihe von Problemstellungen einer Numerik sogar überlegen.

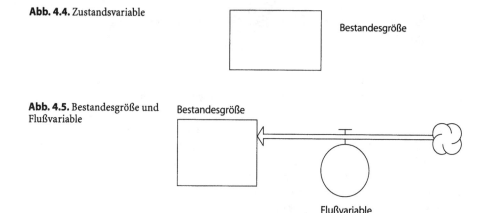

Abb. 4.4. Zustandsvariable

Bestandesgröße

Abb. 4.5. Bestandesgröße und Flußvariable

Bestandesgröße

Flußvariable

den Größen sind die Rechtecke, die sogenannte Zustandsvariable (Abb. 4.4) symbolisieren.

Zustandsvariable sind Bestandesgrößen, wie z. B. Bevölkerungszahlen, ein Kapitalstock, Flächen der verschiedenen Flächennutzungskategorien oder auch Umweltbelastung, gemessen z. B. in ppb Ozon in der Luft oder Mikrogramm Schwefeldioxid pro Kubikmeter Luft. Diese Bestandesgrößen können sich nicht selbständig ändern, sondern werden durch Flußvariablen geändert (Abb. 4.5).

Die Flüsse können in eine Bestandesgröße hineingehen, angedeutet durch die Pfeilrichtung, oder aus ihr hinausführen. Das Wolkensymbol kennzeichnet die Außenwelt des Systems; hier kommt also der Fluß aus der Außenwelt.

Es ist auch zulässig, daß mehrere Flüsse in eine Zustandsvariable hinein- bzw. aus ihr herausführen (Abb. 4.6). Das Diagramm in Abb. 4.6 ist dem ISIS-Submodell für Schlüsselpersonen entnommen.

Hier wird die Zahl der Schlüsselpersonen („Key People") vermehrt durch Training („Kp training") und Zuwanderung („Kp immigration") und vermindert durch Wegzug („Kp outmigration") und Veralten ihres Wissens („Kp obsolescence"). Die dünnen Pfeile kennzeichnen Informationsflüsse, durch die die Variablen aufeinander einwirken. Der Pfeil von „Key People" zu „Kp training" z. B. ist damit begründet, daß mehr Schlüsselpersonen (Key People) mehr neue Schlüsselpersonen ausbilden können und damit die Flußvariable „Kp training" vergrößern.

Die Kreise in Abb. 4.3 bezeichnen Hilfsvariablen. Beispiele sind die Variablen „Econ init ratio" (Economy initial Ratio) und „KH init ratio" (Know-how initial Ratio).

In diesem Systemmodell geben beide Hilfsvariablen die relative Größe der jeweiligen Variablen an, bezogen auf den Anfangswert zu Beginn der Modellauswertung dieser Variablen, oder mit anderen Worten: den Faktor, um den sich diese Variablen seit Beginn der Modellauswertung verändert haben (Ratio bedeutet Quotient).

Andere Beispiele für Hilfsvariablen sind Dichten, etwa Bevölkerungsdichten, oder Zahl der Schlüsselpersonen in der neuen Wirtschaft bezogen auf investiertes Kapital.

Des weiteren gibt es in Abb. 4.3 vier Kreise, aus denen zwar ein Pfeil hinausführt, aber in die kein Pfeil hineinführt („Econ gr normal" d. h. Economy Growth normal, „KH growth normal" d. h. normal growth of Know-how, „Econ for Kp tf" d. h. Eco-

Abb. 4.6. Eine Bestandesvariable,
die durch mehrere Flußvariablen
verändert wird

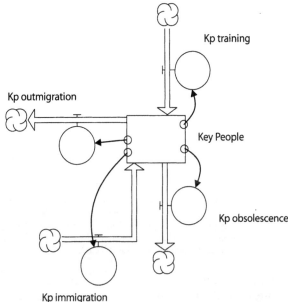

nomy for Key People Test Factor und „Kp for Econ tf" d. h. Key People for Economy
Test Factor). Dies sind Konstanten, die sich auf andere Systemgrößen auswirken (beispielsweise „Kp for Econ tf" auf die Wirtschaft), aber auf die keine Rückwirkung
erfolgt.

Die beiden Testfaktoren werden vor einer Modellauswertung auf einen Wert derart gesetzt, daß
eine synergistische Beziehung zwischen den beiden Subsystemen Wirtschaft und Know-how hergestellt oder unterdrückt wird. Wenn beispielsweise die Konstante „Kp for Econ tf" vor dem
Modelllauf den Wert 0 bekommt, wird der Einfluß der Funktion „Econ gr Kp mod" (Economy
Growth from Key People Availability) auf das Wachstum der Wirtschaft (Flußvariable „Econ gr")
unterdrückt, und es erfolgt nur exponentielles Wachstum der Wirtschaft; wenn die Konstante
dagegen den Wert 1 bekommt, besteht eine fördernde Unterstützung von Schlüsselpersonen auf
die Wirtschaft. Andere Beispiele für Konstanten sind die Landfläche eines Landes oder die Größe
einer ausgewachsenen Person.

Außerdem gibt es zwei mit einer Tilde gekennzeichnete Kreise in Abb. 4.3, die
Variablen Economy Growth from Know-how Modifier („Econ gr KH modif") und
Know-how Growth from Economy Modifier („KH Econ gr modif"). Solcherart
gekennzeichnete Hilfsvariablen sind Funktionen der Variablen, von denen ein Pfeil zu
diesen Funktionen führt.

Die Funktion „Econ gr KH modif" ist in Abb. 4.7 dargestellt. Sie hat folgende Bedeutung: Wenn das
Know-how zunimmt (in obiger Abb. 4.3 ist es das von der Wirtschaft geförderte Know-how), dann
steigert es das Wachstum der Wirtschaft über jenen Prozentsatz hinaus, der für eine wachsende
Wirtschaft normal wäre. Die Know-how-Zunahme wird hier nur relativ bewertet, nicht absolut; es
wird also nur verwendet, um welchen Faktor das Know-how gegenüber der Ausgangssituation zu
Beginn der Modellauswertung gestiegen ist. In der x-Achse in Abb. 4.7 ist die Variable „KH init
ratio" unter dem Namen „relative Größe" aufgetragen. Zu Anfang wird der Wert von Know-how
gerade auf diesen Anfangswert gesetzt, der Quotient „KH init ratio" ist folglich gleich 1. Wenn im
Vergleich zur Anfangssituation viel Know-how vorliegt, im Diagramm etwa bei Werten zwischen 6

Abb. 4.7. Funktion „Fördernde
Wirkung von Know-how auf das
Wachstum der Wirtschaft"
(Funktion „Econ gr KH modif"
aus Abb. 4.3)

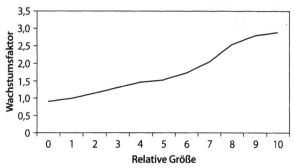

und 9, nimmt dadurch das Wirtschaftswachstum stark zu, etwa um das 2- bis 3fache. Wenn das
Know-how um mehr als das 10fache zunimmt, wird die Wachstumsgeschwindigkeit dennoch nicht
über den maximalen Wert (in der Abb. 4.7 etwa der Wert 3) hinaus gesteigert. Um diese Wachs-
tumszunahme im Modell zu erreichen, wird die Flußvariable „Economy Growth" mit dieser Hilfsvariablen „Wachstumsmodifier" multipliziert.

Damit kann jetzt das gesamte Diagramm aus Abb. 4.3 erklärt werden: Der Wirtschaftsbereich (Zustandsvariable „Econ") wächst zum einen durch eine positive
Rückkopplung auf sich selbst („autokatalytisch"), Pfeil von Econ zur Flußvariablen
„Econ growth", die ihrerseits Econ vergrößert (Pfeil mit Doppellinie, der in Econ hin-
einführt). Die Variable Econ ist eine Zustandsvariable, d. h., sie gibt einen Bestand an.
Hier wird mit dem investierten Kapital gerechnet. Die Flußvariable Econ growth hat
damit die Dimension Kapitalinvestition pro Jahr. Die Konstante „Econ gr normal"
(Economy Growth normal) gibt die jährliche normale Wachstumsrate an. Ihre
Dimension ist also Prozent pro Jahr, und da Prozent dimensionslos ist, gleich 1/Jahr.
Die Flußvariable Econ growth wird durch Multiplikation mit der Funktion „Econ gr
KH modif" (Economy Growth from Know-how Modifier) vergrößert, entsprechend
der Zunahme des Know-hows gegenüber seinem anfänglichen Wert. Diese Funktion
hat im Normalfall, d. h. wenn sich das Know-how nicht über- oder unterdurchschnitt-
lich auswirkt, den Wert 1. Da mit dieser Funktion multipliziert wird, ändert eine Multiplikation mit 1 nicht die Größe des Wachstums. Wenn mehr Know-how vorliegt,
nimmt diese Funktion Werte größer als 1 an, wenn weniger Know-how vorliegt, Werte
kleiner als 1, wie in Abb. 4.7 dargestellt.

Das Subsystem Know-how ist analog zum Subsystem Wirtschaft aufgebaut. Das
Know-how wird hier in Bytes gerechnet, was als Maßeinheit auf Shannon (1949)
zurück geht.

Diese Wahl ist in vielfacher Weise unbefriedigend. Der Wert einer Formel beispielsweise wäre sehr
gering, da eine Formel i.allg. nur wenige Bytes bedeutet, und so weiter. Diese Zusammenhänge
sind seit Shannon diskutiert worden; aber es gibt nichts wirklich Befriedigendes und die Angabe
in Bytes stellt immer noch die beste Wahl dar. Zumindest kann die Änderung dieses Wertes als
Indikator für eine Know-how-Entwicklung genommen werden.

Investiertes Kapital hat eine technische (und eine buchhalterische) Lebensdauer.
Auch Know-how hat eine Lebensdauer in Bezug auf den Wert, den es für eine Wirt-
schaftsbranche darstellt, da es zum Teil durch neues Know-how abgelöst wird und da
es durch zunehmende Verbreitung seinen Wert in Konkurrenz- wie in Kooperations-
beziehungen einbüßt. In Abb. 4.8 ist das zugehörige Systemmodell dargestellt, das

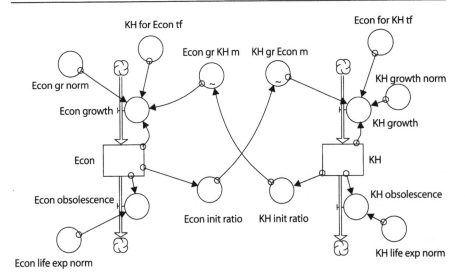

Abb. 4.8. CCN zwischen Wirtschaft und Know-how mit Reifungsprozessen

gegenüber dem Systemdiagramm von Abb. 4.3 um die beiden Flußvariablen „Econ obsolescence" (Veralten der Wirtschaft) und „KH obsolescence" (Veralten des Know-how) mit den beiden Konstanten „Econ life expectancy normal" und „KH life expectancy normal" erweitert ist.

Die Wirkung der Konstanten „Econ life expectancy normal" im Modell ist wie folgt: Bei einer wirtschaftlichen Lebensdauer des angelegten Kapitals von z. B. fünf Jahren („Econ life expectancy normal" = 5) verfällt jedes Jahr 1/5 des angelegten Kapitals. Jedes Jahr wird also der Ausdruck Econ dividiert durch Econ life expectancy normal von der Variablen Econ abgezogen. Entsprechend wird für Know-how verfahren. Diese Anteile verlassen das System durch die jeweiligen Flußvariablen.

Dieses einfache Systemmodell ist schon in der Lage, ein CCN-Verhalten hervorzubringen, d. h. dieses enorme hyperbolische anstatt exponentielle Wachstum.

KAPITEL 5

Übergang zu Informationsreichtum und Vernetzung

5.1
Analyse der gegenwärtigen wirtschaftlichen Krise

Weil Deutschland mit den derzeitigen und etwa 1930 aufgegriffenen Basisinnovationen so lange erfolgreich war, weist es jetzt viel etablierte Wirtschaft, also Wirtschaft in den Phasen 5 bis 7 auf. Diese etablierte Wirtschaft nutzt die Informations- und Kommunikationstechnologien zur Rationalisierung, um eine zunehmende und globale Konkurrenz zu überleben.

Diese etablierte Wirtschaft ist weitgehend rationalisierbar, weil hier alle Abläufe genau bekannt sind. Durch diese Rationalisierung verliert Deutschland jetzt überproportional viele Arbeitsplätze, weil es im Bereich der etablierten Wirtschaft so stark ist, nicht nur in der Kfz-Produktion, sondern auch bei etablierten Dienstleistungen wie Banken oder Versicherungen.

Dies gilt ähnlich für Westeuropa, das seit etwa 15 Jahren unter einer Wirtschaftskrise mit fast 20 Millionen Arbeitslosen leidet, viele davon Langzeitarbeitslose, viele hoch qualifiziert. In Asien hat die Krise später begonnen, ist aber derzeit tiefer. Die USA haben in den 1970er und 1980er Jahren durch die japanische Konkurrenz viele Arbeitsplätze im Bereich ihrer etablierten Wirtschaft eingebüßt. Dies wurde fast allgemein als wirtschaftliches Zurückfallen der USA angesehen, und nur wenige Beobachter haben die damalige Entwicklung so zutreffend wie Alvin Toffler beurteilt, der damals sagte: „Japan schwimmt zwar auf der gegenwärtigen Welle ganz oben, aber diese Welle selbst klingt aus". Die USA sind Westeuropa und Asien dadurch in der Umstrukturierung ihrer Wirtschaft deutlich voraus. Durch den weltweiten Übergang zur Informationsgesellschaft werden überall in oft dramatischer Weise weitere etablierte Arbeitsplätze abgebaut oder, wenn sie mit öffentlichen Mitteln aufrecht erhalten werden, defizitär werden. Rifkin (1995) sieht bis zum Jahr 2020 weltweit den Verlust der meisten etablierten Arbeitsplätze voraus[1] (Programmatischer Titel des

---

[1] Rifkin (1995) hat damit recht, daß die Arbeit in der etablierten Wirtschaft weitgehend verschwinden wird. Die empirischen Daten zur Arbeitsentwicklung in der neuen Wirtschaft ignoriert er jedoch; hier spricht er von wenigen neuen, minderwertigen Jobs sowie von wenigen extrem anspruchsvollen Jobs. Dies widerspricht den in diesem Bericht ausführlich dargestellten Fakten. Auch erscheint seine Sicht als geschichtslos; die empirischen Befunde zeigen, daß jeweils in einer neuen Wirtschaft, basierend auf neuen Basisinnovationen mehr Arbeit neu entstanden war, als an alter Arbeit bestanden hatte. Rifkin entwickelt gleichzeitig Vorschläge für neue Arbeit. Siehe hierzu auch Fritjof Bergmann (1997 und Kapitel 10, Fußnote 70), dessen neue Konzepte in eine kommende Phase der Vollbeschäftigung übernommen werden sollten, weil sie Arbeit reicher und sinnvoller machen. Siehe auch Lutz, der mit seinen Ansätzen reichere Biographien eröffnet (Lutz 1995; Lutz beurteilt die empirischen Daten zum Entstehen neuer Arbeitsplätze in den USA genau wie Grossmann; es gab auch eine entsprechende gemeinsame Aussage für die Teilnehmer der Kempfenhausener Gespräche im April 1998).

Buches: „The End of Work", Klappentext: „Redefining the role of the individual in a near workerless society").

Die Weltwirtschaft ist neben der Krise der meisten Länder derzeit durch einen Übergang fast aller Länder zur Marktwirtschaft gekennzeichnet. Diese beiden Entwicklungen haben jedoch nicht direkt miteinander zu tun, sondern nur indirekt[2]. Durch die Vermehrung der in einer Marktwirtschaft Lebenden von etwa einer Milliarde auf über vier Milliarden Menschen weiten sich sowohl der potentielle Kunden- als auch der Konkurrentenkreis erheblich aus. Diese zusätzliche Konkurrenz wirkt verschärfend auf die prekäre Arbeitsmarktlage Westeuropas oder Asiens. Denn durch enge globale Vernetzung, Wanderung, Export und Telearbeit werden immer mehr Tätigkeiten in der ersten Welt durch Menschen aus der dritten Welt wahrgenommen und es drängen viele hundert Millionen Menschen zusätzlich auf den Weltarbeitsmarkt.[3]

Das Bild der wirtschaftlichen Krise ist sehr uneinheitlich; es hat fast alle Länder in einer zeitlichen Abfolge betroffen. Einige haben sich wieder aus ihren Problemen herausgearbeitet, wie die USA oder in jüngster Zeit Großbritannien, Niederlande und allmählich fast alle europäischen Länder und in gewisser Hinsicht die meisten Länder Südostasiens: In Europa scheint die Krise nur in Deutschland und einer Reihe osteuropäischer Länder fortzudauern. Weltweit scheint sie sich nur in wenigen zu verschärfen, wie in Indonesien. Auch innerhalb von Ländern sind die Entwicklungen zum Teil unterschiedlich, beispielsweise in Deutschland mit einem Süd-Nord-Gefälle[4] und in Italien mit einem Nord-Süd-Gefälle. Die Vorhersagen zur weiteren Entwicklung sind uneinheitlich; einige besagen, daß die Krisen in Japan, Südostasien und Rußland die Weltwirtschaft insgesamt in große Schwierigkeiten bringen könnten, andere drücken aus, daß jetzt allgemein eine Besserung erfolgt oder zu erwarten ist. Aufgrund der in diesem Text dargestellten Zusammenhänge erscheint schon mittelfristig eine dramatische Besserung als wahrscheinlich, wenn diese nicht durch neue Gefahrenpotentiale oder sehr schlechte Politik gehemmt wird.

5.2
Richtung der gegenwärtigen wirtschaftlichen Entwicklung

Die neuen Möglichkeiten im Informationspotential verändern nicht nur Produktion und Management, sondern auch die etablierten Produkte. Mit der Verfügbarkeit von immer leistungsfähigeren Mikroprozessoren, Computernetzen und neuer Software werden etablierte Produkte mit neuen Leistungen ausgestattet. Dies gilt für Haushaltsgeräte, konventionelle Kameras auf Basis photochemischer Prozesse, Pkw, Häuser, Heizungen oder Beleuchtungskörper. Die Wertschöpfung verlagert sich von den klassischen Komponenten wie Motoren, Optiken, Gehäuse, Karosserien, Leuchtmit-

---

[2] Insofern, als die Krise der reichen Länder, und zuerst der USA, mit zeitlicher Verzögerung zu einer tiefen Krise der weniger reichen Länder geführt hat.

[3] Dies gilt auch für hochqualifizierte Tätigkeiten. Beispielsweise hat sich Bangalore in Indien zu einem weltweiten Zentrum der Softwareerstellung entwickelt; Firmen in Bangalore sind mit Telekommunikation eng an Unternehmen vor allem in den USA angebunden; Unteraufträge aus Bangalore gehen nach Vietnam; die Produkte gehen unter anderem nach Europa. Architekten in Hong Kong erbringen von dort Leistungen in Westeuropa vor Ort. Diese Tätigkeit vor Ort über Telekommunikation von zu Hause gilt in allen Richtungen. So sind beispielsweise Deutsche im Pkw-Design oder der Softwareerstellung von Deutschland aus in den USA tätig.

[4] Friedrichs et al. (1986).

tel, Entwicklerkartuschen usw. hin zu Mikroprozessoren, Software, Ausstattung, Dienstleistung, Design, Lebensgefühl und selbst Erlebniswert.

Diese Veränderung der Wertschöpfung von klassischen Produkten durch Computer- und Systemwirtschaft verdeutlichte Martin Bangemann (Bangemann 1995a) so: „Wir haben vor kurzem in Brüssel einen großen Kongreß veranstaltet für Informationstechnologien, und wir haben Percy Barnewick, den Vorstandsvorsitzenden von ABB gebeten, den Eröffnungsvortrag zu übernehmen. Das hat einige erstaunt, weil die Leute gesagt haben: ‚Der hat doch mit Informationstechnologie gar nichts zu tun! Er macht Elektrizitätsanlagen oder Energieanlagen im allgemeinen. Er macht Verkehrssysteme und betreibt Maschinen- und Anlagenbau. Was hat diese Firma mit Informationstechnologie zu tun?' Und Percy Barnewick hat überzeugend darstellen können, daß in diesen drei Bereichen – im Bereich Kraftwerksbau, im Bereich Verkehrssysteme und im Bereich Maschinen- und Anlagenbau – fünfzig Prozent seiner Wertschöpfung aus Informationstechnologien besteht."

Jedoch sollten die Anstrengungen weniger dem Umbau der etablierten Wirtschaft sondern vor allem dem Aufbau der informationsbasierten Wirtschaft gelten. Denn die oben gegebenen Erhebungen des Gesamtarbeitsplatzvolumens besagen, daß im Schnitt deutlich mehr neue Arbeitsplätze in der neuen Wirtschaft entstehen als alte in der etablierten Wirtschaft entfallen, wenn man die Entwicklung in der richtigen Richtung fördern kann.[5] Es geht darum, die richtigen Maßnahmen für die neue Wirtschaft zu treffen, nicht länger in der Orientierung am Bekannten steckenzubleiben. Dies hilft auch der etablierten Industrie, da sie die neuen Produkte und Fähigkeiten benötigt, um konkurrenzfähig zu bleiben. Die Aufgabe lautet also, die gegenwärtige Situation zu akzeptieren, um dann zu klären, wie man am besten von dieser Situation ausgehend zu erwünschten neuen Situationen kommt.

In einer sich verändernden Welt gehen immer alte Wirtschaftszweige verloren, und es müssen neue heranwachsen. Was bedeutet das Entstehen informationsbasierter Produkte und Dienste für die Entwicklung des Bruttosozialprodukts? Der Wert der Produkte und Dienste ist schon heutzutage fast unabhängig von ihrem Ressourcen- und Energieanteil, aber in hohem Maß abhängig vom Informationsanteil. Der Wert der Produktion wird dadurch bedeutend zunehmen, daß die „dummen" energie- und materialaufwendigen Produkte durch „intelligente" und informationsbasierte Produkte und Dienste ersetzt und verdrängt werden. Damit ist ein über Jahrzehnte anhaltendes, sehr starkes Wirtschaftswachstum wahrscheinlich und wohl auch notwendig, um nachhaltig werden zu können.

5.3
Die treibende Kraft: Das Informationspotential

Die treibende Kraft bei dem jetzigen Übergang ist das Informationspotential. Um sich eine Vorstellung von dem Ausmaß der Veränderungen zu machen, ist zweierlei notwendig: sich zu vergegenwärtigen, daß derzeit der letzte Engpaß in der Nutzung der

---

[5] Denn warum sollten Menschen plötzlich darauf verzichten, die neuen Produkte zu kaufen? Der Zustand allgemeiner Bedürfnislosigkeit ist noch nicht erreicht, und gerade informationsbasierte Produkte und Dienste können weit differenzierter und attraktiver sein als die meisten material- und energiebasierten Produkte. Also wird sich die Nachfrage deutlich vergrößern. Und die neuen Produkte und Dienste sind nur mit hohem Einsatz menschlicher Arbeit zu erstellen und zu erbringen (s. a. u.).

drei Basisentitäten überwunden wird – der im Bereich der Basisentität Information –
und zu betrachten, wie schnell das Potential für Informationsnutzung und für Kommunikation in den letzten 30 Jahren angestiegen ist und wie es in den nächsten
10–15 Jahre weiter zunehmen wird.

5.3.1
Zusammensetzung des Informationspotentials

Das Informationspotential basiert auf dem Zusammenwirken mehrerer Komponenten (Abb. 5.1), die sich wechselseitig aufwerten und bedingen:

- *Computer:* Anzahl und Leistung.
- *Computernetze:* bewertet nach ihrer Leistung und Anzahl der angeschlossenen
  Teilnehmer und Geräte. Dies beinhaltet die Länge und Kapazität der Netze und
  Anzahl und Leistung der Server in den Netzen.
- *Digitale Informationsinhalte:* Webseiten, Bücher, Datenbanken, Musik, Videos,
  Bildmaterial, Archive, Programme, Bulletin Boards usw. (auch hier bewertet nach
  Bytes)[6].
- *Zahl der digitalen Informationstypen* (wie Zahlen, Texte, Bilder, Videos, Animatio-
  nen, Töne, Klänge usw.) und aller Anwendungen, insbesondere Computersoftware.
- *Personen:* Anzahl der Personen, die zum Wachstum des Informationspotentials
  beitragen, also Erfinder, Entwickler, Innovatoren, Programmierer usw. in diesem
  Bereich.

Dies Informationspotential basiert zwar auf Technik, bedeutet aber vor allem
Inhalte und deren Bearbeitung und Verbreitung. Sich im Bereich des Informationspotentials einseitig auf die I&K-(Informations- und Kommunikations-)Technologien zu
konzentrieren wäre ähnlich falsch, wie es unzutreffend wäre, Luftfahrtgesellschaften
vor allem als Turbinen- und Flügel-Technologien zu sehen.

Bestandesvariablen in diesem Diagramm sind alle Personenzahlen und Zahlen von
Zentren, sowie die Zahl der Computer, die Ausdehnung der Netze und die digital verfügbare Information. Die Leistung pro Computer ist dagegen keine Zustandsvariable;
im ISIS-Modell ist sie als zeitabhängige Hilfsvariable formuliert, genauso wie die Zahl
der Informationstypen. Das Informationspotential hat sich in den letzten 30 Jahren
sehr erhöht, da alle seine Komponenten rasch wachsen (Kasten 5.1).

Weltweit entwickeln zunehmend mehr Menschen, mittlerweile einige Millionen,
neue Dienste, Software, Inhalte und Anwendungen. Teilweise kommen sie in „Special
Interest Groups" (SIGs[7] oder Facharbeitsgruppen) zusammen, wo sie sich gegenseitig
mit den neuen Möglichkeiten helfen. Diese SIGs können in einer speziellen Form so

---

[6] Gegebenenfalls kann diese Byteangabe mit einer Klassifikation nach Informationsformen sinnvol-
     ler gemacht werden. Beispielsweise umfaßt eine CD-ROM von 650 MB entweder 74 Minuten Musik
     oder 300 000 Seiten Texte; ein in der gleichen Zeit verlesener Text umfaßt ca. 20–22 Seiten, entspre-
     chend 50 KB. 74 Minuten Zeit liegen in diesen beiden Formen digitaler Speicherung um mehr als
     den Faktor 10 000 auseinander. Allerdings können Klänge ohne wesentliche Qualitätsverluste in
     ihrem Speicherbedarf auf 1/10 komprimiert werden (MP3-Format), Bilder um den Faktor 100
     (Wavelets, Fa. „Iterated Systems"), Texte nur um etwa den Faktor 2.
[7] Dieser Ansatz wurde von Donald F. Costello aus seiner Erfahrung bei der Schaffung einer der ersten ver-
     netzten Städte überhaupt (Papillion, USA) eingebracht (s. a. http://www.omaha.org/tec/t_costel.htm).

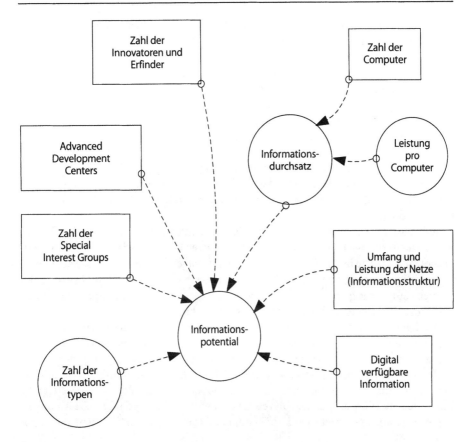

Abb. 5.1. Das Informationspotential und seine Komponenten

organisiert werden, daß sie außerordentlich wirksam für regionale und wirtschaftliche Entwicklung werden. Die SIGs werden jeweils für bestimmte Themenkreise gebildet, wie Tourismus, Kleingewerbe, Handel, Handwerk oder Ausbildung. Die Mitglieder treffen sich regelmäßig im Abstand von mehreren Wochen und berichten sich gegenseitig, welche neuen Erfahrungen sie gemacht haben, beantworten einander Fragen und unterstützen sich psychisch in der unbekannten neuen Welt.

„Advanced Development Centers" sind jene Organisationen, wo Information durchsucht, gefiltert, verfeinert und aggregiert wird. Ein Beispiel ist das „Information Mining" (oder „Data Mining"[8], „Informationsbergbau"), wie er z. B. von Brewster Kahle im Internet angeboten wird (www.alexa.com)[9]. Ein anderes Beispiel ist „Information Warehousing", die Nutzung umfangreicher, teils firmeneigener Informations-

---

[8] Beispielsweise Kruse und Borgelt 1998.
[9] Kahle verfolgt mit spezieller Software auch die häufigsten Suchpfade im Internet, also welche Homepage am häufigsten als nächste von der gerade angewählten Homepage angesteuert wird. Diese Information ist z. B. im Netscape Communicator im Feld „what's related" für eigene Suchen verfügbar. Die Software alexa, die diese Möglichkeit (und einiges mehr) erlaubt, gibt es bei www.alexa.com kostenlos zum Download.

bestände. Information warehousing bündelt die Summe aller Informationen und Datenbestände für alle Abteilungen einer Unternehmung und hält diese Informationen unternehmensweit vor. Hierbei sind oft so gewaltige Datenmengen zu strukturieren, zusammenzuführen und zu verarbeiten, daß dies neue Methoden, neue Hardware und neue Software erforderlich macht.

Die Komponenten des Informationspotentials wirken aufeinander multiplikativ, denn jede Komponente ist ihrerseits leistungsfähiger, wenn die anderen Komponenten leistungsfähiger sind. Beispielsweise steigt die Leistung der Netze nicht nur mit ihrer Geschwindigkeit und ihrem Umfang, sondern auch mit der Zahl der Host-Computer (d. h. der Computer, die Information in das Netz geben), des weiteren mit der Informationsmenge je Host sowie der Zahl der Informationstypen, die digital bearbeitet werden können und der Zahl der angeschlossenen Computer und deren Geschwindigkeit.

Aus diesem Zusammenwirken aller Komponenten ergibt sich in den letzten 30 Jahren ein nur noch als „horrend" bezeichenbarer Wachstumsfaktor des Informationspotentials (siehe hierzu Kasten 5.1 und die nachfolgenden Computerauswertungen).

Derartige hyperexponentielle Wachstumsprozesse sind emotional und selbst intellektuell kaum richtig zu bewerten. Dies wird von den drei Graphiken zur Entwicklung des Informationspotentials (Abb. 5.2, 5.3 und 5.4) illustriert.

Abbildung 5.2 ist eine Simulation des Informationspotentials in den Jahren 1970 bis 1990 mit dem Modell aus Abb. 5.1 und den in Kasten 5.1 genannten Werten (die Jahre sind auf der x-Achse aufgetragen). Zunächst scheint die Variable „Information potential" in den Jahren 1970 bis etwa 1987 den Wert 0 zu haben, denn ihre Kurve (mit der Kennzeichnung „1") liegt für diesen Zeitraum auf der x-Achse. Etwa ab 1988 steigt die Kurve steil an. Die Werte dieser Kurve sind auf der y-Achse eingetragen. Zu Anfang ist der Wert 0, am Ende nicht ganz 10^{30} ($= 1,00e + 030$, d. h. 1×10^{30}, e steht für Expo-

---

Kasten 5.1. Wachstum der Komponenten des Informationspotentials

Computer: derzeit ca. 400 Millionen. *Computerleistung:* verdoppelt sich seit 30 Jahren etwa alle 18 Monate bei gleichbleibendem Preis. *Weltweite Netze:* Das Internet verdoppelte jährlich in etwa seinen Umfang zwischen 1982 und 1985, erfuhr dann hyperbolisches Wachstum bis 1989 mit einer Zunahme um den Faktor 8 pro Jahr auf damals schon 160 000 Hosts, d. h. Gastcomputer mit Inhalten für das Internet, und verdoppelt seitdem wieder jährlich seinen Umfang. Umfang Juli 1998: ca. 38 Millionen Hosts. *Nutzer:* etwa das 10fache der Hostzahl, also über 300 Millionen. Negroponte rechnet für das Jahr 2000 mit einer Milliarde Nutzer, was bei gleichbleibendem Netzwachstum mit jährlicher Verdoppelung von 1998 bis 2000 erreicht wäre. Derzeit werden auch Asien, Afrika und Südamerika eng vernetzt. Dies wird auch gefördert durch die in raschem Aufbau befindlichen Handy-Netze, zum Teil auf Basis von hunderten von Kommunikationssatelliten (Iridium Netz für Handy-Zugang seit Ende 1998 in Betrieb, Teledesic wird für das Jahr 2002 erwartet). Die Nutzungsentgelte sollen in ärmeren Regionen niedriger angesetzt werden, um auch dort maximale Einnahmen durch Ausnutzung der Kapazität zu erzielen sowie um den Wert des Netzes durch Netz-Repräsentanz der gesamten Welt zu erhöhen. Wenn das Internet sein Wachstum der letzten acht Jahre noch vier Jahre beibehält, soll sein Wert den weltweiten Gesamtwert aller KFZ und Kfz-Fabriken überholt haben. *Inhalte:* Derzeit enthält das Internet etwa 500 Millionen Homepages, den Gegenwert von etwa 15 Millionen Büchern, davon viel Informationsmüll (wie auch in Büchern und Zeitschriften) und viel nützliche Information. *Informationstypen:* In den 1950er Jahren konnten nur Zahlen mit Computern bearbeitet werden, dann Texte und in den 1980er Jahren wurden in rascher Folge Simulationen, geographische Informationen, Geräusche, Klänge, Musik, Bilder, Videos und Filme bearbeitbar. Je mehr unterschiedliche Informationstypen nutzbar sind, desto höher ist der Wert der Computer und der Netze.

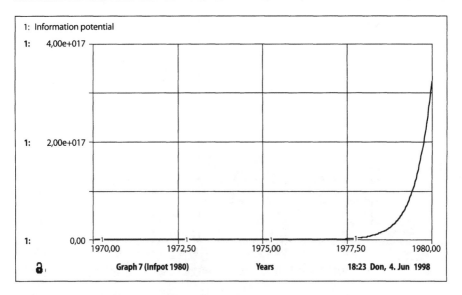

Abb. 5.2. Entwicklung des Informationspotentials vom Jahr 1970 bis zum Jahr 1990

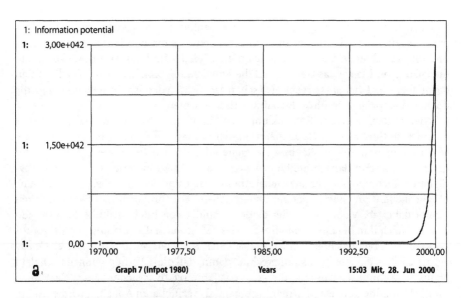

Abb. 5.3. Entwicklung des Informationspotentials vom Jahr 1970 bis zum Jahr 2000

nent). 10^{30} ist eine ziemlich große Zahl (die anderen Symbole im Bild sind für die hier vorgenommene Auswertung belanglos).

Im Rückblick aus dem Jahr 1990 scheint sich bis etwa 1988 nicht viel ereignet zu haben. Man hatte daher 1990 das Gefühl, daß sich erst in den letzten zwei Jahren viel ereignet hätte, während die Entwicklung davor sehr langsam verlaufen sei. So war es

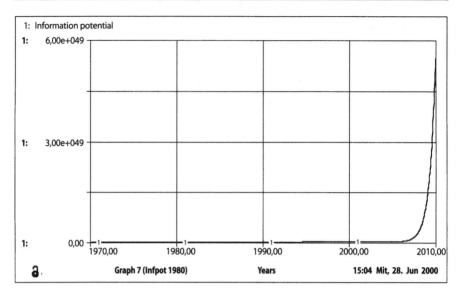

Abb. 5.4. Entwicklung des Informationspotentials von 1970 bis zum Jahr 2010

tatsächlich. Die nächste Graphik zeigt im wesentlichen das gleiche Bild. Allerdings wird hier die Entwicklung des Informationspotentials bis zum Jahr 2000 dargestellt, und die erreichten Werte sind deutlich höher. Wiederum hat man im Rückblick auf die letzten zwei Jahre das Gefühl, daß die Entwicklung plötzlich sehr schnell erfolgt, davor aber nicht viel passiert sei, also schon gar nicht in den Jahren 1989 und 1990, die doch in der vorigen Graphik als so dramatisch erschienen.

Wieweit kann man den Entwicklungstrend im voraus abschätzen? Man kennt stets die nächste Geräte- bzw. Netzgeneration, deren Markteinführung bevorsteht, sowie die Prototypen für die Geräte- bzw. Netzgeneration danach, des weiteren Labormuster für die Generation danach, und, noch weiter in die Zukunft gerichtet, die schon verfügbaren Technologien für die Generation danach und letztlich viele physikalische Möglichkeiten für noch spätere Generationen. Die prognostische Verläßlichkeit nimmt dabei ab. Moore, einer der beiden Gründer von Intel, formulierte etwa 1980 das jetzt nach ihm benannte „Mooresche Gesetz", wonach die Leistung der Mikroprozessoren sich bei gleichbleibenden Preisen alle 18 Monate verdoppele. Dieses Gesetz wurde seitdem eingehalten. Moore rechnet damit, daß diese Verdopplungen nach dem Stand der Kenntnisse von 1998 für weitere 15 Jahre relativ gesichert seien. Nach allen für die Komponenten des Informationspotentials verfügbaren Angaben wird dieses in den nächsten 15 Jahren vergleichbar rasch wachsen wie bisher.

5.3.2
Wachstum des Internet

Das Internet mit seinen Host-Computern, Netzen und Software ist die schnellstwachsende Technologie in der Geschichte der Menschheit, Tabelle 5.1. Gilder hat Projektionen für die Entwicklung der Kapazität der Übertragungsnetze gemacht. Hier

Tabelle 5.1. Zahl der Host-Computer im Internet. Die Daten der zwei linken Spalten sind aus http://nic.merit.edu/nsfnet/statistics/history.hosts von Mark Lottor (Network Wizards) entnommen. Rechte Spalte: Rechenleistung als Produkt der Computerzahl mit ihrer Leistung nach Moore's Law, Basisjahr 1981 = 1. Die Leistung stieg hiernach binnen 17 Jahren um einen Faktor von rund 500 Millionen

Datum	Zahl der Hosts	Gesamtleistung aller Hosts
Aug. 81	213	213
Aug. 83	562	1 416
Okt. 85	1 961	8 992
Dez. 87	28 174	450 784
Okt. 89	159 000	6 410 478
Okt. 90	313 000	20 032 000
Okt. 91	617 000	62 683 293
Okt. 92	1 136 000	183 202 600
Okt. 93	2 056 000	526 336 000
Okt. 94	3 864 000	1 570 231 722
Jul. 95	6 642 000	4 284 618 554
Jul. 96	12 881 000	13 190 144 000
Jul. 97	19 540 000	31 762 244 153
Jul. 98	37 834 000	97 578 660 888

kann für die nächsten 10 Jahre mindestens eine jährliche Verdoppelung bis Vervierfachung der weltweiten Netzkapazitäten erwartet werden; die Übertragungskapazität von Glasfaserkabeln wuchs in Labormustern binnen dreier Jahre um den Faktor eine Million. Die Netzkapazität zwischen den USA und Europa wurde 1998 vervierfacht, die zwischen Europa und Asien wurde 1998 noch stärker erhöht. Zwischen Europa und den USA wurden also allein 1998 in einem Jahr drei mal so viele Verbindungen neu gelegt, wie zuvor in den gesamten 100 Jahren Leitungsaufbau zusammengenommen.

Beim Internet ist eine baldige Abflachung der Zunahme deshalb möglich, weil andernfalls binnen vier Jahren (d. h. vier Verdopplungen = Faktor 16) alle Menschen angeschlossen sein müßten, was noch nicht einmal beim Telefon erreicht ist. Allerdings werden zunehmend mehrere Endgeräte pro Nutzer angeschlossen, da Handys und Pkw ans Internet gehängt werden sowie Wohnungen im Rahmen der Haustechnik. Von daher könnten die jährlichen Verdopplungen länger anhalten, ohne daß alle Menschen angeschlossen werden, aber dafür Geräte, Autos, Häuser und viele Menschen mehrfach.

Auch die Preise für Endgeräte fallen weiterhin. Zudem werden weitere Geräte zu Endgeräten, wie Fernsehgeräte, die mit neuen Technologien auf einfache Weise an das Internet angeschlossen werden können. Damit ist schon ein größerer Prozentsatz der Erdbevölkerung erreichbar. Auch werden zunehmend Märkte für gebrauchte PCs aufgebaut. In vielen Entwicklungsländern ist die hohe Zahl der dort genutzten Handys erstaunlich. Es gibt seit 1997 Handys, die einen Internet-Anschluß zulassen.

Diese Überlegungen liegen der Hochrechnung des Informationspotentials für den Zeitraum bis 2010 zugrunde (Abb. 5.4). Es handelt sich hier nicht um eine einfache Fortschreibung, sondern die Daten wurden aus der wahrscheinlichen Entwicklung jeder einzelnen Komponente des Informationspotentiales ermittelt. Auch bei dieser Hochrechnung scheint die „eigentliche" Entwicklung erst innerhalb der letzten zwei Jahre, d. h. von 2008 bis 2010, zu erfolgen.

Eine genaue Betrachtung der Technologie ist sehr hilfreich, eine einseitige Konzentration auf die Technologie ist jedoch für die Beurteilung des Informationspotentials insofern irreführend, da die Anwendungen weit bedeutender sind als die Technologien. Die Zunahme des Informationspotentials ermöglicht vor allem neue Anwendungen in Kunst, Kultur, Wissenschaft, Gesellschaft und Wirtschaft. In einer Wirtschaft, die ihre Wertschöpfung zunehmend aus Informationsnutzung bezieht, entstehen weit höhere ästhetische Ansprüche an die Umgebung als in einer Material- und energiebasierten Wirtschaft. Das Informationspotential wirkt auf die Art der Arbeit, die Qualifikation und das Selbstverständnis der Arbeitenden und auf die Umwelt- und Wohnsituation, wie weiter vorn in Abb. 5.6 dargestellt.

Da das Informationspotential so rapide und so breit gewachsen ist, wird derzeit von diesem riesigen Potential kaum etwas genutzt, obwohl die bisherige Nutzung schon bedeutende Veränderungen ausgelöst hat. Große Veränderungen erfolgen nur allmählich. Wenn man das ungenutzte Potential betrachtet, kann man ermessen, welches Ausmaß an Veränderungen erst noch bevorsteht und warum renommierte Personen einen langen Boom mit einem Dow-Jones-Index von 50 000 binnen 10 Jahren vorhersagen (beispielsweise im Text US-Handelsministerium Margherio et al. 1998).

5.4
Informationsbasierte Wirtschaft, Informationsbereich und I&K-Branche

Die gegenwärtige und in einigen westlichen Ländern schon überwundene wirtschaftliche Krise erlaubt eine Prüfung, welche Unternehmen und Branchen sich gut entwickeln und von daher in der Zukunft zunehmend wichtig werden und welche absteigen und möglicherweise gänzlich verschwinden.[10]

Man hat lange Zeit eine bedeutende kommende wirtschaftliche Dominanz der I&K-Technologien erwartet. Aber rasche wirtschaftliche Entwicklungen sind in einer Vielzahl von Branchen erfolgt, nicht nur in der I&K-Branche. Damit kommt es nicht zu der erwarteten wirtschaftlichen Dominanz der I&K-Branche. Jedoch scheinen diese und darüber hinaus der gesamte Informationsbereich als Katalysator vieler bedeutender Entwicklungen zu wirken und insofern indirekt eine beherrschende Bedeutung zu erlangen. Intensität und Umfang von Informationsnutzung stellen ein wesentliches Kennzeichen zukunftsfähiger Wirtschaft dar. Dazu führt das US-Handelsministerium in der erwähnten Studie „The Emerging Digital Economy" (Margherio et al. 1998) folgendes aus:[11]

---

[10] Für eine Darstellung der Wachstumsregionen der EU siehe Sternberg (1993).

[11] During the past few years, the United States economy has performed beyond most expectations. A shrinking budget deficit, low interest rates, a stable macroeconomic environment, expanding international trade with fewer barriers, and effective private sector management are all credited with playing a role in this healthy economic performance. Many observers believe advances in information technology (IT), driven by the growth of the Internet, have also contributed to creating this healthier-than-expected economy. Some have even suggested that these advances will create a 'long boom' which will take the economy to new heights over the next quarter century.

Während der letzten Jahre hat die Entwicklung der US-Wirtschaft fast alle Erwartungen übertroffen. Als Faktoren, die in dieser gesunden wirtschaftlichen Entwicklung eine Rolle spielen, werden ein schrumpfendes Budgetdefizit, geringe Zinsraten, eine stabile volkswirtschaftliche Umgebung, wachsender internationaler Handel mit weniger Handelshemmnissen und effektives Management in der Privatwirtschaft angesehen. Viele Beobachter glauben, daß Fortschritte in der Informationstechnologie, angetrieben durch das Wachstum des Internets, ebenfalls dazu beigetragen haben, diese „gesünder als erwartet"-Wirtschaft entstehen zu lassen.[12] Einige Aussagen gehen dahin, daß diese Fortschritte einen „langen Boom" bewirken werden, der die Wirtschaft im Verlauf der nächsten 25 Jahre zu neuen Höhen führen wird", sowie etwas später in der Einführung[13]: „Wenn der Trend anhält, der durch diese vorläufige Analyse unterstellt werden kann, werden Informationstechnologie und elektronischer Handel das Wirtschaftswachstum noch für viele Jahre weiter antreiben. Um dieses Potential zu nutzen, müssen der Privatsektor und die Regierungen zusammenarbeiten, um ein vorhersagbares, marktgetriebenes Rahmenwerk für den elektronischen Handel zu schaffen; unbürokratische Mittel zuwege bringen, die sicherstellen, daß das Internet eine sichere Umgebung darstellt, und Handlungsoptionen gestalten, um Studenten und Arbeiter mit den Fähigkeiten vertraut zu machen, die für Arbeit in der neuen digitalen Wirtschaft benötigt werden.[14]

Historisch konnte zuerst David Birch[15] zeigen, daß sich alle jene Unternehmen in der damaligen schwierigen wirtschaftlichen Lage der USA (1980er Jahre) besonders gut entwickelten, die Wissen in einer besonderen Breite und in besonderem Umfang nutzten und die beweglich waren („Gazellen").

Folglich muß zwischen informationsbasierter Wirtschaft, Informationsbereich und I&K-Branche unterschieden werden. Die I&K-Branche stellt die Informationsinfrastruktur und die Werkzeuge zur Informationsverarbeitung her. Informationsbasierte Wirtschaft bezeichnet alle Teile der Wirtschaft, die *vor allem davon leben*, Information zu gewinnen, zu verarbeiten und zu nutzen, also das Informationspotential zu nutzen. Der Informationsbereich leistet die Gewinnung und Verarbeitung der Information in allen Branchen und Firmen, informationsbasierten genauso wie etablierten.

Diese neuen Abgrenzungen sind oft quer durch die nach alten Definitionen abgesteckten Branchen zu ziehen. Beispielsweise bedeutet die Ausarbeitung von neuen Mikrochips genauso wie das Design eines Autos überwiegend Informationsverarbeitung, benötigt also in hohem Maß einen Informationsbereich, die Herstellung der Gehäuse von PCs dagegen gehört zwar zur I&K-Branche, benötigt aber nur in geringem Maß Informationsverarbeitung und gehört von daher nicht zum Informationsbereich.

Wissen und Information im weitesten Sinn stellen eine Produktions- und Handlungsgrundlage für alle Wirtschaftszweige dar, *sowie eine Hauptressource (die Basisentität Information)* für neue Produkte und Dienste. Manche sprechen von dem

---

[12] In recent testimony to Congress, Federal Reserve Board Chairman Alan Greenspan noted, „... our nation has been experiencing a higher growth rate of productivity—output per hour—worked in recent years. The dramatic improvements in computing power and communication and information technology appear to have been a major force behind this beneficial trend."

[13] If the trends suggested by this preliminary analysis continue, IT and electronic commerce can be expected to drive economic growth for many years to come. To realize this potential, however, the private sector and governments must work together to create a predictable, market-driven legal framework to facilitate electronic commerce; to create non-bureaucratic means that ensure that the Internet is a safe environment; and to create human resource policies that endow students and workers with the skills necessary for jobs in the new digital economy.

[14] Siehe auch Rheinisch-Westfälisches Institut für Wirtschaftsforschung (1995).

[15] Consultant und Pionier in der Erforschung wirtschaftlicher Innovationen und des Entstehens neuer Jobs.

neuen grundlegenden Produktionsfaktor „Wissen", der zu den in der traditionellen Volkswirtschaftslehre bestehenden Faktoren „Boden", „Arbeit" und „Kapital" hinzutritt, wobei neben dem Wissen der Faktor Information nicht übersehen werden sollte.

Es ist offenbar, daß derjenige, der mit dem Aufbau von informationsbasierten Unternehmen erst dann beginnt, wenn die ersten Unternehmen in seiner Branche schon in Phase e4 vorgedrungen sind, nur noch geringe Chancen hat.

> Dies illustriert die Entwicklung der internationalen Buchhandlung Amazon auf eine so drastische Weise, daß dies zu dem Spruch geführt hat „Don't get Amazoned". Die noch 1996 zum Teil deutlich größeren Konkurrenten von Amazon, wie die Buchhandlung Barnes&Noble, waren 1996 im Internet nicht gut vertreten. Der Umsatzsprung von Amazon von 1996 auf 1997 um den Faktor acht von 17 Mio. auf 138 Mio. US-Dollar weckte die Konkurrenz auf, die jetzt betont, wie hervorragend ihre eilends aufgebauten Internetangebote seien. Gleichwohl ist Amazon seit 1997 der größte Buchhändler der Welt; Barnes&Noble dagegen haben seither ihre neue Internettochter schon dreimal vollkommen umstrukturiert und sind gegen Amazon erfolglos. Der größte Buchverlag der Welt, Bertelsmann, wurde von seiner New Yorker Tochter schon 1995 auf die Gefahr hingewiesen, die etablierten Buchhandlungen und Buchklubs durch das Internet droht. Bertelsmann hat jedoch noch später als Barnes&Noble, erst 1998, reagiert und sich in die Internettochter von Barnes&Noble für 200 Mio. US-Dollar eingekauft. Branchenkenner zweifeln, ob Bertelsmann mehr Erfolg haben wird als Barnes&Noble. James McCann sagte im Jahr 1997[16]: „Die Lektion: früh ins Netz zu gehen kann einen gewaltigen Vorteil bringen, ganz besonders für kleine Neugründungen. Selbst Händler mit großen Namen können es sich nicht leisten zu warten. Ich hämmere in den Gesellschaften, in deren Aufsichtsrat ich sitze, immer auf die Tische: ‚Laßt Euch nicht Amazonieren'." McCann ist Präsident der Blumenhandlung 1-800-FLOWERS, die seit 1994 online verkauft (Business Week, 20. Januar 1998).

Es scheint für die Karriere in Deutschland derzeit immer noch vorteilhafter zu sein, die Bedeutung dieser neuen Entwicklungen herunterzuspielen, als zu versuchen, die neuen Entwicklungen führend mit zu vollziehen. Denn trotz des Erfolgs von Amazon und vieler anderer Unternehmen, die ihren Handel mittels der neuen Medien betreiben (Electronic Commerce, E-Commerce), bezeichnen die meisten deutschen Unternehmen das Internet als noch nicht voll für Handel geeignet. Beispielsweise lautet die Schlagzeile der deutschen „Computerzeitung" vom 22.01.1998: „Internet fehlt viel zum Einkaufs-Netz – E-Commerce-Enquête: Manager bemängeln fehlende Sicherheit." Wer so urteilt, wird mit seinem E-Commerce zu spät kommen und vielleicht nicht seine Karriere gefährden aber seine Rente, seine Firma und die Arbeitsplätze seiner Mitarbeiter. Es wird zunehmend die Erwartung geäußert, daß der Handel über das Internet in absehbarer Zeit die größte Kategorie des Welthandels ausmachen wird.[17]

Mit Handel wurden immer große Vermögen verdient. Dies setzte geographisch eine gute Lage voraus; die Hansestädte wurden dadurch reich. Daß Handel Reichtum bringt, wird so bleiben, siehe Cendant (Abschnitt 6.3) und QVC (Abschnitt 9.1). Die geographisch gute Lage jedoch wird durch das Internet neu definiert. Was sind die

---

[16] „The lesson: Getting on the Net early can be a huge advantage, especially for tiny startups. Even big-name retailers can't afford to wait. I'm constantly pounding the tables, telling the companies whose boards I sit on: Don't get Amazoned, says James F. McCann, president of 1-800-FLOWERS, which has been selling online for three years."

[17] Aus einem Interview von NEWS.COM mit Ira Magaziner, dem Internet-Berater von US-Präsident Clinton (Internet, Netscape Homepage, 28.11.1998): „What makes Internet commerce sufficiently different from other types of commerce that it deserves special consideration by the president? Magaziner: No. 1, is its enormous potential. We think if we allow the Internet to grow, and commerce on the Internet to grow, and create the right kind of environment for it, it will be the largest category of world trade in the next five or ten years. It has enormous potential".

„Häfen der Informationsgesellschaft"? Sind es, wie manche annehmen, die Eingangs-seiten im Internet, die „Portals" der großen Internetgruppierungen, wie Yahoo oder Netscape bzw. jetzt AOL? Dies sind Fragen, die alle Häfen der Welt, alle Handelsstädte, alle Handelsnationen interessieren sollten. Welche Rolle wird Microtrade (der Handel mit kleinsten Mengen von Gütern bei geringen Transaktionskosten, Abschnitt 10.5.6) erlangen? Wie wird sich die drastische Senkung der Transaktionskosten generell aus-wirken? Zweifellos wird der Handel zunehmend durch Informationsvermittlung ver-dienen, weniger durch physischen Besitz und Transport von Gütern zwischen Herstel-lern und Kunden. Wie billig wird der direkte Transport vom Hersteller zum Endkun-den werden, der „Point-to-Point-Transport" (Abschnitt 9.1), der es gestattet, Güter nicht nur direkt einzukaufen, sondern auch direkt zu beziehen. Wird mir Cendant zu direkten Transporten von meinen Fabrikanten verhelfen? Oder wird FedEx, die den Point-to-Point Transport eingeführt haben, auch Direkteinkäufe offerieren?

5.5
Wirkung des Informationspotentials als Basisinnovation

Das Informationspotential weist alle Kennzeichen von Basisinnovationen auf, wie Erschließung einer umfangreichen neuen Ressource (Information) und einer neuen Transport- und Infrastrukturkomponente. Insofern unterstützt die Analyse vergange-ner Basisinnovationen ein besseres Verstehen gegenwärtiger Wandlungen.

Th. Multhaup: „Anders als bei stufenweisen Verbesserungen bekannter Technik, die in der Regel am besten von den alten Innovatoren und damit in den führenden Regionen durchgeführt werden, ergeben sich mit dem Aufkommen neuartiger Basis-innovationen Chancen für neue Regionen. Für solche Wechsel gibt es in der Wirt-schaftsgeschichte zahlreiche Beispiele. So verloren die reichen Niederlande im Laufe des 18. Jahrhunderts ihre Führungsposition, die vor allem auf der Schiffsindustrie, dem Finanzwesen und dem Handel aufbaute, an das vergleichsweise arme England, das zum Zentrum der neuen Baumwollindustrie wurde. Später verlor England seine technologische Führung an die USA und Deutschland, die in neuen Industrien, wie der chemischen Industrie oder der Automobilindustrie, die Führung übernahmen, Brezis et al. (1993)."

Die auf neuen Basisinnovationen beruhende Wirtschaft ist gegenüber der etablier-ten Wirtschaft nicht nur durch neue Angebote im Vorteil, sondern sie erfüllt auch die Marktbedürfnisse besser, da sie eine höhere Produktivität und bessere Ressourcen-wirksamkeit aufweist. Für eine Übergangsperiode existieren beide Typen von Wirt-schaft nebeneinander, aber dann wirkt sich diese Überlegenheit der neuen Wirtschaft immer mehr aus.

Diese Entwicklung ist auch jetzt wieder empirisch sehr deutlich feststellbar, also für den Übergang zur informationsbasierten Wirtschaft.

In Abb. 5.5 ist die Entwicklung des Anteils informationsintensiver Tätigkeit in Pro-zent an der gesamten Beschäftigung in Deutschland wiedergegeben, also jener Arbeit, wo überwiegend Information verarbeitet wird, unabhängig von der Branche, d. h. Arbeit im Informationsbereich.

Der historische Höchststand von Arbeit in der Produktion wurde in den 1960er Jahren mit etwas über 40 % erreicht, Land- und Forstwirtschaft liegen jetzt bei 3 % Anteil und lagen im gesamten Zeitraum der letzten 100 Jahre unter dem jetzigen

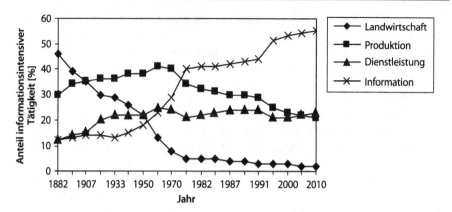

Abb. 5.5. Entwicklung des Informationsbereichs in Deutschland 1882–2010 (*Quelle:* Dostal 1995, S. 528 f.)

Stand des Informationsbereichs. Die eigentliche Dienstleistung stagniert seit den 1920er Jahren bei etwas über 20 % – insgesamt also hat der Informationsbereich schon derzeit eine Dominanz im Berufsleben erreicht wie kein anderer Bereich während der letzten 100 Jahre.[18]

Informationsbasierte Wirtschaft bringt sehr viel mehr hervor als nur I&K-Technologien und Medienprodukte. Informationsbasierte Unternehmen gehören allen Branchen an, selbst der Land- und Forstwirtschaft. Beispiele informationsbasierter oder informationsintensiver Angebote sind Handys, Spielzeuge, viele neue Unterhaltungsdinge, CD-Rom-Bücher und -Lexika, landwirtschaftliche Sensoren, Scanner mit Datenbanken in der Holzverarbeitung, fraktale Datenkompression (s. u.), Point-to-Point-Transport (Abschnitt 9.1), aber auch herkömmliche Produkte mit stark ausgeweitetem Informationsanteil, die ohne ausgedehnte Informationsverarbeitung undenkbar wären, wie „intelligente Häuser", „intelligente Elektromotoren" und Systeme wie z. B. Transportsysteme oder Agrarsysteme (integrierter Pflanzenschutz oder der „Life Sciences"-Ansatz der Fa. Hoechst; ähnlich die anderen Chemiegroßunternehmen). Die Spannweite informationsbasierter Produkte reicht von kulturell bedeutend bis zu zivilisatorisch skurril. Für erstere schaue man im WWW gute Kunstausstellungen an, für letztere Tamagotchi-Haustiere – wobei aus Trivialitäten oft ansehnliche Folgeprodukte entstanden sind.

Oft gehen dingliche Ausrüstungen und Informationsverarbeitung Kombinationen derart miteinander ein, daß die Informationsverarbeitung dingliche Teile ersetzt. Ein Beispiel dafür bieten die Produkte der Firma „Iterated Systems"[19] (http://www.iterated.com/). Diese Firma vermarktet Bildkompression (die u. a. auf dem „fraktalen Charakter der Natur" beruht, Kasten 10.2, oder auf Wavelets). Derartige Bildkompression kann den Speicherbedarf eines Bildes ohne großen Qualitätsverlust auf 1 % des normalen Aufwandes verringern. Damit steigt die Übertragungskapazität

---

[18] Anders als von Dostal in Abb. 5.5 wird hier die Auffassung vertreten, daß die gegenwärtig herrschende (also die etablierte) Wirtschaft auch auf nur 3 % Anteil zurückgehen wird, ähnlich wie die Land- und Forstwirtschaft in der jüngsten Vergangenheit. In dieser Hinsicht teile ich die Analyse von Rifkin mit seinem „End of work" (Rifkin 1995).

[19] Gegründet von dem Mathematiker Michael Barnsley; am einfachsten im Web zu finden mit der Suchmaschine Yahoo, mit einer Suche nach diesem Firmennamen.

vorhandener Netze gewaltig an. Hiermit können in großem Umfang physische Netz- und Speicherkapazitäten eingespart werden. Digitales Fernsehen wurde erst durch Bild- und Tonkompression wirtschaftlich. Diese Substitution von Materialien und Energie durch Informationsverarbeitung bedeutet eine weitere Form der Dematerialisierung. Die Kombinationen von dinglichen Ausrüstungen und Informationsverarbeitung durchbrechen die bisherigen Grenzen zwischen materiellen Produkten und Dienstleistungen.

In dem Maße, wie die neue Wirtschaft wohlhabender wird, kauft sie nützliche Teile der alten Wirtschaft auf und wird so zu einem Patchwork[20] von neu und alt. Die alte Wirtschaft verliert solcherart Teile, auf die sie für ihr Funktionieren kritisch angewiesen ist und wird immer abhängiger und unselbständiger. Oft versucht die alte Wirtschaft, die über lange Zeiträume deutlich mehr Kapital mobilisieren kann als die neue, durch Aufkauf von neuen Unternehmen in den neuen Geschäftszweigen Fuß zu fassen. Jedoch fehlen oft, aber nicht immer, die Persönlichkeitsmerkmale und die Bereitschaft, um mit dem neuen Paradigma zurechtzukommen. Derartige Engagements werden dann nach kostspieligen Fehlschlägen aufgegeben; es erfolgt eine Rückbesinnung auf das alte „Kerngeschäft". Ein Gegenbeispiel ist der weltweit führende Hersteller von Handys, Nokia in Finnland, der früher in Gummistiefeln und Schiffsausstattung tätig war. Jedenfalls wird der Niedergang der alten Wirtschaft und damit der alten Basisinnovationen dadurch gemildert und verhüllt, daß die alte Wirtschaft im Patchwork weiterlebt.

Um in der gegenwärtigen Krise neue Arbeitsplätze zu schaffen, hat man anfänglich vor allem die bewährten Anforderungen für das Entstehen von Arbeitsplätzen besser erfüllt, Umweltauflagen „flexibilisiert" und den Ausbau der Verkehrsinfrastruktur beschleunigt. Damit jedoch entsteht keine informationsbasierte Wirtschaft, weil diese andersartige, neue, Ansprüche stellt, nicht diejenigen etablierter Wirtschaft. Da die etablierte Wirtschaft sich in vielen Bereichen am Ende ihres Entwicklungszyklus befindet, wurde mit diesen Maßnahmen für neue Arbeitsplätze im Bereich der alten Industrie nicht viel erreicht, sondern oft Schaden angerichtet. Beispielsweise braucht die neue Wirtschaft keine großen, sondern „feine"[21] Gewerbeflächen – evtl. sogar in einer Kombination mit Wohnen etwa für Telearbeitsmöglichkeiten – sowie Informationsinfrastruktur, dagegen keinen weiteren Ausbau von Verkehrsnetzen für Massentransport. Am wenigstens gebracht haben Subventionen für den *Neuaufbau* von Industrien der Phasen 5 bis 7, da diese nur noch eine sehr beschränkte Lebenserwartung haben und zudem einer intensiven globalen Konkurrenz und weiterer Rationalisierung unterliegen. Derartige Maßnahmen hemmen den Übergang zur informationsbasierten Wirtschaft. Es geht also darum, Maßnahmen zur Wirtschaftsförderung zu formulieren, die von den dargestellten Umbrüchen ausgehen und mit denen die neuen Möglichkeiten genutzt werden.

5.6
Einige Wirkungen der informationsbasierten Wirtschaft auf Mensch und Umwelt

Die informationsbasierte Wirtschaft verändert gewohnte Orientierungen. Geographische Entfernung ändert ihren Charakter, da Computernetzwerke nunmehr eine nahtlose und hocheffektive Zusammenarbeit von Menschen, Gruppen und Organisationen unabhängig von ihrer geographischen Entfernung erlauben („application sha-

---

[20] Fränzle und Grossmann 1999.
[21] Siehe auch die Ausführungen von IVG im Geschäftsbericht für 1995, IVG (1996).

ring")[22]. Arbeit in vielfältiger Form kann über große Entfernungen eingebracht werden, z. B. als Telearbeit. Damit verbinden sich Arbeiten und Wohnen und genauso verbinden sich viele andere bisher getrennte Hauptaktivitäten des Menschen[23] auf neuartige Weise. Es entstehen „virtuelle" Zentren in Computernetzwerken, die nicht räumlich festgemacht werden können. Virtuelle Produktion[24] wird sehr leistungsfähig, also die oft auch internationale Verknüpfung von z. B. CAD/CAM, Produktionsleitung, Logistik, Vermarktung, Vertrieb, Kundendienst einschließlich Fernwartung und Fernreparatur über die Vernetzung. Dies ändert die räumliche Organisation von Wirtschaft, Arbeiten, Wohnen, Einkaufen, Versorgen, Transport und Leben zueinander.

Auch die Umweltbeanspruchung stellt sich in einer informationsbasierten Umwelt anders dar als in einer Industriegesellschaft. Der weit geringere Transport- und Flächenbedarf ist optisch auffallend; die bedeutenden Firmen im Silicon Valley werden von Besuchern oft als enttäuschend klein empfunden.

Trotz spezifisch geringeren Flächenbedarfs werden Landnutzungskonflikte selbst dann in einer informationsbasierten Gesellschaft fortbestehen, wenn dieser geringere spezifische Flächenbedarf zu einer Verminderung der genutzten Fläche führt. Die in informationsbasierter Wirtschaft Tätigen entwickeln andersartige Ansprüche; die Nachfrage nach Naherholung steigt deutlich an. Naherholung in ökologisch attraktiven Landschaften gefährdet deren ökologische Gesundheit. Zudem wird mit einer zunehmenden Wertschätzung attraktiver Landschaften der Erschließungsdruck für Wohnen und informationsbasierte Wirtschaft in ökologisch attraktiven Landschaften zunehmen.

Abbildung 5.6 stellt schematisch derzeit offenbare unterschiedliche Verhältnisse von Menschen, Umwelt und Wirtschaft in Industrie- und Informationsgesellschaft einander gegenüber.

Diese Abbildung deutet an, wie sich die Aufgaben der Landnutzungsgestaltung neu darstellen, wie sich Stadtdesign verändern wird, welche Rolle und Form von Freizeit und Erholung sich einstellen, wie sich Transporte und dadurch bedingt Infrastrukturbedürfnisse ändern. Dies wird im weiteren Text genauer ausgearbeitet.

Derzeit erfolgt ein großer Komplex von zusammenhängenden Veränderungen.

Der Planung (in dem Sinne, wie moderne Umweltpläne konzipiert sind) kommen damit entscheidende neue Aufgaben und eine zunehmende Verantwortung zu. Sie muß ökologisch wertvolle Gebiete für die Menschen und für die langfristige Lebensfähigkeit der Wirtschaft gegen diese beiden Flächenverbraucher verteidigen.

Planung allein reicht nicht aus, Konflikte zu überwinden und eine ökologisch lebendige Umwelt wiederherzustellen. Wenn sich die Ansprüche an unsere Umwelt solcherart verändern, könnte wohl, wie Hellwig es in diese Forschung einbrachte (Anhang C), die Heimatliebe wieder Anerkennung finden, die Liebe zur Umgebung. Dies wäre wichtig, denn nur mit Liebe wird der Mensch seinen eigenen Unzulänglichkeiten – die sich immer stärker in der Umweltgestaltung widerspiegeln – in einer Form begegnen können, die seine Umwelt wieder lebens- und entwicklungsfähig werden läßt.

---

[22] Verwandte Begriffe: Workgroup Computing und Computer Supported Cooperative Work (CSCW).

[23] Hier werden statt der ursprünglichen Daseinsgrundfunktionen in der Anpassung auf die heutigen Probleme acht Hauptaktivitäten verwendet: Wohnen, Arbeiten, Versorgen, Mobilität, Lernen, Freizeit, Erholung, Urlaub, vgl. „Charta von Athen", 1933, Le Corbusier.

[24] Als virtuelle Produktion wird die oft nur vorübergehende Zusammenarbeit von organisatorisch getrennten Unternehmen für eine Aufgabe bezeichnet, sofern dabei in herausragender Weise die neuen Vernetzungsmöglichkeiten benutzt werden.

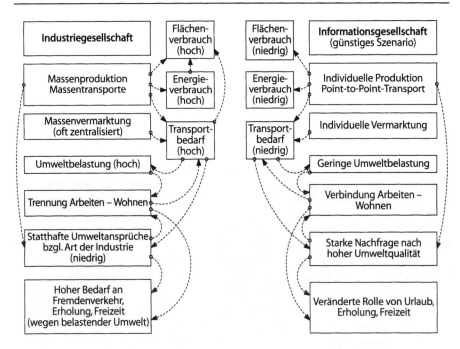

Abb. 5.6. Zusammenhänge von Industrie- und Informationsgesellschaft mit der menschlichen Welt und Umwelt

5.7
Umweltentlastungen und gegenintuitives Verhalten

Sozioökonomische Systeme wären ohne die Fähigkeit der Homöostasie, also der Fähigkeit, nach Störungen und aus Ungleichgewichten zum vorigen Gleichgewichtszustand zurückzukehren, nicht überlebensfähig. Für diese Homöostasie verfügen sie über viele ausgleichende und oft ausgedehnte und komplexe Rückkopplungsschleifen. Auch massive Eingriffe von Akteuren werden durch diese Rückkopplungsschleifen ausgeglichen, was für den Akteur fast immer unerwünschte Gegenreaktionen bedeutet, ein als „gegenintuitives"[25] Verhalten bezeichnetes und zumeist unerwartetes Systemverhalten. Diese Gegenreaktionen sind dadurch nicht unmittelbar verständlich, weil sie fast immer über viele Zwischenglieder ablaufen, so daß die Reaktion nur indirekt und verzögert, wenngleich oft sehr kraftvoll erfolgt. Patten (1983) sagt, daß indirekte Effekte gegenüber direkten in komplexen Systemen im allgemeinen überwiegen, siehe auch die Reaktionen der verschiedenen Weltmodelle des Club of Rome bei erhöhter Ressourcenverfügbarkeit, (Forrester 1971, Meadows et al. 1972, 1992a, b).

Wenn es folglich mit der Informationsgesellschaft gelingt, Umweltbelastungen zu verringern, wird jedes sozio-ökonomische System versuchen, den Stabilitätszustand *vor* der erfolgten Verringerung der Umweltbelastungen aufrechtzuerhalten oder wiederherzustellen. Multhaup hat analysiert, auf welche Weise Umweltentlastungen als Spielräume für neue Aktivitäten genutzt werden, die dann neue Umweltbelastungen schaffen. Dies ist im Abschnitt: „Ökologische Entlastungseffekte durch Telearbeit?"

wiedergegeben. Auch umfangreiche Umweltmaßnahmen hatten fast immer gegenintuitive Folgen, die in der Umweltpolitik eine allmähliche Durchsetzung der Ziele mit vielen Nachbesserungen erforderlich machten. Beispielsweise produzierte die Entschwefelung der Kraftwerksabgase einen mit Schwermetallen belasteten Gips-Schlamm, in dem die SO_2-Abgase chemisch gebunden waren und der Entsorgungsprobleme aufwarf.

Erfolg oder Mißerfolg von Maßnahmen sind nicht immer eindeutig feststellbar. Als Mißerfolg wird oft berichtet, daß die Computereinführung in den Büros das „papierarme Büro" in Aussicht stellte, tatsächlich aber den Papierkonsum verdoppelte. Dies ist jedoch nicht abschließend geklärt, denn der Papierverbrauch wäre ohne den verbreiteten Einsatz von Computern um weit mehr als nur den Faktor 2 gewachsen. Denn fast alle Bürotransaktionen, die Papierverbrauch bedingen, sind um einen wesentlich höheren Faktor angestiegen, ob es sich um die Schecknutzung im Zahlungsverkehr oder um Verwaltungsaufwand bei der Erstellung komplexer Produkte mit zahlreichen Zulieferern handelt (siehe Margherio et al. 1998).

Eine der stärksten gegenintuitiven Wirkungen wird von der Verlockung ausgelöst, daß die neuen Möglichkeiten, statt sie zu qualitativen Verbesserungen zu nutzen, ein Streben nach „mehr" im Sinn eines quantitativen Wachstums auslösen, also mehr Touristen, mehr Verkauf, mehr Siedlungsfläche oder mehr Verkehr mit stärkeren Autos. Dies ist jedoch nicht zwangsläufig, und der „sanfte Tourismus" kann als Beispiel für Verbesserungen der Umweltsituation gegen die Interessen des „Mehr" angesehen werden.

> Mit sogenanntem „sanften Tourismus" haben seit Mitte der 1980er Jahre eine größere Zahl von Fremdenverkehrsgemeinden durch selektive und insgesamt verkehrsverringernde Konzepte eine gleichzeitige Verbesserung von Umweltsituation, Qualität des Urlaubsangebots und Erhöhung ihrer Einnahmen erreicht. Bessere Einnahmen und eine höhere Urlaubsqualität bedeuten eine wirtschaftliche und ökologische Kompensation für Einschränkungen der Kfz-Nutzung durch Gäste und Einheimische.

---

[25] Dieses Phänomen wurde zuerst von Forrester beschrieben (counterintuitive behavior of complex systems, Forrester 1969), und vom Wuppertal-Institut und von Radermacher, bezogen auf Umweltprobleme, als rebounding effect bezeichnet (Radermacher 1996). Donella Meadows konnte schon in den 1970er Jahren zeigen, daß hier ein systembedingter Suchtcharakter wirkt („Intervenor takes the burden"), ein verhängnisvoller positiver Rückkopplungskreis. Sie hat dies für wechselseitige politische Abhängigkeit wie folgt beschrieben: Eine Gruppe wendet sich hilfesuchend an eine politische Kraft mit der Bitte um Unterstützung. Wenn dann beispielsweise finanzielle Unterstützung gewährt wird, verringert dies die Notwendigkeit für die hilfesuchende Gruppe, selbst Einkommen zu erarbeiten, und sie kann Aktivitäten, die Geld benötigen, entsprechend ausweiten. Dadurch erhöht sich ihr Hilfebedürfnis. Für die Finanzzuwendung gewährt sie ihrerseits der politischen Gruppe politische Unterstützung; das gestiegene Hilfebedürfnis aufgrund der Hilfe bindet sie fester an den Helfer. Insofern profitieren scheinbar beide Seiten. Der weitere Verlauf ist an der Entwicklung einer Sucht erkennbar: Ein Mensch ist hilfebedürftig, und eine Droge versetzt ihn in einen Zustand, in dem er sich besser fühlt. Nach Abklingen der Drogenwirkung jedoch ist die eigentliche Ursache für seine Hilfsbedürftigkeit nicht beseitigt, der Grund für die Drogeneinnahme besteht also fort. Durch die Drogennachwirkung verstärkt sich das Hilfsbedürfnis, da der eigentliche Auslöser nicht verändert wurde, sondern sich oft noch verschlechtert hat, so daß erhöhte Drogennahme erfolgt. Diese erhöhte Dosis verstärkt beim Abklingen den Elendszustand des Hilfesuchenden, so daß er immer weiter in den negativen Kreis von Trostbedürftigkeit, Trost, fataler Nachwirkung und verstärktem Trostbedürfnis gerät. Donella Meadows nennt dies „der Eingreifende nimmt die Last", weil eine so geartete Unterstützung des Hilfesuchenden zunehmende Aufwendungen erfordert, die schließlich den Helfer überfordern und seinen eigenen Zusammenbruch herbeiführen können.

In ähnlicher Weise wie beim sanften Tourismus, jedoch in einem viel größeren Maßstab, muß man jetzt vorgehen: Es gilt zu nutzen, daß mit den Mitteln der Informationsgesellschaft viele derzeitige Umweltbelastungen überwindbar werden und entfallen können. In ähnlicher Weise wie als Belohnung für Einschränkungen im sanften Tourismus die Urlaubsqualität und die Einkommen steigen, können jetzt als Belohnung für den Verzicht auf Nutzung eingesparter Ressourcen die Einkommen, Arbeitsmöglichkeiten und die Lebensqualität allgemein verbessert werden. Dafür sind Strategien zu entwickeln, die bei der umweltgerechten Förderung der Informationsgesellschaft gegenintuitives Verhalten vermeiden.

5.8
Arbeitsplatzentwicklung in der Informationsgesellschaft

Die neuen Arbeitsplätze entstehen vor allem in der neuen informationsbasierten Wirtschaft. Dies wird vom gewaltigen Wachstum der US-Wirtschaft und der Jobs in dieser Wirtschaft unterstrichen. Die OECD-Länder beispielsweise entwickeln sich sehr unterschiedlich gut. Dies ist in Abb. 5.7 mit Angaben aus drei sehr verschiedenen Quellen dargestellt. Diese Angaben stimmen darin überein, daß die USA die Zahl ihrer Arbeitsplätze enorm erhöht haben, Europa dagegen weit zurückgeblieben ist. Die Arbeitsplatzentwicklung wird bei den Beispielen informationsbasierter Wirtschaft (Abschnitte 9.1 und 10.2) sowie in Anhang B genauer aufgeschlüsselt.

Diese günstige Arbeitsplatzentwicklung der USA wird in Europa oft mit einem Hinweis auf deren hartes soziales Verhalten geleugnet.

Es ist nicht zu erwarten, daß die USA als Folge einer günstigen Beschäftigungsentwicklung ihre soziale Tradition der Gestaltung von Beschäftigungsverhältnissen grundlegend ändern. Andererseits sind die Chancen Europas, seine Sozialordnung aufrechtzuerhalten, dann deutlich besser, wenn es seine Beschäftigung merklich erhöht.

Es ist des weiteren zu differenzieren, wie es verschiedenen Bevölkerungsgruppen mit den beiden unterschiedlichen sozialen Strategien ergeht. Es scheinen in beiden Regionen jeweils andere Gruppen gut bzw. schlecht wegzukommen. Beispielsweise halten die USA den Europäern vor, daß das europäische System anders als das amerikanische zur Dequalifizierung der Langzeitarbeitslosen führt. Gleichwohl gehen Europäer zumeist von einer generellen Überlegenheit ihrer Sozialordnung aus. In manchen Bereichen sind dennoch die USA führend, etwa in der Alterssicherung von Mitarbeitern, die in unterschiedlichen Ländern tätig sind, und die in Europa zwischen die Netze der verschiedenen nationalen Pensionskassen fallen. Insbesondere haben die USA vor allem, anders als in Europa in manchen Publikationen immer noch behauptet wird, die Zahl der hochwertigen Arbeitsplätze enorm erhöht; siehe Punkt 2 in Abb. 5.7: Danach entfallen 75 % aller neuen Arbeitsplätze auf die beiden obersten Wertigkeitskategorien. Dies wird auch im Anhang genau dargestellt.

Die Arbeitsmarktentwicklung der USA, die aus Abb. 5.7 ersichtlich ist, kann auch für Europa ermutigend sein. Mit der informationsbasierten Wirtschaft sind tatsächlich in größtem Maß Arbeitsplätze zu schaffen. Gleichwohl kommen alle mir bekannten europäischen Expertengutachten zu der Aussage, daß Europa hier nicht annähernd so viele Arbeitsplätze einrichten kann wie die USA. Unter den derzeitigen in Deutschland bestehenden Bedingungen, siehe auch Abschnitt 9.6, ist dies zutreffend.

Kasten 5.2. Verschiedene Quellen zur Arbeitsplatzentwicklung

1. Angaben der OECD zur Arbeitsplatzentwicklung in OECD-Ländern

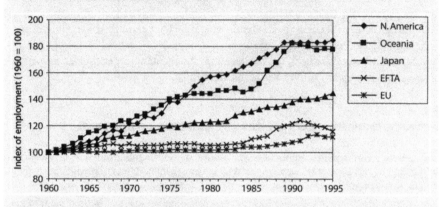

Abb. 5.7. Beschäftigungsindex nach OECD 1994. Zitiert nach METIER 1995[a]

2. Angaben kompiliert aus US Bureau of the Census (1995, S. 409 ff.)

Die USA erhöhten die Zahl der Jobs zwischen 1983 bis 1994 um 22 Millionen. Diese Angaben sind mit der OECD-Graphik verträglich. Davon gehören 10 Millionen der Kategorie „Managerial-Professional" an (Studierte und Manager), 6 Millionen dem Bereich „Technical, sales and administrative support" und weniger als 15 % gehören zur „Service occupation".

3. Angaben der EU

In der EU betrug die Arbeitsplatzzunahme im Schnitt der letzten 25 Jahre 0,3 %, in den USA 2,1 %. Rechnet man hieraus (mit Zinseszinsrechnung) die Zunahme für einen Zeitraum von 30 Jahren aus, so sind dies bei 0,3 % etwa 9 % Zunahme, bei 2,1 % hingegen 86 % Zunahme. Dies stimmt mit der OECD-Grafik im Endeffekt überein.

[a] Die Autoren der Metier-Gruppe kennzeichnen Europas schlechte Lage mit dem Zitat einer Kapitelüberschrift aus dem EU Weißbuch über „Growth, Competitiveness and Employment", 1993: „How has it come to this?"

Es gibt jedoch so viele Möglichkeiten, dies systematisch zu ändern, daß auch für Deutschland und Europa hervorragende Chancen bestehen. Diese Möglichkeiten aufzuzeigen, und damit *zugleich eine umweltfreundliche und sozial freundliche* Entwicklung zu ermöglichen, ist das große Ziel des hier dargestellten Konzeptes.

5.9
Übergang zu neuen Basisinnovationen

Eine Gruppe von herrschenden Basisinnovationen verliert durch mehrere Faktoren ihre bestimmende und prägende Kraft. Dies sind der regionale Kaufkraftverlust durch Rationalisierung, die globale Konkurrenz und die Unterdrückung grundlegender Neuerungen. Gleichzeitig entstehen weltweit radikal neue, vorerst ungenutzte Erfindungen. Wenn sich insgesamt eine kritische Masse an derartigem ungenutzten Innovationspotential aufgebaut hat, erfolgen in einigen Regionen aus den neuen Erfindungen (New Economy 1, ne1) heraus die Übergänge zu Phasen 2 und 3 der neuen Wirtschaft (New Economy 2, ne2 und New Economy 3, ne3).

Diese Übergänge werden überwiegend, aber nicht ausschließlich, in „unverbrauchten" Regionen erarbeitet, die nicht durch das Alte gefesselt sind und deshalb das Neue als untauglich und unbrauchbar abtun, wie es erfolgreiche Regionen der etablierten Wirtschaft oft tun. In geeigneten Regionen beginnt eine erfolgreiche neue Entwicklung (Abb. 5.8). Die daraus entstehenden neuen Angebote entziehen den Altregionen zunehmend innovative Menschen und Kaufkraft; dies ist die oben erwähnte Kaufkraftkonkurrenz.

Altregionen können dadurch, besonders im Verhältnis zu anderen Regionen, verarmen, und typischerweise gelingt es ihnen für lange Zeit nicht, wieder den früheren Wohlstand zu erarbeiten. In Deutschland ist das Schicksal des Ruhrgebiets dafür ein Beispiel. Berlin jedoch hat es zweimal (1870 und 1930) geschafft, mit einer neuen Basisinnovation zu wachsen, ist dann aber durch den Nationalsozialismus und den 2. Weltkrieg mit seinen Folgewirkungen für lange Zeit seiner Innovationsfähigkeit beraubt worden[26] (ausführliche Diskussion von Berlin als „Elektropolis" in Hall und Preston 1988). Boston scheint als einzige Region dreimal mit einer neuen Basisinnovation gewachsen zu sein, wobei sich jedoch die Innovationszentren vom Zentrum der Stadt zum Außenring der Stadt und schließlich derzeit zur „Route 128" (Highway-Netz-Einzugsbereich um Boston) verlagert haben. Berlin scheint jetzt wieder aufzusteigen.

Die herrschenden Basisinnovationen verlieren derzeit ihre prägende Kraft; es gibt wieder Arbeitslosigkeit, anhaltende Wirtschaftskrisen und Orientierungsverlust. Mit dem Innovationspotential hat sich diesmal zugleich eine besonders kräftige neue Basisinnovation aufgebaut.

Mit dem derzeitigen Übergang in die Informationsgesellschaft erfolgt ein besonders tiefgehender Neubeginn, weil dies zum einen den Übergang zur fast unbeschränkten Nutzung der dritten Basisentität, eben der Information, bedeutet und weil mit der Nutzung des Informationspotentials zudem eine besonders umfangreiche Basisinnovation zur Wirkung kommt.

Formal leitet der Beginn von erfolgreichen neuen Basisinnovationen den Übergang zu einem neuen Sieben-Phasen-Ablauf ein, hin zu neu e2 und neu e3 (Abb. 5.8). Schon bei den vergangenen Basisinnovationen änderte sich jeweils vieles: die Schlüsselpersonen, die Landschafts- und Infrastrukturansprüche, der Charakter der Wirtschaft, der Charakter des grundlegenden Wissens und die führenden Standorte. In Anbetracht des Übergangs zur Basisentität Information wird diesmal die Änderung so grundlegend sein wie die nach 1800, die den Übergang zur Industriegesellschaft brachte.

Deshalb ist die Hartnäckigkeit der Standortdiskussion so enthüllend: man scheint zu fühlen, daß die Veränderungen tiefer gehen, als daß nur Standortbedingungen ungünstig seien. Je größer der Anteil etablierter Industrie in einem Land, desto schwieriger sind die Anpassungsprozesse. Nach dieser Analyse verwundern die gegenwärtigen Probleme Asiens weniger, denn fast alle Branchen in Asien, von denen krisenhafte Entwicklungen berichtet werden (Automobile, Finanzsektor, auch Speicherchips), gehören zum Bereich etablierter Wirtschaft.

---

[26] Im Moment sprechen eine Reihe von Entwicklungen dafür, daß Berlin wieder ein Innovationszentrum wird.

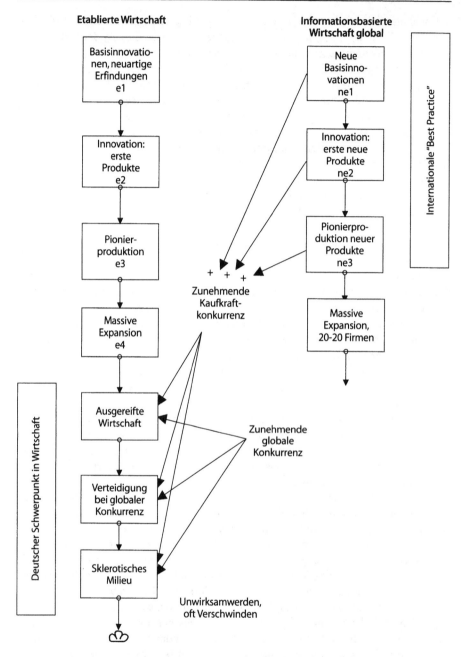

Abb. 5.8. Faktoren, die das Ende einer Basisinnovation *innerhalb einer ursprünglich erfolgreichen, reichen* Region bewirken.

Dieser Übergang zu etwas Neuem wird selten als das wahrgenommen, was er ist: eine in spätestens einer halben Generation (15 Jahre) vorübergehende Epoche. Statt

Kasten 5.3. Innovationswellen durch Basisinnovationen
(Autoren Th. Multhaup und W. D. Grossmann)

Ein grundlegender Erklärungsansatz geht auf Joseph Schumpeter zurück (Schumpeter 1961, S. 96 ff.). Nach seinem Innovationskonzept sind Basisinnovationen durch folgende Kennzeichen geprägt: Erstens führen sie zu einer ausgeprägten Senkung der Stückkosten, z. B. durch die drastische Senkung der Transportpreise im 19. Jahrhundert durch die Einführung der Eisenbahn. Zweitens zieht die breite Diffusion von Innovationen den Aufbau neuer Produktionsanlagen und damit eine verstärkte Investitionstätigkeit nach sich. Für die Erklärung der langen Wellen sind darüber hinaus noch drei weitere Merkmale entscheidend. Erneuerungen der technologischen Basis sind oft mit dem Aufstieg junger Unternehmen und „neuer Männer" zur unternehmerischen Führungsschicht verbunden. Schumpeter betont die Rolle des unternehmerischen Potentials für den wirtschaftlichen Aufstieg, ein Faktor, dem auch in der regionalwissenschaftlichen Literatur eine zunehmend wichtige Rolle zugesprochen wird. Zudem treten nach Schumpeter Innovationen nicht kontinuierlich, sondern ungleichmäßig und stoßweise auf. Innovationen sind auch nicht über das ganze Wirtschaftssystem verteilt, sondern haben die Tendenz, sich auf bestimmte Sektoren und ihre Umgebung zu konzentrieren.

Wichtig ist hierbei vor allem das stoßweise, gebündelte und sektoral konzentrierte Auftreten von Innovationen, das mit einer neuen unternehmerischen Führungsschicht einhergeht. Diese Schumpeter-Hypothesen sind vor allem von Mensch (1984) aufgegriffen und empirisch untermauert worden. Nach den von ihm zusammengetragenen Daten (Innovationen seit dem frühen 18. Jahrhundert) besteht ein Zusammenhang zwischen der periodischen Bündelung von Innovationen und dem Verlauf der Langen Wellen. Obwohl Daten und Vorgehensweise von Mensch oft kritisiert wurden (Berry 1991, S. 58 ff., Spree 1991, S. 63 ff.), deuten neuere Untersuchungen darauf hin, daß die von Mensch aufgezeigten Tendenzen im Grunde zutreffen. So weist Kleinknecht (1992) mit Hilfe einer Analyse verschiedener Innovationssamples nach, daß es vor allem nach 1875 und dann wieder nach 1927 zu einem längerfristigen Anstieg des Aufkommens an Basisinnovationen gekommen ist. Im Kern wird die Existenz von Innovationszyklen darauf zurückgeführt, daß in einer langanhaltenden Depression als Abschwungphase eines Kondratieff-Zyklus verstärkte Innovationsaktivitäten gefördert werden (depression-trigger-hypothesis).

Diese Innovationshypothese zur Erklärung langer Wellen hat nicht nur den Vorteil, daß sie durch die Ergebnisse der empirischen Forschung gestützt wird; sie läßt sich auch mit anderen Ansätzen zur Erklärung langfristiger Wachstumzyklen kombinieren, etwa Ansätzen zur Bedeutung des sozial-strukturellen Wandels und des unternehmerischen Potentials im Sinne von Schumpeter, (Spree 1991, S. 115 ff. und Kleinknecht 1992, S. 6 ff.). Sterman (1985), aufbauend auf der Struktur des „System Dynamics National Model" der USA, erstellt von einer Gruppe unter Leitung von Jay W. Forrester, erklärt die Existenz langer Wellen auch mit einem „Überschießen" der (Sach-) Kapitalbildung über das in einem langfristigen Gleichgewicht profitable Maß. Die sieben Phasen bilden miteinander ein „Lagerhaltungssystem" für langlebige Investitionsgüter. Langfristig bauen sich in einem derartigen System mit sieben Phasen immer wieder erhebliche „Überbestände" auf, die die bekannten Zyklen verursachen oder dazu beitragen können.

diesen Übergangscharakter zu sehen, werden spezielle und vorübergehende Umstände als bleibend in die Zukunft projiziert. Dies ist in der Literatur und Geschichtsschreibung jeder Übergangsepoche festzustellen, und interessanterweise werden jetzt wieder Texte aus den letzten Übergangsperioden als sehr aktuell hervorgeholt. Zu diesen Projektionen ein Beispiel:

„Die Natur der Arbeit und ihre Rolle in unserem Leben scheinen größeren Veränderungen zu unterliegen. Obwohl die Natur und das Ausmaß dieser Änderungen von Ort zu Ort deutlich unterschiedlich sind, sind ihre generellen Kennzeichen in den Schlüsselbereichen des Wandels eine Zunahme der Teilzeitarbeit und der Selbständigkeit (self-employment); eine Zunahme der Unvorhersagbarkeit der Arbeitszeiten, eine Zunahme von fallweiser Arbeit (vorübergehende Beschäftigung oder befristete Arbeitsverhältnisse), die zunehmende Teilhabe der Frauen im Arbeitsleben, der

Trend zu früherer Pensionierung und der Rückgang der Erwartung einer Karriere für die Dauer eines ganzen Lebens." (Expertengremium der EU[27] für die Analyse der Auswirkungen der Informationsgesellschaft).

Statt vorübergehende Erscheinungen einer Übergangsepoche in die Zukunft zu projizieren, wie es in diesem Zitat den Anschein hat, sollte die Frage vielmehr lauten: wie lange werden die gegenwärtigen Umstände noch anhalten? Noch drei Jahre? Sieben Jahre? Oder ewig? Und wie wird am besten der Übergang zu dem Neuen gefördert? Wie wird am besten das günstigste Neue gefördert? Welcher Art ist dies? Und die wichtigste Frage hierzu lautet: Welche Optionen bestehen, damit die gegenwärtig neu entstehende Entwicklungsstufe sozial und ökologisch möglichst günstig wird?

Wie schon erwähnt, ist dabei große Eile geboten, denn der gegenwärtige Zustand wird nur noch bis zum Übergang von neu e3 nach neu e4 bestehen und dann weitgehend Geschichte sein, also noch für etwa 10, vielleicht 15 Jahre beeinflußbar sein. Derzeit ist es in besonderer Weise möglich, den Wandel mit zu formen.

5.9.1
Untersuchungen zum regionalen Wandel mit dem ISIS-Modellansatz[28]

Die etablierte Wirtschaft erfährt erst dann nennenswerte Konkurrenz von der informationsreichen Wirtschaft, wenn letztere eine zeitlich ausgedehnte Entwicklungsphase mit umfangreicher Erschließung von immer neuen Marktbereichen durchlaufen hat[29] und zudem der etablierten Wirtschaft durch Kaufkraftkonkurrenz Schwierigkeiten bereitet.

Prinzipielles zum Modellansatz: Es wurde bewußt ein großes „Supermodell" vermieden, sondern eine Modellfamilie relativ kleiner Modelle angestrebt. Davon können jeweils einige wenige zu ökologisch-ökonomischen Einheiten zusammengefügt werden. Ein Sinn von ISIS ist der, eine dynamische integrierte Sicht der Veränderungen zu bekommen, die sich aus Strukturen auch bei geringer Datenverfügbarkeit ergibt. Ein Input-Output-Ansatz z. B. kann dies genauso wenig leisten wie ein ökonometrischer Ansatz; letztere Methoden haben dafür in anderen Bereichen Stärken, wo der hier gewählte Modellansatz ungeeignet ist. Ein anderer Sinn von ISIS besteht darin, Rückwirkungen zu verstehen, auch sogenanntes, zerstörerisches, gegenintuitives Verhalten. Eine beständige Leitlinie bei der Erstellung von ISIS-Modulen lautete: „Keep it simple, stupid: KISS", meiner Meinung nach eine Grundvoraussetzung erfolgreicher Modelle in diesem Bereich.

---

[27] High Level Expert Group on the Social and Societal Aspects of the Information Society, Jan. 1996. http://www.ispo.cec.be/hleg/hleg-ref.html: „The nature of work and its role in our lives seems to be undergoing major changes. Although the nature and extent of these changes varies markedly from place to place, the general dimensions in a few key areas of change are an increase in part-time work and self-employment; an increase in the unpredictability of working hours; an increase in casualised forms of work (temporary or fixed term contracts, etc.); the increasing participation of women in work; the trend towards earlier retirement and the decline in the expectation of a career for life."

[28] Dieser Abschnitt kann von einem technisch nicht interessierten Leser übersprungen werden.

[29] Gegenwärtig ist z. B. zu beobachten, wie der Versandhandel zu gänzlich neuartigen Formen übergeht, die weit mehr sind als nur eine Kombination vorhandener Möglichkeiten. Die sehr rasch wachsende Firma QVC hat Fernsehen, Telefon, Computernetze, Kundendatenbanken, elaborierte Kundenprofile und eine globale Markttransparenz dazu kombiniert, eine Versandhandelsform zu entwickeln, in der ausgefeilte Kundenprofile gegen das Weltmarktangebot auf optimalen Fit abgeglichen werden.

Für eine Übergangsperiode stehen sich zwei 7-Phasen-Gliederungen des Wirtschaftsmoduls gegenüber[30, 31]. Ein Ausschnitt aus einer 1×7-Phasen-Gliederung der Wirtschaft ist in Abb. 5.9 dargestellt, auch das auf jeder Phase jeweils verfügbare Know-how ist abgebildet. Die volle 2×7-Phasen Gliederung für alle vier Landschaften sollte nicht modelliert werden, da sie ein zu komplexes Modell erfordern würde.

Empirisch sind einige, aber nicht alle, der hier benötigten Daten bekannt, wie z. B. die mittlere Lebensdauer von „Fortune 500" Unternehmen (30 Jahre), also Unternehmen der letzten Phasen, oder die Erfolgsrate von Jungunternehmen (5–10 %).

Die Werte der Zustandsvariablen Economy 1 bis Economy 7 (e1 bis e7) werden im Zeitablauf durch folgende Flußvariablen verändert:

- Reifung der Wirtschaft: Übergang von Phase e1 nach Phase e2, von e2 nach e3 usw., also für jede der sieben Phasen je eine Flußvariable (Transition Economy tre1 bis tre7)
- Wachstum der Wirtschaft in den einzelnen Phasen (Growth Economy 1 bis Growth Economy 7, gre1 bis gre7)
- Verschwinden von Unternehmen in jeder Phase (Death Economy 1 bis Death Economy 7, dea1 bis dea7).
- Dazu kommen noch zusätzliche Absterbeprozesse in den Phasen von 5 bis 7 durch globale Konkurrenz (death from global competition Phasen 5 bis 7, dgc5 bis dgc7).

Diese Flußvariablen hängen zum einen von Konstanten und Hilfsvariablen ab wie der „normalen, d. h. durchschnittlichen, Sterberate" (Death Economy normal, den1 bis den7) oder der oben erläuterten normalen Wachstumsrate (Growth of Economy normal 1 bis 7, gren1 bis gren7). Dies sind grundsätzliche Prozesse, die nicht aufgehoben oder prinzipiell verändert, jedoch in ihrer Geschwindigkeit durch wirtschaftliche und regionale Maßnahmen deutlich bis dramatisch beeinflußt werden können.

Interessant für wirtschaftliche und regionale Maßnahmen sind Modifikatoren, die auch in das Modell eingehen und das zeitliche Verhalten der Flußvariablen bestimmen. Das Wachstum einer Phase geht über das normale Maß hinaus, wenn die Wachstumsmodifikatoren für das sektorspezifische Know-how (Growth of Economy from know-how modifier gekhm1 bis gekhm7), einen Wert >1 annehmen. Diese Wachstumsmodifikatoren hängen ihrerseits von regionalen Faktoren ab, wobei besonders die Verfügbarkeit von Schlüsselpersonen als Engpaß zu erwähnen ist.

Je größer die Verfügbarkeit von Schlüsselpersonen, desto mehr kann die neue Wirtschaft gedeihen. Die Schlüsselpersonen sind deshalb ein so zentraler Engpaß, weil andere Engpässe in annehmbarer Zeit und durch Einsatz von Finanzmitteln oder mit gesetzlichen Maßnahmen zu überwinden sind, wie beispielsweise die Initiativen

---

[30] Mit dieser Modellgliederung wurde deutlich, daß viele der großen Förderprojekte in den NBL den Phasen e5–e7 des Bereiches etablierte (= informationsarme) Wirtschaft zuzurechnen sind. Diese haben damit noch eine wirtschaftliche Lebensdauer zwischen fünf bis 15 Jahren vor sich, siehe z. B. die Probleme, in die selbst die Chip-Fertigung von Siemens in Dresden geraten ist. Da viele dieser Investitionen auch hohe Umweltkosten verursachen und falsche Hoffnungen erwecken, sowie eine bald veraltete Ausbildung erfordern, ist zu fragen, ob Investitionen in diesen letztlich auslaufenden Bereich nicht ganz rasch durch weitere Investitionen in die Ausbildung für die ersten neuen Phasen ergänzt und baldigst sogar abgelöst werden sollten.
[31] Aus ISIS-Version econ16x.

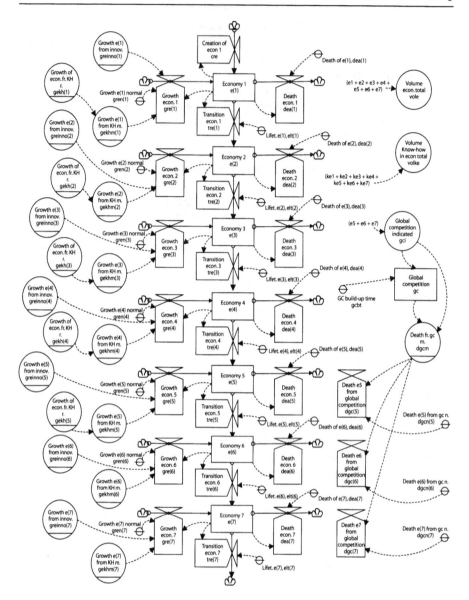

Abb. 5.9. Teilmodul Wirtschaft (Ausschnitt)

der EU für die Liberalisierung der Telekommunikationsstruktur und die vielen Investitionen in Informationsinfrastruktur. Eine Knappheit an Schlüsselpersonen zu überwinden, bedingt zunächst einmal glaubhafte Werbung für die neuen hier erforderlichen Tätigkeiten, dann Ausbildung der Ausbilder und schließlich Ausbildung von Schlüsselpersonen; ein sehr zeitaufwendiger Prozeß, siehe Abschnitt 9.3.

Die Finanzierung der Ausbildung sollte möglichst – oder sogar unter allen Umständen und für alle Bildungsträger (Schulen, Ausbildung in Betrieben, Fortbildung, Universitäten) – in einem CCN-Verbund erfolgen. Da der Staat derzeit derartige Verbünde nicht in seinem Verwaltungsbereich führen kann, scheidet er mit den von ihm finanzierten Einrichtungen hierfür aus. Dies kann wie folgt geändert werden: Wenn er Finanzmittel zur Ausbildung beiträgt, dann sollten diese teilweise den Auszubildenden auf Sperrkonten mitgegeben werden, damit sie selber durch ihre Zahlungen die besten Ausbildungsinstitute auszubauen helfen, so daß die Ausbildung in CCN-Strukturen erfolgt (siehe auch Scherpenberg in den dritten Kempfenhausener Gesprächen, 1997). Hiermit stellt sich das US-Vorgehen anders dar, wo die „Ehemaligen" ihrer Ausbildungsstätte später Mittel zukommen lassen. Die Ausbildungsstätte profitiert dadurch anteilig am Erfolg ihrer Arbeit, wenngleich mit Verzögerung, aber dies schafft ein CCN. Zu CCNs siehe vor allem Kap. 6.

In gleicher Weise werden die Flußvariablen für das Verschwinden und für die globale Konkurrenz durch Modifikatoren verändert.

Einige der Variablennamen in Abb. 5.9 sollen an dieser Stelle erläutert werden. Es gibt in jeder Phase j zwei Wachstumsmodifikatoren, den von der Verfügbarkeit von Schlüsselpersonen abhängigen Modifikator („Growth e(j) from innovators greinno(j)"), wobei j die Phase angibt und den von Know-how in der Phase abhängigen Modifikator („Growth e(j) from KH modifier gekhm(j)"). Die Schlüsselpersonen werden hier zur Vereinfachung alle als „innovators" bezeichnet, was dazu dient, die Modellprogrammierung durch Schematisierung der Namen zu vereinfachen. Gleichwohl werden die Schlüsselpersonen jeder Phase im Modell individuell unterschiedlich behandelt und charakterisiert.

Die einzelnen Ökonomiephasen werden durch die folgenden Flußvariablen vergrößert: „Creation of econ 1 cre", bzw. für die Phasen ab 2 bis 7: „Transition from Economy j tre(j)", und für das Wachstum aller Phasen ($j = 1, 2, 3$ bis einschließlich 7) durch die Flußvariablen „Growth Economy j gre(j)". Die Ökonomiephasen verlieren Anlagekapital durch die jeweiligen Flußvariablen „Death Economy j dea(j)", für alle Phasen $j = 1, 2$, usw. bis 7 und „Transition Economy j tre(j)", ebenfalls für die Phasen 1, 2, usw. bis 7 (durch den Übergang von einer Phase zur nächsten verliert die erste Phase so viel Anlagekapital, wie die zweite hinzugewinnt). Für die Phasen 5, 6 und 7 kommt noch der Verlust durch globale Konkurrenz hinzu, ausgedrückt durch die Flußvariablen „Death e(j) from global competition dgc(j)" für $j = 5, 6$ und 7.

Für jede der Wirtschaftsphasen von e5 bis e7 verschwinden in verstärktem Maß Unternehmen vom Markt, je mehr der Modifikator für das Verschwinden durch globale Konkurrenz den Wert 1 überschreitet (death from global competition für Phasen 5 bis 7, dgcm5 bis dgcm7). Dieser Modifikator hängt vom Ausmaß der Konkurrenz ab, das von der Zustandsvariablen globale Konkurrenz (global competition, gc) abgebildet wird.

In dieser Modellversion wird die globale Konkurrenz ohne Bezug zu externen Systemen durch die Summe der drei alten Phasen e5 bis e7 gebildet. Der Grundgedanke dabei ist der, daß die globale Konkurrenz dann hoch ist, wenn die Summe der drei letzten Wirtschaftsphasen einen hohen Wert erreicht. Denn ein hoher Wert wird nur erreicht, wenn die Wirtschaft sich lange Zeit entwickelt hat, und in diesem langen Zeitraum baut sich global eine bedeutende Konkurrenz auf. Diese Konkurrenz wirkt sich allmählich zunehmend aus.

Die Verzögerung zwischen Anwachsen der globalen Konkurrenz und zunehmendem Verschwinden von Unternehmen vom Markt wird hier durch die Konstante „Auf-

bau der globalen Konkurrenz, global competition build-up time, gcbt" wiedergegeben. Diese Konstante legt fest, wie rasch sich die globale Konkurrenz (Zustandsvariable global competition gc) auf das Regionalsystem auswirkt. Gleichwohl ist diese Konstante von regionalen Maßnahmen abhängig, wie etwa dem Geschick der Region
darin, regionale Verteitigungskoalitionen zwischen führenden Managern, führenden
Gewerkschaftlern und führenden Politikern zu bauen. Diese Koalitionen sind bei
Auslaufen des etablierten Sieben-Phasen-Modells darum bemüht, weiterhin Beschäftigung mit den bewährten Mitteln zu schaffen.

Es wäre wichtig, diesen Schlüsselpersonen der letzten Phasen ein Verständnis
dafür zu vermitteln, daß die Bedingungen für die ersten neuen Phasen gänzlich von
denen verschieden sind, die sich bis in die jeweils jüngste Vergangenheit bewährt
haben. Nach allen vorliegenden Informationen sollte es einfacher und kostengünstiger sein, das Entstehen der neuen Phasen zu fördern, als die alten zu bewahren.
Zudem drängt die Zeit hier auch wirtschaftlich: Regionen, die sich den neuen Phasen
zu spät und nur halbherzig zuwenden, kommen in allergrößte Probleme, wirtschaftlich wohlhabend zu bleiben. Davon abgesehen wurde hier mehrfach betont, die neuen
Phasen nicht nur zu fördern, sondern auch von den vielen möglichen Alternativen die
umwelt- und sozial freundlichsten auszusuchen und diese zu propagieren und zu fördern. Dies bedingt natürlich deutliche Neuausrichtungen im Förder- und Wissen-
schaftsprogramm.

5.9.2
Verhalten des ISIS-Modells bei steigender Ressourceneffektivität[32]

Im ISIS-Modell könnte die Wirtschaft solange wachsen, wie keine Limitierung durch
Ressourcen oder eine beschränkte Umgebung wirkt. Die oben gegebenen Modelläufe
zeigen dadurch keinerlei Wachstum, weil eine Beschränkung aller Ressourcen vorgenommen wurde, um den grundsätzlichen Rhythmus des Entstehens neuer Basisinnovationen, ihrer Herrschaftsphase und ihres Verfalls besser erkennen zu können. In der
Vergangenheit haben folgende Faktoren eine treibende Rolle für Wirtschaftswachstum gespielt: Bevölkerungswachstum, Überwindungen von Ressourcenengpässen,
z. B. bei fossilen Energieträgern (Öl und Erdgas für den Zyklus seit den 1930er Jahren,
nicht nur als Energieträger, sondern auch als Rohstoff der Chemie) und Zunahme der
Effektivität der Ressourcennutzung durch Zuwachs an Know-how.

In der nächsten Auswertung wird die Ressourceneffektivität durch zunehmende
Informationsnutzung bis zu einem Faktor 2 erhöht, also nicht aufgehoben. Dieser
Faktor ist sehr konservativ, denn oben wurden die Möglichkeiten für einen
„Dematerialisierungsfaktor 10" erörtert.[33]

Abbildung 5.10: Das Informationspotential (Variable infp, information potential)
wächst zwar in der Realität ab 1970 sehr rasch an, steigt aber in dieser Modellauswertung erkennbar erst ab 2010. Die Gründe für diese verzögerte Wahrnehmung der

---

[32] Dieser Abschnitt kann von einem technisch nicht interessierten Leser übersprungen werden.

[33] Auch in der Vergangenheit wurden Ressourcen beständig effektiver genutzt; die Erzeugung einer
Kilowattstunde Strom benötigt noch 10 % der Kohle, die um 1900 dafür benötigt wurde; es werden
beständig neue Strategien entwickelt, um Ressourcen effektiver zu nutzen.

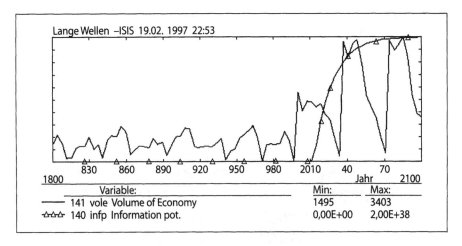

Abb. 5.10. Lange Wellen und Entwicklung des Informationspotentials

raschen Entwicklung wurden oben erläutert: der derzeitige Umfang des Informationspotentials ist im Vergleich zu dem, was erst noch entsteht, scheinbar fast vernachlässigbar. Dieses Informationspotential bewirkt in dem Wirtschaftsaufschwung ab 1990 eine rasch steigende Ressourcenverfügbarkeit. Diese neu verfügbar gewordenen Ressourcen dienen jedoch in dieser Modellauswertung nicht der Umweltentlastung, da sie sofort für zusätzliche wirtschaftliche Aktivitäten genutzt werden (Variable „vole" (Volume of Economy)). Die verringerten Ressourcenengpässe führen zu einem massiven Wirtschaftswachstum. In der Abbildung wird die Zunahme der gesamten Wirtschaft (Variable „vole" (Volume of Economy) als Summe aller sieben Phasen) deutlich.

Informationspotential und Ressourceneffektivität werden hier über einen Modifikator verknüpft. Während eine höhere Ressourcenbeanspruchung bei zunächst konstanter Ressourcenverfügbarkeit zu Behinderungen des Wachstums durch Ressourcenverknappung führt, vermindert das wachsende Informationspotential diesen wirtschaftlich negativen Effekt durch die Erhöhung der Ressourceneffizienz.

Die deutlich wirkungsvollere Nutzung von Ressourcen hat wegen der CCN-Struktur zur Folge, daß sich das ISIS-Modell ungewöhnlich schnell an die solcherart erhöhte Verfügbarkeit von Ressourcen anpaßt.[34]

 Die Informationsgesellschaft wird schneller als die etablierte Wirtschaft alle Ressourcen verwerten, die durch einen intelligenteren Umgang an anderer Stelle frei geworden sind.

Dies wird in der nächsten Auswertung mit dem ISIS-Modell in einem weiteren Zusammenhang gezeigt (Abb. 5.11). Diese Abbildung zeigt das Verhältnis von Res-

---

[34] Derartige Anpassungsprozesse sind seit Forresters Weltmodell (Forrester 1971) bekannt. Im ISIS-Modell erfolgen sie durch die CCN-Struktur ungewöhnlich schnell; bei CCN-Entwicklungen gibt es zumeist keine Vorwarnzeit!

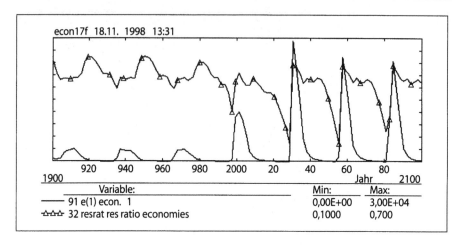

Abb. 5.11. Ressourcenverfügbarkeit bei stark zunehmender Informationsnutzung

sourcennachfrage zur Ressourcenverfügbarkeit (Variable Ressourcenratio, „resrat, Resource Ratio Economies"). Während vor Beginn der ausgedehnten Informationsnutzung im Jahr 2000 die Ressourcenverfügbarkeit im Verhältnis zur Nachfrage nie unter einen Wert etwa 0,5 fällt, erlaubt die effektivere Nutzung durch Informationseinsatz noch das Funktionieren der Wirtschaft bei einer Verknappung der Ressourcenverfügbarkeit auf einen Wert von etwa 0,2. Dies wird in der Realität in der Weise sichtbar, daß der Umfang von Lagern in den USA in etwa halbiert werden konnte, weil diese durch „just-in-time"-Lieferung und computerüberwachte Produktion nicht mehr im früheren Umfang gebraucht werden. Absolut gesehen ist damit die Verfügbarkeit von Ressourcen gesunken. Zugleich erhöht sich das Wachstum der Wirtschaftsphase 1 ganz erheblich.

In dem Umfang, wie eine schonendere Ressourcennutzung erreicht wird, werden also Vorräte geschaffen, die höhere Ansprüche befriedigen könnten. Die weit effektiveren Mittel der Informationsgesellschaft werden sich diese Vorräte zu erschließen wissen, wenn nicht jetzt entsprechende Vorkehrungen zur Absicherung der geschonten Ressourcen entwickelt werden. Diese effektiveren Mittel zeigen sich etwa daran, daß ständig neue Erdölvorräte entdeckt werden. Dies wird durch bessere Sensoren ermöglicht, durch effektive Verarbeitung großer Mengen von geologischen Daten, durch bessere Simulation der Lagerstätten, durch intelligente Transporte und Verarbeitung mit höheren Effektivitäten und geringeren Verlusten, also durch Einsatz von Möglichkeiten des ständig wachsenden Informationspotentials, besser an vorhandene Ressourcen heranzukommen und sie besser auszunutzen.

Damit eine Informationsgesellschaft langfristig gedeihen kann, ist es nötig, Regeln zu schaffen, die eine ökologische Erhaltung und Wiederherstellung gerade dann absichern, wenn weitere Erfolge errungen worden sind und sich dadurch die Situation zu verbessern scheint. Beispielsweise sollten ISO 14 000 und EMAS so entwickelt werden, daß sie außer Regeln auch Rückkoppelungsstrukturen enthalten, die eine ökologische Erhaltung und Wiederherstellung durchsetzen und *aufrechterhalten*. Dies ist tatsächlich sehr dringend.

5.9.3
Verhalten von ISIS bei zunehmender globaler Konkurrenz

Wenn globale Konkurrenz zunimmt, gerät vor allem die etablierte Wirtschaft stärker unter Konkurrenzdruck. Wenn globale Konkurrenz zu einem erhöhten Außenhandelsanteil führt, wird dies die etablierte Wirtschaft rascher verschwinden lassen, wodurch die Zyklusdauer verkürzt wird. Dies ist auch im ISIS-Modell der Fall; hier verkürzt zunehmende globale Konkurrenz die Zyklusdauer.

Eine entsprechende Auswertung mit anteilig zunehmender globaler Konkurrenz wird in Abb. 5.12 gezeigt. Hier erfolgt im Zeitraum der 200 Jahre von 1900 bis 2100 alle 10 Jahre ein Kuznets-Zyklus.

Eine Verkürzung wurde jedoch empirisch nicht beobachtet und sollte auch in Zukunft nicht so leicht möglich sein, weil letztlich die Dauer der Generationen die Zyklusdauer entscheidend mit beeinflußt. Wahrscheinlich wäre es für Regionen sogar vorteilhaft, wenn lebhafte globale Konkurrenz sie daran hindert, sich in einer Basisinnovationswelle in den Phasen ab e5 sozusagen „festzufressen" und dadurch quasi gelähmt zu werden. Wenn sich jetzt globale Konkurrenz in einigen Branchen der informationsbasierten Wirtschaft aufbaut, zeigt dies, daß die entsprechenden Branchen schon so lange existieren, daß anderswo gelernt werden konnte, wie man es macht. Es könnte dies eine Entwicklung sein, die global vorteilhaft gestaltbar sein sollte.

Zunehmender Informationsreichtum und zunehmende globale und lokale Vernetzung bringen neue Möglichkeiten für eine globale Lebendigkeit, aber sie stellen Gefahren sogar dort da, wo sie günstig wirken: in der effektiveren Nutzung von Ressourcen und den Fortschritten zu einer Dematerialisierung. Jedoch ist eine Dematerialisierung ohne informationsbasierte Produkte und Dienste nicht denkbar. Diese neuen Produkte und Dienste werfen zugleich neue psychische, soziale und kulturelle Probleme auf. Durch die enge Vernetzung der vier menschlichen Sphären und der vier Landschaften sind letztlich nur gemeinsame günstige Entwicklungen, Systeme gegenseitigen Nutzens, lebensfähig. Nachhaltigkeit ist eine umfassende Kulturaufgabe und dazu noch eine psychische, soziale, ökologische und wirtschaftliche Aufgabe!

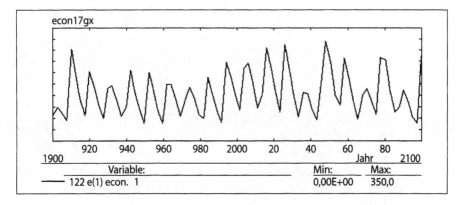

Abb. 5.12. Verkürzung der Kuznets-Zyklen bei verschärfter globaler Konkurrenz

KAPITEL 6

Förderung kreuzkatalytischer Netzwerke in den vier Landschaften

Die besondere Bedeutung von kreuzkatalytischen Netzen wurde mehrfach verdeutlicht. Das Wissen um ihre Struktur und Eigenschaften kann systematisch für wirtschaftliche und regionale Entwickungsprozesse herangezogen werden.

6.1
Kreuzkatalytische Netzwerke[1]

Es geht vorrangig um Entstehungsprozesse eines umweltfreundlichen und sozial freundlichen Lebens in allen vier Landschaften in der Informationsgesellschaft, und um die Förderung und Unterstützung dieses Entstehens. Aus der Forschung zur Entstehung des Lebens auf der Erde sind die Theorien der Hyperzyklen und der allgemeineren kreuzkatalytischen Netzwerke hervorgegangen. Diese wurden oben so definiert, daß sie aus Netzwerken von zwei oder mehr Komponenten bestehen, die sich wechselseitig fördern und die jeweils eigenständig autokatalytisch (selbstverstärkend) wachsen können.

Das Konzept der Hyperzyklen geht auf Manfred Eigen zurück (Eigen 1971; Eigen und Schuster 1978a,b). Hyperzyklen wurden zu kreuzkatalytischen Netzen weiterentwickelt, die soziale, wirtschaftliche, soziotechnische und innovativ-kulturelle Prozesse beschreiben können. Kreuzkatalytische Netzwerke sind für jede kulturelle, ökologische und wirtschaftliche Innovation besonders wichtig, da nur sie jene hyperbolische Wachstumsgeschwindigkeit hervorbringen, die notwendig ist, um eine dominante Denk- oder Wirtschaftsrichtung von einer anfänglichen Position absoluter Unterlegenheit aus zu überholen. Nach Eigen und Schuster (1978a,b) sind nur derartige Strukturen befähigt, große Umfänge an kritischer Information über viele Generationen korrekt weiterzugeben.

CCNs gibt es zwischen sehr kleinen und sehr großen Bereichen, zwischen den vier Landschaften und vier Sphären genauso wie zwischen Produzenten, Lieferanten und Kunden oder zwischen verschiedenen Chemikalien in einer Lösung.

CCNs sind deshalb in ihrem Verhalten experimentell gut bekannt, weil in der Chemie von komplexen Lösungsgemischen mit beispielsweise 10 bis 20 verschie-

---

[1] Dieser Abschnitt basiert inhaltlich auf Fränzle und Grossmann (1999) und weitergehender Forschung in RZM. Die kreuzkatalytischen Netzwerke wurden in der Arbeit von RZM von Stefan Fränzle aufgearbeitet. Sie wurden dann von beiden Autoren gemeinsam für Anwendungen auf sozioökonomisch-ökologische Themen aufbereitet.

denen Chemikalien eine Fülle ihrer Verhaltensweisen experimentell ausgewertet und geprüft werden konnten (diese Zahl schließt instabile und autokatalytisch wirkende Zwischenprodukte ein; die Anzahl unmittelbar eingesetzter Reaktionspartner beträgt meist drei bis sechs). Dadurch sind Verhaltensweisen offenbar geworden, die vermutlich bei ausschließlicher Simulation dieser Systeme am Rechner nicht bemerkt worden wären. Häufig bilden sich durch die Reaktionen zwischen diesen Chemikalien und ihren Zwischenprodukten farbige Wellenfronten oder andere komplexe räumliche Fluktuationen aus. Diesen Wellenfronten kann man mechanische Gitter und Labyrinthe als Ausbreitungshindernisse entgegenstellen und ihr Verhalten an diesen Hindernissen studieren; man kann Störpunkte säen, wichtige Chemikalien punktweise absaugen usw. und stets die Reaktion eines komplexen Systems studieren. Beispielsweise hat sich bei der Ausbreitung von Reaktionsfronten in Labyrinthen herausgestellt, daß die Reaktionswellen eines CCNs im Labyrinth die Wege einschlagen, die den kürzest möglichen Durchlauf durch das Labyrinth bedeuten; schon einfache CCNs können also optimieren, Steinbock und Showalter (1996).

Damit werden derartige Chemikaliengemische zu leistungsfähigen „Simulatoren" komplexer CCN-artiger Reaktionen zwischen einer beachtlichen Zahl von Partnertypen (hier den verschiedenen Chemikalien) und einer sehr großen Zahl individueller Agenten (hier den Molekülen).

Da in allgemeine, auch soziale und wirtschaftliche, kreuzkatalytische Netze zwei oder mehr Partner so eingebunden sind, daß jeder Vorteile durch die Hilfe oder durch Produkte oder Eigenschaften des anderen erfährt, kann ein CCN sich zu immer effizienterem Verhalten hochentwickeln. Die Partner bauen eine stabilisierte gemeinsame Struktur auf und befähigen sich gegenseitig phasenweise zu hyperbolischem Wachstum, was kein Partner alleine vermag.

Ein einfaches kleines Schema, das fast CCN-Eigenschaften erreicht und das überraschend gut funktioniert, ist der „50/50-Ansatz" zur Energieeinsparung, wie er von Spitzer (1997) in der Universität Hamburg eingebracht wurde und der sich rasch in ganz Deutschland etabliert hat: Die Vereinbarung im 50/50-Schema lautet, daß jedes Institut Energie durch geeignete Maßnahmen einspart – dafür gibt es heutzutage sehr viele Optionen, die nicht nur eine Energieeinsparung bewirken, sondern zumeist auch das Gebäudeklima deutlich verbessern –, und daß 50 % der eingesparten Kosten dem Institut für eine relativ flexible Verwendung zur Verfügung stehen und die anderen 50 % der Universität zufallen. Hier profitieren beide Partner, Uni und Institut. Jedoch kann keiner der beiden Partner befriedigend autokatalytisch wachsen, da es zu viele bürokratische Hemmnisse gibt. Dies Schema erfüllt also nur teilweise die Kriterien eines CCN, aber es funktioniert dennoch schon sehr gut.

In sozioökonomischen Systemen sind sehr komplexe Strukturen der Normalfall. Der Ansatz der CCNs hilft dabei, diese Vielfalt schon aufgrund ihrer Struktur nach ihren Verhaltensmöglichkeiten gliedern zu können. Denn es sind Rückschlüsse auf mögliche Verhaltensweisen allein aufgrund der topologischen (d. h. mathematisch-strukturellen) Analyse der Systemarchitektur möglich, statt alle Systemeinzelheiten betrachten zu müssen (z. B. Sinanoglu 1975; Larter und Clarke 1985; Bonchev et al. 1980).

6.2
Sozioökonomisch relevante Netzeigenschaften

6.2.1
Flexibilität von Netzen

Soziale kreuzkatalytische Netze sind durch den englischen Ratschlag gekennzeichnet: „If you can't beat them, join them" – „Wenn Du sie nicht schlagen kannst, dann tritt ihnen bei": zu Anfang hat der Angesprochene das Netz bekämpft, sieht sich dann aber überholt und kann dem überlegenen Netz beitreten. Dieser Beitritt erfordert, daß das Netz den anfänglichen Konflikt verzeiht und daß es flexibel genug ist, um den ehemaligen Gegner aufzunehmen.

Ein Entwicklungsprozeß von Kampf zu Partnerschaft erfolgt historisch immer dann, wenn sich neue Basisinnovationen großflächig ausbreiten und dabei ein Übergang von anfänglich kleinen, strukturell wenig differenzierten Netzen zu größeren, kooperativ-arbeitsteiligen Systemen erfolgt, also schon beim Übergang von Phase 2 zu Phase 3. Systeme können wegen zu großer Komplexität instabil werden. Bei dem Einfügen in erfolgreiche Netze sind „explosion-extinction-Prozesse" möglich, ein so schnelles Wachstum neuer Strukturen, daß alte Strukturen ausgelöscht werden.

6.2.2
Soziale Gründe für die Bildung von kreuzkatalytischen Netzen

Heutzutage werden Menschen und Unternehmen hauptsächlich Handlungsmotive des Egoismus unterstellt und sogar empfohlen. Diese Haltung geht von einer angenommenen allgemeinen Gültigkeit des Darwinschen Prinzips vom Durchsetzen des überlegenen Wettbewerbers aus. Jedoch ist selbst der überlegendste isolierte Wettbewerber einem wirkungsvollen CCN dramatisch unterlegen; entsprechend sind Symbiosen in der Biologie extrem häufig. Wissenschaftlich ist damit diese allgemeine Empfehlung von Egoismus als Basis wirtschaftlichen Gedeihens für eine vernetzte Welt überwiegend ungültig und unvertretbar. Die Praxis vernetzter Wirtschaft bestätigt diese Theorie. Zwar können Anbieter und Kunden zum Austausch von Waren und Dienstleistungen deshalb zusammenkommen, weil sich alle Beteiligten hiervon einen individuellen, egoistischen Vorteil versprechen. Weit über diesen egoistischen Ansatz der traditionellen Wirtschaftstheorie hinaus entstehen CCNs in der Realität aus einer Fülle weiterer Motive, außer durch Eigennutz oder Berechnung beispielsweise auch aus Dummheit, Praktikabilität, Tradition, gesellschaftlichem Druck oder Zuneigung. Solange dabei ein gut organisiertes CCN entsteht, gleichgültig aus welchen Motiven, ist das Ergebnis dem isolierten Wettbewerber fast immer weit überlegen.

Menschliches Verhalten erfolgt vorwiegend in sozialen und wirtschaftlichen Netzen, also potentiellen CCN-Strukturen. Gleichwohl verbreiten Presse und Politik weltweit Aufforderungen zu mehr Wettbewerb und zum Beharren auf dem eigenen Vorteil. Da diese Wettbewerbsstrukturen nicht nur feindselig, sondern im Vergleich zu CCN-Strukturen sogar weit weniger wirksam sind, leidet die Welt unter immer neuen Rahmenwerken, die auf noch mehr Wettbewerb ausgerichtet sind. Diese Rahmenwerke mögen für eine e5- bis e7-Wirtschaft angemessen sein (vermutlich sind sie selbst hier unterlegen), eine e1- bis e4-Welt benötigt statt dessen die systematische Bildung weit effektiverer und sozial weit erfreulicherer Netze gegenseitigen Nutzens. Wettbewerb ist gut, um sklerotische Systeme zu überwinden. Aber selbst hier sollten kreuzkatalytische Netze überlegen sein, weil sie sich rapide organisieren und Variantenmengen schnell durchsuchen können, wie aus ihrem optimalen Verhalten in Labyrinthen ersichtlich wird. Deshalb erreichen sie Modernisierungsziele höchstwahrscheinlich sowohl tiefgreifender als auch sozial freundlicher als Darwinsche Wettbewerber[2]. Die neue Wirtschaft der USA funktioniert in einem Muster von Zusammenarbeit zwischen Wettbewerbern, das mit der neuen Wortschöpfung „coopetition" aus der Zusammensetzung der beiden Wörter „cooperation" und „competition", Zusammenarbeit und Wettbewerb, bezeichnet wird.

Wie nach dieser Theorie zu erwarten, sind Netze in der Praxis erfolgreich. Seit kurzem gibt es in den Wirtschaftswissenschaften und den Sozialwissenschaften zahlreiche Artikel über Netze und deren Erfolge, abgeleitet aus Analysen etwa des Gedeihens des Silicon-Valley (z. B. Kelly 1997).

> Ein Ausgangspunkt in diesen Artikeln ist die Einsicht, daß der Wert der meisten Kommunikationstechnologien überproportional mit der Zahl derer steigt, die sie nutzen, wie etwa bei Telefon, Internet, Fax usw. Denn je mehr Leute ein Telefon haben, desto mehr sind für alle erreichbar, und desto nützlicher wird jedes Telefon. Gleiches gilt für Software; der Austausch von Dokumenten ist um so leichter, je mehr Personen die gleiche Software benutzen. Dies übt einen starken Konformitätsdruck bei Neuanschaffungen von Software aus, was den Wettbewerb zusammenbrechen lassen kann, wie zuerst Brian Arthur analysierte, und wie im Office-Software-Markt beobachtbar ist. Dieses Faktum fördert Microsofts Erfolg; Arthurs Analysen sind eine wesentliche Stütze der gegenwärtigen Antitrust-Verfahren gegen Microsoft.

Viele Bewohner der e5- bis e7-Welten sind es gewohnt, gegen Konkurrenten zu kämpfen, um sich selbst und den eigenen Arbeitsplatz in der e5- bis e7-Welt zu behaupten. Aus dieser Position heraus ist die Einrichtung von CCNs nicht leicht zu akzeptieren, nicht einmal innerbetrieblich. Jedoch gibt es Ausnahmen wie beispielsweise das innerbetriebliche Verbesserungswesen.

> Wenn der Mitarbeiter entsprechend des Ertrags seiner Verbesserung für seine Unternehmung belohnt würde, nicht mit einem einmaligen Betrag, könnten CCNs zwischen Mitarbeitern und Unternehmung entstehen. In der Geschichte der neuen „Silicon-Valleys" gibt es zahlreiche Firmen, in der Mitarbeiter für gute Ideen Millionäre wurden, indem sie an den Aktien ihres Unternehmens beteiligt wurden, also am Unternehmenserfolg.

Aus dem Netzcharakter der Informationswelt folgt, daß der eigene Umsatz um so höher werden kann, je mehr Konkurrenten etwas erfinden, wenn man miteinander durch eine der neuen Technologien oder neuen sozialen Formen vernetzt ist.

Die Konkurrenz wird auch dadurch geringer, daß eine einzelne Firma oder ein einzelner Mitarbeiter oder Leiter allein nur einen Bruchteil der großen Mengen an Ideen hervorbringen kann, auf die sich die informationsbasierte Wirtschaft stützt. In dieser neuen Wirtschaft ist auch keine Konkurrenz um zahlenmäßig sehr begrenzte Arbeitsplätze möglich von der Art, wie sie in der etablierten Wirtschaft stattfinden kann, wo Arbeitnehmer durch weitgehende Normung der Inhalte auswechselbar geworden sind. Die jungen Firmen der informationsbasierten Wirtschaft sind auf die Kreativität möglichst vieler Mitarbeiter angewiesen. Je mehr Mitarbeiter eine Firma finanzieren

---

[2] Man kann für Einzelfälle Konfigurationen konstruieren, wo gute Darwinsche Konstellationen schlechten kreuzkatalytischen Netzen überlegen sind.

kann, desto besser kann es ihr ergehen, und zwar nicht nur proportional zur Zahl der Mitarbeiter, sondern weit stärker durch die Vielzahl der zusätzlichen Ergebnisse aus Kooperationen zwischen Mitarbeitern. Der Erfolg der Firma und aller Beteiligten steigt mit der Anzahl der guten Ideen und ihrer Verknüpfungen. Um informationsbasierte Tätigkeiten kann damit nicht in gleicher Weise konkurriert werden wie um traditionelle Arbeitsplätze.

Aus diesen Erkenntnissen heraus wurde das Verhältnis von Konkurrenz und Kooperation an vielen Stellen neu überdacht. Offensichtlich können zwei oder mehr kreuzkatalytische Netze gegeneinander konkurrieren. Offensichtlich können auch innerhalb eines Netzes mehrere Lieferanten für dieselben Produkte oder Dienste konkurrieren, etwa die Hersteller von Speicherchips. Gleichwohl sind die Hersteller in der Informationswelt vor allem auf breite Kooperation angewiesen. Mischformen zwischen Kooperation und Konkurrenz, die sogenannte „coopetition", wurde oben erwähnt. In lebendigen Systemen scheinen vielfältige Beziehungen normal zu sein, die von reiner Kooperation bis zu reiner Konkurrenz mit einem dazwischenliegenden sehr breiten Feld von „coopetition" reichen.

Sozial folgt hieraus, daß Menschen in einer Informationsgesellschaft zumindest in den frühen Entwicklungsphasen andere Qualitäten und Fähigkeiten einbringen müssen als in der Industriegesellschaft, Kreativität und Innovativität also in einer solchen Weise, daß daraus Zusammenarbeit entsteht und zur wechselseitigen Förderung beiträgt. Der Rang von CCNs ist zumindest in den gegenwärtigen Phasen entsprechend hoch.

6.2.3
Ausbreitungsmuster von Innovationen

Innovationen breiten sich in komplexen Prozessen über die Erde aus. Durch die Vermittlung in Informationsnetzen oder Bewegungen von Personen können Innovationen in irregulären Mustern von einem Ort zu einem anderen springen, auch über weite Entfernungen. Diese Sprungbewegungen ohne Überwindung des dazwischenliegenden Raumes durch wellenförmige Ausbreitungen sind Spezialfälle von sogenannten „Triggerwellen", die Innovationen besonders wirkungsvoll und rasch vermitteln. Es sind Triggerwellen, die in den chemischen Lösungen in der Lage sind, den kürzesten Weg zu ermitteln. Sie können dann zustande kommen, wenn eine hohe katalytische Zunahme vom Ergebnis im Verhältnis zum Einsatz auftritt (Logarithmus des Quotienten von Ergebnis zu Einsatz >2, Gray et al. 1987). Die derzeitigen Innovationen im Bereich des Informationspotentials werden überwiegend durch Triggerwellen ausgebreitet.

In diesem Fall führt bloßes Kopieren von Komponenten ohne kooperative Rückkopplung in das innovierende CCN dazu, daß der Kopierer an den Rand gedrängt wird und damit letztlich aus dem Geschehen ausscheidet (Boerlijst und Hogeweg 1991). Nicht nur sind kreuzkatalytische Netzwerke sehr kooperativ, sie „bestrafen" solcherart unfaires Verhalten. Das Ausbreitungsmuster von Innovationen ist dadurch gekennzeichnet, daß Zentren vorrangig dann entstehen, wenn eine Kooperation mit schon existenten Zentren erfolgt. Die illegalen Kopierer von Software kooperieren nicht und können daher keine bedeutende Stellung einnehmen; dagegen wachsen kooperative Zentren, wie Bangalore, außerordentlich gut.

6.2.4
Endergebnis: Verdrängung oder Patchwork

Das dramatische Wachstum, das Kooperationsnetze entfalten können, ermöglicht die vollständige Verdrängung alter Strukturen und Technologien. Diese Zerstörung von etablierten Netzen unter teilweiser Weiternutzung bestehender Technologien kann durch folgenden Mechanismus erfolgen: Ein erfolgreiches neues Netz, basierend auf einer neuen Basistechnologie, hat soviel Wohlstand erworben, daß es Teile des alten Netzes aufkauft, die ihm nützlich sind. Das alte Netz wird durch diese Verluste zunehmend funktionsunfähig. Beispielsweise kann eine überholte Regionalwirtschaft ohne Vorwarnung zusammenbrechen. Dieser Funktionsausfall eines alten Netzes kann sogar erfolgen, obwohl alte Komponenten, beispielsweise fossile Energieträger, Stahl, Eisenbahnen, Elektromotoren oder Kühltechnologien weiterhin wichtig bleiben, für sich genommen aber kein effizientes Netz mehr arrangieren können. Der Prozeß des Übernehmens von Teilen und ihrer Eingliederung in das Neue führt zur Ausbildung des erwähnten „Patchworks" von Alt und Neu, in dem typischerweise meist viel Altes durch neue, oft sogar vielfältigere Rollen oder Funktionsvarianten im neuen CCN überdauert. Die Führung und der Wohlstand gehen dabei jedoch fast immer an die „neuen" Regionen über.

Auch die Kulturen der alten Phasen 5 bis 7 verschwinden nicht vollständig. Sie werden genauso in einem Patchwork von der neuen Kultur übernommen. Fortschritt entwickelt sich damit nicht linear, sondern eher in bunten springenden Mustern, nicht in dem schönen Bild der aufwärtsführenden Spirale, sondern eher in wechselnden Mosaiken, mit Anleihen aus der zuvor herrschenden Technik und Monumenten der Kulturgeschichte (vgl. Dierkes 1990). Die neue Zukunft inspiriert, wächst und gliedert sich Altes in vielfältiger Weise neu ein. Hier bietet sich der Gedanke an, daß die westliche Vorliebe für linearen Fortschritt ein wesentlicher Grund für die 60-Jahres-Zyklen mit ihrer Zerstörungs- oder Untergangsphase sein könnte. Vielleicht ist die europäische Kultur im Gegensatz zur nordamerikanischen auch deshalb reicher aber langsamer, weil Europa alte Sachen „sinnlos" bewahrt.

6.2.5
Informationsgesellschaft und kreuzkatalytische Netze

Jede Innovation in der Verkehrstechnologie oder Informationsübertragung führt mit Beginn ihrer breiten Nutzung dazu, daß sich der räumliche, thematische sowie kulturelle Horizont drastisch ausweitet. Von einer Wichtigkeit, die Telefon und Fernsehen weit überragt, sind die neuen globalen Vernetzungen durch das Internet deshalb, weil sie alle bekannten Informationsvernetzungen beinhalten, jede von diesen zudem um ein Vielfaches wirksamer und weitreichender machen und diese alle auch noch zum wechselseitigen Nutzen koppeln. Dies ist die Bedingung hyperbolischen Wachstums.

Telefon, Fernsehen und besonders das Internet schaffen sofortige Präsenz über Kontinente hinweg. Die Bild- und Tonübertragung mittels Internet ist schon jetzt von den Kosten und der Leistung der Netze her fast jeden möglich. Damit eröffnet sich die Möglichkeit, Rundfunk und Fernsehen von jedem für jeden zu bieten, in Millionen von Subnetzen. Diese organisch wachsende Vielfalt begünstigt eine breite Kreativität von unten. Zugleich wird viel Unsinn und auch Kriminelles auftreten, wie immer, wenn neue Chancen verfügbar werden. Jedoch ist der durchschnittliche Teilnehmer nicht länger die berühmte träge „couch potatoe" (wörtlich „Couchkartoffel"), also das fernsehende passive Individuum, das durch fertige Fernsehprogramme extern dominiert wird. Vielmehr ermutigen diese neuen Medien zu Interaktivität und Eigenständigkeit. Dies bietet die Chance, unmittelbar in andersartige Sozialgefüge, Problemlösungen, Lebenshaltungen Einsicht zu bekommen bzw. auf diese einzuwirken. Diese informatorische Katalyse stößt schon jetzt erkennbar direkte geistesgeschichtliche Veränderungen an.

6.3
Praktische Beispiele von CCNs

Eine Prüfung von erfolgreichen Beispielen aus der Wirtschaft der jüngsten Zeit zeigt, daß diese ausnahmslos als CCNs agieren[3]. Zwei Einwände gegen das alleinige Bestehen informationsbasierter Wirtschaft lauten: „Wir können doch nicht nur von Dienstleistung leben" und „Information kann man nicht essen". Dennoch verändert Informationsintensität auch diese klassischen Bereiche. Um dies zu illustrieren, werden zunächst zwei Beispiele aus der Forst- und Landwirtschaft dargestellt, eines Bereichs, den es schon vor der Industriegesellschaft gab, und der in der industriellen Revolution gewaltige Veränderungen erfahren hat.

Beispiel 1: Emmerson Forest Products Company (USA) (Forbes 1997a). Emmersons strategische Entscheidungen fußten auf korrekten Erwartungen über die Verknappung des Holzangebots aus Staatswäldern in der Folge zunehmender Umweltauflagen. Deshalb erwarb er mittels hoher Hypotheken auf seine Sägewerke ausgedehnte Waldflächen aus dem Besitz von Eisenbahngesellschaften. Die meisten Waldbesitzer sind nicht wohlhabend und Sägewerke erreichen keine hohe Profitabilität, da die Konkurrenz auf dem Holzmarkt groß ist. Emmerson jedoch setzt viele innovative Anwendungen der neuen I&K-Technologien ein und erzielt dadurch eine ganz ungewöhnliche Profitabilität. Beispielsweise werden die 5 m × 0,6 m × 3 cm starken Rohholzbretter in einer Kombination von schnellem Scanner, Holz-Datenbank, Computer und numerisch gesteuerten Sägen mit geringstem Verlust in hochwertigste Schnittholzqualitäten verwandelt. Die Scanner tasten das Brett mit einer Präzision von 1,5 mm ab; der Computer vergleicht das solcherart digitalisierte Brett mit einem Katalog von 5 Millionen vorprogrammierten Holzqualitäten und berechnet einen optimalen Schnitt, zu dem er dann die Säge steuert. Dieses Gerät verursachte Investitionskosten von ca. 1 Million US-Dollar, vermindert aber die Holzabfälle monatlich um 300 000 US-Dollar. Die vier verknüpften Subsysteme dieses kreuzkatalytischen Netzes sind: Scanner, Holz-Datenbank, Computer und numerisch gesteuerte Sägen. Hier sieht man ein kreuzkatalytisches Netz, seine Komponenten und wie diese durch die Kooperation erst sinnvoll werden. Keines der vier hier verknüpften Subsysteme hätte allein einen auch nur annähernd vergleichbaren Nutzwert für Emmerson. Denn hinter dieser neuartigen Verknüpfung von Komponenten stehen eine Reihe von Unternehmen mit ihren Entwicklungsingenieuren, die miteinander eine neue Anwendung für ihr jeweiliges Produkt erschlossen haben. Hinter dem technischen System der vier Komponenten bei Emmerson steht also ein CCN im Bereich der Wirtschaft. Emmerson hat sich mit informationsintensiver Betriebsführung in einem der konventionellsten Bereiche der Wirtschaft (Primärproduktion) in die Gruppe der 400 reichsten Amerikaner vorgearbeitet.

---

[3] Dies scheint auch für erfolgreiche historische Beispiele zu gelten.

Ein Unternehmen wie Emmerson kann insofern auch etwas zur Nachhaltigkeit beitragen, als es den kostbaren Rohstoff Holz mit geringen Abfällen verarbeitet und besonders hochwertige Qualitäten liefert. Den Einsatz von Scannern und Datenbanken würde man eher dem Dienstleistungsbereich zurechnen, aber hier überwiegt der Effekt im Ressourcenbereich.

Beispiel 2: Murphy Family Farm (Forbes 1997b). „Eine Möglichkeit, Geld in einem „low-tech" Bereich zu verdienen besteht darin, als erster Hochtechnologie in diesem Bereich einzusetzen." Aus der CCN-Theorie folgt als weitere Voraussetzung für Erfolg, daß dabei CCNs entstehen müssen. Das in der Schweinezucht tätige Unternehmen Murphy Family Farm arbeitet vor allem auf Franchisebasis, indem bäuerliche Betriebe als Mäster für einen fixen Betrag pro Ferkel einen Teil der Aufzuchtarbeit ausführen, unterstützt durch zentral gehaltene Informationen und zentrale Futterverteilung. Den Partnern (Mästern) wird ohne zusätzliche Berechnung das nach Lebenszyklus der Ferkel qualitativ und quantitativ jeweils benötigte Futter geliefert, so daß für die Partner Kosten, Aufwand und Ertrag vollkommen im voraus absehbar sind. Dies gibt ihnen in einem Markt mit ansonsten stark schwankenden Kosten und Erträgen eine sichere Einkunftskomponente. Die Betriebsführung von Murphy überwacht mit einer Datenbank u. a. ständig 275 000 Zuchtsauen und sechs Millionen Mastschweine bei den Franchisepartnern. Das Informationssystem minimiert die Lagerhaltung, indem es den jeweiligen kommenden Futterbedarf nach Qualität und Quantität hochrechnet und über dieses System die Versorgung aller Subkontraktoren (Mäster) mit dem jeweils altersgemäßen Futter, zusammengestellt von Experten für Schweineernährung, steuert. Murphy erreicht damit eine wesentlich bessere Gesundheit der Ferkel, so daß der Aufzuchterfolg deutlich über dem Normalen liegt. Dies senkt die Kosten und erhöht die Erträge. Hier sind fünf Subsysteme gekoppelt: die Murphy-Zentrale, ihre Franchisepartner, Informationssysteme, neue Information, basierend auf eigener Forschung über Futter und Aufzuchtzyklus und eine optimierte Futterproduktion und -versorgung. Murphy, inzwischen ebenfalls einer der 400 reichsten Amerikaner, fing diese Betriebsführung mit einem Kredit von 13 000 US-Dollar an.

Unternehmen wie Murphy können in mehrfacher Hinsicht zur Nachhaltigkeit beitragen. Zunächst wird mit Ressourcen sparsamer umgegangen, weil immer nur die Futtermenge und -qualität erzeugt wird, die gebraucht wird. Des weiteren ist die Ressourceneffektivität höher, weil deutlich mehr Ferkel überleben. Drittens sollte das Gülleproblem geringer werden, weil hier keine zentralen, räumlich konzentrierten Mastbetriebe, sondern kleinere bäuerliche Partner eingeschaltet sind, die flächenmäßig verteilt sind. Vor allem könnte eine Zentrale wie Murphy eine Güllerücknahme organisieren und dann die Gülle zentral in Biogasanlagen verwerten und die Reste kompostieren. Diese Technik funktioniert selbst in einfachen Varianten gut, wie beispielsweise in vielen Anlagen in Indien und China (Hoffmann 1990), so daß sie in einer High-Tech-Umgebung noch weit bessere Ergebnisse erbringen sollte.

Zwar können wir nicht nur von Dienstleistung leben, aber es deutet sich an, daß die Wertschöpfung so überwiegend mit neuer Wirtschaft erfolgen wird, daß Primär- und Güterproduzenten zusammen in eine ähnliche 3 %-Anteil-Situation am Bruttosozialprodukt hineingeraten könnten wie jetzt schon Land- und Forstwirtschaft. Diese Beispiele zeigen, daß es dabei auch der Rohstoff- und güterproduzierenden Wirtschaft gut gehen könnte.

Beispiel 3. Cendant Corporation. „Cendant Corporation[4] ist der weltweit führende Anbieter von Kunden- und Geschäftsdiensten. Cendant verbindet Individuen und Unternehmen mit einem anderswo nicht erreichten Umfang von Gütern und Diensten mittels Direktvermarktung, Franchisepartnern und Firmenallianzen in vier Hauptgebieten: Immobilien, Reisen, Mitgliedsorganisationen und Software, inklusive interaktiver Produkte." (Der Einleitungstext entstammt der Selbstdarstellung von Cendant). Cendant bietet mehrere Millionen Artikel über das Internet und über alle klassischen Medien an. Cendant vermittelt zwischen Herstellern, Diensteanbietern und Endkunden und verknüpft Produzenten und Kunden direkt, ohne Zwischenhandel, mittels Datenbanken, Computern, Telefonnetzen und Internet. Der Kunde hat die Vorteile einer großen Auswahl und sehr günstiger Preise, denn er bezahlt Fabrikpreise ohne Aufschlag. Diese verknüpften Elemente von Herstellern, Kunden und Cendant bilden ein komplexes CCN, von dem alle profitieren. Die Hersteller können aufgrund der direkten Bestellungen die jeweils benötigten Produktionsmengen sehr viel besser abschätzen und bekommen Nachfrageschwankungen und deren Ursachen direkt mit, statt über den Zwischenhandel, wo sich derartige Schwankungen oft sehr aufschaukeln (siehe das „Beer System", das in der Literatur als Beispiel für Lagerhaltungszyklen mit potentiell sogar chaotischem Verhalten[5] populär ist, dargestellt z. B. in Senge 1990). Cendant, der Innovator, hat einen hohen Marktwert erreicht. Dabei erhebt Cendant keinen Prozentsatz von den Verkäufen, sondern berechnet für seine Dienste nur einmalig pro Jahr 69 US$ von jedem Kunden (Dieser Fixbetrag widerspricht der CCN-Philosophie insofern, da auf diese Weise kein anteiliges Profitieren von Cendant von den Käufen seiner Kunden zustande kommt). Cendant ist (neben Disney) das einzige nicht im High-Tech-Bereich tätige sogenannte „20/20-Unternehmen", also ein Unternehmen mit einem Marktwert von über 20 Milliarden Dollar mit erwarteten Wachstumsraten des Gewinns von über 20 % für jedes der nächsten fünf Jahre. Ein Wachstum von 20% pro Jahr über fünf Jahre bewirkt fast eine Verdreifachung des Marktwertes.

Es ist offen, inwieweit ein Unternehmen wie Cendant zur Nachhaltigkeit beitragen wird. Die Transportwegeverkürzung durch Wegfall von Zwischenlagern und Zwischentransporten ist willkommen; aber es ist anzunehmen, daß die Konsumenten hier eingespartes Geld für zusätzliche Güter und Dienste ausgeben, was den Verbrauch steigert. Ein weiterer Vorteil sollte aus der Verminderung chaotischen Verhaltens in Nachfrage-Angebots-Ketten erfolgen. Chaotisches Verhalten in diesen Ketten bedeutet sehr oft den Verfall produzierter Güter, weil diese gerade nicht verkäuflich sind, oder gar die Unmöglichkeit, im Moment eine Nachfrage nach lebenswichtigen Gütern zu decken. Chaotisches Verhalten ist aufgrund der Struktur von Cendant kaum möglich, da höchstens ein Lager beim Hersteller existiert, statt daß drei oder mehr hintereinander angeordnet sind.

---

[4] „Cendant Corporation is the world's premier marketer and provider of consumer and business services. Cendant links individuals and corporations to an unparalleled range of goods and services through direct marketing, franchise partners, and business alliances in four main areas: Real Estate, Travel, Membership Services, and Software/Interactive Products." (http://www.cendant.com/ctg/cgi-bin/Corp/home, Schwartz 1997 und http://www.cendant.com).

[5] Alle Lieferketten mit drei oder mehr hintereinandergeschalteten Lagern können prinzipiell chaotisches Verhalten entwickeln, hier also Lager beim Produzenten, Lager im Zwischenhandel und Lager beim Endverkäufer.

6.4
Die Relevanz von CCNs im Übergang zur Informationsgesellschaft

Um die Relevanz von CCNs im Bereich der vier Landschaften einzuschätzen, wird jenes CCN zwischen Wirtschaft und Know-how ausgewertet, das in Abb. 4.8 darge-stellt ist. Dazu werden zwei Systemläufe im gleichen Maßstab in einem gemeinsamen Diagramm zusammengefaßt. Eine Auswertung erfolgt mit CCN-Vernetzung zwischen den beiden Bereichen Wirtschaft und Know-how, die andere Auswertung ohne diese CCN-Vernetzung. Die beiden Ergebnisse sind gemeinsam in Abb. 6.1 dargestellt. Die Auswertung läuft hier für den Zeitraum von 1990 bis 2040, also über 50 Jahre.

Es wird beide Male die gleiche Variable „Econ init ratio" gezeigt, also das relative Wachstum der (informationsbasierten) Wirtschaft, jedoch in zwei unterschiedlichen Entwicklungen, also zwei Kurven in dieser Abbildung.

Wenn sich beide Subsysteme getrennt entwickeln, erfolgt eingeschränkt[6] exponen-tielles Wachstum. Hier ist die Entwicklung der Wirtschaft wiedergegeben, Kurve 1. Die Entwicklung von Kurve 1 bleibt deutlich hinter dem Fall hyperbolischen Wachs-tums bei Aktivierung der CCN-Verbindungen zwischen Wirtschaft und Know-how zurück, Kurve 2. Die Aktivierung der CCN-Verbindung zwischen den beiden Subsys-temen bewirkt hier einen dramatischen Entwicklungsunterschied.

Daß Kurve 2 aus der Bildebene hinausläuft, ist eine Maßstabsfrage. Kurve 2 behält hier endliche Werte. Man kann die y-Achse so skalieren, daß Kurve 2 bis zu ihrem Endpunkt sichtbar wird. Dann würde allerdings Kurve 1 wie eine auf der x-Achse verlaufende Gerade wirken.

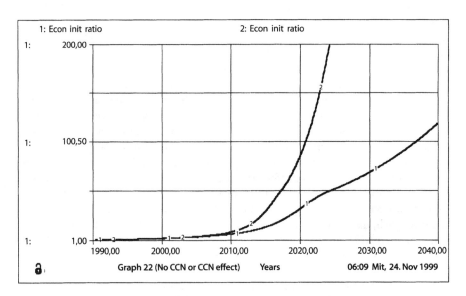

Abb. 6.1. Zur Rolle eines CCNs zwischen Wirtschaft und Know-how

---

[6] Diese spezielle Form von Kurve 1 wird weiter unten genauer erklärt.

6.5
CCN zwischen Landschaft und regionaler Wirtschaft

Für die Verwirklichung der Nachhaltigkeit wäre das Entstehen von CCNs zwischen der regionalen Wirtschaft und einer revitalisierten Landschaft von zentraler Wichtig-keit. Im Prinzip sind hier CCNs möglich: Die Fähigkeit der Wirtschaft zu autokatalytischem Wachstum wurde oben erörtert. Auch gesunde Ökosysteme[7] und Organismen können sich autokatalytisch ausbreiten bzw. regenerieren; es ist dies sogar eine ihrer Hauptfähigkeiten. Auch eine wechselseitige Förderung, die letzte Vorbedingung für das Agieren als CCN, ist möglich: Eine ökologisch gesunde und damit zumeist auch ansprechende Umwelt hilft der Wirtschaft in vielfacher Weise, nicht zuletzt durch ihre Beiträge zur regionalen Attraktivität und zum Wohlempfinden der Menschen. Zumeist jedoch hilft die Wirtschaft nicht der Umwelt; nur diese Verbindung fehlt, damit ein CCN entsteht. Vielmehr wird die regionale Umwelt in dem Maß geschädigt, wie die Wirtschaft in der Region gedeiht.

Aus dem Zusammenhang zwischen Wirtschaft und Landschaft kann nur dann ein CCN entstehen, wenn zusammen mit dem wirtschaftlichen Aufstieg einer neuen Basisinnovation eine erfolgreiche ökologische Wiederherstellung und Bewahrung in der Weise erfolgt, *daß die Umwelt gleichrangig und gleichsinnig vom Gedeihen der Wirtschaft profitiert. Ein CCN entsteht erst dann, wenn eine derartige fördernde Wirkung der Wirtschaft auf die Umwelt zustande kommt.* Derzeit scheint es nirgendwo eine derartige fördernde Wirkung gedeihender Wirtschaft auf die Umwelt zu geben. Statt dessen bedeutet wirtschaftlicher Erfolg zugleich eine steigende Inanspruchnahme von Fläche, zunehmenden Verkehr usw. Je erfolgreicher die Wirtschaft ist, desto stärker sind ihre ungünstigen Auswirkungen auf die Umwelt.

Ein CCN zwischen Wirtschaft und Umwelt, das so sehr im Interesse der informationsbasierten Wirtschaft in jeder ihrer Entwicklungsphasen liegt, würde mit folgendem Ansatz geleistet werden können: Um die Umwelt anteilig und gleichsinnig am Erfolg der Wirtschaft zu beteiligen, müssen feste Prozentsätze des wirtschaftlichen Erfolgs, also der Gewinne und der Einkommen, für die Bewahrung und Wiederherstellung der Umwelt eingesetzt werden, auch dann, wenn keine Umwelt zerstört wird. Auf Unternehmensgewinne und Einkommen werden ohnehin Steuern erhoben. Von diesen Steuern müßte ein fester Prozentsatz für Umweltmaßnahmen eingesetzt werden (es sollte nicht zu neuen Steuern kommen). Dieser Prozentsatz müßte so hoch sein, daß er Schäden durch wirtschaftliches Wachstum nicht nur ausgleicht, sondern deutlich überkompensiert. Je besser es der Wirtschaft und damit auch den Beschäftigten geht, desto höher ist das Steueraufkommen, und desto mehr könnte damit die Umwelt gedeihen. Je mehr die Umwelt gedeiht, desto attraktiver wird die Region für neue Wirtschaft und für ihre Bewohner. Dies würde eine Umkehrung des derzeitigen, fehlerhaften Mechanismus erlauben, wo ein Gedeihen der Wirtschaft und zunehmender Wohlstand der Bewohner zum Niedergang der Umwelt beiträgt.

Dieser Prozentsatz würde in verschiedenen Regionen unterschiedlich hoch sein, da die Flächenpreise uneinheitlich sind. Es kommt hier auf das Prinzip an, mit einer gün-

---

[7] Die derzeit überwiegend nicht als Super- oder Metaorganismen betrachtet werden, sondern als konzeptionelle Gebilde, deren äußere Abgrenzung oft von Theorien geleitet wird.

stigen Beziehung zwischen wirtschaftlichem Gedeihen und Umweltzustand die derzeitige nachteilige Beziehung abzulösen.

Bei zunehmendem Wohlstand käme es dadurch auf dem Grundstücksmarkt zu einer steigenden Konkurrenz zwischen Flächenkäufen für Umweltwiederherstellung und für wirtschaftliches Wachstum und Bau von Wohnungen. Feste Prozentsätze bei zunehmendem Wohlstand würden steigende Einnahmen für die Umweltvertretungen bedeuten. Dies würde sie auch bei steigenden Preisen in die Lage versetzen, weiterhin mitbieten zu können. Diese Flächenkonkurrenz mit steigenden Flächenpreisen würde die Wirtschaft zwingen, ihr neues Potential für effektiven und sparsamen Umgang mit der Fläche zu nutzen und würde damit die „neue Wirtschaft" gegenüber der ressourcenintensiven etablierten Wirtschaft begünstigen. Dies liegt zugleich im Interesse der Wirtschafts- und Arbeitsmarktpolitik.

Ein Umweltprofitieren ist nicht länger abstrakte Theorie. Anfang 1999 stellten Präsident und Vizepräsident der USA ein Programm vor, um finanziert aus den Steuermehreinnahmen des amerikanischen Wirtschaftsbooms, Wildnisgebiete, Parks und Küstenflächen ab dem Finanzjahr 2000 mit zusätzlichen Mitteln von jährlich 1 Mrd. US-Dollar zu finanzieren sowie eine 10 Mrd. Dollar-Initiative, um Freiflächen, Flüsse, Seen und Trinkwasserflächen zu bewahren, städtische Parks zu schaffen, Naturflächen wiederherzustellen, die Ausdehnung von Städten einzudämmen und aufgegebene Industrieflächen zu revitalisieren[8]. Dies bedeutet eine direkte günstige Auswirkung einer guten Wirtschaftsentwicklung auf die Umwelt, aber stellt insofern noch kein CCN dar, als diese Mittel nur fallweise statt mit einer festen und verläßlichen Kopplung gegeben werden.

Eine garantierte gedeihliche Rückwirkung wachsender Wirtschaft auf die Umwelt bedeutet einen qualitativ grundsätzlich anderen Zusammenhang als den derzeit von der Umweltverträglichkeit verlangten Ausgleich für zerstörte Naturfläche. In der Umweltverträglichkeitsprüfung werden die Flächen bewertet, die für eine Baumaßnahme vorgesehen sind, und hierfür wird ein geeigneter Ausgleich ermittelt. Zumeist werden derzeit naturnähere Ökosysteme in dem Maß zerstört, wie die Wirtschaft wächst. Der nach Umweltverträglichkeitsprüfung vorgenommene Ausgleich entspricht in seiner Wertigkeit selten den Flächen, die der Natur verlorengingen. Ausgleichsflächen kommen zumeist aus der Landwirtschaft, womit Wirtschaftswachstum den Verlust von Grünflächen bedeutet. Es wird nur solange kompensiert, bis ein Ausgleich erreicht ist. Die UVP wirkt stabilisierend, die vorgeschlagene neue Struktur dagegen wachstumsfördernd für die Umwelt in dem Maß, wie es dem sozioökonomischen System besser ergeht.

Mit der hier vorgeschlagenen einfachen Struktur eines direkten anteiligen Profitierens der Natur von wirtschaftlicher Entwicklung entsteht ein CCN-Verhältnis zwischen Wirtschaft, Bevölkerung und Umwelt.

Damit würde eine gewisse Schwäche der Umweltverträglichkeitsprüfung überwunden werden; das Instrument als solches ist dann für die Konzeption von Maßnahmen im Rahmen eines CCN- Verhältnisses zur Natur sehr wertvoll.

---

[8] Unter anderem aus Internet http://www.cnie.org/news/eesi/daily.htm sowie
    http://www.globalchange.org/infoall/ oppt.htm#jan99.

Derzeit werden in Deutschland über 90 % der Fläche genutzt; davon etwas über 10 % für Siedlungs-, Industrie- und Infrastrukturzwecke, etwa 50 % für Landwirtschaft, gut 30 % für Wälder. Naturschutzgebiete und dergleichen nehmen nur einen Rest von wenigen Prozent der Gesamtfläche ein. Auf die Veränderungen in allen genutzten Flächen wird in eigenen Abschnitten eingegangen, für Land- und Forstwirtschaft siehe Abschnitte 10.5.6 und 10.5.9. Eine Veränderung der Flächennutzung ist am dringendsten in der Industrie-, Infrastruktur- und Siedlungsfläche, aber hier am wenigsten vorstellbar. Wieviele dieser Flächen in ihrer Nutzung verändert werden können, wird erkennbar, wenn man typische Werke der frühen Industriegesellschaft, wie Stahlwerke, oder typische Werke der Industrie seit den 1930er Jahren, wie Pkw-Fabriken und Erdölraffinerien auf ihren ausgedehnten Werksflächen anschaut. Die neue Wirtschaft benötigt Leistungen und Produkte nur noch von Teilen dieser Wirtschaft. Damit wird vieles von der alten Wirtschaft verschwinden und hierdurch wird Fläche frei.[9] Diese Wirtschaft wird nicht verdrängt, um etwa in Entwicklungsländern wieder aufgebaut zu werden; sie wird weitgehend unnötig und verschwindet. Dies hat u. a. folgende Gründe: a) Die Effektivität im Umgang mit Ressourcen durch informationsbasierte Produkte und Produktion, wie in Abschnitt 1.3 und 10.2 beschrieben, b) die Flächeneinsparung durch die „neuen Fusionen" menschlicher Hauptaktivitäten, wie in Abschnitt 11.7 beschrieben, c) Nutzung der Effektivität moderner Landwirtschaft (Abschnitt 10.5.6), die auch bei organischem Anbau eine deutliche Verringerung der genutzten Fläche zuläßt, d) „Cybercities" (Abschnitt 11.4) und andere neue Optionen der Landnutzung[10]. Mit diesen Möglichkeiten sollte eine deutliche Verringerung des Flächenbedarfs bei gleichen oder besseren Leistungen möglich sein.

Wenn gleichsinnig zum Wachsen der neuen Wirtschaft bisher von der Altwirtschaft genutzte Flächen naturnah revitalisiert werden, profitiert die Umwelt proportional zum Gedeihen der neuen Wirtschaft. Da viele dieser Flächen in Siedlungen liegen, würde ganz besonders die Lebens- und Umweltqualität der Bewohner entsprechend gewinnen.

Zu Siedlungsflächen sind in den letzten zwei Jahrzehnten umfangreiche Forschungen und praktische Projekte durchgeführt worden, um zugleich die Wohnqualität zu erhöhen und um anspruchsvolle Ökosysteme auf städtischen Flächen zu schaffen oder wiederherzustellen (siehe z. B. das Kapitel „Shaping Cities" in Brown and Worldwatch Institute (1992), besonders den Abschnitt „Transport's Missing Link").

Dieser Ansatz des gleichsinnigen Profitierens ist nicht nur für die Fläche erforderlich. Im Ressourcenbereich der Landnutzung erbringt der biologische Anbau der Landwirtschaft mit einem Bruchteil des Verbrauchs an fossilen Ressourcen einen ähnlichen Hektarertrag wie konventionelle Landwirtschaft (i. allg. ca. 70 % der Produktivität, am wenigsten bei Kartoffeln mit etwa 50 %). Nun ist biologischer An-

---

[9] Wenngleich beispielsweise im Ruhrgebiet viele Unternehmen ihre Flächen weiterhin behalten, um Sanierungsgewinne aus Leistungen der öffentlichen Hand zu erzielen.
Beispielsweise werden in fast allen Hafenstädten der entwickelten Welt größere Flächen nicht länger benutzt, weil Hafenwirtschaft teilweise sehr unrentabel wird.

[10] Dem Ansatz der „Schließung" von Baulücken kann man nur zustimmen, wenn man nicht selbst Tierbeobachtungen in der Stadt gemacht hat. Aus einer koordinatengebundenen Aufnahme von Vogelaktivitäten in der Stadt Hamburg war klar ersichtlich, daß gerade Baulücken wertvolle Refugien für die Tier- und Pflanzenwelt darstellen (dem Verfasser standen dafür ortsgetreue Aufzeichnungen der Hamburger Ornithologen zur Verfügung, die sich über Jahrzehnte erstreckten).

bau nirgendwo informationsbasierte Landwirtschaft. Dies kann sich mit „intelligenten" Bearbeitungsgeräten und neuen Strategien zur Förderung diversifizierter Landwirtschaft ändern. Nachwachsende Hochwertrohstoffe und Mikromärkte bieten neue Möglichkeiten zur Erhöhung der Diversität und zur Verringerung des Ressourcenverbrauchs bei gleichzeitiger Wertsteigerung. Wiederum könnten in dem Maß, wie die Landwirtschaft sich entwickelt, zugleich günstige Ergebnisse für die Umwelt erreicht werden.

> Vielleicht ist im 19. Jahrhundert mit dem Ausbau einer kenntnisreichen bäuerlichen Landwirtschaft eine insgesamt positive Einwirkung der Wirtschaft auf die Umwelt erfolgt[11]. Dafür spricht, daß im 19. Jahrhundert der Artenreichtum der mitteleuropäischen Kulturlandschaft ein Maximum erreichte und die Landschaften als „Augenweide" gerühmt wurden.

Die hier skizzierte Umnutzung von Fläche mittels einer CCN-Struktur bedeutet, daß auf dem Weg in die Phasen 4 und 5 nicht nur die Region reich wird, ihre Menschen, ihre Kultur, sondern auch ihre Ökosysteme. Im Moment wären Umweltschützer zufrieden, wenn die Ökosysteme unangetastet blieben. Dies ist nicht mit regionaler Entwicklung verträglich; Änderungen sind unvermeidbar. Hier jedoch werden negative Änderungen überkompensiert, so daß es zu einer „Wohlstandszunahme" für die Umwelt kommt. Es ist unmittelbar einsichtig, daß auch die Wirtschaft besser gedeihen kann, wenn sie von einer zunehmend ökologisch gesünderen Umwelt gefördert wird, als wenn diese Förderung durch Naturverlust absinkt und es dabei auch noch beständige Kämpfe mit der Umweltfraktion gibt. Die hier vorgetragene Strategie des gleichsinnigen Profitierens bedeutet einen Paradigmenwechsel im Verhältnis zwischen Mensch und Umwelt, weg vom Ausgleich für Einwirkungen, hin zum miteinander Profitieren, zum wechselseitigen einander „Hochschaukeln".

Daß die Umwelt attraktiv ist und bleibt, ist sachlich für das Wohl der Region und ihrer Wirtschaft erforderlich. Dies wird in den Abschnitten 9.1 bis 9.4 ausführlich begründet. Wie gut ist diese weitreichende Aussage vermittelbar? Die Erfahrung zeigt, daß dieser Zusammenhang lokalen Entscheidungsträgern plausibel und glaubhaft dargestellt werden kann. Beispielsweise haben die Wirtschaftsvertreter in Visselhövede nach einer ca. zweijährigen Zusammenarbeit im Bereich informationsbasierter Wirtschaft und neuer Umwelt „eine hochwertige ökologische Wiederherstellung des Stadtumlandes [gefordert], um in der Informationsgesellschaft wettbewerbsfähig zu werden". Es ist jedoch sehr schwierig und kostet viel Zeit, für die Verwirklichung dieser neuen Position angemessene Finanzmittel und Kenntnisse, administrative Unterstützung und juristische Absicherung zu erlangen. Gleichwohl sollte dies jetzt dadurch erleichtert werden, daß fast alle umfassenden empirischen Auswertungen von Erfolgsregionen der neuen Wirtschaft diesen Zusammenhang berichten.

---

[11] Dazu hat Stefan Fränzle folgende Aussage getroffen: „Es ist zu berücksichtigen, daß besonders hohe Artenvielfalt oft mit nur kleinen Ressourcenreservoiren einhergeht; bekannte Beispiele sind Mager- und Trockenrasen, Korallenriffe (die Klarheit des Wassers z. B. in Mikronesien hängt unmittelbar mit dessen Nährstoffarmut zusammen), der amazonische Regenwald, der Baikalsee oder große Höhlensysteme (Kentucky, Yucatan/Belize, Slowenien, China). In einigen dieser Gebiete kann die Artenvielfalt als Folge zeitweiliger Übernutzung marginaler Böden infolge schnellen Bevölkerungswachstums zunehmen, beispielsweise bei Magerweiden oder Heidebiotopen. Derartige Kulturlandschaften sind auch Krisensymptome einer Übernutzung armer Böden, was den Einsatz von Liebigs Agrikulturchemie rechtfertigt, wodurch dann diese Kulturlandschaften als Streßindikatoren von Nährstoffarmut verlorengehen."

Erschwerend für die Verwirklichung einer derartigen, regionalwirtschaftlich und ökologisch guten Politik wirkt, daß der Zusammenhang zwischen Umwelt und Wirtschaft durch das nur langsame und allmähliche Eintreten von ungünstigen ökologischen Folgewirkungen trügerisch ist: Da der Wirtschaftsaufbau fast immer den hohen Wert der Umwelt verkennt, der von der Wirtschaft genauso in der Zukunft benötigt wird, kommt es im allgemeinen zu einem langsamen Umweltverlust. Durch einen regionalen Wirtschaftsaufbau profitiert die Region jedoch auch dann finanziell, kulturell und sozial, wenn der Aufschwung auf Kosten der Umwelt erfolgt. Die Region wird scheinbar dadurch sehr reich, daß sie ihre Umwelt opfert, besonders in den Phasen ab e4, wo sehr viel Fläche benötigt aber auch sehr viel verdient wird. Und die reich gewordene Region steigt auch dann noch nicht ab, wenn entscheidende Voraussetzungen ihres Aufstiegs verlorengegangen sind. Vielmehr „rächt sich" der Umweltverlust erst dann, wenn mit dem Abstieg der herrschenden Gruppe von Basisinnovationen, also in der Phase e7, eine neue Basisinnovation angesiedelt werden soll, also mit einer Verzögerung, die über 20 Jahre betragen kann.

Außer der Umwelt- und Regionalforschung ist auch die Umweltbildung gefordert, diesen systemaren Zusammenhang zwischen Wirtschaft und Umwelt aufzuarbeiten, zu illustrieren, zu vermitteln und möglichst vielen Menschen diese trügerische zeitliche Verzögerung zwischen Naturverbrauch und regionalem Abstieg zu erklären. Hier ist Navehs (1982) Konzept des „Total Human Ecosystem" hilfreich.

6.6
Ideal: CCNs zwischen allen vier Landschaften

Grundsätzlich könnten alle vier Landschaften miteinander CCNs bilden. Dies wäre ideal und würde eine günstige Entwicklung aller vier Landschaften ermöglichen. Dies wäre die erfolgversprechendste und auch vornehmste Regionalpolitik. Die in der Industriegesellschaft entstandene Verkennung dieser Zusammenhänge und die Überbewertung kurzfristiger Zwänge wird überwunden werden mit den Einsichten zur Informationsgesellschaft, zur Lebens- und Entwicklungsfähigkeit und zum Nutzen von CCNs. Daraus könnte eine förderliche, ästhetisch schöne und ökologisch lebendige Entwicklungsumgebung für Menschen entstehen.

6.7
Zusammenfassung zu kreuzkatalytischen Netzen

Durch das wachsende Informationspotential bahnen sich in praktisch allen Lebensbereichen neue Lösungsmöglichkeiten an. Regional- und wirtschaftswissenschaftliche Beiträge mit der Strategie kreuzkatalytischer Systeme erlauben neuartige Lösungen. Diese gestatten es, systematisch Lösungen zu entwickeln, die den derzeitigen Verhaltensweisen weit überlegen und lebens- und umweltfreundlich sind. Die CCN-Methode ist traditionellen Planungsansätzen überlegen, weil sie nicht nur Innovation und Flexibilität fördert, sondern auch dem freien Willen mehr Raum gibt, als es Menschen unter dem ausschließlichen Zwang des Wettbewerbs oder in Behörden herkömmlicher Struktur hätten. In CCNs werden reiche, flexible, kooperative Verhaltensweisen in vielen Varianten möglich, die auf berechnendem Egoismus genauso basieren können wie auf Dummheit, Tradition, Gutmütigkeit, sozialer Verantwortung, Zuneigung oder Liebe. CCN-Lösungen sind fast immer dem DARWINschen Wettbewerbsprinzip überlegen und sind sympathischer, sozialer und menschlicher.

Aus der Sicht der CCNs erscheint die Welt in ihren Grundstrukturen so angelegt, daß Kooperation vom Erfolgspotential her egoistischem Verhalten überlegen ist. Diese Erkenntnis spiegelt sich schon in allen großen alten Schriften wider[12]. In einer säkularisierten Weltordnung können Ansätze wie der des „Projektes Weltethos" (Küng 1992) durch wissenschaftliche und wirtschaftliche Einsichten in die Überlegenheit kooperativen Verhaltens ergänzt werden, um sie damit in weiteren Kreisen akzeptabel zu machen.

---

[12] In der Bibel in der Form: „Wenn zwei oder mehr in meinem Namen zusammenkommen, so bin ich unter Euch", siehe auch Wickler 1977, Theißen 1984.

KAPITEL 7

Lebendige Systeme in allen vier Landschaften

CCNs setzen voraus, daß hinreichend viele Partner im CCN zu eigenständiger Entwicklung, eigenständigem Wachstum, befähigt sind. Dafür gibt es eine Reihe von Grundbedingungen; insbesondere, was bis heute fast immer unberücksichtigt bleibt, daß alle lebenden Systeme und die meisten etwas komplexeren Systeme der Umwelt, der Natur- und Wirtschaftswissenschaften zu sogenanntem mathematisch-chaotischen Verhalten befähigt sind (Abschnitt 10.3.4).

Dieses Verhalten spielt eine bedeutende Rolle dabei, Leben überhaupt erst zu ermöglichen, begrenzt jedoch zugleich die Vorhersagefähigkeit grundsätzlich. Diese Erkenntnisse von eingeschränkter Vorhersagbarkeit sind erst seit Anfang der 1970er Jahre in ihrer vollen Breite erarbeitet worden. Sie erfordern neue Antworten, die seit etwa 1980 an vielen Stellen entstehen. Eine zentrale Antwort ist die Stärkung und Entfaltung eigenständiger Lebens- und Entwicklungsfähigkeit von Systemen, um sie in die Lage zu versetzen, mit Unerwartetem besser umgehen zu können.

Lebendige Systeme weisen folgende Kennzeichen auf: Homöostasie, Resilienz, Viabilität und Vitalität. Diese Kennzeichen gelten für alle lebenden Systeme weitgehend gemeinsam, Systeme aus Ökologie, Ökonomie, sozialen Gemeinschaften und für den einzelnen. Die Lebens- und Entwicklungsfähigkeit hat sich als Strategie des Lebens in einer veränderlichen Umwelt in der Natur und in menschlichen Gemeinschaften seit langem bewährt.

1. *Regelungsfähigkeit* oder *Homöostasie:* Dies ist die Fähigkeit zur Anpassung an geänderte Umweltverhältnisse und zum Ausregeln von Störungen bei *intakter Systemstruktur*. Es ist die Fähigkeit, mit Störungen und Belastungen fertig zu werden, sofern diese keine erhebliche Änderung der Systemstruktur bewirkt haben. Die Homöostasie stellt offensichtlich für alle Systeme in den Bereichen Ökologie, Ökonomie, Soziales und für den einzelnen eine unerläßliche Fähigkeit dar.
2. *Resilienz:* Dieser Ausdruck kommt aus dem Englischen und bedeutet „Elastizität, Spannkraft, Ausfallsicherheit, Unverwüstlichkeit". Hier bedeutet dieser Ausdruck die Fähigkeit zur Wiederherstellung der Systemstruktur nach Zerstörungen, also die Fähigkeit, mit Störungen und Belastungen gerade dann fertig zu werden, wenn diese die Systemstruktur teilweise oder vollständig zerstört haben. Diese Definition entspricht nicht ganz Hollings ursprünglicher, da letztere zusätzlich die Homöostasie mit einschließt[1]. Die Definition der Resilienz

---

[1] „Resilience is the capability of a system to bounce back after disturbances and destruction" (Holling 1978).

wurde hier verschärft, um nicht diesem Begriff zwei sehr unterschiedliche Bedeutungen zu geben. Holling und Kollegen haben eine Reihe von Voraussetzungen beschrieben, die es sozialen, wirtschaftlichen oder ökologischen Systemen ermöglichen, resilient zu sein. Resilienz bedingt fast immer Vielfalt (z. B. in Form der Biodiversität, etwa Moffat 1996), zeitlich wechselndes Verhalten („Variabilität"), Reserven und Multifokalität. Der Begriff Resilienz hat sich auch im Deutschen eingebürgert. Reserven von Waldökosystemen, die zur Resilienz beitragen, bestehen z. B. aus einer gut ausreichenden Mineralstoffversorgung im Boden, die für den Göttinger Ökologen Bernd Ulrich der Inbegriff der Resilienz von Wäldern ist (persönliche Mitteilung), aus der Vielfalt verfügbarer Arten oder aus der Diversität der Eigenschaften innerhalb einer Art, so daß bei Änderungen der Lebensbedingungen stets zumindest einige Exemplare gut existieren können. Solange ein System nicht resilient ist, ist es nicht eigenständig überlebensfähig.

Auch soziale Gruppen können nur längerfristig bestehen, wenn sie systemverändernde Ereignisse ausgleichen können wie beispielsweise in kleinen sozialen Gruppen die Erkrankung oder das Hinzukommen dominanter Personen.

Holling weist darauf hin, daß Resilienz nur dann erhalten bleibt, wenn sie zumindest gelegentlich gebraucht wird. Denn alle Kennzeichen von Resilienz, wie z. B. Reserven, bedeuten Aufwand, der ein System in ruhigen Zeiten anderen Systemen unterlegen macht, die nicht solchen Ballast mit sich führen. Resiliente Systeme werden in ruhigen Zeiten von „stromlinienförmigeren", schlanken, optimalen Systemen beiseite gedrückt, wenn sie nicht ihre aufwendigen Voraussetzungen für Resilienz ablegen. Beispielsweise verliert ein System sein Training, resilient zu bleiben, wenn es vom Menschen vor allen Widrigkeiten bewahrt wird (wie Nährstoffmangel, Trockenheit, Schadinsekten oder Krankheiten). In diesem Sinn erinnert Resilienz an das Immunsystem von Organismen, das im Laufe der ersten Lebensphase durch Infektionen entwickelt und gestärkt wird. Das Immunsystem wird bei späteren Infektionen herausgefordert, wiederum gekräftigt und dadurch erhalten. Gleiches gilt für die Resilienz; sie wird nur beibehalten, wenn sie herausgefordert wird.

Was bedeutet Resilienz im Bereich der Wirtschaft? Hier ist es die Fähigkeit, Verluste von führenden Mitarbeitern, Schlüsselpersonen, Ressourcen und Kapital auszugleichen. Entsprechend wurden Antworten auch in der Wirtschaft zunächst mit Strategien gegeben wie der Schaffung von Reserven und zeitlicher und räumlicher Vielfalt („Diversifizierung"), Spezialisierung, Anpassungsfähigkeit und Erholungsfähigkeit nach Katastrophen, also im gleichen Sinn wie in der Ökologie. Resilienz beinhaltet jedoch nicht eine Systemfähigkeit, auch dann zu überdauern, wenn die Voraussetzungen für seine Existenz entfallen, wie es im Moment von etablierten Unternehmen verlangt wird. Dies ist eine Fähigkeit, die über Resilienz hinausgeht; dies erfordert vielmehr „Viabilität" (s. u.).

Resilienz im Bereich der Bewußtseinslandschaft wären beispielsweise jene Stärken, mit denen eine Erholung nach psychischen oder physischen Katastrophen und Verlusten, also Veränderungen der Systemstruktur, ermöglicht oder erleichtert wird.

3. *Viabilität*, *viabel*, eingedeutscht von „Viability", was im Amerikanischen die Fähigkeit bedeutet, zu keimen, sich zu entwickeln, aus sich heraus wachsen zu können („capability to germinate, develop, grow on its own"). Die Viabilität wird hier im vollen Umfang des amerikanichen Begriffs definiert, als Entstehungs- und Veränderungsfähigkeit auch der Systemstruktur, beispielsweise als evolutionäre Umgestaltung, bis hin zur gänzlichen Metamorphose und dadurch dem Verschwinden der ursprünglichen Form. Derzeit wird hier im deutschen Wissenschaftsbereich der Begriff „Wandlungsfähigkeit" diskutiert. Dieser greift zu kurz, da er die Fähigkeit von etwas Neuem „to germinate", zu keimen, nicht einschließt. Viabilität ermöglicht damit eine Wahrnehmung von Chancen durch Neuentstehen und Wandel und damit eine Reaktion auf Herausforderungen. Im menschlichen Bereich kann Viabilität folgende Formen annehmen: die Veränderungsfreude, die Fähigkeit, Störungen und selbst Zerstörungen oder Demontagen auch als Chance zur Veränderung zu begreifen, der Lust, anders zu werden. In Hinsicht auf den bleibenden Strukturwandel und das Verlassen der ursprünglichen Form ist Viabilität geradezu ein Gegenteil von Resilienz und Homöostasie.

Viabilität wäre z. B. die Fähigkeit von Telecom-Unternehmen, ihre Geschäfte nicht wegen des Entstehens von Internet-Telephonie zu verlieren, die prinzipiell im Vergleich zum herkömmlichen Telefon leistungsfähiger, billiger, multimedial, international und „intelligent" ist, sondern vielmehr unter Nutzung der andersartigen Internet-Möglichkeiten umzustrukturieren und in entsprechend weitgehend veränderter Form weiterzuarbeiten. Die deutsche Telekom hat zunächst in Großbritannien (abseits ihres profitablen deutschen Marktes, jedoch im Bereich eines kräftigen Konkurrenten) einen derartigen Versuchsbetrieb aufgenommen. Derzeit scheinen nur wenige Telekom-Gesellschaften voll auf den Internet-Ansatz zu setzen. Viabilität kann auch im Aufkaufen von innovativen Unternehmen bestehen, wenn deren Produkte der kaufenden Unternehmung neuartige Lösungen eröffnen. In der Ökologie gehört hierher die evolutionsgeschichtliche Einverleibung von Mitochondrien in Zellen, sowie Sukzessionsprozesse einschließlich der „multiple pathway of succession" (wenngleich letztere in einem entsprechend langen Zeithorizont teilweise wieder zur Resilienz zurückführt, wenn verschwundene Ökosysteme in einer Sukzession wiederkehren). Das Ruhrgebiet hat seinen Niedergang nicht als Chance, sondern als Katastrophe betrachtet, war also nicht viabel.

4. *„Health"* (nur mit Vorsicht als „Gesundheit" zu übersetzen[2]) wird für die vier Landschaften gemeinsam so definiert, daß es die Fähigkeit bedeutet, mit Störungen, Unterbrechungen und kleineren Katastrophen fertig zu werden. Entsprechend umfaßt dieser Begriff die beiden Komponenten Homöostasie und Resilienz. Systeme mit den beiden Fähigkeiten der Homöostasie und der Resilienz werden hier als „lebensfähig" bezeichnet. Das Wort „entwicklungsfähig" ist ein Synonym für viabel und kann bedeuten, daß ein System sich so entwickelt, daß es nicht länger als das alte erkennbar ist. Nefiodow zählt diese Entwicklungsfähigkeit zum Spektrum der menschlichen Gesundheit hinzu.

In Kasten 7.1 wird Nefiodows Definition der menschlichen Gesundheit dargestellt, die auf Abraham Maslow aufbaut (Nefiodow 1997b, Seite 225). Maslow hat diese Merkmale aus der Untersuchung der „hervorragendsten und gesündesten

---

[2] Eine (von vielen) Definition menschlicher Gesundheit der WHO aus jüngerer Zeit lautet: „Health is the capability of a person to cope with disturbances and adverse factors". Dies entspricht der Definition von ökologischer Resilienz.

Kasten 7.1. Merkmale einer Gesundheit im ganzheitlichen Sinn
Menschliche Gesundheit im ganzheitlichen Sinn nach Nefiodow und Maslow

Gesunde Menschen zeichnen sich durch folgende gemeinsame Eigenschaften aus:

- Sie besitzen eine bessere Wahrnehmung der Realität:
  Fähigkeit, Menschen und Sachverhalte richtig zu beurteilen;
- Sie können sich selbst, andere und die Natur akzeptieren:
  Mangel an Schutzfärbung, Verteidigung oder Pose. Abneigung gegen Gekünsteltheit, Lüge, Heuchelei, Eindruckschinden;
- Sie besitzen Natürlichkeit, Spontaneität und Einfachheit:
  Läßt sich durch Konvention nicht von wichtigen Aufgaben abhalten. Bescheidenheit;
- Sie sind problemorientiert:
  Problem- und sachorientiert, nicht ich-orientiert;
- Sie haben ein Bedürfnis nach Privatheit:
  Ohne Unbehagen einsam sein können;
- Sie sind autonom, aktiv und wachstumsorientiert:
  Unabhängigkeit von der physischen und sozialen Umwelt. Antrieb durch Wachstums- und Leistungsmotivation;
- Sie besitzen eine unverbrauchte Wertschätzung:
  Grundlegende Lebensgüter werden mit Ehrfurcht, Freude, Staunen geschätzt;
- Sie wurden von mystischen Erfahrungen geprägt:
  Ich-Verlust und Erfahrung der Transzendenz;
- Sie besitzen Gemeinschaftsgefühl:
  Tiefes Gefühl der Identifikation, Sympathie und Zuneigung;
- Sie können die Ich-Grenze überschreiten:
  Intensive interpersonelle Beziehungen;
- Sie haben eine demokratische Charakterstruktur:
  Freundlicher Umgang mit Menschen ungeachtet der Klasse, Rasse, Erziehung, Glaubens;
- Sie besitzen eine starke ethische Veranlagung:
  Feste moralische Normen. Keine chronische Unsicherheit hinsichtlich des Unterschieds zwischen richtig und falsch;
- Ihr Humor ist philosophisch, nicht feindselig:
  Sie lachen nicht über feindselige, verletzende oder Überlegenheitswitze;
- Gesunde Menschen sind ohne Ausnahme kreativ:
  Sie leisten Widerstand gegen Anpassung.

Personen" abgeleitet, die er finden konnte. Wenn man die in Kasten 7.1 zusammengefaßten Merkmale von Gesundheit mit den hier gegebenen Definitionen für Homöostasie, Resilienz, Viabilität und Vitalität (unten) vergleicht, fällt auf, daß Nefiodow bzw. Maslow einem gesunden Menschen alle vier Attribute zuerkennen, wobei Viabilität den Wunsch gesunder Menschen ausdrückt, sich seelisch und geistig zu entwickeln und zu verändern.

Hier wird der Begriff „Lebendigkeit" für jene Systeme verwendet, die alle vier Attribute aufweisen, also Homöostasie, Resilienz, Viabilität und Vitalität.

5. *Vitalität:* Geschwindigkeit der Anpassungs-, Regelungs- und Wiederherstellungsprozesse, Wirksamkeit des Agierens des Systems, Reichweite des Systems. Vitalität wird hier als die Schnelligkeit definiert, sich auf neue Situationen einzustellen bzw. neue Situationen herbeizuführen. Im menschlichen Bereich äußert sich Vitalität beispielsweise auch als Elan, Schwung und Unternehmungslust. Damit hat die Vitalität mit Eigenschaften zu tun wie der verfügbaren Energie (H. Odums „Maximum Power Principle", Odum 1983), aber auch mit dem Eingebettetsein (embed-

dedness) des Systems in ein weiteres Umweltsystem, das ermutigend und unterstützend wirkt. Vitalität wird im allgemeinen durch Systemabhängigkeiten gemindert, wenn ein Dritter die Last abnimmt (Donella Meadows „Intervenor takes the burden"). Vitalität ist ein wichtiger Aspekt der Homöostasie, der Resilienz, der Viabilität und damit auch von Gesundheit. Jedoch sind diese Begriffe nicht identisch, denn es gibt beispielsweise Menschen, die zwar gesund, aber nicht vital sind und Menschen, die vital, aber nicht gesund sind, wie etwa der britische Physiker Stephen Hawking.

Die vier Begriffe Homöostasie, Resilienz, Viabilität und Vitalität werden in Anhang A für verschiedene Systeme tabellarisch definiert.

Zur Anwendung dieser Begriffe auf verschiedene Systeme

- Die *Homöostasie* hilft dabei, Schwankungen im Bereich normaler Ausschläge zu bewältigen. Beispielsweise kann sich Nachfrage wetterabhängig kurzfristig in einer Richtung ändern, und mit dem nächsten Wetterumschlag wieder normal sein. Wechselkurse ändern sich genauso wie Moden und Stimmungen, und es erfolgen Produktverbesserungen. Diese veränderten Bedingungen erfordern keine grundlegende Umorganisation einer Unternehmung oder eines Lebens, solange sie im normalen Schwankungsbereich bleiben; sie werden mit den normalen Anpassungs- und Reaktionsmechanismen bewältigt.
- *Resilienz.* Wenn dagegen eine stärkere Veränderung, etwa in der Marktnachfrage, erfolgt und sich nicht wieder normalisiert, kann dies Umorganisationen erforderlich machen. Ein Beispiel wäre der Ausfall eines wichtigen Kunden. Damit hören die Beziehungen zu diesem Kunden auf, was eine strukturelle Veränderung bedeutet. Resilienz des Unternehmens nach diesem Strukturbruch liegt vor, wenn es dem Unternehmen beispielsweise gelingt, neue wichtige Kunden zu erschließen. Es ist dies Resilienz, weil die ursprünglich zum ersten Kunden bestehende und mit seinem Ausfall beendete Struktur zu neuen Kunden in ähnlicher Form wiederhergestellt wird.
- *Viabilität.* Das Wegbrechen von etablierten und das Entstehen von neuen Märkten erfordert bleibende Strukturveränderungen in den Unternehmen, die diese Märkte bedienen. Wenn es der Unternehmung gelingt, ihre Kapazitäten durch Fertigung eines neuartigen Produktes wieder auszulasten oder mit anderen Produkten in neuen Märkten aktiv zu werden, ist eine qualitative Veränderung im Sinn der Viabilität erfolgt: es wird etwas Neues gemacht, und nicht nur das Alte an andere Kunden verkauft, wie in obigem Beispiel von Resilienz.
- Die *Vitalität*, mit der diese jeweiligen Vorgänge erfolgen, kann sehr unterschiedlich sein. Zumeist, aber nicht immer, ist eine raschere Reaktion besser.

Es liegt nahe, diese Darstellung strukturell analog, jedoch mit entsprechend angepaßten Inhalten, auf Personen und Gruppen zu übertragen. Homöostasie wäre dann im Beruf etwa die Fähigkeit, mit unterschiedlichen Anforderungen im vertrauten Bereich umgehen zu können; Resilienz die Fähigkeit, nach Wegfall eines vertrauten Hilfsmittels notwendige Arbeiten auch anders erfüllen zu können, oder nach Verlust des Arbeitsplatzes im gleichen Beruf eine neue Position zu finden. Dramatischer sind Umstände, wo Viabilität notwendig ist. Dies wurde beispielsweise von den Setzern gefordert, als elektronischer Zeitungssatz ihren Berufsstand entfallen ließ und sie in andere Berufe wechseln mußten. Viabilität wird derzeit noch zu wenig gelehrt und nicht gefördert.

Beziehung zwischen Resilienz und Viabilität in der Entwicklung eines Systems

Viabilität schließt im Gegensatz zu Resilienz das mögliche endgültige Verschwinden von Vertrautem ein, denn die Entwicklung zu etwas Neuem bedeutet oft das Ende des Alten; Entwicklung braucht Freiräume. Das Schaffen von Freiräumen für etwas grundlegend Neues ist in einer florierenden Wirtschaft oder Kultur kaum möglich. Das Zuwegebringen von Freiräumen innerhalb der psychischen oder geistigen Verfassung eines Menschen ist oft mit Schmerz, oder auch Freude oder anderen tiefen Gefühlen verbunden, da es das Aufgeben von vertrauten und oft bewährten Dingen bedeutet. Eine gesunde Unternehmung wird im allgemeinen Ereignisse, die Teile zerstören, rasch überwinden. Resilienz eines einzelnen Systems und seine Fähigkeit, grundlegend Neues zu entwickeln, also Viabilität, schließen sich zu einem gewissen Umfange aus. Peter Allen (persönliche Mitteilung) hat dies für lernende Systeme so beschrieben: Ein System, das sich dadurch in seiner Umwelt behauptet, daß es Erfolgsstrategien erwirbt und diese für zukünftige Herausforderungen aufrechterhält, wird durch die Last immer umfangreicherer und schließlich teilweise überholter Erfolgsstrategien so unbeweglich, daß es nicht nur selbst durch mangelnde Anpassungsfähigkeit bedroht ist, sondern auch jenes größere System gefährdet, in das es eingebettet ist. Damit kann der Tod von Teilsystemen für die Lebensfähigkeit des umgebenden Systems unerläßlich sein.

Viabilität erfaßt mit dieser Definition alle strukturverändernden Entwicklungsprozesse, wie z. B. Morphogenese, evolutionäre Vorgänge und Sukzessionen. In jeder Zwischenphase einer über lange Zeiträume erfolgenden strukturellen Veränderung müssen die jeweiligen Systeme sowohl über die Fähigkeit der Homöostasie als auch der Resilienz verfügen, sonst würden sie nicht existieren können bzw. nach teilweisen

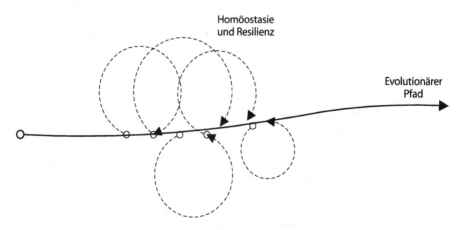

Abb. 7.1. Evolution eines Systems mit Homöostasie bzw. Resilienz

Zerstörungen verschwinden. Viabilität in Form von Evolution mit Resilienz in jeder Entwicklungsphase wird in Abb. 7.1 charakterisiert.

Bezüge zur Nachhaltigkeit

Die beiden Begriffe Viabilität und Vitalität sind zentral für Nachhaltigkeit in einer veränderlichen Welt. Trotz eingeschränkter Vorhersagbarkeit sind Antworten auch dann notwendig, wenn Situationen sich unerwartet ergeben. Die Ökologen haben sehr früh (schon H. Walter in den 1930er Jahren) und mit Verblüffung die Fähigkeit des „Benefiting from the unexpected" entdeckt. Ein System kann um so mehr Antworten auf Unerwartetes bzw. Unvorhergesehenes oder Unbekanntes geben, je mehr Optionen es sich erwirbt oder neu hervorbringen kann. Die Notwendigkeit, auf Unerwartetes antworten zu können oder darüber hinausgehend, die aus eigenem unerwartetem Verhalten möglicherweise resultierenden Chancen, werten damit so typische menschliche Phänomene auf wie Kreativität, Freude, Spiel, Ästhetik und Intuition. Denn diese bereichern das Repertoire an Erfolgsstrategien und sind damit wertvolle menschliche Komponenten der Viabilität.

Da Systeme keine Resilienz aufrechterhalten können, wenn sie nicht immer wieder eigenständig auf Belastungen und Zerstörungen reagieren können, besteht eine Voraussetzung für das Entstehen und die Existenz lebensfähiger Systeme im Verzicht auf Detailsteuerung und rigides Management. Im modernen Management treten an seine Stelle das Gewähren von Freiräumen und – als aktiver Beitrag zur Resilienz – das Ermutigen zu teilweise unvorhersehbarer Entwicklung. An die Stelle von Dominanz tritt Dienst. Entsprechend nehmen – wie der bedeutende Consultant Costello dies charakterisiert – Demut und Mitempfinden die Stelle von Allwissen ein.

> **!** Damit machen Resilienz und Viabilität von Systemen – also ihre Lebendigkeit – ein Paradigma der dienenden Unterstützung der eigenständigen, kreativen Entwicklung von Systemen erforderlich statt ihrer engen Steuerung. Dieses Paradigma gilt in allen vier Landschaften.

Dies bedeutet keine Abkehr von naturwissenschaftlicher Ergebnisfindung; die Methoden wissenschaftlicher Erkenntnis und Entscheidungsfindung bleiben gültig. Beispielsweise stellt Liebigs Gesetz vom Minimum eine der wichtigsten Grundlagen der Landwirtschaft und der Lebensfähigkeit von Ökosystemen dar. Man kann vielmehr mit wissenschaftlichen Mitteln wirkungsvoll herausfinden, wie man die Viabilität und Lebensfähigkeit von Systemen bestmöglich stärkt.

Die Implementation von beständig gültigen Lösungen – die Ansätze zur Lebendigkeit – basiert auf neuen Einsichten aus der Wirtschafts- und der Wissenslandschaft, setzt aber tiefe Wandlungen in der Bewußtseinslandschaft voraus.

Variabilität, Vielfalt, Diversität und eingeschränkte Vorhersagbarkeit sind nur mit sehr guten Mitteln der Informationsaufnahme, -verarbeitung und -nutzung in die Praxis zu bringen. Auch in dieser Hinsicht gehören eine Informationsgesellschaft und Nachhaltigkeit eng zusammen. Es kann nur eine Informationsgesellschaft die Komplexität bewältigen, die aus der Fähigkeit zum Nutzen von Unerwartetem und offener Entwicklung entsteht.

Das Entscheidende bei dieser Weiterentwicklung menschlicher Verhaltensstrategien ist einerseits, daß gemeinsame Regeln und Begriffe für die genannten vier Arten
von lebendigen Systemen, also Ökosysteme, ökonomische Systeme, menschliche Gemeinschaften und Individuen formuliert und angewendet werden können. Mithin
sind diese Begriffe und Konzepte unabhängig von hierarchischen Ebenen[3]. Zudem ist
eine gegenseitige Verstärkung des Wohlbefindens dieser vier Systemarten zu erwarten, wenn sie sich in vergleichbarer und damit zueinander kompatibler, kongenialer
und einander anregender Art verhalten.

---

[3] ... und damit im Ansatz fraktal.

KAPITEL 8

Die sieben Phasen in der Entwicklung der vier Landschaften

Die sieben Entwicklungsphasen einer Basisinnovation in der Wirtschaft erfolgen ganz entsprechend in den anderen drei Landschaften. Obwohl die Wissens- und die Bewußtseinslandschaft auslösend sind und nicht die Wirtschaft, werden diese Entwicklungen hier zunächst auf die Wirtschaft bezogen, weil dies die wirksamsten Handlungsoptionen eröffnet.

8.1
Phasenmodell der Wissensentwicklung

Eine grundlegende neue Erfindung ist Element der Wissenslandschaft und zugleich Voraussetzung für eine Basisinnovation. Letztere gehört sowohl der Wissens- als auch der Wirtschaftslandschaft an, denn sie ermöglicht eine erste Produktion und baut damit eine Brücke zwischen Wissen und Wirtschaft. Das Wissen zur Produktentwicklung, Herstellung und Vermarktung kann in einem Sieben-Phasen-Ablauf gesehen werden, der dem in der Wirtschaft entspricht (Abb. 8.1).

- *Phase 1.* Zu Beginn ist das Wissen neu und noch nicht anwendbar (Phase „Knowhow 1", kh1).
- *Phase 2.* Voraussetzung für die Erstellung erster vermarktbarer Produkte in Phase 2 ist die Existenz und Erarbeitung von anwendbarem Wissen („Applicable Knowledge", kh2). Hier werden zwei Arten von Wissen erforderlich: das Produkt oder der Dienst müssen hinreichend gebrauchstüchtig sein (Produktwissen), und es muß ausreichend Wissen über die verläßliche und hinreichend preisgünstige Erstellung dieses neuen Produktes vorliegen. Dies bedingt neues Fertigungswissen.
- *Phase 3.* Die ausgedehnte Pionierproduktion von Phase 3 bedingt hinreichend verläßliches neues Wissen über Produkte, Produktion und eine entsprechende Unternehmensführung. In Phase 3 erfolgt eine umfangreiche Entwicklung, um die

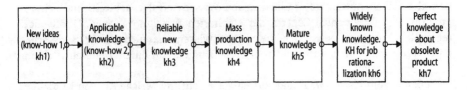

Abb. 8.1. Phasenmodell des Entwicklungszyklus des Wissens

neuen Produkte hinreichend ausreifen zu lassen, sowie ausgedehnte Anpassungs-
entwicklung, um die neuen Produkte an das vorhandene anzupassen, sowie die
Entwicklung weiterer, zur grundlegenden neuen Basisinnovation zugehöriger,
ergänzender Basisinnovationen, insbesondere Wissen über ihre neue Infrastruktur. Hier sind also schon sehr unterschiedliche Formen von Produktwissen erforderlich. Es beginnt spätestens hier eine Marktforschung.

- *Phase 4* bedeutet die gigantische Ausweitung hin zur Massenproduktion. Dies
  erfordert Wissen für die Bewältigung großer Umfänge in der Unternehmensorga-
  nisation, Wissen über rasch wachsende und alsbald große Märkte, über neue Infrastruktur, umfangreiche Finanzierung usw. In dieser Phase sind vielfältige Aspekte
  der ehemaligen Basisinnovation einschließlich ihrer wesentlichen Folgerungen
  sehr gut bekannt. Nachteile durch ihre Massenfertigung und ihren Masseneinsatz
  werden jedoch zumeist erst hier offenbar, wie sich in dem Bewußtseinsumschwung
  von der euphorischen Gestaltung von autogerechten Städten in den frühen 1960er
  Jahren (frühe Phase e4 der Pkw-Produktion) hin zur fußgängerfreundlichen Stadt
  mit autofreien Zonen in den späten 1970er Jahren offenbart.
- *Phase 5.* Das Wissen ist ausgereift, allgemein verfügbar und verbreitet und wird
  von vielen Menschen beherrscht. Hier ist Wissen zur Sicherung einer hohen und
  verläßlichen Produktqualität, zur preiswerten Fertigung und für eine anhaltend
  verläßliche Vermarktung großer Produktionsumfänge erforderlich.
- *Phase 6.* Hier steht die Erarbeitung von Rationalisierungswissen für die herrschenden Basisinnovationen im Vordergrund, um Kosten zu senken und international
  durch Preise, Produktqualität und Produktdifferenzierung konkurrenzfähig zu
  bleiben. Dies erfordert Wissen zur absoluten Produktperfektionierung.
- *Phase 7.* Schließlich besteht fast perfektes umfangreichstes Wissen über ein Produkt, das gleichwohl seine prägende Kraft verliert, weil es nicht länger breiten
  regionalen Wohlstand erlaubt.

Außerdem entsteht Wissen für Anwendung und Einsatz von neuen Produkten und
Diensten; beispielsweise breitete sich parallel zum Fertigungs- und Vermarktungs-
wissen für Pkws Wissen zur Benutzung dieser Basisinnovation aus, sei es im Straßen-
bau, im Fahrschultraining oder in Gesetzen.

Das Wissen aus den ersten Wissensphasen 1 bis 4 über Gründung, Innovation und
Expansion wird in dem Maß nutzlos, wie sich in späteren Phasen immer breiteres und
besseres Wissen über die zugrunde liegenden Basisinnovationen ansammelt. Die vertikale Konkurrenz und wirkungsvolle Verteidigung aus den letzten Phasen verhindern über längere Zeiträume, daß sich neue Basisinnovationen etablieren können,
nicht einmal in anderen Bereichen. Dies gilt mit seltenen Ausnahmen, wie z. B. die
breite Einführung der Computer ab Mitte der 1960er Jahre. Die Unterdrückung der
wirtschaftlichen Anwendung radikal neuen Wissens erfolgt weltweit, und schwer-
punktmäßig in regionalen Zentren der etablierten Basisinnovationen. Durch diese
regionalen Vorgänge leeren sich die oberen Wissensphasen durch Wissensverfall,
durch Verlernen, durch Ausscheiden der hier Tätigen und durch Weiterentwicklung
von Wissen in spätere Phasen.

In den letzten Phasen weiß man aus langer Erfahrung, welche Art von Know-how
gebraucht wird und verlangt auch von der unabhängigen Forschung wirtschaftliche

Relevanz, beispielsweise von den Universitäten, als Ergänzung zu den Forschungsanstrengungen und Überlebensnotwendigkeiten der Wirtschaft. Die alten Phasen beanspruchen jede Unterstützung, obgleich unabänderlich jegliche Anstrengung nur noch immer kürzere Zeit weiterhilft. Gleichwohl gerät gerade in der letzten Phase neues Know-how und neue Forschung in Rechtfertigungsprobleme, denn neues Know-how verträgt sich gerade nicht mit der alten Welt.

Außerhalb der herrschenden Gruppe von Basisinnovationen entsteht zunehmend neues, unabhängiges Wissen; z. B. auch in Unternehmen, die Grundlagenforschung fördern wie beispielsweise das Bell Laboratory mit seinen vielen Nobelpreisträgern oder die Entwicklungszentren von IBM oder Philips.

Ein neuer Lebenszyklus wird dann möglich, wenn sich eine kritische Masse von neuem Wissen angesammelt und wenn das etablierte Wissen seine politisch und wirtschaftlich prägende Kraft hinreichend eingebüßt hat.

Übergang zur neuen Wissensbasis. Es kommt dadurch zu einem neuen Zyklus mit neuen Basisinnovationen. Sein Beginn wird in Abb. 8.2, Freisetzung neuen Wissens

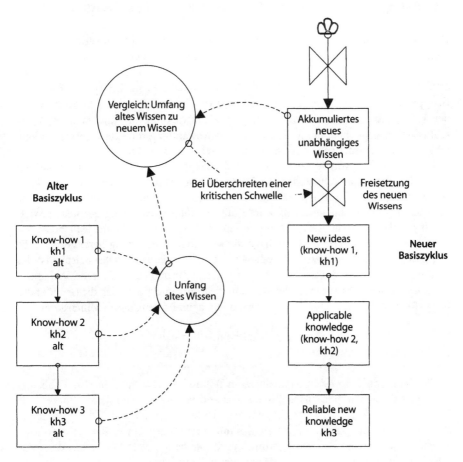

Abb. 8.2. Freisetzung neuen Wissens für einen neuen Basiszyklus

für einen neuen Basisinnovationszyklus, dargestellt: Der Einsatz und die Attraktivität von neuem zu altem Wissen bestimmt sich an dem Verhältnis der Summe des ehemals neuen Wissens in den drei Wissensphasen kh1, alt bis kh3, alt im Vergleich zu dem extern und unabhängig entstandenen, akkumulierten neuen Wissen außerhalb der Wirtschaft. Durch das Entstehen und den Zuwachs an neuem, unabhängigen Wissen schneidet im Vergleich das ehemals innovative Wissen der etablierten Basisinnovationen im Lauf der Entwicklung zunehmend ungünstiger ab. Wenn eine kritische Masse und ein ausreichendes Übergewicht des neuen Wissens erreicht ist, erlaubt dies den wirtschaftlichen, sozialen und intellektuellen Erfolg einer neuen Basisinnovation. Es ist nicht eindeutig, ob der neue Zyklus von neuem Wissen oder vom wirtschaftlichen Niedergang der noch herrschenden Basisinnovationen ausgelöst wird, wie es das „System Dynamics National Model" von Forrester und Mitarbeitern mit seinem Multiplier-Accelerator-Submodell besagt. Im ISIS-Modell kommen im Vergleich mit der Realität zeitlich zutreffende Zyklen schon allein dadurch zustande, daß im Modell ein neuer Zyklus startet, sobald das Verhältnis von altem Wissen der drei ersten alten Phasen zum neuen unabhängigen Wissen unter eine kritische Schwelle gesunken ist.

Modellierung der sieben Phasen der Know-how-Entwicklung mit dem ISIS-Modell

Das wirtschaftsinterne Know-how wird zu Beginn einer Basisinnovationswelle aus dem weltweit erarbeiteten und allgemein zugänglichen neuen Know-how aufgefüllt und dient dann als Basis für Unternehmen der neuen Phasen 1 und 2. Von da ab erfolgt die Entwicklung des Know-hows zunehmend firmenintern für die neue Gruppe von Basisinnovationen und deren Anwendungen. Da dieses Know-how von der Wirtschaft finanziert wird, erfolgt seine Entwicklung in zunehmender Abgeschlossenheit gegenüber der Außenwelt und in Abwendung von extern entstehendem, oft gänzlich andersartigem Wissen und potentiellen Angeboten.

Die Entwicklung von derzeitig neuem, frei verfügbaren Wissen zum firmeninternen Know-how kann man am Wissen um Internet-Organisation und -Nutzung verfolgen. Dieses Wissen wurde von Zehntausenden von Menschen erarbeitet und war über das Internet allgemein zugänglich. Es wurde mit der Internetbasierung der neuen Wirtschaft plötzlich wirtschaftlich relevant und in größtem Maße und ohne jegliche Abgeltung an seine Entwickler als Grundlage für wirtschaftlichen Erfolg herangezogen. Es ging also in die Wissensphase Know-how 1 über. Ein anderes aktuelles Beispiel ist das Betriebssystem Linux, das als Freeware erarbeitet wurde und wird. Während sein Initiator und Hauptentwickler Linus Thorwald „in die Röhre guckt", wurden die Gründer der Firma Redhat, die eine Linux-Version vertreiben, beim Börsengang zu Milliardären.

 Ab hier kann Abschnitt 8.1 von einem technisch nicht interessierten Leser übersprungen werden.

Der Teilmodul Know-how ist analog zum Teilmodul Economy aufgebaut (Abb. 8.3) und umfaßt sieben phasenspezifische Zustandsvariablen: Know-how Phase 1 bis Phase 7 (ke1 bis ke7). Als weitere Zustandsvariable kommt hier noch das gesamtverfügbare Know-how (knowhow) hinzu, das mit einer vorgegebenen Rate „Know-how-Zuwachs" („Know-how Increase", khinc) und unabhängig vom Wachstum der wirtschaftsinternen Know-how-Bestände exponentiell zunimmt.

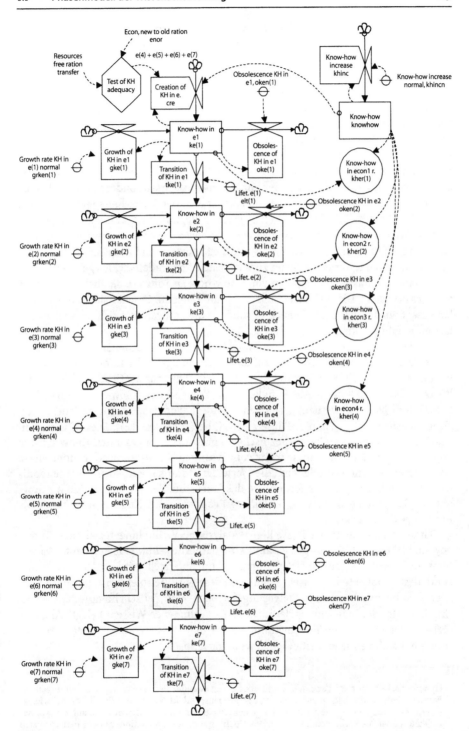

Abb. 8.3. Teilmodul Know-how

Auch für diese Zustandsvariablen Know-how 1 bis 7 wird eine „normale Wachstums-rate" des Know-hows analog zur normalen Wachstumsrate der Wirtschaft einer Phase unterstellt („Growth Rate of KH in e(1)" und analog „Growth Rate of KH in e(2) normal" usw.). Beständig wird ein Anteil des phasenspezifischen Know-hows, abhängig von der jeweiligen Lebenszeit des Know-hows, wertlos (Obsolescence of Know-how in Eco-nomy, Phase 1 bis 7, oke1 bis oke7). Ein anderer Teil des Know-hows geht in die nächste Know-how-Phase über. Dies wird durch die Flußvariablen „Übergang von Know-how-Phase 1 nach 2", „Phase 2 nach 3" usw. vermittelt („Transition von Know-how in der Economy Phase 1 zur Phase 2 usw.", tke(1), tke(2) usw. bis tke(6)). Zusätzlich entsteht neues Know-how zu jeder Phase. In der ersten Phase ke1 befindet sich nicht allein das bis dahin externe Know-how, das der Phase 1 zugeflossen ist, sondern zusätzlich auch das jeweils „neueste" Know-how, das fortlaufend in der Wirtschaftsphase 1 entsteht (Variable „Growth of KH" in e1 gke(1)). Das nach Beginn des Zyklus vor allem außer-halb der Wirtschaft weiterhin entstehende Know-how dagegen kann von diesem gesam-ten mit Phase 1 neu begonnenen Zyklus nur noch teilweise und in späteren Phasen gar nicht mehr genutzt werden; es kann zum nächsten Kondratieff-Zyklus gehören.

Derzeit wird das rasche Veralten von Know-how an Software deutlich, die häufige Updates erfordert. Diese Updates sind nicht nur eine gute Geschäftsidee, wie biswei-len gesagt wird – dies sind sie auch –, sondern die Software hat sich im Verlauf der letzten 30 Jahre dramatisch verbessert.

Die Verbindung zwischen Know-how-Modul und Wirtschaftsmodul geschieht durch Paare von Modifikatoren, die auf die Geschwindigkeit der Know-how-Entwick-lung in Abhängigkeit vom Zustand der Wirtschaft, bzw. auf die Geschwindigkeit der Wirtschaftsentwicklung in Abhängigkeit vom Zustand des Know-hows, einwirken. Diese Modifikatoren werden, wie oben erläutert, von Quotienten gesteuert, den „Know-how-ratios" in Phase 1, Phase 2 usw. (kher(1) bis kher(4)). Diese Quotienten sind das Verhältnis des phasenspezifischen Know-hows am gesamten Know-how. Je höher diese Verhältnisse sind, je mehr vom gesamten Know-how also in einer Phase konzentriert ist, um so größer sind die Werte der Modifikatoren. Je größer die Modi-fikatoren sind, desto stärker fördern sie das Wachstum der Wirtschaft durch Know-how in der jeweiligen Phase („Growth of Economy from Know-how" Phase 1 bis Phase 7, gekh1 bis gekh7).

Damit bestehen auf jeder Phase kreuzkatalytische Verbindungen zwischen Know-how und Wirtschaft. Da für das gesamtverfügbare Know-how eine konstante Wachs-tumsrate über den gesamten Simulationszeitraum unterstellt wird, bedeutet dies eine zumindest exponentielle Wissenszunahme. Diese wird beispielsweise mit der expo-nentiellen bis hyperbolischen Steigerung der Buch- und Zeitschriftenproduktion als Grobindikator der Entwicklung des nicht sektorgebundenen Wissens belegt[1]. Alle ver-fügbaren Quellen geben übereinstimmend für den Wissenszuwachs eine derartige zumindest exponentielle Anstiegsgeschwindigkeit an.

---

[1] Hyperbolischer Anstieg: Persönliche Mitteilung von Mende, Berlin, für Veröffentlichungen im Bereich Mathematik. Die Quantifizierung der Wissensproduktion ist mit erheblichen Schwierig-keiten verbunden. Robert May verwendet in seinem Ländervergleich „scientific wealth of nations" Indikatoren wie den relativen Zitationsindex (RCI: Zitationen/ Publikationen) oder den „revealed comparative advantage" RCA (Anteil eines Faches an den gesamten Veröffentlichungen eines Lan-des, dividiert durch den entsprechenden Fachanteil an Zitationen weltweit), also ebenfalls einen Quotienten.

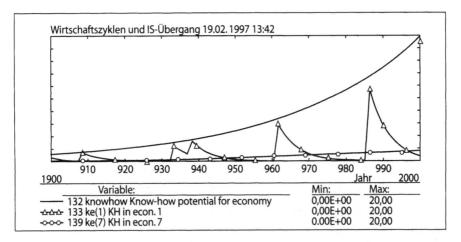

Abb. 8.4. Entwicklung des gesamtverfügbaren Know-hows und des sektorspezifischen Know-hows, Phasen 1 und 7

Abbildung 8.4 zeigt beispielhaft den von diesem Modell generierten Know-how-Verlauf in den zwei Wirtschaftsphasen e1 und e7 sowie die exponentielle Entwicklung des allgemein verfügbaren Know-hows. Das Know-how in Phase e1 wird periodisch aus dem allgemein verfügbaren Know-how aufgefüllt, und zwar nicht zu den Kondratieff-Zyklen, sondern in den Jahren 1910, 1935, 1960 und 1990, also jeweils zum Niedergang eines Kuznets-Zyklus. (Ein Kondratieff-Zyklus umfaßt jeweils zwei Kuznets-Zyklen. Empirisch ist bekannt, daß in der Entwicklungsphase, die hier als e4 bezeichnet wird, Krisensymptome auftreten können.) In der Graphik wird die Infusion neuen Wissens durch die plötzlichen Anstiege von ke(1) verdeutlicht. Anschließend geht das Know-how der Phase 1 jeweils zu-rück, da es in das Know-how der nächsten Phase übergeht, bzw. ab der Mitte eines Kondratieff durch vertikale Konkurrenz blockiert werden kann. Dadurch verliert die Phase e1 im Zyklus ihren Know-how-Vorsprung und sinkt zeitweise sogar unter den Wert des Know-hows der Phase e7, dargestellt durch die untere relativ langsam ansteigende Linie.

Erst wenn die alte Wirtschaft in der beschriebenen Weise unwirksam geworden ist und sich dadurch Spielräume für die Entwicklung junger Wirtschaft ergeben, kommt es zu einer erfolgreichen Infusion allgemeinen Know-hows in e1 und damit eines neuen Zyklus. Das Know-how der Phase e7 zeigt keine Sprünge. Es wächst aufgrund des allmählichen Bedeutungsrückgangs der Wirtschaftsphase e7 deutlich langsamer als das allgemeine Know-how. Es wird durch Reifung von Know-how der Phase 6 fortwährend aufgefüllt. Auch alte Sektoren profitieren von neuem Know-how und vom allgemeinen Wissensanstieg.

Abbildung 8.5 stellt das Verhalten des gekoppelten Systems von Wirtschaft und Know-how in sieben Phasen dar. Die Investitionssumme über alle Phasen der gesamten Wirtschaft (Variable Volume of Economy, vole, also die Summe über e1, e2 usw. bis einschließlich e7) erlebt ungefähr alle dreißig Jahre einen deutlichen Niedergang (Kuznets-Zyklus), dem ein langsamer neuerlicher Anstieg folgt. Die Bewegungen des Umfangs der Gesamtwirtschaft (Variable vole) sind dabei wesentlich geringer ausgeprägt als diejenigen der hier beispielhaft gezeigten Phasen e1 und e4. Besonders deutlich wird das zyklische Ver-

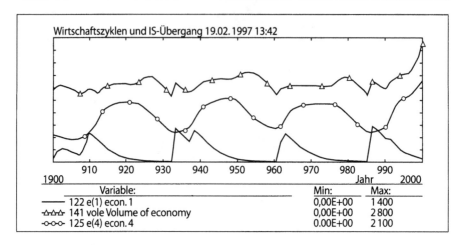

Abb. 8.5. Lange Zyklen in gesamten Wirtschaftsvolumen und Phasen 1 und 4

halten in Phase e1, die jeweils zu Beginn einer neuen Basisinnovationswelle einen merklichen Anteil der gesamten Wirtschaft repräsentiert, im Verlauf des Alterungsprozesses aber rasch an Bedeutung verliert (e1 ist im halben Maßstab (Minimalwert: 0, Maximalwert: 1 400) von vole dargestellt (Minimalwert: 0, Maximalwert: 2 800), die Ausschläge von e1 sind also vergleichsweise nur halb so ausgeprägt wie hier dargestellt).

Der hier vorgestellte Modellauf zeigt einen Zyklus von jeweils rund 30 Jahren Dauer an, die Periodizität der Kuznets-Zyklen. Die Zyklen in Abb. 8.5 entsprechen den empirischen Daten von Berry (1991), der Kuznets-Zyklen konstatiert, wobei ein Kondratieff zwei Kuznets-Zyklen umfaßt[2]. Berry kommt in seiner u. a. chaostheoretisch fundierten Analyse zum Schluß, daß sich das wirtschaftliche Wachstum in den USA mit einer 25–30jährigen Periodizität entwickelt.

In Abb. 8.5 ist deshalb kein absolutes Wachstum der Wirtschaft erkennbar, weil in diesem Modellauf die verfügbaren Ressourcen – Arbeitskräfte und physische Ressourcen – konstant gehalten werden, damit die Dynamik der zyklischen Entwicklung besser erkennbar ist.

Die hier vom ISIS-Modell generierten Zyklen treten nur auf, wenn folgende drei Kausalbeziehungen interagieren:

■ Eine vertikale Konkurrenz, mit der die zunehmend effektiver werdenden älteren Unternehmen schließlich die Entwicklung neuer junger Unternehmen, die auf derselben Basisinnovation aufsetzen wollen, weitgehend unterbinden.

---

[2] (Text von Th. Multhaup): Kondratieff und Schumpeter vertreten eine Dauer des Kondratieff-Zyklus von 50–60 Jahren. Andere Analysen wie die von Metz (1992) verweisen deutlich darauf, daß die ermittelte Dauer für die längeren Zyklen (d. h. Kuznets- und Kondratieff-Zyklen) in den USA sehr sensitiv auf die Berücksichtigung bzw. den Ausschluß des 2. Weltkrieges und des Koreakriegs reagiert. Eine Einbeziehung der Kriegsjahre stützt eher die Kuznets-Hypothese, ein Ausschluß verlängert die mit Hilfe der Filtertechnik ermittelten langen Zyklen, vgl. Metz (1992), S. 80 ff. Ähnliche Schwierigkeiten für eine exakte Ermittlung der langen Zyklen ergeben sich durch die ungewöhnliche Schwere und Länge der Depression in den dreißiger Jahren. In jedem Fall zeigen die erwähnten Studien, daß lange Zyklen keineswegs auf die von Kondratieff hervorgehobenen Preisentwicklungen beschränkt sind, sondern bei realen ökonomischen Größen mit einer kaum exakt angebbaren Dauer für viele Länder existieren.

- Die Verjüngung älterer Unternehmen durch Zufuhr neuen Know-hows desselben Basisinnovationsbereichs (Beispiel: Innovation erfolgt in Großunternehmen in hohem Maß durch Zukauf von Lizenzen und jungen Unternehmen).

- Wenn es durch vertikale Konkurrenz und Aufkauf kleiner Unternehmen zu einer starken Ausdünnung junger Unternehmen gekommen ist, wird eine Beschäftigung mit gänzlich neuartigem Know-how außerhalb des herrschenden Basisinnovationsbereichs lohnend. Es beginnt eine umfangreiche Nutzung des mittlerweile extern entwickelten, neuartigen, anderen Know-hows in Firmen der Entwicklungsphase 1. Diese können sich nur durch hyperbolisches Wachstum durchsetzen. Dies setzt das Agieren von CCNs voraus.

Es verdient herausgehoben werden: Das Wirken von CCNs stellt eine Grundbedingung für die Durchsetzung einer neuen Basistechnologie dar, denn diese Durchsetzung ist auf schnelleres als exponentielles Wachstum angewiesen (Mende und Albrecht 1986).

Wirtschaftswachstum über den Schwankungsbereich von Abb. 8.5 hinaus entsteht im Modell, wenn kritische Ressourcen – Grundfläche, Personen und Kapital – frei werden oder in anderen Regionen noch frei sind. Diese Freisetzung erfolgt in der Realität nicht freiwillig, sondern nur durch die beschriebenen Zusammenhänge.

8.2
Soziales Phasengrundmodell

Mit den Phasen von Wissen und Wirtschaft ändern sich auch die Tätigkeitsmerkmale und Chancen der Beschäftigten und die beruflichen Anforderungen. Dies bedeutet eine enge Vernetzung zum sozialen Bereich[3]. Für eine Reihe von Aufgaben sind allerdings zwischen den verschiedenen Phasen kaum Unterschiede in den Qualifikationsmerkmalen festzustellen; beispielsweise bleiben die Anforderungen an einen Kraftfahrer in Phase 2 oder in Phase 5 gleich. Die Darstellung erfolgt hier für jene Personen, die für eine Phase kennzeichnend und entscheidend sind, also für Schlüsselpersonen der jeweiligen Phase, mit besonderer Betonung der Informationsgesellschaft.

Diese Schlüsselpersonen beeinflussen direkt und indirekt die Einstellung und das Handeln anderer. Beispielsweise wäre ohne einen Internet-Browser, wie ihn Andreessen entwickelt hat, die Massennutzung des World Wide Web mit ihren sozialen, wirtschaftlichen und psychischen Begleiterscheinungen nicht erfolgt.

Phase 1

Zu Beginn einer Basisinnovation in der Phase 1 bilden Erfinder die Schlüsselpersonen. Diese brauchen vor allem Kreise oder „Kerne" von Gleichgesinnten[4] (Hall und Preston 1988), wirklich gute Universitäten und Spezialfertigungsstellen. Ein Erfinder benötigt hinreichende Einkommens- oder Überlebensmöglichkeiten, welcher Art

---

[3] Siehe Schmiede (1996) zu Strukturveränderungen von Arbeit und Gesellschaft durch Informatisierung, allerdings ohne die Phasensicht.

[4] Es waren derartige Kerne, die das Silicon Valley zum Entstehen gebracht haben, oder die bei der anfänglich sehr erfolgreichen Geschichte der Firma Atari beteiligt waren (zu Atari und ehemaligen Mitarbeitern, wie z. B. Jobs und Woszniak, die Apple gründeten, siehe die Grafik in „Wired" 10/1996, Seiten 165 bis 172).

diese auch immer sind. Da Erfinder derzeit in Deutschland nicht viel gelten, werden ihre landschaftlichen und anderen Ansprüche wenig beachtet.

Phase 2

In Phase 2 werden die ersten erfolgreichen Unternehmen aufgebaut. Hier sind mehrere Gruppen von Schlüsselpersonen entscheidend, die in drei „Linien" gegliedert werden können: eine Linie der Entwickler, die mit dem Erfinder in Phase 1 beginnt und zu der in Phase 2 der Innovator gehört; eine Linie der Manager, die in Phase 2 mit dem „Amöbenmanager" beginnt, und eine Linie der Finanzmanager, die ebenfalls in Phase 2 beginnt.

- Innovatoren können eine Erfindung in etwas Brauchbares, Verkäufliches und sogar Begehrenswertes verwandeln. Innovatoren werden, anders als Erfinder, regionalpolitisch schon etwas beachtet, da sie gewisse, wenngleich zunächst noch geringe, wirtschaftliche Auswirkungen erreichen. Da Innovatoren über einen ausgeprägten, sicheren und guten Geschmack verfügen müssen, sind ihre Umweltanforderungen hoch.
- „Amöbenmanager": Als zweites sind Manager wichtig, die ein sich rasch veränderndes Unternehmen leiten können. Eine junge rasch wachsende Unternehmung befindet sich in einer beständigen Umorganisation, die auch durch Wachstum und die rasche Entwicklung der Produkte und Märkte bedingt wird. Durch diese beständigen Änderungen der Unternehmung benötigt ein Manager in Phase 2 besondere Fähigkeiten, um eine Art von „Amöbe" leiten zu können, in Anbetracht des beständigen Wandels dieser Unternehmung – „Amöbenmanager". Diese Fähigkeiten werden derzeit im Management kaum gelehrt, da Unterweisungen sehr stark von der Erfahrung der letzten Phasen geprägt sind, wo die Unternehmen sehr viel stabiler sind und gänzlich andere Fähigkeiten gebraucht werden.
- Als drittes sind die Finanzexperten für junge unsichere Unternehmen zu nennen. Den Fähigkeiten der externen Risikokapitalgeber, aus nur einem Erfolg bei 10 Mißerfolgen insgesamt doch einen Gewinn ziehen zu können, entsprechen Anforderungen an die Finanzmanager der jungen Unternehmen, die finanziell damit erfolgreich sein müssen, daß nur eines von 10 bis 20 Vorhaben ihrer Unternehmung gelingt („Finanzakrobaten"). Auch die Grundlagen für diese Art von Finanzmanagement werden in der Ausbildung zu wenig gelehrt; fast jede Autorität für Finanzverwaltung wird hier persönliche Probleme bekommen.

Wie ihre Schlüsselpersonen sind auch die Unternehmen der Phase 2 sehr anspruchsvoll in Bezug auf die Umwelt- und Umgebungsqualität, sofern sie erfolgreich und nicht regional gebunden sind. Diesen Unternehmen bleibt keine andere Wahl, als so anspruchsvoll zu sein. Denn um wachsen zu können, müssen sie dahin ziehen, wo sie das von ihnen benötigte Personal vorfinden, und damit in Regionen, die für Schlüsselpersonen der ersten Phasen attraktiv sind (für empirisches Material siehe Abschnitt 9.1 und weniger ausgeprägt Hall und Preston 1988). Da diese Unternehmen noch klein sind, sind sie beweglich. Diese kleinen Unternehmen der Phase e2 fallen kaum auf. Entsprechend wird man sich regionalpolitisch wenig nach ihnen richten. Dies ist ein schwerwiegendes Versäumnis, da diese Unternehmen, wenn sie durch hinreichende Größe anfangen aufzufallen, nicht mehr so beweglich sind, um schon wieder umziehen zu wollen.

Beim Übergang zur nächsten Phase verändern sich die Anforderungen in allen drei Linien.

Phase 3

- Linie der Entwickler: Hier werden „Produktentwickler" gebraucht, die aus einer noch unsicheren Innovation ein verläßliches Produkt machen, sowie „Ausweitungsentwickler", die günstige weitere Basisinnovationen hinzunehmen können, sowie „Anpassungsentwickler", um die neue Basisinnovation an vorhandene Gegebenheiten anzupassen und neue Infrastruktur für Innovation zu schaffen. Die Linie der Entwickler verbreitert sich damit erheblich. Kenntnisse und Fähigkeiten der Entwickler in Phase 3 unterscheiden sich deutlich von denen in Phase 2.
- Linie der Manager: Entsprechend dem zunehmenden Personal, den zunehmenden Entwicklungszweigen und dem größeren Umfang der Produktion werden viele Kenntnisprofile in der Managerlinie erforderlich, die von Personalmanagement über Innovationsmanagement bis Marketing und Werbung reichen. Die Grundstimmung hat jedoch immer noch etwas Pionierhaftes und ist insofern von der Stimmung in den späten Phasen weitgehend verschieden. In Phase 3 erfolgen schon in größtem Umfang Merger-Waves. Diese sind zu überstehen oder zu nutzen, was entsprechende Fähigkeiten erfordert. Hierzu sei an das Epos von Netscape erinnert, die in etwa dieser Phase an AOL verkauft wurde. Die Managerausbildung qualifiziert zu wenig für diesen raschen Übergang der Unternehmung zu einer anderen Beschaffenheit. Die Managementanforderungen unterscheiden sich weitgehend von denen für Phase 2.
- Linie der Finanzmanager: Im Finanzbereich sind zunehmend mehr unterschiedliche Aktivitäten zu finanzieren, wie Entwicklung, Vermarktung, Ausbildung, Kauf von Lizenzen, und es sind nennenswerte Vorfinanzierungen bei größeren Aufträgen zu leisten. Damit wird das Problem der Liquidität komplexer. Dagegen werden die Unsicherheiten und Umstrukturierungen geringer. Hier sind Elemente der etablierten Ausbildung weit nützlicher als in Phase 2.

In dieser Phase 3 kommen erste volkswirtschaftlich beobachtbare Einkommen zustande, da die Zahlen der Mitarbeiter erheblich ansteigen. Die Schlüsselpersonen von Phase 3 sind sich bewußt, daß sie an der Spitze einer innovativen Bewegung stehen. Dies wird historisch deutlich, etwa an Beschreibungen der deutschen Wirtschaftsgeschichte von Personen wie dem jungen Siemens und seinem Meister Halske, oder von Zeiss und Abbé. Hier sind die Einkommen zum Teil schon hoch, was sich in den Ansprüchen an Umwelt und Lebensqualität, an Bildung und Stadtumgebung widerspiegelt. Durch die zunehmende Größe der Unternehmungen sinkt deren Beweglichkeit.

Phase 4

Phase 4 bringt eine sehr rasche Expansion, verbunden mit zunehmender Marktkonzentration. Hier werden alle drei Linien von der enormen Expansion gekennzeichnet, die zu leisten ist. Ein besonders wichtiger Typ von Schlüsselpersonen in Phase 4 sind die „Expansionisten". Die Expansion betrifft Entwicklung, Management – besonders Vermarktung und Personalbereich – und Finanzierung, also wieder alle drei Linien.

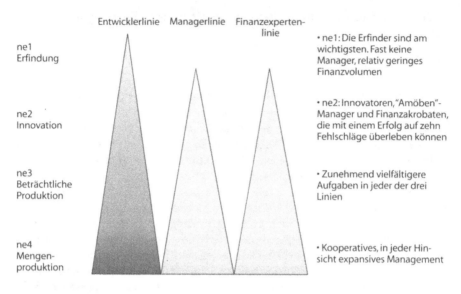

Abb. 8.6. Die drei Linien von Schlüsselpersonen in den ersten Phasen. (*Quelle:* ICC, pers. Mitteilung)

Unternehmen in Phase 4 können sich zum Teil selbst dann sehr rasch ausbreiten, wenn sie fast alles falsch machen, da sie von einer Woge breiten Interesses und großer und wachsender Nachfrage getragen werden. Personal ist wegen der Expansion knapp, entsprechend gesucht, hoch bezahlt, scheinbar lebenslang beschäftigt und anspruchsvoll. Wegen der hohen Einkommen und Gewinne sind die Ansprüche an Umwelt und Freizeit hoch. Es werden neue Produktionsstätten[5] aufgemacht, wobei Standorte bevorzugt werden, die für Mitarbeiter attraktiv sind. Dabei kann es zu Verlagerungen von Niederlassungen (abhängige Zweigbetriebe) und der Zentrale kommen. Im allgemeinen jedoch sind die Zentralen nicht mehr beweglich.

Die drei Linien von Schlüsselpersonen sind in Abb. 8.6 zusammengefaßt, die Verbindung von Schlüsselpersonen zur jeweiligen Wirtschaftsphase wird schematisch in Abb. 8.7 dargestellt.

Die Schlüsselpersonen der nächsten Phasen sind hier weniger interessant, da hier die sozial- und umweltfreundliche Förderung des Neuen im Vordergrund steht. Die Schlüsselpersonen der späten Phasen sind jedoch insofern wichtig, als es darum geht, die hier vorhandenen Talente für das Neue zu motivieren und weiterzubilden und ihnen die Angst vor dem Niedergang „ihrer" Welt zu nehmen. In Seminaren sagen wir (Mitarbeiter von RZM und neu ausgebildete Externe), wir nehmen den Schlüsselpersonen der späten Phasen „die Angst vor dem Tode".

---

[5] Für die Informationsgesellschaft paßt das überlieferte Wort „Produktionsstätte" kaum noch, da hier überwiegend Dienste oder Kombinationen von materiellen Trägern und informatorischen oder Vernetzungsgehalten erstellt werden. Dies zeigt sich an der Erstellung des Iridium-Satellitennetzes für globale Handynutzung. Hier gab es kaum Entwicklungsaufwand bei den Trägerraketen, deutlich mehr Entwicklungsaufwand für die Handys und bei der Konstruktion der Satelliten und sehr erheblichen Aufwand bei der Software, um dieses sehr komplexe Netz funktionsfähig zu machen. Bei Iridium hat jedoch die Vermarktung versagt.

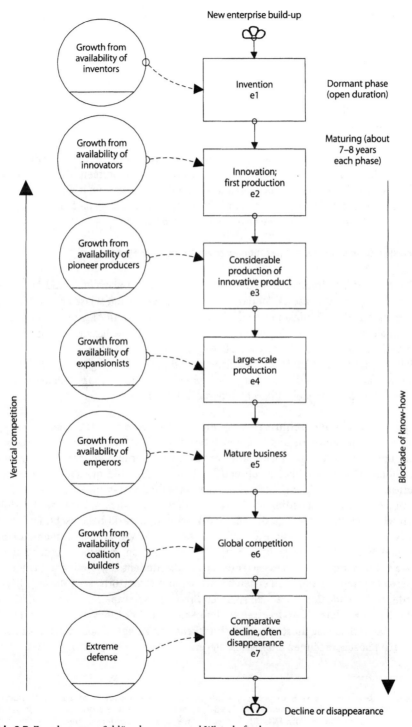

Abb. 8.7. Zuordnung von Schlüsselpersonen und Wirtschaftsphasen

In Phasen e5 und e6 hat zunehmende Konkurrenz eine Konzentration auf wenige Standorte bewirkt, die Zahl der Unternehmen hat sehr stark abgenommen. Die Schlüsselpersonen hier wurden schon oben als hochbegabte Verteidiger, exzellente Verwalter und drakonische Rationalisierer bezeichnet.

Sozial von großem Einfluß sind die folgenden Entwicklungen: Die Zahl der Mitarbeiter sinkt, da man die Produkte gut kennt und die Fertigung umfassend rationalisieren muß. Dies führt zum Verlust von Arbeitsstellen und zu Verunsicherung. Zudem kommt man mit im Durchschnitt weniger qualifizierten Mitarbeitern aus. Dies bedeutet einen persönlichen Einkommensrückgang. Dieser führt auch zu einem regionalen Einkommensrückgang sowohl durch die verminderte Zahl der Mitarbeiter als auch durch ihr zurückgehendes durchschnittliches Einkommen. Dies vermindert die regionale Kaufkraft. Für bedeutende Umweltforderungen fehlt die Substanz. Es beginnt ein erstes Unbehagen bei den Mitarbeitern über die Sicherheit ihrer Unternehmung. Gewerkschaftliche Bewegungen erfahren Zulauf.

Zur Bewertung der Schlüsselpersonen der verschiedenen Phasen

Es wäre unsinnig, Innovatoren zu verklären, aber das Expansions- und Durchsetzungsvermögen auf Phase 4 oder das Durchhaltevermögen auf Phasen 6 und 7 zu verdammen. Alle diese Fähigkeiten sind wichtig und können zum Allgemeinwohl beitragen. In allen Phasen sind die jeweiligen besonderen Fähigkeiten der Schlüsselpersonen ausnahmslos ungemein positiv zu bewerten. Es geht jetzt darum, wertvolle Fähigkeiten für die neuen Phasen zu mobilisieren und geschickte Regionalentwicklungen zu entwerfen, um eine Wiederholung des regionalen Abstiegs in späten Phasen zu verhindern. Einige prinzipielle Einsichten dafür liegen vor.

Einige Beispiele von Schlüsselpersonen im Phasenablauf. Die Firma Netscape mit ihren Web-Browsern und anderen Internet-Produkten wurde von Andreessen, Clark und Barksdale gegründet. Clark war zuvor Gründer und Vorstandsvorsitzender von Silicon-Graphics (ehedem führend im Bereich Graphikworkstations) und verkaufte seinen Anteil, als die Unternehmung etwa auf Phase 4–5 angelangt war und gab damit seine Führungsposition ab. Er war im Bereich e4 nicht annähernd so erfolgreich wie etwa die Firma Sun, die nun den Workstationmarkt beherrscht. Er begann mit Netscape wieder auf Phase 2. Barksdale hat einige Male Unternehmen zu einer bedeutenden Ausweitung geführt, um in neuen Positionen immer wieder auf der Phase 2 anzufangen. Andreessen entwickelte als Student am National Center for Supercomputing der USA den ersten brauchbaren Internet-Browser (Mosaic). Dieser wurde zur Vorstufe der führenden späteren Browser (Netscape Navigator und Microsoft Internet Explorer)[6]. Andreessen ist damit als typischer Innovator, Phase 2, einzustufen. Diese Beispiele illustrieren eine Rückkehr von Personen aus späteren zu jenen früheren Phasen, die ihnen am meisten liegen.

---

[6] Internet; Beschreibung von Andreessen: While pursuing his undergraduate degree, Andreessen worked part-time as a programmer, for $6.85 per hour, at the university's National Center for Supercomputing Applications (NCSA). Andreessen was working on an assignment to write three-dimensional visualization software for the Center's supercomputer when he dreamed up and implemented the first Internet browser.

Brüche zwischen den Phasen. Beim Übergang von einer Phase zur nächsten ändern sich die Anforderungen so sehr, daß die Schlüsselpersonen einer Phase den Anforderungen in der nächsten Phase oft nicht entsprechen[7]. Sehr oft werden selbst die Gründer, spätestens beim Übergang zu e4 oder im Anfang dieser Phase, aus ihrem Unternehmen entfernt oder auf Ehrenposten abgeschoben, wie kürzlich beispielsweise der Gründer der Firma Baan (Integrierte Business-Software wie SAP) oder Bill Gates, der 1998 seinen Vorsitz von Microsoft aufgab.

Die Brüche zwischen den Phasen haben gravierende soziale Auswirkungen: Die Schlüsselpersonen machen selten eine Wanderung durch mehrere Phasen mit. Es ändert sich das Wissen in größtem Maß; es ändern sich die Managementanforderungen; es ändert sich das Produkt. Daher werden die Schlüsselpersonen beim Durchlaufen der Phasen fast alle und relativ rasch ausgewechselt. Dies gilt selbst für die Führungsspitzen, die sich zumeist nur eine begrenzte Zeit halten. Was bleibt, ist nur der Firmenname jener Firmen, die am erfolgreichsten aus den Merger-Waves hervorgehen.

> Daher ist es wichtig, die Schlüsselpersonen auch dafür zu qualifizieren, mit ihrer Unternehmung und ihrem Betätigungsfeld mitwachsen zu können oder dafür, immer wieder in Unternehmen jüngerer Phasen neu anzufangen. Dies kann den Mangel an neuen Schlüsselpersonen verringern.

Dieses Auswechseln ist sinnvoll und sogar notwendig, wenn sich die Schlüsselpersonen nicht dem Wechsel der Anforderungen entsprechend mitqualifizieren, oder wenn ihre Charaktermerkmale nicht zu den neuen Anforderungen passen. Für Schlüsselpersonen ist gleichwohl schwer einzusehen, warum sie plötzlich untragbar sein sollen, wo sie doch die Unternehmung oder das Institut mit aufgebaut haben. Dieses Phasenmuster gilt im Prinzip auch für öffentliche Verwaltungen und Institute, wo jedoch zumeist ein Wechsel der Schlüsselpersonen unterbleibt und damit die kommende Wirkungslosigkeit von neu eingerichteten Ämtern vorherbestimmt ist.

Die Kenntnis von Merkmalen und Anforderungen dieser Schlüsselpersonen, also die drei Linien und die Phasen, eröffnet vielfältige regionale und wirtschaftliche Handlungsoptionen. Dies betrifft die Art der Kenntnisse, Ausbildung, Fortbildung, Persönlichkeitsstruktur, regionale Anforderungen, Umweltanforderungen und das soziale und politische Umfeld. Hier ergeben sich klare Handlungsprioritäten:

1. *Da diese Kenntnisse nicht Allgemeingut sind, ist es notwendig, bewußt Schlüsselpersonen für die ersten vier neuen Phasen auszubilden, statt weiterhin nur Kenntnisse für die etablierte Wirtschaft zu vermitteln, denn die Ausbildungsanforderungen für frühe und späte Phasen unterscheiden sich in hohem Maß.*
2. *Zudem müssen die Anforderungen der Informationsgesellschaft und der Nachhaltigkeit beachtet werden. Im Mittelpunkt der Ausbildung müssen Informations- und Vernetzungsreichtum für alle wirtschaftlichen Aktivitäten und für die Lebensstile stehen, sowie soziale Fähigkeiten für die neuen Netze.*

---

[7] Selbstverständlich gibt es in jeder Phase eine so große Streubreite von Persönlichkeiten, daß dies nur generell typisierende Aussagen erlaubt.

Dabei ist es notwendig, auch Kenntnisse über die Existenz der drei Linien von Schlüsselpersonen und der *Brüche in den Anforderungen beim Übergang von einer Phase zur nächsten zu vermitteln.* Es sollten nicht nur Kenntnisse für eine, sondern für mehrere Phasen vermittelt werden.

Schließlich sind Kenntnisse der Organisation kooperierender Netzwerke und insbesondere auch von CCNs notwendig, um die Erfolgschancen der jungen Unternehmen zu erhöhen. In jeder Branche können typische Beispiele gebracht werden. Diese sollten „Coopetition", Vernetzungsreichtum und hohen Informationsgehalt in den Vordergrund stellen.

Regionalpolitisch ist ein Verstehen des massiven Wirkens von CCNs zwischen den vier Landschaften herausragend wichtig, um die Schlüsselpersonen der neuen Phasen behalten und herbeiziehen zu können. Hierher gehört ein Verständnis des hohen Rangs herausragender Erholungsumgebung, also attraktiver, ökologisch gesunder Natur. Dieses Wissen wirkt sich unmittelbar und rasch aus, schon beim Übergang von Phase 2 zu 3 und 4, also in der Wirtschaftsentwicklung der nächsten 10 Jahre. Dies Wissen schafft günstige wirtschaftliche, soziale und ökologische Rahmenbedingungen für das Hier und Jetzt, und eröffnet bedeutende Möglichkeiten für Nachhaltigkeit und Zukunftsfähigkeit.

Im Verlauf der Phasen wandeln sich Einstellungen und Motivation der Mitarbeiter, Einkommen, Selbstverständnis, Umweltanforderungen, Einstellung zur Innovation und zum Experiment. Mit den sieben Phasen ändert sich auch der Charakter des Wissens und damit wiederum Einstellung, Bewußtsein und Geschmack. Mit einer gewissen Berechtigung kann man unterstellen, daß die Schlüsselpersonen als Indikatoren für den Charakter der jeweiligen Phase gelten können.

Das derzeitige Überwiegen von Unternehmen der späten Wirtschaftsphasen mit der unterbewußten Einsicht, daß eine günstige Zukunft bedingt, das Bewährte loszulassen, und die Erkenntnis, daß sich vieles Bewährte in einer recht hoffnungslosen Lage befindet, erklären vielleicht jene deutsche Gemütslage, die sich in Pessimismus, Beharrungsdrang und verbreitetem Streit um nichtige Dinge äußert.

Wenn man sich die Charakterprofile von bekannten Schlüsselpersonen der ersten drei neuen Phasen anschaut, wird deutlich, welch hohes Ausmaß an Mut, Unternehmungslust und unkonventionellem Denken und Handeln günstig wäre, um die neuen Chancen nutzen zu können.

Wenn von einer Region oder einem Land eine Fülle von Firmenneugründungen und damit entsprechende Innovationen angestrebt werden, ist es entscheidend, der Bevölkerung auf möglichst breiter Basis und in passender Weise dieses Verständnis zu vermitteln, ihr günstige Rahmenbedingungen zu schaffen und sie zu ermutigen.

Mit diesem Wissen können Förderungsmaßnahmen in den Bereichen Wirtschaft, Umwelt, Soziales, Wissenschaft und Regionalpolitik weit eher erfolgreich sein als mit vielen gegenwärtigen perspektivlosen Förderungen.

8.3
Phasenmodell der Landschaftsentwicklung

Aus der Kenntnis von Charakteristiken der Schlüsselpersonen der verschiedenen Phasen und der jeweiligen Phasen der Wirtschaft kann man phasenabhängig die Landschafts- und Umweltansprüche herleiten. Daraus ergibt sich ein Phasenmodell für die Landschafts-, Umwelt- und Stadtentwicklung.

Phase 1 wirkt sich landschaftlich nicht aus.

Unternehmen der Phasen 2 und 3 benötigen nicht viel Fläche, nur geringe Ressourcen und relativ wenig Transporte, vor allem da sie noch klein sind. Ihre Schlüsselpersonen sind anspruchsvoll in Bezug auf ihre Umwelt im engeren und weiteren Sinn. An Infrastruktur benötigen die in Phasen 2 und 3 tätigen Unternehmen vor allem Zugang zu guten Flughäfen, vorzugsweise mit internationaler Anbindung. Dagegen ist das Straßennetz fast überall im Westteil Deutschlands für diese Ansprüche überdimensioniert. Selbst in weiten Teilen der neuen Bundesländer ist es im Prinzip für die neue Wirtschaft, jedoch kaum für die etablierte, schon voll ausreichend; in vielen Regionen könnte es auch hier bald überdimensioniert sein. Denn mit Straßennetzen entsteht Verkehr[8], und zu viel Verkehr macht eine Region unattraktiv.

Für die neuen Phasen 2 bis 4 in der Informationsgesellschaft gilt das hohe Anspruchsniveau an die Umweltqualität noch viel stärker, denn die hier tätigen Unternehmen kommen im Vergleich zur Industriegesellschaft mit weit geringeren Flächen, Ressourcen und Transporten aus, und ihre Schlüsselpersonen sind um so viel anspruchsvoller, wie Menschen anspruchsvoller sind, die ihren Lebensunterhalt in erster Linie mit raffinierter Nutzung von Information statt mit der Verarbeitung von materiellen und Energieressourcen erwerben.

Wie verträgt sich dies damit, daß oft pauschal festgestellt wird, Umweltansprüche bei Unternehmensgründungen und Standortwahl belegten nur hintere Plätze[9]?

Zunächst einmal versäumen die Statistiken die Klassifikation nach informationsarmen und informationsreichen Unternehmen; den meisten Erhebern ist die Existenz informationsreicher Wirtschaft nicht bewußt.

Folgende Fälle sind zu unterscheiden[10]:

a Die neue Unternehmung steht finanziell schlecht da. In diesem Fall ist es gleichgültig, ob sie informationsarm oder informationsreich ist; sie kann nicht ohne weiteres umziehen und daher keine besonderen Umweltansprüche erheben.

b Die neue Unternehmung ist im Bereich lokaler Versorgung tätig. Damit ist die Unternehmung örtlich gebunden und kann nicht ohne weiteres umziehen. Daher kann sie keine besonderen Umweltansprüche erheben, gleichgültig, ob sie als informationsarm oder informationsreich zu klassifizieren ist.

c Die neue Unternehmung ist innovativ, profitabel und entwickelt sich gut. Folglich benötigt sie für ihre weitere Entwicklung dringend Schlüsselpersonen der ersten neuen Phasen. Diese sind im erforderlichen Umfang ausschließlich in attraktiven Regionen zu finden, oder am ehesten zum Umzug in derartige Regionen zu begeistern.

Eine Region kann nur dann Unternehmen der neuen Branchen, die sich gut entwickeln, gewinnen und behalten, wenn sie deren Ansprüche erfüllt. Zudem liegt dies auch ökologisch und landschaftsästhetisch in ihrem Interesse. Das California Econo-

---

[8] In der Verkehrswissenschaft ist der alte Streit abgeklärt, ob Straßen Verkehr induzieren oder Verkehr Straßen: beides ist der Fall (es schaukeln sich also Straßen und Verkehr zu immer größerem Umfang auf, auch hier ein CCN).

[9] Wie in diesem Text an vielen Stellen empirisch belegt, ist diese pauschale Feststellung für die neue Wirtschaft vollkommen falsch.

[10] Der folgende Text entstand aufgrund einer von M. Lintl, RZM, angeregten Analyse.

mic Strategy Panel (1998) sagt dazu: „Die Verfügbarkeit dieser Geschäftsinfrastruktur (d. h. kreative Netzwerke, Konzentrationen von Unternehmen, exzellente Universitäten usw.) und eine auffallende, höhere Lebensqualität sind zu Schlüsselbedingungen dafür geworden, Hochwert-Unternehmen anzuziehen und zum Wachstum zu befähigen"[11].

Mit Phase 3 beginnen deutliche Veränderungen der Landschaft. Diese weiten sich in Phase 4 ganz erheblich aus. Bei erfolgreichen Regionen wird dies bedingt durch die Notwendigkeit, Dichtekomplexe zu bilden, Agglomerationen wie im Silicon Valley, örtliche Gruppierungen rascher gegenseitiger Hilfe bei Aufgabenstellungen in den ungewohnten neuen Feldern.

Unternehmen der Phase 4 haben in der Vergangenheit bei ihrer bedeutenden Ausweitung fast immer große Zahlen von Mitarbeitern auf großen Flächen beschäftigt und hohen Transportbedarf, auch für Ressourcenzufuhr und Produktexport, entwickkelt[12]. Dies machte eine Trennung von Arbeit und Wohnen notwendig, vor allem durch die Umweltauswirkungen der Unternehmen. Hier ändert sich der Anforderungskatalog beim Übergang zur Informationsgesellschaft potentiell stark, aber nur dann, wenn dies bewußt angestrebt wird. Der Transportbedarf kann durch informationsbasiertes Management, Dematerialisierung, Teletätigkeiten und informationsbasierte Produkte radikal verringert werden. Der Flächenbedarf selbst großer informationsbasierter Unternehmen ist zumeist gering. Beispielsweise sagte Walter Forbes von seinem Milliardenunternehmen Cendant, daß sie binnen eines Tages komplett umziehen könnten.

In Phase 5 der etablierten Wirtschaft bestehen nur noch wenige, aber dafür sehr ausgedehnte Fertigungsstätten. Entsprechend stark prägen diese die Landschaft. Es ist ungewiß, wie sich dies in der neuen Phase 5 darstellen wird. Es ist kaum vorstellbar, wie informationsbasierte Unternehmen mit informationsbasierten Produkten und Diensten zu großen Ressourcenumsätzen übergehen sollen. Es ist jedoch zu beobachten, daß sie etablierten Unternehmen helfen, noch mehr Ressourcen zu verarbeiten, und damit anderswo Flächen- und Transportansprüche ausweiten.

Dieser Trend zum hohen Landschaftsverschleiß hat sich in den abgeschlossenen Phasen 6 und 7 verstärkt.

Zugleich ist in den letzten Phasen oft eine bedeutende Kultivierung des leitenden Personals festzustellen, die auch dadurch bedingt ist, daß diese Personen regionale Koalitionen aufbauen müssen. Führungskräfte wohnen gern in Städten – der sogenannte „Fühlungsvorteil" industrieller Agglomerationen besteht auch im persönlichen Bereich –, um besser Kontakte pflegen zu können. Viele Schlüsselpersonen der späten Phasen haben sich im Laufe ihrer Wohlstandsentwicklung ab Phase e4 eine Zweitwohnung auf dem Land gekauft. Dies wirkt trendbildend; zusammen mit dem allgemeinen ausgedehnten Wohlstand in den Phasen ab 4 und dem Verlust an Umweltqualität in Ballungszentren kommt es zu einer bedeutenden Suburbanisierung, dem Zug in die Grüngürtel der Städte und in den ländlichen Raum.

---

[11] „The availability of this business infrastructure [i. e. creative networks, business clusters, universities etc.] and a distinct, higher quality of life have become the key determinant for attracting and growing high-value businesses."
[12] Große Flächen und zahlreiche Mitarbeiter waren ohne individuelle Mobilität früher nur am Rand von Metropolen verfügbar.

8.4
Zusammenhängende Phasenentwicklung und die 28 neuen Fusionen

Für das weitere Verständnis ist das Zusammenwirken der vier Landschaften mit ihrer Phasenentwicklung zu verknüpfen, wobei die neuen Gegebenheiten und Umbrüche (Kap. 10) zu berücksichtigen sind.

Es durchlaufen alle vier Landschaften parallel miteinander jeweils die sieben Phasen, siehe Abb. 8.8. Damit ändert sich *im Verbund miteinander* alles: die Schlüsselpersonen, die Landschafts- und Infrastrukturansprüche, der Charakter der Wirtschaft und natürlich der Charakter des grundlegenden Wissens.

In jeder Landschaft ändern sich entsprechend die Weltbilder der Gestalter, die Zukunftsaussichten, das Ausmaß an Optimismus, die Bereitschaft zu Neuem, die Lebensentwürfe oder die Kraft des Zurückdrängens grundlegender Neuerungen.

Der Übergang zur Informationsgesellschaft erfolgt zugleich mit dem Übergang zu einem neuen Sieben-Phasen-Schema. Das Heraufkommen neuer Basisinnovationen ist durch den derzeitigen Niedergang der etablierten Wirtschaft notwendig und möglich geworden. Das Entstehen der Informationsgesellschaft steht deshalb an, weil durch das Informationspotential eine mächtige Basisinnovation entstanden ist. Durch diesen doppelten Übergang, hin zu einem neuen Sieben-Phasen-Schema und zur Informationsgesellschaft, gilt:

a Die Beziehungen der Industriegesellschaft gelten in der Informationsgesellschaft nur noch teilweise. Für die menschlichen Hauptaktivitäten (Arbeiten, Wohnen, Fremdenverkehr, Erholung, Freizeit, Versorgen, Lernen, Mobilität) werden die bekannten Verhältnisse nicht bestehenbleiben. Statt dessen entstehen derzeit „neue Fusionen", siehe unten.

b Die Beziehungen zwischen Phase und Landschaft sind in den frühen Phasen für informationsarme Industrieunternehmen und informationsreiche Wirtschaftsunternehmen ähnlich, in späteren Phasen sollten sie sich weitgehend unterscheiden. Dies ist von der Nachhaltigkeit her notwendig und von dem verfügbaren Potential her – neue Paradigmen, Informationsbasierung, Dematerialisierung der Wunscherfüllung – möglich.

c Es sollte gegenüber früheren Abläufen der sieben Phasen in der Zukunft grundsätzliche Änderungen im Weltbild, in den Landschafts- und Umweltansprüchen und in den Beziehungen der Menschen zueinander dadurch geben, daß in der

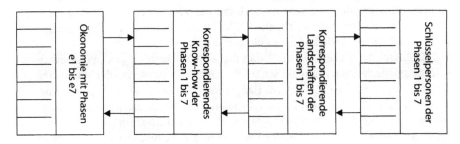

Abb. 8.8. Zusammenhängende Phasenentwicklung der „vier Landschaften"

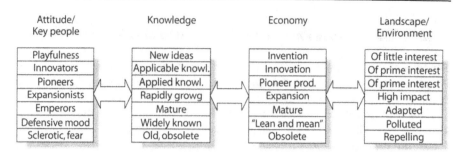

Attitude/ Key people	Knowledge	Economy	Landscape/ Environment
Playfulness	New ideas	Invention	Of little interest
Innovators	Applicable knowl.	Innovation	Of prime interest
Pioneers	Applied knowl.	Pioneer prod.	Of prime interest
Expansionists	Rapidly growg	Expansion	High impact
Emperors	Mature	Mature	Adapted
Defensive mood	Widely known	"Lean and mean"	Polluted
Sclerotic, fear	Old, obsolete	Obsolete	Repelling

Abb. 8.9. Sieben Phasen in der miteinander zusammenhängenden Entwicklung der vier Landschaften

Industriegesellschaft das wirtschaftlich bedeutende Wissen sehr stark an Materie, Transport und Verarbeitung orientiert war, aber jetzt der Faktor Information als Ressource eine erhebliche Ausweitung und damit verstärkte Gewichtung erfährt.

In Abb. 8.9 werden zur Orientierung Schlüsselwörter zu jeder der vier Landschaften in jeder ihrer Phasen angegeben. Diese weisen auf eine charakterliche Ähnlichkeit aller Landschaften jeweils innerhalb einer Phase hin.

Die Schlüsselwörter aus Abb. 8.9 kennzeichnen die Phasen 1 bis 3 der informationsbasierten Wirtschaft in ihrer gegenwärtigen Entwicklung und die Phasen 4 bis 7 der gegenwärtigen informationsarmen Wirtschaft.

Die frühen Phasen mit ihren Kennzeichen wie Verspieltheit („Playfulness") wurden oben hinreichend erklärt. Landschaftliche Umwelt: Die bedeutende Einwirkung auf die Umwelt („High impact") beginnt mit Phase 4. In Phase 5 ist die Landschaft infrastrukturell und flächenmäßig voll an die Industrie angepaßt, weil in den späteren Phasen oft nur noch geringere Flächenausweisungen erfolgen. Gleichwohl belastet anhaltende Umweltverschmutzung den Boden und die Flüsse in einer nur schwer reversiblen Weise („Polluted").

Dieses Zusammenwirken der vier Landschaften läßt zusätzliche Anknüpfungspunkte für wirtschaftliche und regionale Revitalisierung erkennen. Denn wenn erwünschte Wirkungen in einem Bereich, einer Landschaft, nicht direkt zu erreichen oder durch eine andere Landschaft blockiert sind, können sie durch Maßnahmen in einer anderen Landschaft erzielt oder unterstützt werden. Auch können anfänglich erfolgreiche Entwicklungen durch Gegenreaktionen in anderen Landschaften gebremst und verhindert werden. Im Verbund der vier Landschaften sind regionale soziale, kulturelle und wirtschaftliche Maßnahmen nur dann langfristig erfolgreich, wenn sie allen vier Landschaften zugute kommen.

Das Zusammenwirken der vier Landschaften wird auch an den „28 neuen Fusionen" der menschlichen Hauptaktivitäten deutlich. Hier werden in der Anpassung auf die heutigen Probleme folgende acht Hauptaktivitäten verwendet: Wohnen, Arbeiten, Versorgen, Mobilität, Lernen, Freizeit, Erholung, Urlaub. In der Industriegesellschaft mußten manche dieser Hauptaktivitäten, die bis dahin räumlich vereint waren, getrennt werden, wie beispielsweise Wohnen und Arbeiten. Derzeit wachsen durch die neuen Möglichkeiten der Informationsgesellschaft fast alle Hauptaktivitäten auf vielfältige neue Weise zusammen (Grossmann et al. 1998), selbst so gegensätzliche Hauptaktivitäten wie Urlaub und Arbeit.

Als Beispiel können kleine Selbständige heutzutage durch ihr Handy ihren Laptop weltweit mit dem Internet verbinden und über das Internet in ihrem Büro bei allen wichtigen Entwicklungen präsent sein. Dies ermöglicht es vielen Selbständigen, das erste Mal in ihrem Leben in Urlaub zu gehen, eben in einer neuen Fusion von Arbeit und Urlaub. Ein bekannteres Beispiel ist die Telearbeit, die eine Verbindung von Arbeiten und Wohnen bedeuten kann. Weitere Beispiele von „neuen Fusionen" werden in Abschnitt 11.4.2 erläutert.

Zwischen den acht Hauptaktivitäten sind 28 Kombinationen von je zwei Hauptaktivitäten möglich. Diese bilden die „28 neuen Fusionen". Zudem müssen von allen Hauptaktivitäten und von allen relevanten neuen Fusionen jeweils Verbindungen zu den Erfordernissen der Nachhaltigkeit aufgestellt werden. In der praktischen Arbeit wurden etwa 25 der neuen Fusionen als zunehmend relevant erkannt. Hierher gehören „Teletätigkeiten" wie Telearbeit, Telelernen, Telemedizin, Telemarketing oder E-Commerce.

Diese neuen Fusionen werden durch das Informationspotential möglich. Es verändert alle Hauptaktivitäten so, daß sie fusionsfähig werden, etwa Arbeit zu vielen Formen informationsbasierter Teletätigkeiten. Diese Fusionen verbinden die vier Landschaften auf vielfältige Weise und gestalten sie. Beispielsweise hat jetzt schon die Fusion von Wohnen und Arbeiten das Leben in abgelegenen Gebieten ermöglicht und bewirkt dort langsam neue Wohn- und Landschaftsformen. Zweifellos ändert sich auch das Bewußtsein, wenn man etwa Aktuarsentwicklungen[13] von einem Boot im Pazifik aus vornimmt, als wenn man dieser Tätigkeit in einem Bürohochhaus in Hong Kong nachgeht. Die Fusionen werden nicht mit dem Phasenablauf der neuen Basisinnovation wieder hinfällig, sondern sie bleiben als Möglichkeiten der Lebens- und Wirtschaftsgestaltung von jetzt ab verfügbar.

---

[13] Dies sind neue Formen informationsintensiver Versicherungsleistungen. Das Aktuarsstudium wird in Deutschland derzeit vor allem in Ulm angeboten (http://www.mathematik.uni-ulm.de/ifa/NoF-rames.html); dieser Berufszweig ist so gefragt, daß praktisch alle Studenten der höheren Semester schon diverse Berufsangebote bekommen.

KAPITEL 9

Übergang der vier Landschaften in einen informationsreichen Zustand – Umweltgestaltung für eine günstige Zukunftsentwicklung

Die vier Landschaften entwickeln sich miteinander aus den späten Phasen 6 und 7 hin zu den neuen Phasen 1 bis 4. Dies bedeutet den Übergang zu einem informationsreichen Zustand.

Zugleich erfolgen in allen vier Landschaften Umbrüche, die für Strategien der Lebendigkeit günstig sind. Diese Umbrüche sind zueinander wesensverwandt. Dies erlaubt wechselseitige Bestärkungen und Unterstützungen zwischen den vier Landschaften; seien es Korrespondenzen wesenmäßiger Verwandtschaft, Resonanzen, also Anregung ähnlicher Prozesse in einer anderen Landschaft, oder gar Synergien.

Aus welchen Umbrüchen lassen sich besonders günstige Optionen für die Förderung einer sozial- und umweltfreundlichen Informationsgesellschaft ableiten? Wo fängt man am effektivsten an?

Wie erörtert, ermöglicht die Förderung der informationsbasierten Wirtschaft den ansprechendsten Einstieg, weil diese Wirtschaft für Umweltzwecke unabdingbar not-

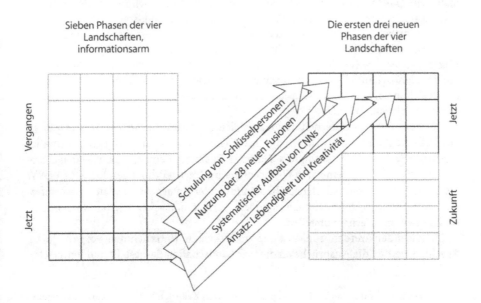

Abb. 9.1. Schema der Förderung des Übergangs von den alten zu den neuen Phasen

wendig ist, weil sie sich noch entwickelt und damit formbar ist, und weil sie die Zahl der Arbeitsplätze erheblich ausweiten kann.

Wie zuvor erwähnt, gibt es wahrscheinlich nur eine Chance von etwa 10 Jahren, um die entscheidenden neuen Richtungen zu eröffnen. Ganz plastisch gesprochen läßt sich ein junger Hund leichter formen als eine ausgewachsene Bestie. Zögern führt zum Entstehen einer Umweltbestie; die bisweilen zuwartende bis ablehnende Haltung der Umweltverbände und -forschungsinstitute zu den neuen Entwicklungen ist insofern leichtfertig und unverständlich. Läßt man diese 10 Jahre ungenutzt verstreichen, dürfte die neue Entwicklung zu starr geworden sein, zu groß, zu reich, zu eingebildet. In diesen 10 Jahren ist nicht das ganze Programm zu verwirklichen, es sind nur die neuen Richtungen zu beginnen. Der wirkungsvollste Beginn dürfte für fast alle Regionen der sein, den Übergang von der derzeitigen etablierten Industrie zur neuen Wirtschaft im Zusammenhang der vier Landschaften zu fördern, gleichgültig wie entwickelt eine Regionen ist und was sie bisher gemacht hat (s. o. Abb. 9.1).

9.1
Beispiele informationsbasierter Wirtschaft, ihrer entscheidenden Mitarbeiter und ihrer Landschaftsansprüche[1]

Besonders wirkungsvolle regionale Aktionen eröffnen sich aus den engen Zusammenhängen zwischen einer informationsbasierten Wirtschaft und ihren Schlüsselpersonen. In diesem Abschnitt werden dafür „Landschaftsprofile" von einigen informationsintensiven Unternehmen dargestellt, besonders aus dem Bereich Handel.

Die hier getroffene Auswahl von Unternehmen hat mehrere Gründe. Zum einen stellt der Handel, ähnlich der Logistik, ein bevorzugtes frühes Anwendungsfeld neuer Informationstechnologien dar; hier werden enorme Wachstumsprognosen gegeben. In der Vergangenheit war Handel, außer Versandhandel, kaum mobil, sondern als regionaler Versorger örtlich an seine jeweilige Region gebunden. Dies ändert sich mit dem Internet.

Es war schon 1997 für eine Reihe von Beispielunternehmen möglich, genauere Angaben über ihre Geschäftsfelder, ihren Standort, ihre entscheidenden Mitarbeiter und ihre landschaftliche Umgebung zu erhalten. Hiermit war eine erste Einschätzung der Beziehungen zur Bewußtseinslandschaft und physischen Landschaft möglich, die sich seither bestätigt hat.

Die ausgewählten Unternehmen haben sich durch innovatorische Leistungen als beispielhafte Pionierunternehmen auf ihrem Gebiet hervorgetan. Neben Informationen aus der Literatur (besonders Harvard Business Review, Sloan Management Review, Wired) wurde eine WWW-Recherche im Internet durchgeführt. Das WWW bietet die Möglichkeit, parallel zur Beschaffung von Unternehmensdaten auch Informationen über den Unternehmensstandort zu erhalten, da sich weltweit immer mehr Kommunen im Internet vorstellen.

Im folgenden werden zunächst die untersuchten Unternehmen vorgestellt. Im Anschluß werden die Ansprüche an die vier Landschaften dargestellt und bewertet.

---

[1] Diese Recherche wurde von Th. Multhaup im Rahmen des Kulturlandschaftsprojekts durchgeführt, der auch diesen Abschnitt 9.1 weitgehend erstellt hat; siehe Multhaup und Grossmann (1998). Es erfolgte eine Anpassung des ursprünglichen Textes durch WDG.

Beispiel 1: QVC[2]

Das 1986 von Joseph Segel gegründete Unternehmen galt 1996 als das, gemessen an Umsatz und Gewinnen, weltweit erfolgreichste Unternehmen des elektronischen Einzelhandels (vermutlich war der hier benutzten Quelle das Unternehmen Cendant nicht bekannt, das 10fach größer als QVC und ebenfalls sehr profitabel ist). Sein elektronisches Kaufhaus erreicht mehr als 80 % aller US-amerikanischen Kabelhaushalte. Während in Deutschland die Rechtslage bisher Teleshoppingsendungen[3] als Werbung einstuft und damit die Sendezeit begrenzt[4], gehört Teleshopping in den USA zu den lukrativsten Vertriebskanälen. Hier sind hohe Umsatzzuwächse und sprunghaft steigende Kundenzahlen (bei QVC 150 000 neue Kunden monatlich) kennzeichnend. Prognosen besagen, daß QVC bei einem Umsatz von 1995 rund 1,6 Mrd. US-Dollar während der nächsten fünf Jahre mittlere Gewinne von 27,5 % vom Umsatz erzielen wird.

Vom Firmenhauptsitz in West Chester (Pennsylvannia) aus, knapp 30 Meilen westlich von Philadelphia, betreibt QVC zwei eigene Kabelfernseh-Einkaufsdienste 24 Stunden am Tag und erreicht damit rund 54 Mio. Haushalte. Das Sortiment reicht von Designerware bis zu teurem Schmuck; jede Woche werden rund 250 neue Produkte aufgenommen. Das sind rund 15 % der 1 600 Produkte, die von QVC jede Woche angeboten werden (http://www.qvc.com/hqbusovr.html). Verglichen mit den deutlich über 100 000 Artikeln, die Versandhäuser wie Quelle im Sortiment haben (http://www.quelle.de) erscheint dies als wenig. Den Erfolg führt QVC weniger auf den Umfang seiner Produktpalette als vielmehr auf die Qualität und Variabilität seines Angebots zurück.

Mit den Telekommunikationszentren West Chester, San Antonio und Chesapeake (Virginia) schafft QVC einen virtuellen Markt, auf dem täglich 113 000 Kunden Aufträge erteilen (davon 40 % über Voice Response Units). Die Warenlager befinden sich in Lancaster (Kalifornien), West Chester und Suffolk (Virginia). Insgesamt werden hier auf einer Fläche von rund 110 000 m^2 Waren gelagert, bevor sie mit Federal Express und anderen Unternehmen weltweit verschickt werden. Die Lager- und Logistikkapazitäten von QVC ermöglichen es, täglich über 400 000 Pakete fertigzustellen. Über 80 % der Sendungen können innerhalb von 24 Stunden nach Eingang des Auftrags verschickt werden. Hier bestehen also, anders als bei Cendant, umfangreiche eigene Lager, was den Vorteil garantierter kurzer Lieferfristen hat, aber dafür ist kein Point-to-Point-Transport möglich.

Im ersten Ausbau von QVC für Deutschland, wo das Unternehmen seit Dezember 1996 tätig ist, sollen 5 Mio. Fernsehhaushalte mit 8 Stunden Liveprogramm von Studios in Düsseldorf erreicht werden.

Folgende Voraussetzungen ermöglichten das rasante (hyperbolische) Wachstum von QVC:

- Die schon länger erfolgte Deregulierung im Telekommunikationsmarkt, d. h. durchgehend deutlich niedrigere Telefontarife als noch 1997 in Deutschland,

---

[2] Quelle: http://www.qvc.com.
[3] Der zweite Autor dieses Abschnitts (WDG) hat QVC-Sendungen angeschaut und mag sie von der Funktionalität nicht. Gleichwohl darf und muß in harmlosen Situationen ein Wissenschaftler seine persönlichen Einschätzungen zurücknehmen und zugeben, daß Teleshopping einen boomenden Markt darstellt.
[4] Zu Anfang auf eine Stunde täglich; diese Beschränkung scheint jetzt (1998, Raum Köln-Bonn-Düsseldorf) gelockert zu sein.

- Konsequente Nutzung „virtueller" Größenvorteile bei der Verteilung und Vermarktung. Dies bedeutet, daß QVC seine Vermarktung auf der Grundlage vieler
Abnehmer finanzieren kann, die in der Realität in oft großer Entfernung voneinander wohnen, die aber auf die gleiche Datenbank zugreifen, weil ihre Entfernung
zum Lieferanten sie nicht länger an Einkäufen hindert. Dadurch kommt eine viel
höhere Ballung der Marktnachfrage zustande, eine „virtuelle" Ballung.
- Ständige Ausweitung eines attraktiven Warenangebots.

Für den Kunden von QVC ergeben sich durch die Nutzung des elektronischen
Kaufhauses folgende Vorteile. Sie können zu Hause aus einem ständig wachsenden
Warenangebot auswählen. Gleichzeitig erhöht sich ihre Zeitsouveränität, da QVC
keine Ladenöffnungszeiten kennt. Der Einkauf bei QVC bedeutet für den Kunden
erhebliche Transaktions- und Informationskosteneinsparungen. (Jedoch muß man
endlos vor dem Fernseher sitzen, um nur einen ganz kleinen Teil des Sortiments,
wenige Artikel, vorgeführt zu bekommen und kann nicht interaktiv wählen, welche
Sparte einen interessiert. Dagegen laden die Internetseiten (www.qvc.com) schnell
und sind relativ übersichtlich.)

Unternehmen wie QVC benötigen für den Aufbau und die Weiterentwicklung ihres
elektronischen Netzes vor allem Informationsspezialisten, wie Techniker und Infor-
matiker, die über Spezialkenntnisse in Programmiersprachen, Interneteinsatz, Netz-
werkverwaltung und Datenbanksystemen verfügen (vgl. zu den im einzelnen verlangten Kenntnissen http://www.qvc.com/hqemplo.html und dortige Links zu anderen
Web-Seiten). Entsprechend zeigt eine Aufstellung der gegenwärtig von QVC im Internet aufgelisteten Stellenangebote die deutliche Dominanz im Bereich Informationssysteme (vgl. Tabelle 9.1). Die angebotenen Arbeitsplätze erfordern in den meisten Fällen hohe technische Qualifikationen (Programmiersprachen, Datenbanksysteme Oracle, HTML, u. a.). Sofern Spezialisten etwa für Edelsteine gesucht werden, wird von
ihnen erwartet, daß sie lernen, zusätzlich mit anspruchsvollen Informationsverarbei-
tungssystemen umzugehen. Mit anderen Worten, die „neue Alphabetisierung" erfaßt
hier alle gehobenen Arbeitsplätze.

Bei diesen Positionen wirbt QVC ausdrücklich mit der hohen Lebensqualität und
Attraktivität der Vorstadt West Chester (Pennsylvannia) als Arbeitsort. Hinweise dieser
Art fehlen bei Stellenangeboten für einfachere Tätigkeiten, etwa im Verkaufsbereich
oder bei Einkäufertätigkeiten. Die Recherche im Internet belegt hohe Standortansprü-
che. Die Zentrale befindet sich in West Chester, einer historischen Universitätsstadt mit
20 000 Einwohnern, davon 11 400 Studenten, die seit 1786 Sitz der lokalen Verwaltung
von Chester County ist. West Chester ist die zweitgrößte Universitätsstadt in Pennsylvannia. Während die baumreiche (Vor)Stadt alle Vorteile einer Kleinstadt bietet, verfügt
sie gleichzeitig über eine gute Gesundheitsinfrastruktur und liegt in direkter Nähe zur
Metropole Philadelphia (27 Meilen) mit ihren exzellenten nationalen und internationalen
Verkehrsanbindungen, (http://www.wcupa.edu/information/facts:wcu/location.htm).

In Chesapeake befindet sich eines der Telekommunikationszentren von QVC.
Chesapeake ist eine mittelgroße Stadt mit 187 000 Einwohnern. Trotz dieser relativ
geringen Einwohnerzahl ist sie, gemessen an der Fläche, die zweitgrößte Stadt Virgi-
nias. Sie liegt in einer landschaftlich attraktiven Gegend mit ausgedehnten Wasserflächen (Nähe zum größten natürlichen Hafen, der intracoastal waterway durchzieht das
County) und historischen Städten (South Norfolk Historic District). Mehrere natio-

Tabelle 9.1. Stellenangebote bei QVC (Quelle: http://www.qvc.com/hqemplo.html und Links dieser Webseite)

Unternehmensbereich	Anzahl der Stellenangebote	Stellenbeschreibung
Fernsehausstrahlung	mehrere Stellen	Fernsehtechniker
Human Resources	2	Ausbilder, Trainer
Informationssysteme und Technologie	19	– Customer Service/Order Entry Systems Engineer, Project Manager – Network Technologies Systems Engineer – Business Analyst, End User Services Analyst – Systems Engineer Customer Service/VRU – Systems Engineer Corporate and Finance Group – International Project Manager Voice/Datacom – Warehouse Systems Manager – Database Administrator – Systems Engineer Production Support
	3	– Director Cookware, Kitchen & Gourmet Foods – Buyer Apparel – Buyer Home & Domestics
Operations	3	– Warehouse Management Systems (WMS) Implementation Manager – WMS Training Manager – Site Project and Engineering Manager
Packaging Engineer	1	Jewelry Packaging Engineer (Part Time)
Sales	1	Sales Associates, Full/Part Time

nale Forschungseinrichtungen (NASA Langley Resarch Center, Jefferson Lab) sowie eine Universität bilden den Kern der Forschungsinfrastruktur (http://www.chesapeake.va.us/welcome/findus/findus.html).

Die Stadt wirbt auch damit, daß weniger als 1% der Beschäftigten gewerkschaftlich organisiert sind (Virginia ist ein sogenannter „right-to-work-state", d. h. Arbeitgeber sind nicht verpflichtet, Gewerkschaftsmitglieder einzustellen). Dies mag einer der Gründe sein, warum sich mehrere japanische Firmen (u. a. Sumitomo und Mitsubishi mit drei Fabriken) in Chesapeake angesiedelt haben. (http://www.chesapeake.va.us/welcome/history/history.html)[5].

Zusätzlich wirbt die Stadt Chesapeake damit, daß Beschäftigte, die an den örtlichen High-Schools ausgebildet wurden, aber nicht die Anforderungen der Unternehmen erfüllen, kostenlos geschult werden (http://www.chesapeake.va.us/economic/econpg3.html).

Hohe Standortanforderungen, gerade was die Umweltqualität angeht, lassen sich auch bei anderen Standorten von QVC erkennen. Lancaster beispielsweise, eine kalifornische Stadt, in der sich ein Warendistributionscenter von QVC befindet, ist bereits mehrfach durch seine Umweltschutzaktivitäten positiv hervorgetreten. So wurde sie vom zuständigen South Coast Air Quality District als „Electric Vehicle Model Community" ausgewählt (http://www.ccities.doe.gov/ccnews/2-2/cc22m.html). Vorher war sie aufgrund ihrer vor-

---

[5] Über andere Ansiedlungsgründe, etwa die in den USA in den letzten Jahren stark angewachsenen Fördersubventionen, liegen keine Angaben vor.

bildlichen Luftreinhalteprogramme Kaliforniens erste „Blue Sky City". Diese Auszeichnung wird von der kalifornischen Non-Profit-Organisation CALSTART an Modellstädte vergeben, die sich in den Bereichen Recycling, Begrünung, Solarmobile und Fahrradwegebau besonders hervorgetan haben (http://www.ccities.doe.gov/ccnews/3-2/32j.html). Zum anderen war sie als Clean City ausgezeichnet. Im Falle San Antonios dürfte vor allem die hohe urbane Lebensqualität positiv auf die Standortwahl gewirkt haben (http://www.sa-cal.com/).

Diese kurze Beschreibung der von dem jungen Unternehmen QVC gewählten Standorte macht recht plastisch deutlich, welche außerordentlich hohen Anforderungen ein informationsbasiertes neues Unternehmen an seinen Standort stellen kann, weil es durch die Art seiner Vernetzung nicht mehr auf räumliche Nähe zu Lieferanten oder Kunden angewiesen ist, und welche Anforderungen an die Umweltqualität es stellen muß, damit es die gesuchten Schlüsselpersonen in ausreichender Zahl und Qualität findet. Dieses hohe Anspruchsniveau betrifft gerade nicht das Lohnniveau und andere harte Standortfaktoren, sondern, wie hier deutlich wird, insbesondere die Attraktivität der Städte, vor allem im Hinblick auf Umwelt und Landschaft. Offensichtlich ist auch, daß Städte in hohem Maße attraktiv sind, in denen innovative Projekte (Beispiel Lancaster) durchgeführt werden. Dies deutet darauf hin, wie wichtig eine Gesamtschau der vier Landschaften, d. h. auch eine Einbeziehung der Bewußtseinslandschaft und der physischen Landschaft für die Entwicklung der Wirtschaftslandschaft und der informationsintensiven Wirtschaft ist.

Beispiel 2: Frito-Lay[6]

Frito-Lay ist ein Unternehmen der sogenannten Systemgastronomie mit sehr etablierten Handelsmarken und entsprechend strikt genormten, konventionellen Geschäftsfeldern, wie z. B. Pepsi-Cola, oder verschiedene in den USA sehr bekannte Potato-Chip-Marken. Dieser Markt ist stark umkämpft. Frito-Lay hat sich durch den Aufbau eines eigenen digitalisierten und vernetzten Informationssystems in die Lage versetzt, seine Geschäftsprozesse wesentlich besser zu koordinieren, zu bewerten und zu kontrollieren. Ziel war es, mit Hilfe des Informationssystems dem Management einen Überblick über jedes Element der Wertschöpfungskette als Teil eines integrierten Ganzen zu ermöglichen. Das Informationssystem stellt ein zentrales Nervensystem dar, das Marketing, Verkauf, Herstellung, Logistik und Finanzen einbezieht.

Frito-Lay vertreibt seine etwa 200 Produkte mit Hilfe von rund 12 000 Reisenden (Beschäftigte insgesamt: 30 000), die jede Bestellung des Einzelhandels in einen Taschencomputer eingeben. Die Informationen werden abends auf die zentrale Datenverarbeitungsanlage überspielt. Gleichzeitig erhalten die Vertreter bis zum Morgen Angaben über Preisänderungen und Verkaufsförderungsmaßnahmen. Einmal in der Woche faßt der zentrale Rechner sämtliche gespeicherten Daten zusammen und vergleicht sie mit der Konkurrenz, über die wettbewerbsrelevante Daten (etwa Tests von Produktneuheiten) gesammelt und ausgewertet werden. Etwa 40 Führungskräfte und Marketing-Fachleute haben dann mittels eines executive information system Zugang zu diesen Analysen. Damit können wichtige Entscheidungen, die bis-

---

[6] Quelle: http://www.fritolay.com, Rayport und Sviokla (1996), Malone und Rockart (1995).

her die Unternehmenszentrale fällte, niedrigeren, marktnäheren Ebenen der Firmenhierarchie übertragen werden – den vier Gebietsleitungen (North, South, Central und West) und einigen Dutzend Bezirksleitern. Durch den Aufbau des Informationssystems haben sich die grundlegenden Tätigkeiten in vielen Bereichen des Unternehmens nicht geändert. Bei vielen Mitarbeitern (Reisende, Marketing-Fachleute) ist aber der Informationsbezug ihrer Arbeit deutlich gewachsen.

Durch das die ganze Wertschöpfungskette umfassende Informationssystem kann Frito-Lay die notwendigen Mengen anzuliefernder Einsatzstoffe zuverlässiger abschätzen, die Produktion besser auf die verfügbaren Produktionskapazitäten verteilen und die Routen der Lieferfahrzeuge optimal festlegen. Darüber hinaus kann das Unternehmen das örtliche Nachfrageverhalten durch gezielte Verkaufsförderungsmaßnahmen beeinflussen. Die Tätigkeiten im Verlauf der physischen Wertschöpfungskette sind genau verfolgbar. Durch hochentwickelte Nutzung der Ressource Information kann Frito-Lay deutlich schneller reagieren als Mitbewerber.

Durch Aufbau und Nutzung von Informationssystemen sind im Unternehmen äußerst koordinationsintensive Strukturen entstanden, die erst durch neue technische Entwicklungen ermöglicht wurden: durch Taschencomputer, Software für Management-Informationssysteme, Kompatibilität von lokalen Rechnern und Zentralrechnern und massiv verbesserte Möglichkeiten und Bedingungen der Datenfernübertragung. Anspruchsvoll ist Frito-Lay nicht in der Wahl seiner Produktionsstandorte, sondern für seine Standorte, wo diese Informationsbasierung erfolgt.

Dies zeigt sich, ähnlich wie bei QVC, insbesondere an seiner Zentrale Plano, einer texanischen Stadt mit 167 000 Einwohnern in direkter Nähe zu Dallas (20 Meilen) und dem internationalen Flughafen Fort Worth. Plano weist folgende Faktoren auf, die seine ausgezeichnete Standortqualität bestimmen: Neben seiner Nähe zu mehreren Universitäten und internationalen Verkehrsanbindungen kann die Stadt auf eine Reihe von Auszeichnungen im Umweltbereich verweisen. So erhielt sie 1994 den Environmental Vision Award des Staates Texas, im selben Jahr war sie Tree City der USA. Im Jahre 1993 erhielt sie den Clean Texas 2000 Governor's Award for Environmental Excellence. Im Jahre 1995 war sie Endrundenteilnehmer für den National Gold Medal Award im Bereich Parks und Erholung (http://207.136.195/plano.html).

Wichtige Standortkennzeichen des sozialen und ökonomischen Bereichs sind zum einen die geringe Kriminalitätsrate. Im Jahre 1994 besaß Plano die geringste Kriminalität von allen Städten über 100 000 Einwohnern in Texas. Daneben ist Texas wie Virginia ein right-to-work-state. Die Arbeitslosigkeit ist selbst für US-amerikanische Verhältnisse mit 3 % sehr niedrig. Die Zusammensetzung der Arbeitskräfte unterscheidet sich erheblich vom Landesdurchschnitt. So sind rund 80 % der Beschäftigten in Plano in den Bereichen Managerial, Professional und Technical, Sales and Administration Support beschäftigt, in den Bereichen Service, Production und Operators dagegen nur rund 19%. Dementsprechend ist das Medianfamilieneinkommen mit rund 62 000 US-Dollar sehr hoch (http://207.136.195/plano.html); das Medianeinkommen der US-Durchschnittsfamilie lag 1993 bei rund 37 000 US-Dollar.

Auch das Beispiel Frito-Lay zeigt, welch hohe Bedeutung die Unternehmung bei ihrer Standortwahl den sogenannten weichen Standortfaktoren, wie hohe Umweltqualität und öffentliche Sicherheit, beimißt, ohne jedoch auf gute Ausprägungen anderer Standortfaktoren, wie Qualifikation der Arbeitskräfte oder internationale Verkehrsanbindung, zu verzichten.

Beispiel 3: Peapod[7]

Peapod ist ein „home-shopping"-Supermarkt mit Sitz in Evanston (Illinois). Die Kunden zahlen 30 US-Dollar pro Monat als fixe Gebühr. Sie erhalten eine Software, die sie über das Internet mit Peapod verbindet, womit sie täglich oder im voraus Bestellungen aus einem Sortiment von 20 000 Artikeln aufgeben können. Dabei ist es möglich, dem Einkäufer genaue Instruktionen zu übermitteln (etwa „green bananas only") und beliebige Kommentare hinzuzufügen. Dieser „informationsbasierte" Einkauf erspart dem Kunden Zeit. Er kann zudem zu Hause alle Produktinformationen erhalten und so leicht Preisvergleiche anstellen und sich über Produkteigenschaften wie Fettgehalt, Kalorien, Natriumgehalt und Zucker aufklären lassen. Außerdem spart er die Fahrzeit zum Einzelhändler. Insgesamt ergeben sich für die Kunden erhebliche Transaktionskosteneinsparungen, die – wie ein Peapod Marketing Manager meint – auch darin bestehen können, „daß die Leute den Service schon damit bezahlen können, daß sie die Bestechungskosten für nettes Verhalten ihrer Kinder beim Einkauf einsparen".[8]

Auch Peapod benötigt für Aufbau und Weiterentwicklung seines Service eine Vielzahl von Informationsspezialisten, wie die Stellenangebote von Peapod belegen (Tabelle 9.2).

Diese Spezialisten werden vor allem für den Hauptsitz von Peapod gesucht. Hier überwiegen Stellenangebote im Bereich der Informationstechnik (5 von 7 Stellen). Für die Filialen von Peapod werden dagegen Gebietsmanager und Hilfskräfte für den Einkauf und das Ausfahren der bestellten Waren gesucht. Diese Arbeiten können als weniger attraktiv eingestuft werden. Delivery Driver sind Fahrer, die Waren zu den Kunden bringen. Sie müssen geeignete Wagen selbst stellen und werden oft in Teilzeit beschäftigt.

Auch Peapod hat sich – ähnlich wie QVC und Frito-Lay – für einen Unternehmensstandort in der Nähe einer großen Metropole entschieden. Das Unternehmen wurde 1989 von Thomas Parkinson in Evanston, einer kleinen Universitätsstadt mit rund 73 000 Einwohnern gegründet. Die Downtown von Chicago ist innerhalb von 25 Minuten mit dem Zug oder Auto zu erreichen. Evanston ist die Chicago am nächsten gelegene Vorstadt mit einer hohen Freizeitqualität. Die kleine Stadt verfügt über

Tabelle 9.2. Stellenangebote bei Peapod (Quelle: http://www.peapod.com/employ.html und links dieser Webseite)

Unternehmensort	Anzahl der Stellenangebote	Stellenbeschreibung
Evanston (Hauptsitz)	7	– Application Developer – System Administrator – Operations Analyst – Member Care Team Leader – Member Services Representative – C/GUI Application Developer – Technical Support Representative

---

[7]   Quelle: http://www.peapod.com/, Benjamin und Wigand (1996), Malone und Rockart (1995).
[8]   Vgl. Benjamin und Wigand (1996), S. 70.

80 Parkanlagen, mehrere Sandstrände am Lake Michigan und ermutigt den Fahrrad-verkehr für Freizeitaktivitäten und Pendler (http://www.evanston/lib.il.us/commu-nity.html). Die Arbeitslosenquote lag 1990 unter 5 %, das Medianeinkommen der Haushalte mit über 41 000 US-Dollar weit über dem US-amerikanischen Durchschnitt (1990 knapp 30 000 US-Dollar). Evanston ist auch Sitz der Northwestern University und des Evanston Research Parks, der 60 Firmen beherbergt.

Evanston als „grüne Stadt" kann mit seiner reizvollen Lage am See und seinen aus-gedehnten Parks als ausgesprochen attraktiv für Unternehmensansiedlungen gelten. Auch für diese Stadt gelten die schon im Falle von QVC und Frito-Lay gefundenen Standortvorteile, wie hohe Qualifikation der Arbeitskräfte, Universität und direkte Nähe zu einer Agglomeration.

Beispiel 4: Amazon[9]

Amazon ist der erfolgreichste Internet-Buchvertrieb. Der Firmensitz ist Seattle (Staat Washington). Beim Kunden reichen ein Modem und ein PC aus, um über das Internet einen digitalen Zugriff auf mehrere Millionen Bücher zu erhalten. Auch erhält man leichter und schneller Bücher in anderen Sprachen. Bei vielen Büchern existieren Angaben über Inhalt, Auszüge und Rezensionen, dazu Querverweise zu Büchern des gleichen Autors und zu ähnlichen Titeln. Bestellungen sind über das Internet möglich. Die Bezahlung erfolgt mit Kreditkarte bzw. bei der deutschen Amazon-Tochter über Bankeinzugsermächtigung.

Die mit dem Direktvertrieb verbundenen Kostensenkungen gibt Amazon durch Rabatte von bis zu 40 % an die Kunden weiter. In Deutschland verhindert die Buch-preisbindung derartige Rabatte; jedoch erfolgt die Lieferung hier versandkostenfrei im Schnellversand. Ein weiterer Vorteil für den Kunden besteht darin, daß er zu jeder Zeit über das Internet den augenblicklichen Standort seiner Lieferung abfragen kann. Amazon arbeitet für die Auslieferung beispielsweise mit UPS zusammen; auf dem Ser-ver von UPS läßt sich direkt die dem Kunden übermittelte Nummer eingeben, worauf er in Minuten die gewünschten Informationen erhält.

Amazon ist ein Beispiel dafür, wie aus einer „Garagengründung" ein hyperbo-lisch wachsendes Unternehmen wurde, das die neuen virtuellen Agglomerations-vorteile der weltweiten Netze nutzt. Der Umsatz betrug 1996 noch 17 Mio. US-Dol-lar, 1997 dagegen schon 135 Mio. US-Dollar. Amazon wuchs innerhalb eines Jahres um den Faktor 8 und wurde 1997 zum größten Buchhändler der Welt. Nach Firmen-gründer Jeff Bezos, einem ehemaligen Hedging-Manager an der New Yorker Börse, der das Unternehmen 1994 gründete, beträgt die monatliche Umsatzzunahme rund 34 %. Im Jahr 1998 hat sich Amazon auf eine globale Einkaufstour begeben und z. B. die deutsche Unternehmung Telebuch gekauft (www.amazon.de), in Großbritan-nien www.amazon.co.uk. Amazon entwickelt sich zu einem internationalen virtuellen Unternehmen, indem sie Telebuchläden in allen Teilen der Welt aufkauft; ein Betäti-gungsbereich, in dem Amazon vom Know-how her führt. Im Jahr 1998 wuchs Amazon um einen weiteren Faktor 6, also binnen zwei Jahren um fast das 50fache. Kritiker werfen Amazon vor, daß es immer noch rote Zahlen schreibt und fragen, wie lange ein derartiger Zustand aufrechterhalten werden könne. Die Investitionen in Amazon

---

[9] Quelle: http://www.amazon.com sowie FAZ, 14.11. 1996.

dürften im Bereich von wenigen Mrd. Dollar liegen; der Börsenwert beträgt dagegen über 20 Mrd. US-Dollar. Bei derartigen Unternehmen gilt nicht der Shareholder-Value (Wert der Aktie im Verhältnis zum Gewinn), dem etablierte Unternehmen zunehmend mit einer massiven Strenge unterworfen sind (dazu Kritiker: „Herrschaft des Kapitals"), sondern ihr Potential. Jeff Bezos könnte schuldenfrei und einer der reichsten Männer der Welt sein, wenn er seinen Anteil verkauft. Er erschließt derzeit mit Amazon außerhalb des Buchhandels zahlreiche neue Felder des E-Commerce.

Amazon ist für viele Unternehmen vorbildlich geworden. Nach dem Start mit 8 Beschäftigten beschäftigte Bezos 1996 85, Anfang 1997 bereits 180 Personen[10]. Ähnlich wie bei QVC werden von Amazon für den weiteren Ausbau des Unternehmens vor allem Informationsspezialisten gesucht (vgl. Tabelle 9.3).

Realisiert werden konnte der Direktvertrieb nur durch die neuen Möglichkeiten der Informationsinfrastruktur, die rasch steigende Zahl von Internetteilnehmern und die drastische Reduzierung der Informations- und Transaktionskosten, die auf der Verfügbarkeit einer weltweiten Informationsinfrastruktur (Internet) und fallenden Kosten für Hard- und Software beruhen.

Tabelle 9.3. Stellenangebote bei Amazon (Quelle: http://www.amazon.com/exec/obidos/subst/employ-ment.html/5204-8010529-041423)

Unternehmensbereich	Anzahl der Stellenangebote	Stellenbeschreibung
Information Systems and Technology	11	– Senior Developers (UNIX/C) – E-mail Customer Service Specialists – UNIX Systems Administrator – Web Designer – Operations Research Engineer – Programmer-Catalog Department – QA Specialist – UNIX Operator – QA Tester – Service Engineer – Database Architect
Personal	2	– Service and Operations Trainer – Director of Human Resources
Marketing	7	– Director of Public Relations – Marketing Copywriter – Director of Advertising – Director of Business Development – Publisher Marketing Relations Manager – Product Managers – Copyeditor
Accounting	2	– Director of Financial Planning Analysis – Staff Accountant
Others	3	– Electronic Ordering Department – Executive Assistant – Catalog Specialist

---

[10] Vgl. http://www.amazon.com/exec/obidos/subst/employment.html.

Mittlerweile haben die Beschäftigten von Amazon ein Bürogebäude im Zentrum von Seattle bezogen. Der Standort Seattle ist aus mehreren Gründen hochattraktiv. Erstens verfügt er über erhebliche Standortvorteile im Bereich Qualifikation der Arbeitnehmer. Seattle ist eine der dynamischsten High-Tech-Regionen der USA. Das Beschäftigungswachstum im High-Tech-Sektor lag im Zeitraum von 1984 bis 1991 bei 62 %. Der Standort verfügt damit über einen ausgezeichneten Arbeitsmarkt für Informationsspezialisten.

Zum anderen besitzt Seattle herausragende Vorteile in den Bereichen Freizeit und Erholung. Die Lage an mehreren Seen, die Nähe zum Pazifik und die umliegenden Berge machen den Raum Seattle zu einem attraktiven Gebiet für Wassersportler, Angler, Wanderer und Wintersportler (http://seattle.net/Parks/recreation.html). Trotzdem gelang es Unternehmen aus vielen Bereichen, im Jahr 1997 innerhalb weniger Wochen fast alle führenden Mitarbeiter von Amazon abzuwerben. Das Wissen um Internetvermarktung breitet sich damit auch in anderen Bereichen rapide aus.

Beispiel 5: Fedex-Internet-Service[11] – Point-to-Point-Transport

FedEx ist das weltweit größte Expressgutunternehmen mit Hauptsitz in Memphis, Tennessee (der Firmengründer Fred Smith stammt aus Memphis) sowie Zentralen in Kanada (Toronto), Asien (Hong Kong), Europa (Brüssel) und Lateinamerika (Miami/Florida). Weltweit beschäftigt das Unternehmen rund 124 000 Arbeiter. Das Luftfrachtvolumen der Gesellschaft beträgt 20 000 Tonnen monatlich, die Flotte besteht aus 560 Flugzeugen und 37 000 Fahrzeugen, mit denen täglich mehr als 2,5 Mio. Sendungen in 211 Länder (lt. eigenen Angaben) verschickt werden.

FedEx betreibt seit 1996 einen neuen internet-basierten Dienst mit Namen FedEx-BusinessLink, mit dem die Möglichkeiten des elektronischen Handels genutzt werden. On-Line-Käufer können mit dem System 24 Stunden am Tag weltweit Produkte suchen, Preisinformationen einholen und Aufträge über einen FedEx-Server abwickeln. Die Aufträge werden zu einem Server beim entsprechenden Händler versandt. Das FedExPowerShipSystem stellt elektronisch Versandlabel und Barcode aus. Sowohl der Verkäufer als auch der Käufer haben jederzeit Zugang zu den Auftragsdaten und können sich zu jedem Zeitpunkt On-Line über den augenblicklichen Verbleib der Sendung erkundigen[12]. Mit dem neuen Internet-Service will Firmengründer Smith nach eigenen Worten „Masse durch Information ersetzen", wobei das World Wide Web dazu dient, den Transport von Gütern ohne Umwege über kostspielige Lager direkt von Punkt A (Verkäufer) nach Punkt B (Käufer) zu organisieren (Point-to-Point-Transport). Point-to-Point-Transport faßt idealerweise alle Güter zusammen, die miteinander gemeinsam haben, in einer gemeinsamen Region hergestellt zu werden, und die alle in ein und dieselbe andere Region der Welt gelangen sollen. Diese Güter werden dann, soweit möglich miteinander in jeweils geeignete Container, Paletten usw. verpackt und direkt vom Quellgebiet in das Zielgebiet transportiert. Im günstigsten Fall können hierbei Zwischenlager und Umladen komplett entfallen. Dies führt zu sehr kurzen Transportwegen und -zeiten sowie geringen Verlusten (geringer „Iceberg-Effect").

---

[11] http://www.fedex.com, und Wired 12/1996.
[12] http://www.fedex.com/pr/Blink.html.

Die ökologischen Folgeerscheinungen derartiger Transporte sind nur in mehreren Schritten zu bewerten: Sofern dies andere Transporte ablöst, bedeutet es Wegverkürzung und ist vorzuziehen. Aller Voraussicht nach wird Point-to-Point-Transport jedoch auch zu einer Zunahme von Transporten führen, was ökologisch unerwünscht ist. Wenn jedoch die zu transportierenden Güter, beispielsweise Feinchemikalien biologischer Herkunft, konventionelle Produktion ersparen, die höhere Umweltbelastungen mit sich brächte, kann in der Summe aller Belastungen auch ein solcherart vermehrter Transport ökologisch vorteilhafter sein.

Beispiel 6: Insight[13]

Getestet wurde der neue Fedex-Internet-Service zuerst beim Computer-Direkt-Vermarkter Insight in Tempe, Arizona, einer 1986 gegründeten Unternehmung, die ihre Umsätze bis 1996 auf 342 Mio. US-Dollar gesteigert hat. Im Jahre 1995 ging Insight ins World Wide Web und führte das erste Real Audio Talking Advertisement ein. Im Januar 1995 ging Insight an die Börse NASDAQ. Insights Direktvermarktung setzte ausgedehnte Lagerflächen voraus, von denen die Computer zu den Kunden versandt wurden. Das neue von FedEx entwickelte System erlaubt die Einsparung von Lagerkapazitäten, da Kundenbestellungen von Insight direkt an den Produzenten weitergegeben werden, der seinerseits die Produkte mit FedEx-Logistik unmittelbar an den Kunden schickt. Solche „drop-shipping" genannten Geschäfte umgehen eine Lagerhaltung vollständig. Mittlerweile werden rund 35 % der Bestellungen bei Insight auf diesem Wege erledigt. Die Bestellung erfolgt über den kostengünstigsten Vertriebskanal der Direktvermarktung, das World Wide Web, das von den überwiegend technischen Kunden als nicht nur schnelles, sondern auch ausreichend sicheres Kommunikationsmedium angesehen wird.

Ausschlaggebend für den Erfolg von Insight und FedEx sind neben der Deregulierung des Luft- und Straßengüterverkehrs die Kostensenkungen, die sich aus der reduzierten Lagerhaltung und der neuen Produktqualität (leichter Zugang für Kunden, Tracking-System Cosmos bei FedEx) ergeben[14]. Die Konkurrenz erlebt immer wieder schwere geschäftliche Einbrüche dadurch, daß gebaute Geräte sich plötzlich nicht mehr absetzen lassen. Jeder Monat Lagerung kann wegen der raschen Entwicklung der Computer einen Preisverfall von 20 % bedingen, so daß Fehlkalkulationen rasch zu Verlusten im Umfang von mehreren hundert Mio. Dollar führen können. Mit seinem neuen System umgeht Insight diese Gefahr.

Der Standort von Insight ist die Stadt Tempe in Arizona mit rund 150 000 Einwohnern in direkter Nähe zu Phönix und zum internationalen Flughafen. Tempe ist Sitz der Arizona State University, die auch der größte Arbeitgeber in der Stadt ist. Weitere große Arbeitgeber in der Stadt sind Motorola (Halbleiter, 3 500 Beschäftigte) und America West Airlines (1 000 Beschäftigte). Neben High-Tech-Unternehmen und Bildungseinrichtungen spielen auch Handel und Tourismus eine größere Rolle (http://www.tempe.gov/docs/census.htm). Neben der Universität und der Nähe zu Phönix (internationaler Flughafen) zeichnet sich auch Tempe durch seine hohe Freizeit- und Umweltqualität aus. Die Stadt verfügt über ausgedehnte Grünanlagen (41 Parks) und eine Vielzahl von Freizeitsporteinrichtungen (allein 51 Tennisplätze).

---

[13] www.insight.com und Wired 12/1996.
[14] Die Auswirkungen der Deregulierung im Verkehrssektor und die Verbesserung der Logistikeffizienz durch die Informations- und Kommunikationstechnik sind in aggregierten Größen sichtbar. So fiel der Anteil der Logistikausgaben am Inlandsprodukt der USA von 17,2 % 1980 auf 10,8 % 1995 und der Anteil der Lagerinvestitionen im selben Zeitraum von 9 auf 4,3 %, Lappin (1996).

Im Jahre 1995 war Tempe Preisträger der nationalen Goldmedaille für herausragende Parks und Naherholung[15] für Städte von 100 000 bis 250 000 Einwohnern (http://www.tempe.gov/citymgr/econdev.htm). Die Stadt entwickelt ihre Lebensqualität umsichtig weiter. So soll der Rio Salado, ein ausgetrocknetes Flußbett, in einen See inmitten der Stadt verwandelt werden, der für Freizeitaktivitäten und kommerzielle Entwicklungen genutzt werden kann. Wie Bürgerumfragen zeigen, bewerten die Bürger die Qualitätsstrategie der Stadt und den Service der Verwaltung als sehr gut.

Die Standortanforderungen der fünf Unternehmen und ihre Ansprüche an die vier Landschaften sind in Tabelle 9.4 zusammengefaßt.

Bei allen hier untersuchten Unternehmen fällt auf, daß sie sich in oder zumindest in direkter Nähe zu Agglomerationen mit sehr gut ausgebildeter Wissens- und Informationsinfrastruktur und exzellenten Verkehrsverbindungen (vor allem: internationale Flughäfen) ansiedeln. Die Wichtigkeit der Nachbarschaft zu Metropolen wurde in der HUD-Studie für 114 amerikanische Regionen bestätigt. Von innovativen Unternehmen werden kleinere oder mittelgroße Städte und Vorstädte bevorzugt, die eine sehr hohe Umwelt- und Freizeitqualität besitzen. Allen Unternehmen ist gemeinsam, daß sie hohe Anforderungen an *alle* vier Landschaften stellen. Die Attraktivität einer Region oder Stadt hängt danach entscheidend von einer herausragenden Qualität der physischen Landschaft und der Umweltqualität ab[16].

Insgesamt deuten die Unternehmensbeispiele darauf hin, daß die Bedeutung eines herausragenden regionalen Niveaus *in jeder der vier Landschaften* für die Entstehung neuer, informationsintensiver Wirtschaft weiter an Bedeutung gewinnen wird.

Dies kann anhand empirischer Daten belegt werden: Junge Unternehmen, die Weltrang erreichen, erhöhen in jeder der Phasen 2, 3 und 4 ihren Umsatz etwa um den Faktor 100, also von wenigen hunderttausend DM in e2 auf wenige Dutzend Mio. DM in e3 auf einige Mrd. DM in e4. Der Bedarf eines derart wachsenden Unternehmens an neuen Schlüsselpersonen wächst etwa um den Faktor 20 pro Phase, also von wenigen Personen in Phase e2 auf ca. 100 in Phase 3 und auf einige tausend in Phase 4 (wobei der Anteil von Schlüsselpersonen am Personal abnimmt). Derart beachtliche Zahlen an Schlüsselpersonen sind ausschließlich in Regionen verfügbar, die für Schlüsselpersonen hochgradig attraktiv sind. Junge Unternehmen haben in weniger attraktiven Regionen keinerlei Chance zu bedeutendem Wachstum. Es stellt folglich eine der wichtigsten Verpflichtungen der Regional- und Stadtplanung in der Informationsgesellschaft dar, geeignete Attraktivitätsfaktoren zu schaffen und zu erhalten. Entsprechend wird im Bericht des gewichtigen „California Economic Strategy Panel 1998" zur weiteren Sicherung des wirtschaftlichen Erfolgs Kaliforniens folgende Aussage mehrfach hervorgehoben: „Lebensqualität für Mitarbeiter ist der Hauptgrund, warum Unternehmen hier sind."[17]

---

[15] National Gold Medal for Excellence in Parks and Recreation.
[16] Dieses Ergebnis entspricht weitgehend Untersuchungen für europäische Stadtregionen. So haben sich neue Unternehmen oft in attraktiven Randbereichen von Metropolen (z. B. der M4-Korridor westlich von London oder die Cité Scientifique im Süden von Paris oder das Umland von München) angesiedelt. Auch hier ist die Kombination von gut ausgebildeter Wissensinfrastruktur und hoher Umweltqualität oftmals entscheidend gewesen Die ausgeprägte Bedeutung der räumlichen Nähe der Wissensinfrastruktur ist durch Studien auch für die Bundesrepublik gut belegt, siehe z. B. die mikroökonometrische Untersuchung von Harhoff (1994).
[17] „Quality of life for employees is the main reason companies are here." (http://www.commerce.ca.gov/ california/economy/neweconomy/, s. a. http://www.regcolab.cahwnet.gov/ rclciwdp.htm).

Tabelle 9.4. Anforderungen informationsbasierter Unternehmen an die vier Landschaften (*Quelle:* Regionale Zukunftsmodelle, Th. Multhaup und W. D. Grossmann, WWW-Recherche)

Firma	Sitz der Zentrale	Bewußtseinslandschaft	Wirtschaftslandschaft	Wissenslandschaft	physische Landschaft
QVC	West Chester (Pennsylvannia)	Bevorzugung kreativer Milieus: Universitätsstadt West Chester; Chesapeake: Nähe zu nationalen Forschungseinrichtungen (NASA Langley Research Center, Jefferson Lab), Nähe zu Universität; Lancaster: Modellprojekte zur Verbesserung der Umweltqualität; San Antonio: hohe urbane Lebensqualität	West Chester (Hauptsitz): direkte Nähe zu Philadelphia, internationaler Flughafen, gut ausgebaute Verkehrs- und Informationsinfrastruktur; Chesapeake: right-to-work state (gewerkschaftlicher Organisationsgrad <1 %); kostenloses städtisches retraining-Program; Standort mehrerer japanischer Unternehmen (Mitsubishi, Sumitomo)	Hoher Bedarf an Informationsspezialisten und Technikern. Nachfrage nach höherwertigen Qualifikationen, z. B. in den Bereichen – Netztechnologien – DB-Technologien – Kommunikationstechnologien – Internet – „Redefinition" von bekannten Techniken, wie Fernsehen, Telefon usw.	Sehr hohe Bewertung von Freizeit- und Umweltqualität; West Chester: historische Kleinstadt mit geringen Umweltproblemen; Chesapeake: mittelgroße Stadt, ausgedehnte Wasserflächen; Lancaster: California's first Blue Sky City, Clean City
Amazon	Seattle	Seattle: innovatives Milieu, dynamisches Zentrum der High-Tech-Industrie (Informationstechnik, Luftfahrtindustrie), höchster Zuwachs an High-Tech-Beschäftigten in den USA	Seattle: sehr gute internationale Verkehrs- und Informationsinfrastruktur; Labor-Market-Pool von Spezialisten der Informationstechnik, dazu alle klassischen Agglomerationsvorteile	Hoher Bedarf an Informationsspezialisten, Technikern, Nachfrage nach höherwertigen Qualifikationen, z. B. in den Bereichen: – Netztechnologien – DB-Technologien – Kommunikationstechnologien – Internet	Ausgeprägte Vorteile bei weichen Standortfaktoren, sehr gute Freizeit- und Erholungsmöglichkeiten (Wassersport, Ski, Fischen)
Peapod	Evanston (Illinois)	Evanston: innovatives Milieu, kleine Universitätsstadt mit 73 000 Einwohnern, Northwestern University/Evanston Research Park (60 Firmen)	Evanston: direkte Nähe zu Chicago (25 Minuten nach Downtown Chicago), damit alle Vorteile der Agglomeration (Verkehrs- und Informationsinfrastruktur; – niedrige Arbeitslosenquote, – hohes Durchschnittseinkommen	Hoher Bedarf an Informationsspezialisten, Technikern; Nachfrage nach höherwertigen Qualifikationen, s. o.	Hohe Freizeitqualität, u. a. Lake Michigan, Ermutigung des Fahrradverkehrs, Vorteile einer „grünen" Vorstadt

Tabelle 9.4. *Fortsetzung*

Firma	Sitz der Zentrale	Bewußtseinslandschaft	Wirtschaftslandschaft	Wissenslandschaft	physische Landschaft
Frito-Lay	Plano (Texas)	Plano: direkte Nähe zum innovativen Milieu von Dallas (mehrere Universitäten); hohe Qualität der öffentlichen Verwaltung (mehrere Auszeichnungen); hohe Anstrengungen im Umweltbereich	Plano: direkte Nähe zu Dallas (20 Meilen) mit internationalem Flughafen und wichtigen Ausbildungsstätten; geringste Kriminalitätsrate in Texas; weit überdurchschnittlicher Median des Familieneinkommens (61 700 Dollar), right-to-work-state; sehr niedrige Arbeitslosigkeit, rund 3 % 1996	Hoher Bedarf an Informationsspezialisten, Technikern; Nachfrage nach höherwertigen Qualifikationen, s. o.; sehr hohe Anteile der Gruppen Managerial-Professional (42 %), Technical Sales and Administrative Support (38,5 %) an den Gesamtbeschäftigten	Sehr hohe Bewertung der Umweltqualität; Plano: Environmental Vision Award State and Local 1994; Tree City USA 1994; Clean Texas 2000 – Governor's Award for Environmental Excellence 1993
Insight	Tempe (Arizona)	Tempe: innovatives Milieu; Sitz der Arizona State University; hohe Identifikation und Zufriedenheit der Bürger mit ihrer Stadt (Bürgerumfrage); Kern von Gleichgesinnten, da Sitz sehr vieler High-Tech-Betriebe	Tempe: direkte Nähe zu Phoenix (internationaler Flughafen), Informationsinfrastruktur, klassische Agglomerationsvorteile; Labor-Market-Pool für High-Tech-Beschäftigte; größte Arbeitgeber: Arizona State University, Motorola (Halbleiter, 3 500 Beschäftigte)	Hoher Bedarf an Informationsspezialisten, Technikern; Nachfrage nach höherwertigen Qualifikationen, s. o.	Sehr hohe Bewertung der Freizeit- und Umweltqualität; 1995: National Gold Medal for Excellence in Parks and Recreation

9.2
Systemdarstellung des Zusammenwirkens der vier Landschaften

In dieser Sichtung wurde deutlich, daß jede der vier Landschaften nur lebendig bleiben kann, wenn dies auch die anderen sind. Lebendigkeit jeder einzelnen Landschaft und wechselseitige Unterstützung sind Voraussetzungen für das Gedeihen des Ganzen.

Die Systemkonfiguration in Abb. 9.2 stellt diese wechselseitigen Abhängigkeiten dar. Um einen Überblick über den Zustand einer Region zu gewinnen, werden die vier Landschaften dieser Region zunächst einzeln bewertet. Wenn sich eine in einem sehr schlechten Zustand befindet, wird ihr ein Wert 0 oder nur wenig über 0 zugeordnet.

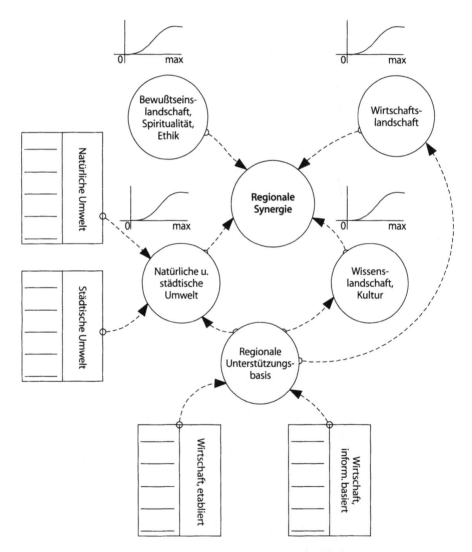

Abb. 9.2. Systemdiagramm der regionalen Synergien der vier Landschaften

Wenn der Zustand einer Landschaft durchschnittlich ist, erhält sie den Wert 1, wenn er gut bis sehr gut ist, wird ihr ein Wert zwischen 1 und 2 zugeordnet, in seltenen herausragenden Fällen[18] bis 4. Diese Bewertungen sind graphisch als Funktionen neben den vier Landschaften Bewußtsein, natürliche und städtische Umwelt, Wissenslandschaft und Wirtschaftslandschaft angedeutet. Diese vier Landschaften hängen ihrerseits von Trägerbereichen in ihren sieben Phasen ab (Umwelt und Wirtschaft in ihren zwei Formen informationsarm und informationsreich).

Das Bestehen von Synergien kann damit ausgedrückt werden, daß diese Bewertungen miteinander multipliziert werden. Der aus der Multiplikation resultierende Gesamtwert gibt einen Anhalt für das Funktionieren des Gesamtsystems. Denn bei Multiplikation der einzelnen Bewertungen wird der Gesamtwert 0, sobald eine Landschaft den Wert 0 annimmt. Dies stimmt damit überein, daß keine regionale Synergie möglich ist, wenn auch nur eine der vier Landschaften in einem sehr schlechten Zustand ist. Wenn dagegen eine der vier Landschaften in einer sehr guten Verfassung ist, wird der Gesamtausdruck mit einem Faktor größer als 1 multipliziert, was den Wert des Gesamtausdrucks entsprechend erhöht. Insofern ist eine Kompensation für das schlechte Funktionieren einer Landschaft möglich, wenn dafür andere in einer sehr guten Verfassung sind.

Naturgemäß ist diese Verbindung der Bewertungen qualitativ, obwohl hier Zahlen verwendet werden. Genauso gut wäre es, die Bewertungen mittels Kategorien von sehr gut bis sehr schlecht vorzunehmen und diese Bewertungen miteinander zu verknüpfen. In jedem Fall hat dies den Charakter einer fuzzy logic. Fuzzy logic, die Verknüpfung von wenigen groben Kategorien, funktioniert so fein, daß man damit komplexe Geräte, wie Kameras und Kräne, steuern kann.

9.3
Massive Dämpfung der Entwicklung durch Mangel an „neuen Schlüsselpersonen"

Der Übergang der vier Landschaften in einen informationsreichen Zustand kann nur dann günstig verlaufen, wenn alle vier Landschaften miteinander in einer synergistischen Beziehung stehen. Die Struktur zwischen Schlüsselpersonen und Wirtschaft wirkt derzeit jedoch nicht als CCN, was zu massiven Problemen führt.

Prinzipiell wäre hier eine CCN-Struktur gegeben: Schlüsselpersonen können weitere Schlüsselpersonen ausbilden, also kann diese Gruppe autokatalytisch wachsen. Des weiteren stärken Schlüsselpersonen die Wirtschaft und diese hat folglich ein Interesse daran, Schlüsselpersonen auszubilden. Eine Wirtschaft kann weit rascher wachsen, wenn ausreichend Schlüsselpersonen verfügbar sind. Umgekehrt bietet eine vergrößerte Wirtschaft mehr Arbeitsplätze, ganz besonders für Schlüsselpersonen, wie die Daten aus den USA, Großbritannien und seit kurzem auch aus Deutschland belegen[19].

Um die Beziehungen zwischen Wirtschaft und Schlüsselpersonen näher zu untersuchen, wurden Auswertungen mit einer Einphasen, 3-Landschaftsversion des ISIS-Modells vorgenommen (Abb. 9.3, Tabelle 9.5). Es besteht aus drei Subsystemen, je

---

[18] In der 1985 im Rahmen des MAB-6-Projekts Berchtesgaden durchgeführten Regionalstudie „Olympische Winterspiele Berchtesgaden 1992" wurde Berchtesgaden von Experten aus Fremdenverkehr und Erholung der Wert 4 für seine herausragende landschaftliche Attraktivität zugeordnet.

[19] Zum Beispiel gibt die Firma Ditec für ihre Software-Ausbildung ihren Kursteilnehmern die Garantie auf einen neuen Job. Daher sind jetzt verschiedene Arbeitsämter dazu übergegangen, Arbeitslosen den Kurs bei Ditec zu bezahlen (Computerzeitung Nr. 11, 12.3. 1998, Seite 4).

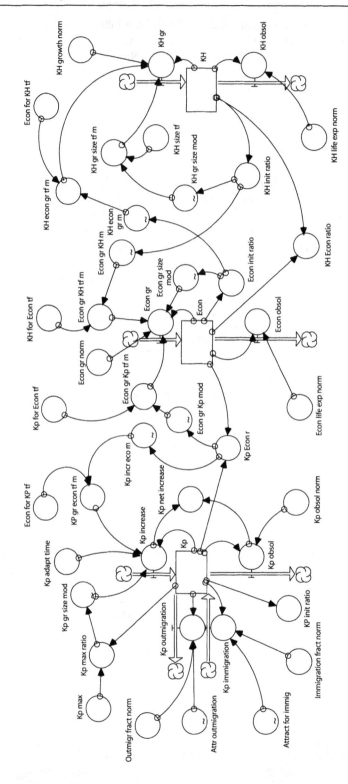

Abb. 9.3. Die „Drei-Landschaften-Version" des ISIS-Modellpaketes für eine Phase. Links das Subsystem der „Key People", in der Mitte der Wirtschaftsbereich „Econ", Economy, rechts der Know-how-Bereich. Die drei Landschaften können für Modellauswertungen durch Testfaktoren, oben im Bild, (z. B. „Econ for KP tf") verbunden oder entkoppelt werden (vgl. Tabelle 9.5)

Tabelle 9.5. Erläuterungen zu den Variablennamen des Systemdiagramms in Abb. 9.3

Abkürzung	Bedeutung
Econ_gr	Die Abkürzung Econ steht für „Economy"; gr steht für „Growth", also hier Wachstum der Wirtschaft
Econ_obsol	obsol steht für „obsolescence", also Veralten und Verschwinden von Wirtschaft
KH	Know-how
tf	Testfaktor; ein Parameter, der zu Anfang des Modellaufs gesetzt wird, um bestimmte Optionen rechnen zu lassen
Econ_for_KH_tf	Economy for (Growth of) Know-how Testfactor
Econ_gr_KH_tf_m	Economy Growth from Know-how Testfactor Modifier: eine vermittelnde Variable, die die Wirkung des Testfaktors in das Modell hineinkoppelt (hier, ob die Wirtschaft durch Know-how zusätzlich wächst oder nicht)
Econ_init_ratio	Economy initial (Value) Ratio: Größe der Wirtschaft im Verhältnis zu ihrem anfänglichen Wert, also um welchen Faktor die Wirtschaft während des Modellaufs gewachsen ist
Econ_life_exp_norm	Economy Life Expectancy normal: mittlere Lebensdauer von Anlagekapital in der Wirtschaft
Immigration_fract_norm	Immigration of Key People: wieviel Prozent der Schlüsselpersonen in der Region wandern pro Jahr normalerweise zu
KH_gr_size_tf_m	Know-how Growth Size Testfactor Modifier: eine vermittelnde Variable für den Testfaktor, hier also, um wieviel das Know-how einer Phase noch wächst (es wird angenommen, daß das sinnvolle Know-how einer Phase nur um einen begrenzten Faktor im Vergleich zum Ausgangswert wachsen kann, wenn nicht grundlegend neues Know-how hinzukommt).
KH_life_exp_norm	Know-how Life Expectancy normal: Wie lange bleibt das Know-how einer Phase wichtig für die Wettbewerbsfähigkeit
Kp_max	Key People Maximum Value: Kapazität der modellierten Region für Schlüsselpersonen in Abhängigkeit von der Größe der Region
Kp_incr_eco_m	Key People Increase from Economy Modifier: Vermittelnde Variable, um welchen Faktor die Schlüsselpersonen pro Jahr zunehmen in Abhängigkeit von der Nachfrage durch die Wirtschaft
Kp_adapt_time	Key People Adaptation Time: wie flexibel sind die Schlüsselpersonen darin, sich an veränderte Situationen anzupassen; beispielsweise: wieviel Prozent der Schlüsselpersonen reagieren pro Jahr auf eine deutlich verbesserte oder verschlechterte regionale Attraktivität
Kp_Econ_r	Key People Economy Ratio: Zahl der Schlüsselpersonen pro Einheit investierten Kapitals

eines für jede Landschaft, dem Bereich der Schlüsselpersonen („Key People") links im Bild, dem Wirtschaftsbereich („Econ", Economy, Mitte der Abbildung) und dem Know-how-Bereich rechts im Bild. Die meisten Elemente des Schlüsselpersonenbereichs wurden oben besprochen, wie insbesondere die Flußvariablen für Zu- und Wegzug (Kp immigration und Kp outmigration), für Zunahme durch Ausbildung (Kp increase) und für Verlust durch Wissensverfall (Kp obsolescence). (Jedoch sind die

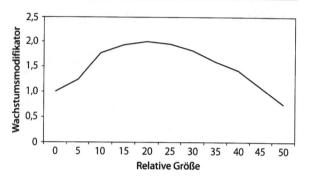

Abb. 9.4. Der Wachstumsmodifikator „Econ Growth from relative Size Modifier" in Abhängigkeit von relativer Größe der neuen Unternehmung

Variablen unter dem Modelldiagramm noch einmal zusammengestellt). Es gibt im Modell eine regionale Begrenzung für die Maximalzahl von Schlüsselpersonen, die der Größe der Region entspricht und die Dichteeffekte einzubeziehen gestattet.

Die Wirkung der Verfügbarkeit von Schlüsselpersonen auf die Wirtschaft wird durch die Variablen „Kp Econ ratio" und „Econ growth Kp modifier" vermittelt. Die Variable „Kp Econ ratio" gibt das Verhältnis der Zahl von Schlüsselpersonen zum investierten Kapital. Wenn dieses Verhältnis hoch ist, sind Schlüsselpersonen eher zu bekommen, als wenn dieses Verhältnis niedrig ist. Wenn beispielsweise zu Anfang Schlüsselpersonen deshalb gut verfügbar waren, weil der Umfang der Wirtschaft noch klein ist, wird die Verfügbarkeit bei gleichbleibender Zahl von Schlüsselpersonen immer geringer, wenn die Wirtschaft wächst.

Der Wachstumsmodifikator „Econ gr size mod" (Economy Growth from Size Modifier) (Abb. 9.4) beeinflußt die Wirtschaftsentwicklung wie folgt: eine neue Branche, genauso wie Unternehmen, wächst kurz nach ihrem Entstehen gedämpft (Modifikatorwert = 1), weil sie so mit ihrer eigenen Strukturierung und anfänglichen Problemen beschäftigt ist, daß sie nicht die Kapazität zu einer erheblichen Ausdehnung aufweist. Der Modifikator erreicht einen Maximalwert, mit dem er das Wachstum um einen Faktor 2 verstärkt, wenn die Wirtschaft dieser Phase das 25fache ihrer ursprünglichen Größe erreicht hat. Jenseits dieser Größe, wenn also die Wirtschaft weiter wächst, flacht der Modifikator wieder ab, um die Auswirkung der Marktsättigung auf das Wachstum zu simulieren. Dieser Modifikator verursacht die „Delle" in Kurve 1 in Abb. 6.1.

Abbildung 9.5 faßt drei Auswertungsläufe in einem vergleichenden Diagramm zusammen, wobei alle drei Kurven die gleiche Skalierung aufweisen. Gezeigt wird jeweils das Volumen neuer Wirtschaft in seiner Entwicklung für 50 Jahre ab 1990.

Die Zahlen geben das Verhältnis bezogen auf den Anfangswert des Jahres 1990 an, zeigen also das relative Wachstum. (Kurven 1 und 2 sind von Abb. 6.1 bekannt).

- *Kurve 1.* Diese Kurve zeigt die Entwicklung einer neuen Wirtschaft über 50 Jahre (von 1990 bis 2040), sofern sie nicht mit anderen Bereichen gekoppelt ist. Dies ist ein durch die regionale Größe modifiziertes, abschnittsweise exponentielles (oder autokatalytisches) Wachstum. Das Wachstumsmuster von Kurve 1 ist von vielen Systemen bekannt. Es wird hier in seinem Verlauf deshalb durch einen Modifikator (Abb. 9.4) beeinflußt, weil das Modell in seiner einfachen Version keinen Markt mit Angebot und Nachfrage enthält; der Modifikator simuliert die Marktsättigung.

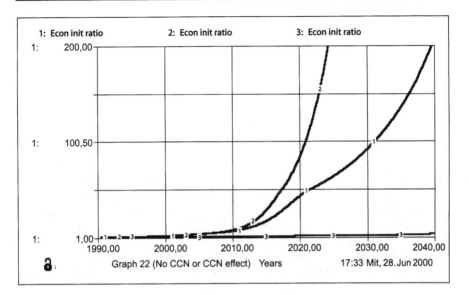

Abb. 9.5. Exponentielle, hyperbolische und realistische Wirtschaftsentwicklung

Wenn dem Modell ein Marktsektor hinzugefügt wird, ersetzt er diesen Wachstumsmodifikator. Durch Marktsättigung wird das Wachstum gegenüber rein exponentiellem Wachstum vermindert.

- *Kurve 2.* Diese Kurve kommt durch eine CCN-Vernetzung zwischen Wirtschaft und Know-how-Bereich zustande. Beide, Wirtschaft und Know-how, wachsen für sich allein autokatalytisch, wobei das Wachstum der Wirtschaft wie bei Kurve 1 durch Marktsättigung gebremst wird. Zusätzlich wirkt in dieser Auswertung, wie in der Realität, die Wirtschaft fördernd auf die Know-how-Entwicklung und das verfügbare Know-how fördernd auf das Wachstum der Wirtschaft. Kurve 2 zeigt das daraus resultierende zeitweise überexponentielle Wirtschaftswachstum. Dieses ist erkennbar sehr viel rascher als das von Kurve 1. Marktsättigung tritt hier aufgrund der fördernden Wirkung von neuem Know-how zeitlich erst später auf (nicht gezeigt).

- *Kurve 3.* Hier wurde das System von Wirtschaft und Know-how, das Kurve 2 erzeugt hat, noch um den Sektor der Schlüsselpersonen erweitert. Auch der Bereich der Schlüsselpersonen ist zu eigenständigem, autokatalytischen Wachstum in der Lage (nicht gezeigt). Die Kopplung zum System von Wirtschaft und Know-how erfolgt durch eine weitere CCN-Vernetzung, nun zwischen Schlüsselpersonen und Wirtschaft. Daraus müßte ein Wachstum resultieren, das sogar noch deutlich rascher ist als das von Kurve 2; das Wachstum müßte sich so deutlich über dem von Kurve 2 befinden, wie das von Kurve 2 über dem von Kurve 1 liegt. Jedoch kriecht die resultierende Kurve 3 nur so dahin. Woran liegt das? Welcher Faktor begrenzt das Wachstum so unglaublich?

Dies wird in Abb. 9.6, gezeigt, die Details der Anpassungsreaktion wiedergibt.

Für die Modellauswertung in Abb. 9.5 wurde angenommen, daß zukünftige Schlüsselpersonen zunächst einmal für die neuen Tätigkeitsbereiche überzeugt und dann

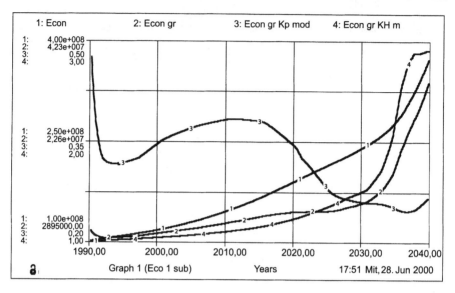

Abb. 9.6. Details der Reaktion der Wirtschaft auf mangelnde Verfügbarkeit von Schlüsselpersonen

ausgebildet werden müssen. Dies dauert eine gewisse Zeit, was die Verfügbarkeit von Schlüsselpersonen begrenzt. In Abb. 9.6 wird deutlich, wie rasch diese Knappheit von Schlüsselpersonen wachstumsbegrenzend wirkt. Je größer die neue Wirtschaft ist, (Kurve 1, Econ), desto höher ist die Nachfrage nach Schlüsselpersonen, und desto stärker wirkt ihre Knappheit begrenzend. Kurve 3 (Wirtschaftswachstum in Abhängigkeit von Schlüsselpersonen „Econ gr Kp mod") stellt diesen Einfluß der Verfügbarkeit von Schlüsselpersonen auf das Wirtschaftswachstum dar. Dieser Modifikator liegt fast die gesamte Zeit deutlich unter einem Wert von 0,5 und sinkt bis auf 0,3 ab. Dies ist in Anbetracht der allgemein beobachteten Knappheit an Schlüsselpersonen realistisch. Diese Verfügbarkeitswerte von 0,3 bis 0,5 sind, verglichen mit den Meldungen aus der Wirtschaft, wahrscheinlich noch bedeutend zu hoch. Das Wirtschaftswachstum in Abhängigkeit von Know-how, Kurve 4 (Economy Growth from Know-how Modifier, Variable „Econ gr KH m"), dagegen steigt fast die gesamte Laufzeit hindurch an, erreicht am Ende der Laufzeit sehr hohe Werte von bis zu 3 und ist nie kleiner als 1. Ähnliche Werte sollte der Modifikator für Wirtschaftswachstum in Abhängigkeit von Schlüsselpersonen annehmen. Durch Mangel an Schlüsselpersonen geht das Wirtschaftsvolumen, nach dem Jahr 2020, sogar für eine Zeitlang zurück (Kurve 2). In anderen Abschnitten besteht nur lineares Wachstum[20].

Diese Entwicklung ist ungünstig, obwohl hier eine kreuzkatalytische Wirkung zwischen Schlüsselpersonen und Wirtschaft unterstellt wird. Der Mangel an Schlüsselpersonen wirkt sich dramatisch ungünstig aus.

Schon diese sehr vorsichtig ermittelten Modellergebnisse zeigen klar, daß Menschen, Wirtschaft, Politik und Ausbildung diese kombinierte Chance für Informationsgesellschaft, neue Jobs und Umweltwiederherstellung viel zu langsam aufgreifen.

---

[20] Die Ableitung einer exponentiellen Funktion muß die gleiche Form haben wie die Funktion selbst.

Daher kommt es zu dem gegenwärtigen Mangel an Schlüsselpersonen und dieser Mangel begrenzt das Wachstum der informationsbasierten Wirtschaft in einem ganz außerordentlich hohen Ausmaß. Dies bestätigen praktisch alle führenden Manager aus der informationsbasierten Wirtschaft, etwa John Doerr in den USA, der sich allmählich zu einem Sprecher des Verlangens nach neuer Ausbildung macht, in einem Interview mit Wired[21]: „Die stärkste Begrenzung von Wachstum der neuen Wirtschaft besteht darin, begabte, kenntnisreiche Mitarbeiter zu finden". Durch diese Begrenzung kann sich im ISIS-Modell nicht einmal das Wachstumspotential der Wirtschaft entfalten, das sie ohne Abhängigkeit von Schlüsselpersonen erreichen könnte. Die Anbindung des Schlüsselpersonensektors setzt das Wirtschaftswachstum herab! So zeigt wohl erst die Auswertung mit Systemmodellen in ganzer Klarheit, wie lähmend der derzeitige Mangel an Schlüsselpersonen wirkt.

Letztlich hat man in Systemmodellen schon lange derartige wechselseitig fördernde Beziehungen eingefügt. Jedoch schärft erst die bewußte Beschäftigung mit CCNs die Aufmerksamkeit dafür, welche besonderen Wirkungen diese Strukturen hervorrufen können.

Schlüsselpersonen als genereller Engpaß. Die gleiche Engpaßsituation besteht für das System von Schlüsselpersonen und Know-how. Prinzipiell erlaubt dieses System ebenfalls eine CCN-Wirkung, da mehr Schlüsselpersonen mehr Know-how erzeugen können und da Schlüsselpersonen mit mehr Know-how erfolgreicher agieren können. Hier jedoch fehlen Schlüsselpersonen genauso wie für die Wirtschaft. Das oben gegebene Simulationsmodell zwischen Schlüsselpersonen und Wirtschaft kann ganz entsprechend dafür verwendet werden, den Zusammenhang zwischen Schlüsselpersonen und Know-how-Entwicklung zu untersuchen. Dabei stellt sich heraus, daß auch hier die Verfügbarkeit von Schlüsselpersonen einen bedeutenden Engpaß darstellt.

> Im Zusammenhang mit dem fördernden Charakter des Informationsbereichs für die gesamte Wirtschaft wird deutlich, welchen großen Schaden die Knappheit an Schlüsselpersonen der Volkswirtschaft zufügt.

9.4
Überwindung des Engpasses an Schlüsselpersonen

Schlüsselpersonen sind sowohl Auslöser für günstige Entwicklungen als auch deutlichster Engpaß in der gegenwärtigen Situation, und dies an mehreren zentralen Systemknoten.

Aufgrund dieser Zusammenhänge hat sich eine Förderung von Menschen als grundlegend herausgestellt, um die neuen Entwicklungen zu beschleunigen und zum Teil sogar, um sie zunächst einmal zu ermöglichen

Es werden hier eine Vielzahl von Optionen aufgeführt, um diesen Engpaß zu überwinden. Viele davon sind unabdingbar notwendig. Daher ist ein ganzheitliches Vorgehen erforderlich. Eine Option kann als ein besonders wirksames Mittel angesehen werden, diesen Engpaß zu überwinden: Dies sind die gemeinsamen Interessengruppen (oder Special Interest Groups, SIGs). SIGs vermitteln nicht nur Kennt-

---

[21] „The biggest limitation on new economy growth is finding talented, knowledgeable workers…"

nisse, wie man die neuen Möglichkeiten nutzen kann, sie ermöglichen ihren Mitgliedern auch, eine menschliche Heimat inmitten der Fülle neuer Möglichkeiten und Gegebenheiten zu finden. Vor allem können SIGs als CCNs wirken, da jedes Mitglied eigenständig wachsen kann, und da sich die Mitglieder der SIGs wechselseitig fördern sollten.

> **!** Alles, was zur Förderung von Schlüsselpersonen geeignet ist, sollte eine hohe wirtschaftliche, regionale und politische Priorität bekommen.
> CCNs sollten besonders wirksam sein, diesen dramatischen Engpaß in der Verfügbarkeit von Schlüsselpersonen zu überwinden.

Und parallel hierzu:

> **!** Förderung von kommenden Eliten sollte begleitet werden von einer gleichgewichtigen Förderung von Randgruppen.
> Diese Forderung wird aus ethischen, politischen, sozialen und letztlich auch wirtschaftlichen Gründen erhoben. Sie ist praktikabel und erfolgversprechend. Jeder benötigt diese „neue Alphabetisierung". Die Geschäftsführer vieler Beschäftigungsgesellschaften für Angehörige der Randgruppen berichten übereinstimmend beispielsweise von erheblichen und unerwarteten Erfolgen bei der Förderung von jugendlichen Langzeitarbeitslosen – einer sozial besonders belastenden Randgruppe – für neue Berufe, wie Multimedia und Computervernetzungen.
> Nachhaltigkeit erfordert immer auch soziale Nachhaltigkeit.

9.5
Regionalentwicklung mit informationsbasierter Wirtschaft

Regionen können durch Basisinnovationen in hohem Ausmaß geprägt werden:

■ Da jede Basisinnovation eine größere Zahl an Begleitinnovationen vergleichbaren Ranges auslöst und diese begleitenden Innovationen das Potential der ursprünglichen Basisinnovation voll erschließen, werden auch die begleitenden Innovationen zumindest teilweise in derselben oder in benachbarten Regionen hergestellt. Dadurch kommt ein regionaler Umfang der Wirtschaft in einem neuen Bereich zustande, der Regionen prägt. Beispielsweise sind einige Regionen immer noch von Kühltechnik geprägt; hier werden in räumlicher Nachbarschaft noch Kühlaggregate, zugehörige Steuerungen, Elektromotoren und Elemente der Kühlketten (Kühlfahrzeuge, Kühlgeräte für Läden und Haushalte) gefertigt[22].

Regionen, in denen sich derartige räumliche Konzentrationen entwickeln, werden davon erheblich verändert. Dies ist historisch belegt.

---

[22] Differenzierter ist diese Entwicklung im Bereich der Basisinnovationen Computer und Software verlaufen. Die Fertigung von Komponenten der Computer, gleichgültig ob Großcomputer oder PCs, erfolgt heutzutage in weltweiter Verteilung und weltweiter Kooperation an vielen Orten. Die Softwareproduktion ist noch stärker räumlich verteilt. Gleichwohl haben sich auch in diesem Bereich starke räumliche Konzentrationen entwickelt, wie das Silicon-Valley, Seattle (Microsoft) oder Bangalore (Programmierung für viele der bekannten Softwarepakete internationaler Unternehmen).

- Die enorme Ausweitung der Fertigung in der Phase 4 bezieht außer der Ausgangs-
region auch andere Regionen ein. Die Fertigung kann sich dabei vom Ursprungs-
ort der Basisinnovation trennen, erfolgt aber zumeist nur in wenigen Regionen,
denn ab Phase 4 kommt es fast immer zu einer Konzentration auf wenige Regionen. Diesen Regionen wird dadurch eine entsprechende Form aufgeprägt.

9.5.1
Untersuchung regionaler Entwicklungen mit dem ISIS-Modell

Regionen sind unterschiedlich „begabt", unterschiedlich gut ausgestattet, beweglich,
offen und attraktiv, um von neuen Basisinnovationen zu profitieren. Damit stellt sich
die Frage: welche regionalen Eigenheiten begünstigen oder erschweren die regionale
Entwicklung einer sozial- und umweltfreundlichen Informationsgesellschaft? Welche
regionalen Optionen kann man einsetzen?

Die bisherigen Ergebnisse besagen, daß folgende Faktoren zentral sind:

- Regionale kreuzkatalytische Netzwerke zwischen den vier Landschaften, insbesondere auch innerhalb von Landschaften, etwa zwischen Gleichgesinnten, zwischen
Unternehmen, oder zwischen Herstellern, Verkäufern und Konsumenten (Kelly
spricht von „Prosumenten", Kunden, die beim Design ihrer Güter mitwirken).
- Gruppen kritischer Größe von Gleichgesinnten und Schlüsselpersonen.

Um diese Schlüsselpersonen zu fördern und kreuzkatalytische Netze aufzubauen,
bedarf es der Schaffung einer allgemein gedeihlichen Situation und zwar psychologisch, sozial, wirtschaftlich, infrastrukturell, geistig und kulturell. Entsprechende
Policy-Optionen sind zu 25 regionalen Schlüsselbedingungen (Abschnitt 9.6) zusammengefaßt. Derartige Policy-Optionen können regional mit sehr unterschiedlicher
Intensität eingesetzt werden. Beispielsweise kann das Ausmaß der Werbung für Erlernen von CyberSkills zwischen völligem Nichtstun und hohem Nachdruck liegen. In
den Sozialwissenschaften wurde für die Analyse des Erkennens und Aufgreifens von
Entwicklungen und Möglichkeiten der Begriff des „Filters" eingeführt. Welche Filterungsprozesse erfolgen in der Region und wie günstig oder nachteilig sind diese für
die Entwicklung zu einer nachhaltigen Informationsgesellschaft?

Um die Entwicklungschancen einer bestimmten Region, auch in Abhängigkeit von
unterschiedlichen Policy-Optionen, abschätzen zu können, wird diese Region mit
jenen Regionen verglichen, die sich im Wettbewerb mit ihr befinden. Wenn die
betrachtete Region hierbei günstiger abschneidet als die Konkurrenzregionen, wird
sie sich besser entwickeln. Diese Prüfung ist für jede Phase vorzunehmen.

Beispielsweise kann eine Region attraktiver als andere für Schlüsselpersonen der neuen Phasen 1
und 2 sein, aber weniger attraktiv für Personen der Phase 3, weil sie zwar Innovationen begünstigt,
aber Umsetzungen behindert. Dann wird diese Region eine Einwanderung von Schlüsselpersonen
der Phasen 1 und 2 erleben, aber Abwanderung von Schlüsselpersonen der Phase 3. Diese Region
wird sich nicht gut entwickeln, da wirtschaftliche Auswirkungen nennenswerten Umfangs erst ab
Phase 3 beginnen.

Die Bedingungen für Regionalentwicklung können sich durch Einsatz von Policy-
Optionen verbessern oder verschlechtern. Im Modell hängen die Bedingungen von
Zustandsvariablen ab, und diese werden durch Flußvariablen verändert. Die Flußva-

riablen ihrerseits werden durch Modifikatoren geändert. Damit sind letztlich die Modifikatoren das Mittel, um die Wirkung von Policy-Handlungen auszudrücken.

Dies veranschaulicht Abb. 9.7, wo die Zahl der Schlüsselpersonen in der Region verändert wird (Variable „Key People in Region"). Dies erfolgt durch die Flußvariable Einwanderung von Schlüsselpersonen („Immigration of KP"). Die Einwanderung wird durch drei Modifikatoren verändert: Die Variable KP immigration from advertisement („KP imm from advert"), die Variable KP immigration from attractiveness („KP imm from attractiveness") sowie die Variable KP immigration from like minded people („KP imm from like minded people"). Werbung kann Filterungsprozesse beeinflussen (in der Abbildung die Policy-Option „Advertisement for region").

Ein Hauptziel von Fallstudien ist die Erarbeitung von Optionen (bzw. Modifikatoren) für erfolgreiche Regional- und Wirtschaftsentwicklung in der Informationsgesellschaft, ihre Beschreibung und Bewertung und damit die relative Wichtigkeit der Modifikatoren zueinander.

Diese Reihung nach Wichtigkeit reicht als Bewertung von Modifikatoren für Auswertungen mit Modellen aus. Die Modellergebnisse zeigen Wirkungen der Optionen im Verbund.

Einige technische Anmerkungen zur Verwendung von Modifikatoren im Modell:

Es ist falsch, dieselbe Option mehrfach durch verschiedene Modifikatoren darzustellen. Dies kann leicht geschehen, da einige Optionen auf verschiedene Modifikatoren gleichzeitig einwirken. Wenn dieselbe Option durch zwei Modifikatoren ausgedrückt wird, und dadurch doppelt zu einer Multiplikation der Flußvariablen f‚ührt, wird sie möglicherweise zu hoch gewichtet.
    Wenn beispielsweise fünf Optionen ein- und dieselbe Flußvariable verändern, benötigt man fünf Modifikatoren. Je nach Situation können einige Modifikatoren größer als 1, andere kleiner als 1

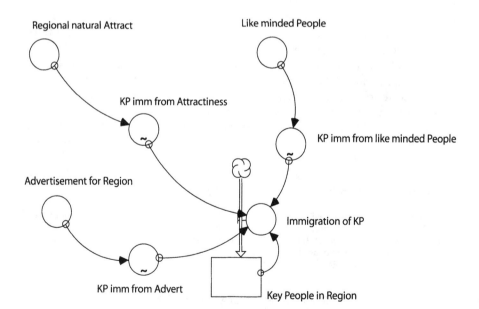

Abb. 9.7. Beispiel für das Zusammenwirken verschiedener Modifikatoren auf die Einwanderung von Schlüsselpersonen

sein. Damit gleichen sich diese Modifikatoren teilweise aus. Vielleicht nimmt sogar ein Modifikator den Wert 0 an, was jedoch eine große Ausnahme darstellt, da in der Realität unterdrückende Faktoren selten sind.

Es ist selten richtig, Modifikatoren zu verwenden, die ihr Vorzeichen je nach Situation wechseln. Beispielsweise könnte man Einwanderung dadurch in Auswanderung umwandeln, daß ein Modifikator einen negativen Wert bekommt. Dieser Modifikator würde dann der Zuwanderungszahl ein negatives Vorzeichen geben und sie so in eine Auswanderung verändern. Dies wäre in Ordnung. Wenn jetzt jedoch noch ein zweiter Modifikator negative Werte annimmt, ergibt ihre Multiplikation einen positiven Wert, so daß sich Wegwanderung in Zuwanderung wandelt.

Abbildung 9.8 stellt dar, wie sich Zu- und Abwanderung von neuen Schlüsselpersonen aus dem Vergleich einer Region zum globalen Standard entwickelt. Besonders jene Schlüsselpersonen und Unternehmen, die in ihrem Angebot weit über dem Durchschnitt stehen, orientieren sich zunehmend global und sind global gesucht; begünstigt durch globale Vernetzung. In der Konkurrenz um Schlüsselpersonen ist deshalb zusätzlich zu benachbarten Konkurrenzregionen fallweise das globale Potential (Variable „Global potential") zu betrachten.

Dies globale Potential entwickelt sich sehr rasch, so daß die betrachtete Region („Region" mit „landscape 1, or 2, or 3, or 4") stets in einer veränderten Konkurrenzsituation steht.

Die Außenwelt ändert sich in einer Simulation selten, unterliegt hier jedoch raschen Veränderungen. Dieser Attraktivitätsvergleich zwischen der idealisierten globalen Region und der betrachteten Region wird in allen vier Landschaften vorgenommen und zwar sowohl durch neue Schlüsselpersonen als auch durch erfolgreiche Unternehmen; den beiden Gruppen von Akteuren, deren Zu- und Wegwanderung für Regionen so entscheidend ist.

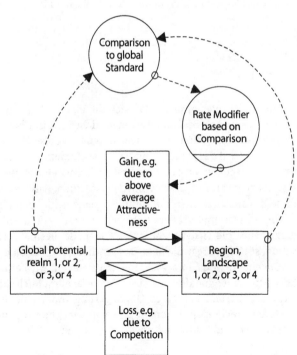

Abb. 9.8. Attraktivitätsvergleich einer Region in ihrem weiteren Umfeld

Durch Vergleich der relativen Attraktivitäten kann von daher entschieden und modelliert werden, ob eine Region hinzugewinnt oder zurückfällt.

9.5.2
Filter der Regionalentwicklung

Der wichtigste regionale Entwicklungsfaktor ist die Einwirkung des Informationspotentials. Seine Veränderungen werden mit dem in Abschnitt 5.3 erläuterten Modell ermittelt, das als relativ gut abgesichert erscheint. Dieses Potential wird allmählich für Produkte und Dienstleistungen nutzbar gemacht. Die Summe all dessen, was dabei weltweit gelernt wurde und sich in Form von Investitionen in der Wirtschaft niederschlägt, wird hier als „globales Potential" bezeichnet. Dieses globale Potential ist in den ersten vier neuen Phasen der informationsbasierten Wirtschaft und ihrem zugehörigen Know-how verkörpert. Von diesem globalen Potential wird in jeder Region einiges aufgegriffen und zwar unterschiedlich rasch und mit unterschiedlicher Auswahl. Dies sind Filterungsprozesse.

Das Wachstum des Informationspotentials erfolgt schneller als das Wachstum seiner Nutzung. Damit wird vorläufig ein zunehmend geringerer Anteil dieses Potentials genutzt.

Je größer das globale Potential ist, desto stärker wirkt es auf jede Region ein. Für eine Region sind interessante Zahlen über die Entwicklung dieses Potentials verfügbar, da das Wachstumstempo für Schlüsselkomponenten, wie Größe des Internets, Verbreitung von Computern und Wachstum von Beispielfirmen, wie Cendant, Microsoft, QVC oder Amazon, annähernd bekannt ist. Da das globale Potential nicht direkt beobachtet werden kann, wird hier die neue Wirtschaft als Indikator für den Umfang und das Entwicklungstempo der neuen Phasen 1 bis 4 verwendet.

 Es ist davor zu warnen, auf gesicherte Daten zu warten, bis sich der Entwicklungsprozeß hinreichend geklärt hat. Denn bis dahin ist es zu spät für eigenen regionalen Erfolg. Möglich ist nur eine Plausibilität, aber keine Repräsentativität.

Hier wird angenommen, daß sich die Phasenlänge von etwa sieben Jahren gegenüber vergangenen Basisinnovationen nicht verkürzt hat. Da jedoch mehr Menschen als je zuvor Innovationen entwickeln, müssen diese Innovationen irgendwo aufscheinen. Dazu wird das gesamte Innovationsvolumen, also Tiefe und Breite der Basisinnovationen so aufgeteilt, daß tiefe Umbrüche, also Basisinnovationen, weiterhin mit der historisch bekannten Geschwindigkeit ablaufen, daß aber die Breite zugenommen hat, diese Basisinnovationen mit ihren Folgeentwicklungen also mehr Bereiche des Menschen erfassen und größere Gebiete der Erde verändern als je zuvor. Jedoch könnte derzeit auch die Tiefe zugenommen haben, da diesmal nicht nur eine neue Basisinnovation, sondern sogar die neue Basisentität Information erschlossen wird.

Um eine regionale Entwicklung zu verstehen, wird ein Filterprozeß angenommen, über den die Region dieses globale Potential allmählich für sich erschließt. Dieser Filterprozeß besteht aus einer Überlagerung unterschiedlicher, regional spezifischer Faktoren wie Subpopulationen, Universitäten, Unternehmen, Gewohnheiten, Ansichten, Stärken und Schwächen sowie Maßnahmen.

Beispielsweise haben die beiden Städte Berlin und Hamburg seit 1995 einen erheblichen Zuzug unkonventioneller junger Leute erlebt. Diese greifen Anregungen von außen auf. In Hamburg ist daraus eine lebendige Multimedia-Szene entstanden. In Berlin haben sich Hacker konzentriert und gründen neue Firmen. In anderen Städten scheinen diese beiden Subpopulationen weniger ausgeprägt zu sein. Subpopulationen wie diese fungieren als Anknüpfungspunkte oder regionale Filter, über die neue Ideen in die Region hineingelangen.

In vielen „Silicon Valleys" haben exzellente Universitäten eine derartige Filterfunktion eingenommen, weil sie als Kristallisationskeim für neue Ideen fungieren.

Im Raum München besteht eine breite Gruppierung von Personen, die seit über 20 Jahren mit High-Tech-Produkten erfolgreich sind und von diesem Erfolg bestärkt mit großer Entschiedenheit auswählen, was in der Region gemacht werden sollte. Dies ist ein Filter. Die 20 Jahre zunehmender Dominanz dieser Gruppierung bedeutet das Durchlaufen von drei Phasen. Eine Gruppe wird überregional sichtbar, wenn sie sich in Phase 3 befindet. Diese Gruppierung könnte sich von daher in Phasen fünf oder sechs befinden und damit den Höhepunkt der Offenheit für grundlegend neue Ideen überschritten haben. Zwar werden im Raum München viele neue Ideen aufgegriffen; die Internet-Nutzung in Bayern ist im deutschen Raum führend. Dennoch ist ein eventuelles Überschreiten des Höhepunkts zu überlegen, da grundlegende Innovationen in der Vergangenheit zwar stets von seinerzeit führenden Regionen aufgegriffen wurden, aber in diesen Regionen selten zum Erfolg kamen.

Beispielsweise hat Manchester in den 1960er Jahren versucht, die neue Computerwelle mit anzuführen. In Manchester gab es zu der Zeit eine führende Elite in der Stahltechnologie, ähnlich wie im Ruhrgebiet. Es gab etliche, die vom Computer angetan waren, aber Manchester ist bekanntlich in diesem Wirtschaftssektor nicht erfolgreich geworden. In ähnlicher Weise hatte auch das Ruhrgebiet wenig Erfolg in neuen Richtungen. Vielmehr mußten beide Regionen, wie viele andere „Smoke-Belt"-Regionen auch, einen regionalen Niedergang durchlaufen.

Die Kommission der Europäischen Gemeinschaft hat frühzeitig die Wichtigkeit der Telekommunikation und der Informationsgesellschaft erkannt. Aufgrund der Bangemann-Initiative von 1994 wurde die Liberalisierung der Telekommunikation seit 1998 europaweit verbindlich. Ohne diese Maßnahme hätte Europa weit geringere Chancen in der Informationsgesellschaft. Diese Gruppierung wirkt als günstiger Filter für die gesamte EU.

Führende regionale Gruppierungen sind folglich sehr mächtige Filter. Als weitere Filter wirken viele Faktoren, wie die Existenz von sehr guten Bibliotheken, eine Tradition von Weltoffenheit, eine Gastfreundschaft für Fremde (viele herausragende Forschungsteams umfassen Menschen aus verschiedenen Kontinenten) und selbst scheinbar so banale Umstände wie ein „verzeihendes Konkursrecht". Das verzeihende Konkursrecht und exzellente Universitäten gehören zu den erwähnten 25 Schlüsselbedingungen für Regionalentwicklung in der Informationsgesellschaft, die im nächsten Abschnitt dargestellt werden.

Die regionale Befähigung zum Aufgreifen von Innovationen nimmt mit der Größe der regionalen Bevölkerung und regionalen Wirtschaft zu. Bevölkerung und regionale Wirtschaft sind unterschiedlich gut qualifiziert, diese neuen Chancen zu nutzen. Beispielsweise spielt die informationsbasierte regionale Wirtschaft eine weit wichtigere Rolle dabei, das Informationspotential regional nutzbar zu machen, als die etablierte informationsarme Industrie. Des weiteren steigt die Fähigkeit der Region zur Nutzung der neuen Chancen auch mit ihrer Viabilität, also ihrer Fähigkeit zum Wandel, zur Kreativität und mit ihrer Vitalität.

Es stellt sich die Aufgabe, diesen regionalen Filterprozeß durch günstige Bedingungen in den jeweiligen Regionen zu beschleunigen.

9.6
Fünfundzwanzig Schlüsselbedingungen für Regionalentwicklung in der Informationsgesellschaft

In Abb. 9.9 sind 25 zentrale Schlüsselbedingungen (oder -kriterien) der evolutionären Zukunftsfähigkeit einer Region dargestellt[23].

Die psychischen und sozialen Faktoren sind entscheidend, obwohl kaum zu quantifizieren; in dieser Abbildung, auf der rechten Seite, von oben nach unten: die psychi-

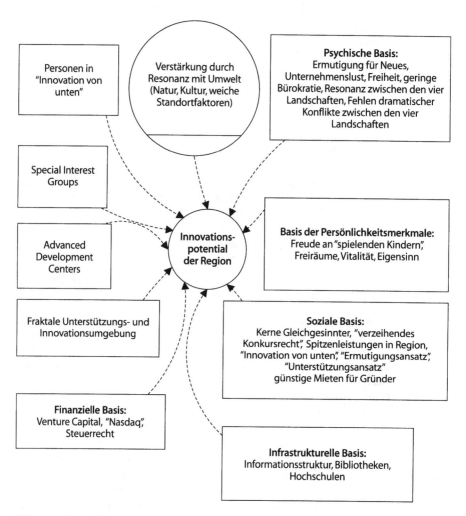

Abb. 9.9. Schlüsselfaktoren für eine kreative Regionalentwicklung

---

[23] Diese basieren auf folgenden Grundlagen: Consultant-Tätigkeit, Auswertungen mit dem ISIS-Modell, Erfahrungen aus Fallbeispielen und Literatur. Sie wurden nicht nur im „Kulturlandschaftsprojekt" und dem EU-Projekt Moses entwickelt, sondern besonders auch zusammen mit R. Warnke.

Tabelle 9.6. Interesse in 16 europäischen Ländern an typischen Online-Dienstleistungen

Online-Angebot	Deutschland Wert (%)	Spitzenwert in Europa (%)
Lokale und nationale Regierungsinformationen (Politik, Initiativen, Entscheidungen, Dienste etc.)	45	63
Wahrnehmen von Fern-Lehrangeboten (PC und TV)	28	55
Informationen, Kauf oder Miete von Produkten wie Videos, Musik, CDs, Bücher, Soft- und Hardware	28	55
Home-Banking, Aktienhandel und andere Dienste	24	58
Besuch von Ausstellungen europäischer Museen, auf individuelle Interessen und Gewohnheiten zugeschnitten	13	32

sche Basis, die Basis der Persönlichkeitsmerkmale sowie die soziale Basis. Beispielsweise bezeichnen Spectrum Strategy Consultants die „Innovation Culture" als den zentralen Faktor, der die unterschiedliche Entwicklung Europas und der USA erklärt (Spectrum Strategy Consultans 1996).

Die Faktoren im Kasten „psychische Basis" sind weitgehend begründet worden. Als eine Erklärung, warum Deutschland in Europa, selbst im Vergleich zu Südeuropa, in seiner wirtschaftlichen Dynamik zurückfällt und fast als einziges westeuropäisches Land seine Arbeitslosenrate nicht vermindert, wird von Beobachtern eine geringe Aufgeschlossenheit für Neues vermutet. So hat EUROBAROMETER[24] das Interesse an fünf Gruppen von typischen Online-Diensten für 16 europäische Länder erhoben. Deutschland liegt in allen Kategorien am Ende, die skandinavischen Länder liegen an der Spitze, oft auch vor den USA, Tabelle 9.6.

Die Reihung europäischer Länder vom geringsten zum ausgeprägtesten Interesse verläuft nach dieser Erhebung wie folgt: Deutschland Ost, Deutschland West, Österreich, Großbritannien, Griechenland, Spanien, Portugal, Luxemburg, Belgien, Irland, Europa Durchschnitt, Italien, Frankreich, Dänemark, Niederlande, Finnland, Schweden.

Hierzu hört man oft das Argument, dies seien doch keine wirklich begehrenswerten Angebote. Dies Argument wird seit den 1820er Jahren immer wieder gegen neue Angebote vorgebracht; es erscheint nach Max-Neefs Ansatz vielfach als berechtigt. Für die neuen, informationsbasierten Angebote sind jedoch im Text Argumente zusammengestellt worden, wonach sie aus sozialen und ökologischen Gründen in vieler Hinsicht unverzichtbar sind. Auch wirtschaftliche Folgen von Desinteresse sind unmittelbar feststellbar: Was man nicht schätzt, kann man nicht gut entwickeln, nicht erfolgreich anbieten und dann auch nicht verkaufen. Beispielsweise hat ein italienischer Anbieter von Sizilien aus einen hohen Umsatz mit sprachspezifischen Internet-Browsern und -Angeboten für über hundert afrikanische Sprachen erreicht. Diesen vielen Sprachen ein Interesse entgegenzubringen, bedeutet auch eine Kulturleistung, die Dinge verändert; in welche Richtung es ändert, liegt daran, wie wir es formen. Dazu muß man jedoch mitwirken.

---

[24] EUROBAROMETER 50.1 von März 1999.

Kasten „Basis der Persönlichkeitsmerkmale" (Abb. 9.9)

- Freiräume sind wichtig, da nichts Neues entstehen kann, wenn alle Kapazitäten und Ressourcen, wie Fläche und Arbeitskräfte, oder auch die des Interesses an Neuem, belegt oder gar blockiert sind.
- Vitalität und Viabilität: In Wettbewerbssituationen zeigt sich der Unterschied zwischen der nordamerikanischen Vitalität und der deutschen Zurückhaltung etwas Neues zu beginnen, wenn beispielsweise ein Produkt in den USA schon auf dem Markt erscheint, während in Europa noch seine Machbarkeit diskutiert wird.
- Eigensinn steht hier stellvertretend für die vielen Komponenten der Kreativität, durch die eigenständige und auch eigenwillige, also besondere, Leistungen entstehen.
- Besonders wichtig, auch wirtschaftlich, ist es, die deutliche Trübsal in Standorten mit niedergehender Wirtschaft zu überwinden und allgemein wieder Kindern und der Lebensfreude zum Durchbruch zu verhelfen, nicht nur als Quellen des Neuen, sondern auch des Wohlergehens und des Lebens. D. Tapscott spricht von Net-Kids, so der Titel seines Buchs.

Kasten „Soziale Basis" (Abb. 9.9)

- Ein lokaler Faktor sind „Gruppen kritischer Größe von Gleichgesinnten".
- Das deutsche Konkursrecht ist im Vergleich zum US-Konkursrecht (Chapter 11) wenig verzeihend. Es wird bei der Venture Capital Vergabe von einem Erfolg auf 10 bis 20 Mißerfolge ausgegangen; in Abschnitt 11.3.2 wird die Notwendigkeit zu „exzessiv vielen Firmengründungen" dargestellt. Jedoch ist dies in Deutschland schon dadurch unmöglich, daß ein Unternehmer, der Konkurs macht, i.allg. durch Schulden bis an sein Lebensende ruiniert und zu keiner Neugründung befugt ist. Das Konkursrecht der USA ist „verzeihend" und zehrt dadurch nicht die kleine Ressource derjenigen Personen auf, die zu Unternehmensgründungen in neuen Märkten befähigt sind. „Solange es kein Anzeichen von Betrug gibt, kann ein Konkurs ein Übergangsritual für US-Unternehmer sein" (Time Magazine 1999, European Edition[25]). Ohne ein verzeihendes Konkursrecht wäre die exzessive Neugründung von Unternehmen in den USA nicht möglich gewesen, denn es hat hier binnen 10 Jahren auf gut 2 Millionen erfolgreiche Gründungen etwa das 10fache an Fehlschlägen gegeben. Manche Unternehmer haben so oft immer wieder gegründet, bis sie erfolgreich waren (und damit auch ihre Schulden besser zurückzahlen konnten).
- Das Wort Spitzenleistung wird in Deutschland teilweise noch, wenngleich zunehmend weniger, als elitäres Denken verdächtigt und dient damit unbewußt der Erhaltung jener alten Basistechnologien, in denen jetzt überwiegend Arbeitsplätze wegrationalisiert werden. Wem nützt dies? Diese Verdächtigung bewahrt die Macht der alten Eliten. Vorn wurden die drei Linien von Schlüsselpersonen in den ersten neuen Phasen dargestellt, die auf ihre Art Spitzenleistungen erbringen.
- Innovation von unten wurde damit begründet, daß nur eine große Zahl von Menschen die vielen neuen Möglichkeiten des Informationspotentiales für das alltägliche Leben ausgestalten kann. Es ist dies eine notwendige Demokratisierung der Innovation.

---

[25] As long as there is no suggestion of fraud, bankruptcy can be a rite of passage for U. S. entrepreneurs.

- Ermutigungs- und Unterstützungsansatz: Dies ist eine sehr effektive Form partnerschaftlicher Arbeit. Dabei arbeitet eine Gruppe, die neue Möglichkeiten des Informationspotentiales gut kennt, mit einer anderen Gruppe zusammen, die ein Arbeitsgebiet gut kennt. Letztere berichtet, wie sie arbeitet und ihr Einkommen erzielt und in welchen Feldern sie gern tätig sein würde. Dann erzählt die erste Gruppe, welche neuen Möglichkeiten des Informationspotentials für dieses Gebiet passen könnten. Gemeinsam werden daraus für dieses Feld neue Lösungen erarbeitet. Die Gruppe mit Kenntnissen des Informationspotentials hat dabei eine dienende und ermutigende Funktion inne.
- Günstige Mieten für Gründer sind entscheidend; aus Hamburg z. B. wandern schon junge Multimedia-Firmen wegen zu hoher Kosten ab.

Kasten „Infrastrukturelle Basis" (Abb. 9.9)

- Informationsinfrastruktur löst in der Wichtigkeit die Straßen ab. Beispiele regionaler zentraler Infrastrukturfaktoren sind eine exzellente Universität, große, auch digitale Bibliotheken sowie ein guter, vorzugsweise internationaler Flughafen mit bester Erreichbarkeit. So würden 90 % der „Geeks" nach eigenen Angaben in jene Stadt ziehen, die ihnen einen individuellen T3-Anschluß an das Internet schenkt (der nach bisherigen Vorstellungen für eine ganze Stadt reichen sollte).

Linke Seite von Abb. 9.9

„Personen in Innovation von unten". Die Innovationskraft einer Region steigt mit der Zahl von Personen, die zu Innovationen durch alle hier genannten Faktoren befähigt werden; es reichen nicht Einzelfaktoren, wie etwa die Kenntnisvermittlung zur Unternehmensgründung oder die Existenz einer fraktalen Innovationsumgebung. Diesen muß der hohe Rang von sozialen Netzwerken, leistungsfähige Formen von Netzwerken (CCNs) und das Konzept der „Coopetition" vermittelt werden; also gemeinsame Erschließung des Neuen statt sinnloser beinharter Konkurrenz, die die Reichweite der Gruppe im Neuen so sehr verringert, daß es allen schlecht geht.

„Special Interest Groups" (SIGs). Diese Facharbeitsgruppen wurden oben schon erwähnt. Dies sind Gruppen von wenigen bis etwa 30 Personen, die sich zu einem bestimmten Themenkreis regelmäßig treffen, wie etwa Kleingewerbe, Fremdenverkehr oder Handel. Die Teilnehmer berichten einander von ihren Erfahrungen mit ihrem Einsatz des Informationspotentials. Wenn der eine auf spezielle Probleme gestoßen ist, kann oft ein anderer helfen. Dadurch entsteht eine Gruppe der Unterstützung auf Gegenseitigkeit. Die SIGs wählen sich einen Vorsitzenden, der die Zusammenkünfte organisiert. In ihrer Anfangszeit brauchen SIGs über Monate eine gelegentliche Betreuung durch Personen, die das Informationspotential gut kennen, die Mitglieder des SIG ermutigen können und die ein Gespür für die gegenwärtigen Entwicklungen haben.

„Advanced Development Centers". Das sind laut Costello[26] Gruppierungen, die Rohinformation, also beispielsweise den Großteil der Internetinhalte wie auch der digi-

---

[26] Vortrag in Visselhövede 1995, Costello (1994).

talen Information der Fernerkundungssatelliten oder von zentralen Datenbanken, zu hochwertiger Information aufbereitet. Dies erfolgt durch Auswahl, Verdichtung, Gewichtung, neue Zusammenstellungen, Überarbeitung und weitere Methoden („Datenbergbau"[27]). Hierzu sind spezielle Kenntnisse, sehr gute Ausstattung und besondere, zumeist sehr kostspielige Software erforderlich. In diesen Umkreis gehört die Verwendung von „Agents" und „Bots" (robots), im Internet agierende persönliche Kundschafter (programmiert z. B. mit Methoden der künstlichen Intelligenz), die gezielt und sinnvoll nach vorgegebenen Informationen suchen. Brewster Kahle (www.alexa.com) und die Nutzung seiner Dienste im Internet-Browser Netscape ab Version 4.06 – Option „what's related" – wurden oben erwähnt[28]. Die „Kompetenzzentren" gehen in diese Richtung.

Fraktale Unterstützungsumgebung. Die breite Kreativität und die vielen Neugründungen benötigen dienende Unterstützung durch Organisationen vielfältiger Größenordnungen, wie Ämter, Gesetzgebung, Banken, Bibliotheken, Universitäten, Managementbeistand, Business Angels usw. Diese unterstützenden und sehr verschieden großen Organisationen müssen in ihrem eigenen Sinn jeweils kreativ sein, um rasch wechselnden Anforderungen entsprechen zu können. Zudem wäre es günstig, was jedoch derzeit zumeist nicht der Fall ist, wenn sie vom Erfolg der von ihnen geförderten Gruppierungen entsprechend („gleichrangig und gleichsinnig") profitieren, also wenn CCN-Strukturen geschaffen würden. Da Fraktalität die Wiederholung ähnlicher Strukturen in unterschiedlichen Größenordnungen bedeutet, stellt diese dienende kreative Struktur auf unterschiedlichen Größenskalen eine „fraktale Kreativitätsumgebung" dar. Für ein Beispiel für geometrische fraktale Formen siehe Abb. 9.10.

Kasten „Finanzielle Basis" (Abb. 9.9)

- Ein Steuerrecht ist für die Informationsgesellschaft feindselig, wenn es Abschreibungszeiten von beispielsweise vier oder sieben Jahren aufweist, wohingegen ein Softwarepaket nach 6 oder 9 Monaten überholt sein kann. Wenn die Abschreibung in 9 Monaten verdient sein muß, ist überdies die Möglichkeit zur Amortisation geringer als wenn 3 oder 7 Jahre zur Verfügung stehen. Daher muß unbürokratisch eine unterschiedliche, jeweils angemessene Abschreibung ermöglicht werden, die zudem bei sehr kurzen Lebensdauern (von z. B. 9 Monaten) deutlich über 100 % liegen müßte.
- Risikokapital[29] und insbesondere Venture-Capital-Unternehmen sind entscheidend, auch in finanzieller Hinsicht, und auch mit ihrer Managementunterstützung (sie stellen häufiger einen „Amöbenmanager" für die neue Unternehmung), durch ihre Unterstützung für den Marktzugang, und schließlich, geben sie Risikokapital.

---

[27] Information Mining.
[28] Alexa hat seit etwa 1997 den gesamten seriösen Internet-Inhalt gespeichert, auch alle nicht mehr von ihren ursprünglichen Autoren angebotenen Webseiten, und bietet nicht mehr vorhandene Seiten aus seinen Archiven an, sofern man noch die ehemalige URL weiß (etwa als Bookmark). Sofern ein Leser eine in diesem Text angegebene URL nicht mehr findet, erhält er die zugehörige Web-Seite dennoch oft automatisch durch die Software Alexa (kostenloser Download von Alexa bei www.alexa.com – Alexa wurde 1999 von Amazon gekauft).
[29] Siehe: Venture Capitalists, in: The Economist 25th January 1997, S. 19–21.

Abb. 9.10. Beispiel für eine
fraktale Struktur (Wiederholung ähnlicher Strukturen verschiedener Größen, Blumen-
kohlsorte Romanesco)

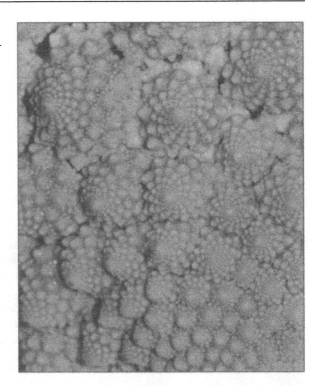

Ohne letzteres geht natürlich nichts, aber ohne die beiden anderen Hilfen wäre das
Kapital mit großer Sicherheit rasch verloren.

Hier sind die kürzlich erfolgten Änderungen des deutschen Steuerrechts zu
erwähnen, die es kleinen Gründern weiter erschweren, neue Unternehmen aufzubauen, wie Absetzungsbeschränkung für den einen Pkw, der bei kleinen Firmen
natürlich auch privat genutzt wird, sowie die massiv verringerten Absetzungsbe-
träge für Arbeitszimmer[30] (obschon diese beiden Absetzungsarten überwiegend
mißbraucht wurden, wäre der Steuerverlust schon dann ausgeglichen, wenn aus
nur einem Arbeitszimmer von hundert eine schöne neue Firma entsteht).

■ „NASDAQ": Bis vor kurzem war in Europa der Weg zur Kapitalbeschaffung über die
Börse für Klein- und Mittelbetriebe, anders als in den USA, nur in seltenen Fällen möglich. Dort gibt es seit 1971 eine US-weite Börse für kleine wachstumsorientierte Unternehmen, NASDAQ (National Association of Securities Dealers Automated Quotation).
Eine derartige Börse ist von entscheidender Wichtigkeit, damit der Risikokapitalgeber,
nachdem sich die von ihm geförderte Unternehmung gut entwickelt hat, sein Geld
durch Börsengang des Kleinunternehmens zurückbekommt, um es in neue Ventures
anlegen zu können (der sogenannte „exit" für den Risikokapitalgeber). Die andere

---

[30] Dazu Berman (1999) über die Situation in den USA: „Die Übersicht belegt auch, daß Firmengründer
trotz der günstigen Wirtschaftssituation vorsichtig begannen. Sieben von zehn Personen, die Firmen
ganz von unten neu gründeten, taten dies in ihren Wohnungen" („The survey also reveals that,
despite the propitious economic climate, entrepreneurs who launched businesses last year did so
cautiously. Seven of ten people who began companies from scratch started them in their homes.").

Möglichkeit, um das Risikokapital zurückzuzahlen, ein Verkauf des Kleinunternehmens an einen neuen Eigentümer statt des Börsengangs, ist volkswirtschaftlich nicht erstrebenswert, weil damit im allgemeinen das erfolgreiche Gründerteam seinen Anteil und seinen Einfluß verliert und zudem das kleine Unternehmen häufig zugrundegeht.

Dieser Börsengang kleiner Unternehmen ist an normalen Börsen unmöglich, weil letztere einen Umsatz der bei ihnen gehandelten Unternehmen von einigen hundert Millionen DM oder Dollar voraussetzen, was von jungen Kleinunternehmen nicht so schnell zu erreichen ist. Zwar halten auf lokaler Ebene Banken und Sparkassen seit kurzem Möglichkeiten für Existenzgründer vor, die sogenannten „regionalen Risikokapitalfonds"[31]. Aber diese scheinen, alle zusammengenommen, bei weitem nicht die Wirkung der NASDAQ in den USA zu erreichen. Das Vorbild in den USA hat sich jedenfalls als eine Erfolgsstory herausgestellt: Heute figuriert der NASDAQ unter den weltgrößten Börsen. Es sind rund 5 000 Unternehmen notiert; davon 154 aus der Spitzenliste der 200 besten US-Kleinunternehmen, unter anderem die meisten der heutzutage bedeutenden Computer- und Softwarefirmen (z. B. Intel oder Microsoft). Im Jahre 1997 stieg die NASDAQ zur größten Börse der Welt auf. Dazu aus dem Euro-Newsletter November 1995: „Mit der Schaffung eines europäischen Gegenstücks, dem EASDAQ (European Association of Securities Dealers Automated Quotation), wird nunmehr in Europa diesem Beispiel gefolgt: Ziel ist die Schaffung eines europaweiten Kapitalmarktes, ohne Landesgrenzen für innovative Klein- und Mittelunternehmen. Es wird dabei speziell auf die Finanzierung von risikobereiteren innovativen Unternehmen mit Aussicht auf überdurchschnittliche Wachstumsraten gezielt. Die Gründung des EASDAQ im September 1994 wurde von der EU-Kommission gefördert. Konstituiert ist er als eine Aktiengesellschaft nach belgischem Recht. Der EASDAQ soll allen in der EU vertretenen Wertpapierhändlern offenstehen, allerdings sind die nationalen Vorschriften der einzelnen Mitgliedstaaten noch anpassungsbedürftig" (diese Anpassung ist mittlerweile erfolgt). In vielen weiteren europäischen Ländern wurden seither derartige neue Börsen, „neue Märkte", gegründet.

Oberer Bereich von Abb. 9.9

Kasten „Resonanz mit der Umwelt (Natur, Kultur und weiche Standortfaktoren)".

Die herausragende Wichtigkeit dieses Schlüsselkriteriums wurde ausführlich begründet. Als abschreckenden Faktor in dieser Richtung betrachtet die Regionalforschung alte, verbrauchte Standorte der Industriegesellschaft, deren Umbau in Richtung einer zukunftsfähigen Entwicklung durch sperrige Großinfrastruktur, wie Kraftwerke, Transitverkehrswege, ausgedehnte Versiegelungsflächen und ähnliches verhindert wird. Derartige Faktoren kennzeichnen immer noch fast alle altindustriellen Regionen.

Zur Erfüllung dieser Schlüsselfaktoren durch eine Region

Diese Schlüsselfaktoren stellen einen Anforderungskatalog dar, der für eine günstige Regionalentwicklung weitgehend erfüllt sein muß, auch damit eine anfänglich erfolgreiche Bewegung in e1 bis e3 sich in e4 entsprechend ausweiten kann.

---

[31] Z. B. der sog. „Schöllerfonds" in der Industrieregion Mittelfranken unter Beteiligung der lokalen Banken und der Industrie- und Handelskammer Nürnberg.

Diese Schlüsselfaktoren sind auf unterschiedlichen räumlichen Ebenen angesiedelt, von europaweit gültigen bis zu lokalen Faktoren. Daher sind diese Schlüsselfaktoren nicht alle auf regionaler Ebene zu erfüllen, müssen jedoch in der Region verfügbar sein, wie z. B. die seit 1994 europaweit verfügbare Börse EASDAQ. Manche räumlich übergreifende Faktoren sind nicht regional zu verwirklichen; dann sind in der Region Kenntnisse über ihre Existenz, Funktion und Nutzung zu vermitteln. Andere Faktoren, wie „verzeihendes Konkursrecht", sind nicht mit dem derzeitigen deutschen Recht verträglich. Gleichwohl kann eine Region, wahrscheinlich sogar mit geringem Finanzeinsatz, im Rahmen von Gründerunterstützungen Absicherungen für Jungunternehmer durch einen Kapitalpool bereitstellen, die so wirken, als ob es ein verzeihendes Konkursrecht gäbe. Dies wäre eine Art von Ausfallbürgschaft.

9.6.1
Regionaler Übergang zur globalen „Best Practice"

Abbildung 9.11 demonstriert das Prinzip, wie das globale Potential als Summe der vier Zustandsvariablen „New Economy 1", „New Economy 2", „New Economy 3" und „New Economy 4" definiert wird und wie dieses globale Potential die Entwicklung des Potentials einer Region antreibt. Die ersten vier neuen Phasen koexistieren mehr oder weniger, und oft gibt es selbst von Phase 4 aus noch Rückgriffe auf Phase 2, um weitere benötigte Systemleistungen nachzuentwickeln. Die Idee hinter der Verwendung des globalen Potentials ist, daß es belanglos ist, wo eine neue Idee entsteht, solange sie nutzbar und wertvoll ist. Gleichgültig wo derartige Ideen entstehen, werden sie sehr schnell in unterschiedlichen Regionen aufgegriffen.

Die Länge der Übergangsperiode bestimmt sich aus den 20 bis 25 Jahre Lebensdauer der Phasen 2 bis 4.

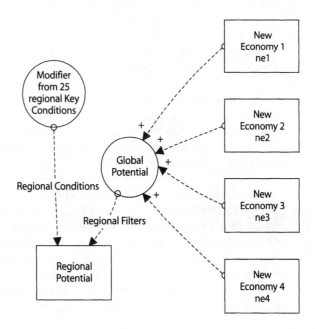

Abb. 9.11. Einfluß des globalen auf das regionale Potential

In Abb 9.12 ist rechts schematisch das globale Potential als Summe der ersten vier neuen Phasen dargestellt. Die gestrichelte Kurve in der Abbildung, oben Mitte, zeigt die Entwicklung dieser Summe im Zeitablauf. Die Verzögerung beim Aufgreifen des globalen Potentials wird von der unteren durchgezogenen Kurve angedeutet, Abbildung oben Mitte. Diese regionale Verzögerung hängt von den „regionalen Filtern" ab, Abbildung unten Mitte. Das Muster der regionalen Entwicklung folgt dem globalen Muster. Dieses regionale Muster in der Abbildung, oben Mitte, gibt das mögliche, nicht das tatsächliche Volumen der regionalen Wirtschaft wieder. Dieses mögliche Volumen beeinflußt die tatsächliche regionale Entwicklung. Die Entwicklung des globalen Potentials wird von Wirtschaft und Bevölkerung der Region verfolgt, wenngleich mit Verzögerung. Es entsteht der Wunsch, diese neuen Güter und Dienstleistungen zu kaufen, Variable „Regional Demand", links oben.

Ein mehr oder weniger großer Teil des Kaufwunsches kann auf dem Weltmarkt erfolgen, statt aus den Angeboten der Region. Ohnehin werden anfänglich nur die wenigsten Regionen diese neuen Güter und Dienste liefern können. Oft gibt es auch keinen Grund, regional oder lokal zu kaufen, da das Internet so eine vorzügliche Kommunikation erlaubt; zum Teil aber ist ein regionales Angebot vorteilhaft. Beispielsweise fällt es den meisten Unternehmen sehr viel leichter, neue Software – etwa für Servernetze – zu installieren, wenn Unternehmen vor Ort Hilfestellung leisten. Diese Nachfrage nach regionalen Angeboten beschleunigt die Entwicklung der regionalen informationsbasierten Wirtschaft. Diese neue regionale Wirtschaft verstärkt ihrerseits die Nachfrage nach informationsbasierten Gütern und Diensten.

Der Aufbau der neuen Regionalwirtschaft, zusammen mit der Zunahme des globalen Angebots, führt in späteren Phasen zur Marktsättigung, Variable „Regional Market Saturation", links Mitte der Abbildung. Je geringer die Marktsättigung anfänglich ist, desto höher ist die ungestillte Nachfrage und desto rascher erfolgt der Aufbau der regionalen neuen Wirtschaft, Flußvariable „Creation" links Mitte. Je höher die Marktsättigung ist, desto langsamer erfolgt der regionale Aufbau. Entsprechend hängt auch das Verschwinden der neuen Wirtschaft, also ihre Lebensdauer, von der Marktsättigung ab, Variable „Disappearance".

Die Schlüsselmodifikatoren „25 key modifier for creation" im Zentrum der Abbildung kommen aus drei Bereichen:

1. Bereich Know-how. Hierzu gehört Wissen über Risikokapital („VC" in der Abbildung), Wissen über das Funktionieren der neuen Börsen für kleine Unternehmen („EASDAQ" in der Abbildung) sowie Beherrschung der benötigten neuen Fähigkeiten im Sinn der „neuen Alphabetisierung" („CyberSkills" in der Abbildung).
2. Psychischer und sozialer Bereich („25 key regional filters"), also persönliche und soziale Faktoren wie Ermutigung oder Erschwerung für kreative Menschen, neue Dinge zu denken, zu wagen und voranzubringen.
3. Als eigentlich treibender Bereich (Variable „25 key driving forces") sind insbesondere wieder die Schlüsselpersonen zu nennen, hier dargestellt durch die Personenzahl in Facharbeitskreisen (SIGs) und in Advanced Development Centers (Kompetenzzentren, ADCs). Dazu kommt die Infrastruktur für die neue Wirtschaft und die neuen Lebensformen, d. h. die Informationsinfrastruktur. Zudem muß die Region Zugang zu Informationen über die neuen Möglichkeiten des Informationspotentials haben, was oft nicht ausreichend gegeben ist.

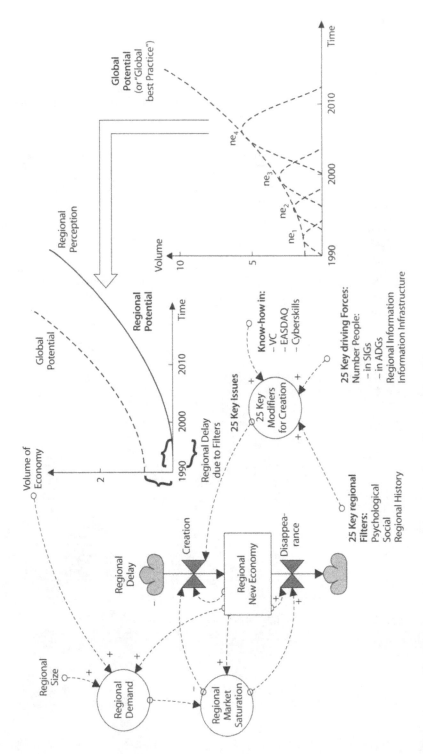

Abb. 9.12. Die Übersetzung des globalen Potentials in regionale Handlungen und Reaktionen

Je günstiger alle diese Faktoren regional beschaffen sind, desto rascher gestaltet sich die regionale Entwicklung in die neue Richtung. Diese Konfiguration mit Filtern aus unterschiedlichen Bereichen beschreibt, wie der regionale Übergang zur „global best practice" erfolgt.

Die meisten der Filter und treibenden Kräfte können durch regionale Handlungen beeinflußt werden. Eine Region kann anhand dieser Kriterien eine regionale Stärken-Schwächen-Analyse durchführen, daraus Handlungsprioritäten ableiten, dann regionale Maßnahmenpakete ausarbeiten und damit die globale Entwicklung zur Informationsgesellschaft besser für sich nutzen.

KAPITEL 10

Die gegenwärtige Wandlung als Kumulation von Umbrüchen

In jeder der vier Landschaften erfolgen derzeit fast beispiellose Umbrüche, die zwar mit Befürchtungen betrachtet werden können, die aber vor allem Chancen für eine lebensfreundliche Sozial- und Umweltpolitik eröffnen.

10.1
Neues Verhältnis Mensch-Natur („Ende der Gilgamesch-Periode")

Ein sehr tiefliegender Umbruch könnte eine Periode beenden, die 6 000 bis 8 000 Jahre gewährt haben mag. Dies betrifft die immer ausgedehntere Unterdrückung der Natur durch den Menschen. Hierzu wird oft das Bibelzitat angeführt, wonach sich der Mensch die Erde untertan machen soll. Wäre diese Haltung zur Natur jedoch ein besonderes Kennzeichen der christlichen Kultur, so sollte der Umgang mit der Natur in anderen Kulturen erkennbar anders sein. Die Bewertung christlicher, hinduistischer und buddhistischer Kulturen auf ihre ökologische Verträglichkeit offenbarte jedoch keinen bedeutenden Unterschied (Turner et al. 1990).

Die Gründe für diese universelle Unterdrückung der Natur werden schon im ersten Epos der Menschheit, dem sumerischen Gilgamesch-Epos, dargestellt. In Steins „Kulturfahrplan" findet man in den Seiten über die frühe Menschheitsgeschichte in der Sparte „Bücher" lange Zeit den Vermerk „noch keine Schrift" – also auch noch keine Bücher. Eine der ersten Eintragungen nach Erfindung der Schrift erwähnt dieses Gilgamesch-Epos, das auf ca. 80 Steintafeln aufgezeichnet ist und in verschiedenen Versionen überliefert wurde. Dieses Epos entstand vor ca. 5 000 Jahren. Es handelt von der Angst des Menschen vor dem Tode, der Emanzipation des Menschen von der Natur, der beginnenden Unterdrückung der Frau und der Entwicklung der Stadt.

Gilgamesch, ursprünglich ein Gott, wurde durch „Devolution", durch Abwärtsentwicklung (Thompson 1987), seiner Unsterblichkeit beraubt. Diese so auferlegte Sterblichkeit erweckt in ihm Neid auf die Unsterblichen, er wird zum Tyrannen gegen die eigene Bevölkerung. Um diesem Halbgott eine ähnlich starke Kraft entgegenstellen zu können, begehen die Priester ein Komplott gegen Enkidu, die Verkörperung der für den Menschen unbeherrschbaren und bedrohlichen Natur. Er wird durch die Verführung einer Priesterin in einen Menschen transformiert. Enkidu nimmt den Kampf mit Gilgamesch auf. In diesem Kampf befreunden sich jedoch diese beiden besonderen Kräfte. Gilgamesch, wenn er schon nicht unsterblich ist, möchte „sich einen Namen machen", der ihn überdauert. Dazu überredet er Enkidu, an einem Kampf gegen alles teilzunehmen, dem die Fähigkeit zur Schaffung von Leben - Lebensschaffung als Symbol der Gilgamesch verlorengegangenen Unsterblichkeit - innewohnt. Sie töten den Gott des Waldes,

Chumbaba[1] und beginnen danach eine großflächige Waldzerstörung. Diese ist zugleich Symbol der frühen Rodungen, um Platz für Städte schaffen zu können. Sie leiten die Unterdrückung der Frau ein, weil diese durch ihre Fähigkeit zum Gebären ein Stück Unsterblichkeit in sich trägt. Die Götter bestrafen Gilgamesch für sein Wüten damit, daß sie Enkidu mit einer Krankheit schlagen, die nach einem schleichenden Siechtum zum unaufhaltbaren Tod führt. In diesem Epos überlebt das Symbol der Natur den Kampf des Menschen gegen die Natur nur eine begrenzte Zeit.

Seit diesem Beginn mit Waldrodung, Gründung der Städte und Einführung des Patriarchats hat der Mann seine Herrschaft über die Natur immer rigider und großflächiger betrieben. Der damals beschriebene Verhaltensweg wurde von allen Kulturen fortgesetzt. Nur sehr tiefe und starke menschliche Motive können zu einem Verhalten führen, das in allen Kulturen und zu allen Zeiten durchgehalten wurde. Der vor langer Zeit prophezeite Tod der Natur als Folge frevelhaften Handelns wird heutzutage befürchtet.

In einem Interview mit Tarnas von 1996 stellt er diese Problematik in einer Weise dar, die wie ein Zitat aus dem Gilgamesch-Epos wirkt[2]: DiCarlo: „Sie haben vorhin ausgeführt, daß der westliche Geist durch die männliche Perspektive gekennzeichnet ist. Welches ist diese Perspektive?" Tarnas: „Diese Perspektive wird von dem heroischen Impuls getrieben, den Menschen von seiner ursprünglichen Einheit mit der Natur und dem Göttlichen zu differenzieren, um ein autonomes, rationales menschliches Selbst zu bilden. Es reflektiert einen archetypischen männlichen Impuls, der, wie ich erwähnt habe, uns zu einem Punkt großer Macht, großer kritischer Intelligenz, großer Autonomie und großer Krise geführt hat."

Für beide damals eingeleitete Unterdrückungen hat erstmals in diesem Jahrhundert eine grundlegende und alle Kulturen umfassende Revision begonnen, zum einen mit der Emanzipation der Frau und zum anderen in dem ersten Beginn eines vollkommen andersartigen Verhältnisses zur Natur. Allein deshalb, weil beide Unterdrückungen miteinander begonnen wurden, könnten sie innerlich sehr eng zusammenhängen. Nach dieser Feststellung konzentriert sich dieser Bericht wieder auf das Verhältnis von Mensch und Natur, um die hier bestehenden neuen Optionen weiter abhandeln zu können. Viele dieser Optionen erscheinen als zukunftsweisend auch für die Weiterentwicklung des gegenwärtig etwas festgefahren erscheinenden Verhältnisses von Mann und Frau.

Der Beginn eines neuen Verhältnisses zur Natur zeigt sich beispielsweise in dem praxisorientierten und wissenschaftlich anspruchsvollen Ansatz des Ecological Engineering, das weiter unten erläutert wird. Ein verändertes menschliches Verhältnis zur Erde kennzeichnet Lovelocks Gaia-Hypothese.

Lovelock wurde als Consultant für die NASA auf Zusammenhänge zwischen Biosphäre, Klima und geochemischen Zyklen (wie beispielsweise der Sauerstoff- oder Kohlenstoffkreislauf) aufmerksam, aus denen er ein Gesamtkonzept des biogeochemischen Funktionierens der Erde entwickelte. In den ersten Artikeln (Lovelock und Margulis 1973) wird die Erde als ein integrierter Superorganismus dargestellt, nach der griechischen Erdgöttin als „Gaia" bezeichnet. In seinem Buch „The Gaia Hypothesis: a new perspective of life on Earth" (Lovelock 1979) betrachtet Lovelock die Erde als eine Art göttliches Wesen. Lovelocks spirituelle Komponente seines naturwissenschaftlichen

---

[1]   Die Namen variieren je nach Quelle. Der Name Chumbaba wird in Schott und Soden (1989) verwendet.

[2]   DiCarlo: „You stated earlier that the Western mind has been characterized by the masculine perspective. What would that perspective be? Tarnas: That perspective is driven by this heroic impulse to differentiate the human being from its primordial unity with nature and with the divine to form an autonomous, rational human self. It reflects an archetypal masculine impulse which, as I mentioned, has brought us to a point of great power, great critical intelligence, great autonomy, and also great crisis."

Buchs hat zunächst die wissenschaftliche Annahme blockiert. Lovelock hat sich dann auf die wissenschaftlichen Aussagen konzentriert; die Theorie vom Superorganismus Erde ist mittlerweile naturwissenschaftlich in vielen Aspekten gut belegt. Beispielsweise scheint der Planet Erde die Temperatur und Zusammensetzung der Atmosphäre zu regeln, z. B. Lovelock (1993a,b).

Die Lovelock-Sicht einer göttlichen Erde wurde vielfältig aufgegriffen und mag die „Deep Ecology"-Bewegung[3] mit ausgelöst haben. Diese geht davon aus, daß es nur mit „tiefen" Fragen an die Natur möglich sei, tiefe Antworten zu bekommen, statt bruchstückhaft-analytischer oder anthropogen geprägter, die der „flachen Ökologie" („shallow ecology") zugerechnet werden. Auch diese Deep Ecology wird in Teilen von naturwissenschaftlich-mystischen Sichtweisen der Erde und der Ökologie geprägt. Die hier erfolgende hohe Bewertung der Natur führt allerdings auch dazu, daß in einigen Verästelungen der Deep Ecology der Mensch als Feind der Erde erscheint.

Im „Ecological Engineering" nimmt der Mensch die Rolle eines Helfers, statt eines Beherrschers der Natur ein, der mit ingenieurwissenschaftlichem Werkzeug und naturwissenschaftlichem Systemverständnis vorgeht (Mitsch und Joergenson 1993).

Nach den Prinzipien des Ecological Engineering werden beispielsweise mit großem Erfolg Flußlandschaften revitalisiert, indem die Deiche in einer Weise zurückgebaut werden, die die Natur in die Lage versetzt, die ursprünglich vorhandenen Ökosysteme wiederherzustellen. Andere Erfolgsgeschichten des Ecological Engineering beschreiben die aufwendige aber wunderbar gelungene Wiederherstellung von weitgehend vernichteten Savannen in den USA. Für die Wiederherstellung einer Savanne wurden nach alten Aufzeichnungen eines Apothekers über das Pflanzenvorkommen in dem betreffenden Savannengebiet in den gesamten USA die zutreffenden Pflanzensamen gesammelt und in das formenmäßig wiederhergestellte Savannengebiet eingebracht.

Es wird nicht mehr die möglichst weitreichende Vorhersagbarkeit und Kontrolle des Verhaltens von Ökosystemen verlangt. Ecological Engineering fragt nicht nach vollständigem Wissen, sondern es reicht, die Voraussetzungen zu verstehen, damit Ökosysteme funktionieren können; es ist nicht nötig, das Funktionieren selbst zu verstehen, obwohl dies natürlich erwünscht und vorteilhaft ist. Die Natur soll die Wiederherstellung des ursprünglichen, gesunden und vielfältigen Systems selber übernehmen, nach-dem der Mensch dafür notwendige Voraussetzungen bereitgestellt hat. Diese Einstellung löst das über Jahrhunderte dominante Prinzip der rigiden Kontrolle aller Vorgänge in der Umwelt des Menschen ab. Dieses rigide Prinzip beruht auf der vor etwa 400 Jahren von Kepler, Galilei und Newton eingeleiteten wissenschaftlichen Revolution, mit der die strenge Kausalität von Ursache und Wirkung in das wissenschaftliche Denken Einzug hielt. Es wurde wissenschaftlich begründet, daß eine Ursache eine bestimmte, vorhersagbare Wirkung haben müsse. Diese Position war extrem erfolgreich und ermöglichte eine rasche Entwicklung vieler Wissenschaften und zuverlässiger neuer Technologien. Eine tiefgehende Analyse komplexer Systeme hat nunmehr jedoch gezeigt, daß diese alle nur teilweise vorhersagbar sind und auch unvorhersagbares Verhalten aufweisen. Dieses mathematisch-chaotische Verhalten bedeutet nicht Willkür und Regellosigkeit, sondern vielmehr die Möglichkeit einer bisweilen unendlichen Fülle von Reaktionen als kausale Folge von Ursachen. Deren mathematische Beschreibung kann zum Beispiel die geordneten Muster der sogenannten „Mandelbrot-Menge" ergeben (Mandelbrot 1982) oder in kurzer Zeit zu unendlich vielen geordneten Verzweigungen führen, siehe auch das nächste Kapitel.

---

[3] Die „deep ecology"-Schule wurde in den 1970er Jahren durch den norwegischen Philosophen Arne Naess begründet, z. B. Naess (1989).

Ecological Engineering bedeutet zumeist eine teilweise Rückgabe der Autonomie an zuvor strikt regulierte Ökosysteme, um die eigenständige Regelfähigkeit und Resilienz dieser Systeme zu ermöglichen.

Dies Vorgehen signalisiert, gemessen an dem bisherigen Streben nach immer weiterreichender Kontrolle, eine grundlegend veränderte Einstellung zur Natur und letztlich auch zum Menschen. Dieser Bewußtseinswandel ist unabdingbar, um in größeren Flächen eine eigenständige Entwicklungsfähigkeit der Natur mit Vielfalt, Resilienz und Viabilität zuzulassen.

Jedoch sind naturnähere Umwelten in der Nähe menschlicher Siedlungen zwar malerisch, aber es gibt viele Gründe, warum sie in der Vergangenheit ausgemerzt wurden. Feuchtgebiete beispielsweise bewirken zwar Anhebung des Grundwassers und Bildung von Trinkwasser und tragen zur Artenvielfalt bei, bringen aber oft auch Schwärme von Mücken, bedeuten in vielen europäischen Regionen eine potentielle Verbreitungsquelle von Malaria und sind gefährlich für kleinere Kinder.

In diesem neuen Verhaltensmuster hat der Mensch nicht mehr eine dominierende und potentiell allwissende Position als Deichbauer, Forstwirt oder Manager der Natur, sondern er wird zu einem dienenden Unterstützer der Natur. Die Resultate eines Ecological-Engineering-Projektes sind nicht präzise vorhersagbar, also auch nicht vollständig kontrollierbar, aber dafür eigenständig lebensfähig. Dieser Ansatz bedeutet eine erste Abwendung von einem seit über 6 000 Jahren immer stärker und strikter praktizierten Kontrollverhalten.

Der Höhepunkt des Kontrollstrebens wurde möglicherweise durch das Sonderheft der Zeitschrift Scientific American aus dem Jahr 1984 mit dem Titel: „Managing Planet Earth" markiert. Aus den hier dargestellten Gründen dürfte der Denkansatz, die Erde managen zu können, in seinem Grundansatz vollkommen irrig sein, wo doch die bisherige Form des Managements selbst bei sehr viel einfacheren Systemen versagen muß[4]. In Anbetracht der prinzipiellen Problematik eingeschränkter Vorhersagbarkeit und von Konflikten zwischen Managementeingriffen und ökologischer Stabilität erscheint es als Glücksfall, daß jetzt überhaupt Erfolgsstrategien entstehen konnten, um mit ökologischen Systemen langfristig lebensfähig umgehen zu können.

Dies neue Paradigma eines partnerschaftlichen Verhältnisses mit der Natur könnte durch die Mittel der Informationsgesellschaft zum Umgang mit Komplexität auch für land- und forstwirtschaftliche Produktion, also für fast alle bewirtschafteten Flächen, praktikabel werden. Dazu wird später die Option nachwachsender Hochwertrohstoffe in komplexen Landnutzungssystemen dargestellt. Eine höhere Diversität und zeitliche Variabilität von genutzten Ökosystemen zu fördern, würde endgültig die bei Gilgamesch beschriebene und seitdem fortschreitende Unterdrückung der Natur beenden. Für die Landschaftsplanung wird dieses neue Prinzip, Eigenständigkeit und Vielfalt zu fördern, schon angewendet, wenngleich noch sehr eingeschränkt.

Gleichwohl bleibt abzuwarten, ob es gelingt, diesen Prinzipien auf größeren Flächen zum Durchbruch zu verhelfen, oder ob es sich hier um modische Ausnahmeprojekte handelt. Die wissenschaftlichen Einsichten und die ökologischen Notwendigkeiten – sowie die Voraussetzungen für anhaltenden regionalen Erfolg – legen nahe, die-

---

[4] Man kann hier auf das weitgehende Scheitern von Biosphere II verweisen. Der Autor ist nicht der Meinung, daß schon der relative Mißerfolg von „Biosphere II" die These bestätigt, wonach Komplexität und Unvorhersehbarkeit für Lebensfähigkeit unerläßlich sind. Biosphere II war so klein und einfach, daß aus diesem Experiment für die hier genannten Probleme kaum Schlußfolgerungen möglich sind.

ses neue Paradigma einer dienenden Zusammenarbeit mit der Natur ziemlich allgemein anzuwenden.

Dieses neue Paradigma im Verhältnis zur Natur hat eine Reihe bedeutender Vorläufer. Im Abendland ist wohl der zugleich praktisch sehr erfolgreiche Franz von Assisi als erster herausragender Vertreter eines poetischen, verehrenden Mitempfindens mit aller Schöpfung zu nennen. In anderen Kulturen ist ein derartiges Verhältnis weit länger vertraut[5]. Nancy Nash (1997) baut im Buddhismus mit ihrem Trust zur „Buddhist Perception of Nature" auf dieser Tradition auf.

Eine allmähliche Verringerung der seit dem Gilgamesch-Epos zunehmenden Ausdehnung der Herrschaft des Menschen über die Natur bedeutet einen dramatischen Umbruch. Für Nachhaltigkeit ist dieser Umbruch unentbehrlich.

10.2
Umbrüche in der Wirtschaft

Tarnas entwickelt die Vorstellung eines „Metaparadigmas"[6]: „Ich gehe davon aus, daß es in einer Kultur, in der Geschichte einer Zivilisation, zu jeder Zeit ein beherrschendes Metaparadigma gibt, das allem anderen zugrundeliegt und alles andere verändert und sich mit allen „Sub-Paradigmen" in einer wechselseitigen Beziehung befindet, die sich ihrerseits beispielsweise in der Wissenschaft, Philosophie usw. auswirken."

Welcher der großen Umbrüche wird zum nächsten Metaparadigma führen? Die Erkenntnis eingeschränkter Vorhersagbarkeit wird es nicht sein, nicht einmal mit der Folgerung, die Lebendigkeit von Systemen zu steigern, oder die Entwicklung von Systemen in Demut zu fördern. Dazu sind diese Konzepte zu abstrakt. Das Ende der Gilgamesch-Epoche wird als zu weit hergeholt erscheinen; Ecological Engineering und diversifizierte Landnutzung werden sich eher aufgrund von Praktikabilitätsüberlegungen durchsetzen. Eine nachhaltige Lebensweise könnte ein ansprechendes Metaparadigma werden. Am wahrscheinlichsten als neues Metaparadigma erscheint jedoch die weltweite Vernetzung und das gewaltig gewachsene Informationspotential, denn: a) Diese erhöhen die menschliche Reichweite und schmeicheln der Hybris[7], b) sie ermöglichen und bedingen eine soziale Kooperation in vielfältigen und flexiblen Netzen, c) sie sind Grundlage neuer Erlebnisse in der totalen Kommunikation, einer erheblich ausgeweiteten Medienwelt und der sogenannten Erlebniswirtschaft („Experience Economy"), d) sie sind Grundlage eines neuen wirtschaftlichen Aufschwungs mit zahlreichen neuen Arbeitsplätzen und e) sie könnten der Umweltbewegung neuen Schwung und neue Möglichkeiten geben. Von allen diesen Faktoren wird der globale wirtschaftliche Aufschwung am meisten Einfluß erlangen. Er könnte die globale mühelose Vernetzung und damit die globale Reichweite selbst des Einzelnen sowie die Fülle des Informationspotentials zum Metaparadigma machen. Und dies wird besonders der Wirtschaft zugerechnet werden.

---

[5] „Buddha preached in India his gospel of mercy and equal love for all creatures, man and animal alike" (Yogananda 1956).
[6] I would suggest that at any given time in a culture, in a civilization's history, there is usually one overarching meta-paradigm that underlies all the rest and that affects all the rest and is in a reciprocal relationship to all the „sub-paradigms," let's say, which can be active in science, religion, philosophy and so forth.
[7] Altgriechisches Bild der Selbstüberheblichkeit der Menschen. Menschliche Hybris wurde immer von den Göttern bestraft.

10.2.1
Die Anforderung, ökologisch zu wirtschaften

Weltweit werden ökologische Rahmenbedingungen immer bestimmender für das Wirtschaften und die Lebensführung (z. B. Winter 1993, 1995; Nill 1995; Ring 1993[8]; Dürr 1995; Schmitz 1992[9]; Stockhammer et al. 1997). Derzeit stellen die verschlechterten ökonomischen Rahmenbedingungen, insbesondere die hohe Arbeitslosigkeit ein massives Hemmnis dar, ökologische Anliegen im gewünschten Ausmaß durchzusetzen. Dennoch wurde die Agenda 21 verabschiedet. In der Folge wurden verschiedene internationale Umweltcodizes erarbeitet (u. a. durch: UN-Center on Transnational Corporations, International Chamber on Commerce, Valdez-Principles, BAUM für die Internationale Handelskammer, Winter 1993, 1995). Insbesondere wurden von Vertretern der Wirtschaft fast aller Länder, einschließlich der Entwicklungsländer, die Abmachungen zur ISO 14 000 akzeptiert. Die Kreditwirtschaft ist teilweise dazu übergegangen, die Vergabe von Krediten an Unternehmen davon abhängig zu machen, daß diese Unternehmen nach ISO 14 000 wirtschaften.

Es gibt drei Gründe, warum das ISO 14000-Rahmenwerk weltweit erfolgreich werden könnte: (1) Notwendigkeit für weltweit gleiche Umweltstandards, (2) Der Wunsch leitender Manager, umfangreiche staatliche Beeinträchtigungen ihrer Managementfreiheit zu vermeiden, und (3) Die Erkenntnis, daß ökologisches Wirtschaften im allgemeinen auch ökonomisch zu überlegenen Ergebnissen führt.

Zu 1) Weltweit gleiche Umweltstandards: In den 1970er Jahren erließen eine Reihe amerikanischer Bundesstaaten Vorschriften zur Gestaltung von Geräten, um Energie einzusparen, wie dickwandige Isolationen von Kühlschränken, oder automatische Schließer für Kühlschranktüren, wenn diese nur noch einen spaltbreit offen standen. Oft galten in verschiedenen Bundesstaaten andere Vorschriften. Die Fülle an Varianten verursachte Schwierigkeiten für Hersteller und Händler. Es wurden daraufhin in einer Koalition von führenden Umweltfachleuten, Politikern und Wirtschaftsvertretern einheitliche Energiespargesetze für die USA formuliert, die gegen Präsident Reagans zweimaliges Veto Gesetz wurden. Ganz analog erlassen derzeit die Nationalstaaten dieser Erde unterschiedliche Gesetze im Umweltbereich, die alle verschieden sind und deshalb zu großen Problemen in Produktentwicklung und Management führen. Deshalb wurden von der Wirtschaft einheitliche internationale Standards angestrebt, die unter Leitung der International Standard Organisation (ISO in Genf) entwickelt und seit 1996 in einzelnen Abschnitten veröffentlicht wurden[10, 11]. „Der ISO-Ansatz umfaßt zwei Schwerpunkte, um den Anforderungen von Wirtschaft, Industrie, Regierungen und Verbrauchern im Umweltbereich gerecht zu werden. Einerseits beinhaltet er einen breiten Satz von standardisierten Methoden für Probennahme, Tests und analytische Methoden, um Umweltanforderungen gerecht zu werden. ISO hat mehr als 350 internationale Standards (von insgesamt 11 400) entwickelt für das Monitoring von Aspekten wie Luft-, Wasser- und Bodenqualität. Diese Standards stellen ein Mittel dar, um Wirtschaft und Regierun-

---

[8] Ring prüft das prinzipielle Verhältnis Wirtschaft-Umwelt für die etablierte Wirtschaft ab, also basierend auf einem für die Nachhaltigkeit denkbar ungeeigneten Paradigma.

[9] Schmitz (1992) mit einem „Sachstand Ökobilanzen".

[10] Siehe: http://www.iso.ch/9000e/isoanden.htm.

[11] In fact, ISO has a two-pronged approach to meeting the needs of business, industry, governments and consumers in the field of the environment. On the one hand, it offers a wide-ranging portfolio of standardized sampling, testing and analytical methods to deal with specific environmental challenges. It has developed more than 350 International Standards (out of a total of more than 11 400) for the monitoring of such aspects as the quality of air, water and soil. These standards are a means of providing business and government with scientifically valid data on the environmental effects of economic activity. They also serve in a number of countries as the technical basis for environmental regulations.
On the other hand, ISO is leading a strategic approach by developing environmental management system standards that can be implemented in any type of organization in either public or private sector (companies, administrations, public utilities).

gen mit gültigen wissenschaftlichen Daten über die Umwelteffekte von wirtschaftlichen Aktivitäten zu versorgen. In einer Reihe von Ländern dienen sie auch als technische Basis für Umweltvorschriften. Andererseits leitet ISO einen strategischen Ansatz, indem es Standards für Umweltmanagementsysteme entwickelt, die in jeder Art von Organisation im öffentlichen oder privaten Sektor eingeführt werden können (Unternehmen, Verwaltungen, Versorgungsunternehmen)."

Zu 2) Entscheidungsfreiheit der Unternehmen. „In der Anfangszeit von ISO 1996 war es der Wunsch der Wirtschaft aus zunächst 92 Ländern, mit einem strikten Umweltrahmenwerk die Initiative zu ergreifen, um die Entscheidungsfreiheit für strategisches Unternehmensmanagement zurückzugewinnen. Ein Ergebnis ist das ISO 14 000-Rahmenwerk. ISO 14 000 betrifft Produkte, Produktion, Management und Zulieferer von Gesellschaften, die nach ISO 14 000 zertifiziert sind." (1997, Webpage der EPA)

Zu 3) Profitabilität von ökologischem Management. Seine umfangreiche praktische Erfahrung faßt der Manager sowie Gründer und Leiter von INEM[12], Georg Winter, so zusammen, daß es „die größte Lüge sei, daß Wirtschaft und Umwelt unverträglich sind; vielmehr ist geschicktes Umweltmanagement fast immer profitabel"[13] (siehe auch Winter 1995, 1996).

In dem Maße, wie die Wirtschaft umweltbewußter agiert, ändern sich ihre Anforderungen an Lieferanten von Vorprodukten, also auch an Forst- und Landwirtschaft, denn eine Unternehmung kann ISO 14 000 nur erfüllen, wenn alle Ressourcen und Produkte, die sie benutzt, verträglich mit der ISO 14 000 sind. Gegenwärtig bedeutet dies noch nicht, daß alle Ressourcen erneuerbaren Ursprungs sein müssen. Aber die Grundidee von ISO 14 000 besagt, sich vor der „staatlichen Regulierungskurve" aufzuhalten. Innerhalb einer absehbaren Zeitspanne wird ISO 14 000 nachhaltige Land- und Forstwirtschaft bedeuten. Nachhaltigkeit in der Forstwirtschaft im modernen Verständnis benötigt jedoch weit darüber hinausgehende Regelwerke, die etwa die Diversität in ihren verschiedenen Formen schützen (Diversität der Arten, der Ökosysteme, der Landschaften), siehe Brünig (1996), Seiten 255–261.

Analog zu ISO 14 000 gibt es das Ecological Management System der EU, das in seinen Normen als schärfer anzusehen ist, schon da ISO 14 000 kaum spezifische Vorschriften enthält[14].

10.2.2
Globalisierung und globale Bevölkerungsentwicklung

Die Globalisierung wird oft als ausschließlich wirtschaftliches Phänomen dargestellt. Bei einer Reihe von Indikatoren ist nach einer Auswertung der Zeitschrift Economist die Globalisierung derzeit noch geringer als in der Zeit vor dem ersten Weltkrieg, beispielsweise beim Anteil der ausländischen Investitionen an den nationalen Gesamtinvestitionen und der Wanderung von Personen im Verhältnis zur Bevölkerung[15]. Eine Globalisierung erfolgt im Handel, in der Arbeitsteilung und damit in der Zusammenarbeit. Durch die weltweite Vernetzung wirkt sich die Entwicklung der Arbeitslosigkeit und des Arbeitsangebotes in der dritten Welt auf die Weltarbeitsmärkte aus. Diese hängen mit der globalen Bevölkerungsentwicklung zusammen. Alternde Bevölkerung

---

[12] „International Network for Environmental Management: the global federation of nonprofit national and regional industry associations which promote and foster environmental management and sustainable development." (Internet:www.ine.org, www.epe.be, www.epe.be/epe/intro/introductiontoninem.html).

[13] Winter, Vortrag auf der Konferenz der Israel Ecological Society Jerusalem 1996.

[14] Aussage von J. Pfistererer-Pohlhammer, Lehrstuhl für Wirtschaftsgeographie, WU Wien.
Bei EMAS wird beklagt, daß es in sich widersprüchlich im Vergleich zur ISO 14 000 sei, was dazu führen kann, daß EMAS gegenüber ISO 14 000 unterliegt.

[15] Economist, September 1997, Seite 41.

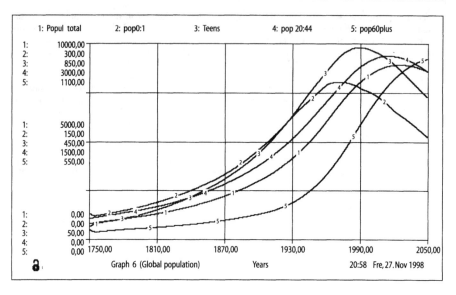

Abb. 10.1. Schätzung der Entwicklung der Weltbevölkerung

in der entwickelten Welt führt in vielfältiger, oft verdeckter, Form zur Nachfrage nach jungen Menschen aus Regionen, wo es diese im Überschuß gibt, beispielsweise in der Form von Tourismus in diese Länder. Dies wird zunehmend von Wanderungsbewegungen überlagert, die von der Bevölkerungszusammensetzung abhängen. Abbildung 10.1 zeigt eine mögliche Bevölkerungsentwicklung für die nächsten 50 Jahre.

Erklärung von Abb. 10.1. Für das Jahr 1750 lauten die Bevölkerungsschätzungen je nach Quelle auf global etwa 680–750 Millionen Menschen[16] (Variable Nr. 1 „Popul total"). Die Bevölkerungsexperten der UNO oder Nathan Keyfitz gehen derzeit von einer maximalen Erdbevölkerung von global ca. 8,5 Milliarden Menschen im Zeitraum zwischen 2040 und 2080 aus, evtl. sogar nur 7,5 Milliarden[17] und erwarten danach einen Rückgang. Die Modellauswertung mit einer Höchstzahl von knapp über 8,5 Milliarden Menschen (Variable „Popul total" in Abb. 10.1) erscheint daher als etwas hoch[18]. Ein Rückgang der Bevölkerungszahl wäre nur möglich, wenn die Geburtenzahl unter die Sterblichkeitszahl sinkt. Tatsächlich geht in allen Ländern in ähnlicher Weise, wenngleich auf unterschiedlichem Niveau, die Geburtenrate zurück

---

[16] Laut Demeney (1990) betrug die Bevölkerung im Jahr 1700 nur 679 Millionen Menschen; für 2020 nennt er 8,1 Mrd. Menschen.

[17] Aus „Grolier's Electronic Lexicon" 1992, Autor N. Keyfitz: „Presuming that the birth rates and death rates coincide in all parts of the world by the end of the century, demographers estimate that the world population will level off at between 8 and 9 billion about the year 2075. This figure includes China at 1.5 billion and India at 1.6 billion. Whether Brazil's population will increase to the 296 million the projection indicates, or Mexico to 180 million, no one can now say. The mean ages of the populations of those countries are young enough to bring about such an increase even with a drop to bare replacement in the next 20 years, provided the death rates do not increase."

[18] Die Zahl der 15- bis 19-Jährigen wird in der Modellauswertung mit der halben Fruchtbarkeit der Gruppe der 20- bis 44-Jährigen gerechnet.

und liegt teilweise schon unter 10 Geburten pro 1 000 Einwohner und Jahr, also weniger als 1 % pro Jahr. Dieser ähnlich verlaufende Rückgang begann in Kenia mit einer extrem hohen Geburtenzahl von 65 pro Jahr und 1 000 Einwohnern (was theoretisch eine Bevölkerungszunahme um den Faktor 128 binnen 100 Jahren bedeuten würde), in anderen Entwicklungsländern von einem geringeren Niveau. Nicht nur in den Industrieländern, sondern auch in vielen Regionen von Entwicklungs- oder Frühindustrieländern (wie Thailand) wird derzeit die Ein-Kinder-Ehe ein Normalfall, was eine Geburtenrate deutlich unter 1 % pro Jahr bedeutet. Demgegenüber sterben etwa 14 Personen pro Jahr auf 1 000 Einwohner bei einer mittleren Lebenserwartung von 70 Jahren (1 000 / 70 × 100 Prozent, also 1,4 % der Bevölkerung).

Die Zahl der Neugeborenen und Kinder bis zum 2. Lebensjahr (Variable „popo:1") hat global ihren historischen Höchststand mit 250 Mio. Kindern wohl schon überschritten. Die fruchtbare Bevölkerung (Variable „pop20:44") erreicht dagegen erst im Jahr 2020 mit etwa 3 Mrd. ihren Höchststand.

Das Phänomen von boomender und dann alternder Bevölkerung ist eine weltweite Gegebenheit, die rasch Land um Land erfaßt.

Als erstes sinkt die Kinderzahl, dann die Zahl junger Leute. Davor jedoch erreicht letztere einen historischen Höchststand; Schwartz (1996) erwähnt als einen bestimmenden sozialen, psychischen und wirtschaftlichen Faktor einen globalen Teenager-Boom im Jahr 2000, den er auf ca. 2 Milliarden beziffert. Dies wird, auch mit einfachen Kontrollrechnungen rasch überprüfbar, zu hoch geschätzt sein; die Angaben in Abb. 10.1 (Variable „Teens") mit einem Maximum von unter 850 Mio. erscheinen als realistischer. Selbst 850 Mio. junger Menschen bedeutet eine so hohe Zahl, daß diese in der gegenwärtigen Innovationsperiode einen bedeutenden Einfluß auf die Entwicklung ausüben werden.

In einer Reihe von Ländern hat die Alterung massiv eingesetzt, nicht nur in entwickelten Ländern. Die überproportionale Zunahme alter Menschen bedeutet so massive Probleme, daß die chinesische Regierung eine Änderung ihrer Ein-Kinder-Politik erwägt[19].

Mit der Bevölkerungszusammensetzung ändern sich die Möglichkeiten für Arbeitsteilung, Tourismus und Exportmärkte. Durch die Globalisierung könnten die Ungleichgewichte der Bevölkerungen zu ausgedehnten Wanderungen, überlagert von selektiven „Importen" von bestimmten Bevölkerungsgruppen, führen. Bevölkerungsbewegungen, welcher Art auch immer, werden unterstützt durch vielfältige neue Austauschformen und -möglichkeiten, wie ein dichtes und billiges Flugnetz, globales Fernsehen und Internet.

Eine generelle Globalisierung erlaubt Vernetzungen jeder Art, da sie Barrieren für Reisen, Handel oder Informationsaustausch abbaut. Vielleicht besteht der langfristig wichtigste Aspekt der Globalisierung schon heute in der Begegnung von Menschen, sei es oberflächlich durch Touristen, in vertiefter Form durch Austausch von Experten, durch Umsiedler und durch globale Anteilnahme[20].

---

[19] In Indien dagegen scheint das Bevölkerungswachstum so langsam zurückzugehen, daß die dortige Bevölkerungszahl in knapp einer Generation die chinesische übertreffen dürfte (Keyfitz in „Grolier's Electronic Lexicon").

[20] Anteilnahme von der Art, wie in den Pugwash-Veranstaltungen, in denen führende Atomphysiker die nukleare Abrüstung vorbereitet haben, oder wie im Eingreifen in Ex-Jugoslawien oder durch „Empathy", siehe das Interview von Tarnas, so daß einen auch die Entwicklung in Kambodscha bewegt.

10.2.3
Das Entstehen eines neuen Managementparadigmas

Für alle vier Landschaften wurde das neue gemeinsame Paradigma beschrieben, das
für Unterstützung der Eigenständigkeit und Entfaltung statt Anleitung und Kontrolle,
hier auch als Philosophie des Lebens steht. Dies ist für die günstige Entwicklung aller
vier Landschaften entscheidend, auch für Unternehmen. Denn durch den hohen
Bedarf an innovativen Lösungen zur Nutzung des neuen Informationspotentials werden kreative Mitarbeiter benötigt, wohingegen der bisherige Umfang von zuverlässig
und etwas langweilig arbeitenden Mitarbeitern verringert wird.

In der gegenwärtigen Situation eines gewaltigen ungenutzten Informationspotentials und globaler ungelöster Aufgaben der Nachhaltigkeit ermöglicht wahrscheinlich
nur eine „radikale Freiheit" der Mitarbeiter jenes Ausmaß an Kreativität, damit
grundlegend neue Ideen zur Wirkung kommen können, siehe Kasten 10.1.

Die aus dem Paradigma von Eigenständigkeit und Entfaltung statt Anleitung und
Kontrolle folgende Entwicklung von Menschen, Unternehmen und Ökosystemen ist
in ihrer Vielgestalt und Offenheit des Wachsens „organisch". Fuchs (1995) bringt dies
in seinem Buchtitel „Unternehmen als Organismus" zum Ausdruck, Postrel (1998)
spricht von einem „Party of Life"-Ansatz.

So günstig dieser neue Managementansatz für Unternehmen, für die persönliche
Entwicklung und für die Nachhaltigkeit ist, so weckt er doch zugleich enorme Ängste,
weil er schwer zu beeinflussende, kaum vorhersehbare Entwicklungen bedeutet. Diese
Ängste sind aus der Kontrollphilosophie der alten Unternehmensführung verständlich, jedoch wirtschaftlich, kulturell, wissenschaftlich und sozial nachteilig. Die Breite
dieser Ängste zeigt, wie wenig Vertrauen in die Zukunft oder in die Mitmenschen
besteht. Möglicherweise ist dieses Mißtrauen eine Folge von zu langem Verweilen in
Welten der Phasen 5 bis 7.

10.2.4
Nachhaltige Informationsgesellschaft im Rahmen der evolutionären
Wirtschaftstheorie

Die evolutionäre Wirtschaftstheorie umfaßt einen mehr populären Zweig und ein
mathematisiertes theoretisches Rahmenwerk, Krugman (1996). Ersterer erfaßt die
Breite der gegenwärtigen Veränderungen besser (etwa Rothschild 1995 oder Kelly
1995), letzterer entwickelt sich teilweise mit wenig Bezug zu aktuellen Phänomenen

---

Kasten 10.1. Radikale Freiheit für Entwicklung

Für diese Freiheit ein Beispiel von der Firma Hewlett-Packard: Diese gab einem als sehr kreativ
bekannten Mitarbeiter den Auftrag, sich für 18 Monate in eine 500 Meilen von jeder HP-Niederlas-
sung entfernte Stadt zu begeben, und dort mit fünf Personen seiner Wahl und einem guten Budget
einen herausragenden Tintenstrahldrucker zu entwickeln. Die einzige Bedingung war, beständig
alle Erfolge und Irrwege zu melden, damit alles patentiert werden konnte. Der dort entwickelte
Tintenstrahldrucker war so herausragend, daß die Konkurrenz jahrelang chancenlos war. Diese
Entwicklung brauchte jedoch vollkommene Freiheit von dem HP-System, da es wie das System
jeder größeren Unternehmung auch bürokratische Einengungen und subtile Zwänge bedeutet.

der Wirtschaft. Eine Grundlage für die evolutionäre Wirtschaftstheorie entstand mit den Arbeiten von Prigogine[21], Eigen[22] und Allen (1991). Dabei entstanden auch geeignete mathematische Verfahren, wie der Hyperzyklus von Eigen. Insbesondere konnte Brian Arthur seit Anfang der 1980er Jahre zeigen, daß eine Grundlage der etablierten Wirtschaftswissenschaften, die Annahme von Wachstumsbeschränkungen durch Gleichgewichtsprozesse (Gesetz vom fallenden Grenznutzen), nicht generell gilt. Anders als die herkömmliche Theorie besagt, können Unternehmen nach Arthurs „Law of increasing return" durchaus Monopolstellungen erreichen. Damit wurde Arthur einer der Hauptzeugen der Anklage im Microsoft-Prozeß. Eine Reihe von Folgerungen für das Wirtschaftsmanagement wurden von Beinhocker im McKinsey Quarterly (Beinhocker 1997[23]) berichtet. Er stellt Unternehmen als komplexe adaptive Organisationen vor, die zutiefst nichtlinear und bisweilen chaotisch operieren. Er geht jedoch nicht auf die tieferliegenden Erkenntnisse zu lebendigen Unternehmen ein und verpaßt damit die besondere Qualität der neuen Erkenntnisse. Die genetischen Algorithmen[24] resultierten aus dem Versuch, den Mechanismus genetischer Evolution für das Lösen nichtlinearer Optimierungsaufgaben einzusetzen, wie sie beispielsweise im decreasing oder increasing return vorliegen.

> Genetische Algorithmen funktionieren im einfachsten Fall so, daß Objekte einen bestimmten Satz von Eigenschaften (ihre „genetische Ausstattung") mitbekommen, die verändert werden. Bei der von Rechenbergschen Vorgehensweise[25] dürfen zwar alle „Gene", repräsentiert durch einen Vektor, gleichzeitig geändert werden, also alle Komponenten des Vektors, aber die Summe der Änderungen darf ein gewisses Ausmaß nicht überschreiten. Diese Objekte sind in eine Umwelt eingebettet, zu der sie besser oder weniger gut passen. Wenn ihre „Gene" geändert werden, passen die Objekte danach besser oder schlechter in ihre Umwelt. Ungünstige Veränderungen der Gene werden vergessen, bessere übernommen. Die nächste genetische Veränderung erfolgt von diesen neuen, günstigeren Genen aus. Es wird dann wieder geprüft, ob die erneute Änderung zu besserem oder schlechterem Passen zur Umgebung führt. Schon mit den ersten Versionen dieses Verfahrens konnte von Rechenberg komplizierte Aufgaben der Triebwerksoptimierung besser lösen als mit den zuvor verfügbaren Verfahren.

In der hier vorliegenden Situation der Entwicklung informationsbasierter Wirtschaft ist die Aufgabe komplizierter, da sich nicht nur die „Objekte", also Basisinnovationen und Unternehmen entwickeln, sondern auch noch ihre wirtschaftliche Umwelt und die menschlichen Vorstellungen. Dies mathematisch auszudrücken erfordert genetische Algorithmen, die in einer variablen Umgebung ablaufen.

> Mathematisch könnte man dies für schlecht definiert halten, da beispielsweise eine Umweltänderung dazu führen könnte, daß eine zuvor verworfene Mutation nachträglich besser zur gegenwärtigen Umwelt passen könnte, als die gegenwärtige Variante. Wenn man sich jedoch dazu die Entwicklung der Realität, etwa die Entwicklung von Software in einer sich ebenfalls entwickelnden Computer- und Internet-Umgebung überlegt, sieht man, daß die aufgegebenen Varianten im allgemeinen auch in den jeweils neuen Umgebungen noch unterlegen wären. Es gibt jedoch immer wieder Fälle, wo vorübergehend aufgegebene Algorithmen wieder hervorgeholt werden. Daher ist hier das Verfahren von Schwefel der „kollektiven Intelligenz" besser, wo parallel zueinander eine

---

[21] Prigogine (1976), Nicolis und Prigogine (1977).
[22] Eigen und Winkler (1975), Eigen und Schuster (1978a,b), Eigen und Winkler (1985).
[23] Die Consulting-Firma McKinsey bringt so weitreichende Aussagen nur, wenn die berichteten Erkenntnisse sich in der Praxis bewährt haben.
[24] Von Rechenberg (1991), Schwefel (1988).
[25] Von Rechenberg (1991).

kleinere oder größere Zahl von verschiedenen Genen verwendet und jeweils verändert werden. Man kann Kombinationen der jeweils besten Gene bilden, wie dies in den Verfahren der parallelen Algorithmen für eine Reihe von Aufgabenstellungen erarbeitet wurde.

In einer weitergehenden Mathematisierung kommen CCNs hinzu. Dies erfordert es, über den Ansatz isolierter optimierender Objekte (etwa einer einzelnen Unternehmung) hinaus Netzwerke von Objekten zu betrachten, die durch wechselseitige Förderung bessere Ergebnisse erreichen. Nach den Untersuchungen über die Optimierung von CCNs beim Durchlaufen von realen Netzwerken oder den mathematischen Ergebnissen von Fränzle (unveröffentlicht) können CCNs in komplexen Umgebungen optimieren. Es wäre vorstellbar, daß mit diesen Ansätzen auch die Soziobiologie weitere Impulse erhält, wodurch sie sich von der Vorstellung eines nur „egoistischen Gens" zugunsten von CCN-orientierten Genen weiterentwickelt.

Die hier dargestellten Ansätze sind im Sinn der evolutionären Wirtschaftstheorie wie folgt zu kennzeichnen: Es werden im Kontext der vier Landschaften Einheiten betrachtet, die (z. B. mittels genetischer Algorithmen) Optimierungen verfolgen. Diese evolutionären Einheiten sind in ein evolutionäres Umfeld eingepaßt. Zudem können diese Einheiten miteinander CCN-Konfigurationen bilden. Es liegen hier also evolutionäre CCNs vor, deren jedes über mindestens zwei evolutive, positive Rückkopplungskreise verfügt (ein evolutionäres System pro Subsystem eines CCNs, mindestens zwei solcher Systeme pro CCN). Damit agieren die Unternehmen in Netzen als adaptive oder evolutionäre CCNs in variablen und evolutionären Regionen und in einem variablem und evolutionären globalen Umfeld.

Der Ansatz der evolutionären Ökonomie ist im gegenwärtigen Übergangsfeld insofern relevant, als er es erlaubt, die Unterschiede des neuen wirtschaftlichen Paradigmas zur bisherigen Wirtschaftsentwicklung deutlicher wahrzunehmen. Umgekehrt erwachsen der evolutionären Ökonomie vermutlich aus der hier beschriebenen Konfiguration von evolutionären CCNs in einem evolutionären Umfeld neue Ansätze.

10.2.5
Konzepte der „Neuen Arbeit"

Es sind zahlreiche Konzepte zur „neuen Arbeit" entstanden, die allerdings nichts mit der „neuen" (informationsbasierten) Wirtschaft zu tun haben, sondern die davon ausgehen, daß bezahlte Arbeit abnimmt und daß andererseits hoher Arbeitsbedarf in den sozialen Bereichen besteht. Wenn die Entwicklung so wäre, sind Wege zu entwickkeln, um eine „neue Arbeit" in den sozialen und anderen Bereichen hohen Bedarfs zu organisieren (z. B. Rifkin 1995; Bergmann 1997; Lutz 1995[26]) und zu finanzieren. Die Grundannahme, daß die Arbeit ausgeht, erscheint jedoch als extrem unwahrscheinlich. Gleichwohl sollten diese Konzepte weiterentwickelt werden, da sie reichere und persönlichere Biographien ermöglichen, von daher zu dem hier entwickelten Ansatz des Lebens passen und da die gegenwärtige Unterbewertung sozialer Arbeit sich nicht mit einer auf Synergien basierenden Welt verträgt.

---

[26] Die beiden letzteren Autoren sind nicht typische Vertreter dieser Richtung. Bergmann entwickelt Konzepte selbstbestimmter Arbeit, die mit Internetanbindung auch raffinierte Fertigungen erlaubt; Lutz entwickelt das Persönlichkeitskonzept des „Lebensunternehmers" und beurteilt die Arbeitsmarktchancen der neuen Wirtschaft genauso wie der Autor dieses Buchs.

10.2.6
Beispiele informationsbasierter Wirtschaft

Informationsbasierte Wirtschaft entsteht in allen Branchen. Dies verändert Produkte und Management. Mal ist die eine Branche vorn, mal die andere. Wie attraktiv manche der neuen Produkte schon sind, beweisen die Sensationen, die sie zunehmend auslösen, wie z. B. die virtuelle Reise zu einer unterseeischen Forschungsstation im deutschen Pavillon auf der Weltausstellung in Lissabon 1998. Dies war das meistbesuchte und am höchsten ausgezeichnete Objekt dieser Expo. In der jüngsten Zeit haben insbesondere die Einsatzmöglichkeiten des Informationspotentials im Handel für Aufsehen gesorgt. Grund dafür sind Unternehmen, die mit internet-basiertem Handel ganz ungewöhnlich rasche Zuwächse erzielen und alteingesessene Unternehmen zum Teil über Nacht verdrängen konnten.

Praktisch alle Bereiche und Branchen werden durch die Informationsintensität umstrukturiert und zahlreiche Bereiche entstehen neu. Die Strukturen von Firmen ändern sich. Beispielsweise erlaubt das Internet sehr enge Kooperationsmöglichkeiten zwischen getrennten Firmen, so daß diese aufgabenbezogen agieren können wie eine einzelne, sehr gut organisierte Firma (Picot et al. 1996), auch als virtuelle Unternehmung bezeichnet.

Die neue Wirtschaft wird in Deutschland nicht korrekt gesehen, da sie als „Dienstleistung" gilt (statistische Kategorie „Dienstleistung andere und sonstige"). Zudem wird diese Wirtschaft falsch eingeschätzt, wie die Äußerung zeigt, daß „wir doch nicht nur von Dienstleistung leben können, sondern eine Produktion benötigen, an die sich dann erst die Dienstleistung anhängt". Diese Aussage ist überholt, da viele Dienstleistungen nicht länger an einer Produktion hängen, und man mit Einkommen aus der Dienstleistung genauso wie mit Einkommen aus anderen Quellen alle sonstigen Güter und Ressourcen kaufen kann.

Viele neue Angebote stellen keine reine Dienstleistung dar, sondern es handelt sich um informationsreiche Produkte und Dienste, die notwendigerweise eine, wenngleich oft geringe, Ressourcenbasis haben müssen. In vielen Produkten verbinden sich Produkt- und Dienstleistungskomponenten, wobei materielle Komponenten vielfach durch neue Dienstleistungen abgelöst werden. Die Grenzen zwischen „neuer" und „etablierter" Wirtschaft sind mit der Transformation der etablierten Wirtschaft fließend und daher nur schwer zu ziehen. Wenn sich der Trend fortsetzt, wird auch die Güterproduktion, ähnlich wie zuvor die Primärproduktion, auf wenige Prozent des Bruttosozialprodukts sinken. Das Güterangebot kann größer und reicher als heutzutage sein, aber gleichwohl zu einer wirtschaftlichen „Randindustrie" absinken wie der Agrarbereich, lebenswichtig aber wirtschaftlich unbedeutend. Die nachfolgenden Beispiele belegen diesen Trend.

Image Technology International [27, 28]

Image Technology International ist ein Unternehmen im Bildverarbeitungsmarkt, das völlig digitalisierte Verfahren zum Aufzeichnen, Strukturieren, Manipulieren und Ver-

---

[27] Diese Firmenbeschreibungen stammen von Multhaup und Grossmann. Weitere Beispiele von informationsbasierten Unternehmen finden sich in Abschnitt 6.3 über kreuzkatalytische Netze.
[28] Dies ist eine MCI-Tochter. Quelle: Rayport und Sviokla (1996) und http://www.image-tech.net.

teilen von Bildmaterial einsetzt. Dies war bei gleicher oder besserer Qualität schon 1996 kostengünstiger als die herkömmlichen chemischen Methoden; mittlerweile sind alle Kosten für das digitale Verfahren weiter dramatisch gefallen. Beispiel: ein hochwertiges professionelles Foto mit herkömmlichen Verfahren für einen Katalog kostet $150 bis $250. Mit Hilfe der digitalen Verfahren reduzieren sich die Kosten einer mit einer digitalen Kamera eingefangenen qualitativ gleichwertigen Abbildung auf 50 % (Stand 1996). Gleichzeitig wird eine chemische Behandlung vermieden, die Wiedergabequalität verbessert und die Bearbeitung erleichtert. Dasselbe Bild kann einem Kopierer zugeleitet werden, um Handzettel für eine Verkaufsaktion herzustellen, oder es kann in einer Datenbank mit anderen Elementen (etwa Preis oder Produktbeschreibung) verknüpft werden, so daß Kunden es z. B. in Videoaufzeichnungen oder On-Line-Diensten verwenden können.

Geffen Records[29]

Geffen Records, eine Geschäftseinheit der Musiksparte von MCA, ging deshalb in das World Wide Web, um den Herausforderungen für die Schallplattenfirma, die durch neue Mitbewerber entstanden, begegnen zu können und um selbst die Chancen der neuen Informationsinfrastrukturen zu nutzen. So bietet z. B. das Internet Underground Music Archive (IUMA) über das Internet digitale Audiomitschnitte von unbekannten Künstlern an. Musiker können mit der heutigen Technologie ihr Material selbst preisgünstig aufnehmen, schneiden und über das World Wide Web oder kommerzielle On-Line-Dienste verbreiten.

Geffen benutzt jetzt das Internet als zusätzlichen Vertriebskanal für seine eigenen Produkte. Seinen Bands wird im WWW Platz zur Verfügung gestellt; Geffen verbreitet über das Internet Audio- und Videokostproben sowie Informationen über die Tourneen der Bands.

Geffen war Vorreiter einer bedeutenden Entwicklung. Mit den seit 1997 verfügbaren Netzbandbreiten und Komprimierungsverfahren wird Musik in großem Stil über das Netz vertrieben. Lagerhaltung des Einzelhandels und physischer Transport von CDs wird zunehmend durch einen virtuellen Point-to-Point-Transport ersetzt. Hier ist insbesondere das neue Musikformat MP3 zu nennen, das mit etwa 10 % des Speicherbedarfs einer Musik-CD bei fast gleich hoher Qualität auskommt. Es gibt im Internet schon mehrere hunderttausend Musikstücke zum Download und mehrere Dutzend Millionen Nutzer. Zudem gibt es im Internet etwa 2 000 Radiostationen (zu empfangen z. B. mittels Vtuner: Internet www.vtuner.com).

Ford[30]

Das Unternehmen Ford ist als Automobilunternehmen nicht den neuen informationsbasierten, sondern den etablierten Bereichen zuzuordnen. Jedoch erzielt Ford USA schon die Hälfte seines Gewinns mit seinen Finanzdienstleistungen (Economist 6/1999).

---

[29] Quelle: http://www.tiac.net/users/lpaul und Rayport, Sviokla.
[30] Quelle: Rayport, Sviokla.

Ziel von Ford bei der Entwicklung des „global car" war es, ein Auto für alle wichtigen nationalen Märkte zu entwickeln, indem die besten Konstrukteure, Designer und Marketingleute aus aller Welt unter einer Vision, vernetzt in einem virtuellen Entwicklungsteam, zusammenarbeiteten. In dem durch CAD und weltweite Vernetzung bereitgestellten Umfeld erprobte das Team Prototypen und tauschte Konstruktionsdetails und andere Daten weltweit 24 Stunden am Tag aus. Die vernetzte Organisation ermöglichte es, gemeinsam globale Spezifikationen für Fertigung und integrierte Bauteilesysteme zu entwerfen, diese mit Lieferanten zu beraten und neue Entwürfe jedem ohne Zeitverlust zur Verfügung zu stellen.

Ford ist ein Beispiel für das, was in vielen etablierten Unternehmen geschieht: die starke Reduktion der Informations- und Koordinationskosten begünstigt den Aufbau nicht-hierarchischer, netzwerkartiger Koordinationsstrukturen. Die Produktion informationsbasierter Produkte muß daher immer weniger innerhalb eines Unternehmens erfolgen. Der Trend zu kleineren Betriebseinheiten und zu einer wachsenden Zahl kleinerer Unternehmen wird hierdurch verstärkt[31].

Boeing[32]

Auch Boeing gehört zu einem etablierten Bereich, der in den 1930er Jahren seinen Durchbruch erlebte. Dies zeigt sich an der weltweiten Konzentration auf nur noch wenige Hersteller von großen Passagierflugzeugen. Gleichwohl war der Flugzeugbau schon immer informationsintensiv, um den immer noch extremen Anforderungen gerecht werden zu können und um Materialien (Gewicht) und Energie (Treibstoff) durch intelligente Materialien und Informationsnutzung zu ersetzen.

Vor einigen Jahren wurde das Gehäuse für die Triebwerke eines neuen Modells der 737 umkonstruiert. Mit Hilfe computergestützter Verfahren wurde der reale Windkanal durch einen virtuellen ersetzt, was Zeit und Kosten sparte. Damit wurde eine neue Qualität der Gehäusekonstruktion erzielt. Die in den Tests am besten abschneidende Variante war eine bis dahin nicht gekannte Tropfenform des Gehäuses. Nur durch den Einsatz der computergestützten Techniken, die eine Vielzahl von Testläufen ermöglichte, war es möglich, mit dieser neuartigen Produktkonzeption die herkömmliche Form des Triebwerks zu verändern.

Dies ist ein Beispiel dafür, daß die höheren Kapazitäten der Informationsverarbeitung nicht nur eine höhere Produktivität bestehender Fertigungsprozesse schaffen, sondern als „Innovationsmaschine" eine zentrale Voraussetzung für die Entwicklung neuer Produkte darstellen.

---

[31] Ein Beispiel für die organisatorische Dekonzentration ist der Asea Brown Boveri-Konzern. Die Leitung des Konzerns (mit 215000 Mitarbeitern) besteht aus einer 13köpfigen Konzernspitze, der Konzern selbst ist weltweit in 1 3 0 0 Tochtergesellschaften gegliedert, die durchschnittliche Mitarbeiterzahl beträgt damit 165. Für die Erfassung der Beschäftigungsveränderungen in kleinen und mittleren Unternehmen entstehen durch die organisatorische Dezentralisierung erhebliche statistische Interpretationsprobleme. So führt die Entstehung kleinerer Tochtergesellschaften von ABB genauso wie die Eröffnung einer Aldi-Filiale zum Ausweis einer höheren Beschäftigung in den statistisch erfaßten kleineren und mittleren Betriebseinheiten. Auch wenn das Beschäftigungswachstum in erster Linie auf Zuwächse bei den kleineren und mittleren Unternehmen zurückzuführen ist, wird es durch die genannte Tendenz immer schwieriger, von der Betriebsstatistik auf die Beschäftigungsentwicklung der Unternehmen zu schließen, Schmidt (1996).

[32] Quelle: Rayport, Sviokla.

USAA (United Services Automobile Association)[33]

Hinweis: Das Vorgehen von USAA ist hervorragend auf Unternehmen vieler Branchen übertragbar.

Am Anfang war USAA eine Autoversicherungsgesellschaft. Später verwendete man die Informationssysteme, die zur Automatisierung und Rationalisierung des Kerngeschäfts (Versicherung und Risikodeckung) aufgebaut worden waren, um umfangreichste Informationen über Kunden auf individueller und kollektiver Basis für weitergehende Geschäftsfelder zu gewinnen. Beispielsweise wurde das Kundeninformationssystem zur Erstellung von Kunden-Risikoprofilen und speziell angepaßten Policen genutzt. Dies erlaubte es USAA-Mitarbeitern, neue Geschäftszweige für spezifische Kundenbedürfnisse zu kreieren, wie zum Beispiel Versicherungen für Bootsbesitzer. In einer dritten Stufe benutzte USAA ihre wachsende Kenntnis des Umgangs mit Information dazu, neue Produkte für Kunden zu schaffen, die wenig oder gar nichts mit dem ursprünglichen Versicherungsgeschäft zu tun hatten. Im Fall der Bootsbesitzer etwa entwickelte das Unternehmen Finanzierungsangebote für den Kauf von Booten, insbesondere wenn das derzeitige Boot des Kunden unsicher und daher teuer in der Versicherung war. In der Summe von Versicherungskosten für ein sicheres neues Boot und Ratenzahlungen für dieses neue Boot konnte sich der Kunde im Extremfall gegenüber der teuren Versicherung für das alte gefährliche Boot sogar verbessern. Zudem war die Motivation der Mitarbeiter von USAA hoch, Kunden aus lebensgefährlichen Booten herauszubekommen. Inzwischen bietet USAA eine breite Palette von Finanzierungsprodukten an, von Finanzierungen für Schmuck bis zu Autos. Eine weitere Innovation stellt die Option für den Kunden dar, im Schadensfall zwischen einer Geldleistung und dem Ersatz des gestohlenen Gutes zu wählen. Durch Zusammenfassen der entsprechenden Nachfragestatistiken und der mutmaßlichen Verlustquoten wurde USAA zu einem Wareneinkäufer, dem aufgrund hoher Bestellmengen Discountpreise eingeräumt werden und der diese Ersparnisse zum Teil an die Kunden weitergibt. Da USAA den Ersatz des gestohlenen Gutes zu einem Preis leisten kann, der für den Kunden besonders günstig ist, profitieren beide Seiten. Hier, wie im Fall der Bootsbesitzer, erinnern die USAA-Strukturen an ein CCN. Heute ist USAA im Direktvertrieb einer der größten Warenhändler der USA.

AeroTech Service Group: Aufbau einer „real virtual factory" mit dem Internet[34]

AeroTech Service wurde 1993 als spin-off des Flugzeugherstellers McDonell Douglas in St. Louis, am Stammsitz des Unternehmens, gegründet. Aufgabe des neuen Unternehmens war es, die Informationsbeziehungen des Hauptunternehmens zu seinen Zulieferern und Kunden durch die Nutzung des Internets auf eine neue Grundlage zu stellen und ein neuartiges Informationsnetzwerk aufzubauen, das die üblichen betriebsübergreifenden Informationssysteme (EDI: Electronic Data Interchange, Groupware und Wide-area Network) in Bezug auf Sicherheit, Kosten, Qualität und Kundenfreundlichkeit übertreffen sollte.

---

[33] Quelle: Rayport, Sviokla und http://www.budgetlife.com/usaa.htm.
[34] Quelle: Harvard Business Review July/August 1996, S. 123–133.

EDI schied als Grundlage eines Informationsnetzwerks aus, da es eher für die Kommunikation innerhalb einer stabilen, relativ kleinen Gruppe geeignet ist. Denn die Aufnahme neuer Netzmitglieder kann mit hohen Kosten von einigen Zehntausend Dollar verbunden sein, u. a. weil in den USA keine allgemeinen akzeptierten Computerprotokolle für den Datenaustausch existieren. Der Aufbau eines solchen Systems erfordert daher hohe EDV-Investitionen, die nur kurzfristig mit McDonell verbundene Partner nicht zu tragen bereit sind. EDI hat weitere Nachteile. Es erlaubt nicht ohne weiteres, den Datenaustausch auf andere als die bei Installation des Netzes vorgesehenen Arten von Information zu erweitern; auch können Partner z. B. nicht „remote" auf einen Rechner von McDonell zugreifen, um dort Teile einer Software, CAD-Zeichnungen oder anderes anzusehen oder zu bearbeiten.

Groupware-Software weist gegenüber EDI eine Reihe von Vorteilen auf, die es für die Anwendung in einer virtuellen Partnerschaft tauglich erscheinen lassen. So bieten die gängigen Programme eine geeignete Plattform zur Kommunikation und interaktiven Diskussion über E-Mail, Bulletin Boards und on-screen Video. Wieder sind es aber die hohen Kosten für Ausrüstung und Training sowie die beschränkte Möglichkeit des Remote-Zugangs zur Software anderer Firmen, die es für weniger dauerhafte Geschäftsbeziehungen nicht geeignet erscheinen lassen.

Derzeit scheidet die dritte Alternative, die sogenannten Wide-area Networks, aus Kostengründen aus. Zwar gewährleisten sie einen universalen Zugang zu allen Daten und Applikationen, die gängigen Breitbandübertragungswege kosten allerdings noch rund 1 000 US-Dollar monatlich, wobei die Kosten rasch fallen. WAN erfordern aber auch ein hohes Maß an betriebsinternen EDV-Kenntnissen, so daß sie gewöhnlicherweise nur innerhalb einer größeren Unternehmung Verbreitung finden.

Die Nutzung des Internets anstatt der drei anderen Alternativen bot dagegen von Anfang an die Möglichkeit, Geschäftspartner mit sehr unterschiedlichem Grad an EDV-Kenntnissen und unterschiedlicher Fristigkeit der Geschäftsbeziehungen an ein gemeinsames Kommunikationsnetz anzubinden und ihnen gleichzeitig die Möglichkeit des Remote-Zugriffs zu geben, ohne die Sicherheitsinteressen von McDonell Douglas zu verletzen. Entscheidender Vorteil des Internets ist dabei die Existenz der offenen Standards der TCP/IP-Protokolle, die eine Integration unterschiedlicher Nutzer zu geringen Kosten ermöglicht. Partner, die sich nur sporadisch in das System von AeroTech einschalten möchten, nutzen ein billiges Modem, während die kontinuierliche Kommunikation mit anderen Flugzeugherstellern oder US-Regierungsstellen über reservierte Breitbandwege erfolgt.

Die Vorteile des Internets können am Beispiel der Beziehung zwischen AeroTech und UCAR Composites, einem kalifornischen Werkzeugmaschinenhersteller, verdeutlicht werden. McDonell wollte UCAR CAD-Dateien auf elektronischem Weg schicken; Sicherheitsüberlegungen machten dies aber unmöglich. Um dieses Problem zu lösen, wurden die CAD-Dateien bei McDonell in den CNC-Code übersetzt, den UCAR für die Arbeit mit seinen Werkzeugmaschinen benötigte. Die CAD-Dateien wurden dann über reservierte Breitbandwege zum sicheren Netzwerkknoten von AeroTech versandt, von wo die Dateien über herkömmliche Telefonleitungen zu UCAR weiterverschickt werden. Die UCAR-Techniker können die Programme dann direkt in ihr Produktionssystem einspeisen. Die Kosten für die Übertragung fielen durch das neue Verfahren von 400 US-Dollar (für Express-Post und Bänder) auf 4 US-Dollar. Gleichzeitig verringert sich die Transportzeit von mehreren Tagen auf wenige Sekunden.

Das Internet hilft McDonell auch, geeignete Zulieferer in größerer Zahl und in wesentlich kürzerer Zeit zu finden. Bislang wurden bekannte Zulieferer nach St. Louis eingeladen, um dort Einblick in technische Informationen und Details von Ausschreibungen zu erhalten. Die Angebote waren oft erst nach mehreren Tagen vergeben. Heute werden eine große Zahl von qualifizierten Anbietern über E-Mail über Ausschreibungen unterrichtet und erhalten über das Internet direkten Zugang zu allen technischen Informationen. McDonell gibt an, daß allein die Kostenersparnisse durch dieses „Electronic Bidding" die Kosten des gesamten von AeroTech betriebenen Systems rechtfertigen.

Das System bietet weitere Möglichkeiten. Beispielsweise können Pentagon-Mitarbeiter von Washington aus jederzeit die Projektpläne für Flugzeugprojekte einsehen, um frühzeitig überprüfen zu können, ob Subunternehmer die vereinbarten Zeitpläne einhalten. Außerdem können berechtigte Partner jederzeit komplexe Softwareprogramme nutzen, ohne die Software lokal präsent haben zu müssen. So hat beispielsweise die US-Army jederzeit die Möglichkeit, bei McDonell Zeichnungen des neuen Longbow-Hubschraubers einzusehen. AeroTech hat die Aufgabe, die benötigten Datenbanken bereitzustellen und zu kontrollieren, welche Verbindungen mit welchem Computer und für welchen Klienten erlaubt sind.

Insgesamt hat die Schaffung eines Kommunikationsnetzes mit Hilfe der Internet-Protokolle zu erheblichen Kostensenkungen gegenüber der Anwendung anderer elektronischer Informationssysteme geführt und die Qualität verschiedener Unternehmensprozesse (Bidding-System, Informationsmöglichkeiten von Hauptkunden) entscheidend verbessert. Das internet-basierte System erlaubt es, Kunden und Zulieferer mit sehr unterschiedlicher EDV-Kompetenz an ein gemeinsames Netz anzubinden, ohne daß dies stabile, langfristige Geschäftsbeziehungen voraussetzt.

10.2.7
Kennzeichen von etablierten und informationsbasierten Unternehmen

Mit der Nutzung des neuen Informationspotentiales ändern sich die Kennzeichen von Unternehmen in hohem Ausmaß. In Tabelle 10.1 werden einige typische informationsbasierte Unternehmen, die korrespondierenden etablierten Tätigkeiten, Qualifikationsanforderung an Arbeitnehmer sowie Auswirkungen auf den Ressourcenverbrauch zusammengestellt.

10.2.8
Dematerialisierung und Verdrängung durch informationsbasierte Produkte

Nicht nur im Bereich der menschlichen Wünsche, sondern auch im Bereich der menschlichen Grundbedürfnisse (Nahrung, Kleidung, Wohnen) ist eine deutliche Verringerung des Ressourcenbedarfs möglich. Dazu Beispiele aus dem Bereich der Grundbedürfnisse. Nahrung: Ökologischer Landbau ist zwar nicht neu, aber nutzt Ressourcen sehr effektiv und erbringt weit höhere Erträge pro eingesetzter Ressourceneinheit als herkömmlicher Landbau. Gleiches gilt für die Produktion von Bekleidung, wo beispielsweise organischer Landbau, etwa von Baumwolle, schon aus Gründen der Erosionsvermeidung als vorteilhaft erscheint. Weitergehende Maßnahmen sind an verschiedenen Stellen in diesem Text unter dem Stichwort nachwachsende

Tabelle 10.1. Beispiele für Übergang zu informationsbasierter Wirtschaft (*Quelle:* Regionale Zukunftsmodelle (Multhaup und Grossmann), Leipzig 1997)

Sektor	Etabliert	Informationsbasiert		Arbeitsmarkt	Qualifikation	Ressourcenverbrauch
		Beispiele	Merkmale			
Transport	Hohe Lagerhaltung, häufiges Umladen, hoher „Iceberg Effect", viele Leerfahrten	FedEx	Point-to-Point Transport, Tracking-System	Wegfall einfacher Lagertätigkeit, Koordinationsaufwand schafft neue Arbeitsplätze	Zunehmende Bedeutung informationsbezogener Tätigkeit	Reduktion durch optimierte Logistik, gegenintuitive Effekte durch höhere Distanzen (Luftfracht)
Versandhandel	Die meisten Versandhändler mit großem Lager	QVC, Cendant, Amazon, Dell	Virtueller Handel ohne Zwischenglieder	Substitution von Arbeitsplätzen im konventionellen Handel, Bedarf in allen Sektoren für Kenntnisse im Informationspotential	Steigende Anforderungen bei Qualifikation für datenintensive Koordinationstätigkeiten	Verminderung von Lagern und Transport
Chirurg	Dienstleister	TeleChirurgie	Ferndiagnose und -behandlung, zum Teil Anwendung vor Ort, ermöglicht weit höhere Präzision	Begrenzte Arbeitsmarktwirkung	Schulung und Beratung für medizinisches Personal	Vermeidungspotentiale im Verkehr, verringerter Materialverbrauch durch elektronische Übermittlung
Töpfer	Handwerker	CAD/CAM-Nutzung	Weiterhin individuelle Fertigung, weniger Abfall	Sicherung von Arbeitsplätzen durch verbesserte Produktqualität	Zusatzqualifizierung und Weiterbildung	Weniger Ausschuß durch virtuelle Entwürfe
Versicherungen	Spartenversicherung	USAA	Internes Kundeninformationssystem, Ausweitung individueller Angebote	Auslagerungen von Routinetätigkeiten, verstärkte Nachfrage nach Koordinationsspezialisten	Nutzung von Informationssystemen im Marketing und Design neuer Produkte	Dematerialisierung durch Nutzung weltweiter elektronischer Netze
Musikhandel	Vertrieb über etablierte Firmen	Geffen, MP3.com	Weltweiter Vertrieb über Internet auch für unbekannte Musiker	Erhöhter Druck auf etablierte Firmen, neue Absatzchancen	On-Line-Vertrieb, HTML-Kenntnisse	Entlastung durch virtuellen Vertrieb

Hochwertrohstoffe dargestellt. Auch im Bereich des Wohnens sind mit den sogenannten „intelligenten Häusern" oder den Beleuchtungssystemen neue Optionen
verfügbar geworden. Intelligente Häuser und neue Beleuchtungssysteme kommen
mit weniger als 10 % des Energieverbrauchs aus. Diese Häuser sind in der Summe
von Erstellungs- und Betriebskosten günstiger als herkömmliche Bauten, also auch
für arme Länder erstrebenswert. Zugleich bieten sie besseren Komfort. Insgesamt
könnte in den entwickelten Ländern im Bereich der menschlichen Grundbedürfnisse eine Dematerialisierung um den Faktor 10 möglich sein. Dieser Faktor gilt
nicht für die Entwicklungsländer und ganz besonders nicht für die ärmsten Länder,
da hier selbst für viele der Grundbedürfnisse noch ein bedeutender Nachholbedarf
besteht.

Die menschlichen Grundbedürfnisse Nahrung, Kleidung und Wohnen können
effektiver und auf sehr vielfältige Weise erfüllt aber nicht wirklich dematerialisiert
werden. Dagegen besteht im Bereich der Wünsche eine weitreichende Gestaltungsfreiheit. Es sind in den letzten Jahren viele informationsbasierte Produkte und Dienste entstanden, die mit einem sehr geringen Ressourcenverbrauch auskommen könnten. Diese Angebote sind für vielfältigste Menschengruppen attraktiv geworden, und
sie werden rasch weiterentwickelt, verbreitet und auf immer neue Geschmäcker ausgerichtet. Hier besteht eine ganz bedeutende Chance der Nachhaltigkeit, die dringend
von Wirtschaft und Umweltforschung aufzugreifen ist.

Informationsbasierte Angebote betreffen besonders den Bereich Fremdenverkehr, Erholung, Freizeit (FEF) sowie den Bereich Mobilität. Hier sind aus Umweltgründen neue Konzepte dringend erforderlich, denn schon jetzt stellt der FEF-
Bereich weltweit die wichtigste Branche dar und sein Wachstum erscheint als unge-
bremst. Zwar werden in diesem Bereich zunehmend informationsbasierte Produkte
und Dienste eingesetzt, um die Angebote aufzuwerten und beispielsweise virtuell zu
überhöhen[35]. Trotz seiner beachtlichen Informationsintensität verbraucht der FEF-
Bereich jedoch viele Ressourcen. Informationsintensität und effektiver Ressourcenverbrauch sind nicht gekoppelt, können aber gekoppelt werden. Dazu muß zunächst
der Ressourcenverbrauch der informationsbasierten Angebote selbst dematerialisiert werden[36]. Parallel dazu kann der FEF-Bereich durch informationsbasierte Leistungen verändert werden, die geringen Ressourcenverbrauch aufweisen, wie neue
Medienangebote, informationsbasierte Freizeitattraktionen, virtuell bereicherte Er-

---

[35] Beispielsweise können in Freizeitbädern Hügelformationen eingebaut werden, in denen durch
Lasereffekte Flüßchen laufen und sich Tiere zeigen. Ein Anwendung aus der Medizin geht in Ver-
gnügungsangebote ein: Mediziner können in einem Patienten zusätzlich durch computergestützte
3-D-Brillen Körperfunktionen wahrnehmen, etwa Kreislauffunktionen und das Innere von Mus-
keln arbeiten sehen. Dies erlaubt eine bedeutende Ausweitung der Wahrnehmung, eine Ergänzung
um zusätzliche Sinne, deren Beobachtungen denen der anderen Sinne hinzugefügt und überlagert
werden. Dies hat in vielfältigen Formen neue Perspektiven des eigenen Empfindens vermittelt, etwa
beim Tanz in Discos.
[36] Beispielsweise verbraucht ein Desktop-Computer bei etwa gleicher Leistung 200mal so viel wie ein
Laptop, Weizsäcker (1999). Hierzu wird vom Ökoinstitut ausgeführt, daß der meiste Energie- und
Ressourcenaufwand bei der Herstellung, nicht beim Betrieb anfällt. Der Ersatz von derzeit
300 Millionen Desktops durch die Laptop-Technologie würde (nach Wuppertal-Institut) mittelfristig Stromeinsparungen im Umfang von 50 Großkraftwerken bedeuten und vermutlich sind ähnliche
Effektivitätssteigerungen auch bei der Herstellung der Computer möglich, ob Lap- oder Desktop.

holungsflächen, der gewaltige Bereich der „Experience Economy" und internetbasierte Spiele, die Dutzende von Menschen zusammenführen[37].

Nicht nur der FEF-Bereich wird zunehmend informationsbasiert. Eine weitere menschliche Hauptaktivität[38] „Versorgen" wird mehrfach verändert: Durch hochwertige häusliche Herstellungsprozesse mit CAD-CAM-Unterstützung[39], durch Teleeinkauf und Erlebniseinkauf. Teleeinkauf verändert zugleich die weitere Hauptaktivität Mobilität.

Diese neuen Angebote sind teilweise kulturell und sozial sehr begrüßenswert, teilweise gefährlich. Ein Beispiel für eine kulturell in mancher Hinsicht günstige Entwicklung ist der Musikvertrieb im MP3-Format über das Internet. Damit wird Musik in hochwertiger Qualität über das Internet verkaufbar, wovon derzeit vor allem junge unbekannte Musiker profitieren, aber die etablierte Musikindustrie (Raubkopien) zittert. Ein Beispiel für sozial gefährliche informationsbasierte Dienste ist der große Bereich der Wetten und Glücksspiele. Hierfür liegen für die USA Daten vor. Wetten und Glücksspiele sind zwar in vielen Staaten der USA verboten oder weitgehend eingeschränkt. Trotzdem belaufen sich die Schätzungen über den Umsatz in diesem Bereich je nach Quelle auf zwischen $600 Mrd. bis $1 000 Mrd. pro Jahr[40], also etwa $3 500 pro US-Bürger und Jahr. Da nicht alle Bürger wetten und spielen, geben die anderen desto mehr aus. Hier besteht für viele Menschen eine Sucht, die noch dazu durch überragende Möglichkeiten des Internet verschärft werden wird. Dagegen erscheinen die virtuellen Angebote von Disney in Orlanda als sozial vorteilhaft, die soziale Gruppenerlebnisse aufbauen und vermitteln.

Diese wenigen Beispiele demonstrieren Vielfalt und Attraktivität informationsbasierter Produkte und Dienste. Sie verdrängen zunehmend viele der derzeitigen ressourcenintensiven Produkte und Dienste.

Entscheidend für eine Dematerialisierung durch informationsintensive Angebote ist das begrenzte Zeitbudget des Menschen. Der Einzelne kann seine Zeit wirkungsvoller nutzen, er kann schärfer wählen was er tut und läßt, er kann aber über nicht mehr als 24 Stunden am Tag verfügen. Wenn die Aufmerksamkeit einem Angebot gilt, ist die hier verbrachte Zeit für konkurrierende Angebote verloren. Je faszinierender

---

[37] Dazu ein Auszug aus Internet http://www.almaden.ibm.com/almaden/npuc97/1995/bushnell.htm: „Connections and new graphics chips together will give both computer power and links which lead to game playing that previously has been impossible. The game forms can allow multi-player games in which competitors with 1 000, 10 000, or 50 000 people on a team, can compute in new games and competitors, prizes, celebrities, and even professional cybersports are bound to fall. Will actual sports become obsolete? Will sports „wannabe's" now actually be able to be participants?"

[38] Die Hauptaktivitäten sind: Arbeiten, Wohnen, Versorgen, Lernen, Mobilität, Erholung, Freizeit und Urlaub.

[39] Computer aided design, computer aided manufacturing: Design und Herstellung mit Hilfe von Computern. Siehe auch die Aktivitäten von Frithjof Bergmann, Internet: http://www.vcn.bc.ca/newwork/welcome.html: „In Dr. Bergmann's words, „New Work represents the effort to redirect the use of technology so that it isn't used simply to speed up the work and in the process ruin the world – turning rivers into sewers and rain into acid." The purpose of technology should be to reduce the oppressive, spirit-breaking, dementing power of work – to use machines to do the work that is boring and repetitive. Then human beings can do the creative, imaginative, uplifting work. So New Work is simply the attempt to allow people, for at least some of their time, to do something they passionately want to do, something they deeply believe in." (Bergmann ist Philosophieprofessor an der Universität in Ann Arbor, Michigan).

[40] Beispielsweise berichtet CNN in Gambling online über ein Jahresvolumen von $600 Mrd. (URL: http://cnn.com/TECH/computing/9905/04/gamble.idg/), dito Vertreter der Deutschen Bank in USA.

informationsintensive Angebote werden, desto mehr Zeit binden sie, die für andere
Aktivitäten nicht länger verfügbar ist. Hier besteht eine große Chance für eine deutliche weitere Entlastung der Umwelt, wenn informationsintensive Angebote so gestaltet
werden, daß sie mit einem Bruchteil des Ressourcenbedarfs herkömmlicher Produkte
pro gebundener menschlicher Zeiteinheit auskommen. Nach allen verfügbaren Daten
ist dies möglich.

Kombiniert man den Ansatz der Interessenverlagerung auf Informationsprodukte
bei menschlichen Wünschen mit der oben erläuterten Dematerialisierung bei menschlichen Grundbedürfnissen um den Faktor 10 durch weitgehende Nutzung „intelligenter"
Technologien und Verfahren sowie erneuerbarer Energiequellen, so kann damit die
notwendige Dematerialisierung deutlich über den Faktor 10 hinaus angestrebt werden.

Wenn man unter dem Schirm sozialer und kultureller Anreize und Gesetze dieses
Dematerialisierungpotential geeignet entwickelt, erscheint für viele Angebote im Bereich der Wünsche sogar ein Dematerialisierungsfaktor 100 durch Verdrängung mate-
rial- und energieintensiver Dienste und Güter erreichbar, wobei es keinem Menschen
schlechter gehen müßte, weder materiell, noch sozial oder kulturell. Vielmehr sollte
zugleich eine Verdrängung sozial destabilisierender Angebote bedacht werden. Dazu
eine Anmerkung und Warnung: Der in diesem Text favorisierte „Ermutigungsansatz"
läßt dabei keine Bevormundung von Menschen zu. Er trägt der menschlichen Würde
auch in der Hinsicht Rechnung, daß er Chancen eröffnet, aber nicht bevormundet.

10.2.9
Werden sich die neuen Produkte und Dienste durchsetzen?

Die etablierte Wirtschaft wird für Deutschland als Arbeitsmarkt und selbst als Pro-
duktionsgebiet langsam aber absehbar zu einem Randphänomen. Denn die Grundbedürfnisse Wohnen, Kleidung, Nahrung und Mobilität werden mit immer höherer
Arbeits-, Ressourcen- und Kapitalproduktivität erfüllt. Durch erhöhte Arbeitspro-
duktivität nimmt die Beschäftigung ab, durch erhöhte Ressourcenproduktivität
nimmt die Umweltverträglichkeit zu, und die globale Konkurrenz bereitet Deutschland zunehmende Probleme. Hier verschwindet die Arbeit.

Damit kann neue Arbeit überwiegend aus der neuen Wirtschaft kommen. Dies
setzt eine wachsende Nachfrage nach neuen Produkten und Dienstleistungen voraus.
Wie steht es damit? Es erscheint den meisten Menschen unvorstellbar, daß neue und
neuartige Produkte ihre gegenwärtigen Lieblinge verdrängen könnten, und ältere
Menschen lehnen das Neue als überflüssig gleich für ihre Kinder und Enkel mit ab.
Daher wird das Ende der Arbeit propagiert, wie schon nach 1800. Damals brachten
mechanische Webstühle die Weber unwiderruflich um ihre Arbeitsplätze; durch
andere dampfmaschinengetriebene Maschinen widerfuhr anderen Berufsgruppen
das gleiche Schicksal. Weder der deutsche Weberaufstand noch der vorhergegangene
Aufstand der Luddites[41] in England konnte diese Entwicklung verhindern. Jedoch gab
es bald darauf, z. B. durch Bau und Nutzung der Eisenbahnen, weit mehr Arbeitsplätze als je zuvor. Jedoch war um 1870 die Aufnahmekapazität für weitere regionale
Eisenbahnstrecken überschritten; es kam zu einem neuen wirtschaftlichen Kollaps
und einem weiteren Ende der Arbeit. Es dauerte nicht lange, und es begann der Aufbau von kontinentweiten Eisenbahnlinien und eine ausgedehnte Elektrizitätsnutzung.
Um 1930 war wieder das Ende der Arbeit erreicht. In „Grolier's Electronic Lexicon" ist

dazu ein Zitat aus den 1930er Jahren enthalten, das im Ton, aber nicht bezüglich der Branchen, so klingt, als wäre es von 1995[42]:

„Trotz der scheinbaren wirtschaftlichen Blüte der 1920er Jahre gab es schwerwiegende wirtschaftliche Schwachstellen; hier ist besonders die Landwirtschaft zu nennen. Auch andere Branchen hatten große Probleme, wie Bergbau, Eisenbahnen und Textilien. Während der gesamten 1920er Jahre waren US-Banken zusammengebrochen – im Durchschnitt 600 pro Jahr – genauso wie Tausende anderer Firmen. Im Jahr 1928 war der Bauboom beendet. Der spektakuläre Kursanstieg am Aktienmarkt zwischen 1924 und 1929 hatte wenig Bezug zu aktuellen wirtschaftlichen Bedingungen. [...] Um 1930 war die wirtschaftliche Depression offensichtlich, aber wenige Menschen erwarteten, daß sie anhalten würde; vorherige Finanzpaniken und Depressionen waren sonst auch in einem oder zwei Jahren vorbei gewesen. Jedoch waren die gewohnten Kräfte für wirtschaftliches Wachstum verschwunden. *Die Technologie hatte mehr Arbeitsplätze vernichtet als neue geschaffen; die Güterversorgung überstieg die Nachfrage* und das Marktsystem war dem Grunde nach ungesund." (Heraushebung durch Grossmann)

Nun ist laut Rifkin und anderen wieder das Ende der Arbeit erreicht[43]. Dies kann aber nur dann eintreten, wenn die Menschen keine neuen Angebote annehmen. Dies wäre fast ein Zustand der Weisheit. Gegenwärtig ist die Bevölkerung jedoch mehr als je zuvor auf Wunscherfüllung ausgerichtet, nicht auf Lebenssicherung (Suffizienz) und Beschränkung des Angebots auf das Lebensnotwendige, und sei es aus ökologischen Gründen. In den „Human Needs and Desires" sind nur die „Needs" beschränkt, etwa die Grundbedürfnisse von Max-Neef[44], während die „Desires" unbeschränkt sind. Aus dieser Fixierung auf Güter und Dienste heraus wird derzeit jegliches attraktive Neue – was immer es ist, wenn es nur genügend attraktiv ist – nachgefragt. Außerdem hat Nefiodow damit recht, daß er einen fast unbeschränkten Markt für eine ganzheitliche Gesundung von Mensch und Natur heranwachsen sieht.

---

[41] Aus „Grolier's Electronic Lexicon": To protest unemployment caused by the Industrial Revolution in the early 19th century, English workers known as Luddites resorted to a campaign of breaking machinery, especially knitting machines. Their name may come from a legendary boy named Ludlam, who, to spite his father, broke a knitting frame. The Luddites revived the name by signing their proclamations „General Ludd," „King Ludd," or „Ned Ludd." The movement began in the hosiery and lace industries around Nottingham in 1811 and spread to the wool and cotton mills of Yorkshire and Lancashire. The government dealt harshly with the Luddites-14 were hanged in January 1813 in York. Although sporadic outbreaks of violence continued until 1816, the movement soon died out.

[42] „Despite the seeming business prosperity of the 1920s, however, there were serious economic weak spots, a chief one being a depression in the agricultural sector. Also depressed were such industries as coal mining, railroads, and textiles. Throughout the 1920s, U. S. banks had failed – an average of 600 per year – as had thousands of other business firms. By 1928 the construction boom was over. The spectacular rise in prices on the stock market from 1924 to 1929 bore little relation to actual economic conditions. [...] By 1930, the slump was apparent, but few people expected it to continue; previous financial panics and depressions had reversed in a year or two. The usual forces of economic expansion had vanished, however. Technology had eliminated more industrial jobs than it had created; the supply of goods continued to exceed demand; the world market system was basically unsound."

[43] „The High-Tech Global Economy is moving beyond the mass worker. While entrepreneurial, managerial, professional, and technical elites will be necessary to run the formal economy of the future, fewer and fewer workers will be required to assist in the production of goods and services. ... After centuries of defining human worth in strictly „productive" terms, the wholesale replacement of human labor with machine labor leaves the mass worker without self-definition of societal function." (Rifkin 1995, S. 236).

[44] Subsistence, Protection, Affection/Love, Participation, Understanding, Idleness, Creation, Identity, Freedom (Max-Neef 1989).

Wie die enorme Nachfrage nach vielfältigen informationsbasierten Produkten und Diensten zeigt, und wie aus der Entwicklung des Informationspotentiales absehbar, wird es fast unbegrenzt viele ansprechende Produkte und Dienste geben sowie ein fast unendliches Potential für weitere Angebote. Und diese werden in rasch zunehmendem Maß gekauft. Es ist dabei eine Diversifizierung von Angeboten und Nachfrage zu beobachten, denn nicht jeder muß alles mögen.

Damit bilden eine fast unendliche Nachfrage und ein fast unendliches, da informationsbasiertes Angebot einen rasch wachsenden neuen Markt. Kaufkraft entsteht in dem Maß, wie es gelingt, Produkte und Dienste anzubieten, deren Schaffung durch den Käufer ihm einen höheren Aufwand abverlangen würde, als wenn er anderweitig das Einkommen zum Erwerb dieser neuen Angebote erzielte. Durch die Breite der neuen Möglichkeiten bestehen bedeutende Chancen, Einkommen zu erzielen (Produktivitäts- oder Arbeitsteilungsmodell des Entstehens der Kaufkraft). Mit diesem Modell würde, wie in der Vergangenheit, eine allgemeine Kaufkraft für neue Produkte und Dienste entstehen; die Nachfrage schafft Absatz und Arbeit.

Es wird eingewendet: „Die Erde hat genug für jeden, aber nicht für die Gier eines jeden". Welche Gruppe kann realistischerweise behaupten, die menschliche Gier ökologisch hinreichend verringern zu können? Deshalb ist ökologisch der pragmatische Ansatz besser, die „Gier" mit informationsbasierten statt ressourcenbasierten Produkten und Diensten zu bedienen, da dies eine weitgehende Dematerialisierung zuläßt.

Es ist nebensächlich, ob der Leser oder der Autor diese Produkte und Dienstleistungen schätzt oder ob diese Produkte objektiv gebraucht werden. Sehr vieles, was seit dem Weberaufstand neu auf den Markt gekommen ist, wird nicht wirklich gebraucht. Solange kein normatives Staatsverständnis vorschreibt, was Menschen zu brauchen haben und was unnötig ist, ist es ausschlaggebend, wie sich die Nachfrage nach neuen Produkten entwickelt.

Schlußfolgerung: Informationsbasierte Produkte und Dienste werden sich durchsetzen; die derzeitige wirtschaftliche Entwicklung beweist dies auch deutlich. Sie werden einen enormen neuen Markt schaffen, auch in der Deckung etablierter Grundbedürfnisse. Auch dies läßt sich schon empirisch belegen. Erfreulich wird dies Bild ganz gewiß dadurch, daß mit dem Aufbau einer informationsbasierten Wirtschaft die Erfüllung von sozialen und Umweltzielen verbunden werden kann. Wenn weitgehend umwelt- und sozialfreundliches Verhalten gefördert wird, kann die Entwicklung informationsbasierter Produkte und Dienste für das soziale, kulturelle, wirtschaftliche und ökologische Gedeihen sogar unentbehrlich sein.

10.3
Umbrüche in der Wissenslandschaft

10.3.1
Wissensintegration durch das Informationspotential

Aus der Verarbeitbarkeit von umfangreichen Informationen entwickelt sich eine „informationsreiche Wissenschaft".

Beispielsweise werden in der Mathematik kombinatorische Theoreme durch umfängliches Nachprüfen aller Möglichkeiten im Computer beweisbar statt durch elegante, kurze und damit nachvollziehbare herkömmliche Beweisführung. Dies ist weder gut noch schlecht, obwohl fast jeder Mathematiker die Eleganz liebt und über plumpes Ausprobieren entsetzt ist; der neue Weg ist anders[45], zulässig, leistungsfähig und erweitert das Repertoire.

Ein anderes Beispiel ist die Entwicklung der Chemie im Bereich Life Science: Hoechst vergleicht computerbasiert die Strukturen potentieller Wirkstoffgruppen mit der potentieller biochemischer Rezeptoren in den Organismen von Pflanzen, Tieren und Menschen. Hiermit können pro Woche ca. 20 000 potentielle Wirkstoffgruppen vorgeprüft werden, ob ihre Herstellung in für genauere Untersuchungen notwendiger Menge sinnvoll wäre. Erst wenn eine Wirkstoffgruppe im Computerprogramm an einen Rezeptor „ankoppelt", wird geprüft[46], in welcher Form diese Wirkstoffgruppe synthetisiert werden kann. Wenn diese Prüfung befriedigend ausgeht, wird die chemische Synthese vollzogen und das resultierende Produkt real geprüft. Dieses Verfahren mit seinem computerisierten Scanning von potentiellen Arzneimitteln bzw. „Lebensstoffen" koppelt Organismen, Substanzen, Datenbanken von chemischen Substanzbeschreibungen, Datenbanken von Strukturwirkungsbeziehungen und leistungsfähige Computer mit den Listen von Wunscheigenschaften („Future" 2/1997). Insbesondere ist hiermit auch eine Auswahl möglich, welche pflanzlichen Zuchtformen besonders gut zu hochwirksamen Substanzen passen, so daß dies eine Auswahl in der Züchtung von Sorten und Rassen erlaubt. Damit wird Hoechst zu einem Systemintegrator im Bereich Leben und Vorsorge.

Auch wenn Hoechst derzeit in beträchtlichem Umfang auf Gentechnologien setzt, ist die Verwendung von Gentechnologien nicht Voraussetzung, um neue Möglichkeiten informationsintensiver Wirtschaft nutzen zu können. Es könnte sich vielmehr bei einer intensiveren Beschäftigung mit Systemen herausstellen, daß genetisch veränderte Organismen oft schlecht zu ihrer Umwelt passen. Denn in der Systemsicht erscheint es als notwendig, mit einem Organismus auch seine gesamte Umwelt, wie beispielsweise Bodenorganismen, entsprechend zu verändern. Dies ist derzeit und wohl noch für lange Zeit kaum zu leisten.

Die hier begonnene Systemintegration kann jedoch zur Aufwertung von biologischem Anbau in diversifizierter Landwirtschaft, etwa in der Agroforstwirtschaft, eingesetzt werden.

Informationsreiche Wissenschaft entsteht aus der Integration von neuen Möglichkeiten des Informationspotentials in die bisherige Wissenschaft. Auch wenn diese Integration schon erhebliche Veränderungen der Wissenschaft bewirkt hat, erscheint sie als traditionell im Vergleich mit den Veränderungen der Wissenschaft durch die Integration anderer als rationaler menschlicher Befähigungen in den Wissensbegriff: Man kann auch über Elemente wie Gefühle, Kreativität, Intuition, Bewußtsein und selbst Irrationalität Wissen ansammeln und in das Wissensrepertoire zum Umgang mit einer nur eingeschränkt vorhersehbaren Umwelt integrieren. Dies weitet den Wissensbegriff qualitativ erheblich aus. Die genannten Qualitäten sind so anders als die bisherigen Elemente des Wissens, daß sie andersartige, zu ihnen adäquate Werkzeuge zur Verarbeitung, Darstellung und Nutzung erfordern. Design verwendet oft Bilder und Modelle, in jüngster Zeit auch Visualisierungen. Dies sind einige Beispiele für adäquate Darstellungen. Da multimediale Werkzeuge eine Integration vieler dieser

---

[45] Penrose (1995).
[46] Die Informationen darüber, wie gut diese numerische Simulation von chemischen Verbindungsprozessen schon geht, sind je nach Quelle deutlich unterschiedlich.

Qualitäten erlauben, stellen sie ein exzellentes und der Natur der neuen Wissenskate-
gorien oft adäquates Werkzeug dar.

Die Visualisierung, wie revitalisierte Landschaften aussehen könnten (beispielhaft
Steinitz 1990), erlaubt Regionen eine frühe Zusammenarbeit mit Schlüsselpersonen, um
deren hohe Landschaftsansprüche nach vielfältigen und lebendigen Landschaften besser erfüllen zu können und bietet auch neue ökologische Antworten. Die Visualisierung
in der Gen- und Virusforschung oder die virtuelle Manipulationen von chemischen
Molekülen in einer 3-D-Darstellung mittels Datenhandschuhen erbringen neue wissenschaftliche Einsichten, neue Syntheseverfahren und neue Produktionsmöglichkeiten.

10.3.2
Werden und Vergehen, Selbstorganisation

Strukturwandel wurde vielfach erwähnt, weil er für die Nachhaltigkeit von zentraler
Bedeutung ist. Hierher gehören Entstehen, Aufstieg, Existenz und Verschwinden von
Systemen und Strukturen. Beispiel sind die evolutionäre Erkenntnistheorie (Riedl
1989) und die evolutionäre Wirtschaftstheorie (Abschnitt 10.2.4). Auch Aufstieg und
Niedergang von Regionen sind in diesem Zusammenhang interessant. Weitere Umbrüche der Wirtschaft als Folge dieser Erkenntnisse zeichnen sich ab, siehe etwa Kelly
(1995). Erkenntnisse über Selbstorganisation wurden von RZM für regionale Strategien verwendet. Die Entwicklung von Regionen bietet oft grandiose, wenngleich
schmerzliche, Beispiele für Werden und Vergehen.

10.3.3
Vielpfadige Sukzession

Bisweilen erfolgt die Fortexistenz von Leben in einem Gebiet in Form der sogenannten Sukzession, einer Abfolge von Ökosystemen. Beispielsweise kann nach dem Zusammenbruch eines Buchenwaldes zunächst eine niedrige Krautvegetation folgen
(etwa die Walderdbeere), dann eine Strauchvegetation, dann eine Vegetation von
sogenannten Pionierbäumen, wie – je nach ökologischen Standortbedingungen –
Birke. Diese Pioniere werden in Buchenstandorten nach einigen Jahrzehnten wieder
von der Buche verdrängt. Man kann sagen, daß innerhalb einer Sukzession das jeweils
bestehende System am besten angepaßt ist. Für eine gewisse Zeit ist jedes der in der
Sukzession auftretenden Systeme resilient, sonst würde es nicht für eine gewisse Zeitspanne bestehen können. Jedoch ist auch das Verschwinden jedes dieser Systeme
gewiß. Zum Teil erfolgt der Zyklus von Verschwinden und Wiederkehr in sehr kleinen
Gebieten, von Remmert als „Mikromosaikzyklus" bezeichnet.

> Diese Abfolge von Systemen mit Entstehen, Blühen und Vergehen erinnert an die hinduistische
> Vorstellung von Brahma, dem Schöpfergott, Vishnu, dem Erhaltergott und Shiva, dem Gott der
> Zerstörung; es existieren auch andere theologische und geschichtsphilosophische Ausgestaltun-
> gen dieses Themas.

Die sogenannte vielpfadige Sukzession („Multiple pathway of succession" von Noble[47])
ist eine Abfolge von Ökosystemen, die nicht unbedingt das verschwundene System zu-
rückbringt, selbst wenn es dafür keine offenbaren Hinderungsgründe gibt (Abb. 10.2).

---

[47] Persönliche Mitteilung, MAB-Seminar, UNESCO, Paris.

Abb. 10.2. Schema einer vielpfadigen Sukzession

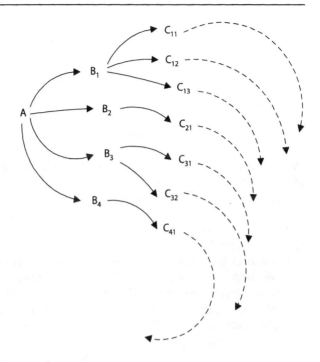

Ein Ökosystem A kann in eines der Ökosysteme B1, B2, B3 oder B4 übergehen. Jedes dieser Ökosysteme B1, B2, B3 oder B4 kann wiederum in die ihm jeweils nachfolgenden Ökosysteme C11, C12, C13 bzw. C21 bzw. C31, C32 usw. übergehen. Es können auch einige der B- oder C-Ökosysteme identisch sein, so daß die „Ent"-wicklung wieder zusammenläuft. In der vielpfadigen Sukzession wird ein Ökosystem womöglich bleibend durch andersartige Ökosysteme verdrängt. Jedoch scheint diese Strategie sicherzustellen, daß die biologische Bruttoproduktivität (des ersten trophischen Niveaus) in diesem Standort ungefähr und im langfristigen Mittel aufrechterhalten bleibt, jedoch nicht unabhängig davon, welche Ökosysteme gerade existieren.

Die vielpfadige Sukzession erscheint als geeignete Metapher, wie Viabilität durch Veränderungen erreicht werden kann. Denn beständig verarmen ausgedehnte Regionen durch den Niedergang von etablierter, lange Zeit hoch profitabler Wirtschaft (das „rust-belt"-Phänomen). Wenn stets einige etablierte Unternehmen oder Unternehmenszweige durch andersartige, stark innovative Unternehmen verdrängt werden würden, könnte die ökonomische Basis beständig tragfähig bleiben. Für die gegenwärtige Periode ist sicherzustellen, daß informationsarme umweltbelastende Industrie durch informationsreiche für die Umwelt förderliche Wirtschaft verdrängt wird. Darüber hinaus sind viele Verhaltensformen, Lebensstile, Technologien und wohl sogar ganze Wirtschaftsbranchen aufzugeben, wie in der jüngsten Vergangenheit die Fluorchlorkohlenwasserstoffe (FCKWs) oder die polychlorierten Biphenyle (PCBs). Einen derartigen Effekt von beständiger ausreichender Produktion innerhalb der vielpfadigen Sukzession, *stabilisiert durch den permanenten Wechsel*, kann man als besonderes Kennzeichen von Viabilität betrachten.

10.3.4
Mathematisch-chaotisches Verhalten von Systemen und Fraktalität

Nichtvorhersagbares mathematisch-chaotisches Verhalten ist für alle sozialen, ökonomischen und ökologischen Systeme und ihre Kombinationen bewiesen. Es gilt selbst für etwas scheinbar so stabiles wie die Bahnen der Planeten um die Sonne. Schon 1972 konnte der Mathematiker Thom einen prinzipiellen, unaufhebbaren Gegensatz zwischen struktureller Stabilität wichtiger mathematischer Funktionen und ihrer Berechenbarkeit begründen, auf Grund dessen beispielsweise Planetenbahnen instabil sein können[48]. Dies wurde mittlerweile bestätigt. Der Mathematiker Dendrinos[49] und andere haben Systemmodelle von realen Systemen theoretisch und im Computer untersucht. Danach ist mathematisch-chaotisches Verhalten in gewisser Hinsicht selten[50]. Aber viele lebenswichtige Systeme sind für ihre Funktion auf die beständige und virtuose Nutzung chaotischer Verhaltensweisen angewiesen, wie Herz- und Kreislauf. Praktisch alle natürlichen Systeme wechseln in diese Verhaltenszonen spätestens dann über, wenn sie rasche Verhaltensänderungen erbringen, etwa wenn das Herz sich neuen Anforderungen anpassen muß (die Ampel wird grün; ein Mensch beginnt zu rennen). Das Schicksal oder der Verhaltenstyp derartiger Systeme entscheiden sich in den Bereichen chaotischen Verhaltens.

Abbildung 10.3 zeigt eine Form von mathematisch chaotischem Verhalten. Von den vielen Systemen der menschlichen Umgebung verhalten sich immer einige in diesem Sinn chaotisch, angefangen mit der Turbulenz in der Atmosphäre über Menschen, die gerade Erfindungen machen, bis hin zu Säugetieren, die spielen. Mit diesem chaotischen Verhalten wirken sie auf andere Systeme ein, so daß diese ihrerseits womöglich mit unvorhersagbarem Verhalten reagieren. Mit dieser weiten Verbreitung von chaotischem Verhalten[51] und seiner positiven Wichtigkeit zerschlägt sich die Aussicht, jemals die Unsicherheit bei Planungen ausschalten zu können. Vielmehr sollte in diesem Sinn mathematisch-chaotisches Verhalten einen beständigen Platz in der Planungsgrundlage und im Planungsrepertoire erhalten.

Abbildung 10.3. Durch Veränderung eines Parameters (im Bild erfolgt die Veränderung entlang der x-Achse, die von links nach rechts verläuft) stellen sich statt eines möglichen Systemzustands – die leicht gekrümmte Linie am linken Bildrand – zunächst zwei Zustände in einer Verzweigung ein – die beiden gekrümmten Linien, die von fast ganz links bis zur Bildmitte verlaufen –, dann erfolgen jeweils zwei weitere Verzweigungen (weiter rechts) die zu vier gekrümmten Linien – vier Systemzuständen – führen usw. Die Verzweigungen erfolgen nach rechts mit einer Ab-

---

[48] Thom (1975), (franz. Original 1972), führt für eine Gruppe wichtiger mathematischer Funktionen folgendes aus: „… we are forced to the conclusion that structural stability and computability are, to a certain extent, contradictory demands […]", sowie als praktisches Beispiel hierzu: „Take, for example, a classical quantitative theory like celestial mechanics; even in this case recent work on the three-body problem seems to indicate that the trajectories giving rise to unstable or catastrophic situations (like collision or enlargement to infinity of an orbit) are densely and intricately distributed throughout the stable Keplerian orbits. Thus on a large scale the evolution of a given planetary system is not structurally stable."
[49] Persönliche Mitteilung, ERSA (European Regional Science Asssociation)-Konferenz in Lissabon, 1990.
[50] Es nimmt einen Anteil von wenigen Prozent im Parameterraum dieser Systeme ein. Gleichwohl scheinen lebende Systeme sich in ihrem Verhalten vorzugsweise (in ihrem Parameterraum) an der Grenze zu Bereichen chaotischen Verhaltens zu bewegen.
[51] Schon in einfachen Systemen: Rößler (1976).

Abb. 10.3. Verzweigung bei mathematisch-chaotischem Verhalten (zugleich Beispiel für fraktale Form)

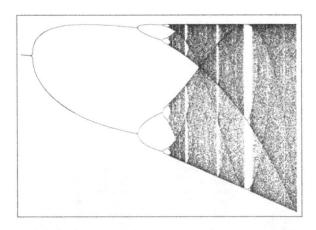

standsverkürzung von etwa 1 : 4,6692.... immer dichter gedrängt, wobei diese Zahl insofern eine universelle Konstante darstellt, als sie für alle mathematischen Funktionen eines bestimmten Typs gilt[52]. Daher sind nach endlicher Zeit unendlich viele Systemzustände möglich. Alle Systemzustände am rechten Bildrand sind kausal möglich; einer wird eintreten, obwohl die Wahrscheinlichkeit seines Eintretens Null ist (es werden unendlich viele Ereignisse der Wahrscheinlichkeit Null addiert, was hier die Wahrscheinlichkeit Eins ergibt, weil eines eintreten muß).

Die Verzweigungen sind einander in dem Sinn ähnlich, daß sie dieses Abstandsverhältnis einhalten. Dies ist ein Beispiel für fraktale Organisation, siehe dazu auch Kasten 10.2.

Die Vorhersage, welche der jeweils möglichen Verzweigungen vom System in seiner Entwicklung eingeschlagen wird, ist in diesem noch gutartigen System nur mit exponentiell steigendem Aufwand möglich, also in einer beschränkten Welt bald unmöglich. Verzweigung erlaubt Evolution.

Das verläßliche Funktionieren eines lebenden Systems beruht auf Faktoren wie vielfältiger Vernetzung, hoher interner Vielfalt und zeitlicher sowie räumlicher Variabilität und virtuoser Nutzung chaotischen Verhaltens. Diese für ein verläßliches Funktionieren erforderlichen Systemeigenschaften machen eine Vorhersagbarkeit dieses Systems schwierig und oft unmöglich. Da der Mensch in seinem bisherigen Wirtschaften und Leben darauf angewiesen war, vorhersagbare Systeme um sich zu haben, hat er die komplexen Systeme seiner Umwelt – vor allem Ökosysteme – so vereinfacht, daß sie vorhersagbar wurden. Derart vereinfachte Ökosysteme sind jedoch nicht mehr eigenständig lebensfähig. Sofern gemanagte Ökosysteme sich selbst überlassen werden, sei es bewußt oder zwangsweise durch eine Katastrophe im sozialen oder wirtschaftlichen Bereich, brechen sie im Verlaufe weniger Tage oder Wochen zusammen (Beispiel: Schneewinter 1979 in Schleswig-Holstein und Agrarflächenstillegung im Rahmen der EU-Agrarpolitik). Es besteht eine langfristige Unvereinbarkeit zwischen Verläßlichkeit und Vorhersagbarkeit von komplexeren Ökosystemen.

---

[52] Diese Zahl ist eine der beiden sogenannten „Feigenbaum-Konstanten", eine von Feigenbaum neu entdeckte Naturkonstante (siehe Internet http://www.mathsoft.com/asolve/constant/fgnbaum/fgnbaum.html für die mathematische Darstellung).

Kasten 10.2. Fraktalität

Fraktale Organisation bedeutet die selbstähnliche Wiederholung von Phänomenen in unterschiedlichen räumlichen oder zeitlichen Maßstäben, wie z. B. die immer feineren Verzweigungen in Blutgefäßen oder Baumstrukturen, die feinen Schwankungen der Aktienkurse inmitten gröberer Schwankungen, oder als bekanntes Beispiel die Form einer Küstenlinie mit größeren Buchten, in denen kleinere Buchten eingebettet sind, in denen sich noch kleinere befinden usw. bis hinunter zum molekularen Maßstab, oder Variationen eines Themas in einem Musikstück oder in der darstellenden Kunst oder in der Architektur (beispielsweise die Manuelinische Architektur in Lissabon). In jüngster Zeit wurden vielfältige Analysen naturnäherer Systeme publiziert, wonach sich für diese typischerweise mittelhohe sogenannte fraktale Dimensionen ergaben, also Fraktalität als relativ universales Prinzip aufzufassen ist. Für die Fraktalität sind die Arbeiten von Lorenz (1963), May (1974, 1976), Mandelbrot (1982), Feigenbaum (1982) und letztlich schon Poincaré (1899) zu nennen. Peitgen und Richter (1986) bringen neben Theorie in ihrem Buch vor allem herausragende Bilder. Prusinkiewicz und Lindenmayer (1990) haben Parameter und Formeln zusammengestellt, um eine Fülle pflanzlicher Formen mittels fraktaler Algorithmen zu zeichnen. Auch die gebaute Umgebung ist fraktal organisiert, siehe Frankhauser (1991) für Städte, wobei ältere Städte eine höhere fraktale Dimension aufweisen als am Reißbrett entworfene neue. Systeme mit einer mittleren fraktalen Dimension sind weder verwirrend komplex noch simplistisch, d. h. nur gradlinig und rechtwinklig. Siehe auch Abb. 9.10 vom „Romanesco-Blumenkohl".

10.3.5
Profitieren vom Unerwarteten

Außer der Resilienz und der vielpfadigen Sukzession sind weitere Strategien zum Umgang mit dem Unerwarteten bekannt wie etwa das „Profitieren vom Unerwarteten". Hier wird Ungewißheit als ein Positivum angesehen, nicht von der normalen Position, die Ungewißheit als ein Übel bezeichnet. Dieses neue Wissen wurde vielleicht deshalb zuerst in der Ökologie entdeckt, weil dort der Mensch als neutraler Beobachter agieren kann, nicht als Betroffener, und unabhängig davon im Militär, weil dies eine lange Tradition aufweist, Überraschungen zu schaffen und dann zu nutzen. Nachdem dieses Wissen in der Ökologie 40 Jahre lang etabliert war, gelang seit den 1970er Jahren die Übertragung auf Bereiche außerhalb des Militärs.

Die Fähigkeit, vom Unerwarteten profitieren zu können, setzt im menschlichen Bereich eine rasche Handlungsfähigkeit oder Vitalität voraus, sowie vor allem eine psychische Bereitschaft. In einer pessimistisch gestimmten Umgebung erscheint es als frivol, zum Profitieren vom Unerwarteten aufzurufen. Es ist dies ethisch undenkbar, wenn eine Katastrophe erfolgt. Die erste Sichtweise könnte folglich die sein, daß Katastrophen nur von Spekulanten wie dem ungarischen Finanzexperten Soros oder anderen als negativ aufgefaßten Elementen genutzt oder sogar herbeigeführt werden. Gerüstet mit dem Verständnis, wie günstig chaotisches Verhalten sein kann, geht es jetzt darum zu erkennen, daß fast alle neuen Situationen auch positive Elemente enthalten und die Freiheit zu entwickeln, diese wahrzunehmen und gegebenenfalls zu nutzen und zu stärken. Beispielsweise sind Hilfen bei Katastrophen wahrscheinlich wirkungsvoller zu leisten, wenn man die Vielfalt ihrer Folgen, potentiell vorteilhafte wie ungünstige, besser zu sehen lernt.

- So kann man in geeigneten Gebieten anstreben, daß nach Deichbrüchen nicht die Deiche wiederhergestellt und womöglich verstärkt werden, sondern daß dem Fluß auch Überflutungsflächen geschaffen und eine Reihe von betroffenen Objekten nicht wieder aufgebaut werden, z. B. niedergehende Industrie in alten Hafenregionen. Derartige Überflutungsflächen puffern nicht nur Hochwasser besser ab, sondern es entstehen dabei auch oft besonders wertvolle ökologische Gebiete wie beispielsweise Flußauen, die ohnehin bei Revitalisierungen vorrangig wiederhergestellt werden müssen. Gleichzeitig jedoch könnten damit angrenzende Wohngebiete aufgewertet werden, die so zu einer attraktiven Umgebung kommen und zu Anziehungspunkten für neue Wirtschaft werden könnten. Diese könnte die niedergehende Wirtschaft mit allgemeinem Gewinn ersetzen. Mit dem solcherart aus dem Verzicht auf Deicherhöhungen eingespartem Geld und mit dem Wertzuwachs von Flächen dürften oft wirkungsvollere Hilfen für Betroffene möglich sein, als wenn das Geld kurzsichtig im Reflex des Bewahrens und Wiederherstellens eingesetzt wird.

- Der Stahlindustrielle Korff schaffte es, überraschend entstandene Marktchancen durch flexible Sonderfertigungen kleiner Mengen so zu nutzen, daß er sehr gut verdiente, wohingegen die inflexiblen Großstahlproduzenten weitgehend rote Zahlen schrieben und Subventionen forderten. Er machte eine Tugend aus seiner bewußten Flexibilität.

10.3.6
Intuition, Gefühle, Ahnungen, intentionale Fähigkeiten

Solange die Erwartung bestand, mit der Kausalität von Ursache und Wirkung allmählich fast alles vorhersagen zu können, war jeder Grund gegeben, nur auf kausales Schlußvermögen zu setzen und Quellen von Unvorhersagbarkeit auszuschalten. Zu letzteren gehören Gefühle, Ahnungen, Eigensinn, Spiel und wohl sogar die Intuition. Huxley zeichnet in „Brave New World" eine derartige logische und gefühlsentleerte Welt. Dies Buch wurde in einer Zeit geschrieben (1932), als noch die Ausdehnung von kausallogischem Verhalten zur schließlich einzigen Form menschlicher Lebensführung zu erwarten war. Durch die Einsicht in die Existenz von mathematisch-chaotischem Verhalten ist mittlerweile die Berechtigung entfallen, alles kausal-logisch regeln zu wollen.

Daher werden neue Möglichkeiten zum Umgang mit dem Unerwarteten benötigt – Ansatz der lebendigen Systeme – und es ist notwendig, diesem Ansatz geeignete zusätzliche Werkzeuge zu geben. Hier sind Intuition, Spiel, Gefühle, ästhetisches Empfinden, Eigensinn und Vielfalt zu nennen. Der Mensch kann im Spiel neue Optionen für seine Entwicklung und sein Leben in einer teilweise unverständlich agierenden Umwelt schaffen, er kann durch irrationales Verhalten Außenseiterpositionen besetzen, die womöglich in Katastrophenfällen mit Auslöschung des Normalen das Überdauern des Außenseiters[53] und anderer sich seiner Strategie anschließenden Menschen ermöglichen. Spiel und irrationales Verhalten erlauben zudem die rituelle Gestaltung von Konflikten und damit Abmilderung ihres Gewaltpotentials (Huizinga 1994; O'Brien 1968). Lebensfördernde Systemeigenschaften werden auch durch Gefühle wie Geborgenheit und ästhe-

---

[53] Als ein Beispiel für diese „produktive Art" von Irrationalität stelle man sich den Angehörigen eines Stammes vor, der vor allem von einer Pflanze lebt, die nicht nur scheußlich schmeckt, sondern auch noch selten ist. Wenn nun sein Stamm von Feinden angegriffen wird, die auch die Nahrungsvorräte und Felder verwüsten, würden aber selbst diese die genannte Lieblingspflanze nicht als Nahrung ansehen und sie ignorieren. Damit könnte der irrationale Außenseiter seinem Stamm bis zur nächsten Ernte Nahrung verschaffen.

tisches Vergnügen erkannt. Hierzu gibt es ein in Entwicklung befindliches Repertoire von strategischen Kriterien zur Lebens- und Entwicklungsfähigkeit (z. B. Holling 1973, 1978, 1986; Grossmann 1978; Müller-Reißmann und Bossel 1979; Grossmann und Watt 1992; Bossel 1998). Hierzu kann man auch die Ansätze des evolutionären Managements[54] auf Verwendung strategischer Kriterien für Lebendigkeit auswerten.

10.3.7
Mut zu Überraschungen

Offene Entwicklungen mit letztlich ungewissem Ausgang zu fördern, erhöht die Unsicherheit in der eigenen Umwelt und bedeutet die entgegengesetzte Verhaltensweise dessen, was in den Wirtschaftswissenschaften bis vor kurzem gelehrt wurde, das Streben nach weitgehender Verminderung oder gar gänzlicher Eliminierung der Unsicherheit. Ashby sagte: „Only variety can destroy variety", nur Vielfalt des Verhaltens kann Vielfalt der Umwelt kontern. Mit anderen Worten, Offenheit der Entwicklung erhöht zugleich die Vielfalt der eigenen Optionen zur Beantwortung unvorhersehbarer neuer Konstellationen. Ein positives Verhältnis zur Unsicherheit in Wirtschaft, Politik und Umweltsystemen bedeutet Mut zu Überraschungen.

10.3.8
Neue Einsichten zu umfangreichen Planungsansätzen

In der Vergangenheit sind große Steuerungs- und Planungsansätze weitgehend gescheitert, ob es sich um die französische „Plannification", die Versuche amerikanischer Großunternehmen zur perfekten Unternehmenssteuerung mit großen Operations Research Abteilungen[55], die fünfte Computergeneration der Japaner oder sozialistische Zentralverwaltungen handelte[56]. Erfolg kann nicht mit einer neuen Superplanung erzielt werden. Es geht darum, wie der Regionalplaner Alexander von Hesler sagte, so zu handeln, daß seine Regionen von seiner Planung und seinen Handlungen profitieren, *was auch immer kommen mag* (Vester und von Hesler 1980). Peter Schwartz (1996) erwähnt dies für die Planungsabteilung von Shell, wo es schon vor der ersten Ölkrise Leitmotiv der Szenarienerstellung war.

Ich denke, daß deutlich über ein derartiges Profitieren von neuen Entwicklungen und dem Unvorhergesehenen hinaus ein virtuoser Umgang mit der durch mathematisch-chaotisches Verhalten ermöglichten Verhaltensvielfalt und Unbestimmtheit gelernt werden kann und daß sich hier ein großes Feld eröffnet hat, um Strategien des Lebens zu lernen und zu entwickeln.

Beispielsweise werden hierfür Methoden der Komplexitätstheorie zur Behandlung hierarchischer Mehrebenensysteme verfügbar. Es entsteht ein Verständnis von

---

[54] Der Begriff „evolutionäres Management" soll die erfolgreiche praktische Verwendung evolutionärer Ansätze von der engen theoretischen Behandlung der evolutionären Wirtschaftswissenschaft abgrenzen.

[55] Ein Bericht aus der ersten Enttäuschungsphase nach den großen Hoffnungen mit „Management Informations Systems" der frühen 1970er Jahre ist Mitroff et al. (1979): „Management Mis-information Systems."

[56] Ähnliches scheint für Ansätze zu gelten, bürokratische Verfahren der Kostenrechnung („wahre Kosten") in die Bewertung des ökologischen und ökonomischen Zustands einer Volkswirtschaft einzubeziehen.

Systemeigenschaften, die aus Komplexität resultieren[57]. Moderne Planung ist zielorientiert, aber in vieler Hinsicht offen bei der Verfolgung des Weges. In Umweltplänen gibt es eine Reihe von Zielen, die kaum diskutiert werden können, wie den, die Lebensfähigkeit der Umwelt zu bewahren. Um dies zu erreichen, gibt es vielfältige Unterziele. Im Verlauf des Weges stellen sich immer wieder einige Ziele als kurzsichtig heraus, oder als Bestandteile von anderen Zielen, so daß sie von daher entfallen können oder müssen. Moderne Planung ist in dieser Hinsicht, selbst bezüglich ihrer Ziele, offen.

10.3.9
Verhalten in einer teilweise unvorhersagbaren Welt: Zusammenfassung

Es gibt fünf sehr verschiedene Verhaltensformen zum Umgang mit einer nur eingeschränkt vorhersagbaren, aber dafür sehr lebendigen und oft überraschenden Welt:

Kausales Denken, Denken in Netzen. Einsatz direkter kausaler Rationalität von Ursache und Wirkung. Diese Grundlage der Naturwissenschaft wurde in der Systemwissenschaft zu Netzen von Ursachen und Wirkungen, dem „vernetzten Denken", ausgeweitet.

Passive Vorsorge. Rational geplante Vorsorge gegenüber dem Unvorhergesehenen, wie Rettungsboote oder Nahrungsvorräte. Vorsorge ist unbeliebt, teuer und nie perfekt. Sie ist in einer Periode so ausgedehnter Umbrüche wie der gegenwärtigen zum Teil unangemessen. Gleichwohl bleibt sie unverzichtbar. Hier ist Bossels „Orientor-Ansatz" zu erwähnen, zuerst Bossel (1977).

Aktives Profitieren vom zuvor Unerwarteten. Dies bedeutet im Gegensatz zur passiven Vorsorge ein aktives Verhalten gegenüber dem Unerwarteten; unvorhergesehene Ereignisse treten ein, man nutzt sie und freut sich womöglich.

Eine breite Palette von kreativen Fähigkeiten. Nutzung der Vielfalt der kreativen Verhaltensmöglichkeiten, um in einer durch Neues herausfordernden offenen Welt zu prosperieren. Hier sind Aktivitäten oder Eigenarten zu nennen wie Intuition, Spielen, Lernen, Experimentieren, Gefühle, Irrationalität, Eigensinn und wahrscheinlich auch Unsinn. Zu den besonderen Fähigkeiten in diesem Sektor gehört die Ästhetik. Die Wichtigkeit von Ästhetik bedeutet eine Erlaubnis, eine Notwendigkeit, für hochwertige Umweltgestaltung. Diese Einsichten rechtfertigen Schönheit, Ausgelassenheit, Verschwendung, Spiel und Unsinn selbst in einer Welt der Finanzknappheit und des Geizes.

Ansatz des Lebens, der Lebendigkeit. Nutzung, Stärkung und Entwicklung von Resilienz, Vitalität, Viabilität und anderer derartiger Fähigkeiten der Natur genauso wie von Organisationen, Menschen und sozialen Gruppen. Dies bedeutet, wie erwähnt, den teilweisen Verzicht auf totale Steuerung und die Rückgabe einer Teilautonomie an Natur, Mitarbeiter, Mitmenschen und Gruppen. Dazu Küng (1992): „Der Mensch muß mehr werden als er ist – er muß menschlicher werden".

---

[57] Ein sehr eingeschränkter Überblick in Waldrop (1993). Siehe auch die Arbeiten des Santa-Fe-Instituts in New Mexico und Mesarovic et al. (1971) zur Mehrebenentheorie; Allen und Starr (1982) zur Komplexität und Hierarchie in der Ökologie, dito Wiegleb (1996).

10.4
Umbrüche in der Bewußtseinslandschaft

Wiederum ist schwer zu begründen, ob die neuen Erkenntnisse zuerst im Bewußtsein oder in der Wissenschaft vorlagen. Wie Sack (1990) ausführt, sind die Beziehungen zirkular – eines beflügelt das andere. Scheinbar autonom sind in den letzten zwei Jahrzehnten für eine nachhaltige Lebensweise günstige Umbrüche in der Bewußtseinslandschaft erfolgt.

10.4.1
Komplexität

Seit Mitte der 1980er Jahre konstatieren Experten eine zunehmende Komplexität in der Lebensführung und im Geschmack. Das Gefallen an komplexeren Formen ist z. B. in der Architektur allgegenwärtig; der „postmoderne" Stil ist bei weitem zu vielfältig, als daß er mit diesem einen Attribut postmodern zutreffend zu kennzeichnen wäre.

> Die Möbelindustrie hat ihre schlichten „Schleiflack-Weiß"-Möbel der 1960er Jahre mit einer hohen Angebotsvielfalt überwinden müssen, um den Geschmacksänderungen zu folgen. Gefragt sind Verschiedenartigkeit der Formen und Oberflächen, wobei zuerst ein krasses Gegenstück der „Schleiflack-Weiß"-Weltanschauung populär wurde: sehr kräftige Furnierbilder wie etwa Kiefer natur. Die Berater der entsetzten Möbelindustrie haben diese Geschmacksänderung unter anderem auf den Einfluß der fraktalen Computerbilder (wie z.B. in Peitgen und Richter 1986) zurückgeführt.

Oder veränderte sich zuerst der Geschmack in Richtung Komplexität und führte dies zur Nachfrage nach vielfältigen Möbeln und zum Gefallen an fraktalen Computerlandschaften? Denn Komplexität wurde zeitgleich auch in anderen Lebensbereichen modern; Ulmrich[58] formulierte 1985 beispielsweise eine Bewegung „vom Mono- zum Komplexurlaub" – hin zu vielfältigen und oft anspruchsvollen Urlauben.

Komplexität wird auch in den neuen Vorlieben für Landschaften deutlich, wo die geordneten Gartenbaulandschaften der 1950er Jahre einer Bevorzugung komplizierterer und naturnäherer Ausstellungen und Landschaften weichen mußten. Erlebnisurlaub erfordert naturnahe wilde Landschaften, die auch als ökologischer erscheinen.

In der Wissenschaft wurde seit den 1970er Jahren der Bereich der „Complexity" entwickelt.

Zunehmende Komplexität kennzeichnet die Lebensführung mit Konzepten wie denen des „Lebensunternehmers" (Lutz 1995) und vielfältigen Formen neuer Partnerbeziehungen.

Die Wertschätzung für Komplexität ist ökologisch auch nachteilig, etwa in der Form von Variantenskifahren, Drachenfliegen, Wildwasserfahren und anderen Aktivitäten, durch die immer neue Gebiete nachgefragt, besucht und geschädigt werden.

Gleichwohl ist eine Freude an Komplexität der Umwelt unerläßlich für Nachhaltigkeit, denn nur eine komplexe Umwelt kann lebensfähig sein. Lebensfähige Landschaften sind deutlich komplexer, das heißt, vielfältiger und variabler als die meisten der gegenwärtig vorherrschenden land- und forstwirtschaftlichen oder städtischen Gebiete.

---

[58] In einem Seminar des MAB-6-Projektes Berchtesgaden zu den ökologischen und sozialen Problemen touristischer Bergregionen (persönliche Mitteilung).

10.4.2
Bewußtsein von Werden und Vergehen

Geburt und Tod waren bis in die frühen 1960er Jahre verdrängte Phänomene. Dann setzte ein Interesse zunächst an der Geburt ein; Bücher über die „sanfte Geburt" erklommen Bestsellerlisten. Bald darauf begann eine umfangreiche, zum Teil spirituell beeinflußte, Beschäftigung mit dem Tod, etwa in den Werken von Moody oder Kübler-Ross („Über den Tod und das Leben danach", Kübler-Ross 1996).

Auch Werden und Vergehen von Institutionen und Zivilisationen werden zunehmend untersucht. Beispielsweise hat Peter Allen Beiträge zum „Death of learning systems" geleistet und Norbert Müller (1989, 1991) hat in seinem großen Werk „Civilisation Dynamics" das Entstehen und Verschwinden von Zivilisationen systemwissenschaftlich erforscht.

Ohne dieses Interesse wäre ein Ansatz für eine lebendige Lebensführung, Umwelt und Wirtschaft undenkbar, denn all diese enthalten Neuenstehung, Keimen, Entwicklung und Verschwinden.

10.4.3
Zwiespältiges Denken zwischen Ökologisierung und Technisierung

Im menschlichen Verhalten erfolgt eine Verzweigung: einerseits wird die über Jahrtausende verlaufende Abkoppelung von der Natur auch im Bewußtsein fortgesetzt. Beispiele dafür sind extrem naturferne Freizeitumgebungen, wie die durchmechanisierten und zumeist künstlich beleuchteten Fitneßzentren oder virtuelle Realitäten in Cyberspace-Freizeitangeboten. Andererseits erfolgt in einer Trendwende eine Hinwendung zu Freizeit, Erholung und Urlaub in einer weit intensiveren Naturnähe, als es sie historisch jemals gab, wobei Natur teilweise wiederum spirituell gesehen wird („Gaia" und „Deep Ecology"). Es sind oft dieselben Menschen, die vollkommen naturferne Fitneßzentren besuchen und naturnahen Urlaub verbringen[59], ein als „kognitive Dissonanz" bezeichnetes Verhalten.

10.4.4
Informationspotential, Ethik und Nachhaltigkeit

Bessere Informationsnutzung erlaubt eine Ausweitung von Vielfalt und Umfang menschlicher Nutzung der Natur; Aktivitäten wie Drachen- und Ballonfliegen oder Tauchen wurden hierzu erwähnt. Sorkin sagt, daß Nachhaltigkeit immer auch Beschränkung bedeutet[60]. Diese Beschränkung wird nicht gern akzeptiert; vielleicht weil sie sich im Konflikt mit dem Ansatz des Lebens befindet, zu dem Spiel, Übermut, Irrationalität und Unsinn gehören. Dennoch ist sie notwendig.

Kann man diese weiterwachsende Vielfalt des Verhaltens administrativ beschränken? Dies wäre ein Alptraum, weil viele neue Möglichkeiten nur zum Teil durch zen-

---

[59] Techno-Freizeitzentren könnten für die Erhaltung der Umwelt vorteilhaft werden, wenn sie auf einen geringen spezifischen Ressourcenaufwand ausgerichtet werden, da sie viele Menschen auf kleinen Flächen relativ nah zu ihren Wohnungen zu konzentrieren vermögen.

[60] In Grossmann et al. (1997a).

trale staatliche Regelungen erfaßt werden können und weil selbst ein Überwachungs- und Vorschriftenstaat nur einen Teil der neuen Möglichkeiten blockieren kann. Dennoch wird hier ein Teil der Antwort liegen. Über diese Probleme streiten sich Politiker, streiten sich Naturschützer mit Naturschützern, streitet alte mit neuer Wirtschaft und streitet die Internetgemeinde weltweit. Es geht um so grundlegende Fragen wie persönliche Freiheit und staatlichen Wohlstand im Widerstreit zu persönlicher und staatlicher Sicherheit.

Ein anderer Teil der Antwort muß in einem außerordentlich hohen neuen Rang von Ethik (jenseits von Erfolgs- oder Gesinnungsethik) und Verantwortung entwickelt werden. Das Bewußtsein des einzelnen, seine persönliche Einstellung und sein persönliches Wachstum in dieser Richtung, also Senges „personal mastery" (Senge 1990), werden zu Schlüsselfaktoren ökologischen, wirtschaftlichen und sozialen Gedeihens. Entsprechendes gilt auf der Ebene von Unternehmen und administrativen Gruppierungen.

Nachhaltigkeit erfordert ein umfangreiches intelligentes und flexibles Rahmenwerk von Anreizen und Abschreckungen, um Beschränkungen zu fördern, sowie eine vielfach ausgeweitete Ethik, hohe Verantwortung und Bewußtsein für die Werte des Lebens. Auch die Liebe zur Umgebung, zur Natur, zur Heimat erscheint als unentbehrlich.

10.4.5
Gefahr durch Verzicht auf Ratio

Damit wird Nachhaltigkeit zentral zu einer kulturellen Aufgabe. Erforderlich ist eine sorgfältige Balance zwischen Ratio und Gefühlen, zwischen Spontaneität und Kreativität auf der einen Seite und Abwägen auf der anderen.

Auch wenn Rationalität bisweilen an mathematisch-chaotischem Verhalten scheitert, wäre es abenteuerlich, wie von manchen Gruppen gefordert, auf rationales Denken zu verzichten und nur noch auf Intuition und Gefühle zu setzen. Noch immer erleiden weit mehr Menschen Schäden durch irrationales Verhalten als durch eine Überschätzung der Ratio. Die Entwicklung von Wissenschaft und Technik der letzten 400 Jahre hat den Menschen eine außerordentliche Ausdehnung ihrer Lebenserwartung beschert, hat zahlreiche Gesundheitsgefahren beseitigt, die Sicherheit in vielen Bereichen außerordentlich verbessert und in weiten Regionen der Welt das erste Mal eine Abwesenheit von Hunger ermöglicht. Dazu zwei Zitate aus Küngs „Projekt Weltethos": „Dabei kann niemand ernsthaft prinzipiell gegen ‚Fortschritt' sein. Fragwürdig ist nur, daß der technisch-industrielle Fortschritt in weiten Teilen Amerikas, Japans und Europas zum absoluten Wert wurde, zum Götzen, an den man unbedingt glaubte." (Küng 1992, S. 33), sowie: „Die Krise des Fortschrittsdenkens aber ist im Kern die *Krise des modernen Vernunftverständnisses.* Gewiß: Eine aufklärende Vernunftkritik an Adel und Kirche, Staat und Religion war vom 18. Jahrhundert aufwärts dringend und hatte schließlich auch die Selbstkritik der Vernunft zur Folge (Kants Kritiken). Aber: Die immer mehr sich selbst absolut setzende, alles zur Legitimation zwingende Vernunft (verbunden mit der Freiheit der Subjektivität), die in keinen Kosmos eingebunden und der nichts heilig ist, zersetzt sich selbst. Diese analytische Vernunft wird heutzutage von einem ganzheitlichen Ansatz her hinterfragt und ihrerseits zur Legitimation gezwungen. Die oberste Richterin von gestern wird zur Angeklagten heute." (Küng 1992, S. 33, Hervorhebung durch Küng).

10.4.6
Ethik, Verantwortung, Sinn

In dieser Reihenfolge von Ethik, Verantwortung und Sinn erfolgte die Diskussion in den letzten 20 Jahren. Die Sinnfrage wurde zuletzt wiederentdeckt; ihre Entdeckung dauert gegenwärtig an. Ethik hat Eingang in viele Bereiche gefunden, in die Unternehmensführung genauso, wie in das persönliche Verhalten zur Umwelt oder gegenüber Tieren, wie an der breiten Resonanz der Bewegung gegen Tierversuche und für tierversuchsfreie Kosmetika deutlich wird. Ethik wurde besonders im Verhältnis zu Natur und Umwelt aufgewertet. Lowenthal (1990, S. 132) faßt dies wie folgt zusammen[61]: „Dogmen, die unsere Position oberhalb der Natur hervorheben, haben ihre innere Berechtigung verloren. Sie werden durch ethische Doktrinen ersetzt, die unsere Verwandtschaft mit anderen lebenden Dingen betonen".

Auf die Ethikbewegung folgte eine Wertschätzung der Verantwortung; Hans Jonas „Prinzip Verantwortung" gegenüber der Umwelt wurde ein bedeutender Erfolg (1984).

Als zeitlich letzte Entwicklung ist ein zunehmendes Interesse an Sinnfragen festzustellen. In den USA wurde z. B. Mitte der 1990er Jahre Lerners: „Politik des Sinns" (oder der Sinnfragen)[62] heftig diskutiert. Pater Zoche wurde mit Sinnfragen in der Unternehmensberatung schon erwähnt.

Letztlich hängt es von Bewußtsein und Einstellung ab, ob neue Technologien und informationsbasierte Wirtschaft den Druck auf die Umwelt vergrößern oder verringern. Deshalb werden Ethik und Verantwortung entscheidend sein, ob die nächsten 10 Jahre für eine global grundsätzlich neue Ausrichtung genutzt werden.

10.5
Umbrüche in der physischen Landschaft

In vorindustrieller Zeit, Anfang des vorigen Jahrhunderts, wurden einzelne Regionen (z. B. Muskau, Wörlitz, Clemenswerth) auch nach Visionen von Künstlern gestaltet. Im bäuerlichen Raum entstanden jene Landschaften mit kleinen Feldern, Hecken, Wäldern und dörflich strukturierten Orten, die als „Augenweide" bezeichnet wurden. Obwohl sie attraktiv und ökologisch hochwertig sind, können sie hinsichtlich Pflegeaufwand und Bevölkerungsdichte nicht länger als lebensfähig angesehen werden (Bätzing und von der Fecht 1998; Kerner et al. 1991); moderne „geordnete" Landschaften mit Rechteckigkeit, Großflächigkeit usw. entsprechen den Anforderungen der großen leistungsfähigen (und dummen) Bearbeitungsmaschinen dagegen weit besser.

Mit der Industrialisierung wurden etwa ab 1860 zunehmend deren Grundsätze und Strukturmerkmale auf die Landschaft übertragen: Flüsse wurden begradigt und Bäume in Reih und Glied gepflanzt. Landschaften erhielten primär wirtschaftliche Funktionen nach dem Maß einer industriellen Kultur; ihnen wurde Verläßlichkeit, überschaubares Funktionieren, Ordnung und Sauberkeit aufgeprägt. Die chemische

---

[61] „Dogmas enthroning our position above nature have lost their sanction. They are replaced by ethical doctrines emphasizing kinship with other living things."

[62] Lerner (1992) „Politics of meaning".

Düngung in der Landwirtschaft (Liebig 1859) erhöhte die Produktivität und führte damit zu allgemeiner Konkurrenz. Das Entstehen von überregionalen Transportsystemen wie der Eisenbahn unterwarf Bauern und Forstbesitzer einem weiträumigem Wettbewerb. Es wurde der „Holzacker" für wirtschaftlich optimale Holzproduktion (um 1870) konzipiert und die Fichte zum „Brotbaum" des deutschen Försters ernannt. Diesem wirtschaftlichen Wettbewerb fiel zunehmend die landschaftliche Schönheit zum Opfer. Die ökologische Lebensfähigkeit weiter Gebiete Zentraleuropas verringerte sich im Zuge der Nutzungsintensivierung. Die Landschaftsgestaltung spiegelte die Wirtschaftswelt wieder, in der es den Menschen zunehmend besser ging. In einer anderen Landschaft hätten sich die Menschen vermutlich weit weniger wohl gefühlt. Landschaft und Technologie paßten zueinander; es war dies jedoch nur für den Menschen vorteilhaft; denn zu einer Synergie mit der Natur fehlten günstige Rückwirkungen auf die Landschaft.

10.5.1
Ausgangsposition für die Gegenwart

Die Landschaft spiegelt jetzt die zur Industrialisierung gehörende Bewußtseinslandschaft wider. Entsprechend muß man jetzt die Landschaft so gestalten, daß sich die heutigen Menschen, und hier besonders die Schlüsselpersonen neuer Wirtschaft als Indikatoren kommender Lebensformen, wohl fühlen und daß sich Landschaft, neue Nutzungsmöglichkeiten und Notwendigkeiten einer lebendigen Umwelt entsprechen.

Während mit der informationsbasierten Wirtschaft ein Paradigma der Vielfalt, der Variabilität, der Entwicklung und des Lebendigen das Handeln und Denken zu prägen beginnt, ist die Landschafts- und Stadtplanung weiterhin auf spezifische, eng umgrenzte und zunehmend hinfällige Aufgaben einer konkurrenzgetriebenen Industriegesellschaft ausgerichtet. Die verschiedenen nationalen Umweltpläne (Jänicke 1997) wirken in dieses tradierte Geflecht mit sehr wichtigen und verdienstvollen weiteren Vorschriften und Selbstverpflichtungen; sie sehen jedoch kaum die anderen Möglichkeiten der „neuen Wirtschaft".

Derzeit wird Landschaft vor allem als freie Fläche für neue Wohnflächen, Einkaufszentren, Freizeitzentren, Gewerbeparks und Fabrikationsanlagen gewertet. Individualverkehr erschließt immer neue Flächen und ermöglicht Wohnen im attraktiven Außenbereich von Metropolen. Diese Dominanz wirtschaftlicher Nutzung wird durch hohe finanzielle und steuerliche Anreize gesteigert, Agrar- und Waldflächen als Bauland auszuweisen oder als Verkehrsfläche zu nutzen.

Andererseits werden von Landschaften, zum Teil gesetzlich verankert, eine Vielfalt von Leistungen verlangt, wie etwa die Nutz-, Schutz- und Erholungsfunktion des Waldes, die in „Waldfunktionsplänen" ausgewiesen werden. Technische Lösungen sollen das ökologische Funktionieren trotz weiterhin zunehmender Eingriffe sicherstellen, wie sie in Umweltverträglichkeitsprüfungen mit ihren Ausgleichsmaßnahmen erarbeitet werden.

In dieser Kommerzialisierung und Technisierung gehen die Zusammenhänge der natürlichen und städtischen Landschaft mit ökologischen, kulturellen, ethischen und spirituellen Werten des Menschen – den Werten des Lebens – weitgehend verloren. Zwar mögen Menschen eine andere ökologische Ausrichtung wünschen und veränderte höherwertige Landschaftswünsche entwickelt haben, aber dies wird unter Hinweis auf wirtschaftliche Notwendigkeiten ignoriert und die Planung ist sich gewiß, für das besser verstandene Wohl der Menschen zu handeln. Jedoch folgt sie hiermit Aufgabenkatalogen einer absteigenden Industrie, die den Notwendigkeiten einer informationsbasierten Wirtschaft sogar entgegenstehen (!), ganz zu schweigen von den Notwendigkeiten für eine ökologisch sichere Existenz des Menschen.

10.5.2
Thesen zu einer Landnutzung in der Informationsgesellschaft

Generell: die derzeitige Landnutzung, Landschaftsgestaltung, das Stadtdesign und Funktionieren der Städte definieren sich durch das Nutzen von „Tonnen von Information und Vernetzung" in weiten Bereichen neu. Es wird analog zu den erfolgreichen lebendigen Unternehmen auch Ansätze für „lebendige Städte" und für „lebendige Landschaften" geben. Durch die Einwirkung und Nutzung von „Tonnen von Information und Vernetzung" verändern sich Städte zu „Cyberstädten", Land- und Forstwirtschaft gehen in Cyberlandwirtschaft und Cyberforstwirtschaft über, die in Abschnitt 10.5.6 dargestellt werden. Diese Cyberformen können dem Grundansatz lebendiger Systeme folgen, sie können sich auch zu ihm in Gegensatz stellen. Andererseits sind lebendige Systeme für bis zu 8 Milliarden Menschen kaum ohne „Cybermöglichkeiten" zu verwirklichen. Die nachfolgenden Thesen werden im weiteren Text diskutiert.

1. Die Landnutzung wird von den Gegebenheiten der Informationsgesellschaft und von nachhaltigen Lebensweisen geprägt. Die 28 neuen Fusionen verändern die Landnutzung und das Bewußtsein von Arbeit, Leben, Wohnen und Freizeit. Cybercities werden im 21. Jahrhundert zur Norm werden. Diese sind so zu formen, daß sie umwelt- und menschenfreundlich werden.
2. Cyberlandwirtschaft und Cyberforstwirtschaft werden allmählich die etablierte Land- und Forstwirtschaft ergänzen und schließlich ablösen.
3. Cyberagroforstwirtschaft wird auch für temperierte Zonen relevant.
4. Es kommt überwiegend zu einer komplexen und diversifizierten Landnutzung.
5. Biosphärenreservate könnten eine zentrale Bedeutung für das Gedeihen informationsbasierten Lebens und Wirtschaftens erlangen und mit Gewinn für Mensch und Wirtschaft auf sehr große Flächenanteile ausgedehnt werden.
6. Es werden nur noch integrierte Lösungen zwischen den „vier Landschaften" akzeptiert werden, da alle nicht integrierten, isolierten Lösungen minderwertig sind und die Kenntnis von beispielhaften Integrationen sich rasch verbreitet. Dazu wurde das Konzept entwickelt, wonach die Umwelt gleichrangig und gleichsinnig zum Gedeihen der Wirtschaft profitiert.

Diese Aussagen sind in Abb. 10.4 zusammengefaßt.

Integrierte Ansätze der Landnutzung stellen die „diversifizierte Landnutzung" (Haber 1971, 1979, 1980, 1993) und eingeschränkt auch die „polyfunktionale Landnutzung" dar (Krönert 1994; Grabaum 1996), sowie die traditionellen Konzepte von „multipurpose, multiuse" Landnutzung, wie sie beispielsweise in den Waldfunktionsplänen üblich sind. In vielen nationalen Umweltplänen werden neue Ansätze zu einem Flächenmanagement entwickelt. Hier sind auch die vielen Formen der Permakultur

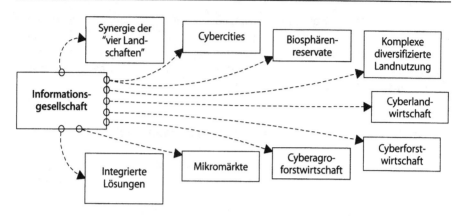

Abb. 10.4. Einige Auswirkungen der Informationsgesellschaft auf die Landnutzung

von Mollison (1989, 1994) zu erwähnen, einer gartenartigen, kleinflächigen Misch-
landwirtschaft für temperierte Klimazonen. Wuermeling (1993) erörtert Möglichkei-
ten einer Neubelebung des ländlichen Raumes durch die Informationsgesellschaft.
Die Landschaftsökologie bedeutet ein wissenschaftliches Grundgebiet für diese
Ansätze; einige Ergebnisse der hier dargestellten Forschung sind aus der Position der
transdisziplinären Landschaftsökologie entwickelt, dem Konzept des „Total Human
Ecosystem", wie es zuerst von Naveh und Lieberman (1994) vorgestellt wurde. Zu
„Cybercities" gibt es eine Reihe von theoretischen Grundlagen[63] sowie praktische
Umsetzungen[64], siehe hierzu auch Abschnitt 11.4.4. Eine Pionierleistung geht auf
Costello (1993) zurück, der Verwaltung und Bürgern der Stadt Papillion (Nebraska,
USA) geholfen hat, vielfältige digitale und soziale Netzwerke einzurichten und so zu
nutzen, daß der wirtschaftliche Abstieg der Stadt gestoppt werden konnte. Durch Bil-
dung von „Special Interest Groups" (SIGs) hat er zum Entstehen von (anderswo soge-
nannten) „Community Networks" beigetragen, und eine neue Gesprächskultur in
Papillion ermöglicht.

10.5.3
Mögliche tiefere Ebenen für die Gestaltung der natürlichen und städtischen Landschaft

Abbildung 10.5 stellt tiefere Komponenten einer umweltfreundlichen Landnutzung
zusammen. Die meisten dieser Komponenten sind schon begründet worden bzw. werden in den nachfolgenden Abschnitten dargestellt. Die nachhaltige Landnutzung
erscheint damit als hochrangige Kulturleistung. Dies führt auf den Ursprung des Wor-
tes Kultur, colere, zurück: pflegen, bebauen, kultivieren.

---

[63] „Informational City" (Castells 1989), „City of Bits" (Mitchell 1996), „Wired Cities" (Costello 1994).
    Castells Abhandlung wird von Pessimismus der 1980er Jahre geprägt, als in den USA die Wirt-
    schaftskrise zu hoher Arbeitslosigkeit und schlechten Beschäftigungsverhältnissen führte. Mitchell
    erörtert in beredter und geistvoller Weise die zukünftige Rolle von Städten in einer historischen
    und sozialen Einbettung ihrer vielen Funktionen und Aufgaben.
[64] Siehe die allgemeine Darstellung von Wager und Kubicek (1995).

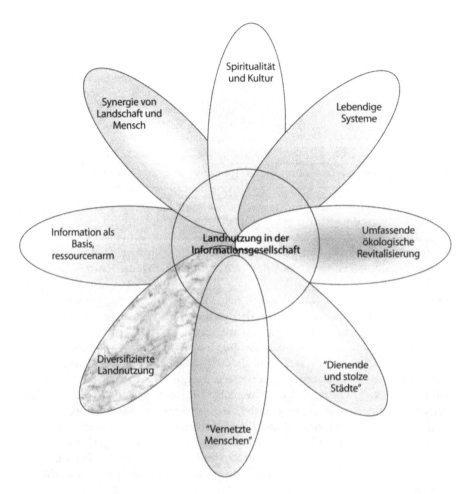

Abb. 10.5. Synthese der neuen Erkenntnisse zum Landschaftsdesign

Nachhaltige Landnutzung wird auch bedingen, daß der Mensch wieder seine Seele in die Gestaltung der Landschaft einbringen kann. Bis in das vorige Jahrhundert hinein war die Seele deshalb beteiligt, weil Landschaft auch als eine Äußerung Gottes verstanden wurde; eine Auffassung, die in fast allen Hochreligionen besteht (symbolisiert durch: „Spiritualität und Kultur" in Abb. 10.5). Vermutlich wird nur eine „beseelte" Landschaft nachhaltig sein können; mit dem Ansatz des Ecological Engineering entstehen hierfür naturwissenschaftliche Grundlagen. Eine umfassende ökologische Revitalisierung erfordert Ecological Engineering, welches „lebendige Systeme" fördert. Städte sind durch die Unterordnung unter das wirtschaftliche Primat kurzfristiger Profitabilität sehr heruntergekommen. Zugleich verachtet ihre Gestaltung grundlegende Bedürfnisse des Menschen, wie die nach Nachbarschaft, nach städtischem Leben, nach einer Verbindung von Dichte und Natur. Schöne Städte konnten früher sehr stolz wirken, wie man es an den Bauten der Wiener Innenstadt oder den

Plätzen italienischer Städte nachempfinden kann. Zugleich dienten sie dem Menschen – und dies war eine schöne Kombination, „dienende und stolze Städte" zugleich, die zu dem neuen Paradigma des Lebens mit seiner Ermutigung der Kreativität der Vielen kongenial ist.

Der Ansatz von Habers (1971, 1979, 1980, 1993) „diversifizierter Landnutzung", der historische Leistungen der bäuerlichen Landwirtschaft für die Regionalplanung verfügbar machen würde, kann auf der jetzt entstandenen Grundlage verwirklicht werden, und zwar mit Mikromärkten, Hochwertrohstoffen, Point-to-Point-Transport und anderen Möglichkeiten der Informationsgesellschaft. De Groots (1992) Ansatz ist insofern nützlich, als er eine gleichmäßige Erfüllung von vier Landschaftsfunktionen fordert: die Träger-, Produktions-, Informations- und Regulationsfunktion. Diese Forderung einer gleichmäßigen Erfüllung ist ein intuitiver Vorläufer der CCN-Strukturierung der Beziehung zwischen den vier Landschaften. Seine „Informationsfunktion" erlaubt es, die ästhetischen und qualitativen Anforderungen einer Informationsgesellschaft einzubeziehen.

In einer Informationsgesellschaft, die auf vielfältiger kreativer Nutzung von Information beruht, setzt diese Attraktivität eine hohe Kreativität der Natur und eine entsprechende Ästhetik der Landschaft voraus. Abbildung 10.5 legt einen „Resonanzansatz" für eine regionale Nachhaltigkeit nahe, der darin besteht, Landschaften und menschliche Umwelt so zu gestalten, daß sie durch eine Art innerer Resonanz jene Menschen anziehen oder ermutigen, die von ihrem Wesen her eine Affinität aufweisen zu den vielfältigen, bunten, bisweilen sogar skurrilen neuen Möglichkeiten einer nachhaltigen Informationsgesellschaft. Derartige Menschen sind gut geeignet, diese neue Wirtschaft, ihre korrespondierende Technologie, Wissenschaft und die „nichtkonventionellen" K-Faktoren[65] in „kongenialen" Regionen aufbauen. Damit wird eine Attraktivität der Umwelt derart gefordert, daß sie diese Resonanz auslöst. Auch dies begründet, Natur nicht mehr als gefällige Gartenbaulandschaften oder Technolandschaften zu gestalten, sondern die eigenständige Entwicklungsfähigkeit von Natur zu fördern, etwa durch Rückbau von verbauten Fluß- und Seenlandschaften und durch Wiederherstellung vielfältiger Funktionsvoraussetzungen komplexer terrestrischer Ökosysteme.

10.5.4
Koordination und selbstbestimmtes Wohlergehen

Für die Gestaltung der natürlichen und städtischen Umgebung sind koordinierende Arbeiten unabdingbar, also eine Funktion von oberen Systemebenen. Die großen Planungsansätze von oben sind jedoch politisch und wirtschaftlich gescheitert. Dagegen haben sich die Ansätze einer breiten Innovation und Kompetenz von unten, der Förderung des Lebendigen, als erfolgreich herausgestellt. Damit ergibt sich im Bereich der Landnutzungsgestaltung folgendes Problem: Würde man nur auf Innovation von unten setzen, kommen überwiegend suboptimale Lösungen zustande, also Lösungen für jeweils einen kleinen Rahmen, die dort hervorragend sein können, aber die schon

---

[65] Als „K-Faktoren" einer Region (Huber 1992) werden jene Voraussetzungen einer Regionalentwicklung bezeichnet, die mit „K" anfangen, und zwar Kreativität, Kommunikation, Kunst, Kooperation und Kompetenz.

zu den nächstgrößeren menschlichen und wirtschaftlichen Gemeinschaften überwiegend nicht paßfähig sind. Derartige „Suboptimalität" kann nur durch koordinierende Vorgaben von oben vermieden werden. Aber die Koordinatoren müssen zuhören, sie dürfen nur Rahmen vorgeben, aber kaum Inhalte. Sie sind aufgefordert, „systempaßgerecht" zu fördern.

Ein entsprechender Einstellungswandel zeigt sich z. B. schon an Regionalentwicklungen, wie sie zusammenfassend in einer Heftreihe mit dem Leitspruch: „Wandel für die Menschen – mit den Menschen"[66] dargestellt sind. Derartige Regionalentwicklungen wurden u. a. in Finnland, Schweden, Großbritannien und Deutschland begonnen.

10.5.5
Bestehende Synergien zwischen Wirtschaft und physischer Landschaft

In Regionen, die einen hohen Anteil ihres Einkommens aus dem Bereich Fremdenverkehr, Erholung und Freizeit (FEF) erzielen, war es zuerst möglich, Synergien zwischen regionalen Ökosystemen, Bevölkerung und Wirtschaft zu erreichen, da der FEF-Bereich bezüglich landschaftlicher und Umweltqualität anspruchsvoll sein muß. Der FEF-Bereich bedeutet weltweit die größte Branche und wächst weiter an. Da die FEF-Angebote weltweit rascher zugenommen haben als die Nachfrage, sind dennoch viele touristische Regionen in wirtschaftliche Krisen geraten. Es erfolgt ein Qualitäts- und ein Preiswettbewerb, wobei einige Regionen vermehrt auf Qualität, andere auf niedrige Preise setzen. Eine Reihe von touristischen Region reagieren mit der Schaffung neuer Attraktionen wie beispielsweise im touristischen Deutsch „Center-Parks" mit zahlreichen „Events" und „Mega-Events". Die Nachfrage ist lebhaft, aber andere Touristen meiden derartige Gebiete. Bei all diesen Ausweitungen im FEF-Bereich wird Natur fast immer verstärkt ausgebeutet.

Viele Touristen können mit Aufwertungen im städtischen und ländlichen Raum gewonnen werden, etwa in Form von Revitalisierungen von Innenstädten, Aufwertungen des Landschaftsbildes und Verbesserung der ökologischen Lebensfähigkeit der Umgebung. Jedoch hat sich die Vielfalt der Interessen so sehr erhöht, daß es nicht möglich ist, nur eine Antwort zu geben, die allseits befriedigt. Auch dies demonstriert die Verzweigung im menschlichen Wunschkatalog zwischen extrem technisierten FEF-Umgebungen und möglichst wilden, naturnahen Umgebungen. Auch hier gibt es Menschen, die sowohl Mega-Events als auch stille Natur nachfragen. Dies ist nicht vereinbar, sondern demonstriert, daß „Nachhaltigkeit Beschränkung braucht" (Sorkin).

Trotz dieser Konflikte sind bei touristischen Qualitätsverbesserungen Synergien durch regionale Revitalisierungen möglich. Eine Form ist der „sanfte Tourismus", wenn er mit einem regional deutlich verminderten Kfz-Verkehr einhergeht; einige Regionen werben sogar mit fast vollkommener Autofreiheit. Die Bewohner und Touristen „bezahlen" zwar mit der Einschränkung ihrer Autonutzung; aber beide profitieren zugleich; die Bewohner durch erhöhte Einnahmen aus Tourismus, ihre Gäste durch höhere Urlaubsqualität aufgrund geringerer Verlärmung, weniger Gefährdung ihrer ortsfremden Kinder und alle durch bessere Luftqualität.

---

[66] Tagungsberichte Band 10, IBA Gelsenkirchen, 1994.

Eine vorbildliche Synergie führte zur Gründung des Nationalparks Neusiedler See (Burgen-land/Österreich)[67]. Nationalparks werden von der regionalen Bevölkerung oft massiv abgelehnt. Der Neusiedler See ist ein ausgedehnter Plattensee in den Ausläufern der ungarischen Tiefebene, der kaum tiefer als 1,50 m ist und daher ein verhältnismäßig geringes Wasservolumen aufweist. In seinem Umfeld werden Wein und Getreide angebaut, was wegen der sandigen Böden hohen Dün-gemitteleinsatz erfordert. Die Düngemittel werden in den flachen See eingetragen und verursa-chen dort eine ausgedehnte Eutrophierung (Überdüngung) mit der Gefahr von weiträumigem Algenwachstum. In den frühen 1980er Jahren erfolgte erstmals eine umfangreiche Algenblüte, die Fischsterben verursachen kann und wegen möglicher Gefährdungen der Badegäste sehr gefürch-tet wird.

Eine Lösung des Problems wurde 1987 nach umfangreichen wissenschaftlichen und admini-strativen Vorarbeiten in einem speziellen einwöchigen Klausur-Workshop[68] erreicht, zu dem aus-gesuchte Vertreter aller Interessengruppen eingeladen waren: Landwirtschaft, Gewässerökologie, Fremdenverkehr, Naturschutz, Landes- und Bundesregierung. Eigens ausgebildete Beamte der Burgenländischen Landesregierung erstellten in diesem Workshop zusammen mit den Teilneh-mern einfache, integrierte sozioökonomisch-ökologische Modelle des Zusammenwirkens der genannten Bereiche der Region Neusiedler See. Es ist sehr wichtig, die Verwaltung von Anfang an maßgebend einzubeziehen. Sie kann Lösungen blockieren oder fördern. Sie blockiert, wenn sie nicht zentral beteiligt ist. Modellsimulationen ergaben schließlich am dritten Tag eine Lösung, von der alle Interessengruppen massiv profitierten: Die Landwirte gehen danach in sogenannten „Rekreationsflächen" vom Getreide- und Weinanbau ab und mähen statt dessen ihre Flächen 2× im Jahr, und zwar einmal, bevor die geschützten Vögel, zumeist Wiesenbrüter, die Brut beginnen und einmal, nachdem die jungen Vögel die Nester verlassen haben. Die Bauern bekommen dafür nur noch den halben Subventionsbetrag pro Hektar und Jahr, erzielen aber wegen erheblich ver-ringerter Betriebsmittelaufwendungen für Dünger und Spritzmittel netto das doppelte Einkom-men. Dies überzeugte den Landwirtschaftsvertreter Dr. Fuhrmann so, daß er Tausende Hektar Landwirtschaftsfläche für die Umwidmung in Rekreationsflächen anbot. Die Vertreter der Bun-des- und Landesregierung nahmen diese Lösung erfreut an, weil sie damit ihre Subventionen deutlich verringern konnten. Die Gewässerökologen waren von dem Konzept in dem Moment sehr angetan, als ein breiter Flächengürtel rund um den See als Rekreationsfläche aus der Bewirtschaf-tung genommen wurde. Denn die so entstehenden Mähwiesen rund um den See nehmen den aus weiter entfernt liegenden Agrarflächen mit Regen zufließenden Dünger auf und lassen ihn nicht in den See gelangen. Die Tourismusvertreter sprachen sich einhellig für dieses Konzept aus, weil die Mähwiesen der Rekreationsflächen die bis dahin bestehende relative Einöde von Wein- und Getreideanbau ästhetisch vorteilhaft auflockern und Ausblicke auf den See eröffnen, die zuvor durch einen breiten, gut gedüngten Schilfgürtel blockiert waren. Die Naturschutzvertreter (Dr. Grüll) konnten ihr Glück kaum fassen, weil der Neusiedler See ein europäisches Brutvogelgebiet obersten Ranges darstellt. Hier wurde auf einfache Weise eine Lösung geschaffen, von der alle Sei-ten profitieren. Diese mehrere tausend Hektar bilden das Kerngebiet des Nationalparks Neusied-ler See, der bald danach gegründet wurde. Allerdings zog Dr. Hicke von der burgenländischen Landesregierung eineinhalb Jahre von Hof zu Hof und Gasthaus zu Gasthaus, um die Bevölkerung von dieser Lösung zu überzeugen. Der Nationalpark wirkt als Touristenattraktion und verschafft in mehrfacher Hinsicht der Bevölkerung ein deutlich erhöhtes regionales Einkommen.

Es war die Erfüllung von gemeinsamen Interessen, die hier einen raschen Erfolg ermöglichte. Synergien zwischen den ökologischen und ökonomischen Sektoren sind im FEF-Bereich frühzeitig gelungen, weil es für ökologische Verbesserungen wirt-schaftliche Belohnungen geben kann.

Eine ähnliche Konstellation wurde im MAB-6-Projekt-Berchtesgaden[69] herausgearbeitet. Der Raum Berchtesgaden ist stark touristisch geprägt und wird zudem intensiv von Naherholern aus dem Raum München nachgefragt. Als wirtschaftliches Manko dieses Raumes wird eine Unausge-glichenheit der touristischen Nachfrage angesehen, die im Sommer sehr viel höher liegt als im

---

[67] Grossmann (1987b).

[68] Administrative Leitung: Hofrat Grosina, wissenschaftliche Leitung: Grossmann. Beteiligt waren Beamte sowie Wissenschaftler der angesprochenen Disziplinen, wie Regionalwissenschaft und der Chefstatistiker des Burgenlandes, Herr Wedral.

[69] Das MAB-6-Projekt war das erste deutsche integrierte sozioökonomisch-ökologische Forschungs-großprojekt, Leitung Prof. Haber, Prof. Schaller, M. Sittard, später auch L. Spandau.

Winter. Deshalb wurden von der Region „Olympische Winterspiele 1992" angestrebt, die zugleich die Erstellung von anspruchsvollen Skigebieten gegen die Nationalparkgesetze durchsetzen und eine herausragende Werbung darstellen sollten. Von dem MAB-Team wurden 1985 drei detaillierte Varianten für olympische Winterspiele ausgearbeitet: eine „harte Variante" mit umfangreichen, bleibenden Baumaßnahmen im Nationalpark-Gebiet für Skipisten, Lifte, Parkplätze und Zubringerstraßen, eine „mittlere Variante" mit einer Mischung von bleibenden und reversiblen Baumaßnahmen, wie Ausrollen von Plastikteppichen für Parkflächen während der olympischen Winterspiele und eine „weiche Variante" ohne bleibende Eingriffe in das Nationalpark-Gebiet, aber mit Ausbau der Zubringerstraßen nach Berchtesgaden und ähnlichen Erschließungsmaßnahmen. Alle diese Maßnahmen setzten auf quantitative Ausweitung. Auch hier brachte ein Computersystemmodell[70] gänzlich andere Einsichten, nämlich, daß keine dieser Varianten, wenngleich aus jeweils unterschiedlichen Gründen, eine anhaltende Verbesserung der wirtschaftlich-ökologischen Situation der Stadt erbringen würde. Statt dessen wurde mit dem Computersystemmodell eine Revitalisierungsvariante erarbeitet, die eine Verringerung der verkehrsmäßigen Erreichbarkeit, also eine Rücknahme statt Ausbau der Verkehrsinfrastruktur im Verein mit qualitativen Aufwertungsmaßnahmen für das Stadtinnere umfaßte. Dies war nach allen Auswertungen als deutlich überlegen anzusehen; die Revitalisierungsvariante machte dann die entscheidende Empfehlung an die Praxis aus. Damit war eine Synergie von der Art formuliert worden, wie sie ungefähr seit dieser Zeit in Form des sanften Tourismus in vielen Orten verwirklicht werden.

Man verbindet mit Erschließung immer Zurückdrängung der Natur. Wenn dem so wäre, wären die hier empfohlenen Synergien ökologisch gegenüber einer weitgehenden Rücknahme der menschlichen Eingriffe und Präsenz zweitklassig. Bätzing und von der Fecht (1998) haben die Entwicklung der ökologisch sensiblen, artenreichen alpinen Kulturlandschaften über Jahre mit großer Sorge und Anteilnahme analysiert. Die alpinen Kulturlandschaften werden vor allem durch bäuerliche Landwirtschaft erhalten. Ohne diese würden Almwiesen erodieren oder im günstigsten Fall von Wald bedeckt werden. Nun ist Bergwald nicht so idyllisch, wie man spontan annimmt. Mit den Almen verschwinden die Wiesenblumen, die Diversität geht sehr stark zurück. Almen, nicht Wald, eröffnen ansprechende wechselnde Ausblicke ins Tal, durchgehende Bewaldung versperrt ihn.

Eine Mischung von Bergwald und Almwiesen ist ästhetisch reizvoller als reiner Bergwald. Diese Ansicht ist vielleicht nicht nur anthropozentrisch. Höhere Vielfalt an Pflanzen bedeutet auch eine höhere Vielfalt der Tierwelt; wechselnde menschliche Eingriffe können die Variabilität erhöhen. Dies alles kann ökologisch für die Lebendigkeit der Ökosysteme vorteilhaft sein. Insgesamt kann so eine Landschaft entstehen, die ökologisch in mancher Hinsicht hochwertiger ist als die ursprüngliche. Mit den Kulturlandschaften verschwinden auch die reichen und bewährten Kulturen aus diesen Extremräumen menschlicher Existenz, mit ihren Fertigkeiten, Sprachen und Dialekten, Sitten und Musik.

Die bäuerliche Landwirtschaft ist nicht mehr konkurrenzfähig und wird von industrieller, rationalisierter Landwirtschaft verdrängt. In den Alpen ist auch letztere in vielen Gebieten nicht rentabel und verschwindet dort komplett. Je nach Position kann man dies begrüßen oder bedauern. Bätzing und von der Fecht wollen die alpinen Kulturlandschaften erhalten. Als Lösungsansatz schlagen sie vor[71]: „In peripheren Alpenregionen, in denen fast alle Wirtschaftsbranchen große Probleme aufweisen, müssen die touristischen Potentiale genutzt werden, um die endogenen Wirtschaftspotentiale zu stärken. Aus wirtschaftlichen Gründen ist es aber nicht mehr möglich bzw. sinn-

---

[70] Grossmann und Clemens-Schwartz (1986).
[71] Zitiert aus Bätzing und von der Fecht (1998).

voll, neue Skigebiete oder andere kapitalintensive Infrastrukturen für größere Gäste-
zahlen zu errichten (Nachfragesättigung, Konkurrenz bekannter Orte, schlechte
Ertragslage), sondern es geht statt dessen darum, dezentrale und kleinere Angebote
mit Konzentration auf orts- und regionstypische Angebote in umwelt- und sozialver-
träglichen Formen zu schaffen, die zielgruppengerecht vermarktet werden. An Stelle
von nicht-nachhaltigen touristischen Monostrukturen sollen gezielt die regionalwirt-
schaftlichen Kreisläufe gestärkt werden (Zusammenarbeit Tourismus – Landwirtschaft – Handwerk usw.), damit der touristische Ertrag zur Belebung und Aufwertung
auch anderer Wirtschaftsbranchen führt.“

Hier wird der Fremdenverkehr als Finanzier dieser multifunktionalen, aber kaum
eigenständig überlebensfähigen Landschaft gesehen; auf der Basis bäuerlicher Landwirtschaft werden Systeme gegenseitigen Nutzens vorgeschlagen. Die Auswertungen
von Bätzing und von der Fecht sind je nach Standpunkt provozierend oder überzeugend.

In der „Musterstadt Visselhövede“ hat die Arbeitsgruppe RZM des Autors einen
Weg der Synergie in der Informationsgesellschaft entwickelt. Diese Fallstudie wird
weiter unten genauer dargestellt; hier geht es nur um den prinzipiellen Ansatz. Die
Kleinstadt Visselhövede mit ihren ca. 12 000 Bewohnern liegt zwischen Hamburg,
Bremen und Hannover, 60 km von Hannover entfernt. Der Auftrag der Stadt an RZM
lautete, einen neuen Landschaftsplan zu entwickeln. Der Ansatz von RZM war, die
Gegebenheiten der Informationsgesellschaft mit den Anforderungen für eine nach-
haltige Lebensweise zu verbinden, um daraus ein neues Landschaftsdesign und eine
Umweltwiederherstellung abzuleiten.

Wegen der hohen Priorität für Wirtschaft und Arbeitsplätze wurde in Visselhövede
der Weg über neue Arbeitsplätze und neue Wirtschaft als Einstieg in eine neue
Umweltgestaltung gewählt. Die Mitarbeiter von RZM haben zunächst mit ihren jeweiligen Partnern, also Landwirten, Angehörigen der Wirtschaft, Verwaltung, Schulen,
Fremdenverkehr und anderen Bürgern neue Möglichkeiten erarbeitet, Einkommen zu
erzielen und neue Tätigkeiten zu beginnen, basierend auf Mitteln der Informationsgesellschaft. Diesen Einsichten folgte stets der Brückenschlag: wie verändern diese
neuen Möglichkeiten die Anforderungen an Infrastruktur, an Wohnen, an Mitarbeiter, an Qualifikationen und daraus folgernd: wie ändern sich damit die Umwelt- und
Freizeitanforderungen? Dabei wurde deutlich, daß sich das Anspruchsniveau von Mitarbeitern, Städtern und Gästen an eine ökologisch attraktive lebendige Umwelt und
eine schön gestaltete Stadtumgebung dramatisch erhöhen wird. Diese Arbeit dauerte
zwei Jahre; ihre Ergebnisse ermöglichten eine nächste Arbeitsphase mit dem Land-
schaftsdesigner Michael Sorkin für ein neues Landschaftsdesign. Diese Phase begann
mit einem Workshop für dieses Landschaftsdesign. Die Teilnehmer aus der Stadt
umfaßten alle Gruppen: Politik, Verwaltung, Wirtschaft und Bewohner. Hier wurde
einleitend das bis dahin gemeinsam erarbeitete integrierte Konzept von „Leben, Wirtschaft, Arbeiten, Wohnen und Umwelt in der Informationsgesellschaft“ dargestellt.
Vertreter der Wirtschaft sind es gewohnt, ihre Ansprüche deutlich auszusprechen. Sie
forderten im Workshop eine „hochwertige ökologische Wiederherstellung“ insbesondere auch der Wasserflächen, wie Moore, Seen, Tümpel und vernäßten Gebiete, „um
die Stadt in der Informationsgesellschaft konkurrenzfähig zu machen“. Der damalige
Bürgermeister Radeloff beschwor bei den älteren Bewohnern der Stadt (und damit
den Mitgliedern des Rates, die über die weitere Finanzierung entscheiden) Bilder

ihrer paradiesischen Jugend einer einstmals weitgehend unberührten Endmoränenlandschaft. Zur weiteren Umsetzung, auch des Landschafts- und Stadtdesigns von Sorkin, wurde später die Gruppierung „Molvi", Modell Landschaftsplan Visselhövede, gegründet. Hier waren die neuen Anforderungen informationsbasierter Wirtschaft an ihre natürliche und städtische landschaftliche Umwelt aus der eigenen Erfahrung mit neuen Einkommensmöglichkeiten rasch zur Selbstverständlichkeit geworden. Damit ist es natürlich noch ein weiter Weg bis zu einer Umsetzung; aber eine Ausrichtung auf eine tragfähige Entwicklung ist erreicht.

Die Auswertung in Abschnitt 9.1 besagt, daß die in Visselhövede erkannten Zusammenhänge zwischen hochwertiger Landschaftsumgebung und informationsbasierter Wirtschaft in Zukunft allgemeiner gültig werden; die Arbeit in Visselhövede ihrerseits besagt, daß diese Zusammenhänge mit – gemessen an ihrer Bedeutung für die Verteilung finanzieller Mittel – akzeptablem Aufwand zu erarbeiten und zu vermitteln sind.

Zunehmend bemühen sich viele Bewegungen für den ländlichen Raum um eine nachhaltige Beziehung von Mensch und Natur, wie die „Eco-Village"-Bewegung (Information durch Hamish Stewart, Secretary to the Global Eco-Village Network, Dänemark, sowie durch Internet-Suche, siehe auch den Band der INES-Tagung[72] 1996, publiziert durch Smith und Tenner 1997). Wenn diese Bewegungen die hier angesprochenen möglichen Synergien zwischen informationsbasierter Wirtschaft, Arbeitsplätzen, Wohlbefinden der Menschen und ökologischer Revitalisierung heranziehen, entstünde ein breites Spektrum von tragfähigen Lösungen für eine nachhaltige Lebensweise.

10.5.6
Cyberland- und -forstwirtschaft: Neue Optionen

„Cyberlandwirtschaft" bzw. „Cyberforstwirtschaft" sind jene Formen der Land- und Forstwirtschaft, die ökologische Komplexität durch die Mittel der Informationsgesellschaft als Nutzökosysteme für den Menschen ermöglichen und deren Erträge unter anderem in informationsbasierten Mikromärkten abgesetzt werden. Cyberlandwirtschaft und Cyberforstwirtschaft werden zum einen die gewohnten Produkte herstellen wie Getreide, Gemüse und Obst, zum anderen nachwachsende Hochwertrohstoffe, die weiter unten dargestellt werden. Die für diese Bewirtschaftungsform notwendigen intelligenten Maschinen können zugleich wesentlich komplexere Formen bearbeiten, die durch Mischkulturen und kleinräumige, wieder mit Hecken abgegrenzte Felder entstehen. Durch „intelligente" Bewirtschaftung mit geographischen Informationssystemen (GIS), GPS-Einsatz (Global Positioning System, dies ist eine satellitenbasierte genaue Ortsbestimmung, die eine computerunterstützte ortsgenaue Feldbewirtschaftung unterstützt), Einsatz von Ökosystemmodellen[73] und feine Bewirtschaftungs- und Bearbeitungsmaschinen wird der Ressourcenaufwand deutlich gesenkt, die Verluste bei Ernte, Transport und Lagerung vermindert. Das Monitoring, also die Überwachung der jewei-

---

[72] Aus der Selbstdarstellung von INES: „The International Network of Engineers and Scientists for Global Responsibility (INES) is a nonprofit NGO (non-governmental organization) recognized by the United Nations, concerned about the impact of science and technology on society."

[73] Eine derartige Methodenintegration für ökosystemare Aufgaben wird in Fränzle et al. (1991) vorgestellt.

ligen ökologischen Entwicklung, wird durch diese Ansätze ebenfalls erheblich verbessert; intelligente Auswertungsverfahren eröffnen hierzu allmählich bessere Perspektiven (Fischer 1992). Die Kombination von GIS mit dynamischen Wachstumsmodellen ergibt Zeitabläufe von geographischen Karten über den Ablauf des Wachstums. Auf GIS-Basis können in der Kombination mit visueller Software auch Filmabläufe erzeugt werden, wie sie Steinitz für seine Regionalplanung erstellt (Steinitz 1990). Mit diesen gleichen Mitteln kann der Bewirtschaftende rasch eine abweichende Entwicklung erkennen, sich darauf einstellen und ermitteln, was er hiervon ernten und wie er dies weiter managen kann. Produkte aus biologischem Anbau erleben eine beständige Nachfragesteigerung.

Cyberland- und Cyberforstwirtschaft wird die etablierte Land- und Forstwirtschaft ergänzen und schließlich ablösen, da sie deutlich höhere finanzielle Erträge pro Flächeneinheit verspricht und umweltfreundlich agieren kann. Die höchstentwickelte Form könnte eine Cyberagroforstwirtschaft, also eine Mischung von Land- und Forstwirtschaft auf derselben Fläche auch für temperierte Zonen, darstellen.

Für diese Landwirtschaftsformen gibt es viele günstige Ansatzpunkte. Derzeit erfolgen in der Landwirtschaft der EU in widersprüchlicher Weise gleichzeitig Intensivierung und Ökologisierung. Das Ausmaß an möglichen Landnutzungsänderungen ergibt sich aus einer GIS-basierten Agraroptimierung der Landnutzung über die gesamte EU, durchgeführt an der Agraruniversität Wageningen[74]. Berücksichtigt wurden in kleinräumiger Auflösung Klima, Boden und andere ökologische Standortbedingungen für Landwirtschaft. Bei wirtschaftlich optimaler Aufteilung der gegenwärtigen Produktion auf die europäischen Agrarflächen würden nur ca. 30 % der gegenwärtig genutzten Fläche zur landwirtschaftlichen Versorgung Westeuropas benötigt. Beispielsweise würde die Getreideerzeugung weitgehend auf Südwestfrankreich konzentriert, das bezüglich Boden, Niederschlag und Sonneneinstrahlung hierfür optimal ist. Durch weiter steigende Produktivität wird der Flächenbedarf noch zurückgehen.

Mit den parallelen Landnutzungsänderungen der Intensivierung und des Brachlegens werden wirtschaftliche, nicht ökologische oder landschaftliche, Ziele verfolgt. Auch wenn das Stillegungsprogramm fast ausschließlich nach wirtschaftlichen Kriterien vorgeht, entstehen dabei gebietsweise, wenngleich eher zufällig, wertvolle Naturgebiete. Die bedeutenden Flächen, die nach der Auswertung aus Wageningen im europäischen Agrarbereich zur Disposition zu stehen scheinen, eröffnen Chancen für eine weitreichende zukunftsträchtige Gestaltung.

Dies wird durch zwei Umstände gefördert, erstens durch das Gatt-Nachfolgeabkommen für die Landwirtschaft und zweitens durch ein bei der EU-Kommission wachsendes Interesse am Aufbau einer robusten Landwirtschaft. Dies ist die Folge von vielfältigen Kalamitäten, wie die wiederholten Ausbrüche von Schweine- und Geflügelpest, das anhaltende Auftreten von Scrapie in britischen Schafherden und seit Mitte der 1980er Jahre eine noch nicht völlig überwundene Durchseuchung besonders der britischen Rinderherden mit BSE. Diese Notlagen waren und sind für die EU jeweils sehr kostspielig; viele kamen unerwartet. Fast alle wurden durch kostengünstige Intensivlandwirtschaft ausgelöst. Der Übergang zu einer ökologischen Landwirtschaft („biologischer Anbau") wird dadurch erleichtert, daß ökologisch orien-

---

[74] Berichtet von Nico de Ridder und Martin van Ittersum, Agraruniversität Wageningen; Seminar am Zaragoza Institute for Advanced Rural Studies, Spanien, 1998.

tierte Produktion deutlich robuster ist und die Nachfrage nach derart „biologisch" erzeugten Lebensmitteln schneller zunimmt als die Produktion.

Ökologische und landschaftliche Ziele sollten durch GIS-basierte Überlagerung von Wünschen aus drei Bereichen abgeleitet werden: aus der ökologischen Wertigkeit der jeweiligen Gebiete, dem regionalen Anforderungsprofil und der landwirtschaftlichen und regionalen Nutzungseignung. Diese drei Bereiche sind miteinander räumlich in Beziehung zu sehen. Dazu werden Karten eines Gebietes für die verschiedenen Bereiche in einem GIS überlagert. Beispielsweise hängt das Anforderungsprofil der räumlichen Verteilung der Erholungsnachfrage mit der Lage von Zugangswegen und Siedlungen zusammen, die ökologische Wertigkeit mit der Lage von Naturschutzgebieten, Wäldern und Gewässern. Die Überlagerung im GIS erfolgt so, als ob man z. B. die Karten für Erholungsnachfrage und Erholungsmöglichkeiten übereinanderlegt, gegen das Licht hält und daraus sieht, wie sie zueinander liegen[75]:

- Ökologische Wertigkeit: Diese wird abgeleitet aus thematischen Karten über geographische Lage, Gewässer, Orographie (Hangneigung, Höhe und Hangausrichtung), Mikroklima, Grundwasser, Geologie, Boden und Bodenwassergehalt. Hierzu kommen Karten über das Vorkommen von seltenen oder wertvollen Arten, auch Karten historischer Natur, sowie Berichte über das Vorkommen solcher Arten.
- Regionales Anforderungsprofil: Dies ergibt sich aus der Lage von benachbarten Siedlungen, der Erreichbarkeit der verschiedenen Gebiete, der Verteilung der Erholungsnachfrage aufgrund von lokalen Präferenzen und den Fremdenverkehrsgebieten mit ihrem jeweiligen Fremdenverkehrsaufkommen. Hierher gehören auch sonstige ökosystemare Leistungen wie Grundwassererzeugung, Erosionsschutz (durch Wälder), Windschutz und regionale Attraktivität aus dem Landschaftsbild.
- Landwirtschaftliche Nutzungseignung: In einer landwirtschaftlich genutzten Landschaft ist die landwirtschaftliche Nutzungseignung entscheidend. Um diese in ihrer geographischen Verteilung zu ermitteln, sind die unter Punkt 1 genannten ökologischen Standortbedingungen heranzuziehen, aber auch die Lage von Abnahmegebieten für die Produkte, um Wege zu verkürzen, sowie die Lage zu infrastrukturellen Zentren, um Transporte möglichst effektiv zu gestalten.

Mit der Berücksichtigung dieser drei Bereiche kann man Stillegungen sehr viel gewinnbringender planen, weil man hierbei auch ökologische Leistungen für Mensch und Umwelt bewerten und entsprechend abgelten kann. Obwohl diese Möglichkeiten seit geraumer Zeit bekannt und ausreichend diskutiert sind, wurden sie bisher nicht verfolgt, weil der Handlungsdruck fehlte. Wahrscheinlich kann man jetzt mit den neuen regionalen Anforderungen des wirtschaftlichen Aufstiegs in der Informationsgesellschaft ein so entscheidendes zusätzliches Motivationsinstrument formulieren, daß diese Schritte eingeleitet werden können. Wie im Beispiel des Workshops zu den Problemen des Raumes Neusiedler See werden auch hier oft Lösungen möglich sein, von denen alle Beteiligten deutlich profitieren. Dies erfordert wie oben eine Zusammenarbeit zwischen Landwirtschaft, Naturschützern, Tourismusvertretern, Wirtschaft und regionaler Verwaltung. Weitere Elemente derartiger Lösungen werden nachfolgend dargestellt.

---

[75] Siehe z. B. Ashdown und Schaller (1990) oder Grossmann und Schaller (1986).

Nachwachsende Hochwertrohstoffe[76]

Sicher wird es mit dem neuen Informationspotential für die vielfältigen europäischen Klimazonen attraktive neue Kulturarten geben.

Nachwachsende Rohstoffe aus der Land- und Forstwirtschaft werden breit diskutiert und auf kleineren Flächen versuchsweise angebaut. Aber fast immer sind hier die Erzeugungskosten höher als die von Rohstoffen aus anderen Quellen, und überdies ist die Ökobilanz der Erzeugung ungünstig. Brasilianischer Biosprit z. B. verursacht in seiner Erzeugung eine weit höhere Umweltbelastung als herkömmliche Benzinproduktion. Diese nachwachsenden Rohstoffe haben zumeist einen geringen Marktpreis pro Tonne Produkt. Brünig zieht eine vernichtende Bilanz für die Nutzung fast aller anderen Produkte als Holz („non-timber forest products", NTFP) für tropische Regenwälder[77]: „Nur Rattan konnte seine Position behaupten, alle anderen NTFP verschwanden wieder" (S. 152). Demgegenüber gibt es sehr viele nachwachsende Hochwertrohstoffe, von denen bisher aber nur wenige genutzt werden. Beispielsweise wird fast die gesamte Weltproduktion eines Hormons aus einem Wolfsmilchgewächs gewonnen, das eine chemisch zu diesem Hormon ähnliche Vorsubstanz liefert. Ausgehend von dieser Vorsubstanz sind nur noch wenige kleinere Bearbeitungsschritte notwendig, um das Hormon zu erhalten.

Das Potential derartiger ökologischer Hochwertprodukte ist derzeit kaum erforscht. Diese Produkte würden die in Pflanzen vorhandene biochemische Information weitgehend ausnutzen, statt daß aus relativ einfachen Eingangsprodukten in langen Prozessen komplizierte Endprodukte aufgebaut werden, wie es in der Arzneimittelproduktion auf Basis einer vorgeschalteten Erdölchemie geschieht. Die konventionelle Chemie erbringt typischerweise aus einer großen Inputmenge unter hohem Energieeinsatz nur geringe Mengen der begehrten Hochwertprodukte, wobei viele Abfallprodukte und oft eine deutliche Umweltbelastung anfallen. Zellstoff oder Rapsöl sind typische nachwachsende Rohstoffe, aber keine Hochwertprodukte, sondern vielmehr chemisch degradierte und ihrer biochemischen Information beraubte Produkte. Die Versorgung einer umfangreichen Menschheit mit hochwertigen Produkten kann aus Umweltgesichtspunkten weit besser aus nachwachsender Hochwertproduktion erfolgen als aus konventioneller Chemie.

Die Nachfrage nach hochspezialisierten Produkten ist von der Menge her zumeist sehr gering. Landwirtschaft ist bisher vor allem auf Massenprodukte eingestellt. Jedoch haben sich andere Industrien weitgehend von Mengenprodukten auf Hochwertprodukte umgestellt. Beispielsweise sagt Dieter Schmid[78], daß seine Gesellschaft (die Peroxidchemie bei München) nur deshalb erfolgreich war, weil das Management frühzeitig von „high volume, low value" Produkten auf „low volume, high value" Produkte umstellte. Der Preis eines Massenproduktes ist pro Gewichtseinheit normalerweise niedrig, wohingegen der Preis eines hochwertigen Produktes sehr viel höher liegt. Hochwertrohstoffe mit relativ hohem Wert könnten eine günstige Weiterentwicklung der Land- und Forstwirtschaft in Richtung informationsreiche Wirtschaft erlauben; die dabei entstehenden Feinchemikalien könnten für sie zu einer wichtigen

---

[76] In Anlehnung an Grossmann (1998b).
[77] „Jelutong and cutch made a large contribution from 1910 to 1970. Beyond this, only rattan maintained its position, while all other NTFP faded out."
[78] Persönliche Mitteilung. D. S. war bis vor kurzem Geschäftsführer der Peroxidchemie.

Produktgruppe werden. Durch die Entwicklungen seit 1990 existieren alle Voraussetzungen, um sie gut produzieren (siehe „Cyberlandwirtschaft", weiter unten) und sie weltweit gut vermarkten zu können (siehe Mikromärkte unten).

Dies wird nicht bedeuten, daß Land- und Forstwirtschaft sich vollständig auf Hochwertprodukte umstellen werden. Hochwertprodukte kommen auch von etablierten Sektoren, wie Nahrungsmittel aus biologischem Anbau. Die Nachfrage nach Produkten aus biologischem Anbau steigt in der entwickelten Welt weiterhin rasch an. Beispielsweise hat sie sich in den USA von 1993 bis 1997 pro Jahr um etwa 35 % erhöht, was zu einem hohen Interesse europäischer Bauernverbände an einer Marktausdehnung in die USA geführt hat (Quelle: Agrarstatistik des britischen Bauernverbandes 1998).

Agroforstwirtschaft für temperierte Zonen

Agroforstwirtschaft ist eine Bewirtschaftungsform, die vor allem in den Tropen durchgeführt wird, die unterschiedliche Baum-, Strauch-, Kraut- und andere Pflanzenarten miteinander auf einer Fläche kombiniert, unter Berücksichtigung der verschiedenen Lichtansprüche und Wachstumsrhythmen. Fallweise können auch Vieh und Fischteiche hinzukommen. Agroforstwirtschaft ist also eine zumeist raffinierte Synthese aus Land- und Forstwirtschaft auf einer Fläche. Manche Gewächse können nur zusammen mit anderen Pflanzen angebaut werden. Oft werden Kombinationen so gewählt, daß alle Pflanzen daraus Nutzen ziehen. Von Maydell (Universität Hamburg) hat in den 1970er Jahren eine Zusammenstellung der 500 wichtigsten Agroforstarten begonnen. Die Permakultur (Mollison 1989, 1994) stellt eine hierzu verwandte Form für gemäßigte Klimazonen dar. Durch die Vielzahl der einsetzbaren Pflanzen ist Agroforstwirtschaft, ähnlich wie Permakultur, ein guter Kandidat für die Produktion von Hochwertrohstoffen.

Mikromärkte („Microtrade") zur Vermarktung von Hochwertrohstoffen

Hochwertprodukte werden normalerweise in geringeren Mengen vermarktet. Für ein bestimmtes Produkt gibt es wenige Produzenten und wenige Abnehmer. Für einen kleinen Produzenten ist es derzeit kaum möglich, diese wenigen, weltweit verteilten Abnehmer zu erreichen. Das Konzept der Mikromärkte nutzt globale Computernetze und internationale Kundendatenbanken, um Hochwertprodukte mit kleinen Marktvolumina effektiv zu verteilen[79]. Dabei werden die Transaktionskosten durch massiven Computereinsatz sehr weit gesenkt.

Schon derzeit verfügen fast alle Bauern in Westeuropa über einen PC für die Betriebsführung; um an Mikromärkten teilnehmen zu können benötigen sie darüber hinaus nur noch ein Modem und entsprechende Software. Vieles von der benötigten Software ist sehr günstig zu bekommen, bzw. für andere Zwecke schon vorhanden; oft als Freeware. Evtl. werden sich hier Franchise-Netze aufbauen, denn es gibt schon Firmen, die Mikromärkte bedienen (laut Schwartz 1993: Frieda's Finest in Los Angeles, siehe auch Internet http://www.penpages. psu.edu/penpages_reference/10199/10199251.html).

Mikromärkte könnten für eine weiterentwickelte Land- und Forstwirtschaft eine zentrale Bedeutung erlangen.

---

[79] Siehe dazu Toffler in Schwartz (1996).

Cyberlandwirtschaft und das Informationspotential

Die Produktion vielfältiger Ressourcen in kleinen Mengen ist personalaufwendig. Für Hochwertproduktion in entsprechend komplexen Bioökosystemen muß der Bewirtschaftende sorgfältig und mit hoher Informationsgewinnung beobachten, was in seinen Bioökosystemen vorgeht, um dann – mit einer Vielzahl von Handlungsoptionen – die wertvollsten Dinge zu fördern und zu ernten. Eine personalaufwendige Landwirtschaft kann nur dann ein gutes wirtschaftliches Ergebnis erbringen, wenn zugleich mit ökologischen Anliegen auch die wirtschaftliche Profitabilität abgesichert wird.

Profitabilität wird nur möglich, wenn der Bewirtschaftende von einer neuen Technik unterstützt wird, die seine Produktivität bei Komplexität erhöht. Dies wird durch das rasch wachsende Informationspotential ermöglicht. Dieses wird damit in den Dienst einer für die Umwelt günstigen Bewirtschaftung gestellt. Mittels geographischer Informationssysteme können die ökologischen Standortbedingungen so detailliert ausgewertet werden, daß dies eine agroforstliche Planung für vielfältige Produktion unterstützt. Informationsintensive Landwirtschaft kann Computer, ökologische Modelle, GPS, GIS und Bearbeitungsmaschinen koppeln. Moderne Bearbeitungsmaschinen, wie sie auf Weltausstellungen schon gezeigt werden, sind nicht länger grob, groß und schwer, sondern klein und intelligent. Traktoren und Pflüge entsprechen mit ihrem Gewicht und ihrer unintelligenten Technik noch ganz dem industriellen Paradigma der undifferenzierten Massenproduktion. Neue Bearbeitungsmaschinen können so klein gestaltet werden, daß sie den Boden nicht länger verdichten. Diese Kopplung von Informationsverarbeitung und intelligenten Bearbeitungsmaschinen unterstützt nicht nur Komplexität der Bewirtschaftung, sondern auch eine ortsgenaue Verwendung von Hilfsstoffen wie (organische) Dünger, Wasser oder (biologischen) Pestiziden, deren Einsatz dadurch minimiert werden kann. Vor allen verringert Komplexität von landwirtschaftlichem Anbau die Ausbreitung vieler Schädlinge. Minimierung der Hilfsstoffe ist in biologischer wie in konventioneller Landwirtschaft erwünscht, da Hilfsstoffe Aufwand und Kosten verursachen und da auch von organischem Dünger (wie etwa Mist) Nitrate in das Grundwasser gelangen könnten. Der Autor kann aus praktischer Erfahrung bestätigen, daß schon die GIS-Anwendung oft eine deutliche Kostenverringerung ermöglicht.

Es werden in der Literatur weitergehende technische Konzepte erörtert, etwa in hoher Zahl billige und winzige Mikrochips mit eingebauten Sensoren, Sendern und Empfängern in den Boden einzubringen, die bei den Bearbeitungsprozessen mit den Bearbeitungsmaschinen kommunizieren, etwa Daten über Mineralstoffgehalte des Bodens oder Bodenwassergehalt weitergeben. Diese Mikrochips werden bei der Ernte wieder weitgehend mit eingesammelt. Dieses Vorgehen wäre für organischen Landbau genauso nützlich wie für konventionelle Landwirtschaft. Für beide Formen erlauben feinverteilte Sensoren, die Ausbringung von Hilfsstoffen zeitlich und örtlich besser abzustimmen und die Bearbeitung sehr viel präziser vorzunehmen.

Neue Möglichkeiten der Cyberlandwirtschaft entstehen derzeit vor allem aus Weiterentwicklungen der konventionellen Landwirtschaft, aber vieles davon erlaubt – durch seine Informationskomponenten und seine Vernetzung – eine diversifizierte Hochwertproduktion.

Dieser Ansatz könnte insgesamt eine hoch diversifizierte und profitable Landwirtschaft mit guten Einkommen und mehr Arbeitskräften pro Flächeneinheit ermöglichen. Auch regionalpolitisch wird diversifizierte Landnutzung dringend benötigt, denn sie verspricht nicht nur ein höheres Maß an Nachhaltigkeit der Landbewirtschaftung, sondern auch höhere Einkommen und einen höheren spezifischen Arbeitsbedarf pro Flächeneinheit. Höhere Personalintensität bei verbessertem Einkommen könnte die personelle Ausdünnung des ländlichen Raumes beenden. Derzeit erschwert der Bevölkerungsverlust in vielen Regionen es zunehmend, nach dem Prinzip der Zentralen Orte hier noch Krankenhäuser, höhere Schulen und angemessene Versorgungen zu finanzieren. Der Bevölkerungsverlust in ländlichen Räumen hat schon zum Zusammenbrechen von Regionen geführt; in jedem Land Westeuropas sind in den letzten Jahrzehnten Tausende von Dörfern aufgegeben worden. In Spanien etwa sind Dörfer betroffen, die über Jahrtausende von Menschen bewohnt waren.

Entwicklungsperspektive der ländlichen Räume in der Informationsgesellschaft

Als langfristige nachhaltige Entwicklungsperspektive bietet sich eine hochgradig diversifizierte Land- und Forstwirtschaft an, die mit den neuen Möglichkeiten des Informationspotentials aufgebaut werden kann. Diversifizierte Landnutzung erbringt eine ästhetische, ökologische und wirtschaftliche Attraktivität der bäuerlichen Landschaft und spiegelt auch im ökologischen Bereich den Wunsch des Menschen nach Entfaltung und Entwicklung wider.

Es wird überwiegend zu einer derartigen komplexen und diversifizierten Landnutzung kommen, denn diese Entwicklung ist durch das rasche Anwachsen des Informationspotentiales und die Notwendigkeiten der Nachhaltigkeit vorgezeichnet. Nur auf diese Weise entstehen lebensfähige Agroökosysteme mit hohem wirtschaftlichen Ertrag.

Diese Überlegungen werden noch nicht in den nächsten 10 Jahren umgesetzt werden können; auch weil die Landwirtschaft sehr konventionell und langsam in der Änderung ist. Gleichwohl werden Komponenten dieser Entwicklung an vielen Stellen erkundet und eingesetzt. Sie sollten systematisch für die hier beschriebene Synergie zwischen den vier Landschaften entwickelt werden. Denn es geht darum, innerhalb der nächsten Jahre des Übergangs zur informationsbasierten Wirtschaft die richtigen Wege zu eröffnen und dafür die richtigen Kenntnisse und Einstellungen zu vermitteln.

10.5.7
Beiträge der Cyberland- und -forstwirtschaft für die Nachhaltigkeit

Die physische Landschaft erbringt Beiträge für die Nachhaltigkeit, ganz besonders aus ihrem Agrar- und Forstsektor. In Abb. 10.6 sind einige der grundlegenden Beiträge zusammengefaßt, die die physische Landschaft liefern könnte und müßte.

Nachhaltige Erzeugung. Der gegenwärtige hohe Verbrauch von fossilen Energieträgern für Dünger, Maschinen, Transport und Lagerung von landwirtschaftlichen Produkten wird allgemein als nicht nachhaltig erachtet. Generell bewegt sich die Wirtschaft in Richtung Nachhaltigkeit[80], wodurch mittelfristig eine weiterentwickelte ISO 14 000 bedeutende Auswirkungen auf die Land- und Forstwirtschaft ausüben dürfte. Denn

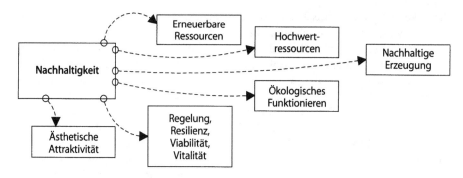

Abb. 10.6. Notwendige Beiträge der physischen Landschaft zur Nachhaltigkeit

ISO 14 000 bedingt letztlich, daß alle Zulieferer einer Unternehmung ebenfalls ISO 14 000 kompatibel sein müssen. Damit dürfte absehbar sein, daß die nachhaltige Produktion aller Eingangsprodukte von der ISO 14 000 gefordert werden wird. Land- und Forstwirtschaft werden sich spätestens dann nachhaltig entwickeln müssen.

> Anmerkung zur Auswirkung auf die Nachhaltigkeit: Die Wirkung von Auflagen aus ISO 14 000 und ähnlichen Rahmenwerken auf tropische Wälder dürfte verheerend sein. Es wird zu Umnut- zungen der Waldflächen kommen, um nicht einer strengen Kontrolle auf langfristige Nachhaltig- keit der Waldbewirtschaftung zu unterliegen. Umnutzung bedeutet Abholzung und Wandlung in Agrarflächen selbst auf jenen Standorten, die dafür ökologisch ungeeignet sind. Um solche gegen- produktiven Reaktionen zu verhindern, muß jedes Rahmenwerk für Nachhaltigkeit also mit Anreizen für ökologisches Wirtschaften verbunden werden.

Ökologisches Funktionieren. Ökologisches Funktionieren hängt langfristig von Vielfalt und Variabilität ab. Vielfalt ist eine Voraussetzung, damit Agroökosysteme einerseits Hochwertrohstoffe und andererseits Massenprodukte mit geringem Res- sourceneinsatz erzeugen können. Etwas längerfristig kann sogar erwartet werden, daß die ISO 14 000 oder Nachfolgesysteme ausdrücklich Erzeugung der Ressourcen aus Ökosystemen verlangt, die resilient und viabel sind.

Ästhetische Attraktivität und ihre Voraussetzungen. Derzeit wird in vielen Län- dern verlangt, daß die Ökosystembewirtschafter Sozialleistungen, wie etwa Beiträge zum Landschaftsbild und zur ästhetischen Attraktivität, unentgeltlich erbringen. Ent- sprechend erfolgt ihre Subventionierung ausschließlich über die Produktionsmenge oder den Umfang stillgelegter Fläche, nicht über soziale Leistungen. Es wäre günsti- ger, nicht die Produktion zu subventionieren, sondern ökologische und soziale Lei- stungen zu entgelten, so daß die Land- und Forstwirte ihre Einkünfte im Markt aus der Produktion und durch staatliche Maßnahmen aus der Erbringung von Sozialleis- tungen erzielen. Im Moment erfolgt über die unbezahlten Sozialleistungen eine, wie dies Vertreter der Forstwirtschaft bezeichnen, „zunehmende Ausbeutung der Forst- wirtschaft durch die weiße Industrie" (Fremdenverkehr, Erholung, Freizeit). In der Landnutzung ist das Entstehen vielfältiger CCNs anzustreben. Diese können jedoch

---

[80] Vgl. ISO 14000 oder Winter (1993, 1995).

nur bei wechselseitigem Nutzen – also für die Regionen, ihre Bewohner und ihre Wirtschaft einerseits und die Ökosystembewirtschafter andererseits – entstehen, gleichgültig aus welchen Motiven die wechselseitige Förderung erfolgt. Sonst besteht bei ästhetischer Aufwertung des Landschaftsbildes durch diversifizierte Landnutzung die Gefahr oder fast die Gewißheit einer noch zunehmenden Ausbeutung der Forstbetriebe durch Fremdenverkehr, Erholung und Freizeit. Damit würden CCNs wirkungsvoll verhindert; ein Mißerfolg regionaler Politik wäre ziemlich gewiß.

10.5.8
Landschaftssanierung von Altindustrieflächen

Bergbaulandschaften und andere massiv überformte Gewerbe- und Industriefolgelandschaften, wie alte Hafenanlagen, Chemie- oder Stahlkomplexe, stehen vielerorts im Mittelpunkt von Maßnahmen zur Revitalisierung und hochwertigen Nachnutzung. Ein Beispiel ist der IBA-Emscher-Park, andere Beispiele sind viele Häfen, wo ehemalige Hafenflächen für eine hochwertige Nachnutzung durch anspruchsvolles Wohnen oder Geschäftshäuser gewandelt werden, wie in Hamburg, London, Manchester und anderen Regionen Großbritanniens[81], selbst in etwas weniger entwickelten Ländern wie in Argentinien (Hafen von Buenos Aires). Dabei werden allerdings bisher nur vereinzelt auch größere Freiflächen zugelassen.

Landschaftssanierung erfolgt auch als Rückbau von Gebirgsbachverbauungen oder in flacheren Landschaften als Rückbau von Hochwasserdämmen, Beseitigung von Flußbegradigungen und Neuvernässung ehemaliger Auenflächen. Derartige Maßnahmen werden z. B. mit Förderung seitens des BMBF erforscht (Projekt an sechs kleineren Flüssen), und neuerdings auch durch die Versicherungswirtschaft gefordert, um Überschwemmungsschäden zu vermindern. In größtem Maßstab erfolgt ein Rückbau von Flußlandschaften seit einiger Zeit durch das US Civil Corps of Engineers, basierend auf Ecological Engineering.

Dies markiert eine Umkehr vom Landschaftsverschleiß zu einem „Landschaftsrecycling" (Maierhofer 1993).

Die Aufgabe einer innovativen Landschaftssanierung stellt sich in den neuen Bundesländern in großem Ausmaß besonders in ehemaligen Braunkohlen- oder Bergbaugebieten, aber auch in anderen Altindustriestandorten. Es ist anzunehmen, daß hierbei weit hochwertigere Landschaften angestrebt würden, wenn die Sanierung auf das Entstehen einer informationsbasierten Wirtschaft ausgerichtet würde. Dies würde jedoch breite Bewußtseinsarbeit voraussetzen, daß mit dem Neuaufbau von anderswo schon niedergegangener Wirtschaft wie Raffinerien, Olefinchemie, Braunkohlenkraftwerken usw. keine wirtschaftliche Zukunft erreicht werden kann. Die neuen Braunkohlenkraftwerke beanspruchen schon jetzt „Bestandesschutz" im liberalisierten europäischen Markt, sprich neue Subventionen. Diese kann der Staat nur zahlen, wenn er sie von profitablen Unternehmen zuvor einnehmen kann, also von informationsbasierter Wirtschaft. Dafür muß der Staat ihr Entstehen ermöglichen. Warum dann nicht gleich informationsbasierte Wirtschaft statt neuer Altindustrie aufbauen?

---

[81] Bradshaw und Chadwick (1980).

10.5.9
Eine bedeutende Rolle für Biosphärenreservate in der Informationsgesellschaft?

Biosphärenreservate könnten eine zentrale Bedeutung für das Gedeihen informationsbasierten Lebens und Wirtschaftens erlangen und damit zugleich eine weite Verbreitung erreichen. Dies liegt an ihrer prinzipiellen Konzeption (Abb. 10.7). Zwischen ihrer äußeren Zone, die nur wenigen Biosphärenreservatsbestimmungen unterliegt und ihrem streng geschützten Kerngebiet liegt eine Pufferzone, die betreten werden darf, aber ansonsten geschützt ist. In der äußeren Zone, der Entwicklungszone, werden vor allem etablierte bäuerliche Land- und Forstwirtschaft gefördert, da oft erst diese menschliche Nutzung zum Entstehen des Schutzguts des Biosphärenreservats beigetragen hat und die zu schützenden Güter in vielen Fällen nur durch diese Nutzung aufrechterhalten werden. Zur etablierten Land- und Forstwirtschaft kommt fast überall Tourismus hinzu. Biosphärenreservate schließen also den Schutz jener traditionellen Landnutzung ein, ohne die das Schutzgut nicht entstanden wäre und ohne die es nicht zu erhalten ist. Beispiele sind die Almwiesen im Nationalpark Berchtesgaden oder die Heideflächen im Naturschutzgebiet Lüneburger Heide.

Warum sollte nicht in der Entwicklungszone von Biosphärenreservaten statt nur Landwirtschaft auch modernste Wirtschaft entstehen, um die Biosphärenreservate zu finanzieren? Wenn man die Biosphärenreservate hinreichend groß ausweist, reicht der Platz dafür[82]. Denn diese Wirtschaft stellt so hohe Umweltansprüche, daß Biosphärenreservate ein geradezu ideales Nachbarschaftsgebiet für informationsbasierte

Abb. 10.7. Schemafunktion von Biosphärenreservaten in der Informationsgesellschaft

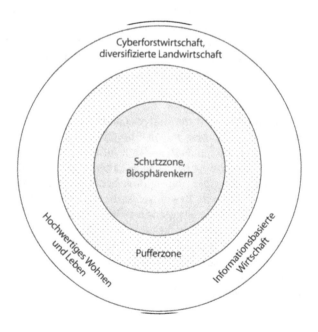

[82] Beispielsweise betragen die Flächengrößen für den Nationalpark Berchtesgaden knapp 210 km^2 Schutzgebiet mit einem „Vorfeld" von rund 250 km^2. Dieser große Nationalpark ist zugleich Biosphärenreservat.

Wirtschaft darstellen könnten. Hierbei sollte man gezielt nur umweltfreundliche Varianten der neuen Wirtschaft zulassen. Aufgrund der raumüberwindenden Eigenschaften der modernen I&K-Technologien sind auch abgelegene Standorte für die neue Wirtschaft möglich. Biosphärenreservate könnten so als Herz allseitig positiver Entwicklung der Informationsgesellschaft fungieren, da sie ein Kerngebiet enthalten, das ökologisch hochwertig und strikt geschützt ist. Die hier tätigen Menschen würden das Biosphärenreservat in ihrer Nachbarschaft als hoch attraktiv für die Region empfinden. Sie könnten mit ihrem regionalen Einkommen das Biosphärenreservat wesentlich besser aufrechterhalten, als wenn nur eine subventionierte Land- und Forstwirtschaft bestünde. Damit würde das Biosphärenreservat seinerseits von den ringsum wohnenden Menschen profitieren.

Man kann aufgrund der Anforderungen informationsbasierter Wirtschaft und ihrer potentiell sehr geringen Umweltbeanspruchung und Umweltbelastung sogar Biosphärenreservate in weit größerem Umfang als bisher ausweisen, um damit eine geschickte Wirtschaftsförderung für informationsbasierte Wirtschaft zu betreiben.

> ! Begrenzungen für die Ausdehnung von Biosphärenreservaten sind in dieser neuen Rolle derzeit nicht absehbar, auch wenn zur Zeit viele Gebiete ökologisch so wertlos sind, daß eine große Ausdehnung zuvor eine umfangreiche ökologische Revitalisierung erfordert.

10.5.10
Rückgewinnung von Siedlungen für den Menschen

Der Trend zur „autogerechten Stadt" der 1960er Jahre, eine enge wirtschaftliche Optimierung ihrer Nutzung und eine dementsprechende Architektur führten zur „Unwirtlichkeit unserer Städte" (Mitscherlich 1965). Die abstoßenden Städte waren mit ein Auslöser für die Zersiedelung des ländlichen Raumes durch Trennung von Arbeiten und Wohnen. Dies zerstörte weite Bereiche der Landschaft. Seit den 1980er Jahren erfolgt eine Rückgewinnung von Städten und sogar von Stadtzentren für den Menschen, u. a. durch liebevolle Objekt- statt schematischer Flächensanierungen. Als frühe Ansätze sind Abraham Beers „Revitalisierung des Inneren der Stadt Hamburg" oder die Herangehensweise von Vester und von Hesler (1980) im Untermainprojekt zu nennen. Die Informationsgesellschaft eröffnet Möglichkeiten, die in der Industriegesellschaft notwendig gewordene räumliche Trennung der menschlichen Hauptaktivitäten[83] zu überwinden und die physische Landschaft in einer ganzheitlichen Weise für den Menschen wiederzugewinnen. Diese Überwindung der räumlichen Trennung dieser Hauptaktivitäten wurde oben in den „neuen Fusionen" dargestellt.

Andererseits spricht sich Roszak (1986, S. 233) für eine „Entstädterung der Welt" aus: „Die Entstädterung der Welt hätte kaum Chancen, wenn die Millionen, die in die Städte strömen, wirklich dort leben wollten. Vieles deutet jedoch darauf hin, daß die passionierten Städter wie eh und je eine Minderheit sind. Wenn das so ist, dann braucht man die Entstädterung nicht zu betreiben, sondern nur geschehen zu lassen. Schon die äußere Gestalt der Großstadt sagt etwas über die Wünsche ihrer Bewohner

---

[83] Hauptaktivitäten sind Wohnen, Arbeiten, Versorgen, Mobilität, Lernen, Freizeit, Erholung, Urlaub.

aus: sie wuchert. Sie überwächst ganze Küstenstreifen und Kontinente, sprechendes Bild für den Wunsch der Menschen, weiter raus zu kommen, weg von Kriminalität, Überfüllung, Schmutz und Krankheit der Innenstadt. […] Die Vorstadt war nie, wie im Mittelalter, einfach eine Erweiterung der Stadt, der die Mauern zu eng wurden; sie war immer Ausdruck der Suche nach einer ganz anderen Lebensqualität: Sonne, saubere Luft, Gras, Bäume, Frieden und Stille. Vor allem versprach sie ein Leben unter Freunden mit Sicherheit und Privatsphäre, ein Leben mit menschlichem Maß."

Wenn dem so wäre, böte die neue Vernetzung durch ihre distanzüberwindende Wirkung das Potential für eine ganz außerordentliche Veränderung der Landnutzung. Jedoch stellt die amerikanische Stadtforscherin Jacobs (1961) in ihrem epochalen Werk sehr engagiert und mit ansprechenden Beispielen die Vorteile des Leben in der Stadt dar. Es werden wahrscheinlich weiterhin beide Tendenzen parallel fortbestehen, ein neuer Zug in die Städte und eine Bewegung zum Wohnen im ländlichen Raum und am Rand der großen Städte. Friedrichs (1995, 1997) gibt einen aktuellen Überblick über den gegenwärtigen Stand, auch mit einer Perspektive der langen Entwicklungszyklen. Am Ende von Abschnitt 11.4.4 werden Vorstellungen entwickelt, wie Cybercities aussehen könnten; in Abschnitt 10.5.9 wurden die von Roszak genannten Bedürfnisse in einer informationsbasierten Form mit Biosphärenreservaten neuen Stils zusammengebracht.

10.5.11
Cybertransport

Durch die Einwirkung des Informationspotentials hat sich der Transportbereich schon massiv verändert. Diese Änderungen sind ökologisch selten günstig, oft nur neutral, oft wirken sie sogar verkehrserhöhend.

Die Fertigung auf der Basis von „just-in-time" bedeutet die Lieferung von benötigten Gütern genau zum Zeitpunkt des Bedarfs, etwa zum Einbau. Der Umfang von just-in-time ist so groß, das dies in den USA schon zur Halbierung des allgemeinen Lagerumfangs geführt hat. Diese Fertigung ist in der Lage, große Verkehrsströme zu erzeugen.

Der Point-to-Point-Transport wurde bei dem Firmenbeispiel FedEx erwähnt. Diese Transportform könnte Transporte verringern, wird aber wahrscheinlich die durchschnittliche Transportentfernung erhöhen und die Transportkosten weiter verringern. Insgesamt könnte auch Point-to-Point-Transport damit ökologisch eher ungünstige Wirkungen hervorrufen.

Durch einige der neuen Fusionen – Telearbeit, Televersorgung, Telemedizin, Telekonferenzen oder Fusionen von Freizeit und Wohnen – können Transport und damit einige Arten von Verkehrsinfrastruktur in der Informationsgesellschaft bei geschickter Entwicklung stark an Umfang und Bedeutung verlieren. Diese Verminderung erfolgt jedoch nicht für alle Arten von Transport. Vielmehr ist informationsbasierte Wirtschaft auf einen umfangreichen Austausch von Schlüsselpersonen angewiesen. Zusammen mit dem globalen Wirtschaftswachstum und rasch zunehmender touristischer Nachfrage erfolgt derzeit eine Nachfrageausweitung nach leistungsfähigen, möglichst internationalen Flughäfen. Auch hier nimmt der „Point-to-Point-Transport" dadurch zu, daß zunehmend Flüge von Quell- zu Zielort mit möglichst wenig Umsteigen nachgefragt werden. Dies bedingt den direkten Verkehr von kleineren Flugzeugen zwischen vielen kleineren Flughäfen. Entsprechend ist der Airbus A340 dafür konzipiert, interkontinentale Stadt-Stadt-Verbindungen zwischen mittelgroßen

Städten wirtschaftlich zu machen. British Air macht es seit 1999 zu ihrer neuen Firmenpolitik, möglichst viele Städtedirektverbindungen anzubieten.

Trotz weiter zunehmender Personentransporte könnten wenigstens Gütertransporte durch geschickte Informationsverarbeitung deutlich vermindert werden. Eine geeignete Maßnahme wäre die lokale Erzeugung mit Vermarktung über das Internet – damit die Menschen auf entsprechende Aktivitäten in ihrer Nachbarschaft aufmerksam werden können. Eine andere Form eröffnet sich bei UPS. UPS strebt durch Nutzung des neuen Informationspotentials eine drastisch erhöhte Auslastung seiner Transportmittel – Schiffe, Flugzeuge, Lkw – an, die heute noch oft halbleer fahren. Dies könnte die Zahl der Fahrten vermindern.

Auch wenn der Ausblick für eine Verkehrsverminderung durch Einsatz von Informationstechnologien schlecht aussieht, erlaubt der insgesamt notwendige Dematerialisierungsfaktor von etwa 50 es wohl nicht, das Kfz in einer nachhaltigen Lebensweise in seiner bisherigen Nutzungsintensität beizubehalten. Eine Lösung könnten kombinierte Transportsysteme darstellen, die öffentlichen mit individuellem Transport verbinden, so daß der Telearbeiter in seinem Teletransportvehikel zumindest während längerer Phasen des Transportes arbeiten oder sich unterhalten kann, statt ein eigenständig angetriebenes Vehikel steuern zu müssen. Dafür geeignete Autos hat Frederic Vester schon Anfang der 1980er Jahre in seiner Studie „Ausfahrt Zukunft" skizziert, die so kurz sind (wie Mercedes Smart-Car), daß sie für längere Transportentfernungen quer – und das heißt schnell – auf entsprechend konzipierte Züge auffahren können, womit ein Zug in kürzester Zeit beladen wäre. Mit der Demonopolisierung des Bundesbahnnetzes könnten jetzt Pkw-Hersteller einen Fernstreckenbetrieb aufnehmen, der solche Züge als Systemlösung mit neuartigen Pkw für individuelle Mobilität integriert[84]. Damit würde die gegenwärtige Entwicklung hin zu einer höheren Wertschöpfung in der Pkw-Produktion durch Einbau von Unterhaltungs- und Arbeitskomponenten logisch ausgeweitet werden können. Eine derartige Transportkombination würde neue Fusionen von Mobilität und Arbeit sowie von Mobilität und Freizeit ermöglichen und insofern in dem größeren, durch das Informationspotential angestoßenen, Trend zu neuen Fusionen menschlicher Hauptaktivitäten stehen.

10.5.12
Resümee: Entwicklung von Kulturlandschaften des 21. Jahrhunderts

Informationsgesellschaft, die neue Wirtschaft und lebendige Kulturlandschaften des 21. Jahrhunderts basieren auf dem gleichen neuen Paradigma, das durch Resilienz, Vitalität und Viabilität gekennzeichnet ist.

Dies gilt für bewirtschaftete Flächen genauso wie für die Gestaltung der Städte. Eine in Zeit und Raum komplexe Land- und Forstwirtschaft war bis vor kurzem von der Informationsverarbeitung her nicht möglich[85] und für Cybercities fehlten nicht

---

[84] Diese müßten allerdings als Personen-, nicht als Frachtzüge fahren, da Frachtzüge nur nachts unterwegs sind.

[85] Man könnte argumentieren, daß komplexe Landnutzung bei geringer Technik durch Einsatz vieler Menschen pro Flächeneinheit möglich wäre. In entwickelten Ländern scheidet dies jedoch aus Lohnkostengründen aus; jeder Beschäftigte in der Landwirtschaft muß für etwa 100 weitere Menschen Nahrung produzieren und daher große Flächen effektiv bewirtschaften. Für Entwicklungsländer scheidet es aus, wenn die Einkommen denen in westlichen Ländern vergleichbar werden sollen.

nur die technischen und wissenschaftlichen Möglichkeiten, sondern auch die psychischen Rechtfertigungen und wirtschaftlichen Notwendigkeiten. Die Flächen zur Umstrukturierung von Städten in Cyberstädte werden durch die flächensparenden Möglichkeiten des Informationspotentials verfügbar. Der wirtschaftliche Anreiz zur Aufwertung der Städte wird in mehrfacher Hinsicht durch die Anforderungen der Informationsgesellschaft gestellt. Die Verpflichtung, Städte ökologisch lebendig zu machen, erwächst aus der Anforderung, Städte nachhaltig werden zu lassen. Die von den Anforderungen an Verkehr her mögliche deutliche Verringerung des motorisierten Individualverkehrs macht das Wohnen in Zonen mit hoher Einwohnerdichte für viele Menschen wieder attraktiv, weil städtisches Leben immer eine bedeutende Fülle von Interaktionen ermöglichte und weil viele Menschen derartige Interaktionen suchen.

Für Land- und Forstwirtschaft sind neue Möglichkeiten dadurch verfügbar geworden, daß der Bewirtschaftende durch Anwendung ökologischer Computersystemmodelle in Kombination mit geographischen Informationssystemen auswerten und anschaulich darstellen kann, wie sich seine komplexe ökologisch bewirtschaftete Fläche mit einiger Wahrscheinlichkeit entwickeln wird und wo er was ernten kann. Eine derartige, in Zeit und Raum variierende, Landnutzung kann zugleich vielfältige Lebensmittel-, Medizin-, und Vergnügungsbedürfnisse abdecken. Diese komplexe Landnutzung bedeutet eine Hochwertproduktion, die wahrscheinlich eine Verkleinerung der pro Landwirt bestellbaren Fläche bedingt. Eine derartige komplexe Landnutzung ist besonders gut zu gestalten und zur Nachhaltigkeit anzuregen, wenn der Mensch dabei außer seinen technisch-analytischen Begabungen auch die Fähigkeiten seines Gemütes mit zur Geltung bringt.

Für Städte wie für den ländlichen Raum gilt, daß jetzt jegliche Art von Flächennutzung informationsintensiv wird, ähnlich wie nach 1800 die Flächengestaltung zunehmend energieintensiv wurde.

> Diesmal sollte, anders als nach 1800, der Übergang bewußt gestaltet werden. Es ist global eine nachhaltige, lebendige Lebensweise möglich geworden.
>
> Es existieren bedeutende wirtschaftliche Anreize, es eröffnet sich die begründete Aussicht auf die Schaffung zahlreicher langlebiger hochwertiger Arbeitsplätze und vor allem sind weit bessere Möglichkeiten erkannt worden, eine lebendige und entwicklungsfördernde Umgebung für Menschen entstehen zu lassen.
>
> Es gibt Grundlagen für eine Kulturlandschaftsgestaltung, in die der Mensch seine Seele und seine Gefühle einbringen kann.

10.6
Zusammenfassung der gegenwärtigen Hauptentwicklungen

Damit sind Kernprinzipien lebendigen Managements der vier Landschaften in einer Informationsgesellschaft ersichtlich geworden. Die Einsichten über die Wichtigkeit von Resilienz, Viabilität und Vitalität gelten genauso für Individuen, Gruppen und Unternehmen wie für Ökosysteme und Landschaften. Dieses Kernprinzip stellt damit eine Basis für Symbiosen von Mensch, Wirtschaft und Natur dar. Da Menschen, ihre Gruppen, ihre Wirtschaft und Ökosysteme zum Teil nach gleichartigen Gesetzen lebendig sind, sollten sie sich durch eine Art von Resonanz in ihrem Funktionieren gegenseitig unterstützen und stärken. Zugleich wurde die Wichtigkeit von Systemen gegenseitiger Förderung von kreuzkatalytischen Netzwerken, im Verhältnis aller vier Landschaften zueinander, erkennbar. Dies wird erst mit den Mitteln einer Informationsgesellschaft möglich. Diese Möglichkeiten erwachsen aus bedeutenden Veränderungen und Umbrüchen (Tabelle 10.2).

Die in Tabelle 10.2 zusammengefaßten Umbrüche gehen deutlich über den Übergang zur Nachhaltigkeit und das Entstehen einer Informationsgesellschaft hinaus. Gleichwohl hat man den Eindruck, daß das große Ziel der Nachhaltigkeit nicht erreichbar wäre, wenn nicht gleichzeitig alle hier genannten Umbrüche erfolgen würden.

Tabelle 10.2. Zusammenfassung zentraler Änderungen und Umbrüche

Nr.	Veränderung	Beschreibung
1	Übergang von der Industrie zur Informationsgesellschaft	Vergleichbar dem Übergang von der Agrar- zur Industriegesellschaft. Umwälzung der Landnutzung, der Wirtschaft, der sozialen Formen und Lebensstile. Ausgedehnte Nutzung der neuen Basisentität Information. Voraussetzung für eine nachhaltige Lebensweise.
2	Übergang zur nachhaltigen Lebensweise	Zentraler Übergang als Grundlage weiteren menschlichen Lebens. Nicht ohne die Implementierung einer Informationsgesellschaft möglich. Letztere jedoch muß ökologisch und sozial freundlich angelegt werden – dies geschieht nicht von selbst. Das Zeitfenster beträgt etwa 10–15 Jahre.
3	Von zunehmend ausgedehnterer Beherrschung der Natur zur Partnerschaft. Ende der „Gilgamesch-Periode" von ca. 6 000 Jahren Dauer	Dazu Tarnas[a]: „Diese Perspektive wird von dem heroischen Impuls getrieben, den Menschen von seiner ursprünglichen Einheit mit der Natur und dem Göttlichen zu differenzieren, um ein autonomes, rationales menschliches Selbst zu bilden. Es reflektiert einen archetypischen männlichen Impuls, der, wie ich erwähnt habe, uns zu einem Punkt großer Macht, großer kritischer Intelligenz, großer Autonomie und großer Krise geführt hat." Dieser „heroische Impuls" hört auf: Rückgabe der eigenständigen Entwicklungsfähigkeit an die Natur, dadurch Resilienz und Lebensfähigkeit; neues Prinzip des gleichrangigen und gleichsinnigen Profitierens.
4	Erkenntnis des „mathematisch-chaotischen Verhaltens" praktisch aller relevanten Systeme	Verlust jeglicher Aussicht auf absolute Kontrolle und daraus resultierend Verlust der Sicherheit durch eigenes Handeln. Statt dessen Erkenntnis des unabwendbaren Ausgeliefertsein an Unsicherheit und unvorhersehbare Entwicklungen. Diese Erkenntnis bildet zugleich die Basis, die Grundvoraussetzung der Selbstverantwortung, die nur in einer partiell unbestimmten Welt möglich ist.
5	Stärkung der eigenständigen Entwicklungsfähigkeit und Lebendigkeit von Individuen, Gruppen, Regionen, Unternehmen	Dies Prinzip wurde gelernt aus dem souveränen und spielenden Umgang der Natur mit den vielfältigen Gestaltungsmöglichkeiten mathematisch-chaotischen Verhaltens als Antwort weit jenseits eines Hinnehmens einer prinzipiell beschränkten Vorhersagefähigkeit. Zudem stellt es ein neues moralisches Prinzip im Verhalten des Menschen gegenüber Anderen, gegenüber Gruppen und gegenüber der Natur dar, weg von einer herrschenden hin zu einer dienenden Position, die gleichzeitig lebensfördernd ist. Tarnas[a]: „Nachdem wir unsere Freiheit erreicht haben, befinden wir uns jetzt in einer Position, um das Ganze in einer Art von liebender Selbstaufgabe in etwas Größerem so zu umarmen, daß unsere Autonomie erhalten bleibt, jedoch jene Entfremdung überwunden wird, die als Schattenseite aus dem Schmieden eines autonomen Selbst entstand."
6	Globalisierung	Vielfältiges Phänomen, im menschlichen Bereich: Bewußtsein für globale Partnerschaft miteinander sowie für Partnerschaft mit der Natur auf einem beschränkten Planeten. Das Wissen voneinander wird unterstützt durch die neuen I&K-Technologien, weltweite Austauschprozesse werden unterstützt durch billige weitreichende Transporte.

[a] Im Interview mit DiCarlo, 1996, engl. Text in Fußnote 2 dieses Kapitels bzw.: „Having achieved our freedom, we are now in a position to embrace the whole in a kind of loving surrender of self to a larger whole which will preserve autonomy while also transcending the alienation that has been the downside of our forging an autonomous self."

Tabelle 10.2. *Fortsetzung*

Nr.	Veränderung	Beschreibung
Umgang mit Offenheit der Entwicklung praktisch aller relevanten Systeme		
7	Werden und Vergehen	Diese bisher eher philosophisch-spirituellen Phänomene interessieren jetzt als rationale Wissensgebiete in allen vier Landschaften.
8	Selbstregulation (Homöostasie)	Wird nach 40 Jahren Systemtheorie in ihrer Reichweite auf Untereinheiten im Staat genauso ausgedehnt wie auf Untereinheiten von Unternehmen usw.
9	Resilienz, Vitalität, Viabilität, Kreativität	Resilienz erfährt konstruktive Anwendungen im Ecological Engineering.
Übergang in der Wissenschaft vom Einfachen zum Komplexen		
10	Komplexität, informationsreiche Wissenschaft, Systemkomplexe, Emergenz	Neuentstehen zahlreicher Gebiete, bisher nur an wenigen Universitäten oder Instituten als Schwerpunkt vertreten.
Selbstverständnis des Menschen aus „seminaturwissenschaftlicher[b] Sicht":		
11	Gaia-Prinzip	Selbstregulierung des Planeten in einer sich wandelnden Umgebung; daraus resultierend sowohl strikt naturwissenschaftliche als auch mystische Ansätze.
12	Deep Ecology	Tiefe statt simpler Fragen. Achtung vor der Umgebung statt manipulativer Einstellung zur Umgebung und Umwelt.
13	Antropisches Prinzip (antropic principle)	Sichtung und Zusammenstellung der bedeutenden Unwahrscheinlichkeiten in der Voraussetzung der menschlichen Existenz. Es resultieren tiefe Fragestellungen gegenüber Evolutionsbedingungen der Erde und des Universums.
14	Hauptparadigmenwechsel von Kontrolle zu Partnerschaft und Förderung	Tarnas[c] kennzeichnet die alte Position wie folgt: "Diese Weltsicht ist definiert durch einen andauernden Fortschritt des Menschen, geschichtlich und gegenüber der Natur, mit dem herrschenden Antrieb, sein Wissen über die Welt auszudehnen, um die Welt und die Natur für sein Wohl kontrollieren zu können. Es spiegelt sich in einem Prometheischen Impuls zu größerer und größerer menschlicher Autonomie, Freiheit und Selbstbestimmung, eine waghalsige Erforschung von neuen Horizonten, ein Antrieb, stets die Vergangenheit zu überwinden." An Stelle der Kontrolle treten jetzt Partnerschaft und Systeme wechselseitiger Förderung zwischen Individuen, Gruppen jeder Art und zwischen Mensch und Natur.
15	Vorbeugende Umweltgestaltung	Umweltgestaltungsforschung, aktiver statt passiver Ansatz zur Zukunftsgestaltung einer nachhaltigen Informationsgesellschaft. Dabei nicht länger strikte Kontrolle, vielmehr: Ermutigungsansatz für Kreativität; Vertrauen in die Entwicklung, fraktale Einbettung des Entstehenden, um die Gefahren aus Suboptimalität zu verringern. Ansatz der lebendigen Systeme. Förderung des Entstehens von kreuzkatalytischen Netzwerken aller vier Landschaften miteinander.

[b] Hier so bezeichnet, weil es zwar naturwissenschaftlich kausal abgeleitet wurde, aber von dieser Basis aus auch Fähigkeiten des Menschen außerhalb seiner Ratio einbezieht.
[c] „That world view has been defined by an emphasis on the progressive advance of the human being in history and its relationship to nature, in which the dominant impulse has been to increase knowledge of the world in order to gain control of that world and nature for human benefit. It is reflected in a Promethean impulse towards greater and greater human autonomy, freedom, self-determination, an adventurous exploration of new horizons, an impulse towards always overcoming the past."

KAPITEL 11

Handlungsoptionen zur Umsetzung

Die dargestellte Grundlage einer nachhaltigen, umwelt- und menschenfreundlichen Informationsgesellschaft bietet zahlreiche Ansätze für eine Umsetzung.
Eine Umsetzung verfolgt folgende Ziele:

- Aufbau einer Lobby für weitreichende Umweltmaßnahmen und Schaffung eines sozial freundlichen Umfeldes.
- Dazu: Hilfe bei der Hervorbringung von Arbeitsplätzen in informationsbasierter Wirtschaft.
- Dafür: Unterstützung beim Verstehen informationsbasierter Wirtschaft, Einweisungshilfen, Schulung von Schlüsselpersonen, Abbau von Ängsten, Orientierungsrahmen.
- Dafür: Zusammenbringen von lokalen Agenda-21-Gruppen und anderen in der Umweltbewegung Engagierten mit Kennern informationsbasierter Wirtschaft; Erarbeiten von Wegen für wechselseitige Förderung von Umwelt und Wirtschaft. Es profitieren auch die hier Engagierten für sich selbst, was den Anreiz zur Kontinuität sehr verstärkt.
- Ergänzend: Maßnahmen zur Förderung von Angehörigen der Randgruppen.
- Ausarbeitung von Maßnahmen im Bereich der städtischen und natürlichen Umwelt.

Eine Umsetzung enthält folgende Stufen:

- Vorträge und Workshops zum Gesamtthema Nachhaltigkeit und Informationsgesellschaft: informationsbasierte Wirtschaft, informationsbasierte Arbeitsplätze, informationsintensive Lebensstile, CCNs zwischen allen vier Landschaften.
- Arbeit mit Gruppen zu neuen Einkommensmöglichkeiten mit informationsbasierter und vernetzter Wirtschaft.
- Firmengespräche, Consulting.
- Gespräche und Workshops zur Regional- und Stadtentwicklung in einer nachhaltigen Informationsgesellschaft.

11.1
Maßnahmepakete für wirtschaftliche und regionale Viabilität

Folgende Maßnahmepakete gestatten es, das Entstehen informationsbasierter Wirtschaft zu fördern, und verbunden damit eine hochwertige ökologische Revitalisierung von Städten und ländlichen Räumen zu initiieren:

- Partnerschaftliche Arbeit mit Förderung der „Kreativität von unten" (Abschnitt 11.6.2).

- Die „Schlüsselbedingungen für günstige regionale und städtische Entwicklung in der Informationsgesellschaft" (Abschnitt 11.11).
- Die „28 neuen Fusionen" der menschlichen Hauptaktivitäten in der Informationsgesellschaft (Abschnitt 8.4).
- Anleitung zur Förderung und Verwendung von kreuzkatalytischen Netzen (Abschnitt 11.6).
- Verständnis von Strategien lebendiger Systeme in allen vier Landschaften (Kapitel 7).
- Die Methode der „integrierten Implementation in allen vier Landschaften" (Abschnitt 11.8.1).

11.2
Vorträge und Workshops

Umweltmaßnahmen sind vor allem mit der regionalen bzw. städtischen Verwaltung und Politik zu verwirklichen. Viele der hier dargestellten Vorgehensweisen haben auch in der Wirtschaft ein erhebliches Interesse gefunden. Da die Wirtschaft derzeit die höchste Priorität genießt, ist der Beginn von Umweltmaßnahmen auch im öffentlichen Bereich auf dem indirekten Weg über die Wirtschaft bzw. die Arbeitsplätze am einfachsten.

Um den Umsetzungsprozeß in die gewünschte Richtung lenken zu können, sind einleitend Vorträge für breitere Gruppierungen zu halten; die Schwerpunkte werden auf das jeweilige Publikum angepaßt. Dabei werden die Zusammenhänge von Arbeitsplätzen, Nachhaltigkeit und informationsbasierter Wirtschaft dargestellt, sowie die sieben Phasen, zunächst nur für die Wirtschaft. Es ist wichtig, daß die Teilnehmer erkennen, daß die gegenwärtige wirtschaftliche Entwicklung eine historisch mehrfach erfahrene Abwärtsentwicklung einer etablierten Wirtschaft darstellt, wobei in der gegenwärtigen Periode die einzig finanzierbare Möglichkeit für neue Arbeitsplätze darin besteht, eine informationsbasierte, vernetzte Wirtschaft aufzubauen. Diese Ausführungen werden jedoch erst dann angenommen und nicht nur angehört, wenn in praktischer Arbeit – mit einzelnen und Unternehmen – Beispiele neuer, informationsbasierter Arbeits- und Einkommensmöglichkeiten erarbeitet wurden. Spätestens dann wirken die neuen Erkenntnisse geradezu erlösend und natürlich. Der Begriff der „neuen Alphabetisierung" wird oft in überraschend zustimmender Weise akzeptiert. Dazu wird immer gefragt, wie diese neue Alphabetisierung durchgeführt werden kann, siehe Tabelle 11.6.

Als nächstes ist in den Vorträgen der neue Ausnahmerang einer anspruchsvollen und gesunden natürlichen und städtischen landschaftlichen Umwelt herauszuarbeiten. Dafür wird die Entwicklung aller vier Landschaften in den sieben Phasen verwendet und davon ausgehend begründet, daß die Schlüsselpersonen in den ersten Phasen weit zahlreicher sind als in späteren Phasen. Da sie zudem jetzt historisch erstmals in einer informationsbasierten statt materialbasierten Wirtschaft tätig sind, entwickeln sie weit höhere Ansprüche in den Kriterien Freizeit-, Erholungs- und Umweltqualität an ihren Wohn- und Arbeitsort[1]. Dies illustriert auch der Überblick

---

[1] Man lese dazu die Ausführungen von SAP, wie schwierig es ist, die von SAP benötigten anspruchsvollen Mitarbeiter nach Walldorf – dem Hauptsitz des Unternehmens – zu bekommen; einfach weil Walldorf zu klein ist und daher außer attraktiver Naturumgebung keine städtische Freizeit und Kultur bieten kann.

über die Anforderungen fünf beispielhafter informationsbasierter Unternehmen (Tabelle 9.4) oder die Aussagen des California Economic Strategy Panel usw. Damit ist die Darstellung von möglichen Synergien zwischen Wirtschaft, Sozialem und Umwelt vorbereitet.

Aus der raschen Entwicklung des Informationspotentiales, auch anhand von Beispielen[2], wird dann begründet, daß es nur eine einmalige und evtl. nur kurze Chance gibt, die gesamte Entwicklung im erstrebten Sinn zu beeinflussen. Als erstrebenswert erachten die meisten Teilnehmer die hier entwickelte integrierte Förderung von Wirtschaft, Umwelt und Sozialem. Jedoch gibt es bisweilen überraschende Widersprüche:

- Insbesondere kommt es zu Widerspruch von „grüner" Seite, wonach bisher jede wirtschaftliche Entwicklung eine Erhöhung des Ressourcen- und Umweltverbrauchs verursacht hat. Wie oben dargestellt, ist diese Sorge vollkommen gerechtfertigt. Viele Grüne können zudem nicht akzeptieren, daß ausgerechnet „die Wirtschaft" zum Verbündeten in Umweltfragen werden soll – die Unterscheidung zwischen informationsbasierter, neuer Wirtschaft und etablierter Wirtschaft wird zum Teil aus einer fortbestehenden Ablehnung des Computers nicht mitgemacht. Zudem werden hier oft die Analysen des Freiburger Ökoinstituts über den hohen Ressourcenverbrauch durch Computerfertigung und -nutzung als Gegenbeispiel angeführt[3]. Diese „erzgrüne" Position zur Informationsgesellschaft weicht jedoch auf. Der logisch nächste Schritt hin zu einer aktiven Mitgestaltung der Informationsgesellschaft wird jedoch von der Umweltseite überwiegend noch abgelehnt. Damit werden nicht nur die hier bestehenden außerordentlichen Möglichkeiten vertan, sondern der Verzicht auf eigenes Handeln führt dazu, daß einem letztlich eine ökologisch unerwünschte Variante der Informationsgesellschaft übergestülpt wird. Dies bedeutet einen zweifachen Verlust: es kommt nur in verringertem Maß zu einer selbst mitgestalteten Welt, und gegenüber dem Status quo dürfte es sogar zu einer Verschlechterung der Umweltsituation kommen. Daher wird hier so argumentiert, daß es unabdingbar ist, die effektivsten Schritte zur Förderung und Beeinflussung der Informationsgesellschaft zu unternehmen, und „Schlüsselfaktoren" für sozial und ökologisch günstiges Handeln einzusetzen. Dies beinhaltet auch, dafür zu sorgen, daß erreichte Entlastungen der Umwelt nicht anschließend neu verbraucht werden können.

- Des weiteren kommt oft Widerspruch von Vertretern der sozial Schwachen und Benachteiligten, also Vertretern der Randgruppen. Diese sind es gewohnt, heftig für ihre Klientel kämpfen zu müssen, und neigen daher dazu, den Menschen weit über die Natur zu stellen, so daß auf letztere keine Rücksicht genommen werden kann. Selbst die Andeutung von notwendigen Maßnahmen im Umweltbereich kann einige wenige Vertreter dieser Gruppen zutiefst aufbringen. Andererseits

---

[2] Wie dem enormen Wachstum eines US-Unternehmens – Amazon – und der dadurch verursachten Gefährdung eines deutschen Unternehmens – Bertelsmann, oder dem rapiden Wachstum der Citibank zur größten Bank der Welt – weil sie als erste ein informationsintensives, vernetztes Banking begann.

[3] Die ersten Dampfmaschinen hatten noch einen enormen Ressourcenverbrauch; der spezifische Verbrauch sank dann aber steil ab, vergleiche etwa den Primärenergieverbrauch zur Erzeugung einer Kilowattstunde oder den Verbrauch eines IBM-360-Mainframe der 1960er Jahre und einem 1000fach leistungsfähigeren Desktop der 1990er Jahre.

besteht gerade in diesem Kreis bei einer Mehrheit eine enthusiastische Aufnahme der hier entwickelten Ansätze zu einer breiten neuen Alphabetisierung, weil hier auch Arbeitsplätze und kreative Möglichkeiten für Angehörige der Randgruppen entstehen (siehe auch Abschnitt 11.6.2).

- Bisweilen wird die Erwartung ausgesprochen, daß Personen über 40 oder gar 50 Jahren die neue Entwicklung nicht verstehen und als verfrüht ablehnen. Junge Menschen sind im Vorteil, wenn sie mit Computerkenntnissen aufgewachsen sind. Jedoch war die Erfahrung in Firmenseminaren, daß Ältere in Führungspositionen großer Unternehmen länger und intensiver über die gegenwärtige Entwicklung der Wirtschaft nachgedacht haben als Jüngere und dabei erkannt haben, daß ein Ende der Dominanz der gegenwärtigen Basisinnovationen zu erfolgen scheint. Von daher stehen sie den hier dargestellten Einsichten des Übergangs von informationsarm zu informationsreich oft aufgeschlossener gegenüber als jüngere Manager. Dazu kommt, daß viele Ältere eine Erinnerung an die enorme Entwicklungsgeschwindigkeit und an das Ausmaß grundlegender Innovationen aus den vergangenen Phasen 2 bis 4 bewahrt haben, die Jüngeren fehlt. Aus dieser Erfahrung heraus fällt es Älteren in Führungspositionen oft prinzipiell leicht, das bedeutende Potential grundlegend neuer Ansätze zu sehen.

- Eine tiefe Ablehnung des Computers und des Internets wurde bei einer Reihe von Personen in allen Altersgruppen offenbar, gerade auch bei zutiefst Gebildeten, die „den Menschen in den Vordergrund stellen wollen, nicht den Computer oder die Vernetzung". Weder biologisches Alter noch Bildung sagt etwas darüber aus, ob ein Mensch mit diesen neuen Entwicklungen umgehen kann oder nicht.

Diese Reaktionen sind verständlich. Da die Entwicklung offen ist, kann kein Mensch garantieren, daß es nicht zu den befürchteten Auswirkungen kommt. Die

Tabelle 11.1. Themen von Vorträgen und Workshops

Nachhaltigkeit und Informationsgesellschaft
- Umweltfreundliche und sozial freundliche Entwicklungen fördern. Soziale Netze;
- Phasen der Wirtschaft;
- Übergang von informationsarmer zu informationsreicher und stark vernetzter Wirtschaft;
- Übergang zu informationsreicher und stark vernetzter Lebensweise;
- Prinzipiell sehr positive Gesamt-Arbeitsplatzwirkung der neuen Wirtschaft;
- Beispiele neuer Wirtschaft, Gefahren bei zu langem Zögern;
- Neue Alphabetisierung und ihre Inhalte;
- Vier interagierende Landschaften;
- Sieben Phasen aller vier Landschaften;
- Symbiose von Informationsgesellschaft und Nachhaltigkeit notwendig für regionalen, auch wirtschaftlichen, Erfolg. Extrem hoher Rang attraktiver Umwelt;
- Vorsorgende Umweltgestaltung mit nur kurzfristig bestehender Chance der globalen Verwirklichung einer lebensfähigen Entwicklung.

Erfahrung zeigt, daß Befürchtungen wahrscheinlicher werden, wenn man sie sorgfältig ausmalt, und raschesten grundlos werden, wenn man sorgfältig positive Gegenoptionen entwickelt.

Die Hauptthemen von Vorträgen und Workshops sind in Tabelle 11.1 zusammengefaßt, Inhalte der neuen Alphabetisierung auf sehr verschiedenen Niveaus in Tabelle 11.6.

11.3
Firmengespräche und Consulting

Das nachfolgend dargestellte Vorgehen gilt nicht nur für Firmen sondern auch für Einzelpersonen und Gruppen, die neue wirtschaftliche Aktivitäten aufbauen oder neue Arbeitsfelder entwickeln wollen.

In den Gesprächen – mit Firmen, Gruppen, Individuen – werden zunächst die sieben Entwicklungsphasen und der Übergang zu neuen Basisinnovationen behandelt. Diese sieben Phasen werden mit dem Schwerpunkt Wirtschaft dargestellt. Von da aus wird rasch die Brücke geschlagen zu den entsprechenden Phasen in Bewußtsein und Einstellung, zu den so wichtigen Schlüsselpersonen, zu sozialen Netzen, zum Wissen und ganz besonders zur umgebenden Stadt- und Naturlandschaft. Dies wird mit Beispielen informationsreicher und vernetzter Wirtschaft und erfolgreicher Regionen illustriert und zwar für alle vier Landschaften. Es hat sich als gut herausgestellt, nicht nur Beispiele aus der jeweiligen Branche zu geben, sondern auch aus gänzlich anderen Branchen, um ein Gefühl für die Art und Breite der Änderungen zu vermitteln. Die neuen Fusionen finden stets großes Interesse, zum Teil aber erst, nachdem eine Fusion im Bereich des jeweiligen Betriebes oder des Gesprächspartners aufgefunden wurde.

Mitarbeiter von Unternehmen sind weit aufgeschlossener für die Brücke zur Umwelt als Vertreter von Behörden, denen Schwierigkeiten aus dem Ansatz dadurch entstehen, daß Soziales, Wirtschaft und Umwelt zusammen betrachtet wird. Behörden haben ihren Kompetenzbereich zu beachten und sind dabei weit stärker eingeschränkt als Unternehmen. Ein partikularer Ansatz – der Behördenansatz – verhindert wirkungsvolle Lösungen, wenn nicht zumindest an einigen Stellen auch eine integrierte Sicht bewahrt und entwickelt wird.

Insbesondere ist in der Beratung die Unterscheidung zwischen Grundbedürfnissen (Nahrung, Kleidung, Wohnung) und nicht grundlegenden Wünschen (also zwischen „Human Needs and Desires") hilfreich. Für die Wünsche ist sicher, daß viele derzeitige Vorlieben durch informationsbasierte Produkte abgelöst werden oder daß ihr Zeitbudget geringer wird. Hier gibt es deshalb am meisten neue Anwendungen.

Im Consulting werden dann miteinander neue Anwendungsfelder entwickelt, die für die jeweilige Unternehmung, den Landwirt oder den Gesprächspartner spezifisch sind. Dabei kann im Anklang an Frithjof H. Bergmanns[4] „New Work" versucht werden, Menschen zu helfen, das zu tun, „was sie wirklich, wirklich tun möchten". Diese neuen Anwendungsfelder werden im Rahmen der „Innovation von unten" miteinander entwickelt, also in partnerschaftlicher Arbeit.

---

[4] Bergmann (1997), siehe auch http://www.umich.edu/~newsinfo/Experts/bergmann.html.

Dazu werden zunächst die Veränderungen bewährter Produkte und Dienste durch-gesprochen. Gegenwärtig noch vorherrschend ist die Transformation vorhandener Produkte mittels „Tonnen" von Informationen und globaler Vernetzung. Dies ist der als „neu verpacken" („Repackaging"[5]) bezeichnete Prozeß der Weiterentwicklung des Bekannten mit den Mitteln des Informationspotentials (Diller 1995). Immerhin wird damit ein Weg zur informations- und vernetzungsreichen Wirtschaft eingeschlagen. Um deutlich weiterzukommen, sind jedoch grundlegend innovative Produkte und Dienste zu entwickeln (Redefinition). Dies kann auf den 28 neuen Fusionen basieren. Beispielsweise ist in der Arbeit mit Reisebürounternehmen[6] durchzusprechen, daß diese Branche gleich drei der menschlichen Hauptaktivitäten bedient: Urlaub (also Fremdenverkehr), Erholung und Freizeit. Für Reisebüros gehen diese drei Hauptakti-vitäten mit jeder der anderen fünf Hauptaktivitäten eine neue Fusion ein, also mit Arbeit, Lernen, Mobilität, Wohnen und Versorgen, insgesamt also $3 \times 5 = 15$ neue Fusionen. Beispielsweise wurde in Visselhövede mit den Landwirten ein Konzept von „Urlaub und Internet auf dem Bauernhof" entwickelt (Abschnitt 12.2.4). Bei der ICC entstand das Konzept, kleinen Selbständigen einen Urlaub dadurch möglich zu machen, daß sie lernen, vom Urlaubsort aus über Internet in ihrem Unternehmen präsent zu bleiben und dazu Laptop und Handy für den Internetzugang zu verbinden. Dies wurde von einem Reiseanbieter aufgegriffen. Den Urlaubern werden an einem Einführungstag in ihrer Heimat die entsprechenden Kenntnisse vermittelt. Es ist not-wendig, die Urlauber im Urlaub angemessen zu betreuen, was eine neue Art von Paket-Tourismus bedeutet. Entsprechend können aus fast allen neuen Fusionen syste-matisch neue Produkte und Dienste abgeleitet werden.

Im Consulting wird anschließend vermittelt, daß alle erfolgreichen neuen Unter-nehmen, alle erfolgreichen Akteure und alle erfolgreichen neuen Technologien in kreuzkatalytische Netzwerke (CCNs, Kap. 6) eingebettet sind; also Kombinationen von Partnern oder Komponenten solcherart, daß wechselseitige Vorteile entstehen. CCNs werden mit vielen Beispielen illustriert.

Die Umsetzung der neuen Möglichkeiten erfordert viele kleine und größere Ände-rungen in der Unternehmung. Die Computerausrüstung ist oft nicht ausreichend lei-stungsfähig; es ist ein Provider zu suchen oder zu wechseln; es fehlt Software usw. Die Frage stellt sich, was Homepages kosten[7], wo man sie herbekommt und wie man sie pflegt[8]. Da alle Computer einer Unternehmung auf einen gemeinsamen Stand derart gebracht werden müssen, daß sie über Internet kommunizieren können, werden zu-meist auch die in Unternehmen jeder Größe recht häufigen Computerunverträglichkei-ten deutlich verringert. Zumeist lohnt schon der Vorteil für die Unternehmung aus der Beseitigung dieser Unverträglichkeiten den gesamten Consulting- und Geräteaufwand.

---

[5] Im Unterschied zu „Redefinition", dem tatsächlichen Neuerfinden, also der Entwicklung von neuen Produkten, die durch die Verwendung von Information und Vernetzung überhaupt erst möglich werden.

[6] Diese Arbeit wurde im Visselhövede-Projekt begonnen, weil dort Fremdenverkehr, Erholung und Freizeit eine zentrale Komponente des regionalen Einkommens darstellen. FEF ist für sehr viele Regionen wichtig.

[7] Generell: Angebote und Referenzen einholen, Beispiele ansehen: Der Preis variiert bei vergleichba-ren Leistungen um einen Faktor 20 oder noch mehr. Zum Teil werden Phantasiepreise für Leistun-gen berechnet, die keine sind.

[8] Häufig aktualisieren, Surfer hassen nichts mehr, als veraltete oder langweilige Seiten, die zudem noch langsam laden.

Tabelle 11.2. Themen von Firmengesprächen und Consulting

Informationsbasierte, vernetzte Wirtschaft
■ Innovation von unten, Ermutigungsansatz, partnerschaftliche Arbeit, resultierende Management-konzepte, Unternehmensstrukturen, soziale Netze;
■ Transformation der vorhandenen Produkte mit Unmengen an Informationen und globaler Vernetzung (Repackaging: Informations- und vernetzungsreiche Wirtschaft);
■ Wichtigkeit von Informations- und Wissensmanagement; Formen des Informationsmanagements mit dem Internet. Knowledge-Broker;
■ Entwicklung grundlegender Innovationen, das Informationspotential und die 28 neuen Fusionen (Redefinition);
■ Aufbau von CCNs;
■ Aufbau von SIGs und ADCs (Facharbeitsgruppen und Advanced Development Centers);
■ Schlüsselpersonen für die verschiedenen Phasen;
■ Aus- und Weiterbildung von Schlüsselpersonen für die ersten drei neuen Phasen (in den drei Linien von Schlüsselpersonen, also Entwickler, Manager, Finanzmanager). Persönliches Wachsen von Schlüsselpersonen als Aufgabe der Unternehmung und der Vorgesetzten;
■ Über die zuvor angesprochenen Managementansätze für bestehende Unternehmen hinaus: Gestaltung virtueller Firmen, virtueller Organisation und neuer Managementansätze für lebendige Unternehmen der neuen Wirtschaft;
■ Inhalte der „lernenden Unternehmung" (Senge 1990). Senge definiert fünf Disziplinen für den Erfolg einer Unternehmung: 1. Gemeinsames Lernen eines Teams,   2. Gemeinsame Visionen,   3. Innere oder geistige Modelle,   4. Persönliche Meisterschaft – „personal mastery", auch im Sinne der alten Meister, des Meisterns einer Aufgabe,   5. Systemdenken, um die anderen vier Disziplinen im Firmenalltag sinnvoll einzusetzen und zusammenzufügen;
■ Änderung der Umweltansprüche von informationsbasierter Wirtschaft im Vergleich zu etablierter Wirtschaft und Industrie. Hoher Rang einer ökologisch gesunden, schönen Umwelt;
■ Symbiosen der vier Landschaften.

Bei dieser Konzeption neuer Produkte und Dienste wird für die Gesprächspartner deutlich, warum die neuen Schlüsselpersonen so entscheidend wichtig sind und über welche Qualifikationen sie verfügen müssen. Daran anschließend stellt sich die Frage, wer zu Schlüsselpersonen weitergebildet werden kann und welche Kenntnisse hierfür benötigt werden. Daraus entstehen Konzepte für Aus- und Fortbildung. Schon die Erkenntnis, daß man den gegenwärtigen Veränderungen nicht hilflos ausgesetzt ist, sondern etwas tun, sogar von ihnen profitieren kann, wirkt beflügelnd. Aus dieser Beschäftigung mit Schlüsselpersonen wird verständlich und akzeptiert, daß diese hohe Ansprüche entwickeln[9]. Aus der Erkenntnis der hohen Ansprüche an die umgebende städtische und

---

[9] Zum Teil verzichtet die etablierte Wirtschaft schon deshalb auf die Weiterbildung entsprechender Personen, „weil diese doch zu einer anderen Firma wechseln".

natürliche Umwelt entsteht eine kräftige Umweltlobby in der Wirtschaft. Diese weiß, wovon sie spricht, und wieviel mehr Umwelt sie braucht, um anhaltend erfolgreich zu sein.

In der Summe dessen, was zu vermitteln ist, wird dieses Consulting zeitaufwendig. Für den Beginn ist zu sagen, daß schon innerhalb eines Tages ein solides Verständnis der gegenwärtigen Veränderungen zu erreichen ist, und daß an einem Tag sogar noch Handlungsoptionen für die nächsten Schritte mitgegeben werden können. Mit den vorliegenden Unterlagen kann dieser Prozeß zum Aufbau neuer Arbeitsplätze und zur Versöhnung von Mensch und Umwelt also innerhalb eines Tages angestoßen werden.

Tabelle 11.2 faßt die Themen von Firmengesprächen und Consulting zusammen.

11.3.1
Hintergrundinformation zu den Firmengesprächen:
Informationsbasierte Wirtschaft als Motor ökologischer Revitalisierung

Informationsbasierte Wirtschaft benötigt eine herausragende Natur- und Freizeitumgebung und wird insofern zum natürlichen Verbündeten ökologischer Revitalisierung. Damit sie dies sein kann, muß diese spezielle Anforderung hinreichend weit bekannt werden. Zudem ist diese Wirtschaft in Europa noch nicht stark und nicht hinreichend verbreitet; sie muß erst zu einem Motor ökologischer Revitalisierung gemacht werden. Das Hauptwerbeargument für ihren Aufbau besteht darin, daß nur die informationsbasierte Wirtschaft in hoher Zahl neue Arbeitsplätze schafft. Die Argumentation für eine nachdrückliche Förderung informationsbasierter Wirtschaft erfolgt also auch aus der zusätzlichen Absicht, neue Arbeitsplätze entstehen zu lassen. Die Förderung informationsbasierter Wirtschaft ist unumgänglich, weil das Alte nicht erhalten werden kann. Im weltweiten Rahmen erfolgt die wirtschaftliche Umstrukturierung zur informationsbasierten Wirtschaft. In den Entwicklungsländern muß dies forciert werden, damit nicht noch länger die jetzige europäische ressourcenintensive Industrie nachgebaut wird. Deshalb ist es für die heimische Wirtschaft wichtig, eigene Erfahrungen zu sammeln, um sich für den Export zu qualifizieren. Erst eine regionale Förderung aus einem ganzheitlichen, handlungsleitenden Rahmen ermöglicht entscheidende Impulse für regionale Nachhaltigkeit.

Notwendigkeit, rasch zu handeln

Die Zeitspanne, in der dieser Ansatz möglich ist, ist aus folgenden Gründen kurz bemessen:

- Eine so massive Entwicklung wie die zu informationsbasierter Wirtschaft und informationsintensiven Lebensstilen kann nur an ihrem Anfang wirkungsvoll in einem erwünschten Sinn beeinflußt werden. Denn die Umsätze der informationsbasierten Wirtschaft wachsen zum Teil sehr rasch. Zur Zeit erreichen sie zwar, etwa im Handel, nur einen Anteil von wenigen Prozent. Deswegen gibt es immer noch Versuche, diese Entwicklung auf absehbare Zeit als belanglos darzustellen. Dies Argument ist leichtfertig, da ein informationsbasiertes neues Unternehmen potentiell ein Wachstumspotential von bis zu 1 000 % pro Jahr aufweist. Sowie ein derartiges Unternehmen einen Marktanteil von einem Prozent oder etwas mehr aufweist, kann es innerhalb eines Jahres eine führende, und innerhalb von zwei Jahren eine marktbeherrschende Position einnehmen, wie z. B. die Buchhandlung Amazon. Es gibt in diesem gesamten Bereich für keine noch so große Unternehmung und keine Nation eine Vorwarnzeit (von Business Week als „Internetangst" bezeichnet).

- Diese Wirtschaft wächst sehr rasch. Ihr Ressourcenverbrauch weitet sich entsprechend aus. Damit ist es notwendig, diese Wirtschaft jetzt vorbeugend in Umweltmaßnahmen einzubeziehen. Dabei dürfen nicht einfach die alten, für die industrielle Wirtschaft entwickelten Umweltmaßnahmen angewendet werden. Diese neue Wirtschaft entzieht sich alten Vorschriften. Zudem benötigt sie Voraussetzungen, die durch unpassende, weil für etablierte Wirtschaft formulierte, Vorschriften nicht bestehen, was sie am Wachsen hindert. Sie weist Umweltpotentiale auf, die gänzlich anders als die der industriellen Wirtschaft sind. Unter Beachtung dieser Gegebenheiten sind zu dieser informationsbasierten Wirtschaft adäquate neue vorbeugende Umweltmaßnahmen zu entwickeln. Da sich diese Wirtschaft erst entwickelt und dabei stark verändert, erfordert dies eine vorbeugende Umweltgestaltungsforschung, um günstige Entwicklungswege von vornherein besser begehbar zu machen und um die unerwünschten zu erschweren.

- Gegenintuitive Entwicklungen sind für alle komplexen Systeme normal. Sofern Umweltressourcen entlastet werden, erfolgen zumeist Entwicklungen, die diese Ressourcen wieder aufbrauchen. Dies wurde weiter oben für Umweltentlastungen durch Telearbeit begründet. Dieses gegenintuitive Verhalten kann nur durch Anreizsysteme in Verbindung mit regulierenden Ansätzen, verhindert werden. Das europäische EMAS (Ecological Management System) erscheint hierfür als besonders geeignet. Auch gegenintuitives Verhalten macht eine vorbeugende Umweltgestaltungsforschung erforderlich.

- Nur informationsbasierte Wirtschaft kann neuen regionalen Wohlstand schaffen. Dabei ist vor leichtfertigen Hoffnungen zu warnen. Dieser Wirtschaft werden zwar hohe Gewinne zugesprochen, aber hohe Gewinne werden überwiegend erst mit Produkten und von Unternehmen ab Phase neu e4 und noch mehr neu e5 (Microsoft, Oracle, Disney[10]) erwirtschaftet. Bis ein Unternehmen in e4 ankommt, braucht es lange Jahre. Bis dahin schreiben viele dieser Unternehmen rote Zahlen. Dennoch können hohe Gewinne vorher anfallen, denn bei vielen dieser Unternehmen erfolgt bei ihrer Börseneinführung eine sehr rasche Wertsteigerung von mehreren hundert Prozent. Gewinne aus Risikokapital fließen allerdings im allgemeinen aus der Region des Firmenstandortes wieder ab. Gleichzeitig fließen enorme investive Kapitalströme in diese Wirtschaft, was den jeweiligen regionalen Standorten zugute kommt.

11.3.2
Zur Wichtigkeit von exzessiv vielen Neugründungen

Der Umfang der für die Gründung neuer Unternehmen erforderlichen Initiative und Kreativität wird zumeist außerordentlich unterschätzt. Dazu eine überschlägige Ermittlung für die USA:

Die in den USA zwischen 1983 und 1994 netto neu entstandenen ca. 22 Millionen Arbeitsplätze bedingen brutto nach Auswertungen mit dem ISIS-Modell etwa doppelt

---

[10] Disney ist eines jener (wenigen) Unternehmen, die mit Teilen ihres Angebots immer wieder erfolgreich bei neu e2 beginnen.

so viele neue Arbeitsplätze. Denn es mußten ja auch die verlorengegangen ersetzt werden. In den USA entstehen Arbeitsplätze vor allem in neuen kleinen Unternehmen. Es wird häufig argumentiert, daß die Verhältnisse in Europa anders als in den USA seien, da in Europa die neue Wirtschaft vor allem im Rahmen von großen technologieorientierten Unternehmen wie Siemens oder Daimler entstanden sei. Dies ist zutreffend; jedoch sind in Europa insgesamt deutlich weniger neue Arbeitsplätze entstanden. Es fehlen gerade die vielen Arbeitsplätze aus kleinen Neugründungen. Das alleinige Setzen auf große Unternehmen ist weder in Europa noch in den USA ausreichend. Es wird allgemein betont, daß Europa nur dann mehr Arbeitsplätze schaffen kann, wenn es mit weit mehr Nachdruck auf die kleinen bis mittleren Unternehmen setzt (SMEs, small and medium enterprises bzw. KMUs, klein- und mittelständische Unternehmen).

Die meisten Neugründungen von Firmen scheitern innerhalb weniger Jahre; man rechnet mit einer Erfolgsquote von etwa 10 %. Die meisten Unternehmen haben in den Phasen neu e2 bis neu e3 eine Größe von wenigen bis zu etwa 100 Mitarbeitern. Geht man von 45 Millionen neuen Arbeitsplätzen aus (22 Millionen netto neu entstandene, ca. 23 Millionen, die verloren gegangene Arbeitsplätze ersetzt haben), und unterstellt man in den ersten Phasen im Schnitt 20 Mitarbeiter, so bedeutet das eine Unternehmenszahl von etwa 45 Millionen geteilt durch 20, also etwa 2,25 Millionen lebensfähige Kleinunternehmen. 2,25 Millionen lebendige Unternehmen erfordern eine 10fache Zahl von Neugründungen, also etwa 22,5 Millionen Neugründungen zwischen 1983 und 1994, oder über 2 Millionen Neugründungen pro Jahr.

Die verfügbaren Statistiken bestätigen diese Modellrechnung in vollem Umfang[11]. Im Jahre 1998 wurden in den USA 2,9 Millionen Unternehmen neu gegründet („from scratch", also völlig neu). Die Gründungsrate ist 4 % geringer als 1997 und 17 % niedriger als 1996. Die berechnete Zahl der Neugründungen ist also eher noch zu niedrig.

Fast drei Millionen Neugründungen pro Jahr bedeuten auch für die USA eine exzessive Zahl von Neugründungen, die eine umfangreiche Initiative und eine breite Kreativität „von unten" benötigt, aber auch eine breite Unterstützung durch viele Faktoren. Für Deutschland wären entsprechend eine Million Neugründungen pro Jahr erforderlich.

Die Fähigkeit der Großunternehmen zur Innovation ist dadurch zweifelhaft, daß ihre Lebensdauer sehr viel geringer ist als allgemein angenommen: Ein Drittel der 1970 in der Fortune-500-Liste (einer Liste der 500 größten Unternehmen der Zeitschrift Fortune) aufgeführten Unternehmen waren im Jahr 1981 verschwunden (Geus 1988). Des weiteren sind im Bereich der Fortune-500 viele Firmentransformationen gescheitert, ohne daß dabei die Unternehmen verschwunden wären, wie beispielsweise bei General Motors oder Daimler Benz. Wenn Firmentransformationen zu etwas Zukunftsträchtigem nicht gelingen, ist die spätere Bedeutungslosigkeit schwer abwendbar. Gleichwohl haben sich bei Daimler oder Ford Tochterfirmen im Bereich der informationsbasierten Wirtschaft sehr gut entwickelt, wie etwa die Debis bei Daimler oder die Finanzdienstleistungen bei Ford. Etwa ein Drittel aller Umstrukturierungen sind nach Howe (1986) erfolgreich.

---

[11] Eine Studie der National Federation of Independent Businesses and Wells Fargo Bank, Berman (1999).

Dies belegt, daß für wirtschaftlichen Erfolg eine „exzessiv" hohe Zahl von Neugründungen, dabei eine sehr hohe Zahl von kleinen Unternehmen erforderlich ist. Hier kommt in Anbetracht der breiten Arbeitslosigkeit eine ethische Komponente hinzu, in Anbetracht der Entfremdung, des großen Umfangs der Randgruppen: Ist es nicht ethisch notwendig und menschlich ansprechend, in hohem Ausmaß auf die Innovation von unten zu setzen, also viele Menschen zu ermutigen und zu unterstützen, neue Initiativen zu ergreifen? Hierfür sind jetzt viele Aktionen zu beobachten.

> **!** Sind nicht diese Initiative und Kreativität vieler Menschen – und damit langfristig der Erfolg dieser Menschen – eine Voraussetzung dafür, eine so breite Umweltlobby aufbauen zu können, daß weitreichende, neuartige Umweltwiederherstellungen eine belastbare breite Basis in der Bevölkerung bekommen?

11.4
Regional- und Stadtentwicklung in der Informationsgesellschaft

Die Synthese über die „vier Landschaften" sollte vor allem in der Regional- und Stadtentwicklung erfolgen.

Wie oben begründet, kann nur eine auf höchste regionale Attraktivität ausgerichtete Regional- und Stadtentwicklung den wirtschaftlichen Übergang zu den ersten neuen Phasen absichern. Dies ist wegen Zuständigkeitsfragen vielen Beamten und Wissenschaftlern nicht immer leicht zu vermitteln. Die Argumentation sollte folgende Elemente vorbringen: Eine enge Verbindung zwischen informationsbasierter Wirtschaft und Umwelt besteht dadurch, daß die entscheidenden Mitarbeiter dieser Wirtschaft, die Schlüsselpersonen, extrem hohe Anforderungen an die Umwelt- und Freizeitqualität stellen. Der Anteil entscheidender Mitarbeiter ist in dieser Wirtschaft sehr hoch, zum einen, weil informationsbasierte Wirtschaft naturgemäß einen hohen Anteil von geistig hoch qualifizierten Mitarbeitern benötigt, anders als etablierte Wirtschaft, die bis zur gegenwärtigen Automatisierungswelle viele Arbeitskräfte auch mit handwerklichen Qualifikationen erforderte. Zum zweiten ist dieser Anteil an Schlüsselpersonen derzeit noch einmal besonders hoch, da diese Wirtschaft sich überwiegend in den ersten drei bis vier neuen Phasen befindet, wo ohnehin ein besonders hoher Anteil an Schlüsselpersonen erforderlich ist.

Neue Wirtschaft kann folglich nur dort gedeihen, wo sich ausreichende Zahlen an Schlüsselpersonen befinden, und das sind Regionen, die für Schlüsselpersonen besonders attraktiv sind. Hierfür tragen die Angehörigen der Planungsbehörden eine hohe Verantwortung. Diese (wirtschaftlich begründete) Verantwortung fällt in den Kompetenzbereich der Planungsbehörden.

Regionale Attraktivität beruht vor allem auf drei Faktoren:

- Der Existenz eines Kernes ausreichender Größe von Gleichgesinnten, von sozialen Netzwerken, was auch attraktive geistige Angebote mit sich bringt;
- einem herausragenden Freizeitangebot;
- einem sehr hochwertigen Erholungsangebot.

Mit all diesen Faktoren ist die Regional- und Stadtplanung gefordert. Menschen brauchen Räume. Dies gilt ganz besonders für die sozialen Kerne von Gleichgesinnten. Sorkin sieht in seinem Stadtdesign ausdrücklich für Zusammentreffen geeignete Gebäude vor (Abschnitt 12.4). Gleichgesinnte können durch vorbildliche Maßnahmen für Städte gewonnen werden.

> Beispielsweise kommen in Visselhövede Anfragen von weit her an, was denn Interessantes in der Stadt geschehe. Leider ist die Praxis in Visselhövede von dem Machbaren und Wünschbaren noch sehr weit weg. Flächenplanungen sollen erst noch von den neuen Einsichten profitieren.

Regional- und Stadtplanung waren in der Vergangenheit ausdrücklich ganzheitlich angelegt, haben jedoch unter dem Spezialisierungs- und Konkurrenzdruck der gegenwärtigen späten Wirtschaftsphasen diesen Anspruch immer mehr aufgegeben. Im Übergang zu einem neuen ganzheitlichen Anforderungsprofil wird diese integrierende Kapazität wiederum gebraucht. Ohne eine integrierende Instanz könnten sonst weiterhin suboptimale – also für fast alle nachteilige – Lösungen von den unterschiedlichen Interessenvertretern durchgesetzt werden. Die einzige Wissenschaft, die Städte, ökologische Umwelt und Landschaften verbindet, scheint die ganzheitliche Landschaftsökologie zu sein, wie sie im Sinne des „Total Human Ecosystem" von Naveh und Lieberman 1994 entwickelt wurde. Beide, Stadt- und Regionalplanungen, müssen jetzt derartige Konzepte einbeziehen.

Eine zentrale Abstimmungsaufgabe stellt sich durch folgendes Problem: Es besteht offensichtlich eine gewisse Unvereinbarkeit zwischen gleichzeitigen weit höheren Ansprüchen in den Bereichen Freizeitangebot und Erholungsqualität. Denn der Ausbau von Freizeiteinrichtungen vermindert durch seinen Flächen- und Verkehrsbedarf die Erholungsfläche. Zudem vermindern beide, Freizeit- und Erholungsaktivitäten, die Umweltqualität. Freizeit- und Erholungsangebote können so ungeschickt angelegt werden, daß das eine das andere stört oder unmöglich macht. Freizeitangebote sollten so weit wie möglich in die Zentren der Städte, also zu den Menschen und in schon vorhandene Gebäude, zurückwandern. Dafür ist es günstig, daß die neuen Fusionen den Büroflächenbedarf in den zentralen Stadtbereichen deutlich vermindern. Durch Verlagerung von Aktivitäten auf das Internet sind Versicherungen, Banken und Geschäfte so betroffen, daß viel Fläche aufgegeben wird. Dabei können große Gebäude für Sport, Kunst, Kino und Musik freiwerden. Im Übergang zur Informationsgesellschaft geht es damit auch um das Management riesiger wertvoller Flächen. Dies wird wegen der Besitzverhältnisse zumeist nicht durch öffentliche Verwaltungen erfolgen können. Jedoch können die öffentlichen Verwaltungen hier einen ökologisch und menschlich günstigen Nutzungsübergang erschweren oder fördern.

Eine starke Umorientierung wird von der Planung in einem zweiten zentralen Bereich gefordert. Oben wurde begründet, warum Planung und Lenkung im strikten Sinn weder möglich noch sinnvoll sind. Es wurde auch das neue Planungsverständnis zitiert, wie es etwa Jänicke (1997) darstellt. In der Planung sind die Möglichkeiten zu nutzen, die für alle hier relevanten Systeme der vier Landschaften erkannt wurden, um sie in günstiger, lebensfördernder Weise zu beeinflussen. Dies sind Verhaltensweisen, die einen dienenden Aspekt aufweisen. Bisher ist es für Planer leicht, ein Hochgefühl daraus zu entwickeln, die Zukunft von Regionen gestalten zu können, gestützt auf eine Fülle von Gutachten, die eine Allwissenheit vorspiegeln, die gleichwohl nicht möglich ist. Hier ist ein schmerzlicher Bruch mit einer Grundlage eigener persönlicher Wertschätzung einzufordern – weg von der hoheitlichen Lenkung, hin zu Handlungen aus einem Systemverständnis der partnerschaftlichen, dienenden Förderung erwünschter Abläufe und einer partnerschaftlichen Erschwerung nachteiliger Entwicklungen.

Für dieses Thema wären eine Reihe von Unterlagen von Jänicke (1997) vorteilhaft. Sie haben jedoch bei vielen Gesprächspartnern den Nachteil, umweltbezogen zu sein, denn der Umweltbereich wird oft als verdächtig empfunden. Für einen Einstieg kann auf das Material von Mitsch und Joergensen (1989, „Ecological Engineering") verwiesen werden, weil es für Ingenieure – also anerkannt nüchterne Menschen – angelegt ist, und weil die Probleme zunehmender Hochwasser allgemein gesehen werden. Für Unternehmen sind die Ansätze von Fuchs („Vitales Unternehmen") und Senge („Fifth Discipline") als Basis gut geeignet; für soziale Gruppen ebenfalls das Buch von Senge. Auf Ansätze in der Regional- und Stadtplanung wie „Wandel für die Menschen – mit den Menschen"[12] wurde oben verwiesen.

Vorausschauende Lösungen sind in der Bau- und Landschaftsplanung besonders wichtig, da Baumaßnahmen langfristig bestehen. Für eine Vorausschau müssen die Entwicklung aller vier Landschaften in den sieben Phasen und die gegenwärtigen großen Übergänge berücksichtigt werden. Der Übergang zur Informationsgesellschaft sollte in jede Planungsüberlegung eingehen.

Für die Verwaltung erwächst die Aufgabe, Koordinationsfunktionen so auszuüben, daß sie dem Paradigma des Förderns erwünschter Entwicklungen entsprechen. Koordination sollte kaum noch durch hoheitliche Auflagen unternommen werden, sondern durch den Aufbau von Systemen wechselseitigen Nutzens und das Setzen von Anreizen. Dieser wechselseitige Nutzen, auch zwischen einer ökologisch gesunden Naturumgebung und Freizeiteinrichtungen, ist oft leicht zu erreichen, verspricht aber keinen unmittelbaren finanziellen Gewinn. Doch macht dies eine Stadt erst attraktiv. In Hamburg z. B. liegen viele sonst widersprüchliche Elemente nahe beieinander, wie Hafen, Parks und Natur, ein schickes Einkaufsgebiet am Jungfernstieg neben der Wasserfläche der Binnenalster, und ein normales Einkaufsgebiet um die Mönckebergstraße, mit schönen alten Häusern. Diese Vielfalt setzt voraus, daß der Stadtkern auf eine hinreichend große Fläche verteilt ist. Dadurch bietet er auch Platz für widersprüchliche Elemente, und das ist reizvoll. Damit wird es die Aufgabe der Behörden, diesen wechselseitigen Nutzen zu berücksichtigen, bekanntzumachen, zu fördern und die Partner dafür zu gewinnen, also der Bevölkerung und Wirtschaft mit vielfältigen Maßnahmen zu vermitteln.

Ein weiteres Hauptproblem der Planung durch Behörden besteht darin, daß Unternehmen gezwungen sind, leistungsfähigere neue Ansätze – wie sie hier in vielfältiger Form zugrundegelegt werden – aufzugreifen, wenn sie nicht vom Markt verschwinden wollen, wohingegen Behördenangehörige oft Probleme im eigenen Bereich bekommen, wenn sie Innovationen durchsetzen wollen.

Einer der wichtigsten Gründe für Abkehr von der gegenwärtigen Planungspraxis besteht darin, daß Umweltrevitalisierung als langfristig entscheidender Ansatz für wirtschaftliches Wohlergehen der neuen Wirtschaft angesehen werden muß. Im Moment muß für die Wirtschaftsförderung (vor allem von Altindustrie) fast alles

---

[12] Tagungsberichte Band 10, IBA Gelsenkirchen 1994.

andere zurückstehen. Mit den hier dargestellten Ansätzen gilt dies für entscheidende Aufgaben der Nachhaltigkeit nicht länger, vielmehr wird es zwingend, sie gleichwertig und gleichzeitig mit Wirtschaftsmaßnahmen zu verfolgen.

Als Werkzeug für günstige Regionalentwicklung wurden die „25 Schlüsselbedingungen für kreative Regionalentwicklung" formuliert, Abschnitt 9.6. Eine planungsspezifische Darstellung von attraktiven natürlichen und städtischen Umgebungen ist die Erstellung von „neuen" Landschafts- und Stadtdesigns, wie sie für Visselhövede begonnen wurden (Abschnitt 12.4). Das Konzept eines „Designs" wird den neuen Anforderungen besser gerecht als das etablierte Konzept des „Plans", weil letzterer derzeit noch genau vorgeschriebenen Formen und Anforderungen zu entsprechen hat, wohingegen ein Design unverbindlicher, offener, „leichter", und letztlich auch inspirierender sein kann. Ein Design wird einer offenen, auch von Phantasie und Kreativität angespornten Entwicklung eher gerecht als Pläne aufgrund etablierter strikter Vorgaben.

Auch der so wichtige Aufbau von Facharbeitsgruppen kann durch regionale oder kommunale politische Gremien erfolgreich angestoßen werden. Wenn der Bürgermeister ruft, kommen viele, die sich sonst entziehen. Jedoch ist in den neuen Bundesländern die Erfahrung aus der Projektarbeit die, daß aufgrund der Fülle von neuen, oft widerstreitenden Planungen, Gutachten und Versprechen schon oft „gerufen" wurde, und Selbständige zumeist nicht länger die Zeit (und Lust) aufbringen wollen, immer wieder nutzlos zu kommen.

In Tabelle 11.3 sind Inhalte der Arbeit in der Regional- und Stadtentwicklung zusammengestellt.

Das gesamte Vorgehen gibt der Planung neuen Schwung, da ein Konflikt zwischen neuen Arbeitsplätzen und Umwelt nicht länger gerechtfertigt ist. Das Vorgehen ist aus Umweltbegründungen insofern unverzichtbar, als nur eine informationsbasierte Wirtschaft und nur intelligente Produkte und Verfahren die bekannten Umweltprobleme lösen können. Das Vorgehen, ganz besonders im Bereich der Stadt- und Regionalplanung, stellt eine ganzheitliche, systemare, vorbeugende Umweltgestaltung dar.

Tabelle 11.3. Inhalte für die Arbeit mit Regional- und Stadtplanung

Die ganzheitliche Koordinationsaufgabe der Stadt- und Regionalplanung

- Der „Schlüsselansatz" (Abschnitt 11.11);
- Schlüsselbedingungen für Regionalentwicklung (Abschnitt 9.6). Prioritäten für die kommunale Förderung, regionale Stärken und Schwächen vor dem Hintergrund der Schlüsselbedingungen;
- Umweltrevitalisierung als ein langfristig entscheidender Ansatz, wirtschaftlich, sozial, ökologisch;
- Charakter eines neuen Stadtdesigns für die Informationsgesellschaft;
- Charakter eines neuen Landschaftsdesigns für die Informationsgesellschaft;
- Grundlagen für flexible Pläne: GIS-Aufnahme; Möglichkeiten der Visualisierung (Steinitz 1990);
- Aufbau von städtischen und regionalen Facharbeitsgruppen;
- Methoden zur vorbeugenden Umweltgestaltung;
- Die drei Säulen des Übergangs zur Informationsgesellschaft; siehe Fallstudie „Visselhövede".

Es leuchtet damit der Planung ein, daß sich der bekannte Knoten entwirrt: Der erhebliche wirtschaftliche Druck nach neuen Arbeitsplätzen kann zugleich Umweltanliegen voranbringen, auch im politischen und administrativen Rahmen.

11.4.1
Kerne kritischer Größe von Schlüsselpersonen im ländlichen Raum

Die weitere Entwicklung von ländlichen Räumen unter den Möglichkeiten der Informationsgesellschaft wird wohl zu optimistisch gesehen. Entscheidend ist die Existenz von Kernen kritischer Größe von Gleichgesinnten. Diese Kerne können bisher nur in Metropolen oder in ihrem Einzugsbereich entstehen; in anderen Gebieten ist die Bevölkerungsdichte zu gering.

Daher ist die Nähe zu Metropolen wichtiger geworden als je zuvor. Dies wird durch die Studie der HUD von 114 der größten US-Metropolregionen bestätigt (HUD 1997)[13]. Wir gehen nach praktischen Erfahrungen von „Nähe zur Metropole" dann aus, wenn ein zweistündiges Treffen von zwei Menschen mit Hin- und Rückfahrt weniger als einen halben Tag beansprucht, also in seiner zeitlichen Auswirkung überschaubar ist und beruhigend Zeit für weitere Aktivitäten beläßt.

Möglicherweise kann sich dieser Begriff von „Nähe" durch die neuen Informationsnetze verändern. Gleichwohl ist deutlich geworden, daß Nähe in erster Linie physische Nähe bedeutet, und daß jene Personen, die zum Entstehen der vernetzten Welt besonders beigetragen haben (die Internet-Hacker), diese Netzwelt vor allem deshalb schätzen, weil sie Kontakte zu anderen Menschen bedeutet, erleichtert und unterstützt. „Nähe" scheint also in einer stark vernetzten Welt weiterhin physische Nähe zu bedeuten, dort vielleicht sogar besonders.

Damit ist es notwendig, abgelegene Regionen bezüglich ihrer neuen Nähe zu analysieren. Es gibt in der Informationsgesellschaft Gewinner- und Verliererpositionen.

a *Gewinner:* Abgelegene Regionen gewinnen durch die neuen I&K-Technologien weltweiten intensiven Anschluß und unmittelbaren Zugang zum besten Wissen der Welt, Zugang zu jeglicher Information aus den Metropolen. Dies wurde vom Visselhöveder Bürgermeister Radeloff mit dem Satz gekennzeichnet: „Es gibt keine Insel mehr".

b *Verlierer:* Es werden neue Schlüsselpersonen mit sehr spezialisierten Kenntnissen in hoher Zahl benötigt. Diese sind in abgelegenen Region kaum verfügbar.

Überwiegen für abgelegene Regionen die Vorteile oder die Nachteile? Es ist zu befürchten, und dies bestätigt die erwähnte HUD-Studie (HUD 1997), daß die neue Anforderung hoher Dichten von Schlüsselpersonen durch die neuen I&K-Technolo-

---

[13] Zur Wichtigkeit der Nähe zu einer Metropole ergab eine Studie des US-Departments for Housing and Urban Development, daß sich neue Wirtschaft besonders in Metropol-Regionen gut entwickelt hat (HUD 1997). Diese Wirtschaft ist jedoch nicht in den Ballungszentren selbst entstanden, sondern in ihrem Einzugsbereich in Lagen, die von der Umwelt her attraktiv sind. Der Einzugsbereich einer Metropole wird durch die Verkehrsnetze so bestimmt, daß attraktive Lagen für Experten mit Wohnsitz in der Metropolregion gut erreichbar sein müssen und daß durch die hohe Einwohnerzahl der Metropole eine kritische Anzahl von Schlüsselpersonen vorhanden ist.

gien nicht annähernd ausgeglichen werden kann. Man versucht z. B. Innovationszentren aufzubauen[14]; aber im ländlichen Raum haben diese große Schwierigkeiten, obwohl es dort vereinzelt erfolgreiche Zentren gibt (SAP in Waldorf, Callback-Dienste in abgelegenen Städten der USA).

Wenn dies so wäre und bliebe, hülfe abgelegenen Regionen die Strategie, physischen Anschluß zu Metropolregionen zu erreichen. Dazu können die ländlichen Räume in die Metropolregionen hinein ausgedehnt und der Einzugsbereich der Metropolen durch geeignete Verkehrsmittel in den ländlichen Raum hinein vergrößert werden.

- Die ländlichen Regionen in den Einzugsbereich der Metropolen hinein auszudehnen erscheint ganz besonders für den Biosphärenreservats-Ansatz als reizvoll. Warum sollte z. B. nicht die gesamte Elbe, gerade im Flächenbereich der Großstädte, in ein Biosphärenreservat umgewandelt werden?
- Die Analyse deutet an, daß Verkehrsmittel für abgelegene Regionen in der Informationsgesellschaft eine andersartige und höhere Wichtigkeit gewinnen.

Deshalb sollen verschiedene Verkehrsmittel für ihre Eignung für eine nachhaltige Informationsgesellschaft kurz aus dieser Perspektive betrachtet werden:

Pkw: Flexibel, relativ schnell, stauanfällig, umweltmäßig sehr schlecht, sehr hoher Energieverbrauch, sehr hoher Ressourcenverbrauch, hält den Fahrer von nützlichen Tätigkeiten oder anderem Erleben ab. Pkw passen nur eingeschränkt zum Paradigma der Fusion menschlicher Hauptaktivitäten. Straßen: eine Fülle ungünstiger Umwelteffekte, auch ästhetisch, Grundwasser, Tierleben, Gefahren, Verlärmung.

ICE: Schnell, nicht stau- aber störanfällig, Einrichtung und Betrieb teuer, beträchtliche ungünstige Flächeneffekte, hoher Energieverbrauch[15], nicht flächendeckend, fahren relativ selten, Haltestellen in sehr weitem Abstand, inflexibel. Sie sind nicht geeignet, „Nähe" im Sinne des obigen Verständnisses zu schaffen. ICEs können gleichwohl den Einzugsbereich einer Metropole beträchtlich ausdehnen (Titel eines Vortrags: „Kennen Sie die Berliner Vororte Leipzig und Dresden?").

Normale Eisenbahnen: Für den Zweck der Nähe insgesamt etwas besser als ICEs, im Prinzip jedoch ähnliche Vor- und Nachteile, zudem unbequem, innen und außen laut und langsam.

Flugzeuge: Flughäfen erschließen nicht die Fläche, sie schaffen nicht Nähe im Sinne obigen Verständnisses. Flüge sind teuer, hohe Umweltauswirkungen, sehr seltene Verbindung in die Provinz.

Fazit: Nur wenige abgelegene Regionen können mit den bisher verfügbaren Transportmitteln besseren Zugang zu Metropolregionen gewinnen. Der Pkw ist weitge-

---

[14] Sternberg (1995).
[15] Gerechnet auf mittlere Auslastung etwa gleich hoher Energieverbrauch pro hundert Personenkilometer wie ein Turbopropflugzeug, also ungefähr 2/3 des Energieverbrauchs eines normalen Flugzeugs mit Strahltriebwerken, jedoch nur ungefähr ein Viertel des Verbrauchs eines Pkw (mit einem Insassen).

hend an seine Grenzen gestoßen. Wenn nicht neue physische Transportmittel für die Informationsgesellschaft entwickelt werden, ist zu befürchten, daß abgelegene Regionen weiter zurückfallen werden.

11.4.2
Altindustrialisierte Regionen und neue regionale Anforderungen

Da die Entstehung und das Wachsen junger Firmen neben vielen anderen Faktoren stark von den Annehmlichkeiten der näheren Umgebung abhängen, muß man diese als notwendigen und integralen Teil einer langfristig angelegten Wirtschaftsförderungsstrategie begreifen. Die wachsende Bedeutung einer attraktiven Landschaft hat seit Anfang der 1980er Jahre dazu geführt, daß in altindustrialisierten Regionen verstärkte Anstrengungen zu einer Revitalisierung der Landschaft gemacht werden. Ein bekanntes Beispiel ist der IBA-Emscher-Park. Gleichwohl tendieren altindustrialisierte Regionen fast reflexhaft dazu, die ihnen so wohlbekannten Industrien der Phasen e5 bis e7 weiterhin zu fördern und damit etwaige landschaftliche Revitalisierungen teilweise wieder zunichte zu machen.

Dazu sind in Tabelle 11.4 einige der in den 1990er Jahren getätigten Investitionen in Sachsen und Sachsen-Anhalt ihren informationsintensiven Gegenstücken gegenübergestellt. Alle diese Investitionen haben massive Umweltauswirkungen und üben daher den sehr unerwünschten zusätzlichen Effekt aus, das Entstehen „Neuer Wirtschaft" zu erschweren oder im Extremfall sogar zu verhindern. Da zudem die nachfolgend gegebenen Beispiele aller Wahrscheinlichkeit nach nur durch fortgesetzte Subventionen am Leben erhalten werden können, zeigt dies, wie besonders wichtig eine intensive Auseinandersetzung mit den neuen Gegebenheiten für altindustrialisierte Regionen ist.

Tabelle 11.4. Gegenüberstellung von kürzlich getätigten Investitionen und ihren informationsbasierten Gegenstücken[16]

Getätigte Investition	Informationsbasierte neue Form
Elf-Aquitane Erdölraffinerie (Bitterfeld), Olefin-Chemie in Böhlen	Life-Science-Ansatz in der Chemie, z. B. Hoechst, ähnlich auch Bayer
Braunkohlenkraftwerk Lippendorf[a]	Independent Power Producers (diese verwenden kleine flexible Gasturbinenanlagen kombiniert mit An- und Verkäufen auf dem Spotmarkt für Elektrizität)
Kombiniertes Güterfrachtzentrum bei Schkeuditz	Point-to-Point-Transport
Quelle-Versandzentrum	Firma Cendant: Vermittlung zwischen Hersteller und Käufer für Direktkauf. E-Commerce mit Drop-Shipping (s. o.)

[a] Ein Gruppierung innerhalb der RWE fordert (Stand 1998) den Verzicht auf die Aufschließung des Braunkohletagebaus Garzweiler II, weil die Gestehungskosten von Braunkohlenstrom 2 Pfennig höher seien als die von anderen Produktionsarten, was fast 60 % Mehrpreis bedeutet – in Anbetracht eines europaweit liberalisierten Strommarktes ein ruinöser Preisunterschied.

---

[16] Diese Tabelle ist pragmatisch im Geist des Leipziger Regierungspräsidenten Steinbach angelegt. Er fordert, eine derartige Analyse des Ausgangspunkts dafür einzusetzen, daß man wirkungsvoller überlegen kann, wie man von hier zu der neuen Wirtschaft kommt. Eine derartige Tabelle wurde zuerst von Tilman Scholbach zusammengestellt.

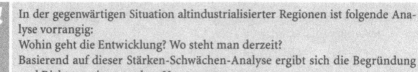

> In der gegenwärtigen Situation altindustrialisierter Regionen ist folgende Analyse vorrangig:
> Wohin geht die Entwicklung? Wo steht man derzeit?
> Basierend auf dieser Stärken-Schwächen-Analyse ergibt sich die Begründung und Richtung eines raschen Umsteuerns.
> Zentral für das Umsteuern ist die Schulung der Menschen.

11.4.3
Städte in der Informationsgesellschaft – eine gegenwärtige Perspektive

Der Text von Abschnitt 11.4.3 basiert auf Davis (1998)[17], der zur Wettbewerbsfähigkeit von Städten in der Informationsgesellschaft folgendes ausführt:

Nachdem in den 1950er Jahren das landesweite Highway-System entstanden war, begannen jene ländlichen Gebiete und kleinen Städte abzusterben, die nicht in dieses System integriert worden waren. Denn ihre Hauptstraßen, Hotels und Dienstleister konnten nicht mit jenen Einkaufszentren („malls") konkurrieren, die ihre Kunden aus einem Einzugsbereich von etwa 80 Kilometern gewinnen konnten. Folglich wurden Fertigungsanlagen und Arbeitsplätze in jene Gebiete verlagert, die einen besseren Highway-Zugang aufwiesen. In gleicher Weise blieben viele Innenstadtbereiche zurück, weil sie weniger gut erreichbar waren. Die informationsbasierte, vernetzte Wirtschaft gestattet beiden Zonen – dem ländlichen Raum und den innerstädtischen Bereichen – wieder wettbewerbsfähig zu werden. Dafür gibt es vier Rahmenbedingungen:

1 Wachsende Nachfrage [auch] nach Arbeitskräften mit weniger hohem Ausbildungsstand[18]. Der Computer ermöglicht diesen Arbeitskräften einen sozialen Aufstieg. Der Mythos besagt, daß ein Computer höhere Ausbildung verlangt; in der Realität jedoch erlauben es Fortschritte in der Software, eine Person mit weniger guter Ausbildung so zu schulen, daß sie danach spezialisierte Aufgaben durchführen kann, ohne die Programmierung zu verstehen.

2. Zunehmende Arbeitsteilung im Dienstleistungssektor. Die gegenwärtige technologische Revolution folgt dem Muster, nach dem die Fertigungsindustrie die Arbeitsteilung im letzten Jahrhundert entwickelte. Anders als gegenwärtig zumeist behauptet, kann eine Person wirtschaftlich sehr erfolgreich sein, auch wenn ihr Ausbildungsstand weniger hoch ist.

3. Die Arbeitsplätze werden mobiler als die Menschen. Mit zunehmender Mechanisierung der Landwirtschaft in diesem Jahrhundert wanderten immer mehr Menschen in die Städte. Als Dienstleistungsarbeitsplätze in den 1970er Jahren in den Außenbereich der Städte und in den „Sunbelt" (vor allem Kalifornien) abwanderten, wanderten die Arbeitskräfte hinterher. Die neue Kommunikationstechnologie gestattet es, die Arbeitsplätze zurückzubringen. Fax, Videoconferencing, das Internet; alle vermindern die Wichtigkeit des Standortes. Arbeitsplätze können überallhin verlagert werden („Wenn Du ein Telefon hast, hast Du einen Job").

---

[17] Gekürzte und von Grossmann übersetzte Auszüge aus seiner Darstellung für die USA.
[18] „Semi-skilled".

4. Verminderte Wichtigkeit von physischem Kapital. Die Innenstädte waren früher auf große, kapitalintensive Fabriken und Güterumschlagszentren angewiesen. Heutzutage ist es zu teuer, neue derartige Jobs in eine Stadt zu bringen. Dies gilt nicht für digitale Jobs. Für weniger als $5 000 kann ein neugegründetes Unternehmen einen hochwertigen Computer kaufen, der anspruchsvolle Geschäftstätigkeiten ermöglicht. Große diversifizierte Unternehmen werden zunehmend durch Konstellationen von kleinen, spezialisierten Unternehmen ersetzt werden.

Um dies zu ermöglichen, ist folgendes nötig:

1. Investition in Menschen. Die Erfordernisse des Humankapitals sind Ausbildung in den „schönen Künsten" des Informationszeitalters – Problemdefinition und -lösung, neue Alphabetisierung und Informationsmanagement.
2. Umkehr des Ausbildungsmodells. Das alte Modell besagt, den Arbeiter einen bestimmten Ausbildungsgang absolvieren zu lassen und dann zu hoffen, daß er einen Arbeitsplatz findet. Das bessere Modell ist es, einen Arbeitsplatz zu finden oder zu schaffen und dann den Arbeiter dafür auszubilden.
3. Zentralisieren der Geschäftsführung. Kleine Unternehmen können viel eher gedeihen, wenn Vermarktung, Aushandeln von Verträgen, Rechnungslegung und Kundendienste bei Organisationen zentralisiert sind, die auf diese Dienste spezialisiert sind. Die Chancen für derartige Unterstützungsorganisationen werden zunehmen.
4. Investition in [die richtige] städtische Infrastruktur. Städte brauchen guten Zugang zu Teleports und zu Netzen hoher Kapazität und Flexibilität. Diese sind das moderne Gegenstück der nationalen Highways.
(Ende der Zitate aus Davis[19])

11.4.4
Cybercities – eine technologische Perspektive

Die Darstellung von Davis über Städte in der Informationsgesellschaft ist konservativ; es sind günstige Verhaltensweisen, um in der gegenwärtigen Entwicklung mitzuschwimmen. Landnutzung, Architektur und Stadtdesign werden von den Gegebenheiten der Informationsgesellschaft und von nachhaltigen Lebensweisen in entscheidender Weise geprägt. Von daher werden Cybercities im 21. Jahrhundert allmählich die Norm bilden. Was sind Cybercities? Mitchell (1996) stellt in seinem Buch „City of Bits" einige der Grundlagen und möglichen Entwicklungsrichtungen derartiger Städte dar. Städte beachten bei ihrer Planung zunehmend die Erfordernisse verbesserter Vernetzung. Die Möglichkeiten durch das Informationspotential gehen jedoch weit über derartige Initiativen hinaus und betreffen die städtische Architektur, die Verkehrssysteme, die Arbeit der Behörden, die Verteilung von Arbeiten und Wohnen, die

---

[19] Davis Anregung der Zentralisierung der Geschäftsführung ist wahrscheinlich potentiell ähnlich explosiv wie die Schaffung von Call-Centers. Nachdem diese einmal richtig strukturiert waren, wurden sie zu einem weltweiten Erfolg. Es ist anzunehmen, daß zentralisierte Dienste, die noch mehr gebraucht werden als Call-Centers, ähnlich erfolgreich sein könnten. Für die Regional- und Stadtentwicklung ist dies insofern interessant, als diese Dienste es kleinen Unternehmen ermöglichen, lageunabhängiger zu werden.

Angebote im Bildungssektor und die Schaffung von ökologischen Zonen und Wild-
nissen in Städten.

Malaysia hat eine Reihe führender Denker und Manager für seine Initiative einer
Cybercity zusammengebracht, dem „Multimedia-Superkorridor und Cybercity in
Malaysia". Zunächst wird hier eine Darstellung für eine Cyberstadt von Newsbytes[20]
gebracht und anschließend eine weitere Konzeption dargestellt. Im Text aus Newsbyte
scheint noch weitgehend das Bewußtsein zu fehlen, welche Umbrüche erfolgen und
welche Aufgaben vordringlich sind, wie ganz besonders die Lebendigkeit von Mensch,
Wirtschaft und Natur:

> Bill Gates sagt seine weitere Unterstützung für den malaysischen Multimedia-Superkorridor (Multi-
> media Super Corridor) MSC zu: „Malaysia hat einen vorzüglichen Entwurf in seiner MSC-Initiative
> geleistet, wie ein Entwicklungsland Technologie nutzen kann, um an die Spitze der modernen Wirt-
> schaft zu gelangen", führte Gates vor mehr als 3000 Leitern aus der Wirtschaft in Kuala Lumpur
> aus. Dieser Multimedia-Superkorridor mit einer Ausdehnung von ungefähr 15 × 50 Kilometern
> nahe der Hauptstadt Kuala Lumpur soll zu einem „zentral gelegenen Brutplatz für High-Tech-Fir-
> men werden, die Märkte um den Pazifik und in Asien erreichen wollen", führt dazu der malaysi-
> sche Premierminister Mahatir aus. Die erste Phase des $10 Mrd.-Projektes soll 1999 beginnen und
> ein Gebiet umfassen, das etwas größer ist als der Stadtstaat Singapur. Der Korridor wird zwei
> Städte enthalten, Putrajaya, die neue Verwaltungshauptstadt des Landes und Cyberjaya, das Multi-
> mediazentrum. Das Projekt soll im Jahr 2005 fertiggestellt sein. Putrajaya soll eine „intelligente
> Stadt" sein, beginnend mit den kleinsten Details, wie z. B. fortgeschrittene Sicherheitssysteme für
> Büros und Wohnungen, automatisierte energiesparende Einrichtungen und hochentwickelte
> Video-, Telephon- und Voice-Messaging-Systeme. Die Stadt wird eine „intelligente" Infrastruktur
> umfassen, einschließlich Hochgeschwindigkeits-Computernetzen, Internet- und Intranet-Soft-
> ware und -anwendungen, On-line-Information und öffentliche Dienste, hochentwickelte Kon-
> struktionstechniken für Gebäude, Wohnungen und öffentliche Transportsysteme und Systeme zur
> Verkehrsleitung. Nach Gates, der Mitglied des MSC-Beirates ist, wird der MSC Malaysia helfen, ein
> „digitales Nervensystem" und einen „Weblebensstil" zu generieren, der es den Bürgern gestattet,
> On-Line-Bußgelder zu zahlen, Führerscheinanträge zu stellen, und Angelegenheiten mit der
> Regierung zu regeln, ohne mehrere Verwaltungsstellen aufsuchen zu müssen. „Malaysia hat sich
> zu einem Land erklärt, das diesen Wandel ergreift und ihn leiten will", sagte Gates.
> Malaysische Regierungsvertreter sagen, daß sie vom MSC erwarten, daß es den Weg für die
> Nation bereitet, sich bis zum Jahr 2020 von einer industriellen zu einer informationsbasierten
> Wirtschaft zu entwickeln, trotz der momentanen Verlangsamung der malaysischen Wirtschaft
> durch die gegenwärtige asiatische Währungskrise.
> Ungeachtet der kürzlichen ökonomischen Schwierigkeiten von Malaysia und der gesamten
> Region sagte Gates, daß etwa 111 High-Tech-Unternehmen Unterstützung für das MSC-Projekt
> zugesagt haben; Mahatir fügte hinzu, daß 78 Unternehmen schon im Korridor oder in seiner Nähe
> tätig geworden sind. Nach Mahatir wird das MSC-Projekt Wohngebiete entwickeln, hochentwik-
> kelte technische Infrastruktur umfassen und durch neue Gesetze und Regeln gefördert werden, die
> E-Kommerz zulassen und unterstützen, Softwareentwicklung erleichtern und Malaysia als regio-
> nal führend im Schutz von geistigem Eigentum ausweisen. Dieses Vorhaben wird auch „smart
> schools" umfassen, intelligente Schulen. Gates hat mehrere Millionen Dollar für diese Erziehungs-
> initiative angeboten.

Dieser Text ist bemerkenswert in seiner Kombination von Begeisterung über neue
technische Möglichkeiten bei gleichzeitigem Mangel an Einsichten, wofür diese neuen
Möglichkeiten besonders benötigt werden. Es erscheint nicht als sehr erstrebenswert,
Bußgelder über das Web bezahlen zu können, oder einen weiter zunehmenden Individualverkehr mit verbesserten Verkehrsleitsystemen bewältigen zu wollen. Jane Jacobs
(1961) würde sich wohl über die Kurzsichtigkeit amüsieren, wie hier mittels Cyberge-

---

[20] Internet URL: http://www.nb-pacifica.com/headline/billgatespledgessup_1266.shtml, von Grossmann übersetzt aus einem Text von Bill Pietrucha, Newbytes.

räten Leistungen etwa für die Sicherheit erbracht werden sollen, die bei geeigneter Stadt- und Wohnarchitektur durch die Bewohner und ihre Kontakte wirkungsvoller und freundlicher geleistet werden können. Die zweite Darstellung, übersetzt aus einer anderen Webseite[21], bringt summarische Fakten darüber, daß relativ viel Geld für eine große technische Hoffnung eingesetzt wird:

> Das Wall Street Journal berichtete am 10. Juni 1997 über Malaysias großen Sprung in das 21. Jahrhundert. Malaysias Multimedia-Superkorridor wird zwischen $8 bis $15 Milliarden kosten und aus privaten und öffentlichen Quellen finanziert. Wegen seines Umfangs wird der Bau des Superkorridors, der angefangen hat, noch 10 Jahre dauern. Der Multimedia-Superkorridor wird eine neue Multimediauniversität, Forschungslabors und eine futuristische Cybercity für 240 000 Einwohner umfassen, die mit den neuesten Technologien vernetzt werden. […] Der Bau einer papierlosen Regierungshauptstadt, Putrajaya genannt, hat begonnen. Bisher haben mehr als 12 ausländische Unternehmen ihre Beteiligung zugesagt, einschließlich Sun, IBM, DHL, Nippon Telegraph und Siemens.

Vieles von dem hier Beabsichtigten ist günstig, wie eine neue Universität, neueste Technologien usw., aber eine Cyberstadt sollte kongenial zu den neuen Möglichkeiten und Anforderungen sein, also nachhaltig, schön, abwechslungsreich und sozial freundlich. Das sanierte Stadtbild der malaysischen Hauptstadt Kuala Lumpur ist zwar modern, aber monoton und unfreundlich; Kuala Lumpur ist mit dem Abriß seines Chinesenviertels und dessen Ersatz durch hohe Bauten mit sehr breiten Straßen in weiten Innenstadtbereichen eine weitere unwirtliche Stadt geworden[22]. Wird die Entwicklung der malaysischen Cyberstädte ähnlich problematisch verlaufen wie die der brasilianischen Regierungshauptstadt Brasilia, die ebenfalls in einem Regenwaldgebiet neu errichtet wurde? Jedoch galt der Bau von Brasilia der Erschließung einer Ressource der lange niedergegangenen „ersten Welle" (Landwirtschaft im Regenwaldgebiet), der Superkorridor gilt der aufstrebenden dritten Welle (High-Tech im Regenwald). Insofern könnte er erfolgreicher sein. Auch liegt der Superkorridor gut erreichbar im Einzugsbereich von Kuala Lumpur, während Brasilia fern aller anderen Zentren liegt.

Zur Konzeption wohnlicher Cybercities

Die Entwicklung von Cybercities sollte von Grundbedürfnissen der Menschen geleitet werden. Viele dieser Grundbedürfnisse wurden unter den Zwängen einer industriellen Wirtschaftskultur aufgegeben. Zunächst gestatten die neuen Teletätigkeiten ein Zurückdrängen des Verkehrs in einer ähnlichen Weise wie im sanften Tourismus. Dies ermöglicht eine Befreiung vom größeren Teil des innerstädtischen Verkehrs und erlaubt es Kindern, wieder eigenständig ihre Welt zu entdecken. Dann kann die gegenwärtige Trennung von Arbeiten in städtischen Büros und Wohnen in Vorstädten überwunden werden. Durch die neue Fusion von Arbeiten und Wohnen, durch E-Commerce und

---

[21] Internet URL: http://www.fiabci-usa.com/nwmalaysia.html. Siehe auch: Newsbytes News Network: http://www.newsbytes.com (19980319/Press & Reader Contact: Cheong Long Lai, Embassy of Malaysia, 202-328-2700).

[22] Die neuen breiten Straßen sind der tropischen Hitze ungeschützt ausgesetzt, während die engen Straßen des Chinesenviertels klimatisch weit angenehmer waren. Auch geht der enge menschliche Kontakt des Lebens in den ehemaligen Gäßchen dieser Stadt verloren. Die Gestaltung neuer Umfelder braucht vor allem Menschlichkeit und nicht nur planerische und wirtschaftliche Rationalität und neue I&K-Technologien. So eingesetzt, werden diese zu Schreckgespenstern.

Home-Banking werden ausgedehnte innerstädtische Büro- und Geschäftsflächen frei. Dies drückt auf die Mietpreise und Menschen können wieder in innerstädtische Wohnungen ziehen und hier einen Teil der Arbeit erbringen. In der Summe sollten größere Flächen frei werden, wodurch sich ein gewaltiger Gestaltungsraum für Wohnen und Natur in der Stadt, für Erholung, Wildnisse, Ökologie und neue Wirtschaft eröffnet.

Günstige innerstädtische Wohnungen werden für viele Menschen einen großen Reiz haben, da sie einen raschen Zugang zu einer Fülle von kulturellen und Unterhaltungsangeboten ermöglichen. Auch ist es leichter, in städtischen Ballungszonen Kerne kritischer Größe zu erreichen und zwar für eine Vielfalt von Aktivitäten. Eine Analyse der Wandlungen städtischen Lebens mit Hilfe der neuen Fusionen erbringt Einsichten für eine Fortentwicklung der städtischen Architektur.

Auch können die städtischen Angebote mit dem Wunschkatalog der neuen Schlüsselpersonen weiterentwickelt werden. Das Eingehen auf ihre Wünsche rechtfertigt es, an gute Traditionen des Städtebaus anzuknüpfen, die einer engen finanziellen Rechtfertigung nicht länger standhielten und daher aufgegeben wurden, wie etwa die Neuanlage von innerstädtischen Parks oder jetzt Stadtwildnissen. Was diese Personen wünschen, kommt allen Bewohnern zugute.

> **!** Schließlich sollten Städte das kreative, verspielte und versöhnliche Element einer Gesellschaft widerspiegeln, die ihren Lebensunterhalt vor allem mit hochwertiger Nutzung von Information erwirbt. Wenn kreuzkatalytische Netze im Berufsleben entscheidend sind, dann sollte sich dies in den städtischen Strukturen wiederfinden. Menschliche Werte der Begegnung, der Freundschaft, der Zusammenarbeit müssen sich in der Architektur ausdrücken und von ihr ermöglicht werden. Da Ästhetik erneut einen hohen Rang einnimmt, stellt dies ein weiteres Element dar, das von der Architektur aufgegriffen werden sollte.

Auf dieser Grundlage darf man das Informationspotential für die städtische Entwicklung nutzen, das in den oben wiedergegebenen Ansätzen von Cybercities so geschäftig im Vordergrund steht. Die Cyberelemente sollten in erster Hinsicht dienen, letztlich auch der Wirtschaft, und nicht aus dem alten Dogma der Steuerung von oben, in Verlängerung des Paradigmas der Industriegesellschaft, zu einer Kontrolle über die Stadtbewohner eingesetzt werden. Damit entstehen, wie es an anderer Stelle genannt wird, schöne, stolze und zugleich dienende Städte, geschäftige Städte mit Menschen statt Vehikeln, und damit lebendige Städte.

11.4.5
Neue landschaftliche Unternehmensumfelder in der Informationsgesellschaft[23]

Stellvertretend kann hier Knight (1995) zitiert werden[24]: „Der generelle Trend geht zu kleineren, spezialisierteren und flexibleren Organisationen, zu kleineren und autono-

---

[23] Autoren dieses Abschnitts: Grossmann und Multhaup.

[24] „The general tend is towards smaller, more specialized and more flexible organizations, towards smaller and more autonomous working units and profit centers, and towards more accountability and more responsibility. As a result, work is becoming more learned-based, working environments are becoming more open, and structures less hierarchical. *Consequently, the importance of place, access to amenities and factors affecting the quality of the environment increase greatly."*

meren Arbeitsgruppen und Profit Centers und zu mehr Verantwortlichkeit und Verantwortung. Daher basiert Arbeit stärker auf Lernen, und Arbeitsumgebungen werden offener und Strukturen weniger hierarchisch. *Folglich werden die Lage, der Zugang zu örtlichen Annehmlichkeiten und die Umweltqualität zunehmend wichtiger.*" (Heraushebung durch Grossmann).

Teleports[25]

Teleports sind ein typisches Element der Informationsinfrastruktur. Sie sollten im Idealfall Verbindungen zu verschiedenen konkurrierenden Anbietern von Informationsnetzen erlauben und dem Kunden eine Markttransparenz verschaffen, bzw. wenn der Kunde dies wünscht, ihm automatisch, je nach seinen momentanen Bedürfnissen (Vorrangstufe, Bandbreite usw.), die kostengünstigste Verbindung schalten, sei dies über eine Satellitenverbindung, Richtfunk, Mobilfunknetze, Kabelmodem (Nutzung der Kabelfernsehnetze zur Informationsübertragung) oder diverse Telefonanbieter.

Wegen der Wichtigkeit von Informationsinfrastruktur für informationsbasierte Wirtschaft sind Teleports Kristallisationspunkte neuer Wirtschaft. Bei ihrer Planung ist zunehmend die Qualität der direkten und näheren natürlichen Umgebung des Mikrostandortes zu beachten. Hierzu zwei Beispiele aus Japan:

Der Teleport Minato Mirai 21 in Yokohama wurde in der Nähe von Tokio errichtet, um eine Entlastungsfunktion für die Hauptstadt zu bewirken. Bestandteil des Teleports sind Freizeit- und Kultureinrichtungen, mit dem er sich als eigenständiges Zentrum in der Nähe von Tokio ohne die Belastungen der Megametropole entwickeln soll, aber gleichwohl von der Nähe zur Metropole profitieren kann. Daher ist Minato Mirai 21 weit mehr als ein reiner Bürostandort, und verbindet die Nutzung exzellenter Telekommunikationsanbindung mit einer attraktiven Umgebung für den Bürostandort und seiner Einbindung in ein Umfeld von Natur und Kultur[26]. Ein weiteres Beispiel ist der gegenwärtig in Tokio errichtete weltweit größte Teleport. Im Jahre 1993 hat die Stadt Tokio die Initiative für die Errichtung eines Teleports auf zunächst 98 ha im Tokioter Hafengebiet ergriffen. Das Gebiet sollte ursprünglich auf 340 ha erweitert werden, wobei neben Bürogebäuden auch die Einbeziehung attraktiver Wasserkanten und Erholungsfunktionen erfolgen soll[27]. Auch hier erfolgt eine Aufwertung von attraktiv gelegenen Flächen der ehemaligen Altindustrie für die Nutzung durch informationsbasierte Wirtschaft.

Wirtschaft und Gewerbeparks

Veränderte Ansprüche an die Landnutzung schlagen sich generell in Idee und Umsetzung von Wirtschafts-[28] und Gewerbeparks nieder, die als neuer Einfluß auf die städtische Struktur („new effect on urban structure") bezeichnet werden können. „… die

---

[25] Autoren dieses Abschnitts: Th. Multhaup, W. D. Grossmann.
[26] Vgl. Schütte (1989).
[27] Warf (1995), S. 366.
[28] Hier wird der neue Terminus „Wirtschaftspark" benutzt, da vieles der neuen Wirtschaft nicht mehr Industrie darstellt, aber auch nicht Gewerbe; also beide Ausdrücke Industriefläche oder Gewerbepark falsch wären.

neuen Elemente der städtischen Struktur bestehen aus einer Kombination von Landnutzung für die Wirtschaft und repräsentativen grünen Parks. ... Natürlicherweise spiegelt die Idee von Wirtschaftsparks auch das zunehmende Umweltbewußtsein wider und ist zudem eine Folge von Marketingstrategien."[29]

Ein Beispiel aus Europa ist der südfranzösische Wirtschafts- und Forschungspark Sophia Antipolis, in dem heute rund 900 Unternehmen angesiedelt sind, darunter AT&T, Digital Equipment, Dow-Rockwell und viele weitere internationale Unternehmen[30]. Seine Lage an der Cote d'Azur, das attraktive Kultur- und Freizeitangebot und die Nähe zu Universitätsstädten machen den Park zu einem der erfolgreicheren Wissenschaftspark-Projekte. Von den insgesamt 2 300 ha Fläche stehen zwei Drittel unter Naturschutz[31]. Statt einer starr vorgegeben Gewerbeparkstruktur ist eine weitläufige, offene Bebauungsstruktur mit niedergeschossigen Gebäuden kennzeichnend. Ähnliche kleinräumige Standortqualitäten werden auch von anderen europäischen Technologieräumen erfüllt (Cambridge).

11.4.6
Konzept eines „Advanced Business Park"[32]

Das Beispiel Sophia Antipolis verdeutlicht die Entwicklungsrichtung von Landnutzung in der Informationsgesellschaft. Wirtschafts- und Gewerbeparks können erfolgreicher sein, wenn sie nicht nur für informationsbasierte Wirtschaft ausgelegt sind, sondern auch für jene Ansprüche einer Informationsgesellschaft, die sich aus der Evolution aller vier Landschaften ergeben. In Zusammenarbeit mit Costello entstand dazu das Konzept eines „Advanced Business Park" für Unternehmen in der Informationsgesellschaft (Tabelle 11.5).

11.4.7
Integrierte Entwicklung der vier Landschaften mit den regionalen Schlüsselbedingungen

Die in Abschnitt 9.6 beschriebenen Schlüsselbedingungen sind wirkungsvoller, wenn sie in einer gleichzeitigen integrierten Regionalentwicklung in allen vier Landschaften umgesetzt werden. Zwar werden die vier Landschaften üblicherweise getrennt behandelt, aber schon mittelfristig hängen sie durch ihre gemeinsame Entwicklung engstens zusammen. Dies legt es nahe, statt dessen von *einem* Gesamtsystem zu sprechen.

Die Auswertungen mit CCNs bedingen jedoch, noch einen Schritt weiterzugehen und wegen des speziellen Charakters der Verbindung zwischen den vier Landschaften diese erneut auch einzeln zu betrachten: Jede der vier Landschaften kann strukturell

---

[29] Haase (1993), S. 270. (... the „new" urban elements of urban structure are given by the combination of industrial land use and a representative green park. ... Of course, the idea of industry parks also reflects increasing public awareness about environment protection as well as being a consequence of a marketing strategy).

[30] Vgl. http://www.ceram.fr/env-fra.html.

[31] Dies steht in krassem Gegensatz zu der neuen Tendenz der Stadtplanung, jegliche Freifläche zu überbauen und mit „ungenutzten" Flächen zu geizen.

[32] Autoren: Costello und Grossmann.

Tabelle 11.5. Anforderungen für einen „Advanced Business Park" (*Quelle:* Projektarbeit, Costello und Grossman)

Konzept eines „Advanced Business Park"	
Parkmanagement-Regeln	Abgestimmtes, gezieltes und sorgfältiges Vorgehen bei Annahme und Ausscheiden von Mitgliedern des Parks.
Anspruchsvolle Ausstattung mit Computer- und Kommunikationstechnik	Ausstattung für Telekonferenzen. Arrangieren von Telekonferenzen auf Wunsch. Wirtschaftlicher Internet-Zugang (preiswert, leistungsfähig und schnell). Telekommunikation: Least Cost Routing[a] (Teleport), Redundanz und Zuverlässigkeit (Sicherheit). Strategien gemeinsamer Softwarenutzung, zentrales Updating bei Standardsoftware auf Wunsch. Strategien gemeinsamer Datenbanknutzung. Unterstützung für Computer-, Software- und Internet-Nutzung. Gemeinsame Web-Server.
Technische Unterstützung	Gemeinsame Überprüfung und Reparatur von Ausstattung (könnte Aufgabe einer Bibliothek mit erweiterten Funktionen sein, die sowieso zu einer generellen Informationsstelle entwickelt werden muß, um Internet- und andere Netzmöglichkeiten bibliothekarisch aufbereitet anzubieten).
Management-unterstützung	Gezielte wechselseitige Förderung von Unternehmen (CCNs). Vorausschauende Unterstützung beim Marketing. Anbieten von zentralisierten Geschäftsführungen im Sinne von Davis. Unterstützung beim Management und bei der Vermarktung von geistigem Eigentum. Unterstützung bei der Wirtschaftsplanung. Nachfolgeplanung beim Ausscheiden von führenden Mitarbeitern oder Besitzern.
Persönliche und menschliche Beziehungen	Gemeinsamer Unterstützungspool. Förderung von SIGs.
Erziehung und Ausbildung	Gemeinsame Ausbildungseinrichtung (z. B. für gemeinsame Internetkurse zu reduzierten Preisen und andere CyberSkills). Zentrale Bibliothek bzw. neue Zentrale für Informationen.
Familienhilfe	Kinderzentrum (Kindergarten). Gemeinsame Mittagessenangebote. Familienpark und Erholungsmöglichkeiten, evtl. in der Nachbarschaft. Übernachtungsmöglichkeiten.
Parkinfrastruktur	Eng gekoppelte Verkehrsverbindungen zwischen Wohnung und Park. Zentrale Heizung, evtl. Blockheizkraftwerk und zentrale Klimatisierung, soweit klimatisch notwendig.
Verkehr und Verkehrsinfra-struktur	Nähe zu einem gut erreichbaren hinreichend angeflogenem Flughafen. Gemeinsame Reiseplanung. Gute Anbindung an öffentlichen Personennahverkehr. Konzepte zur deutlichen Verminderung von Verkehr und Verkehrslärm.
Annehmlich-keiten	Herausragende Umgebung, gut für Naherholung. Sehr gute Gesundheits- und Freizeiteinrichtungen.
Ökologie	Angenehme Spaziergangsmöglichkeiten. Blumenplanung rund um das Jahr. Ökologisch gesunde und herausragende Naturumgebung, nach Möglichkeit durch ökologische Revitalisierung aus vorher ökologisch minderwertigen Flächen entstanden, evtl. Wildnisflächen. Gemeinsame Ressourcenplanung: Minimierung des Verbrauchs, Minimierung des Abfalls, ökologisch vorbildliche Flächennutzung im Park.

[a] Automatische Leitung aller ausgehenden Telefongespräche aus dem Park über die jeweils günstigsten Anbieter unter Berücksichtigung von Informationsaufkommen, benötigter Kapazität, Priorität, Tarifzone, Tageszeit, Sonderverträgen usw.

eine hyperbolische Verbesserung im Bereich aller drei anderen Landschaften ermöglichen; andererseits ist eine hyperbolische Verbesserung unmöglich, wenn sich auch nur eine der vier Landschaften nicht in einem ausreichend guten Zustand befindet.

> **!** Die 25 Schlüsselbedingungen zu erfüllen ist wichtig, aber damit ist der Regionalerfolg nicht garantiert. Dies ist vergleichbar mit einer guten Ausbildung, die wichtig, aber nicht allein erfolgsentscheidend ist. Ich bin gleichwohl zu der Einschätzung gelangt, daß jede Region, wenn sie die kritische Vorbedingung hinreichender Nähe zu einer genügend attraktiven Metropole erfüllt, mit ziemlicher Sicherheit eine sehr gute Entwicklung nehmen wird, wenn sie zwischen allen vier Landschaften CCN-Verknüpfungen für die Informationsgesellschaft entwickelt.

11.4.8
Umbewertung von Standortbedingungen durch globale Standortkonkurrenz

Vielen Planern und Politikern ist schmerzlich bewußt geworden, daß sich die Standortbedingungen massiv ändern. In diesem Bewußtwerdungsprozeß erfolgt oft eine Fixierung auf die Änderung des Bekannten, und dies bedeutet vor allem die Bedrohung der etablierten Wirtschaft durch Globalisierung („Die Globalisierungsfalle"). Natürlich ist dies wichtig. Ungleich wichtiger, weil zukunftsbestimmend, sind jedoch die Umbewertungen im Bereich der informationsbasierten Wirtschaft. Wenn man etwa das Silicon Valley nach den Regeln der harten Standortfaktoren bewertet, also danach, ob es attraktiv in Hinblick auf niedrige Lohnkosten, leistungsfähige Verkehrswege, geringe Flächenkosten usw. ist, dann würden diese Standortfaktoren dort so ungünstig sein, daß kein Investor in diese Region investieren würde. Dennoch sind die Investitionen in diesem Gebiet höher als je zuvor. Warum? Weil für informationsbasierte Wirtschaft viele Regeln anders lauten als für die etablierte Wirtschaft, wie sie nach wie vor in den harten Standortfaktoren gelehrt werden.

Diese unterschiedlichen Faktoren für etablierte und für informationsbasierte Wirtschaft sind bei der weltweiten Standortkonkurrenz zu berücksichtigen. Länder oder Regionen können es sich leisten, bei den Standortfaktoren für etablierte Industrie ganz schlecht abzuschneiden, wenn sie dafür gute Bedingungen für informationsbasierte Wirtschaft bieten.

Politische Steuerung zur Bewahrung etablierter Wirtschaft wird zunehmend zu einem untauglichen Werkzeug: „Kapital geht dahin, wo es gewünscht wird und bleibt dort, wo es gut behandelt wird und dies verärgert Regierungen endlos" (Walter Wriston 1996 zu den sinkenden Kontrollmöglichkeiten der einzelnen Staaten[33]). Da die Möglichkeiten nationaler Kontrolle deutlich geringer werden, reden manche Politiker über neue globale Kontrollsysteme. Übergeordnete Koordinierungen sind notwendig, um suboptimales Verhalten auszuschließen, aber dies bedeutet keine globalen Kontrollsysteme, sondern Systeme zur Förderung lokaler Autonomie. Umfassende Kon-

---

[33] „Capital goes where it is wanted and stays where it is well treated and this annoys government to no end." Wriston baute die Citybank durch Pionierleistungen in der weltweiten Vernetzung, z. B. Einführung von Bankomaten, zur größten Bank der USA aus.

trollsysteme sind wegen des weitgehenden und unvermeidlichen Versagens von Planung herkömmlicher Art zu vermeiden. Statt dessen sind Koordinierungssysteme auf der Basis gegenseitigen Nutzens einzurichten. Dies dürfte letztlich allgemeine Zustimmung erfahren, obwohl damit Regierungen Autonomie nach unten und nach außen abgeben müssen und beides fällt schwer. Jene Systeme dürften am erfolgreichsten werden, die übergeordnete Koordinierung mit Anreizsystemen zur Förderung erwünschter lokaler Entwicklungen kombinieren.

Diese für informationsbasierte Wirtschaft deutliche Wichtigkeit lokaler Anreizsysteme und lokaler Attraktivität veranlaßt Städte mit hochwertiger und entsprechend beweglicher Klientel, wie Lausanne, jetzt dazu, ihren weichen Standortfaktoren, insbesondere der Naherholungs- und Freizeitattraktivität eine Wichtigkeit zuzuschreiben, wie dies noch vor 10 Jahren undenkbar war.

Diese neuen Gegebenheiten sind Planern nachdrücklich zu vermitteln, weil sie in den etablierten, ungültig werdenden Kategorien ausgebildet wurden.

11.4.9
Eine adäquate Umwelt für die „breite Innovation von unten"

„Innovation von unten" beruht auf der Förderung durch kooperative Strukturen. Daher wird eine breite Innovation von unten nur möglich, wenn ökologische, räumliche und soziale Strukturen kommunikations- und kooperationsfördernd für Bewohner und Unternehmen wirken sowie eine kritische Dichte von Gleichgesinnten schaffen. Städtische oder regionale Charakteristiken für eine weitreichende, verbreitete Initiative und Kreativität müssen sich in der natürlichen und gestalteten Umwelt in vielfältiger Weise widerspiegeln. Dies bedeutet Chancen für ökologische Stadtstrukturen, für herausragendes Landschaftsdesign und für naturnahe Umweltökosysteme. Es bedingt aber genauso eine herausragende Freizeitumgebung.

11.4.10
Regional- und Stadtentwicklung: Zusammenfassung

Wirkungsvolle regionale Handlungsoptionen können aus den Innovationsfeldern und Strukturbrüchen mit folgenden Fragen hergeleitet werden:

- Wo liegen derzeit die Brennpunkte der Wirtschaftsentwicklung; welche Wirtschaft kann man fördern, die anderswo nicht schon niedergeht, sondern erst noch aufsteigt?
- Wie kann eine Region maximal vom Innovationspotential profitieren?
- Welches sind die wichtigsten Ansatzpunkte und welche Maßnahmen wirken initiierend?
- Wie fördert man jene Menschen, die Innovationen in den vier Landschaften betreiben und diese Innovationen wirtschaftlich und gestalterisch umsetzen – Kreativität und Initiative?
- Wie kann man die unterschiedlichen ökonomischen Strukturen, Gefühle und Selbstwahrnehmung von Menschen in den sieben Phasen der vier Landschaften erkennen? Darauf basierend können Menschen und Regionen systematisch zu Innovationen anregt werden, die für die Zukunft förderlich oder notwendig sind.

- Wie kann man mit dem Konzept der Schlüsselpersonen in den verbliebenen drei alten letzten Phasen e5 bis e7 und vor allem den vier neuen Phasen (informationsreich neu e1 bis neu e4) im Verlauf des gegenwärtigen Umbruchs regional wirken?
- Welcher Art ist ein von Regional- und Stadtplanung zu erbringendes Landschafts- und Stadtdesign, das zu der entstehenden neuen Welt kongenial ist und Umweltchancen umsetzt – holistischer Ansatz?
- Welche Koordinationsaufgaben bestehen und wie sind diese anzugehen?

11.5
Ein Katalog staatlicher Handlungsoptionen

Förderungen im Bereich der Wirtschaft:

- Förderungen sollten von etablierten Bereichen umgelenkt werden auf informationsintensive Bereiche. Hier hat Deutschland weniger einen Nachholbedarf in High-Tech-Feldern, wie beispielsweise der Lasertechnik, sondern vielmehr in der Systemeinbettung jeder Technik sowie generell in Systemdienstleistungen, sowohl im Güter- als auch im Dienstleistungsbereich („Experience Economy").

  Beispielsweise werden vom Weltmarkt zunehmend Transportsystemleistungen nachgefragt, nicht isolierte Transportmittel und seien sie mit führender High-Tech vollgepackt. Transportmittel stellen nur eine Komponente der Transportsystemleistungen dar. Im übertragenen Sinn ist das Flugzeug zwar wichtig, aber es macht keine Fluglinie. Für Systemdienstleistungen werden sowohl technische Hilfsmittel und Software (Informations- und Kommunikationsbereich), als auch Inhalte[34], als auch Management-Know-how benötigt. In diesem Bereich erfolgen derzeit sowohl Ergänzung und Ausbauten (im Sinne des „Repackaging") als auch kreative Neuentwicklungen („Redefinition"), wie etwa Point-to-Point-Transport.

- Aufgrund der Überlegenheit von CCNs und der Form ihres Funktionierens sollten Förderungen so gegeben werden, daß die *Fördergeber von dem Erfolg der jeweils von ihnen Geförderten profitieren und damit selber wachsen können.* Erst dadurch entsteht ein CCN zwischen Geförderten und Förderern, wodurch die Förderung erheblich wirkungsvoller und anhaltender wird. Die CCN-Struktur bedingt eine erfolgsproportionale Belohnung vom Fördernehmer zum Fördergeber, wie sie beispielsweise bei der US-Risikokapitalvergabe existiert. Eine derartige CCN-Struktur der Förderung stellt eine entscheidende strukturelle Weiterentwicklung derzeitiger anreizloser Formen dar.
- Gesetze bzw. Gesetzesänderungen und Änderungen von Verwaltungsverordnungen zur Förderung von Firmengründungen, von Risikokapital, zum Konkurs- und Steuerrecht usw. wie z. B. „One-stop"-Behörden, wo ein Gründer an nur einer Stelle binnen eines halben Tages seine Geschäftseröffnung genehmigt bekommt.

---

[34] In der „Content"-Diskussion der EU für die Netze ist nicht nur daran zu denken, europäische Filme in die Netze zu bringen, sondern auch europäische Systemdienstleistungen, Mehrwertdienste, Datenbanken, Ausbildungen für die Informationsgesellschaft auf höchstem Niveau mit allgemeiner Zugänglichkeit (auch wenn dies etablierten Universitäten Konkurrenz macht – es geht um Europas Zukunft), Fortbildungen, beispielhafte Virtual Reality-Leistungen, Simulationen usw.

Maßnahmen im Bereich Erziehung, Ausbildung, Fortbildung:

- Außer Telelernen und Teleuniversitäten auch Intensivierung von „Schulen ans Netz", besonders energisch auch „Sonderschulen ans Netz". Vermittlung von neuen Möglichkeiten, Einkommen zu erzielen, Betonung der Fusionen und damit Abkehr von der einseitigen Vermittlung etablierter aber überholter Weltbilder, ausführliche Vermittlung der neuen Fusionen und der 25 Schlüsselbedingungen für Regionalentwicklung in Berufsschulen und Fortbildung. Dazu Abendkurse, Firmenkurse und Umschulung über informationsbasierte Wirtschaft. Spezielle Kurse, etwa: „100 neue Möglichkeiten für Bäcker (oder Landwirte usw.), in der Informationsgesellschaft ihren Beruf auszuüben". Entsprechende konkrete Entwicklungsaufträge für Lehrinhalte und -unterlagen sollten rasch zu erfüllen sein. Allgemeine „neue Alphabetisierung" mit Schwerpunkten bei Randgruppen und kommenden neuen Schlüsselpersonen. Schnelle Verminderung des „Cyber-Analphabetentums".
- Klare deutliche Darstellung der Beziehungen zwischen Konkurrenz und Kooperation, von Darwinismus und Netzen, spezieller Rang der kreuzkatalytischen Netze, Aufbau von CCNs, „Wie starte ich CCNs", „wie trete ich einem CCN bei" usw. Förderung des Aufbaus von Special Interest Groups, Gestaltung von sozialen Netzen, soziale Gesinnung.
- Vermittlung des Unterschiedes zwischen nur sozial und ökologisch „verträglichen" Maßnahmen und „umweltfreundlichen" bzw. „sozial freundlichen" Maßnahmen.
- Institutionelle Unterstützung des Aufbaus von Advanced Development Centers; das Berufsbild des Knowledge-Brokers, Wissensarbeiters usw.
- Maßnahmen im Bereich der Architektur, wie z. B. Wettbewerbe: Beispiele für „informations- und umweltgerechte Architektur".
- Wettbewerbe für städtebauliche Gestaltung in der „nachhaltigen Informationsgesellschaft" mit hohen Anforderungen an die städtische Umwelt und ihr soziales Funktionieren.
- Werbung für die neue Erziehung und Weiterbildung.
- Vermittlung einer Gesamtsicht von Leben, Wirtschaft, Arbeiten, Wohnen und Umwelt in der Informationsgesellschaft.
- Maßnahmen für Selbstbeschränkung bei Angeboten, die Realitätsverlust bewirken oder die sozial oder umweltmäßig nicht tragbar sind. Zusätzlich kann dafür geworben werden, diese Angebote in Eigenverantwortung so zu modifizieren, daß sie verträglich werden.
- Aufwecken der etablierten Forschung, die hier eine Lebensaufgabe weitgehend ignoriert, womöglich bekämpft und dabei sich und der Allgemeinheit schadet.

 Kurse für Selbständige und Gründer in der neuen Wirtschaft, wie sie Kooperationen aufbauen, mit denen sie weiterkommen, statt sich durch beinharte Konkurrenz gegenseitig kaputt zu machen, wie es heutzutage in Deutschland an der Tagesordnung ist. Zum Rang kooperativer Netze in der neuen Wirtschaft gibt es mittlerweile viel Literatur und viele Fallbeispiele.

Maßnahmen zur psychologischen Unterstützung (Seminare und Kurse):

- Auseinandersetzung mit Formen des Wandels; Wandel auch als positive Herausforderung, „Challenge of Change", „Profitieren vom Unerwarteten", aktiver Umgang mit dem Unerwarteten;
- Abbau von lähmenden Ängsten, Orientierungspakete;
- Hinweis auf wirkliche Gefahren, statt unzutreffender Berichte, wie über „kriminelle Hacker im Internet";
- Suchttherapie für Opfer überhöhter virtueller Realitäten und des Internets (die es gibt, wenngleich in anderer Form, als die Sensationspresse dies berichtet).

Maßnahmen im Bereich der Infrastruktur:

- Förderung von Informationsinfrastruktur. Zuvor Projektionen über die Bedarfsentwicklung der nächsten 10 oder vielleicht sogar 20 Jahre, da beispielsweise zumeist Glasfaserkabel mit bei weitem zu geringer Leistung verlegt werden[35].
- Realistische Ausarbeitungen über die potentielle und synergistische Rolle von Satelliten, Funknetzen und Festnetzen und die breite Vermittlung dieser Ergebnisse als Überblick.
- Deutliche und rasche Herabstufung der Priorität herkömmlicher Infrastruktur im Verkehrs- und Siedlungswesen, dafür Heraufstufung der Priorität für Informationsinfrastruktur, Teleports und ähnliche Strukturelemente.
- Auf- und Ausbau von Unterstützungszentren.

11.6
Förderung von Menschen

Die Förderung von Menschen beginnt mit der neuen Alphabetisierung. Diese setzt eine Alphabetisierung der Ausbilder und Lehrer nicht unbedingt voraus; so lange kann man kaum warten. Es bedingt jedoch Freiheit für die Auszubildenden und für Forscher nachgeordneter Ebenen, damit sie nicht durch „Cyberanalphabeten" höherer Ebenen unterdrückt werden. In Unternehmen ist die Kenntnisvermittlung über neue Wirtschaft dazuzurechnen. Die zweite Aufgabe besteht in der Förderung der Kreativität und Initiative von unten, eine dritte in der Aus- und Fortbildung mit den neuen Schlüsselbedingungen. In Unternehmen der neuen Wirtschaft schließlich ist in jeder der zuvor erwähnten drei Linien von Fachleuten (Entwickler, Manager, Finanzmanager) eine Fortbildung notwendig, um diese Personen zu befähigen, sich entsprechend den Anforderungen der nächsten Phasen in ihrem Bereich zu qualifizieren, also nicht beim Übergang von einer Phase zur nächsten unwirksam und unglücklich zu werden. Abschließend sind Voraussetzungen zu vermitteln, damit eine günstige regionale und soziale Entwicklung fortbestehen kann: warum sind ganz besonders aus wirtschaftlichen Gründen ökologisch hochwertige landschaftliche und attraktive städtische Umwelten anzustreben und welche Verfahren gibt es dazu.

---

[35] US-Anbieter gehen dazu über, zentrale Leitungen mit einer Kapazität von Terrabyte zu verlegen, und Leitungen im Petabyte-Bereich (1 000 TB) zu entwickeln. Das deutsche Wissenschaftsnetz wurde 1998 auf eine Leistung von 100 Megabyte erhöht, was um einen Faktor 10 000 niedriger liegt.

11.6.1
„Neue Alphabetisierung"

Inhalte der neuen Alphabetisierung für verschiedene Qualifikationsniveaus sind in Tabelle 11.6 zusammengestellt.

Die meisten Punkte in Tabelle 11.6 sprechen für sich; nur wenige sollen noch einmal kurz unterstrichen werden[36].

„Neue Alphabetisierung für alle". So, wie nach Beginn der Industrialisierung die Volksschulen und das duale System der Berufsausbildung eingeführt wurden, um eine breite Ausbildung für die neuen Berufe zu leisten, sind jetzt Kenntnisse in den neuen Medien, den neuen Möglichkeiten und den resultierenden lokalen und regionalen Anforderungen und Voraussetzungen für jeden zu vermitteln. Arbeit mit Schulen bzw. mit Lehrern unter Nutzung neuer Möglichkeiten, z. B. den Einsatz von CBT (Computer Based Training) bis hin zur „virtuellen Universität" bzw. den Teleausbildungsangeboten der European Business Schools.

Wie bisher besteht die Notwendigkeit zu sehr unterschiedlichen Qualifikationsniveaus, *und wie bei der ersten Alphabetisierung betrifft die neue Alphabetisierung jeden, auch die Benachteiligten und Behinderten*, nicht nur eine hochqualifizierte kleine Schicht. Letzteres wird oft nicht beachtet, ist jedoch entscheidend für eine günstige soziale und wirtschaftliche Zukunftsentwicklung.

Facharbeitskreise. Diese begünstigen eine breite Innovation und Initiative von unten in besonders wirkungsvoller Weise, weil sie als CCN funktionieren können. Nur breite Innovation und Initiative können die vielen neuen Möglichkeiten erschließen und allen Menschen und der Umwelt eine lebensfähige und lebenswürdige Zukunft eröffnen.

Das Bildungswesen muß die gegenwärtige Umbruchsperiode als Chance und Notwendigkeit begreifen, um zusätzlich jene neuen sozialen und ökologischen Kompetenzen zu vermitteln, die weit über die neue Alphabetisierung hinausreichen.

11.6.2
Förderung von Angehörigen der Randgruppen

Eine sorgfältige Förderung ist nicht nur für Menschen vorzunehmen, die zu Schlüsselpersonen der neuen Entwicklung werden können, sondern auch für einen zweiten großen Bevölkerungsbereich, für Randgruppen, Behinderte, Spätaussiedler, Einwandererkinder und weitere sozial Benachteiligte. Diese Randgruppen insgesamt sind in der Fülle ihrer Eigenschaften und Mitglieder weit diverser als die gesamte andere Bevölkerung. Es finden sich hier Menschen mit den unterschiedlichsten Potentialen.

Für Tätigkeiten in den neuen Phasen 1 bis 4 sind in weiten Bereichen andere Talente als in der Industriegesellschaft gefragt. Information kann sehr viel stärker mit Sensibilität und Ästhetik gekoppelt sein als Material- und Energieverarbeitung. Überdies ist diese Wirtschaft differenzierter als die etablierte. Damit können Angehörige

---

[36] Siehe auch Szydlik (1996).

Tabelle 11.6. Beispielhafte Optionen im Bereich Aus- und Fortbildung (nach Grossmann 1998b)

Name	Beschreibung
Vermittlung neuer Grund-kompetenzen („neue Alphabetisierung")	Vergleichbar der Einführung der Grundschule im vorigen Jahrhundert werden jetzt Basisfähigkeiten zur Nutzung des Informationspotentials benötigt. Grundlegend sind Kurse im Internet-Aufbau, in der Web-Nutzung, Nutzung von E-Mails und Usenet zur Kommunikation und Verbindung von Internet mit alltäglichen Technologien wie Telefon (etwa im Voice-Mail und in der Internet-Telephonie). Informationsmanagement (wie speichere und finde ich interessante Informationen) in verschieden schwierigen Formen von einfacher Speicherung über Webseiten-Erstellung bis hin zu datenbankgestützter Strukturierung. Formate von Informationstypen. Sehr nützlich und recht einfach sind auch etwas anspruchsvollere Informationssuchen, wie die „advanced query" von Altavista. Diese Alphabetisierung gibt es für alle Anspruchsniveaus. Ein höheres Niveau verlangen Methoden wie die Verbindung von WWW-Seiten und Datenbanken oder das Nutzen des WWW als firmeninternes Kommunikations- und Dokumentationszentrum.
Schulung in neueren Programmiersprachen	Beispiele: C++, Java, Visual Basic, evtl. Delphi, alle inkl. Grafik- und Datenbanknutzung. Aufwendig, aber gut: SAP und seine Konkurrenten.
Problemdefinition und -lösung	Allgemeine Problemlösungstechniken. Systemmethoden, Senges „fünfte Disziplin" (Systemdenken) und grundlegende Systemstrukturen.
Workshop-Technologien	Durchführung und Leitung von integrierenden Workshops mit Systemmethoden, zuerst begründet mit der AEAM-Methode (Holling 1978).
Aufbau und Leitung von Facharbeitskreisen (SIGs)	In Facharbeitskreisen finden sich Nutzer des neuen Informationspotentials eigenständig zusammen, tauschen ihre Erfahrungen aus, machen sich gegenseitig Mut und fördern sich wechselseitig. Erläuterung des Funktionierens von SIGs anhand typischer SIG-Felder wie Landwirtschaft, Kleingewerbe, Handel, Handwerk, Finanzwesen, Fremdenverkehr, Bibliotheken und Schulen. Vermittlung von SIG-Kenntnissen: Aufgaben von SIGs, ihre Organisation, ihre Leitung, Notwendigkeit ihrer Eigenständigkeit. SIGs bedeuten eine zentrale Aufgabe. Sie haben einen hohen Rang zur Arbeitsplatzschaffung.
Aufbau neuer Curricula	Rasche Ausbildungen in Führung und Forschung im informationsintensiven Umfeld, wie von einigen European Business Schools angeboten.
Förderung einer Innovationskultur	Werbemaßnahmen, Aufklärungsmaßnahmen, Steuerrecht und vor allem soziales Ansehen von Erfindern, Innovatoren und Gründern: eine zentrale Aufgabe.
Staatliche Rahmenbedingungen für Aus- und Fortbildung	Förderung von neuen Studiengängen in diesem Bereich. Eventuell Formulierung weiterer Lehrberufe. Fortbildung von Arbeitslosen durch staatliche Förderung in diesem Bereich (Arbeitsämter). Abbau starrer Vorschriften mit engen Vorgaben, was anerkannt wird und was nicht. Inhalte und Förderbedingungen sind in Bezug auf Dauer, Ort und Inhalte für die neuen Qualifikationen entsprechend zu formulieren.
Randgruppenprogramme	Die Randgruppen der Benachteiligten, Spätaussiedler, Einwandererkinder, jugendlichen Langzeitarbeitslosen usw. sind besonders sorgfältig in den neuen Fähigkeiten zu qualifizieren. Hierbei ist auch der „Ermutigungsansatz" gemeinsamer Arbeit an neuen Berufsfeldern einzusetzen. Zunächst sind eine ausreichende Zahl von Betreuern von Randgruppen entsprechend zu qualifizieren.

der Randgruppen zu wertvollen Mitarbeitern werden, denn viele von ihnen haben hervorragende oder besondere Fähigkeiten für eine informationsreiche Umgebung, vorausgesetzt, sie haben die neue Alphabetisierung in einem Maß durchlaufen, wie Schulkinder im vorigen Jahrhundert die Grundschule. Gordon Uhlmann, Geschäftsführer einer Hamburger Beschäftigungsgesellschaft für Randgruppenangehörige, sagt dazu: Innovation kam immer von den Rändern. Er hat mit Erfolg jugendliche Langzeitarbeitslose für Mediennutzung geschult und zu gefragten Arbeitskräften gemacht; einige seiner Klienten haben sich sogar selbständig machen können.

Um einen Übergang von Angehörigen der Randgruppen in angemessene Beschäftigungen zu erreichen, sind diese besonders sorgfältig und umfassend einzuweisen und anzuleiten. Dafür ist nach Erfahrungen auch in diesem Umfeld der partizipative Ansatz besonders geeignet (Raenke und Richter 1998). Möglichkeiten zu einer derartigen breiten Qualifikation für jeden wurden in der „Gemeinschaftsinitiative Beschäftigung" deutlich, die sich mit hohem staatlichen Mitteleinsatz an die zahlreichen Randgruppen und Benachteiligten wendet (http://www.gemeinschaftsinitiativen.de/). Mehrere Beschäftigungsgesellschaften greifen mittlerweile die hier entwickelten Ansätze zur Verbreiterung ihres Repertoires auf.

Eine besondere Beschäftigung mit diesem Kreis ist zudem notwendig, weil die Rationalisierung im Bereich der etablierten Wirtschaft das Abrutschen weiterer Menschen in den Bereich der Randgruppen mit sich bringt. Deshalb ist es doppelt wichtig, Angehörigen der Randgruppen die neuen Kenntnisse mit aller Sorgfalt zu vermitteln.

Damit wird die Förderung sozusagen „zweigipfelig"; sie erfolgt am rechten und linken Rand des Spektrums der Hoffnungen, bei den kommenden Schlüsselpersonen und bei den bisherigen Benachteiligten. Damit verbindet sich die Erwartung, daß diese zweigipfelige Förderung so wirkt, als ob man an beiden Enden einer Hängematte zieht, wobei sich auch die soziale Mitte hebt.

11.6.3
Kreativität von unten

Dieser Ansatz ist mehrfach erwähnt worden. Es setzen sich Menschen, die sich ein neues Tätigkeitsfeld erarbeiten möchten, mit anderen zusammen, die sich mit den neuen Informationspotentialen beschäftigt haben. Die ersten erzählen, was sie bisher gemacht haben, was ihnen Freude macht und was sie gut kennen. Dann erzählen die anderen, was zu diesem Feld und zu den Wünschen ihrer Gesprächspartner passen könnte. Für neuartige Ansätze gibt es immer mehr Beispiele, Software, Know-how und infrastrukturelle Voraussetzungen.

Mit diesem Material arbeitet die gesamte Gruppe aus, wie das neue Informationspotential zur Weiterentwicklung oder Neukonzeption des bisherigen Tätigkeitsfeldes eingesetzt werden könnte. Dies bedeutet eine gemeinsame Entwicklung, eine partnerschaftliche Arbeit von zwei Gruppen, von denen jede einen Bereich sehr gut kennt. Die Gruppe mit den Kenntnissen des Potentials übt dabei eine dienende Funktion aus; sie ermöglicht ein Wachsen ihrer Partner und ermutigt sie. Dies ist der Ermutigungsansatz[37] für Kreativität und Initiative von unten.

Tatsächlich hat in Firmenseminaren nach einem häufigen anfänglichen Schock über die Konkurrenzgefahr durch das neue Potential sehr rasch eine große Lust auf die Gestaltung und den Ausbau neuer Möglichkeiten eingesetzt. Beispielsweise erkennen einige Leiter von Reisebüros, daß sie die „Katalogware" (Reisen aus Prospekten) und Buchungen von Zügen und Flügen in Zukunft an die große Konkurrenz (Direkt-buchungen durch den Kunden bei Touropa usw.) bzw. an die Fluglinien (durch Online-Buchung) verlieren werden. Dies macht oft 80 % ihres Umsatzes aus. Die Angst vor diesem Verlust ist schon vorher da gewesen. Anschließend wird anhand von Beispielen wie USAA (der ehemalige Autoversicherer, oben dargestellt) miteinander entwickelt, wie mittels gekonnter Nutzung ihrer eigenen, nur ihnen zugänglichen und entsprechend zu erweiternden Kundeninformation eine individualisierte persönliche Angebotsqualität erreicht werden könnte, die den Großen der Branche nicht möglich ist und die neue Geschäftsfelder ermöglicht.

11.6.4
Systematisierte Aus- und Fortbildung mit den Schlüsselbedingungen

Die Schlüsselpersonen der ersten neuen Phasen sind entscheidend. Oben wurde aus-geführt, welche Kenntnisse und Persönlichkeitsmerkmale sie aufweisen müssen. Es wurde die zunehmende Differenzierung der Schlüsselqualifikationen in den drei Linien der Entwickler, der Manager und der Finanzleute ab Phase 2 dargestellt.

Um Gespräche, Fortbildung, Ausbildung usw. zu systematisieren, kann eine Matrix aufgebaut werden, in der die Schlüsselpersonen der Phasen 1 bis 4 den Schlüsselbe-dingungen und -kenntnissen gegenübergestellt werden. Die Felder der Matrix sind damit zu füllen, wem man welche Schlüsselqualifikationen vermittelt. Diese ändern sich teilweise mit der Phase, was dann in der Matrix sichtbar wird.

11.7
Weitere Ausarbeitung der neuen Fusionen

Bevor auf weitere Beispiele zu den neuen Fusionen eingegangen wird, ist ihre Einord-nung in der Skala menschlicher Bedürfnisse und Wünsche zweckmäßig. Auf Hägerstrand (1952) geht das wohl erste Klassifikationssystem zurück, das vielfältig ausgebaut wurde. Es ist in seiner ursprünglichen Form am besten zur Weiterentwick-lung in der Informationsgesellschaft geeignet. Die Synthese von Umwelt und Informa-tionsgesellschaft kann mit der oben veränderten Liste von menschlichen Hauptaktivi-täten analysiert werden[38]. Darauf aufbauend wurden die neuen Fusionen formuliert.

Ein derartiges System ist funktional; es bezieht sich auf die beiden oberen Ebenen der Beziehungen der vier Landschaften zueinander, nicht auf die tiefe Beziehungs-ebene. Die menschlichen Bedürfnisse bestehen jedoch besonders auf der tiefen

---

[37] Diese Art von Ansatz wird von Holdgate in seinem Nachwort zu dem großen Band von Turner et al. (1990) gefordert („Postscript", S. 704–706, übersetzt von Grossmann): „Wir müssen einsehen, daß Nachhaltigkeit eine Angelegenheit lebender Menschen ist, die mit ihrer Umgebung umgehen und sie in ihrem Umkreis formen. Diese Menschen kümmern sich um ihre Umgebung. Ihre traditionel-len Fähigkeiten wurden oft in Jahrhunderten entwickelt und angepaßt. Wir müssen ihnen einer-seits das beste Wissen vermitteln, das in der Wissenschaft verfügbar ist, aber gleichzeitig auch unsererseits lernen, wie man das Alte und das Neue zusammenführt und wie man Ansätze entwik-kelt, die deshalb funktionieren, weil sie von jenen Menschen aufgenommen werden, die bei Son-nenuntergang unter dem Baum neben der Quelle sitzen."

[38] (Lernen, Versorgen, Arbeiten, Wohnen, Mobilität, Freizeit, Erholung und Urlaub).

Tabelle 11.7. Das „System menschlicher Bedürfnisse" von Max-Neef mit einer Gliederung in die wechselnden Mittel zu ihrer Befriedigung

Grundbedürfnis	Mittel			
	Sein	Haben	Tun	Interagieren
Subsistenz (Lebenssicherung)				
Schutz				
Zuneigung/Liebe				
Teilnahme				
Verstehen				
Muße				
Schöpferisches Wirken				
Identität				
Freiheit				

Ebene. Eine Dematerialisierung von dem hier als notwendig beschriebenen Umfang benötigt Verstehen dieser tieferen Motive. Dem wird das System von Max-Neef (1989) weit besser gerecht. Max-Neef unterscheidet grundlegende menschliche Bedürfnisse („Basic Human Needs") und Mittel („Satisfier"), um diese zu befriedigen. Die grundlegenden menschlichen Bedürfnisse sind für Max-Neef in allen Kulturen und zu allen Zeiten immer dieselben, wohingegen die Mittel wechseln. Um diesen wechselnden Mitteln gerecht zu werden, unterteilt Max-Neef sie in ihre unterschiedlichen Ausdrucksformen Sein („Being"), Haben („Having"), Tun („Doing") und Interagieren („Interacting"), Tabelle 11.7.

Das System von Max-Neef läßt erkennen, daß kaum eines der derzeitigen menschlichen Bedürfnisse zwingend mit den derzeitigen „Satisfiers", Mitteln, zu erfüllen ist, sondern daß auch ganz andere denkbar sind, wie sie durch das stark gewachsene Informationspotential ermöglicht werden.

In dieser Sicht wird der breite Markt für informationsbasierte Produkte und Dienste besonders rasch deutlich. Dieser konnte in Consultinggesprächen für jede Branche z. B. mit einer passenden Auswahl aus den neuen Fusionen erkundet werden.

Nachfolgend werden einige der neuen Fusionen genauer dargestellt.

11.7.1
Arbeit und Wohnen[39]

Ökologische, ökonomische und soziale Gründe bewirken eine erneute Integration der seit der Industriellen Revolution zunehmend getrennten Hauptaktivitäten Arbeit und Wohnen.

---

[39] Co-Autor diese Abschnitts: Th. Multhaup.

Durch die Computernetze ist die Anwesenheit in Büros oder selbst in Fertigungs-
stätten nicht mehr zwingend notwendig. Für die Unternehmen ergeben sich durch die
Telearbeit wichtige Vorteile: hat der Arbeitnehmer seinen Hauptarbeitsplatz zu
Hause, reicht es aus, ihm im Unternehmen nur einen sogenannten „shared desk"-
Arbeitsplatz zur Verfügung zu stellen, den er sich mit mehreren Mitarbeitern teilt.
Der derzeitige Erfahrungssatz für Telearbeit lautet, daß für etwa 3 Mitarbeiter ein
Büroraum notwendig ist, der derzeit noch von einer Person beansprucht wird. Solche
Arbeitsplätze dienen gemeinsamen Besprechungen oder der Ausführung von Tätig-
keiten, die sich nicht ohne weiteres dezentral ausüben lassen. Für bestimmte Tätigkei-
ten kann selbst diese teilweise Anwesenheit im Unternehmen entfallen, so daß die
Arbeitnehmer allein über das Netz arbeiten.

Telearbeiter sind zumeist produktiver. In jedem Fall ergibt sich für die Unternehmen eine Kostensenkung durch verringerte Raummieten und gesunkene Informati-
ons- und Transaktionskosten; gleichzeitig kann die Telearbeit zu einer höheren
Arbeitszufriedenheit führen.

Aus sozialen Gründen kann Telearbeit günstig sein, da Heimarbeit die Vereinbar-
keit von Familie und Beruf unterstützen kann. Jedenfalls erlaubt Telearbeit eine größere Freiheit in der Einteilung von Arbeits- und Freizeiten; man kann arbeiten, wann
und wo man will. Dies kann kreativitätsfördernd wirken (die Maus wurde unter der
Dusche erfunden).

Geographische Distanz und selbst sehr große Entfernungen verlieren mit Telearbeit drastisch an Bedeutung. Dies wird etwa an den über 10 000 indischen Ingenieu-
ren deutlich, die von Indien aus das weltweite Accounting für Luftverkehrslinien
durchführen, das vorher an vielen Orten der Welt erfolgte.

Es ist im Prinzip auch ökologisch sinnvoll, Berufsverkehr durch Telekommunikation zu ersetzen. Jedoch gibt es hier viele Probleme, auf die noch eingegangen wird.

Ein Telearbeiter kann für unterschiedliche Auftraggeber tätig sein. Dadurch verringert sich die Bindung von Beschäftigten zu ihrem ursprünglichen Unternehmen genauso,
wie sich die Verantwortung des Unternehmens für seine Telearbeiter verringern kann.

Telearbeit wird selten deshalb befürwortet, weil sie den Arbeitnehmern neue Möglichkeiten eröffnet (Lutz 1995). Vielmehr bezeichnen manche Gewerkschaftler Telearbeit als Weg zur Entrechtung des Arbeitnehmers, weil der Telearbeiter durch seine
von der Firma gestellte Ausrüstung an diese Firma gebunden und an sein Haus gefesselt sei, so daß er keine anderweitigen Kontakte aufbauen könne. Er sei sehr weit entfernt von seinem Betriebsrat und seinen gewerkschaftlichen Vertrauensleuten. Dies
ist alles möglich; andererseits müssen Gewerkschaften prüfen, inwieweit ihr Angebot
und ihr Selbstverständnis nicht eher einem Stadium der informationsarmen, zentral
geleiteten normierten alten Phasen 5 bis 7 entsprechen und jetzt weiter entwickelt
werden müssen. Derartige Diskussionen werden in Gewerkschaften heftig geführt.

Die „neue Fusion" zwischen Arbeit und Wohnen bedeutet weit mehr als nur Telearbeit. Hierher gehört z. B. auch Frithjof Bergmanns (1997 und Kapitel 10, Fußnote 39)
Konzept der „New Work", die komplexe häusliche Produktion für Eigenbedarf mittels
computergesteuerter Kleinproduktionsanlagen umfaßt oder hochwertige Telearbeit
von deutschen Designern für US-Unternehmen oder von Architekten aus Hong Kong
für Kunden in Deutschland.

Dieser allmählichen Lockerung der bisher engen Bindung zwischen Arbeitnehmer
und Unternehmung steht in Zukunft eine sehr viel innigere Verbindung von Arbeiten

und Wohnen gegenüber. Zusätzlich wird es Telearbeitszentren geben, die in Wohngebieten errichtet werden können und die man nach Bedarf aufsuchen kann. Es werden sich des weiteren flexible Mischformen einer alternierenden Telearbeit ergeben (vgl. BMWI/BMA 1996).

Empirische Studien zur Telearbeit[40]

Inzwischen liegen zahlreiche Studien über Probleme und Potentiale der Telearbeit in ihren vielfältigen Formen vor[41]. Weitgehende Einigkeit herrscht darüber, daß sich die Chancen für eine Ausweitung der bislang nur in wenigen Ländern stärker praktizierten Telearbeit in den letzten Jahren durch das Aufkommen multimedialer Vernetzung und den Preisverfall bei Geräten und Diensten verbessert haben. Die Deregulierung und Öffnung der Telekommunikationsmärkte verbessert die Bedingungen für Telearbeit weiter.

Die Potentiale für Telearbeit gelten – trotz unterschiedlicher Einschätzung der einzelnen Studien – als weitgehend unausgeschöpft. So schätzt die Bonner empirica, daß in der Bundesrepublik bis zu 2,9 Mio. Berufstätige Telearbeit aufnehmen könnten. Gegenwärtig sind weniger als 10 % davon als Telearbeiter beschäftigt. Vor allem jüngere Arbeitnehmer, die größtenteils mit den neuen Medien vertraut sind, können sich vorstellen, einen großen Teil ihrer Arbeit von Zuhause aus zu erledigen. Für das Jahr 2000 rechnet die ZVEI/VDMA mit einem Potential von bis zu 4 Mio. Telearbeitsplätzen (ZVEI/VDMA 1995, S. 25). In den USA ist der Trend zur verstärkten Telearbeit deutlich. So stieg die Zahl der Telearbeiter in den USA von 6,6 (1992) auf 7,6 Mio. (1993), um rund 15 % (Niles 1994).

Beispiel: Telearbeit bei IBM (Quelle: Vortrag von Herrn Horn, IBM[42], FAZ, 11.12.95)[43]

IBM Deutschland hat mit dem Ausbau der Telearbeitsplätze („außerbetriebliche Arbeitsstätten") bereits 1991 begonnen. Anfangs sollten damit vor allem Möglichkeiten für berufstätige Frauen geschaffen werden, um nach der Geburt eines Kindes wieder für das Unternehmen – in Teilzeit – arbeiten zu können. Gleichzeitig verfolgte man mit der Vernetzung das Ziel, die Verfügbarkeit von technischem Fachpersonal im Sinne eines Remote-Service zu erhöhen. Die Telearbeit blieb aber nicht auf diese Fälle beschränkt, sondern erfaßt zunehmend andere Berufsgruppen wie Außendienst, Vertriebsberatung und Stabs- und Verwaltungsabteilungen. Entwickler und Programmierer werden als zumindest teilweise telearbeitsfähig eingestuft. Insgesamt arbeiten mittlerweile rund 2 600 Mitarbeiter als Telearbeiter.

Vorausgegangen war dieser Entwicklung bei IBM seit 1986 die schrittweise Verwirklichung einer weltweiten Vernetzung der 200 000 Arbeitsplätze. Die Arbeitnehmer erhalten dabei elektronischen Zugriff auf alle Daten und Unterlagen des Arbeits-

---

[40] Autor dieses Abschnitts: Thomas Multhaup; Anpassung W. D. Grossmann.
[41] Dostal (1995) gibt einen guten Überblick über die bislang erzielten Ergebnisse.
[42] Gehalten am 6.11. 1996 auf der Fachtagung „Industrieller Wandel als Chance für neue Arbeitsplätze – Ergebnisse aus Wissenschaft und Praxis", veranstaltet vom Rationalisierungs-Kuratorium der Deutschen Wirtschaft, Landesgruppe Berlin und dem Institut für Arbeitsmarkt- und Berufsforschung, Nürnberg.
[43] Autor dieses Abschnitts: Thomas Multhaup, Überarbeitung W. D. Grossmann.

platzes im Unternehmen und verfügen mit E-Mail über weltweite direkte Kommunikationsmöglichkeiten.

Allerdings ist die Durchführung der Telearbeit neben den technischen Bedingungen an eine Reihe von persönlichen und organisatorischen Voraussetzungen gebunden. So verweist IBM darauf, daß Telearbeit eine hohe innere Motivation der Mitarbeiter, fachliche Kompetenz, Selbständigkeit und Vertrauenswürdigkeit voraussetzt. Sind diese Voraussetzungen erfüllt, kann sich die Personalführung weitgehend auf eine ergebnisorientierte Führung (Management by Objectives) orientieren. Abgesehen von der laufenden elektronischen Kontrolle der Arbeitsergebnisse findet bei IBM daher nur alle zwölf Monate ein Beratungs- und Förderungsgespräch statt.

Neben diesen organisatorischen Voraussetzungen spielen auch die Kosten für Nutzung der Telekommunikationsnetze eine wesentliche Rolle bei der Bereitschaft der Unternehmen, Telearbeit im größerem Umfang, vor allem aber auch über den näheren Einzugsbereich des Unternehmensstandortes anzubieten. So zahlte IBM noch 1995 für eine Wählleitung in der Nahzone (20 Tage mit jeweils 5 Stunden) Leitungskosten von 230 DM, in der Regionalzone 1 380 DM und in der Fernzone 3 943 DM[44]. Da sich die Telearbeit bislang für IBM „gerechnet" hat und mit einer weiteren Verbesserung der Leistungsfähigkeit der Netze bei sinkenden Kosten gerechnet werden kann, plant IBM, den Anteil der Telearbeiter auf rund 20 % der Belegschaft zu erhöhen.

Das Beispiel IBM zeigt, daß bei gezielter organisatorischer Vorbereitung und bei Erfüllung der technischen Voraussetzungen erhebliche Potentiale für informationsorientierte Unternehmen bestehen, die weit über die gesamtwirtschaftlich für möglich gehaltenen Potentiale hinausgehen.

Ökologische Entlastungseffekte durch Telearbeit?[45]

Die potentielle umweltpolitische Bedeutung der Telearbeit wird deutlich, wenn man bedenkt, daß sich die Zahl der Pendler in der Bundesrepublik von 1950 bis 1996 von 3 Mio. auf 14 Mio. erhöht hat und bereits jeder dritte Arbeitnehmer außerhalb seiner Wohnortgemeinde arbeitet (Welsch 1996, S. 551). Die mit der Telearbeit verbundenen Substitutionswirkungen werden z. T. sehr hoch eingeschätzt, wie die Ergebnisse der folgenden Studien zeigen.

So stellt der Fachverband Informationstechnik in seiner Studie „Wege in die Informationsgesellschaft – Status quo und Perspektiven Deutschlands im internationalen Vergleich" fest, daß der mit der Informationsgesellschaft verbundene Strukturwandel einen „Quantensprung" für die Umwelt bedeuten kann und gibt als Beleg hierfür folgendes Beispiel: Gelänge es, die 800 000 im Bangemann-Bericht (Bangemann 1995b) prognostizierten Telearbeitsplätze in Deutschland zu schaffen, würde der Straßenver-

---

[44] Telekom (nicht dt. Telekom) bietet einen ganztägigen Minutentarif von 9 Pfennig in der Fernzone (Stand 1999). Damit würden sich diese Kosten auf 540 DM verringern. Telearbeit in den USA würde von Deutschland aus (Stand 1999) mit der Einwahl 01051 (Drillich) im Monat 1140 DM kosten (ganztägiger Minutenpreis von 19 Pfennig). Das heißt, Telearbeit in den USA von Deutschland aus ist in der Zeit zwischen Erstellung des ursprünglichen Artikels durch Multhaup und Schreiben dieses Textes auf ein Drittel der ursprünglichen Kosten für Telearbeit innerhalb der deutschen Fernzone der dt. Telekom gefallen! Man veranschlagt, daß mit dem Internet IP-Protokoll diese Kosten auf nur noch 10 % absinken.

[45] Autor dieses Abschnitts: Multhaup, Anpassungen Grossmann.

kehr um rund drei Milliarden Kfz-Kilometer pro Jahr entlastet, entsprechend einer Ersparnis von rund 200 000 Tonnen Benzin pro Jahr. Telearbeit könnte einen spürbaren Entlastungseffekt insofern bewirken, als das Potential an Telearbeitsplätzen weit über den im Bangemann-Bericht genannten Zahlen liegen dürfte. Zusammen mit der Einführung eines europäischen Straßenverkehrsmanagementsystems hält der Fachverband eine Reduktion der verkehrsbedingten Schäden im Umweltbereich um 10 % für möglich[46].

Das Fraunhofer-Institut für Systemtechnik und Innovationsforschung (ISI) in Karlsruhe schätzt, daß sich durch Telekommunikation 8 % der Personenverkehrsleistungen einsparen lassen, d. h. rund 75 Mrd. Personenkilometer (Welsch 1996, S. 552). Das Deutsche Institut für Urbanistik (DIFU) kam bereits Anfang der achtziger Jahre anhand von exemplarischen Studien für vier deutsche Großstädte zum Ergebnis, daß sich bis 1995 Telearbeit für 17 % bis 42 % der städtischen Arbeitnehmer im Informationsbereich verwirklichen ließe. Hochgerechnet auf die Bundesrepublik hätte dies eine Reduktion des 1980 im Berufsverkehr verbrauchten Kraftstoffs um 3,4 % bedeutet (Henckel 1984, S. 122 ff.).

In den USA wurde früher als in Europa versucht, Verkehrsvermeidung in praktische Politik umzusetzen. Nicht zuletzt die hohen Kosten der Verkehrsstaus und die zunehmenden ökologischen Schäden durch Individualverkehr haben zu Umweltgesetzen wie dem „Intermodal Surface Transportation Efficiency Act" (ISTEA) oder den „Clean Air Act Amendments" (CAAA) von 1990 geführt. Um die mit den Umweltgesetzen verbundenen Auflagen zu erfüllen, haben mehrere Staaten und Kommunen sogenannte „commute trip reduction laws" erlassen, mit der die Unternehmen zu einer Reduzierung der Pendlerkilometer verpflichtet werden. Immer mehr Firmen lassen daher ihre Arbeitnehmer zu Hause oder in wohnortnahen Telezentren arbeiten. Das Ziel in ISTEA lautet, die bestehende Verkehrsinfrastruktur effizienter zu nutzen und die vorhandenen Planungen besser aufeinander abzustimmen. Dazu findet mehr und mehr eine Übertragung des aus dem Energiesektor bekannten „integrated resource planning" bzw. „least cost planning" auf den Transportsektor statt, wie beispielsweise von der Gesetzgebung des Staates Washington empfohlen. Die kalifornische Gesetzgebung verlangt eine zweijährige Prognose des voraussichtlichen Transportenergiebedarfs unter Zugrundelegen der geringsten ökologischen und ökonomischen Kosten (Niles 1994).

Trotz der aufgezeigten Substitutionspotentiale durch Telearbeit ist eine Gesamtbewertung der Verkehrsvermeidungseffekte äußerst schwierig. Erfahrungen zeigen, daß Substitutionsmöglichkeiten durch Telekommunikation jeweils zu Beginn einer neuen Entwicklung (flächendeckender Ausbau der konventionellen Telekommunikationsinfrastruktur, neue Dienste) z. T. stark überschätzt wurden (Läpple 1989). Auch haben sich die Annahmen über den Einfluß neuer Techniken auf die Landnutzungsstruktur und die damit oft verbundene Erwartung einer stärkeren räumlichen Dezentralisierung und Renaissance ländlicher Strukturen bei gleichzeitiger Verkehrsreduktion als vielfach überzogen erwiesen. Dies besagt jedoch in keiner Weise, daß dramatische Entwicklungen in diesem Bereich auszuschließen seien. Teilweise kommen die erwarteten

---

[46] Die Einführung des Europäischen Straßenverkehrsmanagementsystems (EMS) könnte nach Meinung des Fachverbands zu einem europaweiten Rückgang der Staus von 15 % führen und die Zahl der Verkehrsunfälle um 20 % reduzieren.

Entwicklungen sehr viel langsamer als prognostiziert. Deshalb wurde die Geschwindigkeit, mit der Basisinnovationen aufgegriffen werden, oben ausführlich diskutiert.

Mittlerweile wird das ökologische Entlastungspotential der Telearbeit von vielen Beobachtern als weitaus geringer eingeschätzt als die direkten Substitutionseffekte vermuten lassen. So schätzt eine Studie des US-Transportministeriums, daß sich die Zahl der jährlich gefahrenen Kilometer bis zum Jahr 2002 durch Telecommuting nur um 1 % gegenüber dem Referenzszenario (kein Telecommuting) verringern wird. Eine Folgestudie des US-Energieministeriums geht von einer noch geringeren Abnahme aus, da erstens die Telearbeit zu einer weiteren räumlichen Trennung von Arbeitsplatz und Wohnen führe und zweitens die frei gewordenen Verkehrskapazitäten durch andere Verkehrsteilnehmer wieder beansprucht würden (Niles 1994).

Berücksichtigt man neben dem direkten Substitutionseffekt der Telearbeit auch derartige rebound-Effekte (Radermacher 1996), wird man die mögliche Entlastung sehr vorsichtig bewerten. Schließlich erhöhen die Kostensenkungen im Telekommunikationsbereich und die höhere Produktivität der Arbeitsplätze auch den Spielraum für Realeinkommenssteigerungen, die sich erfahrungsgemäß positiv auf die Verkehrsnachfrage auswirken.

Insgesamt kann bei diesem Beispiel informationsintensiver Wirtschaft nur davor gewarnt werden, die potentiellen Substitutionswirkungen als Selbstläufer zu betrachten. Allerdings zeigen die Erfahrungen aus den USA, daß bei intelligenter Nutzung der vorhandenen Potentiale, beispielsweise durch eine Übertragung des „integrated resource planning" auf den Transportsektor, durchaus ökologische Verbesserungen (beispielsweise Verzicht auf Neubau von Straßen) erreicht werden können.

11.7.2
Lernen und Arbeit[47]

Während die quantitativen Auswirkungen der informationsbasierten Wirtschaft kaum verläßlich abgeschätzt werden können, sind die Änderungen der Qualifikation der Arbeitnehmer und veränderter Arbeitsorganisationen deutlich sichtbar. So ist der Einsatz von Computern am Arbeitsplatz in fast allen Berufen zur Regel geworden und begünstigt neue Formen der Arbeitsorganisation wie flachere Hierarchien und Unterstützung von Netzwerkstrukturen. Das Green Paper der EU „Living and Working in the Information Society: People First" spricht in diesem Zusammenhang von der „informacy" als neuer Basisqualifikation, die zu den traditionellen Basisqualifikationen „numeracy" und „literacy" hinzukommt (European Commission 1996, S. 18). Dies ist ein anderer Name für die „neue Alphabetisierung".

Da schon heute, aber noch stärker in der Zukunft, einmal erworbene Qualifikationen nicht dauerhaft den Anforderungen gerecht werden, wird lebenslanges Lernen und damit kontinuierliche Weiterbildung zur wichtigen Aufgabe von Arbeitnehmern wie Arbeitgebern.

Dieser Prozeß kann durch die Nutzung der Informationstechnologien wirksam unterstützt werden. Als wesentliche Vorteile des computergestützten Lernens gelten (Dostal 1995; Ives und Jarvenpaa 1996):

---

[47] Autoren: Multhaup, Grossmann.

- Schulungen können räumlich entkoppelt werden. Lernende können trotz räumlicher Trennung Lehrer und Dozenten individuell ansprechen und ihrerseits beobachtet werden. Eine räumliche Entkopplung bietet sich vor allem bei Spezialqualifikationen an, die sonst nur zentralisiert existieren.
- Gleichzeitig kann die Qualifikation zeitlich entkoppelt werden. Lernende können in dem ihnen gemäßen Tempo und nach ihrer Zeiteinteilung lernen.
- Inhalte können durch Simulationen von dynamischen Prozessen sehr gut veranschaulicht werden. So setzt beispielsweise die Motorola University (das Ausbildungs- und Trainingszentrum von Motorola) Virtual-Reality-Technologie ein, um mit dem Management von Fließbandsystemen vertraut zu machen. Die so Qualifizierten lernen schneller und machen weniger Fehler bei gleichzeitiger Senkung der Ausbildungskosten.
- Die geringe Halbwertszeit des Wissens in den technischen Fächern (rund die Hälfte des Wissens ist bei Abschluß des Studiums überholt) lassen es zweckmäßig erscheinen, daß viele Inhalte nicht weit im voraus vermittelt werden. Studenten sollten in die Lage versetzt werden, angemessene Qualifikationen bei Vorliegen eines konkreten Bedarfs zu erwerben. Statt der vorsorgenden[48] Ausbildung kann die gerade benötigte[49] Ausbildung stärker in den Mittelpunkt rücken.
- Ein weiterer Vorteil besteht in der Möglichkeit, Lernen und Arbeit stärker zu integrieren. Prinzipiell bietet Telelearning die Möglichkeit, bedarfsgesteuerte Schulungen in kleinsten Einheiten zu realisieren.
- Schulung kann besser dokumentiert, und es kann eine „Lerngeschichte" aufgezeichnet und für weiteres Lernen individuell berücksichtigt werden. Schüler und Lehrende können Unterrichtssequenzen abspeichern und jederzeit bei Bedarf wieder abrufen. Individuell angepaßtes Lernen wird hierdurch gefördert. Auch bestehen bessere Möglichkeiten zur fortwährenden Kontrolle des Lernerfolgs und zur Durchführung von automatisierten Tests und Prüfungen.
- Die Möglichkeit, aus einem weltweiten Angebot aus Weiterbildungsmaßnahmen auswählen zu können, verschafft nicht nur Arbeitnehmern in Regionen mit schlechter Qualifikationsinfrastruktur Vorteile; sie verbessert auch die „Marktübersicht" und damit den Wettbewerb der verschiedenen Anbieter.

Mit der weltweiten Vernetzung ist es prinzipiell möglich, Lernen nicht auf eine räumlich beschränkte Anzahl von Lernenden zu begrenzen. Lernende aus allen Teilen der Welt können sich in globalen „virtuellen" Teams zusammenfinden, um die schon heute (siehe Beispiel Ford) praktizierte globale Teamarbeit zu erlernen und Erfahrungen mit Teammitgliedern anderer Länder auszutauschen (siehe Beispiel Global Virtual Collaboration).

Über die Vermittlung von Lerninhalten hinaus bietet die zunehmende Vernetzung generell eine Möglichkeit, den Zugang zu Informationen und Wissen jeder Art wesentlich zu erleichtern. Voraussetzung ist, daß breite Bevölkerungskreise die neue Alphabetisierung durchlaufen. Hierzu werden zwei Beispiele gegeben.

---

[48] „Just-in-Case".
[49] „Just-in-Time".

Beispiel 1: South Bristol Learning Network (SBLN)[50]

Das South Bristol Learning Network (SBLN) wurde 1993 geschaffen, um die Möglichkeiten der neuen Multimediatechniken und der Informationsinfrastrukuren wie des Internets für die Gemeinden in Bristol zu nutzen. Es wurde als unabhängige Gesellschaft mit Mitteln des Arbeitsministeriums gegründet. Die Einrichtung begann mit der Ausbildung von 50 Arbeitslosen aus der Region als Wissensunternehmer („knowledge entrepreneurs"). Viele von ihnen haben im Anschluß an die Qualifikation eine Arbeit gefunden oder werden vom SBLN weiterbeschäftigt.

Zu den wichtigsten Aufgaben der Einrichtung gehört jetzt die Veranstaltung von sogenannten CyberSkills-Workshops, die sich an Unternehmen, Schulen, Organisationen und Einzelpersonen richten. Ziel ist es, in einer ersten Stufe auf informative und interaktive Art Schlüsselqualifikationen für den Umgang mit den neuen Techniken zu vermitteln. Cyberskills ist also ein weiterer Begriff für die „neue Alphabetisierung". Zu den Cyberskills gehört die Einführung in das Internet, das World Wide Web, E-Mail, Online-Services oder das Video- and Data-Conferencing. Für Unternehmen werden spezielle Seminare (wie Internet als Marketing-Werkzeug, Newsgroups) angeboten. Gleichzeitig wird die Qualifikation von Arbeitslosen in enger Zusammenarbeit mit örtlichen Initiativen weitergeführt.

Das Modell ist mittlerweile in vielen Städten in Europa, den USA und Australien übernommen worden. Über das Unternehmen ICL werden derartige Kurse seit 1997 europaweit angeboten. Eine Suche mit Altavista erbrachte 1998 1,7 Millionen Homepages zu diesem Thema; siehe die Link-Seite http://www.fourthwavegroup.com/Publicx/1638w.htm. Für den Erfolg dieses Netzwerks sind mehrere Faktoren ausschlaggebend. Erstens verfolgen die Mitarbeiter des SBLN einen, wie sie es nennen, „people-first-technology-second"-Ansatz. Es geht darum, wie man bestehende Qualifikationen durch Vermittlung von Multimedia-Schlüsselkenntnissen entsprechend den geänderten Anforderungen erweitern und ausbauen kann. Zweitens betont das Projekt das Ziel der sozialen Kohäsion und der Förderung der gesamten Gemeinde von Bristol.

Der wichtigste Beitrag des Projekts besteht vielleicht darin, daß mit dem vielfältigen und alle Gruppen ansprechenden Angebot ein Beitrag zur schnellen und breiten Diffusion der neuen Möglichkeiten erreicht wird, gleichzeitig bestehende Hemmschwellen für den Umgang mit den neuen Techniken abgebaut werden und der Aufbau eines „innovativen Milieus von unten" wirksam unterstützt wird.

Ähnliche Ansätze in manchen deutschen Bundesländern (z. B. in Bayern oder NRW) in der Förderung von sog. „Bürgernetzvereinen" sollten dementsprechend unterstützt und vielleicht auch nach diesem Vorbild konzipiert werden.

Beispiel 2: Global Virtual Collaboration[51]

Die „Globale virtuelle Kooperation" ist eine Initiative von Sirkka Jarvenpaa und Kathleen Knoll von der University of Texas in Austin. Das 1993 begonnene Projekt richtet sich weltweit an Studenten mit Schwerpunkt Informationsmanagement. Die Leitidee

---

[50] Quelle: http://sbln.org.uk.Autoren des Abschnitts: Multhaup, Grossmann.
[51] Quelle: Ives und Jarvenpaa (1996) und http://uts.cc.utexas.edu/~bgac313/index.html. Autoren des Abschnitts: Multhaup, Grossmann.

des Projekts ist, daß erstens Lernen in Teams zu besseren Lernergebnissen führt und zweitens Fähigkeiten und Kenntnisse im Bereich globaler Teamarbeit und Netzwerke am ehesten vermittelt werden können, wenn konkrete Projekte bearbeitet werden, die diese Kenntnisse erfordern.

Im Jahr 1995 beteiligten sich an der Weiterführung des Prototyp-Projekts von 1993 insgesamt 250 Studenten von 20 Universitäten aus der ganzen Welt. Voraussetzung sind gute Englischkenntnisse und ein Internet-Zugang. Hilfen für den technischen Umgang mit dem Internet (HTML, Java, WWW) werden von der Universität On-Line bereitgestellt. Jeder Studierende wurde einer drei- bis fünfköpfigen Gruppe zugeteilt, wobei die Regelung getroffen wurde, daß er jeweils das einzige Mitglied seiner Universität ist. Dadurch wird vermieden, daß eine Universität dominiert und damit eine breite internationale Zusammensetzung verhindert. Die Zeitdifferenz zwischen den am weitesten entfernten Mitgliedern der Teams betrug 14 Stunden. Die Kommunikation erfolgt daher ohne unmittelbaren Kontakt über E-Mail und andere internetbasierte Kommunikationsformen. Aufgabe der virtuellen Teams war es, Unternehmensprojekte für internet-bezogene Geschäftsfelder, einschließlich des dafür notwendigen Finanz- und Personalbedarfs, zu entwickeln. Praktiker von Firmen wie Nokia, Sterling Information Systems und Digital Equipment prüften anschließend die vorgelegten Arbeiten und wählten die am gründlichsten ausgearbeiteten innovativen Vorschläge für eine Prämie aus. Nach Angaben der Projektinitiatoren zeigten sich viele Studenten mit der Arbeit in den virtuellen Teams zufrieden. Durch die globale Teamarbeit konnten sie internationale Erfahrungen, auch im Umgang mit Studenten aus anderen Kulturen, machen und sich gründlich in die praktischen Möglichkeiten der internationalen Vernetzung einarbeiten. Viele Studenten vertraten die Überzeugung, daß die Arbeit in virtuellen Teams schnellere und bessere Ergebnisse brachte als dies bei einer persönlichen, örtlichen Arbeitsgruppe möglich wäre[52].

11.7.3
Lernen, Arbeit und Lebensführung

Lernen, Arbeit und Lebensführung scheinen sich weit stärker zu ändern, als derzeit geahnt wird:

- Die rapide Veränderung der grundlegenden Ressource Information und ihrer Verfügbarkeit und ihrer Verarbeitungsbedingungen bedeutet, daß sich die Wirtschaft und die Unternehmen entsprechend rasch verändern, bzw. daß viele neue Unternehmen entstehen.
- Die durchschnittliche Anstellungsdauer könnte zurückgehen (die meisten Autoren stimmen in dieser Hinsicht überein. Dies deckt sich mit den empirischen Ergebnissen der Veränderungen auf dem US-Arbeitsmarkt aus den späten 1980er und frühen 1990er Jahren), was wiederholtes Neulernen in anderen Anstellungen erfordert.

---

[52] Es ist bekannt, daß die Kommunikation über elektronische Netze, bei der die persönliche Stellung der Teilnehmer, Aussehen etc. keine Rolle spielen, zu mehr Offenheit und einer gleichmäßigeren Beteiligung der Akteure führen kann. Auch scheinen vernetzte Gruppen mehr praktisch verwertbare Vorschläge zu produzieren als herkömmliche Gesprächsrunden (Sproull und Kiesler 1995, S. 55 ff.).

- Ein deutlicher Anteil der Telearbeiter könnte sich zu echten Selbständigen weiterentwickeln, die für viele Unternehmen und füreinander in unterschiedlichen Feldern tätig sind.

Bei negativer Beurteilung kann man die Notwendigkeit einer lebenslangen Qualifikation als Qual betrachten, bei positiver Betrachtung dagegen als eine regelmäßige Abfolge von „Innovationsjahreszeiten" für den Berufstätigen. Genauso wie ein kahler Baum im Frühjahr neue Blätter bildet, mit denen er Kraft schöpft, einen Aufbau leistet und die Blätter dann im Herbst verliert, um den nächsten Winter wieder still mit seinen Vorräten zu überstehen, kann man sich die Abfolge unterschiedlicher Tätigkeiten in unterschiedlichen Unternehmen, unterbrochen von Fortbildungszeiten, vorstellen. Diese Art der Beschäftigung kann als geeigneter Rahmen für innere menschliche Entwicklung angesehen und genutzt werden. Dies ist ein zentraler Aspekt in dem von Lutz (1995) entwickelten Bild des „Lebensunternehmers".

11.7.4
Urlaub und persönliche Entwicklung

Da viele menschliche Hauptaktivitäten[53] nicht länger an feste Räume und Zeiten gekoppelt sind, erfolgt eine deutliche zeitliche und inhaltliche Ausweitung des Begriffs Urlaub. Es kommt zu Fusionen der Bereiche Urlaub und Arbeit, Urlaub und Lernen sowie Urlaub und persönliche Entwicklung.

Durch die Notwendigkeit für praktisch alle, viel Neues zu lernen, werden Lernphasen zeitlich ausgedehnter; Teile des Lernens erfolgen schon jetzt in einer Form, die Urlaub nahe kommt oder ihn ausweitet. Tätigkeiten, die ohnehin am Computer ausgeübt werden, können am Computer gelernt und geübt werden und zwar auch in Urlaubsumgebungen. Lernen in Urlaubsumgebungen kann ungemein beflügeln, obwohl derartige Lernphasen auch als Urlaubsverlängerungen mißbraucht werden können. Arbeit und Fortbildung werden stärker verbunden. Die bisherige Trennung von Arbeit und Freizeit weicht in dem Maß auf, wie die neue Arbeit Spaß macht. Für Hacker beispielsweise war das, was jetzt nachträglich als fruchtbare Arbeit anerkannt wird, stets Freizeit.

Viele Tätigkeiten können zuerst in der Simulation ausprobiert, experimentell verändert, weiterentwickelt und erlebt werden. Vermutlich wird im Sinne des Rapid Prototyping, des schnellen Entwurfs, der Aufbau individueller neuer Arbeitswelten möglich sein. Diese können ausprobiert und zweckentsprechend entwickelt werden. Auch dies ist in Urlaubsumgebungen möglich und dort wahrscheinlich viel einprägsamer und kreativer.

Eine kreative Ausweitung von Urlaubsinhalten knüpft an die Tendenz seit Mitte der 1980er Jahre an, die vom Monourlaub weg- und zu sogenannten Komplexurlauben hinführt, also einer Mischung unterschiedlichster Aktivitäten in wechselnden Umgebungen, wie beispielsweise Fitneß, Gesundheit und Bildung. Der Erlebnisurlaub kann um virtuelles Erleben neuer Umgebungen in der Computersimulation bereichert werden. Spielfreude und Kreativität können sich in multimedialen Interaktions-Seiten

---

[53] Arbeiten, Wohnen, Versorgen, Lernen, Mobilität, Erholung, Freizeit und Urlaub.

des World Wide Web entfalten, wo zur Kommunikation miteinander jede Art von Programm verwendet werden kann, so daß der Gesprächsaustausch zwischen allen in einer „Treffpunkthalle" („dungeon") Anwesenden mittels eingeblendeten Videos, Klängen, Bildern usw. möglich ist („MOOs", Multi-User Object Oriented Dungeon – Höhle für viele Benutzer, die alles austauschen, was auf Computern läuft). Die Spiele müssen nicht sinnentleert sein; viele Simulationen gelten realen Systemen.

Fortbildung wird mehr Freude machen, wenn sie sich der Form eines Urlaubes annähert. Da die Berufstätigen zunehmend stärker selbstbestimmt arbeiten, verringert dies für beide Seiten die Gefahr von Mißbrauch. Damit ergibt sich eine Aufhebung der strikten Trennung von Urlaub und Arbeit; Urlaubsangebote und Urlaubsorte werden sich in der Informationsgesellschaft entsprechend umstrukturieren. Neue Arbeitgeber, die ihre besten Leute aus derartigen Umgebungen rekrutieren, wissen diese Verhältnisse virtuos zu nutzen; alte Arbeitgeber können sich dieser Welt aus Mißtrauen und Kontrollgewohnheiten kaum nähern und kommen damit nicht an die guten neuen Arbeitskräfte heran.

11.7.5
Neue Fusionen beeinflussen die Regionalentwicklung

Die neuen Fusionen beeinflussen die Regionalentwicklung. Beispielsweise kann die Fusion von Arbeiten und Wohnen die Nutzung von Wohnlagen in attraktiven abgelegenen Regionen erlauben. Dies kann eine weitere Zersiedelung bewirken. Hier sind in Anpassung an die Gesprächsteilnehmer und ihre Tätigkeit Matrizen zweckmäßig, in denen die Spalten mit den Fusionen und die Zeilen mit den regionalen Schlüsselbedingungen ausgefüllt sind, um zu erörtern, wie welche Fusion welches regionale Schlüsselkriterium verändert.

11.8
Effektive Förderungen regionaler Entwicklung

Zur regionalen Umsetzung des hier dargestellten ökologisch-ökonomischen Potentials muß vorrangig die Wirtschaft betrachtet werden. Dies ist auch damit begründet, daß die Entwicklung informationsbasierter Wirtschaft schon kurzfristig in große Probleme gerät, wenn sie nicht von parallelen städtischen und ökologischen Aufwertungsmaßnahmen begleitet wird. Mangel an Schlüsselpersonen kann in den ersten zwei Phasen der Entwicklung informationsbasierter Wirtschaft noch überbrückt werden. Ab Phase drei jedoch werden so viele Schlüsselpersonen benötigt, daß die Wirtschaft in unattraktiven Regionen wegen Mangels an Schlüsselpersonen katastrophal hinter attraktiven Wettbewerbsregionen zurückbleibt.

Wenn man Schlüsselpersonen in unattraktiven Räumen ausbildet, dürften sie nach ihrer Ausbildung in attraktivere Regionen abwandern, wie es in den 1970er Jahren die Absolventen der Ruhruniversität Bochum vorgemacht haben. Da Schlüsselpersonen auch dann abwandern, wenn sie zu viele regionale Hemmnisse vorfinden, müssen regionale Aufwertungen begleitet werden von einem gründlichen und fortwährenden Abbau von administrativen und sozialen Barrieren und dem Aufbau von Unterstützungsstrukturen für das Neue, für die neuen Schlüsselpersonen, die neue Wirtschaft und die neuen Phasen in allen vier Landschaften.

Zusätzlich ist die Entwicklung so zu führen, *daß auch die Umwelt von einem regionalen Aufstieg profitiert, sonst läge kein CCN vor!* Das Profitieren des Umweltzustandes parallel zum wirtschaftlichen Gedeihen einer Region fördert die Attraktivität der Region für Schlüsselpersonen. Bisher jedoch hat noch jede erfolgreiche Regionalentwicklung dazu geführt, daß die landschaftliche Umwelt überbaut und auf viele Arten zerstört oder beeinträchtigt wurde. Dieser Attraktivitätsverlust wird, wie erwähnt, über lange Zeiträume dadurch ausgeglichen, daß die erfolgreiche Regionalentwicklung interessante Menschen anzieht und den Aufbau von Kultur und regionalem Reichtum ermöglicht. Mit dem Eintritt in Phasen 6 und 7 jedoch geht der Wohlstand langsam zurück, und nun rächt sich der Verlust an regionaler Umweltattraktivität.

Dieser strategische Aufbau von regionalen CCNs wurde bisher anscheinend nirgends bewußt praktiziert; der hohe Rang dieser Strategie wird auch erst durch die hier vorgenommenen Modellanalysen deutlich.

11.8.1
Die Methode der integrierten Implementation in allen vier Landschaften

Aufgrund dieser wechselseitigen Abhängigkeiten der vier Landschaften ist es zweckmäßig, wenn auch die Umsetzung des Konzepts in integrierter Form erfolgt. Förderungen nur einer der vier Landschaften können zwar kurzfristig, aber nicht langfristig erfolgreich sein, weil sie keine Synergie zwischen den vier Landschaften herbeiführen.

Bei einer Implementation auf der tiefen Beziehungsebene der vier Landschaften sind die gemeinsamen Regeln für lebende Systeme entscheidend, also für Ökosysteme, Unternehmen, menschliche Gemeinschaften und Individuen. Denn eine gegenseitige positive Verstärkung der Lebendigkeit aller vier Arten von Systemen bedingt, daß sie sich in vergleichbarer günstiger Art verhalten und entwickeln dürfen. Für das strukturelle Design bedeutet dies, die Diversität, Kreativität und eigenständige Entwicklungsfähigkeit in allen vier Landschaften zu unterstützen. Dies ist menschlich hochwertig und stärkt den ästhetischen Rang der Umwelt, die sich in der Vielfalt der menschlichen Charaktere, der Gruppen, der Siedlungsformen, der Ökosysteme und der Vielfalt von Unternehmen äußert. Das Umweltdesign lebender Landschaften kann daher eine solche gefühlsmäßige Qualität erreichen, daß es durch Resonanz jene Menschen anzieht, bestärkt und ermutigt, die eine Wesensverwandschaft zu vielfältigen, bunten neuen Möglichkeiten einer kreativen Nachhaltigkeit haben.

Die historische Erfahrung scheint diese theoretischen Einsichten zu bestätigen: nur jene regionalen Entwicklungen sind anhaltend erfolgreich, die alle vier Landschaften miteinander in abgestimmter und sogar synergistischer Form, und auf die Dauer relativ gleichgewichtig, entwickeln.

In Umsetzungen sollte deshalb ein übergewichtiges Betonen nur einer Landschaft vermieden werden (obwohl die natürliche Landschaft einen bedeutenden Nachholbedarf aufweist). Nach einleitenden Vorträgen und Workshops zur Beeinflussung der Bewußtseinslandschaft beginnen Firmengespräche und Gespräche mit Einzelpersonen über deren wirtschaftliche Entwicklung in der Informationsgesellschaft. Nachdem hier Ergebnisse vorliegen, und sich eine Lobby für die Umwelt abzeichnet, beginnen Gespräche mit den Verwaltungsleitern und Vorarbeiten zu einem „kongenialen" Landschafts- und Stadtdesign für die Informationsgesellschaft. Dann folgen z. B.

Maßnahmen zur Bildung von Facharbeitsgruppen, Unterstützung beim Aufbau eines Servers, Webseitendesign für die Stadt und deren Fremdenverkehrsverband und dann neue Vorträge und Workshops für tiefere Aspekte der möglichen neuen Synergien. Daraus ergeben sich weitere Firmengespräche usw. In einem derartigen Vorgehen entsteht allmählich soviel Verständnis für die wechselseitige Bedingtheit der vier Landschaften, daß eine integrierte Implementation stattfindet.

11.8.2
Plazierung von Wellenfronten[54]

Innovationen gehen von CCNs aus und schreiten in Form von Wellenfronten fort. Erfolgreiche CCNs erzeugen also Wellenfronten (Fränzle und Grossmann 1997). Diese Wellenfronten sind ganz ungemein effektiv zur Ausbreitung von Innovationen; sie stellen mit einiger Sicherheit die wirkungsvollste Art dar, Innovationen auszubreiten. Es ist für jede Region vorteilhaft, derartige Innovationswellen anzustoßen. Dies kann auf verschiedene Arten erfolgen.

Wellenfrontbildende Prozesse für die Wirtschaft mit dem Informationspotential

Ausgedehnte virtuelle Unternehmen werden durch Extranets ermöglicht, also Teile des Internets, die einem Verbund vorbehalten sind und zu denen Fremde keinen Zutritt erlangen[55]. Die je nach Kreis unterschiedliche Zugangsberechtigung wird mittels Zugriffsrechten, Paßworthierarchien und anderen Mechanismen erreicht. Im Extranet steht das Internetprotokoll mit allen seinen Möglichkeiten zur Verfügung, so das es die Zusammenarbeit fast aller Computerplattformen der verschiedensten Firmen ermöglicht und – wichtig für internationale Kooperationen – internationale Verbindungen zu Ortsnetztarifen[56] zuläßt. Dafür ein Beispiel:

Reiseagentur Rosenbluth (http://www.Rosenbluth.com/). Die Reiseagentur Rosenbluth wollte seit Ende der 1980er Jahre global präsent werden. Man entschied sich gegen den Kauf von Reisebüros in anderen Ländern, denn dies hätte hohe Investitionen bedeutet und viele Mitarbeiter langfristig für die neuen Aufgaben gebunden. So wurde die Rosenbluth International Alliance (RIA) als Kooperation gegründet, der mittlerweile etwa 1300 Reisebüros in mehr als 40 Ländern angeschlossen sind. Die Zusammenarbeit erfolgt mittels neuer Informationstechnologien. Die drei Buchungssysteme Apollo, Galileo und Gemini wurden durch zusätzliche Programmsysteme zu einem virtuellen Netzwerk verknüpft und wirken wie ein einziges Buchungssystem.

---

[54] Dieser Abschnitt wurde zum Teil zusammen mir St. Fränzle erarbeitet.
[55] Beispielsweise ist es bei geringen Kosten möglich, mit der vorhandenen Soft- und Hardware gemeinsam an einem Dokument zu arbeiten, wobei die Bearbeiter 10000 km voneinander entfernt sein und sich dabei in vielen Orten unterhalten (Internet-Telefonie zu Ortsgesprächspreisen mit schon akzeptabler Qualität) und sehen können. Die Partner können dabei miteinander gemeinsame Datenbanken benutzen, jegliche Art Dokumente austauschen usw. Derartige Kontakte sind persönlicher als der Austausch von Post und Fax und insofern hilfreich für nationale und internationale Zusammenarbeit.
[56] Ortsnetztarife bei jedem der miteinander Verbundenen, auch von Europa nach Asien oder innerhalb Europas.

Die an das Netzwerk angeschlossenen Reisebüros stellen sich gegenseitig Kundenkarteien, Dienstleistungen und Software zur Verfügung. Rosenbluth ist damit ein Beispiel für ein virtuelles internationales Konsortium.

Prüfung der CCN-Voraussetzungen für Unternehmensverbünde durch Extranets:

a *Autokatalyse:* Jedes der beteiligten Unternehmen stellt ein autokatalytisches System dar, da es im Prinzip eigenständig exponentiell wachsen kann.
b Die Partner helfen sich gegenseitig bei der Auslastung, so daß die Gewinnzone leichter erreicht wird. In einer Anwendung bringt RZM z. B. findige Reisebüroinhaber zusammen, deren jeder in seinem Gebiet besondere Angebote erarbeitet hat. So lassen sich lokale Besonderheiten nutzen, auf die große Unternehmen durch deren relative Unbeweglichkeit nicht eingehen können.

Damit sind die Voraussetzungen eines CCN durch die neuen Möglichkeiten des Informationspotentiales gegeben.

Durch den Beitritt von Unternehmen an vielen Orten erscheinen derartige Innovationen simultan an verschiedenen Stellen des Globus. Ein Unternehmen, das sich einem Extranet angeschlossen hat, wirkt mit seinen neuen Möglichkeiten und seinem neuen Verhalten als lokales Vorbild, an dem sich seine Nachbarschaft zu orientieren beginnt. Auf diese Weise wirken beitretende Unternehmen als eine Art „Impfkeim" in der sozialen Nachbarschaft, von dem ausgehend sich derartige Organisationsformen lokal wie Wellenringe verbreiten. Treffen diese Wellenzüge zusammen, so führt dies zu Wechselwirkungen. Insbesondere organisieren sich dabei überlagerte Wellenzüge, deren Ausdehnung um Hindernisse herum sowie über die gesamte Marktfläche insgesamt schneller erfolgt, als mit nur einer Wellenfront.

Wellenfrontbildende Prozesse durch den Aufbau von „Special Interest Groups"

Es ist empirisch bekannt, daß SIGs besonders wirksam sein können. Dies liegt daran, daß SIGs selbst als CCN fungieren können.

a *Autokatalyse:* Jeder einzelne in einem SIG kann sein Wissen im Bereich des Informationspotentials exponentiell ausweiten. Denn neue Kenntnisse, etwa über das Internet, ermöglichen ihm, auf neue Weise weitere Kenntnisse zu gewinnen.
b *Systeme gegenseitigen Nutzens:* In SIGs kommen Menschen mit Interesse an einem gemeinsamen Thema zusammen. Der eine hat oft Lösungen für die Probleme des anderen und umgekehrt. Dies bringt außer wechselseitiger Ermutigung in der Summe neue Möglichkeiten für jeden.

> **!** Damit können SIGs als CCNs agieren, also eine hohe Wirksamkeit entfalten. Deshalb sollte SIGs bei der Schulung von Menschen zur Förderung einer umweltfreundlichen Informationsgesellschaft eine Schlüsselrolle zukommen, denn nur CCNs können die derzeit nötige Wachstumsgeschwindigkeit und Kollegialität entfalten.

Wellenfrontbildung bei Lieferanten von neuen Werkstoffen

Auch hier steigen die Entwicklungsmöglichkeiten durch das neue Informationspotential erheblich an.

Wellenfrontbildung im Bereich der Chemie („Life Science", computerbasierte Prüfung von potentiellen Wirkstoffgruppen für medizinische und agrarische Anwendungen, Fa. Hoechst) wurde schon oben dargestellt.

Beispiel 1. Die Firma Kyocera ist mit neuen Hochleistungskeramiken für die Chipproduktion im Bereich der Laserdrucker innovativ tätig geworden. Hochleistungskeramiken sind raffinierte, also informationsintensive Produkte. Kyocera hat weitere Einsatzbereiche für diese Hochleistungskeramiken erkundet, wobei in der Firmenphilosophie sowohl Umweltbelange als auch die Förderung der persönlichen Entwicklung der Mitarbeiter einen hohen Stellenwert genießen. Die Laserdrucker von Kyocera mit einem Druckwerk auf Basis dieser neuen Keramiken vereinen weit längere Lebensdauer kritischer Druckerkomponenten und damit geringere Umweltbelastung und geringere Betriebskosten, und vermitteln zudem den Firmen, die derartige Drucker nutzen, die Gewißheit, durch verringerte Abfälle und verringerten Verbrauch von neuen Druckerkartuschen etwas für die Umwelt zu tun[57]. CCN-Konstellation: Die Partner, Kyocera und seine Kunden, sind jeweils zu autokatalytischem Wachstum befähigt. Durch die neuen Druckwerke ergeben sich nicht nur Vorteile für den Kunden und damit höhere Einkünfte für Kyocera, sondern es verringert sich die Umweltbelastung, was den Ruf oder das Befinden von Kyocera und seinen Kunden verbessert.

Beispiel 2. Informationsintensive Landwirtschaft (Cyberlandwirtschaft) koppelt Computer, GPS[58], geographische Informationssysteme und Bearbeitungsmaschinen, um die Verwendung von Hilfsstoffen zu minimieren (Dünger, Wasser, Pestizide). CCN-Konstellation: Der einzelne Landwirt kann autokatalytisch wachsen. Der Kunde profitiert durch niedrigere Preise und verbesserte Produktqualität. Die Natur profitiert nicht anteilig, da sich die Bewirtschaftung verändert, aber nicht verringert und nicht automatisch naturnäher wird. Es besteht also evtl. ein CCN mit den Kunden und nur bei großer Sorgfalt auch mit der Natur.

Bildung von Wellenfronten im Bereich nachwachsender Rohstoffe

Im Textteil zu Cyberlandwirtschaft wurde der Anbau von Hochwertrohstoffen dargestellt. Generell können von den Anbietern neuer hochwertiger nachwachsender Ressourcen Wellenfronten ausgehen. Dies zeigt sich an Initiativen wie dem biologischen Anbau von Baumwolle oder Tee. Derartige Innovationen beim Lieferanten breiten sich jeweils von Kristallisationszentren wellenförmig aus, denn die Bauern einer Region nehmen schnell wahr, wenn ihr Nachbar mit neuen Anbaumethoden biologische und Einkommensvorteile erreicht und passen sich den neuen Möglichkeiten an. Daraus entsteht eine sichtbare räumliche Ausbreitungswelle. CCNs bestehen zwischen den Lie-

---

[57] Diverse Umweltpreise für Kyocera. Für die „persönliche Entwicklung" siehe Senge (1990).
[58] GPS, Global Positioning System, Satellitenbasierte genaue Ortsbestimmung, etwa für digitale Fahrzeugleitsysteme oder computerisierte Feldbewirtschaftung mit ortsgenauer Ausbringung von Düngern etc.

feranten, den Bauern und den Kunden durch erhöhte Produktqualität und verbessertes Befinden. Diese CCN-Wirkung mag ein entscheidender Grund sein, warum sich diese Erzeugungsform überhaupt ausbreitet und vielleicht sogar weiträumig durchsetzt.

CCN-Bewertung umfangreicher nachwachsender Hochwertproduktion:

- *Autokatalyse-System 1:* Ökologische Hochwertproduktion benötigt diversifizierte, variable Anbauflächen. Sie ist ökologisch derzeitigen Formen überlegen, also lebensfähiger, aber wahrscheinlich in der Mehrzahl ihrer wünschenswerten Formen nicht eigenständig, sondern nur im Zusammenwirken mit Menschen lebensfähig. Trotz allem profitiert hier die Umwelt durch Verringerung von ökologisch nachteiligen Anbauformen. Diese Anbauform verspricht profitabel zu werden und kann sich von daher ausweiten. Günstige Wirkung auf andere Systeme: Da sie wirtschaftlich, ökologisch und ästhetisch günstiger zu werden verspricht als derzeitige Land- und Forstwirtschaft, wäre sie von der regionalen Lebensqualität für die Bewohner erwünscht. Dies könnte zu einer höheren Einwohnerdichte führen, was wiederum mehr Bewirtschaftende für diese Form von Land- und Forstwirtschaft mit sich brächte.
- *Autokatalyse-System 2:* Die Bewohner sind ohnehin zu autokatalytischer Vermehrung befähigt.

    Wechselseitig günstige Wirkung: Die Bewohner profitieren von Vorteilen ökologisch erzeugter nachwachsender Rohstoffe, was zu einer Erweiterung der ökologischen Anbaugebiete (Triggerwellen) durch die Bewohner führen kann. Diese Erweiterung der Anbaufläche erfolgt fast überall so, daß dafür konventioneller Anbau vermindert wird, so daß die Umwelt insofern profitiert. Es gibt also Formen der Erzeugung nachwachsender Rohstoffe, die ein CCN bilden könnten.

11.9
Strategische Gesamtoptimierung von Umwelt und Wirtschaft

Der nachfolgende Vorschlag könnte eine hohe Anwendungsrelevanz besitzen. Er ist nur etwas ungewohnt. Ansatz ist die Finanzierung von Umwelt- und Wirtschaftsmaßnahmen, da hier immer ein Engpaß besteht. Die Finanzierung weitreichender Umweltmaßnahmen könnte durch eine Gesamtoptimierung im Übergang zur Informationsgesellschaft vielleicht sogar kostenneutral erreicht, d. h. im Rahmen wirtschaftlicher Entwicklung geleistet werden.

Das Grundprinzip lautet: Der Übergang zur informationsbasierten Wirtschaft erfolgt sowieso. Jedoch ist es aus vielfältigen mentalen und administrativen Gründen schwierig, dies in Deutschland so rasch durchzusetzen, wie es nötig wäre, um wirtschaftlich ein Hochlohnland bleiben zu können. Die Durchsetzung von Umweltanliegen ist noch schwieriger, besonders im Klimabereich. Man möchte die Wirtschaft – den Standort – nicht noch mehr gefährden. Die Klimaproblematik wird auch deshalb halbherzig und unaufrichtig behandelt, weil dieses Problem als zeitlich entfernt erscheint[59] und die Experten uneins sind, ob es überhaupt existiert und wie relevant es werden wird[60]. Der Ansatz ist der, zu Handlungen in beiden Bereichen zugleich zu mobilisieren, indem die Aktionen in jedem Bereich Vorteile für den anderen erbringen. Der Aufbau neuer Wirtschaft soll im Verbund mit Umweltmaßnahmen erfolgen und *wirkungsvolle Entschärfungen in der Klimaproblematik erbringen*[61].

Das Klimaproblem erfordert deutliche Verminderungen der Emissionen klimawirksamer Gase[62]. Hasselmann et al. (1997) betrachten dazu optimale Pfade der CO_2-Emissionsverminderung, wobei die Optimalität aus der Reaktion eines globalen Klimamodells auf unterschiedliche Entwicklungen der Klimagasemissionen hergeleitet wird. Diese Optimierung kann wesentlich weitergehende Optionen berücksichtigen, wenn die Förderung informationsbasierter Wirtschaft berücksichtigt wird[63], denn diese kann mittels Dematerialisierung, höherer Transportproduktivität und intelligenter Energienutzung mit weitgehend verringerten Emissionskoeffizienten pro erzeugter Werteinheit operieren. In dem Maße, in dem informationsbasierte Wirtschaft etablierte Industrie verdrängt und informationsbasierte Produkte und Dienste die Nachfrage nach material- und energieintensiven Produkten und Diensten vermindern, sind mehr oder weniger dramatische Einsparungen von Ressourcen und Verminderungen von Umweltbelastungen möglich. Dies muß nicht auf Verringerung des Flächenverbrauchs, verminderten Ressourcenbedarf und verminderten Abbau von Ressourcen beschränkt bleiben. In gleichem Maß sind dabei Emissionsverminderungen aller klimawirksamen Gase möglich, obwohl diese aus sehr verschiedenen Quellen stammen[64]. Denn die neue Wirtschaft kann in solchen Formen gefördert werden, daß sie alle diese Emissionsquellen vermindert. Für günstige Entwicklungen aller dieser Bereiche, einschließlich der Landnutzung, wurden hier schon Optionen skizziert.

Für eine überschlägige Bewertung der günstigsten Finanzmittelverwendung geht man wie folgt vor:

a   Man stellt für die informationsbasierte neue Wirtschaft und für die etablierte Industrie je eine Matrix typischer Emissionskoeffizienten pro erzeugter Wert- bzw. Produkteinheit für klimarelevante Gase auf. Derartige Matrizen wurden in vielen Forschungsprojekten für etablierte Wirtschaft in Form von Input-Output-Analysen erarbeitet. Es

---

[59] Es wird hier von ähnlichen Zeithorizonten gesprochen wie jenen zwischen der Zeit des Schreibens von Software in den 1960er Jahren mit mühsamer Bit-Sparerei (d. h. Weglassen der ersten zwei Ziffern des Datums, um 16 Bits zu sparen) bis zur jetzigen „Jahr 2000-Problematik". Selbst ein derart harmloses Phänomen wie das „Jahr 2000 Problem" kann durch Verschleppung gravierend werden.

[60] Dazu führen Hasselmann et al. (1997, Seite 381) folgendes aus (Übersetzung durch Grossmann): Das wesentliche Dilemma für Entscheidungsträger besteht [...] in dem Mißverhältnis zwischen der Klimareaktion, die über viele hundert Jahre erfolgt und dem typischen Zeithorizont wirtschaftlicher und politischer Planung von nur wenigen Jahren.

[61] Graßl (1998) fordert zur Bearbeitung der Klimaproblematik einen integrierten wissenschaftlichen Ansatz: „Sozialwissenschaftliche Forschung wird benötigt, um beschleunigte Veränderungen zu erreichen, sowohl in der Wahrnehmung von Umweltproblemen als auch im Verhalten von Individuen, Gruppen und ganzen Kulturen. [...] Die globalen Umweltprobleme müssen in einem beständigen Dialog von Wissenschaften aus vielen Disziplinen, Politikern und Entscheidungsträgern in Wirtschaft und Gesellschaft bearbeitet werden.", sowie:
„Einige Gruppen bekunden, daß schon geringe Verminderungen der Emissionen von Treibhausgasen schwierig zu erreichen sind, weil dies hohe zusätzliche Kosten für einige Länder bedeutet, wohingegen andere dies als eine einfache Aufgabe ansehen, wenn die politischen Rahmenbedingungen für nationale und regionale Märkte so verändert werden, daß nicht länger fossile Brennstoffe direkt oder indirekt subventioniert werden, sondern statt dessen erneuerbare Energien. Nur koordinierte Kooperation zwischen verschiedenen sozialwissenschaftlichen Disziplinen kann jene Ergebnisse erbringen, die für schwierige politische Entscheidungen benötigt werden, die den Besonderheiten der verschiedenen Länder gerecht werden. Die koordinierte Einbeziehung von Sozialwissenschaften ist auch grundlegend für die Verwirklichung von anderen UN-Konventionen zu Umweltangelegenheiten, wie im Bereich der Biodiversität und des Ausbreitens der Wüsten."

[62] In der Reihenfolge ihres Beitrages zur Klimaproblematik vor allem CO_2 und Methan sowie Lachgas und flüchtige Kohlenwasserstoffe, siehe auch Fußnote 63.

[63] Ein erster einfacher Ansatz dazu ist erfolgt, Kilian et al. (1998).

wird nicht möglich sein, für informationsbasierte Wirtschaft auch nur annähernd vergleichbar genaue Matrizen zu formulieren, wie sie für die etablierte Wirtschaft bestehen. Denn diese neue Wirtschaft ist nicht nur in vielerlei Hinsicht noch weitgehend unbekannt, es handelt sich um eine offene Entwicklung, und die Emissionswirkungen ihrer möglichen Produkte sind kraß unterschiedlich, etwa zwischen High-Tech-Produkten und informationsbasierten Dienstleistungen. Eine informationsarme Wirtschaft kann nur durch materielle Umbauten verändert werden, während die derzeit erfolgende Bildung einer informationsreichen Wirtschaft in vielen ihrer Umweltwirkungen und Produktcharakteristika durch Förderungen, Anregungen und Beschränkungen beeinflußt werden kann. Dies stellt einen ausgedehnten Gestaltungsraum dar, um umweltfreundliche und sozial erwünschte Entwicklungen zu fördern.

Für eine wechselseitige Aufrechnung von informationsarmer und informationsreicher Wirtschaft reicht es, die informationsarme Wirtschaft nur so genau zu charakterisieren wie die informationsreiche, da die informationsarme durch die informationsreiche Wirtschaft abgelöst wird. Wozu also Aufwand für Hochrechnungen für etwas betreiben, was für jene Zeiträume nicht mehr relevant ist, denen die Hochrechnung gilt? Für beide Wirtschaftsformen sind damit relativ grobe Abschätzungen ausreichend: Es ist ein Dematerialisierungsfaktor von circa 70 in der *Summe* aller Produkte, Dienste und Leistungen erforderlich, wenn den Entwicklungsländern ähnliche Bedingungen zugestanden werden wie den Industrieländern. Mit dem Fortschritt der Entwicklungsländer und der daraus resultierenden Steigerung um den Faktor 7 wird damit insgesamt gerade die Verringerung auf ein zehntel des gegenwärtigen Verbrauchs erzielt, wie vom Faktor-10-Club angestrebt.

Bei den menschlichen Grundbedürfnissen (Nahrung, Kleidung, Wohnen) erscheint nur der Faktor 10 durch wesentlich effektivere Erzeugung als möglich, wie oben ausgeführt. Dies bringt deshalb viel, weil über 2/3 der Menschheit jetzt schon ausreichend ernährt sind, also die Steigerung bei der weiteren Entwicklung nicht noch einmal einen Faktor 7 wie etwa in der Zahl der Pkw erbringen muß. Auf die Grundbedürfnisse entfallen in Deutschland derzeit 48,7 % der Kaufkraft. Bei den Wünschen erfordert diese krasse Dematerialisierung jedoch eine weitgehende Substitution von material- und energiebasierten Produkten durch informationsbasierte, ressourcenarme Produkte, so daß in der Summe aller Produkte, Dienste und Leistungen der oben genannte Faktor 70 erreicht wird. In Deutschland sind 33 % der Kaufkraft in dieser Weise dematerialisierbar. Inwieweit dieser Dematerialisierungsfaktor von 70 annähernd erreicht wird, kann gut genug abgeschätzt werden, wenn Produkte, Verfahren, Dienste und Leistungen auf etwa einen Faktor 2 genau einzuschätzen sind. Dies erfordert nur einen Bruchteil des Aufwands, den genauere Abschätzungen bedingen.

---

[64] Die Hälfte der Klimawirkungen geht vom Kohlendioxid aus, das mit vergleichbaren Anteilen von folgenden Bereichen emittiert wird: Verkehr, Hausbrand, Elektriziätserzeugung und sonstiger Wirtschaft. Die Methanemissionen machen etwa die Hälfte der Klimawirkungen des Kohlendioxids aus. Methan entweicht durch Erdgasverteilung und -nutzung, wird von eutrophierten Gewässern emittiert und kommt in beträchtlichen Mengen aus der Rinderhaltung, vor allem aus Massentierhaltung, auch, jedoch in deutlich geringerem Maß, aus Freilandhaltung mit artgerechter Fütterung. Hinzu kommen Klimabeiträge durch Lachgas und troposphärisches (bodennahes) Ozon. Ersteres entweicht in erheblichen Mengen aus (zu) gut gedüngten Äckern, Ozon entsteht bei der photochemischen Umsetzung von flüchtigen Kohlenwasserstoffen unter katalytischer Mitwirkung von Stickoxiden. Beide entstammen zu etwa je einem Drittel aus Verkehr, Wirtschaft und Haushalten.

b Schon diese überschlägige Bewertung von Produkten und Diensten gestattet ein Urteil, welche Produkte und Dienste aus Umweltgründen zu bevorzugen sind. Beispielsweise sollte ein Zeitvertreib mit Virtual Reality, Media-Produkten, Online-Chats, Virtual Dungeons oder Handys bei entsprechenden Fertigungsverfahren der Hardware deutlich günstiger für die Umwelt sein als eine mit Pkw verbrachte Freizeit. Diese verschiedenartigen Angebotsformen sind gegenüberzustellen, da sie miteinander über das Zeit- und das Finanzbudget der Menschen konkurrieren.

c Die Dynamik des Übergangs von informationsarmer zu informationsreicher Wirtschaft kann mit dem ISIS-Modell abgeschätzt werden. Dieser Übergang ist in seiner Ausformung – also den Produkten, Diensten und Lebensformen, die er bringt – in ganz bedeutendem Maß (um weit mehr als den oben gesetzten Faktor 2) von den eingesetzten Optionen und den jeweils politisch vorgegebenen Rahmenbedingungen abhängig. Beispielsweise kann informationsbasierte Wirtschaft sogar zu erhöhten statt verminderten Emissionen führen. Daher ist es entscheidend, jene Formen informationsbasierter Wirtschaft zu fördern, die für die Umwelt in jeder Hinsicht günstig sind.

Unterschiedliche Optionen und Rahmenbedingungen führen zu verschiedenen Entwicklungen des Umfangs der neuen Wirtschaft, gegeben als investiertes Kapital. Diese Wirtschaft verdrängt allmählich die bestehende informationsarme Wirtschaft. Aus dem Übergang des einen in den anderen Wirtschaftstyp sind anschließend mittels der in a) und b) genannten Vorgehensweise Zeitreihen von Ressourcenverbrauch und Emissionen herleitbar. Diese sind also ihrerseits abhängig von Optionen und unterschiedlichen Rahmenbedingungen.

d Die verschiedenen Optionen für die Förderung informationsbasierter Wirtschaft sind unterschiedlich teuer; gleiches gilt für die verschiedenen Rahmenbedingungen. Wahrscheinlich hängen die Förderungs- und Entwicklungskosten nur in sehr geringem Maß davon ab, ob die entstehende, geförderte Wirtschaft ausnehmend günstig oder kraß ungünstig für die Umwelt ist. Dies vereinfacht es, unterschiedliche Optionen nach ihren Kosten zu bewerten.

e Die Arbeitsnachfrage und deren weitere Entwicklung ist in vielen Modellen, etwa denen des Instituts für Arbeitsmarkt und Berufsforschung (IAB) der Nürnberger Bundesanstalt für Arbeit mit dem jeweiligen Umfang und der Branchengliederung der Wirtschaft verknüpft. In diesen Modellen werden auch Folgen technologischen Wandels berücksichtigt, aber dies ist kaum auf die informationsbasierte Wirtschaft ausgerichtet. Erst jetzt wird dort über die Erstellung eines „Modells Zukunft" diskutiert. Längerfristig ist für die Arbeitsnachfrage der etablierten Wirtschaft davon auszugehen, daß sie vergleichbar der Land- und Forstwirtschaft auf einen Anteil am Gesamtarbeitsvolumen von unter 5 % zurückgehen wird. Diese Annahme über den Rückgang von Arbeitsplätzen im etablierten Bereich kann die hier verwendeten Modelle sehr vereinfachen. Dann hinge der Rückgang von Arbeitsplätzen nur davon ab, wie rasch weltweit die informationsbasierte Wirtschaft wächst und welche Maßnahmen national bzw. auf europäischer Ebene ergriffen werden, um von dieser Entwicklung zu profitieren.

Hierbei werden in Europa zunehmend die US-Erfahrungen berücksichtigt, wonach dort in den letzten ca. 20 Jahren pro Jahr netto etwa 2 Millionen neue Arbeitsplätze zum Bestand hinzugekommen sind. Eine Vorstellung von der *möglichen* Geschwindigkeit einer Änderung in Europa ergibt sich daraus, daß dieser

Übergang zur informationsbasierten Wirtschaft in den USA binnen 10 Jahren etwa ein Drittel aller US-Arbeitsplätze verändert hat. Man kann mit der Einsicht, daß besonders die Verfügbarkeit von Schlüsselpersonen die derzeitige Wirtschaftsentwicklung begrenzt, eine hinreichend genaue Modellierung der Auswirkungen von Optionen auf die Wirtschafts- und Arbeitsplatzentwicklung vornehmen.

f   Die verfügbaren Input-Output-Analysen über Umweltwirkungen der Wirtschaft sind vor allem in Hinblick auf die Kosten von Umweltmaßnahmen entwickelt worden. Diese Input-Output-Analysen können daher für einen Ansatz verwendet werden, der den Kosten für Umweltsanierung bestehender Wirtschaft die Kosten von Maßnahmen zum Aufbau informationsbasierter Wirtschaft gegenüberstellt.

Diese Kosten für Umweltsanierung etablierter Wirtschaft sind in dem Ausmaß vermeidbar, wie etablierte durch informationsbasierte Wirtschaft ersetzt wird. Was nicht mehr existiert, muß nicht saniert werden. Die Förderung neuer Wirtschaft ist sowieso notwendig, um volkswirtschaftlich weiterhin Einkommen zu erzielen und um neue Arbeitsplätze zu schaffen. *Daraus folgt, daß Umweltmaßnahmen nichts kosten, wenn sie durch diese sozialen und wirtschaftlichen Erfordernisse nebenbei mit erfolgen.* Man kann also durch bewußte Förderung von informationsbasierter Wirtschaft, sofern sie zugleich ressourceneffizient, klimaschonend und allgemein umweltfreundlich ausgesucht wird, für die Umwelt weit mehr erreichen, als wenn man Altindustrie nachrüstet oder ohne tiefere Berücksichtigung von Umweltanliegen (informationsbasierte Produkte, Umweltfreundlichkeit, CCNs) die Informationsgesellschaft finanziell unterstützt.

> ❗ Man kann somit eine gemeinsame Optimierung von Wirtschaftsförderung, Arbeitsplatzpolitik und Umweltverbesserung formulieren und einen optimalen Finanzeinsatz in den Bereichen Arbeit, Wirtschaft und Umwelt ermitteln. Dieses Vorgehen wird jedem isolierten Ansatz in den Kategorien Arbeitsplätze, Umweltwirkungen und wirtschaftliche und regionale Entwicklung weit überlegen sein.

Dieses Junktim zwischen Arbeitsplätzen, Förderung neuer informationsbasierter Wirtschaft, Revitalisierung der natürlichen und städtischen Landschaft und Verminderung von Emissionen klimawirksamer Gase sollte so entwickelbar sein, daß es den Bemühungen um Verminderung von Klimagasemissionen weltweit einen deutlichen Schub verleiht und zugleich der Entwicklung der Informationsgesellschaft hilft.

Die hier entwickelten Überlegungen könnten auch als ein zentrales Element in einen „nationalen Umweltplan" eingehen, der von Jänicke (1997) wie folgt beschrieben wird:

Planung ist eine Realität moderner Gesellschaften, gleich ob in der Industrie, im Bauwesen, oder in der Kommunalverwaltung. Umfassende nationale Umweltpläne sind hingegen ein neues Phänomen […]. Was ist moderne Umweltplanung im Sinne der Agenda 21? Zunächst einmal bedeutet sie keine Hinwendung zur osteuropäischen Tradition zentralistischer Planwirtschaft und auch keine Wiederaufnahme bürokratischer Planungsillusionen der sechziger Jahre. Die förmliche Festlegung des Staates auf langfristige Umweltziele erfolgt vielmehr in einer Planung neuen Typs. Idealtypisch läßt sich diese durch folgende Merkmale kennzeichnen:

- Einvernehmliche Formulierung langfristiger Umweltziele (Konsens),

- Einbeziehung wichtiger anderer Ressorts (Querschnittspolitik),
- Beteiligung der Verursacher an der Problemlösung (Verursacherbezug),
- Breite Beteiligung von Kommunen, Verbänden und Bürgern (Partizipation),
- Orientierung an einem globalen, meist auch wissenschaftlichen Konsens über langfristige Problemlagen und Berichtspflichten über erzielte Verbesserungen (Monitoring).

Die Aufnahme der Entwicklung informationsbasierter Wirtschaft in einen nationalen Umweltplan garantiert in keiner Weise ihre Umsetzung. Vielmehr sind Verfahren wie Ermutigungsansatz, Innovation von unten usw. zusätzlich notwendig. Aber ein nationaler Umweltplan könnte einen sichtbaren Orientierungsrahmen geben und sehr wertvoll dabei werden, gegenintuitive Wirkungen zu verringern.

11.10
Der „Schlüsselansatz" für lebendige Systeme

Folgende Aufgaben erfordern Sätze von Schlüsselfaktoren zu ihrer Bearbeitung:

- *Umweltanliegen:* Wie können während des Entstehens und Wachsens einer informationsbasierten Wirtschaft die zentralen Umweltanliegen so eingebracht und verankert werden, daß die neue Wirtschaft zu einem Motor ökologischer Revitalisierung wird? Welches sind die Umweltschlüsselfaktoren?
- *Zukunftsfähige Wirtschaft:* Welches sind die Schlüsselfaktoren, um das Entstehen einer informationsbasierten Wirtschaft zu fördern?
- *Soziale Aufgaben:* Wie kann ein sozial gesteigertes Wohlbefinden des Menschen erreicht werden? Wie können Menschen dafür gewonnen und dafür qualifiziert werden, eine neue Wirtschaft entstehen zu lassen, diese auf ihre Bedürfnisse hin zu beeinflussen, hier ansprechende Arbeitsplätze zu schaffen und die Arbeit so zu gestalten, daß sie Freude macht? Wie können die neuen Chancen für Angehörige der Randgruppen genutzt werden? Welches sind die sozialen Schlüsselfaktoren?

Aus der Beantwortung dieser drei Schlüsselfragen entsteht ein „Schlüsselansatz[65] für lebendige Systeme".

11.10.1
Umweltschlüsselfaktoren

Entscheidend ist der Weg über die informationsbasierte Wirtschaft, von der aus ein integriertes Konzept Leben, Wirtschaft, Arbeiten, Wohnen und Umwelt in der Informationsgesellschaft aufgebaut wird. Dazu ist die Einrichtung von CCNs insbesondere zwischen Wirtschaft und Umwelt erforderlich. Denn die Umwelt wirkt über die regionale Attraktivität für die Schlüsselpersonen der ersten neuen Phasen fördernd, die günstige Rückwirkung der Wirtschaft auf die Umwelt muß von dem Interesse geleitet werden, eine hinreichend hohe regionale Attraktivität zu erreichen und anteilig mit dem Wachsen der Wirtschaft zu erhöhen.

---

[65] Entstanden in 18monatiger Zusammenarbeit mit R. Warnke zur Umsetzung des Grundlagenwissens aus den hier verwendeten Forschungsprojekten.

Umweltmaßnahmen werden auch über die Regional- und Stadtplanung umgesetzt. Dabei hilft die integrierte Implementation der 25 Schlüsselbedingungen für kreative Regional- und Stadtentwicklung. Diese sind auf die informationsbasierte Wirtschaft abgestimmt. Als beständige Aufgabe stellt sich die Gestaltung und Entwicklung der neuen Fusionen menschlicher Grundaktivitäten in einer Form, die umwelt- und sozialfreundlich ist.

11.10.2
Wirtschaftsschlüsselfaktoren

Initiierend wirkt die Qualifikation von Schlüsselpersonen durch Vermittlung der folgenden Konzepte: Wirtschaftsphasen, Innovationspotential, neue Wirtschaft, 28 neue Fusionen, Linien von Schlüsselpersonen und deren Entwicklung von Phase zu Phase, Förderung von Schlüsselpersonen mittels SIGs und „Advanced Development Centers".

Veränderung und Neuentwicklung von Produkten und Diensten durch „Tonnen von Information und Vernetzung".

Eine Flankierung erfolgt mit den 25 Schlüsselbedingungen für kreative Regional- und Stadtentwicklung.

Der Aufbau von regionalen CCNs zwischen allen vier Landschaften ist eine vornehme Aufgabe auch der Wirtschaft.

11.10.3
Soziale Schlüsselfaktoren

Bewußtseinsbildung, Rolle von Ethik und Verantwortung, Wichtigkeit von Spiel, Kreativität, Initiative und Ästhetik. Wichtigkeit der dienenden Förderung von Menschen, Ökosystemen, sozialen Gruppen. Förderung einer Mentalität, die „exzessiv viele Neugründungen" erbringt, Orientierungsmaßnahmen, auch gegen Ängste.

Arbeit mit Randgruppen und gegenwärtigen und zukünftigen Schlüsselpersonen, also zweigipfelige Förderung.

Bildung von CCNs.

Unterweisung im Rang sozialer Netzwerke zur Förderung der neuen Wirtschaft, statt beinharter Konkurrenz, um den weiten neuen Bereich miteinander zu erschließen, statt ihn durch Konkurrenz für jeden einzelnen unerreichbar zu machen.

Bewußtseinsarbeit für die exklusive Wichtigkeit von sozialen CCNs und ihren hohen ethischen Rang.

11.10.4
Zusammenfassung: Welche Schlüsselfaktoren wirken initiierend?

Die Antwort lautet mit allergrößter Deutlichkeit: Die Menschen. Dazu sei an die Modellauswertung mit verschiedenen CCN-Konstellationen erinnert.

Hiernach sind die dienlichsten der 25 Schlüsselbedingungen jene, die Menschen einladen und anregen, sich zu Schlüsselpersonen zu entwickeln.

Kurzfristig sind dabei die „special interest groups" besonders effektiv, weil sie den sich entwickelnden Schlüsselpersonen erlauben, ein kreuzkatalytisches Netz zu bilden. Schulen und die meisten anderen Bildungseinrichtungen sind in ihrer Effektivität gelähmt, solange sie nicht aus einem erhöhten Nutzen ihrer Partner auch einen erhöhten Rückfluß erhalten. Nur dann können Bildungseinrichtungen entsprechend zu ihrem Erfolg wachsen. Erst dadurch können sich die besseren Einrichtungen aus der Menge aller anderen hervorheben und sich entsprechend ihrem Wert ausdehnen.

Kurz- und spätestens mittelfristig zur Phasenentwicklung muß die regionale und städtische Attraktivität flankierend wirken, also die Umwelt entsprechend aufgewertet und revitalisiert werden.

Wenn Menschen so eindeutig der wichtigste Faktor sind, erlangen damit jene regionalen Schlüsselbedingungen eine entsprechend hohe Wichtigkeit, die günstig auf die Attraktivität einer Region für diese Menschen wirken. Nur durch sie kann ein vermehrter Zustrom von Schlüsselpersonen angeregt und deren Abwanderung vermindert werden. Damit kommt der Umwelt in der Informationsgesellschaft eine sehr viel stärkere und stabilere Position zu als je für die Industriegesellschaft. Diese Position einer derartigen Wichtigkeit der Umwelt für die etablierte Industrie zu vertreten wäre eher naiv als idealistisch; für eine informationsbasierte Wirtschaft ist sie eine Überlebensfrage.

Es sind durchgehend integrierte Lösungen für alle vier Landschaften möglich geworden. Sie sind vorrangig anzustreben, da sie spezialisierten Lösungen in dem neuen Umfeld der Informationsgesellschaft fast stets überlegen sind.

11.11
Basismaterial für die Umsetzung

Die Grundlagen des Ansatzes sind in Tabelle 11.8 zusammengefaßt.

Tabelle 11.8. Optionen für den Ansatz der Lebendigkeit in den vier Landschaften

- Übergang zur Informationsgesellschaft. Qualitative und quantitative Entwicklung des Informationspotentials.

- Aufbau und Erhalt von Synergien zwischen den vier Landschaften – auch in ihrer Entwicklung. Schönheit der Umwelt als äußerer Indikator für Synergien und Lebendigkeit.

- Der Schlüsselansatz: Schlüsselpersonen, regionale Schlüsselbedingungen, wirtschaftliche Schlüsselbedingungen, Umweltschlüsselfaktoren.

- Dazu: Aufbau von SIGs. Förderung von Schlüsselpersonen. Umfassende landschaftliche Aufwertung für die Attraktivität in den Phasen 3 und 4. Methode der integrierten Implementation in allen vier Landschaften. Integriertes Konzept von Leben, Wirtschaft, Arbeiten, Wohnen und Umwelt in der Informationsgesellschaft.

- Der Ansatz der 28 neuen Fusionen.

- Strategisch und taktisch konstruktive Förderung von CCNs. Anteiliges, gleichsinniges Profitieren der Umwelt an einer wirtschaftlich erfolgreichen Regionalentwicklung.

- Übersicht über gleichzeitige Kulmination des Endes sechs langer Entwicklungsabschnitte der menschlichen Geschichte.

- Als Herausforderung für die Umweltwissenschaft: Methode der vorbeugenden Umweltgestaltungsforschung.

- Beständig gültige Lösungen: Homöostasie, Resilienz, Viabilität, Vitalität – lebendige Systeme. Gemeinsamer Ansatz der Lebendigkeit in allen vier Landschaften.

- Strategische Gesamtoptimierung von Umwelt und Wirtschaft

KAPITEL 12

Regionale Fallstudien

Fallstudien wurden bisher in Visselhövede/Niedersachsen, Borna (Südraum der Stadtregion Leipzig) und eingeschränkt in Papillion/USA durchgeführt und für andere Regionen vorbereitet. Im Jahr 2000 wurde ein EU-Projekt mit Fallstudien in sechs europäischen Ländern abgeschlossen. Papillion war insofern von besonderer Bedeutung für die Fallstudien in Deutschland, als Costello dort schon ab 1989 mit dem Aufbau einer der ersten vernetzten Städte Erfahrungen sammelte und diese in die deutschen Fallstudien einbrachte. Costello seinerseits hat dann das weiterführende integrierte Konzept von „Leben, Wirtschaft, Arbeiten, Wohnen und Umwelt in der Informationsgesellschaft" bei amerikanischen Städten eingebracht.

12.1
Ausgangssituation in der Stadt Visselhövede[1]

Visselhövede ist eine ländliche Stadt von 12 500 Einwohnern, die zwischen Hannover, Hamburg und Bremen liegt, und die von allen Autobahnen und Fernbahnhöfen (Interregio oder IC) aus schlecht zu erreichen ist. Diese Stadt erschien als „Musterstadt" für Fallstudien ideal geeignet, denn ihre Bürger hatten schon länger über ihre Zukunft nachgedacht. So gab es in den 1980er Jahren eine Initiative „Vissel 2000". Vor allem ist in einer kleinen Stadt viel besser überschaubar, wer mit wem koaliert, wo Umsetzungen beginnen können und wie sich Maßnahmen auswirken. Deshalb hat die Gruppe RZM (Regionale Zukunftsmodelle des Umweltforschungszentrums Leipzig/Halle) aus mehreren Angeboten von Kommunen zunächst diese Stadt als Musterstadt ausgewählt.

Visselhövede mit seinen Ortsteilen ist eingebettet in eine von Heide geprägte Kulturlandschaft mit Ackerland, Wiesen, zusammenhängenden Nadel- und Mischwäldern, naturnahen oder auch bis vor kurzem torfwirtschaftlich genutzten Mooren und großflächig gegliederten sandigen Böden. Im Westen gibt es noch zusammenhängende vernäßte Standorte, in denen der Schwarzstorch vorkommt, ein ausgesprochen seltener Vogel. Zwischen den Siedlungen erstrecken sich weite offene Flächen, die auf viele Menschen sehr anziehend wirken. Die Siedlungen sind abschnittsweise durch ausgedehnte Grünzonen aufgelockert. Visselhövede ist im Umland bäuerlich geprägt, im Stadtgebiet durch Handel und etwas Handwerk.

---

[1] Dieser Abschnitt basiert teilweise auf UFZ-Bericht 13, Grossmann et al. (1997a); eine Reihe von Textteilen in 12.1 wurden von Michael Meiß geschrieben und von Grossmann überarbeitet.

Visselhövede weist durch seine Nähe zum Naturschutz- und Erholungsgebiet
Lüneburger Heide einen beachtlichen Fremdenverkehr auf (etwa 100 000 Übernacht-
ungen im Jahr; die Lüneburger Heide hat etwa 3 Millionen Besucher im Jahr).

Das Sozialsystem ist ländlich geprägt. Die Bevölkerung setzt sich überwiegend aus
(Wald)-Bauern, Kleingewerbetreibenden, Händlern und Arbeitern zusammen. Durch
die ehemalige Dominanz der Landwirtschaft entwickelten sich landwirtschaftsnahe
Industrien und Dienstleistungen bis hin zu eigenständigem Gewerbe.

In der jüngeren Vergangenheit wurden durch den Zuzug von Firmen auch Bevölke-
rungsschichten angezogen, die nicht den traditionellen ländlichen Gruppen zuzuordnen sind. In der Historie von Visselhövede gab es im vorigen Jahrhundert eine Aus-
wanderungswelle mit starken Verlusten für das Sozialsystem und den intellektuellen
Reichtum dieser Gegend. Heute möchte Visselhövede diesen Reichtum zurückholen,
indem es verlorengegangene Familienbande reaktiviert und dafür auch die Möglichkeiten des Internet nutzt. Dazu dienen reale und virtuelle Treffen mit Verwandten in
den USA.

Die gegenwärtigen allgemeinen Veränderungen des wirtschaftlichen Umfeldes treten auch in Visselhövede zu Tage:

- Verlust traditioneller Beschäftigungsfelder,
- Mangelnde Profitabilität im Agrarbereich,
- Unterschiedliche Probleme in den einzelnen Branchen durch ungünstige Erreichbarkeit und zu geringe Bevölkerungsgröße. Beispielsweise müssen bei Problemen
  mit EDV-Anlagen Spezialisten aus Hannover oder Bremen geholt werden, was zeitaufwendiger und bezüglich der Anreise weit kostspieliger ist als für eine Unternehmung innerhalb einer Metropolregion.

Auch in den klassischen Standortbedingungen für qualifizierte Bewohner ist Visselhövede massiv benachteiligt:

- Fehlen einer höheren Schule.
- Zu geringes Niveau der medizinischen Versorgung in der Hinsicht, daß Fachärzte
  und Krankenhäuser zu weit entfernt sind.
- Dies führt zu einem Abwandern qualifizierter junger Leute, oft in größere Entfernungen. Dadurch brechen Familienbande ab.

Die Einstufung Visselhövedes als Grundzentrum beläßt kaum rechtliche und
finanzielle Möglichkeiten, Betriebsansiedlungen durch Fördermittel zu begünstigen.
Die entsprechend geringe Attraktivität für Investoren im etablierten Bereich der Wirtschaft läßt kaum neue, regional statt nur lokal agierende Unternehmen nach Visselhövede kommen. Damit besteht im Bereich der etablierten Wirtschaft keine Aussicht,
eine erweiterte regionale Bedeutung und den Status eines Mittelzentrums durch
Bevölkerungszuwanderung zu erlangen.

Dem steht auch für die neue Wirtschaft eine nur eingeschränkte Attraktivität,
beurteilt nach den 25 Schlüsselbedingungen für Regionalentwicklung in der Informationsgesellschaft, gegenüber. Zudem ist Visselhövede weitaus weniger bekannt als
Nachbarorte wie Walsrode mit seinem Vogelpark oder Soltau mit seinem Heidepark.
Zusätzlich wird Visselhövede in seiner Entwicklung durch die Y-Trasse der Bundes-

bahn gefährdet, die sich nach dem derzeitigen Stand der Planung südlich von Visselhövede in zwei nach Hamburg und Bremen führende Stränge teilt, von denen die
Bereiche nordöstlich und südwestlich von Visselhövede zerschnitten und verlärmt
werden würden. Auch die ökologischen Auswirkungen großer Bahnlinien sind gravierend, etwa durch Grundwasserabsenkung.

Die Situation und Lage Visselhövedes läßt nur solche Ansätze zur Wirtschaftsförderung als realistisch erscheinen, die keine umfangreichen Investitionen z. B. für
Infrastrukturbauten erfordern. Deshalb sind die vielen Möglichkeiten des neuen
Informationspotentials, wie Telearbeit oder die „neuen Fusionen" im FEF-Bereich,
für diesen Standort hervorragend geeignet.

Als RZM 1994 die Arbeit in Visselhövede begann, war der Zugang zum Internet
noch so erschwert, daß RZM eigens Frank Simon als Pionier des Internetzugangs für
jedermann[2] und Donald Costello als Pionier in der Vernetzung von Städten einschal-
tete. Im Laufe der Arbeit wurden die Bedingungen für den hier verfolgten integrierten
Ansatz sehr rasch günstig.

Unter den neuen Regeln informationsbasierter Wirtschaft gilt auch für kleine Orte,
daß Zentren nicht länger durch eine geographisch feststellbare „kritische Masse" an
Wirtschaftsaktivitäten oder Bevölkerung gekennzeichnet sein müssen. Es erscheint
von daher als möglich, daß Visselhövede so viele, auf dem neuen Informationspotential basierende wirtschaftliche Aktivitäten aufbauen und hinzugewinnen kann, daß es
sich damit aus seiner Randlage befreit, indem es seine Lage zur Lüneburger Heide, seine
Vorteile des weiten ländlichen Raumes und die Attraktivität seiner Natur nutzt. Dabei
gelten jedoch die oben beschriebenen Einschränkungen zur Überlegenheit von Orten
mit hinreichender Nähe zu einer Metropole. Diese Nähe weist Visselhövede nicht auf;
ein Umstand, den RZM erst allmählich als sehr ungünstig einzuschätzen lernte.

Agrarbereich

Die landwirtschaftlichen Betriebe sind überdurchschnittlich groß. Neben der Forstwirtschaft sind die Marktfruchtbaubetriebe die größte Gruppe der Betriebe. Die Qualität der Böden ist fast generell nicht sehr hoch. Investitionen in der Veredlungswirt-
schaft können aufgrund des hohen Investitionsbedarfs und des allgemeinen Preis-
drucks nur noch bedingt empfohlen werden. Die Landwirtschaft wird mit allen etablierten Produkten in zunehmender Konkurrenz stehen, da in der EU die Produktion
immer mehr in den für die einzelnen Produkte jeweils ökologisch günstigsten Gebieten
erfolgen wird. Zugleich nimmt der Verbrauch vieler Produkte ab. Coates et al. (1997)
rechnen für das Jahr 2025 mit einem Anteil von 25 % Vegetariern in den USA. Diese
Autoren sind nicht ideologisch sondern technisch orientiert, und stellen beispielsweise Vorteile von Gentechnologie heraus. Wenn 25 % der Bevölkerung kein Fleisch
mehr essen, werden die verbleibenden 75 % diesen Nachfragerückgang nicht ausgleichen. Vielmehr zeigt die Erfahrung, daß diese 75 % ihren Fleischkonsum eher nach
dem Muster der Vegetarier, jedoch beginnend bei einem höheren Niveau, verringern
werden. Wir unterstellen einen Rückgang auf 80 % des derzeitigen Fleischkonsums
für diese Gruppe. Damit ginge in den USA bis 2025 der Fleischkonsum auf 0,75 × 0,80

---

[2] Gründer des IN, des „informellen Netzes", das als Netz von Netzbetreibern erstmals Privatpersonen
in Deutschland Internet-Zugang bot.

entsprechend 60 % des gegenwärtigen Standes zurück. Es ist vorstellbar, daß die Deutschen sich in diesem Bereich anders als die USA entwickeln, aber wahrscheinlich sollte man mit einem langsamen aber deutlichen Nachfragerückgang rechnen.

Die Landwirtschaft gestaltet den größten Teil der Fläche Visselhövedes. Wegen der geringen Einwohnerzahl und der ausgedehnten Agrarflächen kann in dieser Region nur ein geringer Flächenanteil durch Überbauung verlorengehen. Die schlechte wirtschaftliche Lage der Landwirtschaft hat viele Landwirte veranlaßt, außerlandwirtschaftliche Einkommensquellen zu erschließen und traditionelle Beschäftigungsfelder aufzugeben. Viele dieser neuen Einkommensquellen sind jedoch unbefriedigend. Jeder zusätzliche landwirtschaftliche Tourismusanbieter erhöht die Gesamtbettenkapazität und verursacht weiteren Preisdruck. Es werden dringend neue Konzepte benötigt.

Handel und Gewerbe

Visselhövede ist geprägt durch mittelständisches Unternehmertum. Im engeren Stadtbereich herrscht Handel vor, produzierendes Gewerbe gibt es hier weniger. Der Handel bedient vorrangig die regionale Nachfrage. Die Konkurrenz aus benachbarten Gemeinden durch Einkaufszentren, Vergnügungs- und Freizeitparks mit speziellen Angeboten wie „Tropenurlaub" und breitem Übernachtungsangebot nimmt beständig zu. Nur die Dienstleistungsbranche steht in Visselhövede durch international agierende datenverarbeitende und beratende Unternehmen relativ günstig da.

Diese Situation führt zur Abwanderung von Fertigungsindustrien. Mit ihnen wandert das Personal aus der Region ab und das zugehörige Know-how geht verloren. Die Stadt Visselhövede hat fast ihre gesamte etablierte Industrie verloren, und die Arbeitslosigkeit wurde durch Rationalisierung noch verstärkt. Die ungünstige Verkehrsanbindung an die Metropolregionen Hamburg, Bremen und Hannover verringert die Möglichkeiten, dort als Auspendler zu arbeiten. Bei den verbliebenen überregionalen Unternehmen hat sich Visselhövede z. T. zum Zweitstandort entwickelt. Eine Priorität gegenüber den neuen Unternehmensstandorten hat sich noch nicht herausgebildet; die Unternehmen befinden sich in einer Warteposition. Die Inhalte des „Neuen Landschaftsplans Visselhövede in der Informationsgesellschaft" haben sich so weit herumgesprochen, daß Ansiedlungsinteressenten Anfragen an die Stadt richten.

Fremdenverkehr

Die Stadt Visselhövede konnte ihren Fremdenverkehr deutlich ausweiten, wovon auch das ländliche Umland profitierte. Jedoch wächst die Konkurrenz durch Flugreiseangebote ausländischer Anbieter und durch neue Ferienkomplexe in der Nachbarschaft Visselhövedes.

12.2
Methodisches Vorgehen

Visselhövede sucht seit Anfang der 1980er Jahre nach neuen Einkommensmöglichkeiten und viele Bürger erkannten sofort, daß die Schlüsselansätze von RZM ihnen diese eröffnen. Durch die Sonderstellung der international agierenden Dienstleister in Visselhövede war das Verständnis leichter zu erreichen, daß informationsbasierte Unternehmen der Phasen ab 2 sehr hohe Umweltansprüche stellen. Dies fiel in Visselhövede auf fruchtbaren Boden insofern, als die Bürger einerseits auf ihre Umgebung stolz sind; andererseits hatten lernen müssen, daß sie keine hohen Umweltansprüche stellen durften, wenn sie ihre alten Fertigungsbetriebe behalten wollten. Nun, wo 90 % der ehemaligen Arbeitsplätze verlorengegangen sind und im Fremdenverkehr und einigen anderen Bereichen ein gewisser, wenn auch noch unzureichender Ersatz geschaffen wurde, hat man eingesehen, daß auch das bereitwillige Opfern von Umweltqualität nicht bleibenden Wohlstand sichert. Damit besteht psychisch die Bereitschaft zu einer Neubesinnung und die Umwelt kann wieder den hohen Rang einnehmen, den sie im Herzen ihrer Bürger hat.

Im Verlauf der Forschung und Umsetzung in Visselhövede entstand zusammen mit internationalen Partnern der „alternative Landschaftsplan für eine kleine attraktive Stadt in der Informationsgesellschaft – Beispiel Visselhövede"[3], der Umweltanliegen symbiotisch mit der Schaffung von Arbeitsplätzen in informationsbasierter Wirtschaft verknüpft und die Folgerungen für Leben und Wohnen als Landschafts- und Stadtdesign darstellt.

12.2.1
Durchführung von Workshops

Die Arbeit begann mit Vorträgen und Workshops zu den neuen Möglichkeiten und Herausforderungen der Informationsgesellschaft. An den Workshops waren u. a. folgende Branchen, Bereiche bzw. Betriebe beteiligt: Fremdenverkehr, öffentliche Verwaltung, Landwirtschaft, Einzelhandel, Schulen, Bundeswehr, Mineralölhandel, Papierwaren, Reisebüro, Informationsverarbeiter, Planungsbüros, Maschinenfabrik, Raumausstattung und Fertigungsindustrie. Als nächste Schritte folgten Unternehmensberatungen, Wirtschaftsgespräche mit Bürgern, Gespräche über die Rolle der Umwelt und die neuen Anforderungen an Wohnen, Arbeiten, Flächenplanung und Infrastruktur.

12.2.2
Unternehmensberatungen und Gespräche mit Bürgern

Für die Beratung waren die oben dargestellten Ergebnisse verfügbar: die Systemmodellierung, die Entwicklung und die Möglichkeiten des Informationspotentials und das Verständnis der bedeutenden Umbrüche. Die Liste der „28 neuen Fusionen" wurde erst im Verlauf der Arbeit verfügbar und ein volles Verständnis für den hohen Rangs der CCNs zwischen den vier Landschaften wurde von RZM erst nach Ende der ersten Projektphase erreicht.

Basierend auf diesen Unterlagen wurden miteinander Aussagen für eine zukünftige Entwicklung abgeleitet. Dies erfolgte in einer partnerschaftlichen Beratung mit dem Ermutigungsansatz und dem Aufbau eines Systems zur Selbsthilfe. RZM ist davon ausgegangen, daß die Partner nach einer gewissen beratenden Zeit den Lernprozeß selbst weiter führen und von RZM nur noch eine beobachtende Stellung in der Region gefordert ist. Allerdings hat sich herausgestellt, daß die SIGs eine Betreuung

---

[3] Ausführlich dargestellt in Grossmann et al. (1997b).

durch gelegentliche Gespräche benötigen; in einem Fall wurde bei der Umorganisation einer SIG geholfen.

In Gruppen- und Einzelberatung wurden von RZM Unternehmen analysiert und mit den Inhabern und Mitarbeitern Anwendungsvisionen und Konzepte erstellt. In der Analysephase wurde überwiegend festgestellt, daß Visselhöveder Unternehmen über hohe unausgeschöpfte Ressourcen im Bereich der Informationsverarbeitung und -nutzung verfügen. Diese konnten teilweise sofort genutzt werden. Zwar waren die Mitarbeiter einzelner Firmen teilweise sehr gut über die Möglichkeiten ihrer eingesetzten Software- und Kommunikationssysteme informiert, aber diese Kenntnisse wurden oft nicht in die Betriebe eingebracht. Beispielsweise hatten viele Unternehmen T-Online-Anschlüsse, aber nutzten diese kaum.

In dieser Beratungsphase entstand ein Interesse an einer gemeinsamen stadtübergreifenden Informationsinfrastruktur. Auch die Kommune hatte aus Verwaltungssicht ein Interesse an derartigen Informationsmöglichkeiten. Alle Gruppen wollten Informationen öffentlich zugänglich machen, die derzeit oft nur dezentral in Filialen oder Verwaltungsstandorten verfügbar sind.

Eine Netzbetreibung ist hier zur Zeit nur mit dem Netz der Telekom möglich. Wegen der großen Wichtigkeit von Informationsinfrastruktur wurde mit anderen Netzanbietern verhandelt, die sich aufgrund des Projektes sehr für Visselhövede interessierten. Es kam zu einem überdurchschnittlichen Zuwachs an ISDN- und T-Online-Anschlüssen, die Internetzugang ermöglichen.

Der in Papillion entwickelte Ansatz einer vernetzten Stadt wurde zunächst nicht für Visselhövede übernommen. Vielmehr wurde ein Verein gegründet, der Stadt und Unternehmen der Region und später der gesamten Bevölkerung derartige Dienste zur Verfügung stellen soll (FIT: Förderverein Informationstechnologie). Dieser Verein hat sich gut entwickelt und trägt sich seit Anfang 1998 selbst. Im WWW ist Visselhövede jetzt ansprechend dargestellt, sowohl als Wirtschaftsstandort als auch in der Verknüpfung von Wirtschaft mit dem neuen Landschaftsdesign.

12.2.3
Die Arbeitsschritte in der Umsetzungsphase des Projekts

- Aufbau von Facharbeitskreisen (SIGs) in den Bereichen Handel, Technik (Internetnutzung, Betrieb des Servers für die Stadt), Landwirtschaft, Schule, Verwaltung und Kleingewerbe.
- Verhandlung mit anderen Netzbetreibern über den Aufbau eines lokalen Netzes parallel zum vorhandenen Netz der Telekom.
- Aufbau eines Wirtschaftsinformationssystems zum Ausnutzen von Kostenvorteilen und Synergieeffekten lokaler Unternehmen.
- Einbeziehung von Schulen, Unternehmen und Vereinen für gemeinsame Aktivitäten wie Projektwochen und Stadtfeste als eine Art lockeres Intranet und Forum.
- Aufbau eines Bügerinformationssystems mit Informationen für alle von allen, um einen Beitrag zur Demokratisierung zu leisten und eine Verbesserung des Sozialwesens zu erreichen.
- Erarbeitung der Veränderungen in den Landschaftsansprüchen und Ausdruck einer veränderten Wertehaltung in Zusammenhang mit der Informationsgesellschaft in Kombination mit einer Verbesserung der Einkommenssituation.

- Anwendung des integrierten Konzeptes „Leben, Wirtschaft, Arbeit, Wohnen und Umwelt" für Visselhövede und Erhöhung der wirtschaftlichen Attraktivität sowie Verbesserung der Umweltattraktivität.
- „Kongeniales" dynamisches Landschaftsdesign als ein Projektergebnis; Aufbau einer Plattform für eine gute Entwicklung der Gemeinde in der Informationsgesellschaft.

Die Umkehr von Strukturschwäche in eine Attraktivität mit geringer Umweltbelastung, Verkehrsdichte usw. erhöht den Charme für potentielle Innovatoren und Zuwanderer und stellt die Zuversicht seiner Bewohner wieder her. Visselhövede, das in zunehmendem Maße auf anspruchsvollen Tourismus als Bestandteil seiner Zukunftsplanung setzt, spricht damit eine wachsende Klientel an. Der damalige Bürgermeister Radeloff stellte nach Abschluß des Projektes fest, daß man die Veränderungen durch die gemeinsame Arbeit überall spüre.

12.2.4
Beispiel: Die Fusion von Urlaub und Lernen

Der Bereich Fremdenverkehr, Erholung und Freizeit bedeutet für Visselhövede eine wichtige Einnahmequelle. Ein Teil des notwendigen neuen, lebenslangen Lernens wird in einem entsprechend erweiterten und veränderten Urlaub stattfinden. Dies führt zu einer Fusionen von Urlaub – also Visselhövedes Domäne – mit Lernen und Arbeit.

Hieraus ist eine Nachfrage nach neuen Zentren für Urlaub, Erholung, Arbeit und Experiment deutlich. Visselhövede ist im landwirtschaftlichen Bereich durch große Höfe in schönen Flächen gekennzeichnet, die „Urlaub auf dem Bauernhof" anbieten. Die Nachfrage nach Kursen zur Internet-Nutzung ist erheblich; es werden sehr unterschiedliche Wünsche geäußert. Diese reichen vom Zugang zur eigenen E-Mail im Urlaub über Zugriff auf Intranets der eigenen Unternehmung bis zur Unterstützung bei Webseiten-Erstellung. Viele möchten Schnupperkurse machen. Aus dieser Analyse entstand der Vorschlag, „Urlaub und Internet auf dem Bauernhof" anzubieten, denn die Bauern haben alle einen PC zur Betriebsführung; sie haben oft Söhne oder Töchter, die in der Universität oder anderswo mit dem Internet vertraut geworden sind, und diese können in den Semesterferien derartige Kurse auf dem elterlichen Hof abhalten. Alle profitieren davon, die Gäste, der Bauer und seine erwachsenen Kinder. Ein hochwertiges Hotel in Visselhövede bietet Seminarbetrieb; auch in der Nachbarschaft von Visselhövede sind Zentren für eine Kombination von Lernen und Urlaub entstanden.

Dieses erste Grundkonzept für die Landwirte kann wie folgt weiterentwickelt werden. Meist ist es nicht mit Schnupperkursen und Webseiten-Erstellung getan. Im neuen Bereich tauchen neue Fragen auf. Nicht alle der Gäste sind zu Hause in SIGs eingebunden. Sie möchten daher eine fortbestehende Betreuung haben. Die Bauern können Kontakte ihrer Gäste miteinander vermitteln und zu häufigeren Kurzaufenthalten auf ihrem Hof einladen, wo den Gästen weitere Betreuung gegeben wird.

Einige dieser Anbieter können sich zu Zentren weiterentwickeln, wo nach dem Urlaub fortbestehende Partnerschaften mit Gleichgesinnten gepflegt werden, also ein „bauernhofzentriertes SIG" entsteht. Hier könnten Gäste experimentell neue Berufswelten erkunden und aufbauen, wie es vorn beschrieben wurde. Derartige Zentren werden gebraucht, und warum sollten nicht einige räumlich und menschlich in Visselhövede beheimatet sein? Diese Konzeption bietet beiden Seiten Vorteile; der Bauer erreicht zusätz-

liche Einnahmen aus einer anderen Quelle und seine Gäste profitieren von Möglichkeiten, die ihnen anderswo nicht in einer derart angenehmen Umgebung geboten werden.

12.2.5
Messetourismus mit virtueller Informationsvorbereitung

Eine andere Kombination von Urlaub und Beruf wurde für den Messetourismus konzipiert. Die Messen und andere Veranstaltungen in Hannover mit großem Gästeaufkom-
men liegen knapp außerhalb der Erreichbarkeit von Visselhövede (60 km bis Hannover durch viele Dörfer oder ein längerer Umweg zur Autobahn Hamburg-Hannover).
Jedoch können Gäste von Visselhövede aus ihre Messebesuche in Hannover aufgrund
der mittlerweile im Internet verfügbaren Messeinformationen gründlich und zielstre-
big vorbereiten. Wenn ein Bustourismus direkte Messebesuche mit Hin- und Rückfahrt am gleichen Tag von Visselhövede aus anbietet, erspart sich der Gast die Park-
platzsuche, die Nutzung öffentlicher Verkehrsmittel und wohnt in angenehmer Umgebung in Visselhövede. Wahrscheinlich ist diese Kombination von lokal unterstützter
Informationsrecherche und Busanreise reizvoll, weil sie eine höhere Qualität des Wohnens, des Vorbereitens und der Anreise mit insgesamt geringeren Kosten verbindet,
denn während der Messe sind Unterkünfte nahe oder in Hannover knapp und teuer.

12.2.6
Verkehrskonzepte für eine attraktive abgelegene Stadt

Leistungsfähige Verkehrsnetze bleiben in der Informationsgesellschaft wichtig, aber
in geringerem Umfang und vor allem für eine hinreichende Anbindung an die kriti-
schen Bevölkerungszahlen von Metropolregionen. Damit befinden sich die Kommunen in der Übergangszeit zur Informationsgesellschaft in einer Falle: wenn sie ihrem
etablierten Wirtschaftsbereich keine entsprechende Verkehrsinfrastruktur bieten,
wird dieser noch rascher verschwinden und die Bürger werden ihrer lokalen Politik
die Schuld geben. Wenn die Verkehrsnetze weiter ausgebaut werden, bedeutet dies die
Schaffung von Standortnachteilen für die informationsbasierte Wirtschaft und eine
Belastung von Finanzmitteln, die zunehmend für andere Aufgaben gebraucht werden.
Dies ist eine schwierige Entscheidungssituation, weil die erprobten Instinkte den Ausbau von Verkehrsnetzen mit Wirtschaftsförderung gleichsetzen.

Ansatz zur Verkehrsberuhigung. Eine zunehmende Höherwertigkeit der beruflichen Tätigkeit der Partner in Visselhövede erzwingt eine Verbesserung des Wohnum-
feldes, der Erholungsumwelt und des Landschaftsbildes. Die Gründe dafür wurden
oben dargestellt. Der Straßenverkehr ist in seinem bisherigen Umfang für die men-
genmäßig deutlich geringeren Transportbedürfnisse der neuen Wirtschaft und einer
veränderten Lebensführung nicht mehr im alten Umfang nötig, vielmehr dient er
anderswo gelegener etablierter Industrie. Dieser Verkehr wirkt sich in den engen
Straßen Visselhövedes äußerst ungünstig aus; besonders der Durchgangsverkehr von
schweren Lkw bedeutet eine erhebliche Lärmbelästigung und Gefährdung. Auf die
Dauer dürfte dieser Verkehr an vielen Orten Bürgerinitiativen gegen sich mobilisieren. Dies kann aber noch dauern und man muß jetzt handeln. Für die Verkehrsver-
ringerung kann man dabei auf die Ergebnisse des sanften Tourismus aufbauen.

Visselhövede benötigt Verkehrskonzepte, die den Verkehr so lenken, wie dies für eine hochwertige Tourismuskonzeption mit sanftem Tourismus richtig ist. Gleichzeitig muß es seine Anbindung an die Metropolregion Hannover deutlich verbessern. Eine Verkehrsberuhigung des Massen- und Schwerlastverkehrs könnte ausreichen, um die bestehenden Verkehrswege soweit zu entlasten, daß sie diese neue Aufgabe der Verbindung nach Hannover für Messetourismus gut erfüllen können. Denn weniger befahrene Straßen verbessern die Erreichbarkeit und würden damit Gästen, Schlüsselpersonen und Bewohnern Visselhövedes gelegentliche spontane Treffen in der Metropole erleichtern. Allerdings ist es schwierig, von unnötigen Fahrten abzuschrecken, denn weniger befahrene Straßen erzeugen wiederum solange weiteren Verkehr, bis sie durch Staus nicht mehr attraktiv sind.

12.3
Die drei Säulen des Übergangs zur Informationsgesellschaft

Von den Partnern in Visselhövede wurde von drei Säulen gesprochen, auf denen das Konzept basiert: partnerschaftliche intensive Arbeit mit den Bürgern, vielfältige Nutzung des neuen Informationspotentials und umfangreiche ökologische Revitalisierung der städtischen und natürlichen Landschaft.

12.3.1
Partnerschaftliche Arbeit mit den Bürgern

Die erste Säule wird gebildet von der intensiven Arbeit mit den Bürgern zur kooperativen Problemlösung. RZM hat seine Partner, also Mitarbeiter von Unternehmen, Landwirte, Fremdenverkehrsexperten und Bürger, einleitend stets gefragt, was sie machen und wie sie ihre Einkommen erzielen. Dazu passend hat RZM dann Möglichkeiten durch die Nutzung der Computernetze und allgemein des Informationspotentials vorgestellt. Auf diesen zwei Grundlagen – dem Wissen und Arbeitsbereich der Partner und dem Verständnis neuer Möglichkeiten durch RZM – wurde anschließend gemeinsam abgeleitet, wie dies die Arbeit der Partner verbessern kann, wie sie ihr Tätigkeitsfeld ausweiten und neue Möglichkeiten erschließen können.

Ein derartiges kooperatives Herangehen fördert die „Kreativität und Initiative von unten", also die Kreativität vieler Bürger und das eigenständige Agieren ihrer Facharbeitskreise.

Diese Chancen durch Kreativität und Initiative vieler Menschen bestehen in allen Regionen, da das Informationspotential in allen Lebens- und Wirtschaftsbereichen neue Möglichkeiten bereitstellt. Diese können zuverlässig durch eine kooperative Anwendungsentwicklung erarbeitet werden. Der „elitäre Ansatz" von oben führt zwar rascher zu Ergebnissen, aber diese haben selten längeren Bestand, wenn sie überhaupt angenommen werden. Zudem kann der elitäre Ansatz, selbst wenn er Erfolg hat, nicht ausreichen, da er die Kreativität und Initiative nur weniger Menschen – eben der Elite – bedeutet, die rein zahlenmäßig bei weitem nicht den Umfang und die Vielfalt dessen abdecken können, was neu zu gestalten ist. Der kooperative Ansatz ist demgegenüber langsam und mühsam. Die Arbeit mit Facharbeitskreisen bedingt zu Anfang eine wiederholte Darstellung des gegenwärtigen Standes des Informationspotentials in immer neuen Arbeitskreisen und zum Teil sogar eine Wiederholung im gleichen Arbeitskreis, wenn neue Mitglieder hinzukommen oder vieles in den ersten Ansätzen nicht klar war. Insgesamt aber findet diese Wiederholung auf allmählich steigendem Niveau statt.

Dieser Ansatz wird als „Ermutigungsstrategie" bezeichnet. Die Ermutigung könnte vielleicht eine kritische Masse von Gleichgesinnten hervorbringen und damit eine der 25 Schlüsselbedingungen für regionalen Aufstieg erfüllen. Jedoch ist in der Fallstudie nicht klargeworden, inwieweit dieser „Kern kritischer Größe von Gleichgesinnten" in einer sehr kleinen abgelegenen Stadt entstehen kann. Es scheint so zu sein, daß die unmittelbaren menschlichen Kontakte gerade bei der Schaffung von völlig Neuem noch wichtiger sind als bei normalen Routineaufgaben. Ein Beispiel stellen die Internet-Hacker dar, die mit der Nutzung der Netz-Fähigkeiten am meisten Erfahrung haben. Würden persönliche Treffen durch Computervernetzung hinfällig werden, sollte dies zuerst bei der Gruppe der Hacker offenbar werden, die jedoch ihre jährlichen Treffen ausgeweitet statt verringert haben, um Erfahrungen auszutauschen, Entwicklungsprojekte zu besprechen und vor allem, um sich persönlich zu treffen. Visselhövede tut also gut daran, reale Gruppen kritischer Größe von Gleichgesinnten aufzubauen, statt auf eine virtuelle Netzzukunft zu vertrauen.

Eine 1999 durch K.-M. Meiß durchgeführte Bewertung der von RZM beratenen Firmen ergab, daß sich diese alle unerwartet gut entwickelt hatten. Mit dem im Bereich der Verwaltung Erreichten sind wir dagegen noch nicht zufrieden. Der Stadt fehlt die Finanzkraft. Eine Reihe von neuen Projektanträgen konnten diese Lücken nicht füllen. Dies wurde noch dadurch verschlechtert, daß die Gruppe RZM am UFZ geschlossen wurde. Manche Bürger von Visselhövede waren enthusiastisch, die Mehrzahl aber zu zögerlich, weil sie damals an die neuen Chancen nicht glaubten, die mittlerweile allgemein erkannt wurden. Damit ist die Chance für einen Pioniererfolg von Visselhövede geringer geworden, besteht aber noch fort.

12.3.2
Nutzung des neuen Informationspotentials –
„Visselhövede ist nicht länger eine Insel"

Die Bürger Visselhövedes haben bei Besprechung der neuen Möglichkeiten für Arbeit und Bildung oder beim Anschauen im Internet von Programmen der Hamburger Oper und von Gemäldegalerien spanischer Museen festgestellt, „daß Visselhövede nicht länger eine Insel" ist. Durch das Netz sind in Visselhövede Aktivitäten möglich geworden, die bisher den großen Zentren vorbehalten waren. Natürlich haben auch die Zentren von den neuen Möglichkeiten profitiert; aber die Zunahme der Möglichkeiten ist für Visselhövede weit bedeutsamer als für die Zentren.

Durch die neuen Technologien, durch Telearbeit, Teleproduktion und Bildung virtueller Unternehmen ist es möglich, in Visselhövede zu leben und seine Einkünfte auswärts zu erzielen. Visselhöveder Bürger müssen nicht länger wegziehen, um ein Einkommen zu finden. Vielmehr können jetzt Bürger aus Ballungsgebieten zuziehen und hier die neuen Einkommensmöglichkeiten durch die Mittel der Informationsgesellschaft nutzen, wie hochwertige Tätigkeiten in internationalen Unternehmen und die Leitung von Unternehmen von Visselhövede aus, statt von einer Großstadt. Diese Möglichkeit war einigen Unternehmen mit Sitz in Visselhövede sehr willkommen[4].

---

[4] RZM hat z. B. Intranets zu einer Zeit eingeführt, als diese als Konzept noch nicht bekannt waren.

12.3.3
Ökologische Revitalisierung des Umlandes

Allgemein gilt: wenn Entfernung für viele wirtschaftliche Prozesse ihre trennende und begrenzende Funktion verliert, werden diejenigen Orte wirtschaftlichen und sozialen Zuwachs erhalten, die in ihrer Lebensqualität besonders attraktiv sind und die sichtbare Programme aufstellen, um diese Attraktivität zu erhalten, abzusichern und auszubauen. Denn eine hochwertige, ökologisch lebensfähige, gesunde Naturumgebung ist einer der wichtigsten weichen Standortfaktoren. Dies führt zur dritten Säule.

Bürger und Wirtschaft hatten in der gemeinsamen Arbeit mit RZM neue Möglichkeiten für ihr Einkommen, basierend auf Mitteln der Informationsgesellschaft, erkannt. Diesen Einsichten folgte stets der Brückenschlag: welche Art von Mitarbeitern werden für die neuen Möglichkeiten benötigt? Welches werden die Ansprüche dieser Mitarbeiter sein? Welche Art von Umgebung, von Infrastruktur usw. paßt zu den neuen Möglichkeiten und den neuen Mitarbeitern? Wie wird dies die Umwelt- und Freizeitanforderungen verändern und den Verkehrsbedarf beeinflussen? Dabei wurde deutlich, daß Schlüsselpersonen, Bewohner und Gäste allesamt ein höheres Anspruchsniveau entwickeln, das ganz besonders eine ökologisch lebendige Umwelt bedingt. Nach zwei Jahren Projektarbeit fand ein Workshop zum Landschaftsdesign mit Michael Sorkin und seinem Mitarbeiter Andrej Vowk statt, die beide mit dem integrierten Konzept von „Leben, Wirtschaft, Arbeiten, Wohnen und Umwelt in der Informationsgesellschaft" von RZM vertraut sind. Die Workshop-Teilnehmer aus der Stadt umfaßten alle Gruppen: Politik, Verwaltung, Wirtschaft und Bewohner.

Im Workshop wurden die Anforderungen an die anstehende neue Landschaftsgestaltung erarbeitet. Vor allem Vertreter der Wirtschaft, weniger der Fremdenverkehrswirtschaft, forderten eine „hochwertige ökologische Wiederherstellung des Stadtumlandes, um (mit den Worten von Bürgermeister Radeloff) die Stadt in der Informationsgesellschaft konkurrenzfähig zu machen". Radeloff beschwor bei den älteren Bewohnern der Stadt Bilder ihrer paradiesischen Jugend an den vielen Wasserflächen und anderen Landschaftselementen einer einstmals weitgehend unberührten Endmoränenlandschaft. Um die Revitalisierung der Landschaft voranzubringen, insbesondere der Moore, Brocks, Seen, Tümpel und vernäßten Gebiete, kam es zur Gründung der Gruppierung „Molvi" – Modell Landschaftsplan Visselhövede.

Trotz der großen Wünsche von Wirtschaft und Bürgern an eine hochwertige Umweltgestaltung traten die Besitzer der Flächen, also Land- und Forstwirtschaft, im Visselhövede-Projekt weiterhin nur als Bittsteller und Mahner am Rande auf. Bewußtseinswandel benötigt viel Zeit; eine deutliche Verhaltensänderung beginnt erst allmählich. Im Agrarbereich wird insofern kein akuter Anlaß zu einer raschen Umorientierung empfunden, als die Nahrungsversorgung als gesichert gilt. Andererseits stellt sich der Visselhöveder Waldbauer Graf von Nesselrode, dessen Familie seit vielen Generationen naturnahen Waldbau betreibt, in der Führung seines Betriebes vorsorglich darauf ein, „daß wir in Deutschland wegen immer verrückterer Wetterextreme womöglich bald mehr Flächen landwirtschaftlich bestellen müssen, als in der schlimmsten Zeit nach dem 2. Weltkrieg". Noch jedoch erwachsen ihm aus dieser Vorsorge vor allem Kosten und Schwierigkeiten[5].

---

5 In den USA gab es 1995 und 1996 durch ungewöhnlich regenarme Sommer trotz weitreichender Technisierung schwere Einbrüche in der Getreideernte.

Mit der Erstellung von Landschafts- und Stadtdesigns und der Formulierung des Modellvorhabens Molvi ist das gemeinsame Projekt zwischen Visselhövede und RZM zu Ende gegangen. Die Stadt ist an das Umweltforschungszentrum mit der dringenden Bitte herangetreten, eine zweite Projektphase aufzunehmen und bietet dafür deutlich erhöhte Projektmittel. Eine der vordringlichen Aufgaben ist die Weiterentwicklung von „Molvi" und die Einleitung von Schritten zur Implementation eines derartigen neuen Landschaftsplans. Dafür wird eine externe Finanzbeteiligung erforderlich, weil die Stadt als Grundzentrum nicht über die Mittel verfügt, diese vorbildliche Planung zu realisieren.

Es war eine gute Bestätigung des Konzeptes von RZM, von Vertretern der Wirtschaft zu hören, welches Gewicht sie aufgrund ihrer neuen wirtschaftlichen Herausforderungen einer ökologischen Revitalisierung zusprechen. Von einem Konflikt zwischen Ökologie und Wirtschaft war hier nicht länger die Rede. Gleichzeitig wurde aus der geringen Wertschätzung für Land- und Forstwirtschaft deutlich, wieviel Arbeit zu leisten bleibt. Es ist ungeklärt, ob eine so kleine Stadt wie Visselhövede einen Kern kritischer Größe von Gleichgesinnten konzentrieren kann. Aber vielleicht reicht eine gekonnte Nutzung der neuen Möglichkeiten des Informationspotentiales aus, um Visselhövede eine langfristig günstige Entwicklung zu ermöglichen und vielleicht haben eine ganze Reihe von kleinen Städten das Potential, eine entsprechende Bevölkerung aufzubauen. Man kann dies nur herausfinden, indem man es versucht. Vorläufig allerdings ruht die Arbeit in Visselhövede; es laufen verschiedene Projektanträge auf Fremdfinanzierung bei der EU und anderen Gremien. Von den Mitarbeitern von RZM ist keiner mehr am UFZ.

12.4
Das Landschafts- und Stadtdesign für Visselhövede von Sorkin[6]

Die Basis eines neuen Landschafts- und Stadtdesigns für Visselhövede bildeten die Einsichten über das „Stimmigmachen" von Arbeitsumfeld, persönlicher Lebenssphäre und von Freizeit- und Erholungsangebot in einer Weise, die zu den Gegebenheiten der Informationsgesellschaft „kongenial" ist. Auf dieser Grundlage wurde 1996 ein mehrtägiger Workshop zum Landschaftsdesign mit führenden Vertretern der Stadt und mit dem bekannten Landschafts- und Stadtdesigner Michael Sorkin (New York) unter Leitung von RZM durchgeführt. Dabei wurden Träume, Wünsche, Absichten und Notwendigkeiten formuliert, aus denen gemeinsam folgende Anforderungen an das Landschaftsdesign abgeleitet wurden:

- Landschaftliche und städtische Strukturen sollen kommunikationsfördernd für Bewohner und Unternehmen wirken sowie die Verbindung mit der Umwelt intensivieren. Das Design soll kooperative Strukturen und Verhaltensweisen unterstützen.
- Unterstützung der Kreativität von Mensch und Natur für die Neuentwicklung zur umweltfreundlichen Informationsgesellschaft mit ihren vielfältigen Ideen, Erfin-

---

[6]   und den Sorkin Studios/New York.

dungen und Innovationen. Eine ökologisch vitale und ansprechende Naturumgebung soll diese Kreativität ausdrücken und anregen.

- Hohe ästhetische Qualität des Designs. Bürger und Unternehmen, die Mitglieder einer Informationsgesellschaft sind, entwickeln weit höhere Anforderungen nicht nur an die Umweltqualität, sondern auch an den ästhetischen Charakter der Landschaft als die Beschäftigten einer Industriegesellschaft.
- Vielfalt von Mensch und Natur fördert die Lebens- und Entwicklungsfähigkeit. Ausdrucksformen sind die Vielfalt der Siedlungsformen, der Unternehmen und der Ökosysteme. Vielfalt bedeutet auch die zeitliche Dimension der Beweglichkeit und Variabilität als notwendige Qualitäten einer gedeihenden Gesellschaft und Umwelt, was ein Design für variable Anforderungen bedingt.
- Synergie und Resonanz: Nur eine umweltfreundliche Informationsgesellschaft kann eine Synergie zwischen Mensch, Natur und Wirtschaft entstehen lassen. Das Design ist so zu gestalten, daß die Umwelt durch eine Art innerer Resonanz jene Menschen anzieht und ermutigt, die von ihrem Wesen her zu den vielfältigen und ungewohnten Möglichkeiten des Informationspotentials passen. Dies schafft psychische und materielle Voraussetzungen für ein „Zukunftswachstum", um neue Qualitäten zu eröffnen.
- Förderung des Entstehens von Kernen kritischer Größe Gleichgesinnter. Diese benötigen entsprechend gestaltete Räume, örtliche Zentren und eine Begegnungsarchitektur, wie sie in den vielfältigen Räumlichkeiten mancher großen alten Stadt auf eine harmonische Weise herangewachsen sind.
- Anknüpfung an das vorhandene Naturpotential. Beispielsweise stellen die noch vorhandenen Seen und Flüsse dieser Region eine erhebliche potentielle landschaftliche Attraktion dar. Ihre Revitalisierung soll zu einem Refugium der Tierwelt und einem Anziehungspunkt für Bürger und Tourismus beitragen.

Der nachfolgende Text ist zitiert aus dem Bericht von Sorkin und Mitarbeitern zum Stadt- und Landschaftsdesign und gibt graphische Beispiele der Arbeit von Sorkin wieder (Sorkin et al. 1996)[7].

Kommunikative Struktur. „Daher sollte ein beträchtlicher Teil des Wachstums von Visselhövede entlang sogenannter Gürtel gebunden werden, neuer, straßendorfartiger Siedlungen an schon bestehenden Verkehrswegen. [...] Im Interesse einer Balance zwischen Natur und Entwicklung müssen die neuen Straßendörfer sehr durchdacht plaziert werden. Dabei ist legitim, daß die Anwohner möglichst viel von der Naturvielfalt ihrer Stadt erleben möchten. Die Gürtelsiedlungen sollten daher zwischen und in der Nähe von Feldern, Parks und Wäldern errichtet werden und ihren Bewohnern erlauben, aktiv an der Landschaftspflege mitzuwirken. Anders als konventionelle Neubauzonen würden solche Gürteldörfer mit einer Mehrzahl kleiner Zentren kommunizieren. Durch ihre geringe Dichte, ihr präzise umrissenes Gebiet und ihren Bezug auf bestehende Straßen würden solche Entwicklungszonen Zersiedlungsgefahren mindern."

---

[7] Übersetzung durch Stefan Fränzle. Die Überschriften sind von Grossmann, um den Bezug zum Vokabular dieses Ansatzes herzustellen.

Vielfalt in Architektur und Siedlungsstruktur. „Die neuen Zentren, die wir (neben der Fortentwicklung der existierenden) vorschlagen, brauchen ein angemessenes Spektrum architektonischer Infrastruktur, das auf die neuen Bedürfnisse von Cyberarbeit ausgerichtet ist. Daher empfehlen wir Bungalows, die als Büros, gemischt oder wechselnd genutzt werden können. Solche Bungalows können neue wie umgebaute Teile umfassen, als Wohnungen, Geschäftsräume für kleine, informationsintensive Unternehmen und Cyberstudios dienen, in denen selbständige Telearbeiter Kontakte finden. Diese Bungalows bieten auch Einzelhändlern, Cafés, Kindergärten, Erholungseinrichtungen und Nachbarschaftstreffs angemessenen Platz. Eine Weiterentwicklung dieser neuen Zentren ist funktional wünschenswert. Einige Schwerpunktzentren sollten sich darauf spezialisieren, Keimzellen weiterer neuer Aktivitäten zu werden, Landwirtschaft, Gesundheitswesen, Bildung, Lifestyle-Tourismus, aber auch Kleinhandwerk und industrielle Fertigung neu anzustoßen. Dies alles wird den Wandel der Stadt prägen."

Landschaftliche Vielfalt. „Die neuen Gürtel sollen dabei die Funktion grüner Lebensräume als künftigem lokalen Charakteristikum Visselhövedes mit übernehmen. Unsere Bilder zeigen eine Reihe örtlicher landwirtschaftlicher ‚Knotenräume', die diese Nutzung auf die dafür bestgeeigneten Zonen ausrichten. Damit wird der Feldbau zum alltäglichen Anblick für die Anwohner der neuen Gürtel, Teil der besonderen Atmosphäre und Freizeit in der Stadt. Dies führt in einigen Fällen langfristig zu einer Neuverteilung von Funktionszuweisungen, die eine neue Nutzungskategorie einführt: früher kultiviertes Land, das aber nicht verödet, sondern von ‚normaler' Nutzung bewußt freigehalten wird. Es erhielte die Gestalt von Parks, einer neuen Ressource, auf deren dauerndem Grün aber auch gespielt werden kann."

Kreativität von Mensch und Natur. „Jede Stadt entspringt phantasievollen Variationen über die bestehende Ordnung. Öffnet sich Visselhövede neuen Träumen, die aus den Möglichkeiten einer sich rapide wandelnden Kultur erwachsen, muß es seiner Herkunft und Vergangenheit eingedenk bleiben, aber diese einmalige Gelegenheit ergreifen, seine Wünsche zu realisieren. Werden die neuen Visionen umgesetzt, müssen alle daran denken, daß eine Stadt auch ein Kunstwerk ist."

Anknüpfen an das vorhandene Naturpotential. „Die Stadt Visselhövede muß zunächst ihre schönsten Stätten, die Seen und Pfade, Felder und Wälder, die schöne Landschaft wieder schätzen lernen. Diese neue Landschaft muß freilich ebenso dazu beitragen, eine neue Nutzungsbalance zu erreichen, wenn die Landnutzung funktional neu gemischt und gegliedert wird. Da die Landwirtschaft einem dramatischen Rückgang unterworfen ist, können und werden sowohl neue Formen nachhaltiger Produktion entstehen müssen als auch die Beziehungen zwischen Agrikultur, Forstwirtschaft, Erholung und Wohnen neu zugeordnet werden.

Abbildung 12.1 demonstriert, wie der landwirtschaftliche Raum in vier Regionen oder Knotenräume mit Visselhövede als Zentrum umzuordnen wäre. Die Strategie ist dreistufig. Zunächst wird die Landwirtschaft auf die hierfür geeignetsten Bereiche des Gemeindegebietes konzentriert, dann dafür gesorgt, daß ein sinnvolles Verhältnis zur Wohnnutzung erhalten bleibt. Schließlich wird die Landwirtschaft dazu herangezogen, die Stätten eines neuen Bevölkerungswachstums zu kreieren, indem jede dieser

Agrikulturregionen den grünen Kern einer neuen Kleinsiedlung bildet. Um das so geschaffene Muster zu stabilisieren, schlagen wir ein neues Verkehrssystem vor (in der Zeichnung blau dargestellt), das die neuen und alten Siedlungsflächen vernetzt. Es dient nicht einfach traditioneller Verkehrs- und Versorgungsanbindung, sondern soll Baustein einer Nach-Automobil-Verkehrsplanung der Stadt sein. Dies könnte sowohl eine vielfältigere Gestaltung von Mobilität schaffen als auch dazu beitragen, das bereits (insbesondere in der Reisezeit) überlastete Straßennetz wieder zu entlasten.

Geringe Siedlungsdichten sind vorzuziehen, so daß die erste Organisation entlang vier Knoten Platz für tausend Hauseinheiten mit je 2 500 m² Umland bieten würde. Schafft man vier weitere derartige Knoten, können weitere 1 500 Wohneinheiten errichtet werden. Dies läge freilich weit außerhalb der vorliegenden Bedarfsplanungen und soll nur dazu dienen, zu zeigen, was ohne Gefahr einer Zersiedlung machbar wäre."

„Abbildung 12.2 zeigt die Geometrie der von uns angestrebten Siedlungsstruktur, die die bestehende keinesfalls ablösen, sondern ergänzen und funktionaler machen soll.

Die lineare Grundanlage macht sie gleichermaßen kompakt und direkt auf schon bestehende Einrichtungen bezogen. Das wichtigste ist dabei, daß jedes neue Wohngebäude so direkten Zugang zu Wäldern und Feldern unmittelbar vor der Haustür erhält.

In den neuen Zentren würden sich sowohl Stätten traditioneller Stadtkernfunktionen (Geschäfte, Kindertagesstätten, Büros, andere Geschäftsräume) als auch der gemeinschaftlichen Infrastrukturen für die Stadtentwicklung im und ins Informationszeitalter befinden. Die neue Informationstechnologie ermöglicht es neuen Betrieben und Einwohnern und ermutigt sie dazu, nach Visselhövede umzuziehen, sobald die Stadt gründlich via Netz mit der Welt verbunden ist. Dennoch weist die Technologie negative Aspekte auf, die eine direkte persönliche Begegnung im Arbeitsleben weniger wichtig machen, die doch so entscheidend für echtes urbanes Leben ist."

Förderung des Entstehens von Kernen kritischer Größe Gleichgesinnter. „Um dem zu begegnen, schlagen wir multifunktionale Bungalows als architektonisches Merkmal der Stadtzukunft vor. In allen neuen (und, falls gewünscht, auch den alten) Zentren soll ein solches Mehrzweckgebäude errichtet werden, passend für Wohnzwecke ebenso wie für Werkstätten, Kindergärten und Läden; es könnte sich auch in einem schon existierenden Gebäude befinden. Diese Bungalows können darüber hinaus neue Cyberbetriebsgemeinschaften aufnehmen, wo individuelle Bildschirm- und Telearbeiter gemeinsam mit anderen arbeiten könnten, wenn sie dies wünschen, statt isoliert zu Hause."

Informationsgesellschaft und Nachhaltigkeit. „Visselhövedes besonderer Gleichgewichtszustand resultiert aus der Schnittmenge zwischen globaler Vernetzung der Informationsgesellschaft und Ideen lokaler Nachhaltigkeit. Ein faszinierender Dialog zwischen diesen zwei Kategorien muß begonnen werden und das künftige Gesicht der Stadt formen."

„Für Visselhövede liegt die Herausforderung darin, die neuen Chancen und Freiräume in eine Synthese und Synergie mit historischen und zeitgenössischen Stärken und lokalen Reizen zu führen, ohne dabei vernünftige Grenzen zu verletzen. Sozial wird der Raum ständig reproduziert, neugeschaffen, während er physisch nicht neu

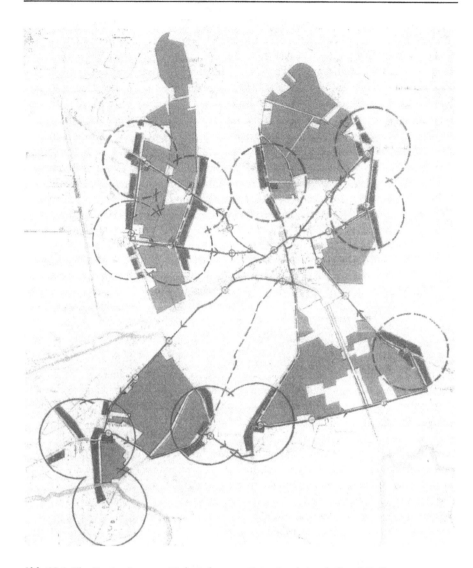

Abb. 12.1. Vier Knotenräume zur Verknüpfung von Natur, Landwirtschaft und Siedlungen

erzeugt werden kann. Wenn Visselhövedes Gebiet daher wächst, dann nicht räumlich, sondern innerlich. Dies erfordert rigorose Planung, Erfassung und Schutzmaßnahmen für das, was für alle Zukunft sein Vorzug sein kann: die ruhige, gepflegte Kulturlandschaft. Die Dimensionen und Bräuche des dörflichen Lebens sind der notwendige Kern seines Charakters. Was auch immer an Veränderungen in der Stadt erfolgt, muß diese Bedingung respektieren, Visselhövede muß seinen Bürgern vertraut bleiben. Dieses Muster ist nicht bloß malerisch, sondern eine Landschaftsform, die historisch durch Erwerbsformen, Land- und Forstwirtschaft und Beziehungen zwischen Eigentum und lokalen Gepflogenheiten effizienten Handelns gewachsen ist."

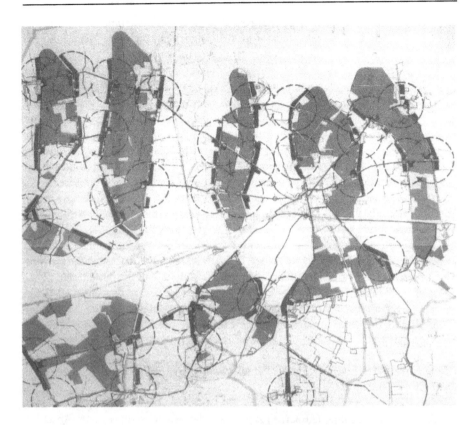

Abb. 12.2. Vorgeschlagene Ergänzungsmuster für die Siedlungsstruktur

„Und was wird aus dem ‚alten' Visselhövede? Hier muß Wachstum sorgfältig begrenzt werden (Abb. 12.3). Sowohl die Kernstadt als auch jedes Dorf muß festlegen, wieviel neue Gebäude überhaupt vorgesehen sind und wohin diese könnten. Genau wie Wälder erreichen Städte und Dörfer irgendwann einen Klimaxzustand (einen Endzustand der Entwicklung, einen Zustand der Reife), der dadurch gekennzeichnet ist, daß kein weiteres Wachstum mehr eintritt, aber Homöostasie, Selbstversorgung und eine gewisse Vollständigkeit im Inneren. Wir glauben daher, daß jeder Teil Visselhövedes deutlich Thema und Charakter seiner eigenen Vervollständigung festlegen und artikulieren muß, sozial, funktional und künstlerisch."

Nachhaltigkeit braucht klare Grenzen des Wachstums und der Aktivität

„Abbildung 12.4 zeigt eine mögliche Option zur Vervollständigung der Innenstadt von Visselhövede. Die Hauptaufgabe besteht darin, Zersiedlung zu vermeiden. Wir regen wiederum an, daß jeder Neubaubereich Charakter, Größe und Versorgungsspektrum einer Nachbarschaftseinheit haben sollte. Diese Neubauareale haben eine U-Form, [die von den dunkelroten Siedlungsbändern gebildet wird] die sich als schmales, gleichermaßen mit Stadtkern und Natur kommunizierendes Band von Gebäuden um das

Zentrum legt. Jeder dieser Bereiche hat eine Grünfläche als Zentrum, einen Park, der
von jedem Gebäude aus direkt sichtbar und zugänglich ist. Auf diese Weise könnten
zusätzlich ca. 600 Wohneinheiten in der Stadt geschaffen werden.

Zwei grundlegende Veränderungen des Verkehrskonzepts und -gefüges sind hier
gleichfalls erkennbar: erstens, ein Umgehungssystem für den bisherigen Durchgangsverkehr durch Neuausrichtung und qualitative Verbesserung schon bestehender Stra-
ßenverbindungen nach Norden und Osten, zweitens, der Ausbau der existierenden
Bahntrasse. Wir schätzen von allen Infrastruktureffekten auf die Stadtzukunft keine
als wesentlicher ein als die Rolle der neuen Hochgeschwindigkeitsbahnnetze. Dies hat
mehrere Gründe: sie bedeuten die größten Einsätze von Geld, Ressourcen und Energie in der Geschichte der Stadt, eine Kraft, von der aber auch ein zerstörerisches
Potential ausgehen kann. Daher ist es entscheidend, daß Visselhövede auf dieses
Potential besonders achtet, Einfluß nimmt und es mitgestaltet. Der erste Schritt dazu
ist eine Umweltverträglichkeitsstudie. Danach folgen gewichtige Argumente für einen
neuen städtischen Bahnhof, der am Schnittpunkt der beiden Bahnlinien und dem
Zugang zu einem der größten deutschen Freizeitzentren liegt, der unten beschriebenen ,Universität der Erde'. Schließlich dringen wir darauf, daß die bestehende Bahntrasse unter die Erde verlegt und von einem Innenstadtboulevard überdeckt wird. Ein
solcher Streckenweg, mit einem Bahnhof an seinem westlichen Ende, würde eine
wunderbare Stätte neuer Gewerbeansiedlung bilden und den Durchgangsverkehr zäh-
men und ableiten."

Zukunftsperspektive des Designs bei Bevölkerungswachstum der Stadt: Synergie und Resonanz

„In der letzten Zeichnung (Abb. 12.5) stellen wir dar, wie Visselhövede am Abschluß
der Entwicklung aussehen könnte. Hier erlauben das Wachstum der neuen Siedlungen, die Schaffung autofreier Verkehrswege und ein auf Abruf reagierendes, effektives
Nahverkehrssystem, Automobilverkehr fast völlig aus der Innenstadt zu verbannen.
In den neuen – wie in den alten, von ihrer Größe her zu Fuß erschließbaren – Siedlungen wird der Verkehr von Fußgängern, Radfahrern und neuen, „langsamen" Ver-
kehrsmitteln ohne Abgasemissionen geprägt, während das Auto nur für längere Strek-
ken genutzt wird. Die Stadt und die Dörfer haben ihre endgültige Größe erreicht, die
Felder und Wälder sind soweit neu geordnet, daß das neue ökologische Gleichgewicht
zwischen Erholungsnutzung, Forst- und Landwirtschaft erreicht werden kann. Damit
werden das Flanieren und Leben in einer wieder hoch produktiven Region eine
besondere Attraktion der Stadt. Die Zeichnung zeigt außerdem, welch feingeflochte-
nes Netz entstehen kann, das die verstreuten Lokalzentren und die zu allgemeiner und
vielfältiger Nutzung reaktivierte Landschaft verbindet. Diese Netzstränge und -kno-
ten werden nicht etwa Straßen sein, sondern Pfade und Parkwege, auf denen sich
Pferde, Inlineskates, Fahrräder, kleine Elektrowagen und vor allem Menschen auf
ihren Beinen bewegen. Jeder Bürger und jeder Besucher sollte dann wahrnehmen
können, daß er sich in einem ökologisch höchst wertvollen, sehr vielfältig nützlichen
und außerordentlich schönen, parkähnlichen Gebiet befindet. Der Pioniercharakter
in der Anbindung an die Informationsgesellschaft wird einer der großen Vorteile Visselhövedes werden. Es erlangt eine Führungsrolle bei der Konzeption einer humanen
Zukunftslandschaft.

Und wir zeigen – in der rechten unteren Ecke der Zeichnung – den Standort einer letzten wichtigen Initiative, die die Stadt ergreifen sollte: den Campus einer neuzugründenden ‚Universität der Erde‘." (Ende der Zitate aus dem Text von Sorkin und Mitarbeitern).

Anmerkung: Eine derartige „Universität der Erde" kann nur in einem weiten ländlichen Raum entstehen. Man muß von einem derartigen Raum nicht verlangen, daß er in einem großen Ort liegt oder daß es dort ein Gymnasium gibt; vielmehr würden Besucher und Studenten aus allen Teilen der Welt kommen.

Zusammenfassung der Empfehlungen von Sorkin und Mitarbeitern.

1. Die lokale Planungsinformation ins Internet stellen, um ein interaktives, die Bürger einbindendes System der Stadtplanung aufzubauen.
2. Geeignete Citynetz-Strukturen als Kristallisationskern einer Informationswirtschaft schaffen.
3. Strikte Begrenzung des künftigen Wachstums der Kernstadt und der Dörfer hinsichtlich Bevölkerungsanzahl, Fläche, Nutzungsarten, Dimension und Charakter. Die Abgrenzungen dieser Orte müssen besonders sorgfältig gestaltet werden.
4. Einführung einer planerisch neuen Siedlungstopologie („Gürtel"), um das Gros künftigen Wachstums zu binden und dessen Landschaftsfolgen gestalterisch einzuhegen.
5. Konzentration agrarischer Nutzung auf eine Reihe „grüner Lebensräume", die sich durch die regional höchste Bodenqualität auszeichnen. (Dies ist noch aus der Sicht „informationsarmer", nicht auf Hochwertressourcen abzielender Landwirtschaft gedacht).
6. Initiativen zum Aufbau eines zusammenhängenden Parksystems und Verbindung zu analogen Strukturen in Nachbargemeinden, um ein kontinentales Parklandschaftsnetz zu schaffen.
7. Erhaltung und Rückgewinnung der maximalen Fläche an naturnahem Raum. Umnutzungen für Erholung, Forstwirtschaft und Wohnansiedlung müssen daran gebunden werden, daß bestehende Verteilungsmuster erhalten bleiben.
8. Schaffung von „Cyberbegegnungsstätten" in jedem Ortskern – eine Chance, Begegnungsräume für die „Kerne kritischer Größe von Gleichgesinnten" zu schaffen, d.h.:
9. Bau einiger kleiner Zentren mit Mehrzweckbungalows, um die Bedürfnisse von Informationsarbeitern und anderen an Visselhövedes Umgestaltung teilhabenden Bürgern frühzeitig angemessen zu erfüllen.
10. Eine Verkehrsstrategie und -hierarchie, die menschliche Fortbewegung bevorrechtigt. Einrichtung angemessener Infrastrukturen für den Nicht-Automobilverkehr. Reorganisierung des Autoverkehrs zur Beruhigung des Stadtkerns und zur Bedienung neuer Entwicklungsflächen. Diese Reorganisation kann auch am Rande gelegene Parkplätze, kleiner gehaltene Umgehungsstraßen und neue Übergänge zum öffentlichen Personennahverkehr einschließen.
11. Größtmögliche Anstrengungen, um die Folgen der neuen Eisenbahnverbindungen für die Stadt und ihre Landschaft produktiv zu gestalten. Dazu sollte die bestehende Ost-West-Trasse unter die Erde verlegt und mit einem Untergrund-Bahnhof versehen werden. Planung eines Gewerbe- und Entwicklungsgebiets entlang dieser Streckenführung.
12. Gründung einer neuartigen Bildungsinstitution, einer „Universität der Erde".

Abb. 12.3. Die Kernbereiche knüpfen an das Potential der Siedlungsstruktur an

Abb. 12.4. Siedlungsoptionen zur Vervollständigung der Innenstadt

Abb. 12.5. Visselhövede am Abschluß der Entwicklung

12.5
Ausblick zur Forschung in der Musterstadt Visselhövede

Aus neuen Möglichkeiten, Einkommen zu erzielen, erwächst Verständnis für die zugehörigen neuen Anforderungen an Schlüsselpersonen und an die städtische und natürliche landschaftliche Umwelt. Dies führt zu einer Entwicklungsperspektive von „Leben, Wirtschaft, Arbeiten, Wohnen und Umwelt in der Informationsgesellschaft".

Visselhövede hat 1997/98 die Ergebnisse der bisherigen Zusammenarbeit kritisch geprüft. Im Rat der Stadt und in der Sitzung der Verwaltungsleiter wurde jeweils einstimmig beschlossen, die Zusammenarbeit mit RZM auszuweiten und trotz der sehr ungünstigen Finanzlage der Stadt wesentlich mehr Mittel bereitzustellen. Die Planungen neuer Stadtteile sollen gemeinsam in Angriff genommen werden. Es ist vordringlich, für Visselhövede Fördermittel einzuwerben, um beispielhafte Dienstleistungen und Entwicklungsmaßnahmen für die Stadt im Übergang zur Informationsgesellschaft zu ermöglichen. Eine Grundlage dabei sind die Designs des Sorkin-Studios.

12.6
Fallstudie in der Stadt Borna[8]

Die Stadt Borna mit 22 000 Einwohnern liegt im Südraum der Stadtregion Leipzig. In der DDR-Zeit prägte ein Verbundkomplex von Braunkohlenindustrie, Tagebauen, Brikettfabriken, karbochemischen Produktionsanlagen und Braunkohlenkraftwerken das Bild des ehemals ländlichen Raumes[9].

Die Industrie im Südraum wurde aus militärstrategischen Gründen in den 1930er Jahren im Dritten Reich aufgebaut, obwohl schon damals Carbochemie im Vergleich zur neu aufkommenden Erdölchemie volks- und betriebswirtschaftlich nicht länger konkurrenzfähig war. Von daher gehörte diese Carbochemie schon bei ihrer Errichtung etwa in die Wirtschaftsphasen 6 oder 7. Seit damals wurde sie mit staatlichen Subventionen aufrechterhalten, auch zu Zeiten der DDR. In der Zwischenzeit haben sich Nachfolger für die Erdölchemie entwickelt, die also ihrerseits mittlerweile auch überholt ist. Bei der Vereinigung Deutschlands war diese Carbochemie schon sehr lange unwirtschaftlich gewesen und brach entsprechend sofort zusammen. Durch den Verlust des Hauptarbeitgebers ist der Raum durch starken Strukturwandel und hohe Bevölkerungsverluste gekennzeichnet.

Der Südraum ist in weiten Bereichen durch aufgelassene, restaurierte oder aktive Braunkohlentagebaue geprägt, also durch tiefe Baggerlöcher mit der Fläche vieler Quadratkilometer. Manche sind wieder mit Erde verfüllt und aufgeforstet, andere nur teilweise mit Wasser vollgelaufen; sie werden allmählich zu Seen. Andere sind große Löcher. Insgesamt bietet sich noch der Anblick einer erschreckenden Zerstörung.

Borna kann als Zentrum des Südraums angesehen werden. Diese Stadt ist ehemaliger Kreissitz und seit der Kreisgebietsreform „Große Kreisstadt". Ihre Einwohnerzahl geht seit der Wende 1989 (damals ca. 26 000) beständig zurück. Borna liegt im Auental des Pleißeeinzugsgebiets, etwa 30 km südlich von Leipzig und etwas südlich des gegenwärtig aktiven Braunkohlentagebaugebietes. Wegen der Lage des UFZ in Leipzig und des Interesses von Oberbürgermeister und Bürgermeister an den Ansätzen von RZM wurde Borna als zweites Projektgebiet gewählt. Im Umkreis ist eine Landschaftswiederherstellung erfolgt, die Erholungsmöglichkeiten geschaffen und schon einen geringen Tourismus bewirkt hat.

Die Entwicklungskonzepte sehen für den Südraum Leipzig folgende Schwerpunkte bzw. Maßnahmenbündel (ISW 1995, S. 14) vor:

---

[8] Autoren dieses Abschnitts: Grossmann, Rösch, Meiß, Multhaup.
    Zur generellen Beschreibung des Raumes siehe Uhlig (1994).
[9] Vgl. UFZ (1996), S. 18; sowie zur gegenwärtigen Entwicklung: Regierungspräsidium Leipzig (1997).

- Sanierung und Umnutzung von Industriebrachen[10],
- Rekultivierung stillgelegter Tagebaue / Erhöhung des Waldbestands,
- Revitalisierung / Entwicklung der Städte und Dörfer im Südraum Leipzig,
- Ausbau technischer Infrastruktur,
- technologieorientierte Vorhaben.

Dies erschien 1990 als plausibler Ansatz, um rasch neue Arbeitsplätze zu schaffen. Man wollte auch an die Tradition dieses Raumes und das Selbstverständnis seiner Bewohner anknüpfen. Der Umbruch zur Informationsgesellschaft erschien damals als sehr weit entfernt, vor allem von der Position einer Altindustrie aus, die sich in den 60 Jahren seit ihrer Gründung von ca. Phase e6 auf Phase e14 entwickelt hat. Man hat mit diesem Ansatz mittlerweile etablierte Industrie neu aufgebaut wie z. B. eine Olefinchemie in Böhlen, Müllaufbereitung und -deponie in Espenhain und Cröbern und ein Braunkohlengroßkraftwerk in Lippendorf. Für derartige informationsarme Industrie ist das integrierte Konzept von „Leben, Wirtschaft, Arbeiten, Wohnen und Umwelt in der Informationsgesellschaft" ungeeignet. Gleichwohl kann dies Konzept für die Informationsgesellschaft jetzt als Leitlinie für den Übergang zur informationsbasierten Wirtschaft dienen. Dieser Übergang ist notwendig, denn die enttäuschende Entwicklung der im Südraum neu aufgebauten Wirtschaft hat gezeigt, daß eine etablierte Industrie sich selbst dann nicht zu einem Wachstumsmotor entwickelt, wenn sie sehr modern ist[11]. In dieser Situation erlaubt das Phasenkonzept von RZM und die Beschreibung des Übergang zur informationsbasierten Wirtschaft eine Analyse und darauf basierend Vorschläge, wie man am besten von der gegenwärtigen Ausgangssituation des Südraums zu einer informationsbasierten, also zukunftsfähigen Wirtschaft gelangen kann.

Wie ist dafür die Ausgangsposition? Zwar weist der Südraum sehr unterschiedliche Nutzungen auf, (Berger 1993; Pro Leipzig 1994), die weitaus größten Flächen werden aber vom Braunkohlentagebau und der Landwirtschaft genutzt. Landschaftsprägende Monumente der sehr flachen Landschaft sind das große Braunkohlenkraftwerk in Lippendorf und die neue Großdeponie Cröbern. Die allgegenwärtigen Hochspannungskabel sind in der flachen, waldlosen Landschaft ästhetisch ungemein störend.

Die sich entwickelnden großen Seenbereiche könnten herausragende Anziehungspunkte für informationsbasierte Wirtschaft, Schlüsselpersonen, Fremdenverkehr und Tourismus werden. Allerdings läßt sich dies in der prägenden Nachbarschaft von Großkraftwerk, Olefinchemie und Deponie Cröbern kaum vorstellen. Gleichwohl sind die neuen Seen als langlebiger anzusehen als die neu entstandenen Industrien.

---

[10] Der Begriff Brache wurde in diesem Kontext von der Landwirtschaft übernommen.
[11] Ein Projekt, welches dem intergrierten Ansatz von RZM entspricht, ist der „Campus Espenhain e. V." Dieser hat seine Arbeit 1998/99 als An-Institut der Universität Leipzig in Espenhain aufgenommen. Geplant ist, das wissenschaftliche Institut auch als Aus- und Weiterbildungszentrum und als Teleservice-Zentrum zu nutzen. Damit wäre ein Ansatz gegeben, mit Telearbeit, Telelearning und Teleproduktion virtuelle Formen der Arbeit und Ausbildung zu fördern, die bislang im Südraum kaum eine Rolle spielten. Der langfristige Erfolg dieses Projekts wird davon abhängen, inwieweit eine ökologische Revitalisierung und die Schaffung einer hochwertigen, attraktiven Landschaft im Südraum gelingen und inwieweit sich Denkansätze in diesem Institut entwickeln können, in denen informationsbasierte Wirtschaft statt einer wissenschaftlichen Zuarbeit auf die „neue Altindustrie" im Mittelpunkt stehen.

Dennoch weist die Umgebung von Borna auch sehr reizvolle Gebiete auf. In Alten-
burg und Frohburg südlich von Borna, außerhalb des Sichtbereichs der neuen Industrieanlagen, gibt es ansprechende und ästhetisch unbeeinträchtigte Landschaftselemente wie z. B. das für Freizeit genutzte große Speicherbecken Borna („Adria"). Die
Umgebung mit sehr guten Böden ist auf konventionelle Landwirtschaft ausgerichtet
und von großräumig maschinengerecht angelegten Feldern geprägt. Der Bachlauf der
Wyrha wurde durch neue Baumreihen, die die Landschaft unterteilen, reizvoll gestaltet. Obwohl sich die Baumreihen und Wanderwegenetze an Bewirtschaftungsgrenzen
ausrichten, beeinträchtigen sie die Bewirtschaftungsfähigkeit der Flächen nur wenig.
Die Wyrha würde in einem Tourismusszenario für den Südraum ein Hauptanzie-
hungspunkt sein, wie in den Karten der Abb. 12.6 ausgearbeitet.

Je nach Gewichtung von Nutzungen (Landwirtschaft oder Tourismus) erfährt die
Landschaft eine unterschiedliche Entwicklung und Prägung. Die linke Karte der
Abb. 12.6 beschreibt eine überwiegend landwirtschaftlich ausgerichtete Nutzung,
deren Planungen aus der Vorwendezeit stammen. In der rechten Karte der Abb. 12.6
wird von Michael Meiß der Versuch unternommen, durch neue Landschaftselemente
eine höherwertige Landschaft zu entwickeln. Neben einer größeren Vielfalt bietet
diese Landschaft auch einen höheren wirtschaftlichen Wert, weil sie vielfältiger nutzbar wäre und auf Störungen des Systemgleichgewichtes anpassungs- und entwick-
lungsfähiger reagieren könnte.

Borna stellt ein Dienstleistungszentrum für den gesamten Südraum Leipzig dar
und besitzt damit ein Potential, das Visselhövede fehlt. So existiert seit 1960 ein Kreis-
krankenhaus mit ca. 500 Betten und Hubschrauberlandeplatz für den Rettungsdienst.
In der Stadt befinden sich sechs Schulen verschiedener Stufen, zwei Gymnasien, zwei
Berufsschulen und eine Schule für Lernbehinderte (siehe Borna 1996).

Borna galt zur DDR-Zeit als eine der am stärksten vom Braunkohlentagebau belasteten Städte (vgl. UFZ 1996, S. 19). Die ökologischen Auswirkungen sind bis heute deutlich spürbar. Für den ehemaligen Tagebau Witznitz II im Nordosten von Borna bedeutet dies beispielsweise: Die Planungsziele der Bergbautreibenden orientieren sich am
Bundesberggesetz (BBergG). Damit gibt es einen Abschlußbetriebsplan, der beschreibt,
wie eine Fläche aus der Bergbaunutzung zu entlassen ist. Dieser enthält überwiegend
technische Anleitungen zur Betriebseinstellung, Gefahrenvorsorge und Oberflächengestaltung. Dies wird im Sanierungsplan mit sachlichen, räumlichen und zeitlichen Vorgaben genauer ausgearbeitet, der nähere Angaben zur Oberflächengestaltung und -nut-
zung macht, sowie wasserwirtschaftliche Angaben und Änderungen enthält.

Ist das Gebiet aus dem Bergbau „entlassen", geht die Planungshoheit auf die Kommune über. Das Gebiet untersteht nun dem Baugesetzbuch (BauGB). Die Kommune
ist verpflichtet, anhand der beabsichtigten städtebaulichen Entwicklung die Bodennutzung auszuweisen. Das geschieht über die Erstellung eines Flächennutzungspla-
nes. Es liegen schon Flächennutzungspläne mit unterschiedlichen Detaillierungsgra-
den und Entwicklungsstadien von verschiedenen Planungsbüros für verschiedene
Orte vor, für andere existieren Vorentwürfe, Landschaftspläne, Struktur- und Entwicklungskonzepte, Entwürfe für Bebauungspläne und ein Grünordnungsplan. Die
beteiligten Städte und Gemeinden haben ihre Planungsziele und Absichten in zahlreichen Beratungen kundgetan und abgestimmt.

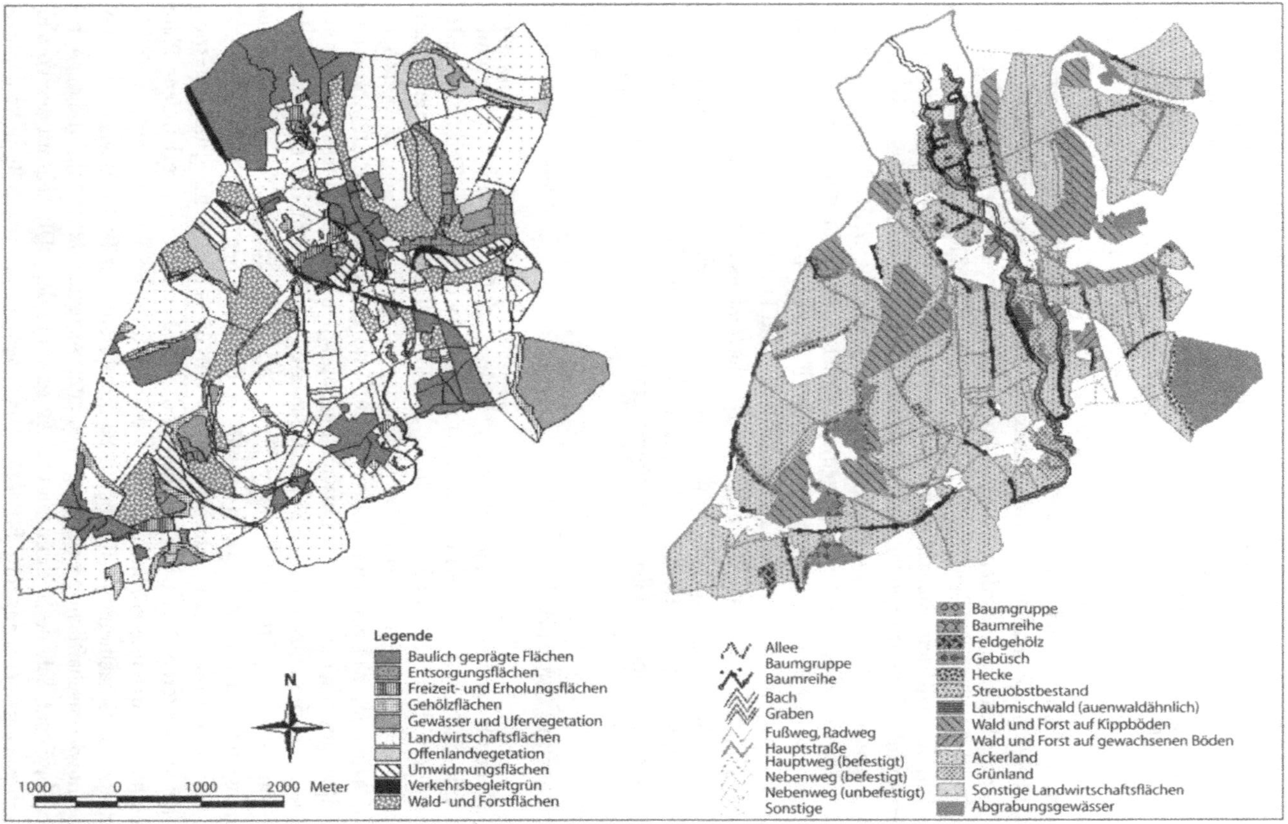

Abb. 12.6. Kartenausschnitt „Südraum Leipzig – Wyrha"; *links:* Landnutzung 1994, *rechts:* Szenario für eine touristische Landnutzung (Quelle: Meiß/RZM 1997)

Legende

Baulich geprägte Flächen
Entsorgungsflächen
Freizeit- und Erholungsflächen
Gehölzflächen
Gewässer und Ufervegetation
Landwirtschaftsflächen
Offenlandvegetation
Umwidmungsflächen
Verkehrsbegleitgrün
Wald- und Forstflächen

Baumgruppe
Baumreihe
Feldgehölz
Gebüsch
Hecke
Streuobstbestand
Laubmischwald (auenwaldähnlich)
Wald und Forst auf Kippböden
Wald und Forst auf gewachsenen Boden
Ackerland
Grünland
Sonstige Landwirtschaftsflächen
Abgrabungsgewässer

Allee
Baumgruppe
Baumreihe
Bach
Graben
Fußweg, Radweg
Hauptstraße
Hauptweg (befestigt)
Nebenweg (befestigt)
Nebenweg (unbefestigt)
Sonstige

N

1000   0   1000   2000 Meter

12.7
Mögliches Vorgehen im Fallstudiengebiet Borna

In dieser gesetzlich geregelten Situation, nach viel Vorarbeit in der Region, kommt RZM mit ganz andersartigen und scheinbar sehr abgehobenen Anregungen zur Landschafts- und Stadtgestaltung sowie Wirtschaftsentwicklung in der Informationsgesellschaft. Man kann sich vorstellen, wie begeistert alle Beteiligten sind. Deshalb hat RZM im Südraum von seinen neuen Ergebnissen zur Umwelt zunächst gar nichts berichtet. Eine ganz allmähliche Annäherung an das integrierte Konzept von Leben, Arbeiten, Wohnen und Umwelt in der Informationsgesellschaft erfordert eine Vernetzung der erwähnten unterschiedlichen Planungen und Umweltbelange. Dies kann sehr behutsam über Facharbeitskreise begonnen werden, wobei in Borna die Bereiche Verkehr, Landwirtschaft, ökologische Sanierung, Fremdenverkehr, Gewerbe und Schulen geeignet wären. Dies entspricht formell den Facharbeitskreisen in Visselhövede, wobei die ökologische Sanierung hier noch dringender und das Potential weit größer ist als in Visselhövede. RZM hat dann im Rahmen von Workshops die Entscheidungsträger der Fallregion mit seinem integrierten Konzept vertraut gemacht und konnte sie für eine Auseinandersetzung mit einer zukunftsorientierten Entwicklung ihrer Region gewinnen. Da die in neue Industrieansiedlungen, wie z. B. Kraftwerksbauten und Erdölchemie, gesetzten Erwartungen weitgehend nicht erfüllt wurden, hat ein allgemeines Nachdenken über Gründe für diese Enttäuschung eingesetzt. In dieser Nachdenklichkeit konnte das Phasen- und Entwicklungskonzept von RZM sehr viel besser aufgenommen werden, als es 1992/93 zu Beginn der eiligen Industrialisierung möglich gewesen wäre.

12.7.1
Durchführung von Workshops

Ein einleitender Workshop fand Anfang 1997 in der Stadt Borna statt[12]. In Zusammenarbeit mit der Stadt (besonders Bürgermeister Kupfer) wurden dabei Persönlichkeiten aus den Bereichen Wirtschaft, Verwaltung, Gesellschaft, Bildung, Kultur und Naturschutz eingeladen. Hierbei wurde zunächst das integrierte Konzept „Leben, Wirtschaft, Arbeiten, Wohnen und Umwelt in der Informationsgesellschaft" mit wenig Umwelt vorgestellt; dann wurden Entwicklungsoptionen der Stadt Borna in der Informationsgesellschaft diskutiert. Es wurde gleichzeitig verdeutlicht, daß die wesentliche Funktion dieses Projekts in einer Motivations- und Initialzündungsfunktion zu sehen ist und weitere Fortschritte von den Aktivitäten der Menschen vor Ort abhängen.

In der Diskussion wurde gleichwohl deutlich, daß Bürger, Verwaltung und Unternehmen keinen weiteren Plan haben wollten und nicht bereit waren, vorhandene Pläne noch einmal zu diskutieren. Seit der Wende wurden für den Südraum etwa 250 oft sehr gegensätzliche Gutachten und die oben genannten Pläne erstellt. Dazu wurde der Südraum mit wissenschaftlichen Befragungen zu allen Aspekten des Lebens und der Wirtschaft überdeckt. Schöne Hoffnungen wurden schon in der DDR-Zeit mit der Vorstellung einer „Leipziger Seenplatte" für die Zeit nach dem Auslaufen des Braunkohlentagebaus geweckt. Diese Situation vollkommener Planmüdigkeit, Ablehnung von neuarti-

---

[12] Vgl. hierzu mehrere Pressemitteilungen in der Leipziger Volkszeitung (LVZ), Lokalteil Borna (z. B. vom 13. und 19.02. 1997).

gen wissenschaftlichen Ergebnissen und raschem Verlust großer Hoffnungen in die neu aufgebauten Industrien erschwerte die Arbeit von RZM außerordentlich. Dieser ungünstige Anfangszustand konnte überwunden werden, weil seit 1997 das Interesse für die Informationsgesellschaft sehr gewachsen ist und weil der RZM-Ansatz nicht auf Datenerhebungen und Pläne angewiesen ist, sondern auf gemeinsamer Arbeit aufbaut, in der Chancen für die wirtschaftlichen Felder der Gesprächspartner herausgearbeitet werden. In einer Situation von Planungsmüdigkeit, hoher Arbeitslosigkeit und enttäuschter Hoffnungen erscheint es als einziger Weg, ein integriertes Konzept von informationsbasierter Wirtschaft und Umwelt über die Erarbeitung von neuen wirtschaftlichen Chancen zu erreichen. Anfänglich waren diese Chancen für Wirtschaft, Bürger und Umwelt den am Workshop Beteiligten nicht bewußt. Aber durch allgemeine Presse- und Fernsehberichte bestand hierfür eine größere Aufgeschlossenheit als 1994 in Visselhövede, als das Wort Internet noch keinerlei Schlagzeilen, nicht einmal negative, gemacht hatte.

12.7.2
Einzelgespräche

In Einzelgesprächen wurden die Zukunftsmöglichkeiten informationsbasierter Wirtschaft und neuer Lebensstile für die jeweiligen Gesprächspartner erarbeitet. Gespräche erfolgten mit Unternehmern, Bildungsvertretern, Verwaltung und Personen aus dem Bereich Naturschutz und Landschaftspflege. Mit Lehrern und dem Schulleiter des Pestalozzi-Gymnasiums in Borna wurde eine Verbindung von Geographie- und Informatikunterricht für die Schüler erörtert, um die Möglichkeiten der Darstellung verschiedener Flächennutzungsvarianten für das Gebiet der Stadt Borna durchzuspielen und dabei ein geographisches Informationssystem einzusetzen. Mit dem Leiter der Städtischen Werke Borna wurde überlegt, in welcher Weise die vorhandenen Standleitungen dieses Energieversorgungsunternehmens für die Datenübertragung eines Stadtinformationssystems nutzbar seien. Folgende Anwendungsfelder wurden herausgearbeitet:

- Erarbeitung eines Stadtinformationssystems für den Bereich Wirtschaftsförderung und Fremdenverkehr.
- Gründung eines Bornaer Fördervereins für Informationstechnologie (BIT).
- Einführung der neuen Möglichkeiten von I&K-Technologien in verschiedenen Unternehmen.
- Durchführung von Schulprojekten zur Gesamtgebietsentwicklung und Flächennutzung in Borna.
- Erarbeitung eines Umweltinformationssystems in Zusammenarbeit mit Verwaltung, Landwirtschaft und Trägern des Naturschutzes und der Landschaftspflege.
- Zukunftsorientiertes, alternatives Konzept zur Nutzung der vorhandenen Infrastruktur in den Bereichen Verkehr, Energie und Telekommunikation.

12.7.3
Stadtinformationssystem

Das Stadtinformationssystem bietet lokale Informationen und fördert Bürgerbeteiligung. Auswärtige Investoren, Touristen und Privatpersonen können sich Informationen über die Stadt und ihren Strukturwandel („Vom Tagebau zur Seenlandschaft") beschaffen. Das Stadtinformationssystem konnten Bürger der Stadt Borna zunächst über den Server von RZM ins Internet stellen. Es soll den Wandel der Landschaft und aller Lebensbereiche im Übergang zur Informationsgesellschaft darstellen. Es spiegelt auch die Methode der integrierten Implementation und das integrierte Konzept von Leben, Wirtschaft, Arbeiten, Wohnen und Umwelt in der Informationsgesellschaft wider. Seit Mitte 1997 bietet das Stadtinformationssystem Borna folgende Themen:

- Tourismus (Sehenswürdigkeiten, kulturelle Einrichtungen, Vereine, Kirchengemeinden).
- Borna-Info (Auskünfte, Kartenverkauf).
- Zahlen und Fakten (Geographische Lage, Geschichte, Wissenswertes).
- Wirtschaft mit den Unterthemen: Gewerbegebiete, ehemalige Industriestandorte, Arbeitsplätze im Ort, Branchenverzeichnis, Firmen und Förderprogramme.
- Nachrichten.

12.7.4
Bornaer Förderverein für Informationstechnologie (BIT)

In gemeinsamen Workshops haben sich Bürger der Stadt zusammengefunden, um die Möglichkeiten der Informationsgesellschaft für die lokale Entwicklung zu nutzen. In Treffen wurden gemeinsam Ziele, Strategien und Maßnahmen für einen zu gründenden BIT ausgearbeitet. Die Beteiligung der Stadt Borna, des lokalen Energieversorgungsunternehmens, sowie einzelner Bürger und Unternehmer wurde gesichert. Für die Gründungsversammlung wurde gemeinsam der Entwurf einer Vereinssatzung festgelegt: „Der Zweck des Vereins ist es, die Möglichkeiten der Informationstechnologie für die Region Borna und ihre Bürger als Partner nutzbar zu machen. Der Satzungszweck wird insbesondere durch Nutzung moderner Kommunikationstechnologien, Bildung, Teleservice und Gestaltung einer „virtuellen Stadt Borna" verwirklicht. [...]"

Der Förderverein BIT wurde in der ersten Jahreshälfte 1998 gegründet. Es ist geplant, den Vorsitz des Fördervereins einer Vertreterin der Stadt Borna zuzusprechen und dem BIT eine wesentliche Aufgabe und Funktion zur Gestaltung des Stadtinformationssystems zukommen zu lassen und darüber hinaus Beratungen, Schulungen und Teleservices für Bürger und Unternehmen in Borna anzubieten. Auf lange Frist gesehen soll sich der Verein – wie FIT in Visselhövede – selbst tragen und z. B. Möglichkeit von Telearbeit für Bürger der Stadt Borna ausweiten.

Bei diesem Stand der Zusammenarbeit mit der Stadt Borna lief das Kulturlandschaftsprojekt, also die Förderung für RZM, aus, das die Finanzierung der vor Ort tätigen Mitarbeiter von RZM ermöglicht hatte. Auch die Stadt Borna ist, wie Visselhövede, an einer Fortsetzung der Zusammenarbeit sehr interessiert.

12.8
Implementation und Ausblick zur Fallstudie in Borna

Es ist wichtig, jeweils regional die Zusammenhänge des Übergangs in die Informationsgesellschaft verständlich und für die Region und ihre Menschen nutzbar zu machen. Dies ist ein mühsamer Prozeß, der gemeinsame Arbeit und viel Lernen bedingt. Mit seinen Ansätzen und Ergebnissen hat sich RZM das Vertrauen von Bürgern, Verwaltung und Wirtschaft erworben. Trotz Beendigung des Projektes erfolgen Einladungen an RZM, bei der weiteren Gestaltung mitzuwirken, die jedoch aus Personalmangel kaum angenommen werden können. Die eigentliche Gestaltung könnte in Borna erst jetzt beginnen. Es wird vom Autor und seinen ehemaligen Mitarbeitern zutiefst bedauert, daß durch das Auslaufen der Fördermittel die neuen Perspektiven nicht weiter implementiert werden können.

Ausgehend von den gemeinsam erarbeiteten neuen Betätigungsfeldern muß als nächstes abgeleitet werden, wie sich die Anforderungen der Bürger an ihre Umwelt, an die Infrastruktur, an ihr Wohnen und an berufliche Qualifikationen neu entwickeln werden und wie sie in Zukunft ihr Leben entfalten könnten. Es ist dies der Prozeß, der in Visselhövede recht erfolgreich verlief. In Borna wäre dabei viel Neues zu lernen, weil sich die Situation hier durch die Wende, den wirtschaftlichen Kollaps und die anfängliche Bevorzugung von etablierter Industrie statt neuer Wirtschaft von der in Visselhövede erheblich unterscheidet.

Immerhin scheint mit diesem Projekt, neben der Fortführung wissenschaftlicher Erkenntnis, durch BIT und eine Bewegung in die neue Richtung ein Anstoß entstanden zu sein, der Bürgern und Unternehmen Wege für einen Strukturwandel von der Industrie- zur Informationsgesellschaft aufgezeigt hat.

12.9
Erkenntnisse aus den Fallstudien

Fallstudien sind langwierig und aufwendig. Zunächst erfolgt Vertrauensbildung, dann gemeinsames Lernen, dann die Eröffnung neuer persönlicher Einkommensfelder, und erst dadurch entsteht der Anreiz und die Möglichkeit für Schlußfolgerungen, was die weitere Entwicklung der Informationsgesellschaft für die Lebens- und Umweltgestaltung bedeutet. Dann kann die Umsetzung dieser Einsichten beginnen. Diesen Prozeß müssen alle Regionen durchleben. Insofern sind Vorgehen und Ergebnisse von RZM breit übertragbar. Als Ergebnis aus dem EU-Projekt MOSES von RZM kann hinzugefügt werden, daß es in größeren Regionen, anders als in kleinen Fallstudiengebieten, Gruppen gibt, die fast jeden einzelnen der Schritte des Gesamtkonzeptes schon gegangen sind, aber nie im Zusammenhang, und stets nur einige der Schritte, die das Gesamtkonzept erfordert. Beispielsweise hat RZM in Visselhövede noch Internetsoftware installieren müssen, während etwa für eine Fallstudie in der Stadt Hamburg Gruppen existieren, die sehr fortgeschrittene Internet-Lösungen implementiert haben. Große Städte haben mittlerweile schon einen „Kern kritischer Größe von Gleichgesinnten für das Neue".

Was überall zu fehlen scheint ist ein Gesamtkonzept, das eine Orientierung ermöglicht, und mit dem die einzelnen Beiträge zu einem sinnvollen Ganzen zu-sammen-wachsen können. Ein derartiges Gesamtkonzept ist hier verfügbar geworden. Auch der hier gegebene Orientierungsrahmen fehlt anderswo, der aus dem Phasenmodell, dem Übergangsmodell zur Informationsintensität, den 28 neuen Fusionen, den 25 regionalen Schlüsselbedingungen und dem gleichrangigen und gleichsinnigen Profitieren der Umwelt besteht. Mit konstruktiv verwendeten CCNs und SIGs entsteht dabei eine treibende Kraft zur Umsetzung. Damit können die vielfältigen Erkenntnisse vieler Seiten zu einer breiten und tiefen Wirkung gebracht werden.

Viele kleine Innovationen auf dem Weg in die Informationsgesellschaft. Die Erfahrung aus Visselhövede und dem Südraum Leipzig mit vielen Arbeitsgruppen und mit vielen Unternehmen hat gezeigt, daß die Entwicklung zur Informationsgesellschaft zahlreiche kleine Innovationen erfordert, die auf einer guten Kenntnis sowohl des derzeitigen Berufsfeldes als auch der neuen Möglichkeiten in den Computernetzen, den Web-Sites, den Programmen und den Computereinsatzmöglichkeiten beruht. Unsere bisherigen Innovationen entstanden jeweils in partnerschaftlicher Arbeit mit Bürgern, Mitarbeitern und Unternehmen. Zur Unterstützung sind SIGs unentbehrlich. Letztlich braucht eine weitere Umsetzung eine gründliche neue Alphabetisierung der gesamten Bevölkerung. Eine besondere Herausforderung besteht immer in der engen Integration ökologischer Themen in die Fallstudien, da viele Gesprächspartner dazu tendieren, sich von den neuen wirtschaftlichen Möglichkeiten so sehr begeistern zu lassen, daß sie die Umwelt wieder vergessen.

Betreuung durch ein interdisziplinäres Team. Das gesamte Vorhaben ist jeweils interdisziplinär angelegt. Dies macht eine Betreuung des laufenden Prozesses durch ein integriertes, interdisziplinäres Team erforderlich, wie es mit RZM bestand, das über geeignete Methoden und Orientierungsrahmen verfügt.

Kapitel 13

Zusammenfassung und Perspektiven

Luise Rinser: „Aber können Sie sich vorstellen, daß Ihnen eines Tages ihre Neugier als dumm erscheint und […] daß Ihnen überhaupt dieser Zivilisationstrieb unwirklich vorkommt und Sie von diesem Rad abspringen?" (Worte der Mutter von Franz von Assisi in dem Roman „Bruder Feuer").

Der modellbauende große Sozialwissenschaftler Norbert Müller war davon fasziniert, daß er in vergangenen Zivilisationen eine Zerstörung der Natur feststellen mußte, die aus sehr tiefen Antrieben zu kommen schien und als deren Grund er schließlich ein entsprechendes „Zivilisationsprogramm" suchte, das allen großen Zivilisationen zu Grunde liegen müßte. Müller durchforschte auf der Suche nach diesem Zivilisationsprogramm auch die Bibel. Aber nicht diese ist die älteste Schrift der Menschheit, sondern das Gilgamesch-Epos. Prinz Gilgamesch begann drei bis heute anhaltende Bewegungen, den Bau von Städten, die Unterdrückung der Frau und die Unterdrückung der Natur. Vereinzelt gab es in der menschlichen Geschichte Gegenbewegungen, wie die Verehrung allen Lebens im Buddhismus oder die Verehrung der Natur durch Franz von Assisi. Eine wirkliche Wende scheint erst jetzt zu beginnen. Wie bei früheren Gegenbewegungen ist es fraglich, ob es diesmal zu einer bleibend neuen Gestaltung des Verhältnisses zwischen Mann und Frau und zwischen Mensch und Natur kommen wird.

Aus der Geschichte von wirtschaftlich-zivilisatorischen Umbrüchen der letzten 200 Jahre ist bekannt, daß grundlegende Veränderungen, wie der Beginn eines neuen Verhältnisses zur Natur, nur in Zeiten wirtschaftlicher Krisen und tiefer Nachdenklichkeit durchgesetzt werden können. Derzeit besteht wieder eine tiefe wirtschaftliche Krise. Eine grundlegende Umorientierung ist erforderlich, weil sonst China, Indien und alle anderen Entwicklungsländer das westliche Industriemodell nachholen. Dies hätte enorme Landnutzungsänderungen, gewaltige Emissionen und einen stark steigenden Ressourcenverbrauch zur Folge. Statt der erwünschten Dematerialisierung mit einer Belastungsverringerung um den Faktor 10 käme es zu einem Anstieg der Belastung um einen Faktor 10; zwei Visionen, die um den Faktor 100 auseinanderklaffen. Wenn die grundlegende Umorientierung jetzt ausbleibt, könnte die nächste Chance erst mit einer erneuten Weltwirtschaftskrise kommen, die nach der gegenwärtigen Erholung, angetrieben von dem gewaltigen Innovationspotential, lange auf sich warten lassen kann. Wenn die Entwicklungsländer dem etablierten westlichen Weg folgen, könnte bis dahin ein so hohes Ausmaß an Naturzerstörung und Störung globaler ökologischer Regelkreise stattgefunden haben, daß die menschliche Existenz in weiten Regionen auf diesem Planeten gefährdet ist.

Derzeit besteht eine große Chance, die neuen Ansätze über lebendige Systeme und umwelt- und sozialfreundliches Verhalten zu verbreiten und zu nutzen. Der Weg über die informationsbasierte Wirtschaft mit seinen hochwertigen Möglichkeiten für die Umwelt ist attraktiv für Menschen, weil sie Arbeitsplätze brauchen, nach hohen Einkommen streben, in Annehmlichkeiten leben möchten, eine schöne Natur lieben und sich mit einem aus Umweltgesundheit stammenden guten Gewissen wohl fühlen.

Der Ansatz der dienenden Förderung von lebendigen Systemen, also von Individuen, von Gruppen, von Unternehmen und der natürlichen Umwelt, erscheint aus vielen Gründen als vielversprechend. Er entspricht den bekannten Existenz- und Entwicklungsbedingungen von Ökosystemen. Er hat sich in der Wirtschaft in den letzten Jahren ungemein bewährt. Und schließlich, wer bereit ist zu dienen, ist auch bereit zuzuhören. Leistungs- und lebensfähige Konstellationen müssen als Systeme wechselseitigen Nutzens und wechselseitiger Förderung aufgebaut sein. Damit entsteht für die Beteiligten ein persönlicher Anreiz und ein gutes Gefühl den anderen und der Umwelt gegenüber. Dieser Ansatz stellt eine wesentlich freundlichere Gestaltung der menschlichen Sphäre in Aussicht. Er gestattet es, den unzureichenden Ansatz der Umweltverträglichkeit durch den Ansatz der Umweltfreundlichkeit zu ersetzen. Die hier für diesen „Ansatz des Lebens", der Lebendigkeit, erörterten Kenntnisse sind reizvoll, weil sie den Menschen nicht nur neue Einkommensquellen und neue Unterhaltung in Aussicht stellen, sondern weil hier auch der menschliche Wunsch nach Entwicklung, nach gutem sozialen Verhalten und nach einer schönen und gesunden Umwelt ganzheitlich berücksichtigt ist.

Bibelzitat und Interpretation durch den Rabi Pinchas Lapide: „Gott erschuf die Welt; diese Schöpfung dauert an und wir sind Teil des Schöpfungsprozesses". Im Ansatz des Lebens sind die Lektionen über das prinzipielle Scheitern großer alles festlegender Planungen berücksichtigt. Die neuen Ansätze fördern statt dessen eine offene Entwicklung. Offene Entwicklung setzt Vertrauen und Liebe zum Menschen und zur Umwelt voraus, um etwas Lebensfähiges und Schönes entstehen zu lassen. Mit diesem neuen Verständnis, mit mehr Wissen, mehr Bescheidenheit und neuen Ansätzen und Werkzeugen kann der Mensch als Partner zu einer Schöpfung beitragen, die weiter gehen wird und in der er und seine Umwelt sich miteinander lebensfreundlich weiterentwickeln.

Anhänge

Anhang A
Tabelle A.1. Homöostasie, Resilienz, Viabilität und Vitalität für verschiedene Systeme[1]

System	Eigenschaft			
	Homöostasie	Resilienz	Vitalität	Viabilität
Allgemeine Systeme	Anpassung an geänderte Umweltverhältnisse und Ausregelung von Störungen bei intakter Systemstruktur. Fähigkeit zur Selbstregulation. Keine Änderung der Systemstruktur. Klassisches Beispiel ist der Rückkopplungskreis.	Wiederherstellung der Systemstruktur nach schweren Störungen und Zerstörungen. Systemstruktur zunächst nicht mehr intakt, also vorübergehend gestörtes Funktionieren.	Geschwindigkeit der Anpassungs-, Regel- oder Wiederherstellungsprozesse, Elan, Schwung. Gilt für Homöostasie, Resilienz und Viabilität.	Veränderungsfähigkeit auch der Systemstruktur bis hin zur evolutionären Umgestaltung, Wahrnehmung von Chancen, Veränderungsfreude; Störung und Zerstörung auch als Chance.
Einzelpersonen	Vielfältige körperliche, geistige und seelische Regelprozesse, Fähigkeit zum Umgang mit Belastungen und Störungen.	Fähigkeit zur Regeneration nach Krankheiten etc., also nach Veränderungen der Systemstruktur.	Vitalität einer Person, Kraft, Energie, Spielfreude, „springlebendig".	Kreativität, Drang zur eigenen Entwicklung (oberster Rang auf der Wertepyramide von Maslow).
Gruppen	Selbststeuerungsfähigkeit.	Soziale Wiederherstellung nach Zusammenbrüchen.	Schwung, hohe Innovationskultur.	Umorganisationsfähigkeit, Kreativität.
Unternehmen	Reaktionsfähigkeit auf Markt- und Produktentwicklungen.	Erholungsfähigkeit nach Verlusten. Fähigkeit zur Erschließung neuer Märkte für die bekannten Produkte, neuer Produktfelder in alten Märkten.	Entschlossenheit in der Reaktion, Fähigkeit zur raschen Umdisposition, Wendigkeit.	Fähigkeit zur Entwicklung ganz neuer Produkte und neuer Märkte. Derzeit: Fähigkeit zum Übergang auf informationsreiche Produkte und Managementverfahren.
Regionen	Anpassungsfähigkeit an neue Gegebenheiten wie die Öffnung Osteuropas und globaler Wettbewerb, Reaktion auf Störungen durch neues Verhalten, neue Regeln, Bußgelder usw.	Wiederherstellung der Verhältnisse nach größeren Einbrüchen, wie Verlust von Infrastruktur durch Naturkatastrophen oder nach Verlust der regionalen Wettbewerbsfähigkeit durch veränderte regionale Systeme.	Entschlossenheit der regionalen Politik, Elan der Bürger, Frische der Wirtschaft, Ehrlichkeit der Politik, Offenheit der Verwaltung. Dies sind derzeit überwiegend Kennzeichen junger Regionen.	Beispiele: Berlin (führend bei zwei Basisinnovationswellen), Boston (führend bei drei Basisinnovationswellen). Nicht länger viabel: Ruhrgebiet oder Saarland seit 1965. Erfolgreich bei gleicher Ausgangslage wie das Saarland: Luxemburg, also viabel.
Ökosysteme	Innerhalb lebender Systeme gibt es viele Steuerungsprozesse, wie Kontrolle von Blutdruck und Körpertemperatur, Abwerfen von Blättern und menschliche Entscheidungsprozesse.	Regenerationsfähigkeit der Biosysteme in Gezeitengebieten, Regenerationsfähigkeit fast aller Ökosysteme wie Wälder, Flußökosysteme usw. nach Zerstörungen.	Tundrenökosysteme: Sehr langsame Regeneration. Dagegen sind die meisten Tropenwaldsysteme laut Brünig (1996) sehr rasch in der Regeneration. Mimose, Sonnentau: rasche Reaktion.	Sukzessionen, Mikromosaikzyklus, „multiple pathway of succession", Evolution.

[1] Autoren Grossmann und Fränzle, zum Teil basierend auf Grossmann und Watt (1992).

Anhang B
Beschäftigung und Informationsgesellschaft – das Beispiel USA[2]

Die USA weisen seit Jahren eine wesentlich günstigere Beschäftigungsentwicklung auf als Europa. Das höhere Beschäftigungswachstum in den USA kann dabei nicht mit einer geringeren Informatisierung der Arbeit erklärt werden. Vielmehr sind in Folge des Strukturwandels in Richtung Informationsgesellschaft im gesamten Qualifikationsspektrum trotz des verstärkten Einsatzes neuer Technologien viele neue arbeitsintensive Beschäftigungsmöglichkeiten entstanden. Oft geäußerte Einwände, der hohe Beschäftigungszuwachs sei in erster Linie auf den Zuwachs weniger qualifizierter Jobs und die massive Ausweitung von Teilzeitstellen zurückzuführen, sind überwiegend unzutreffend, vgl. Kasten B.1[3].

Nach Analysen von Howell und Wolff (1993), die analog zu der oben erwähnten Arbeit von Dostal die Bedeutung des Informationsbereichs für die USA abgeschätzt

---

Kasten B.1. Statistiken zur amerikanischen Beschäftigungsentwicklung 1983 bis 1994

Gegen die Wünschbarkeit einer Übertragung des US-amerikanischen „Beschäftigungswunders" auf Europa und speziell auf die Bundesrepublik werden zwei gewichtige Einwände erhoben.

Erstens sei es zwar richtig, daß die USA im Bereich der Hochtechnologie und in vielen Bereichen informationsbasierter Wirtschaft eine führende Rolle besäßen, das eigentliche Beschäftigungswunder sei aber auf die Ausweitung oft schlecht bezahlter Servicejobs zurückzuführen. Zweitens sei das Beschäftigungswunder zumindest zum Teil auf eine deutliche Zunahme von ungewollter Teilzeitarbeit und die zunehmende Bedeutung mehrfacher Beschäftigungsverhältnisse zurückzuführen. Beide Einwände sind nur zum Teil berechtigt, wie ein Blick auf die detaillierten Zahlen des U. S. Bureau of Labor Statistics und des U. S. Bureau of the Census (1995, S. 409ff) zeigen.

Zum ersten Einwand des Überwiegens schlecht bezahlten Servicejobs

Der Zuwachs von 22 Mio. Arbeitsplätzen in den USA von 1983 bis 1994 verteilt sich wie folgt auf die sechs Hauptgruppen:

Rund 10 Mio. neue Arbeitsplätze, d. h. ca. 45 % gehen auf das Konto der Hauptgruppe „Managerial and professional specialty". Hierunter fallen erstens (leitende) Angestellte und Manager (+5,5 Mio.), zweitens die sehr heterogene Gruppe der professional specialty, zu der Ingenieure, Natur- und Sozialwissenschaftler, Zahnärzte, verschiedene Gesundheitsberufe, Lehrer, Sozialarbeiter, Juristen und Medien- und Unterhaltungsberufe zählen (+4,72 Mio.). Alle hierzu gehörigen 23 Berufsgruppen (z. B. Architekten, Computerspezialisten, Sozialarbeiter) weisen positive Beschäftigungszuwächse auf.

In der nächsten Hauptgruppe („Technical, sales and administrative support") wurden rund 6 Mio. Arbeitsplätze geschaffen. Der Zuwachs bei den Technikern ist mit 0,82 Mio. relativ gering. In diese Gruppe fallen z. B. Medizintechniker, Chemische Techniker, Piloten und Computerprogrammierer. Die zweite und dritte Gruppe („Sales occupations" und „administrative support") verzeichneten einen Zuwachs um rund 5,2 Mio. Arbeitsplätze. Hierunter fallen z. B. sales representatives, Sekretärinnen und Buchhalter, aber auch einfache Tätigkeiten im Transport- und Postsektor (Telefonvermittler, Postverteilung). Von allen hier aufgeführten 21 Berufsgruppen verzeichneten nur 5 Gruppen einen absoluten Rückgang (darunter Finanzbuchhalter und Sekretärinnen).

---

[2] Verfaßt von Thomas Multhaup, RZM, Überarbeitung W. D. Grossmann.
[3] Der Strukturwandel ist ein wichtiger Grund dafür, daß die Beschäftigungsschwelle, d. h. die Wachstumsrate, bei der positive Beschäftigungsgewinne zu erwarten sind, in den USA auf unter 1 % gesunken ist, in der EU durchschnittlich aber noch 2 % beträgt. Vgl. European Commission (1996).

Kasten B.1. *Fortsetzung*

In der Hauptgruppe „Service occupations" entstanden zwischen 1983 und 1994 netto rund 3 Mio. Arbeitsplätze. Während die (statistisch erfaßte) Beschäftigung in privaten Haushalten rückläufig war und im Bereich Sicherheitsberufe (Feuerwehr, Polizei, Detektive, Wächter) rund 0,58 Mio. Arbeitsplätze entstanden, entfällt der größte Teil der im Gesamtsektor geschaffenen Arbeitsplätze auf den Bereich „weitere Dienstleistungen". Hierunter entfallen auf den Bereich „Food preparation" (Kellner, Köche, Küchenkräfte) über 1 Mio. neue Beschäftigungsverhältnisse. Hierunter dürften viele der bisweilen als „McDonald-Jobs" bezeichneten schlechtbezahlten Jobs im Service-Bereich zählen. Der restliche Zuwachs verteilt sich auf die Gesundheitsdienstleistungen (Dentalassistenten, einfache Pflegetätigkeiten), den Bereich Reinigung und Hauspersonal und den Bereich private Dienstleistungen (Friseure, Kosmetiker, Hilfspersonal im öffentlichen und sozialen Bereich).

Auch die Hauptberufsgruppe „precision production, craft and repair" verbucht einen, wenn auch geringen, Zuwachs an Arbeitsplätzen. Hier stieg die Beschäftigung von 12,3 auf 13,5 Mio. Alle größeren Untergruppen (Mechaniker, Baugewerbe und Produktionsberufe) waren an diesem Zuwachs beteiligt.

Die Hauptgruppe „Operators, fabricators and laborers" beschäftigte 1983 16,09 Mio. und 1994 17,88 Mio. Arbeitnehmer. Dies ist ein Zuwachs um 1,79 Mio. Von den insgesamt acht Berufsgruppen dieser Hauptgruppe mußten nur drei Gruppen (Textil- und Möbelmaschinenbediener, Produktionskontrolleure, Prüfer und Wieger sowie eine Teilgruppe der Transportarbeiter) absolute Rückgänge hinnehmen.

Einzig die mit 3,6 Mio. Beschäftigten kleinste Hauptgruppe „Farming, forestry and fishing" verzeichnet einen Beschäftigungsrückgang um 70 000 Personen, vor allem im Bereich der Farmarbeiter.

Insgesamt kann der hohe Beschäftigungszuwachs in den USA nicht auf die positive Entwicklung einiger weniger Sektoren zurückgeführt werden. Auch wenn einfache Verwaltungs- und Dienstleistungstätigkeiten einen Anteil an der Beschäftigungszunahme hatten, entfallen rund 50 % der neu geschaffenen Stellen auf die Bereiche „Managerial and professional specialty" und weitere 25 % auf „technical, sales and administrative support", für die in der Regel hohe Qualifikationen unterstellt werden.

Zum zweiten Einwand der überproportionalen Zunahme der Teilzeitarbeit

Im Jahre 1994 waren insgesamt 30 Mio. von insgesamt 123 Mio. Beschäftigten, also rund ein Viertel, in Teilzeit beschäftigt. Es ist zweifellos richtig, daß der hohe Beschäftigungszuwachs ohne die schnelle Ausbreitung der Teilzeitarbeit wesentlich geringer ausgefallen wäre, da der durchschnittliche Teilzeitarbeiter nur rund 22 Stunden arbeitet. Allerdings fällt auf, daß in Befragungen nur rund 4,6 Mio. der Teilzeitbeschäftigten angeben, aus ökonomischen Gründen (schlechte Auftragslage, Saisonarbeit, keine Aussicht auf Vollzeitstelle) eine Teilzeitstelle auszuüben. Über 26 Mio. geben dagegen an, in erster Linie aus nicht-wirtschaftlichen Gründen eine Teilzeitstelle angenommen zu haben, etwa aus familiären Gründen oder weil sie gleichzeitig eine Ausbildung absolvieren. Die Zunahme der Teilzeitarbeitsplätze kann damit nicht als überwiegend ungewollte Reduktion von Arbeitszeit und Einkommen interpretiert werden.

Negativ fällt auf, daß die Zahl derjenigen, die einer mehrfachen Beschäftigung nachgehen, mit rund 7,3 Mio. Beschäftigten relativ hoch ist und das Gros dieser Arbeitnehmer (rund 4,2 Mio.) neben einer Vollzeitstelle eine Teilzeitarbeit ausübt. Dieser hohe Anteil mehrfach Beschäftigter dürfte nicht zuletzt auf die für viele Arbeitnehmer ungünstige Einkommensentwicklung zurückzuführen sein. So ist der durchschnittliche reale Stundenverdienst in der Gesamtwirtschaft in der Zeit von 1980 bis 1993 kontinuierlich gesunken und steigt erst seit 1994 wieder an. Gleichzeitig ist das reale Medianeinkommen von Haushalten und Familien seit Ende der achtziger Jahre gesunken und liegt mittlerweile auf dem Stand Anfang der achtziger Jahre. Für die Unternehmen bedeutete die Entwicklung bei den Löhnen und Gehältern eine wirksame Entlastung. So hat sich der Anstieg der Lohnstückkosten (Stundenverdienst/Stundenproduktivität) seit 1980 beinahe kontinuierlich verringert und betrug 1994 nur noch 0,8 % (im Verarbeitenden Gewerbe –2 %).

Insgesamt zeigt sich, daß die USA auch bei Berücksichtigung der genannten Einwände eine im Vergleich zu Europa sehr günstige Beschäftigungsentwicklung aufweisen[a]. Vieles spricht dafür, daß die Beschäftigungsentwicklung durch die hohe Anpassungsbereitschaft an den Strukturwandel wesentlich erleichtert wurde.

---

[a] Dies schließt nicht aus, daß einzelne Regionen in bestimmten Bereichen Beschäftigte verlieren. So ging in einigen Städten an der Ostküste der USA die Beschäftigung im Hochtechnologiesektor zurück, während andere Regionen wie Seattle, Austin oder San Diego teilweise drastische Beschäftigungszuwächse verzeichneten.

haben, läßt sich feststellen, daß der Strukturwandel in Richtung Informatisierung der Arbeit noch stärker als in Deutschland vorangeschritten ist. So stieg der Anteil der Informationsbeschäftigten von 38 % im Jahr 1950 auf 57 % im Jahr 1990.

Interessant sind in diesem Zusammenhang die Studien von Gittleman und Howell (1995) sowie Howell und Wolff (1991). Um zu generalisierbaren Aussagen über die qualitative Entwicklung der Beschäftigung zu gelangen, werden in der ersten Studie 621 Berufe zu sechs etwa gleich großen, nach der Job-Qualität abgestuften Berufsclustern verdichtet. Dabei werden folgende Variablen verwandt: Verdienste (Medianlöhne, Krankenversicherung, Pensionsansprüche), Qualifikation (Bildungsniveau, berufsbezogenes Training, interaktive Anforderungen), Arbeitsbedingungen (körperlich anstrengende Arbeit, Umweltbedingungen), Beschäftigungsstatus (unfreiwillige Teilzeitarbeit, Wochenarbeitszeit) und institutionelle Bedingungen (Beschäftigung im öffentlichen Sektor, gewerkschaftlicher Organisationsgrad). Die Studie kommt dabei zum Ergebnis, daß die beiden Gruppen mit der vergleichsweise höchsten Job-Qualität ihren Anteil auf Kosten der beiden mittleren Segmente ausbauen konnten, während sich der Anteil der Bereiche geringer Qualifikation seit den achtziger Jahren kaum verändert hat. Das Beschäftigungswachstum hat demnach die Beschäftigtengruppen begünstigt, für die relativ hohe Medianlöhne und hohe Qualifikationen kennzeichnend sind.

Die Studie von Howell und Wolff (1991) weist auf der Basis von 264 Berufen und 64 Wirtschaftszweigen nach, daß sogenannte interaktive und kognitive Qualifikationen gegenüber manuellen Fertigkeiten seit 1960 sektorübergreifend stark an Bedeutung gewonnen haben. Dies gilt auch für die klassischen Produktionssektoren, für die eine immer stärkere Tertiarisierung und Informatisierung nachgewiesen wird. Davon unberührt bleibt die Feststellung, daß diese Entwicklung mit einer Verschlechterung der Jobqualität (Gesundheitsvorsorge, unfreiwillige Teilzeitarbeit, Einkommensungleichheit) in den unteren Segmenten, vor allem auch der Einkommen in den gering qualifizierten Bereichen verbunden war (Howell und Wolff 1991; Gittleman und Howell 1995, S. 133 ff.). Insgesamt ergibt sich jedoch ein übereinstimmendes Bild dafür, daß die steigende Informatisierung der Arbeit in den USA zu einem Bedeutungszuwachs von hochwertigen Qualifikationen und sogenannten „good jobs" bei gleichzeitig hohem absoluten Beschäftigungszuwachs geführt hat.

Anhang C
Bilder des Übergangs[4]

Das Funktionieren und die Lebendigkeit von menschlichen Gemeinschaften hängt besonders von kontemplativen, weichen und oft subjektiven Faktoren ab wie Kultur, sozialem Zusammenleben, Bildung, Bestehen und Aufhören von Gruppen und vom Bild der Landschaft. Hier ist nicht nur die Beschaffenheit der Landschaften zu nennen, sondern Eigenschaften des menschlichen Geistes, aus denen heraus der Mensch in den Landschaften tätig wird und damit die Landschaft beeinflußt und zum Teil sogar bestimmt, wie Ethik, Ästhetik und visuelles Erleben, Kultur, Identifikation und Heimat, Einstellung und Werte. Ein wichtiges Kennzeichen ist durch die gegenwärtige Unrast des Menschen gefährdet: seine Bereitschaft und Fähigkeit, sich auf die Eigenheiten seiner Region einzulassen, sich

---

[4] Dieser Ansatz wurde von Gerriet Hellwig (verantwortlich) zusammen mit W. D. Grossmann für das Kulturlandschaftsprojekt entwickelt; der Text von Anhang C wurde von beiden verfaßt.

mit ihr zu identifizieren und damit auch das zu entwickeln, was als Heimatliebe bezeichnet wird. Diese stellt einen wichtigen Grund dar, die Schönheit und Eigenart der umgebenden Landschaft zu erhalten und zu fördern. Dieser Grund geht viel tiefer als der mehr instrumentelle, eine regionale Attraktivität für informationsbasierte Wirtschaft zu erreichen. Erst die aus Heimatliebe – oder anderen Formen von Liebe – gepflegte Landschaft und das soziale Milieu, das damit einhergeht, sind wirklich geeignet, qualifizierte Menschen und zukunftsorientierte Wirtschaft anzuziehen und zum Bleiben zu bewegen.

Der intellektuelle Bereich und die Intuition fungieren als Brücke zwischen den tieferen menschlichen Qualitäten – Spiritualität, Kultur, soziales Leben – und den vier Landschaften, denn Intellekt und Intuition bilden zugleich einen wichtigen Bestandteil der Wissenslandschaft. Damit liegt die Bildung einer „Acht" nahe, wo ein oberer und ein unterer Kreis über den Intellekt und die Intuition verbunden werden. Den oberen Kreis könnte man als den geistigen, den unteren als den materiellen bezeichnen. Diese Konfiguration ist in Abb. C.1 dargestellt.

Die Kreise sind so zu verstehen, daß jede Qualität mit jeder anderen verbunden ist, genauso wie jede Landschaft mit jeder anderen.

Versucht man, diese Acht zu dynamisieren oder zu operationalisieren, so stellt man fest, daß sich die Bereiche noch mehr überlagern oder durchdringen, als es der Geometrie einer Acht entspricht. Beispielsweise überschneiden sich im kirchlichen Leben Spiritualität, Kultur und soziales Leben. Im Umweltbereich verbinden sich Spiritualität, Intellekt, Intuition und Landschaft bzw. Wirtschaft. Abgesehen davon wurde die

Abb. C.1. Intellekt und Intuition als Brücke zwischen einem geistigen und einem materiellen Kreis

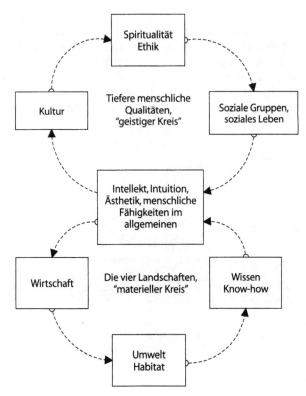

Umwelttätigkeit der vergangenen Jahrhunderte im heutigen Verständnis vor allem als Agrikultur betrieben, als Überlagerung des Umweltbereichs mit Kultur und Wirtschaft.

Es ist offenbar, daß menschliche Existenz in einer Region nur im Zusammenwirken aller dieser Faktoren vorstellbar und praktikabel ist. Dazu denke man sich einfach, daß einer dieser Bereiche entfällt oder sehr gestört funktioniert. Wäre etwa der Bereich Kultur nicht vorhanden oder unzureichend ausgebildet, so wäre es schwierig, von menschlicher Existenz im gegenwärtigen Verständnis vom Menschen zu sprechen. Des weiteren gäbe es keine Kultur, wenn soziales Zusammenleben unmöglich wäre oder nicht stattfände. Kultur und Spiritualität würden kaum möglich sein, wenn nicht soziale Gruppen und Gemeinschaften in vielfältigen Formen existieren, sich entwickeln und damit eine Basis für anderes darstellen. Kultur und soziales Leben müssen ihrerseits durch eine Wirtschaft ernährt werden. Dieses Zusammenspiel von Kultur, sozialem Leben, Wissen und Spiritualität erfolgt unabdingbar in einer physischen Landschaft, die ihrerseits durch Kultur, Denken, bewußtes Wollen, Traditionen und Wirtschaft geformt wird.

Der Versuch, diese vielen Zusammenhänge aufzuzeichnen, führt zu einem Diagramm, das dadurch nutzlos wird, daß alles mit allem verbunden sein müßte und wechselseitige Bedingtheit besteht.

Eine Bildersprache für den Übergang der vier Landschaften

Damit stellt sich die Frage, welche Anordnung dieser Bereiche am besten ihren Nachbarschaftsverhältnissen und Komplementaritäten gerecht wird. Im Versuch, hierfür eine Anwort zu erlangen, hat sich immer wieder bestätigt, daß es keine allgemein verbindliche „beste" Anordnung dieser Bereiche gibt. Eine erhellende Geometrie folgt jedoch daraus, die am engsten verbundenen, am dichtesten interagierenden Bereiche nebeneinander zu stellen. Der kreisförmige Schluß dieser Reihung ergibt sich dadurch, daß der Mensch den Zuständen, an deren Zustandekommen er beispielsweise in der Wirtschaft beteiligt ist, in der Folge wiederum ausgesetzt ist. Am deutlichsten wird dies im Landschaftsbild, aber auch in den sozialen Verhältnissen in dieser Landschaft. Die erste Kreisform ist in Abb. C.2 dargestellt.

Abb. C.2. Anordnung von Landschaften in der Bildersprache des Übergangs

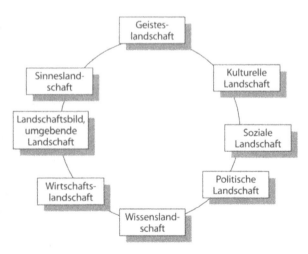

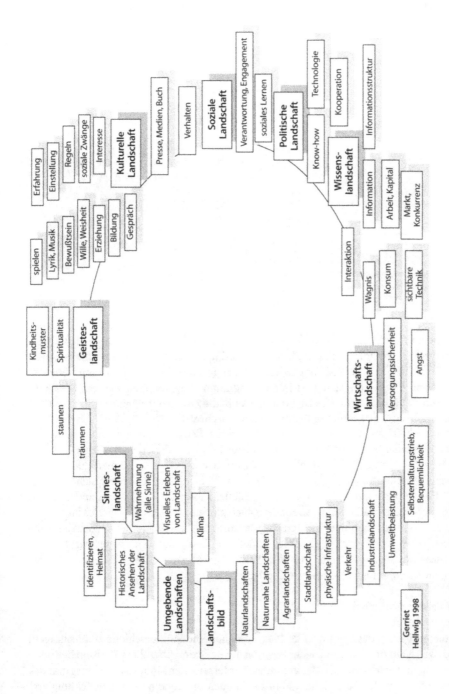

Abb. C.3. Ausformulierter Bezugsrahmen für die geistigen Landschaften des Übergangs

Abb. C.4. Der innere Kreis

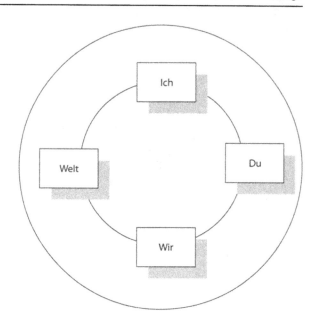

Alle diese Faktoren können insofern als „Landschaften" bezeichnet werden, da sie
intern reich strukturiert sind und statische und dynamische Elemente enthalten. Welche Einsichten in das Zusammenwirken dieser Faktoren oder Landschaften ergeben
sich, wenn ihre wichtigsten Teile in das Diagramm aufgenommen werden? Dies wird
mit Abb. C.3 verdeutlicht. Das Diagramm erlaubt die Zuweisung von operationalen Größen (vgl. Abb. C.4). Der obere Teil des Diagramms bezieht sich mit Elementen der „Gei-
steslandschaft" auf das Ich und seine Entwicklung, der rechte, in der Entwicklungsge-
schichte zeitlich spätere auf das Du mit Elementen wie „Erziehung", „Gespräch" und
„soziale Zwänge". Nach unten folgt das Wir mit der „sozialen Landschaft", der „politischen Landschaft" und der „Wirtschaftslandschaft". Schließlich erweitern sich Weltsicht
und Handlungshorizont zur „Welt", linke Hälfte, zu der die Wirtschaftslandschaft als
nicht nur lokales und regionales, sondern auch globales Gebilde die Überleitung bildet.
Der Kreis schließt sich über die umgebende Landschaft als Phänomen, in dem auch die
Wirtschaft ihren physischen Ausdruck findet, und die auf das „Ich" zurückwirkt.

Diese Gliederung in „Ich, Du, Wir, Welt" ist in Abb. C.5 schematisch wiedergegeben, die zu einer neuen Sichtweise überleitet.

Zur Verwendung einer Möbiusschleife

Es bietet sich an, das kreisförmige Diagramm auf eine Möbiusschleife zu übertragen,
so daß sich auf der Rückseite jeder Position die Reflexion über diese Position befindet.
Nach einem Durchschreiten der gesamten Vorderseite der Möbiusschleife beginnt das
Durchschreiten der Reflexionen. Man hat ja auch die Totalität der Entwicklung erst
nach einem Durchschreiten vor sich, so daß erst dann eine umfassende Reflexion
beginnen kann. Naturgemäß wird die jüngste Vergangenheit in diesen Reflexionen
zunächst ausgeklammert. Vielmehr besteht ja gerade nach einem Durchschreiten die

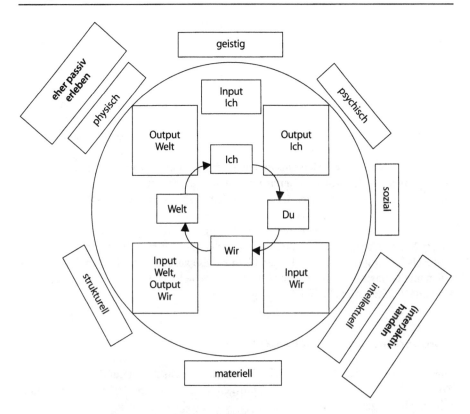

Abb. C.5. Grundlage weiterer Betrachtungen des Kreises

Notwendigkeit zum Aufbau eines neuen Zyklus, womit Spielen, Staunen und die anderen Faktoren der frühen Phasen wieder gefragt sind. Damit ist die Reflexion über diese Phasen angesagt, zum einen, um ihre Stimmung ins Bewußtsein zurückzurufen, zum anderen, um ihre Voraussetzungen zu reflektieren und damit die inneren Bedingungen zu schaffen, um diese ersten Phasen erneut anstoßen zu können. Eine Voraussetzung hierfür ist auch ein Abstand von den letzten Phasen, der zunächst vor allem durch Verdrängung oder Distanzierung geschaffen werden kann.

Der nächste Durchlauf der Vorderseite der Möbiusschleife kann damit in einem allgemeinen Neuaufbau stattfinden. Nur in diesen günstigen, wenngleich seltenen Fall kommt es zu einer sozusagen spiralförmigen Entwicklungsbewegung, wo die Entwicklungsrichtung auch dem Zeitpfeil folgt.

Variante: Die Transparenz der Möbiusschleife kann lokal verschieden ausgeprägt sein, so daß ein unterschiedlicher Grad an Reflexion möglich ist.

Bei diesen Analysen ist immer wieder deutlich geworden, daß sich der Charakter von Indikatoren im Ablauf der sieben Entwicklungsphasen grundlegend ändern kann. Die durchschnittliche Verweildauer an einem Ort zum Beispiel ist in der Umbruchsperiode von New Economy 1 bis New Economy 3 naturgegebenermaßen nicht lang. Aber auch in den gewaltigen Rationalisierungs- und gegebenenfalls Zusammenbruchsphasen e6 und e7 wird ein Verweilen an einem Ort wirtschaftlich ausgesprochen erschwert, es sein denn, geschickte Koalitionenbildung und Glück gestatten ein Verharren. In den Phasen von e4 und e5 jedoch ist Stabilität und Verweilen etwas, das als Tugend wirtschaftlich und kulturell gewünscht wird, wobei die Stabilität in e4 sich vor allem als Expansion äußert. Aber was expandiert, das bleibt.

Für die Phasen e6 und e7 z. B. ist eingeschränkte Wahrnehmung charakteristisch, da nur noch bisherige Aspekte, nicht neue Perspektiven, erkannt und verfochten werden, diese allerdings insoweit sozial recht geschlossen und stimmig, daß eine solche Koalition über traditionelle Abgrenzungen fast beiläufig hinweggehen kann (wie die „Kohlefraktion" in Nordrhein-Westfalen, die Arbeitgeber, Beschäftigte und regionale Politiker umfaßt). Die vordergründige Einfachheit der etablierten, zu verteidigenden Struktur erleichtert diese Gemeinsamkeitsfindung. In e1 oder e2 dagegen gibt es kein solch gemeinschaftliches Definieren und Vertreten von Interessen, was in einer auf Differenzierung ausgerichteten Gesellschaft leicht zum mentalitätsmäßig-strukturellen Modernisierungshindernis gerät.

Diese Zusammenhänge sind nicht unabänderbar. Wenn es gelänge, eine Kultur teilweiser Neugier, teilweisen Bewahrens aber auch teilweiser grundlegender Erneuerung und Entwicklung entstehen zu lassen, könnte diese gerade durch ihre Umbrüche eine permanente Basis für ökologische und ökonomische Existenz darstellen und dadurch erst langfristige soziale Stabilität ermöglichen.

Anhang D
Erweiterung des Milieuansatzes[5]

Die Milieutheorie kann aus der Sicht der Geisteswissenschaften zu dem integrierten Konzept des Übergangs zur Informationsgesellschaft in den vier vernetzten Landschaften beitragen.

Sowohl in den Natur- wie in den Geisteswissenschaften umreißt der Begriff des „Milieus" Lebensbedingungen, Umfeld bzw. Kontext, welche einen Einfluß auf die Lebensverhältnisse haben. Im folgenden soll der Milieubegriff als Kontext für menschliches Handeln dienen. Da eine isolierte Betrachtung des Handelns einzelner Unternehmer, Politiker und sonstiger Gestalter der Entwicklung von Städten und Regionen weder „horizontale" Vernetzungen noch hierarchische Einbindungen adäquat wiedergibt, wird zunehmend das Wirken dieser Akteure in ihrem jeweiligen Gesamtzusammenhang und Umfeld zum Forschungsschwerpunkt. Das Milieu umfaßt diese verschiedenen Systeme und Netzwerke und bildet deren regionales Umfeld, in dem soziale Kommunikation im Sinne Luhmanns (1990) erfolgt.

In der Wirtschaftsgeographie wurde seit Mitte der 80er Jahre zunehmend die Ausbildung von (regionalen) Unternehmensnetzwerken (industrial districts) und Politiknetzwerken (policy networks) betrachtet. Dabei wurde die Forschungsrichtung des „kreativen" oder „innovativen" Milieus seit 1984 vor allem durch die Forschungsgruppe GREMI (Groupe de Recherche Européen sur les Milieux Innovateurs) ausformuliert. Hauptsächliche Vertreter dieser Gruppe stammten zuerst aus dem französischsprachigen Bereich (Aydalot 1986; Camagni 1991; Maillat und Perrin 1992; u. a.).

Die Merkmale eines kreativen Milieus nach der weiteren Begriffsbestimmung von GREMI werden bei Fromhold-Eisebith (1995) wie folgt zusammengefaßt:

---

[5] Autoren: Rösch und Grossmann, siehe auch Rösch und Grossmann (1997).

- Das ‚kreative Milieu' bildet eine räumlich abgrenzbare Einheit, wobei nicht administrative Grenzen das Abgrenzungskriterium darstellen, sondern die Homogenität in Verhalten, Problemwahrnehmung und technischer Kultur.
- Es gibt in ihm Gruppen von Akteuren aus verschiedenen Bereichen (Unternehmen, Forschungs- und Bildungseinrichtungen, lokale Behörden, u. a.), die eine relative Entscheidungsautonomie über zu wählende Strategien haben.
- Das „Milieu" beinhaltet materielle (Unternehmen, Infrastruktur), immaterielle (Knowhow) sowie institutionelle Elemente (Behörden mit Entscheidungskompetenz).
- Zwischen den regionalen Akteuren finden Austausch und Wechselwirkungen statt, die zu einer effektiveren Nutzung der vorhandenen Ressourcen führen.
- Es besteht eine aus der Tradition erworbene, hohe Lernfähigkeit, die den Akteuren ein schnelles Reagieren auf veränderte Rahmenbedingungen ermöglicht.

Ein kreatives oder innovatives Milieu besteht also aus innovativen Netzwerken und ihrem jeweiligen regionalen oder lokalen Umfeld mit den dazwischen bestehenden Verbindungen und ihrer Einbettung.

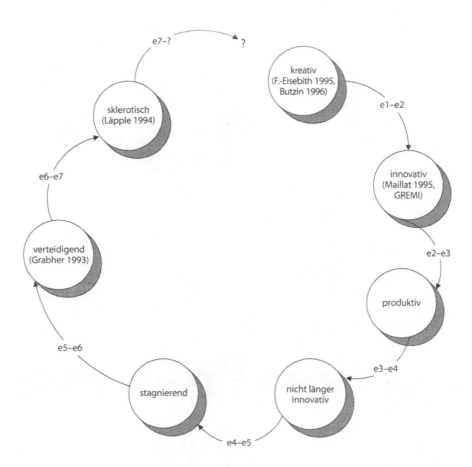

Abb. D.1. Darstellung eines Milieu-Lebenszyklus (*Quelle:* Rösch und RZM Leipzig 1997)

Phasen von Innovationsprozessen im Milieukonzept

Der Milieubegriff kennt bisher das Konzept der Entwicklungsphasen nur implizit, beispielsweise in der Unterscheidung zwischen „kreativen" und „sklerotischen" Milieus. Die Milieutheorie wird daher wesentlich griffiger, wenn auch hier die sieben Entwicklungsphasen unterschieden werden. Es besteht eine jeweils wechselseitige enge Abhängigkeit zwischen jeder der sieben Phasen und dem jeweiligen (regionalen) Milieu. Diese sind in Abb. D.1 dargestellt. Durch diese Erweiterung der Milieutheorie um das Phasenkonzept wird die Milieutheorie einfacher, und es lösen sich manche ihrer bisherigen Widersprüche auf.

Abbildung D.1 verdeutlicht, wie die Milieus einen Lebenszyklus durchschreiten. Wie ein Produktlebenszyklus oder ein regionaler Lebenszyklus unterstehen auch Milieus dem Werdegang von Entstehen, Reifen und Vergehen. Für die regionalen Lebenszyklen ergibt die Zunahme der Milieus eine weitere Betrachtungsebene für die Integration von sozialen, psychischen, politischen und wirtschaftlichen Faktoren.

Literatur

Allen P (1991) Evolutionary models of human systems: urban and rural landscapes as self-organizing systems. In: Lepetit, Pumain (eds) Temporalités urbaines. Economica-Anthropos, Paris

Allen TFH, Starr TB (1982) Hierarchy. Perspectives for ecological complexity. The University of Chicago Press, Chicago

Ashdown M, Schaller J (1990) Geographic information systems and their application in MAB-Projects, Ecosystem Research and Environmental Monitoring. Deutsches Nationalkomitee, Bonn (MAB Mitteilungen, Nr. 34)

Axelrod J, Hamilton WB (1981) The evolution of cooperation. Science 212:1193–1199

Aydalot P (ed) (1986) Milieux innovateurs en Europe. GREMI, Paris

Bangemann M (1995a) Europa und die globale Informationsgesellschaft. EU-Kommission (FORUM, Bologna, 30. März 1995, Einführungsrede)

Bangemann M (1995b) Europa und die globale Informationsgesellschaft: Empfehlungen. (zu beziehen über Internet: http://www.ispo.cec.be/)

Bätzing W, Fecht T von der (1998) Nachhaltigkeit durch Tourismus? Beispiele und Strategien aus den Alpen. In: Grossmann WD, Eisenberg W, Meiss K-M, Multhaup T (Hrsg) Nachhaltigkeit, Bilanz und Ausblick. Lang-Verlag, Frankfurt

Beinhocker ED (1997) Strategy at the edge of chaos. The McKinsey Quarterly 1:24–39 (siehe auch http://www.mckinseyquarterly.com/strategy/sted97.htm)

Benjamin R, Wigand R (1996) Electronic markets and virtual value chains on the information superhighway. Sloan Management Review, Winter 1995, pp 62–72

Bergmann F (1997) New Work. In: Hypobank (Hrsg) Entwicklungschancen für Gesellschaft und Arbeit. Drittes Kempfenhausener Gespräch, 10.–12.Oktober 1997. Unternehmenskommunikation, München

Berman D (1999) A strong economy means fewer startups? Business Week Online 04.01. 1999 (Internet: http://www.businessweek.com; Archiv)

Bernardini O, Galli R (1993) Dematerialization: long-term trends in the use of materials and energy, Futures 1993(5):431–448

Berry BJL (1991) Long-wave rhythms in economic development and political behavior. Johns Hopkins University Press, Baltimore

BMWI/BMA (1996) Telearbeit – Chancen für neue Arbeitsformen, mehr Beschäftigung, flexible Arbeitszeiten. Ein Ratgeber für Arbeitnehmer, Freiberufler und Unternehmen. Bundesministerium für Wirtschaft und Bundesministerium für Arbeit und Sozialordnung (Hrsg), Bonn

Boerlijst M, Hogeweg P (1991) Trigger waves stabilize hypercycles against parasites. Physica D67:17–28

Bonchev D, Temkin ON, Kamenski D (1980) On the classification and coding of linear reaction mechanisms. Reaction Kinetics and Catalysis Letters 17:113–118

Bossel H (1977) Orientors of nonroutine behavior. In: Bossel H (ed) Concepts and tools of computer-assisted policy analysis. Birkhäuser, Basel

Bossel H (1998) Earth at a crossroads. Paths to a sustainable future. Cambridge University Press, Cambridge

Bradshaw A, Chadwick MJ (1980) The restoration of land: the ecology and reclamation of derelict and degraded land. Blackwell Scientific Publications, Boston

Brezis ES, Krugman P, Tsiddon D (1993) Leapfrogging in international competition: a theory of cycles in national technological leadership. American Economic Review 12/93:1211–1219

Brody (1981) Vortrag und graues Paper am International Institute for Applied Systems Analysis (IIASA)

Brown L, Worldwatch Institute (1992) State of the world. Earthscan, London (Diese Übersicht des Worldwatch Institute wird jährlich herausgebracht und stellt eine Fundgrube für Anregungen dar)

Brünig EF (1996) Conservation and management of tropical rainforests. Wallingford CAB International

BUND, Misereor (Hrsg) (1996) Zukunftsfähiges Deutschland. Studie des Wuppertal-Instituts für Klima, Umwelt, Energie, Basel

Butzin B (1996) Kreative Milieus als Elemente regionaler Entwicklungsstrategien? Eine kritische Wertung. In: Butzin B et al. (Hrsg) Bedeutung kreativer Milieus für die Landes- und Regionalentwicklung. Arbeitsmaterialien zur Raumordnung und Landesplanung 153:9–38 (Bayreuth)

California Economic Strategy Panel (1998) Collaborating to compete in the new economy. (Internet, PDF-File)

Camagni R (1991) Innovation networks: spatial perspectives. GREMI, Belhaven Press, London

Castells M (1989) The informational city: information technology, economic restructuring and the urban-regional process. Blackwell, Oxford

Clarke BL (1980) Stability of complex reaction networks. Advances in Chemical Physics 43:1–217

Clemens E, Row M (1992) Rosenbluth international alliance: information technology and the global virtual corporation. In: Nunamaker J jr, Sprague R (eds) Proceedings of the 25th Hawaii International Conference on System Sciences, Hawaii 1992, pp 678–686

Coates JF, Mahaffie JB, Hines A (1997) 2025 – Scenarios of US and global society reshaped by science and technology. Oakhill Press, Greensboro

Costello DF (1993) Papillion: the story of a wired city. Costello Associates, Lincoln, Nebraska

Costello DF (1994) Advanced development centers and the revitalisation of urban areas. In: Uhlig D (Hrsg) Beiträge zur 3. Leipziger Regionalkonferenz, Regierungspräsidium Leipzig. Eigendruck, Leipzig

Daly H (1996) The steady-state economy: alternatives to growthmania. In: Kirkby J et al. (eds) The earthscan reader in sustainable development. Earthscan Publications, London, pp 331–342

Davis RT (1998) How inner cities can be competitive. (Internet: compcit.; Russell Davis is a director of e.villages, inc., which sites data processing centers in inner city assisted housing projects)

Demeney P (1990) Population. In: Turner BL, Clark WC, Kates RW, Richards JF, Mathews JT, Meyer WB (eds) The earth as transformed by human action. Cambridge University Press, Cambridge, pp 41–54

Dendrinos DS, Sonis M (1990) Chaos and socio-spatial dynamics. Springer Verlag, Berlin, Heidelberg

Deutscher Bundestag (Hrsg) (o. J.) Enquete Kommission zum Schutz der Erdatmosphäre. Economia-Verlag, Bonn

Dierkes M (1990) Technische Entwicklung als sozialer Prozeß. Naturwissenschaften 77:214–220

Diller B (1995) Don't repackage – redefine! Wired 2/1995

DIW (1996) Multimedia, Beschäftigungszunahme im Medien- und Kommunikationssektor vielfach überschätzt. DIW-Wochenbericht 63(10/96):165–172

Dörner D (1989) Die Logik des Mißlingens: strategisches Denken in komplexen Situationen. Rowohlt Verlag, Reinbek

Dostal W (1995) Die Informatisierung der Arbeitswelt – Multimedia, offene Arbeitsformen und Telearbeit. Mitteilungen aus der Arbeitsmarkt- und Berufsforschung 4/95:527–543

Dürr HP (1995) Zukunft gestalten – aber im Einvernehmen mit der Natur. In: Dürr HP, Gottwald FT (Hrsg) Umweltverträgliches Wirtschaften – Denkanstöße und Strategien für eine ökologisch nachhaltige Zukunftsgestaltung. Agenda Verlag, Münster, S 201–217

Duysters G (1996) Dynamics of technical innovation: evolution and development of information technology. Cheltenham

Dye L (1998) Internet: http://www.abcnews.com/sections/science/DyeHard/dye71.html

Dyson E, Gilder G, Keyworth G, Toffler A (1994) Cyberspace and the american dream: a magna charta for the knowledge age

Eigen M (1971) Self-organisation of matter and the evolution of biological macromolecules. Naturwissenschaften 58:465–526

Eigen M, Schuster P (1978a) The hypercycle. A principle of natural self-organisation. Part B: The abstract hypercycle. Naturwissenschaften 65:1–41

Eigen M, Schuster P (1978b) The hypercycle. A principle of natural self-organisation. Part C: The realistic hypercycle. Naturwissenschaften 65:341–369

Eigen M, Winkler R (1975) Das Spiel. Piper Verlag, München

Eigen M, Winkler R (1985) Stufen zum Leben. Piper Verlag, München

European Commission (1996) Green paper living and working in the information society: people first. (http://www.ispo.cec.be/infosoc/legreg/docs/peoplıst.html)

Feigenbaum MJ (1982) Universality in complex discrete systems. Los Alamos Theoretical Division Annual Report, pp 98–102

Fischer M (1994) Theorien, Modelle und Methoden in der Wirtschaftsgeographie. Teil C. Regionale Wachstums- und Entwicklungstheorien. WSG, Wien

Fischer MM (1992) Expert systems and artificial neural networks for spatial analysis and modelling. Essential components for knowledge-based geographical information systems. NCGIA Specialist Meeting, San Diego

Florida R (1996) Lean and green, the move to environmentally conscious manufacturing. California Management Review 39:80–105

Forbes (1997a) What the spotted owl did for Red Emmerson. Forbes 400:122–128

Forbes (1997b) The ray kroc of pigsties. Forbes 400:115–120

Forrester JW (1969) Urban dynamics. MIT-Press, Cambridge

Forrester JW (1971) World dynamics. MIT-Press, Cambridge

Frankhauser P (1991) Fractal analysis of urban structures. Proceedings of the 7th Colloquium on Theoretical and Quantitative Geography, Stockholm

Fränzle O (1996) Die Generierung interdisziplinären Wissens in der deutschen Umweltforschung – Anspruch und Wirklichkeit. Geographisches Institut der Universität Kiel (http://www.psychologie.uni-freiburg.de/umwelt-spp/proj/proj-31.html)

Fränzle S, Grossmann WD (1997) Aufbau von Erfolgskonfigurationen in Wirtschaft und Umwelt mit kreuzkatalytischen Netzen. UFZ Leipzig/Halle (Arbeitspapier)

Fränzle S, Grossmann WD (1999) Aufbau von Erfolgskonfigurationen in Wirtschaft und Umwelt mit kreuzkatalytischen Netzen. In: Grossmann WD, Eisenberg W, Meiß K-M, Multhaup T (Hrsg) Nachhaltigkeit, Bilanz und Ausblick. Lang-Verlag, Frankfurt

Fränzle O, Messerli P, Müller F, Reiche E-W (1991) Probleme und Aufgaben der Ökosystemmodellierung. In: Barsch D, Karrasch H (Hrsg) Geographie und Umwelt. Verh Dt Geographentag 48:243–265

Fränzle S, Grossmann WD, Meiß K-M (1997) Ein zukunftsorientiertes Konzept: Leben, Wirtschaft, Arbeiten, Wohnen und Umwelt in der Informationsgesellschaft. In: Ring I (Hrsg) Nachhaltige Entwicklung in Industrie- und Bergbauregionen – Eine Chance für den Südraum Leipzig? Teubner, Stuttgart, S 248–278

Freeman C (1986) Design, innovation and long cycles in economic development. St. Martin's Press, New York

Friedrichs J (1995) Stadtsoziologie. Westdeutscher Verlag, Opladen

Friedrichs J (1997) Die Städte in den 90er Jahren. Demographische, ökonomische und soziale Entwicklungen. Westdeutscher Verlag, Opladen

Friedrichs J, Häusermann H, Siebel W (1986) Süd-Nord-Gefälle in der Bundesrepublik? Sozialwissenschaftliche Analysen. Westdeutscher Verlag, Opladen

Fromhold-Eisebith M (1995) Das „kreative Milieu" als Motor regionalwirtschaftlicher Entwicklung. Geographische Zeitschrift 83(1):30–47

Fuchs J (1995) Wege zum vitalen Unternehmen. Die Renaissance der Persönlichkeit. Gabler, Wiesbaden

Gaines BR (1995) Modeling and Forecasting the Information Sciences. (http://ksi.cpsc.ucalgary.ca/articles/BRETAM/InfSci/)

Gerster HJ (1992) Testing long waves in price and volume series from sixteen countries. In: Kleinknecht A, Mandel E, Wallerstein I (eds) New findings in long-wave research. Palgrave Publishers Ltd, Houndmills, Basingstoke, pp 120–147

Geus AP de (1988) Planning as Learning. Harvard Business Review 3-4/1988:70–74

Gittleman M, Howell DR (1995) Changes in the structure and quality of jobs in the United States: Effects by race and gender, 1973–1990. Industrial and Labor Relations Review 48(3):420–440

Grabaum R (1996) Verfahren der polyfunktionalen Bewertung von Landschaftselementen einer Landschaftseinheit mit anschließender „Multicriteria Optimization" zur Generierung vielfältiger Landnutzungsoptionen. Dissertation, Universität Leipzig

Graßl H (1998) Why WCRP needs a strong IHDP. (Internet: http://ibm.rhrz.uni-bonn.de/IHDP/9801-02.htm; Graßl ist Direktor des „World Climate Research Programme", WCRP)

Gray P, Scott P, Showalter K (1987) Conditions and features of chemical waves. Nouvel Journal de Chimie 11

Grolier's Electronic Lexicon (1992). Grolier Electronic Publishing (Windows 95, Windows 98, Windows NT)

Groot W De (1992) Functions of Landscape. Springer Verlag, Heidelberg

Grossmann WD (1978) Meta-Analysis of the Importance of a Forest for a Region. In: Adisoemarto S, Brunig EF (eds) Transactions of the Second International MAB-IUFRO Workshop on Tropical Rainforest Ecosystem Research. Chair of World Forestry, University Hamburg (Special Report No 2, pp 186–214)

Grossmann WD (1987a) Strategic concepts made applicable with dynamic geographic maps. In: Müller N (Hrsg) Probleme interdisziplinärer Ökosystem-Modellierung. Deutsches Nationalkomitee für das UNESCO-Programm „Der Mensch und die Biosphäre", Bonn (MAB Mitteilungen Nr. 25, S 7-24)

Grossmann WD (1987b) Die Zukunft des Raumes Neusiedler See – Forschung, Erfahrung und Vorsorge. Abschlußbericht zum interdisziplinären Workshops der Arbeitsgemeinschaft Gesamtkonzept Neusiedler See. Amt der Burgenländischen Landesregierung Landesamtsdirektion- Umweltreferat, Bericht Nr. 14

Grossmann WD (1998a) Ein praxisorientiertes Paket für einen Zukunftsfonds Arbeit und Wirtschaft Documentation of the conference of IAB Nürnberg und IHK Berlin. Published by Dr. Rotholz Consult (eds), also published by European Bureau of Project Support Report at the opening of the 4th support period, enlarged edition published by IAB Nürnberg, also published by IAB Mitteilungen

Grossmann WD (1998b) Strategies for tropical forestry, agriculture and rural areas to cope with the information society, globalization and sustainability – With an emphasis on computer-aided modeling. In: Mies E (Hrsg) Natural and Socioeconomic Analysis and Modeling of Forest and Agroforestry Systems in South-East Asia. Deutsche Stiftung für Internationale Entwicklung, ZEL (ISBN 3-931227-62-6)

Grossmann WD, Clemens-Schwartz B (1986) Das Modell OLIMP (Olympic Impacts): Zeitliche Auswirkungen und Rückwirkungen olympischer Winterspiele. In: Deutsches Nationalkomitee MAB (Hrsg), Bonn (MAB-Mitteilungen Nr. 22)

Grossmann WD, Schaller J (1986) Geographical maps on forest die-off, driven by dynamic models. Ecological Modelling 31:341–353

Grossmann WD, Watt KEF (1992) Viability and sustainability of civilizations, corporations, institutions and ecological systems. Systems Research 1:3–41

Grossmann WD, Fränzle S, Meiß K-M, Multhaup T, Rösch A (1997a) Alternativer Landschaftsplan für eine kleine attraktive Stadt in der Informationsgesellschaft – Beispiel Visselhövede. UFZ-Bericht Nr. 13/1997, Leipzig

Grossmann WD, Fränzle S, Meiß K-M (1997b) The art, design and theory of regional revitalization within an information society. Gaia 7:105–119

Grossmann WD, Fränzle S, Meiß K-M, Multhaup T, Rösch A (1997c) Soziologisch-, ökonomisch- und ökologisch lebensfähige Entwicklung in der Informationsgesellschaft. UFZ-Bericht Nr. 8/1997, Leipzig

Grossmann WD, Multhaup T, Rösch A (1998) An integrated urban framework for cities, their inhabitants and their environment in the information society. In: Breuste J, Feldmann H, Uhlmann O (eds) Urban Ecology. Springer Verlag, Heidelberg, pp 254–259

Haase A (1993) The spatial effects of new technologies: An approach to process analysis. In: Montanari A, Curdes G, Forsyth L (eds) Urban Landscape Dynamics. Avebury, Aldershot (Urban Europe Series, pp 261–280)

Haber W (1971) Landschaftspflege durch differenzierte Bodennutzung. Bayerisches Landwirtschaftliches Jahrbuch 48:19–35

Haber W (1979) Raumordnungskonzepte aus der Sicht der Ökosystemforschung. Forschungs- und Sitzungsberichte der Akademie für Raumforschung und Landesplanung Hannover 131:12–24

Haber W (1980) Natürliche und agrarische Ökosysteme- Forderungen für ihre Gestaltung. In: Kick H, Kirchgartner N, Oslage H-J, Ruge H, Schlichtinger E, Siegel O (Hrsg) VDLUFA Kongressband 1980. Sauerländer Verlag, Frankfurt

Haber W (1993) Von der ökologischen Theorie zur Umweltplanung. Gaia 2:96–106

Hägerstrand T (1952) The propagation of innovation waves. Royal University Press, Lund (Lund studies in geography/B, No. 4)

Hall C, Preston J (1988) The carrier wave: new information technology and the geography of information. Unwin Hyman, London

Harhoff D (1994) Zur steuerlichen Behandlung von Forschungs- und Entwicklungsaufwendungen, eine internationale Bestandsaufnahme. ZEW-Dokumentation Nr. 94-02

Hasselmann K, Hasselmann S, Giering R, Ocana V, Storch H von (1997) Sensitivity study of optimal CO_2 emission paths using a simplified structural integrated assessment model (SIAM). Climatic Change, pp 345–386

Henckel D (1984) Informationstechnologie und Stadtentwicklung. Schriftenreihe des Deutschen Instituts für Urbanistik 71

Hoffmann V (1990) Energie aus Sonne, Wind und Meer. Harri Deutsch Verlag, Frankfurt/Main

Holling CS (1973) Resilience and stability of ecological systems. Annual Reviews on Ecological Systems 4:1–23

Holling CS (ed) (1978) Adaptive environmental assessment and management. Wiley, New York

Holling CS (1986) The resilience of terrestrial ecosystems: local surprise and global change. In: Clark WC, Munn RE (eds) Sustainable development of the biosphere. Cambridge University Press, Cambridge

Howe WS (1986) Corporate strategy. Macmillan, Basingstoke

Howell DR, Wolff EN (1991) Trends in the growth and distribution of skills in the U.S. workplace, 1960–1985. Industrial and Labor Relations Review 44(3):486–502

Howell DR, Wolff EN (1993) Changes in the information intensity of the U.S. workplace since 1950: Has information technology made a difference? C.V. Starr Center For Applied Economics, New York University

Huber J (1992) Denkfabrik Schleswig-Holstein, K-Faktoren regionaler Entwicklung. Kiel

HUD (1997) America's new economy and the challenge of the cities. A Housing and Urban Development (HUD) report on metropolitan economic strategy. Internet (URL: www.hud.gov/nmesum.html)

Huizinga J (1994) Homo ludens. Rowohlt Taschenbuchverlag, Reinbek bei Hamburg

Huxley A (1985) The perennial philosophy. Triad Grafton Books, London

IBA (1994) Emscher Park Tagungsberichte. Ausstellung: „Wandel für die Menschen – mit den Menschen". Gelsenkirchen (Leithest. 35, 35886 Gelsenkirchen, Tel. 0209/1703-0)

ISW (1995) Arbeitsthesen: Entwicklungskonzept „Südraum Leipzig" – Prioritäre Projekte, finanzielle Erfordernisse, koordinierte Umsetzung. Institut für Strukturpolitik und Wirtschaftsförderung Halle-Leipzig e.V. (Hrsg.), Borna („Internationale Landschafts-, Umwelt- und Bauausstellung Leipzig-Südraum" ILUBA)

Ives B, Jarvenpaa SL (1996) Will the Internet revolutionize business education and research? Sloan Management Review, Spring 1996, S 33–41

IVG (1996) Geschäftsbericht für 1995

Jacobs J (1961) Death and life of great american cities. Random House, New York

Jänicke M (1997) Nachhaltigkeit als politische Strategie. Notwendigkeiten und Chancen langfristiger Umweltplanung in Deutschland. Internet: http://www.fes.de/fes-publ/environment/nachhalt.html

Jonas H (1984) Das Prinzip Verantwortung – Versuch einer Ethik für die technologische Zivilisation. Suhrkamp Taschenbuch Verlag, Frankfurt/Main

Karl H, Nienhaus V (1989) Politische Ökonomie regionaler Flexibilitätshemmnisse. Gesellschaft für Regionale Strukturentwicklung (Hrsg.), Selbstverlag, Bonn (Kleine Schriften der Gesellschaft für Regionale Strukturentwicklung)

Kelly K (1995) Out of control: the new biology of machines, social systems and the economic world. Adison Wesley

Kelly K (1997) New rules for the new economy. Twelve dependable principles for thriving in a turbulent World. Wired 9/1997:140–197

Kerner H, Spandau L, Köppel J (Hrsg) (1991) Methoden zur angewandten Ökosystemforschung. Deutsches MAB-Nationalkommittee, MAB-Mitteilungen 35.1 und 35.2., Bonn (Abschlußbericht, entwikkelt im MAB-Projekt 6 „Ökosystemforschung Berchtesgaden")

Kilian U, Hasselmann K, Grossmann WD, Fränzle S, et al. (1998) Internes Papier, MPI Hamburg

Kleinknecht A (1992) Summary. In: Kleinknecht A, Mandel E, Wallerstein I (eds) New findings in long-wave research. Palgrave Publishers Ltd Houndmills, Basingstoke, p 6

Kleinknecht A, Mandel E, Wallerstein I (1992) New findings in long-wave research. Palgrave Publishers Ltd Houndmills, Basingstoke

Knight RV (1995) Knowledge-based development: policy and planning implications for cities. Urban Studies 32(2):225–260

Kondratieff NI (1926) Die Langen Wellen der Konjunktur. Archiv für Sozialwissenschaft 56: 564–609

Krönert R (Hrsg) (1994) Analysis of landscape dynamics – driving factors related to different scales. UFZ Leipzig, Dt. MAB Nationalkomitee (EUROMAB, Comparisons of Landscape Pattern Dynamics in European Rural Areas, vol 3, 1993)

Krugman P (1979) A model of innovation, technology transfer and the world distribution of income. Journal of Political Economy 87(21):253–266

Krugman P (1995) Gobalization and the inequality of nations. Quarterly Journal of Economics CX:859–880

Krugman P (1996) What economists can learn from evolutionary theorists. Rede vor der European Association for Evolutionary Political Economy. Internet (http://web.mit.edu/krugman/www/evolute.html)

Kruse R, Borgelt C (1998) Data mining with graphical models. In: Haasis H-D, Ranze KC (Hrsg) Umweltinformatik '98. Metropolis, Marburg

Kuhn TS (1970) The structure of scientific revolutions, 2nd enlarged edn. University of Chicago Press, Chicago

Kübler-Ross E (1996) Über den Tod und das Leben danach. Silberschnur-Verlag, Güllesheim

Küng H (1992) Projekt Weltethos. Piper, München

Lappin T (1996) The airline of the internet. Wired 12/1996 (und http://www.hotwired.com/wired/4.12/features/ffedex.html)

Läpple D (1989) Neue Technologien in räumlicher Perspektive. Informationen zur Raumentwicklung 4/1989:213–226

Läpple D (1994) Zwischen gestern und übermorgen. Das Ruhrgebiet - eine Industrieregion im Umbruch. In: Kreibich R, et al. (Hrsg) Bauplatz Zukunft - Dispute über die Entwicklung von Industrieregionen. Klartext Verlag, Essen, S 37-51

Larter R, Clarke BL (1985) Chemical reaction network sensitivity analysis. J Chem Physics 83:108-116

Lerner M (1992) Politics of meaning. Tikkun, New York

Lorenz EN (1963) The predictability of hydrodynamic flow. Transactions of New York Academy of Science, Ser 2, 25:409-432

Lovelock J (1979) The Gaia hypothesis: a new perspective of life on earth. Oxford University Press, Oxford

Lovelock J (1993a) Das Gaia-Prinzip. Die Biographie unseres Planeten. Insel Verlag, Frankfurt/Main, Leipzig

Lovelock J (1993b) Gaia. Ein neues Bild unserer Umwelt. Insel Verlag, Frankfurt/Main, Leipzig

Lovelock J, Margulis G (1973) Gaia. Icarus 17:226

Lowenthal D (1990) Awareness of human impacts: changing attitudes and emphases. In: Turner BL, Clark WC, Kates RW, Richards JF, Mathews JT, Meyer WB (eds) The earth as transformed by human action. Cambridge University Press Cambridge, pp 120-135

Luhmann N (1990) Ökologische Kommunikation. Westdeutscher Verlag, Wiesbaden

Lutz C (1995) Leben und Arbeiten in der Zukunft. Wirtschaftsverlag Langen, München

Maillat D (1995) Territorial dynamic, innovative milieus and regional policy. Entrepreneurship & Regional Development 7:157-165

Maillat D, Perrin J-C (Hrsg) (1992) Enterprises innovatrices et développement territorial. GREMI, Neuchâtel

Malone TW, Rockart JF (1995) Vernetzung und Management. Spektrum der Wissenschaft, Dossier Datenautobahn, S 68-75

Mandelbrot BB (1982) The fractal geometry of nature. Freeman, New York

Marchetti C (1983) On the beauty of sex and the correctness of mathematics. International Instutute for Applied Systems Analysis, Laxenburg (PP 83-O2)

Margherio L, Henry D, Cooke S, Montes S, Hughes K (1998) The emerging digital economy. Office U. S. Department of Commerce, Washington, D. C. (http://www.ecommerce.gov)

Max-Neef M (1989) Human scale development. Conception application and further Reflections. Apex Press

May RM (1974) Biological populations with nonoverlapping generations. Science 186

May RM (1976) Simple mathematical models with very complicated dynamics. Nature 261:459-467

Meadows DH, Meadows DL, Randers J, Behrens WW III (1972) The limits to growth. Potomac Associates, Washington

Meadows DH, Meadows DL, Randers J (1992a) Beyound the limits. Post Mills, Chelsea Green

Meadows DH, Meadows DL, Randers J (1992b) Die neuen Grenzen des Wachstums. Stuttgart

Mende W, Albrecht K-F (1986) Application of the Evolon model on evolution and growth processes. In: Ebeling W, et al. (eds) Proceedings of the Second Wartburg Conference on Non-Linear Dynamics. Akademie-Verlag, Berlin, pp 253-270

Mensch G (1984) Theorie of innovation

Mesarovic M, Macko M, Takahara Y (1971) Theory of hierarchical, multilevel systems. Academic Press, New York

Métier (1995) The impact of advanced communications on european growth and trade. Final Report for the CEC (Internet: http://www.analysys.co.uk/race/metier/chap1.htm)

Metz R (1992) A re-examination of long waves in aggragate production series. In: Kleinknecht A, Mandel E, Wallerstein I (eds) New findings in long-wave research. Palgrave Publishers Ltd Houndmills, Basingstoke, pp 80-119

Mitchell WJ (1996) City of Bits. MIT Press, Cambridge (Mass.)

Mitroff II, Kilmann RH, Barabba VP (1979) Management misinformation systems. In: Zaltman G (ed) Management principles for nonprofit agencies and organizations

Mitsch WJ, Jörgensen SE (1989) Ecological engineering. Wiley, New York

Mitsch WJ, Jörgensen SE (1993) The design of human society with its natural environment for the benefit of both. In: Mitsch WJ (ed) Ecological engineering. Environ Sci Technol 27(3):438-445

Mitscherlich A (1965) Die Unwirtlichkeit unserer Städte. Anstiftung zum Unfrieden. Suhrkamp Verlag

Moffat AS (1996) Biodiversity is a boon to ecosystems, not to species. Science 271:14

Mollison B (1989) Permakultur konkret. Entwürfe für eine ökologische Zukunft. Pala-Verlag, Schaafheim

Mollison B (1994) Permakultur II. Praktische Anwendung. Pala-Verlag, Darmstadt

Müller F, Fränzle O, Widmoser P, Windhorst W (1996) Modellbildung in der Ökosystemforschung als Integrationsmittel von Empirie, Theorie und Anwendung - eine Einführung. EcoSys 4:1-16

Müller N (1989) Civilization dynamics, vol I: Fundamentals of a model oriented description. Avebury

Müller N (1991) Civilization dynamics,vol II: Nine simulation models. Avebury

Müller-Reissmann F, Bossel H (1979) Kriterien für Energieversorgungssysteme. Institute for Systems Research and Prognosis, Hannover

Multhaup T, Grossmann WD (1998) Fünf Fallbeispiele informationsbasierter Wirtschaft – ihre Ansprüche an Mitarbeiter und Folgerungen für Umweltqualität und regionale Attraktivität. Raumforschung und Raumordnung (ARL) 1/1998:49–57

Naess A (1989) Ecology, community and lifestyle: outline of an ecosophy. Cambridge University Press, Cambridge

Nash N (1997) Buddhist ethics and conservation. Internet (http://iisd1.iisd.ca/50comm/panel/ pan28.htm)

Naveh Z (1982) Landscape ecology as an emerging branch of human ecosystem science. Advances in Ecological Research 12:189–230

Naveh Z, Lieberman AS (1994) Landscape ecology, 2nd edn. Springer Press, New York

Nefiodow LA (1997a) Die großen Märkte des 21. Jahrhunderts. Hypobank (Hrsg) Unternehmenskommunikation. München (2. Zyklus der 3. Kempfenhausener Gespräche, 10.–12. Oktober 1997)

Nefiodow LA (1997b) Der Sechste Kondratieff, 2. Aufl. Rhein-Sieg-Verlag, Sankt Augustin

Nicolis G, Prigogine I (1977) Self-organization in nonequilibrium systems. From dissipative structures to order through fluctuations. Wiley, New York

Niles J (1994) Beyond telecommuting: a new paradigm for the effect of telecommunications on travel. U. S. Department of Energy, Office of Energy Research, Washington D. C. (http://www.lbl.gov/ ICSD/Niles)

Nill B (1995) System- und umweltverträgliche Gestaltung und Entwicklung von Unternehmen. In: Dürr H-P, Gottwald FT (Hrsg) Umweltverträgliches Wirtschaften – Denkanstöße und Strategien für eine ökologisch nachhaltige Zukunftsgestaltung. Agenda Verlag, Münster, S 60–103

O'Brien CC (1968) Die UNO – Ritual der brennenden Welt. Rowohlt Verlag, Reinbek

Odum HT (1983) Systems ecology. Wiley, New York

Patten BC (1983) On the quantitative dominance of indirect effects in ecosystems. In: Lauenroth WK, Skgerboe GV, Flug M (eds) Analysis of ecological systems: state-of-the-art in ecological modelling. Elsevier, Amsterdam, pp 27–37

Peitgen H-O, Richter PH (1986) The beauty of fractal images. Springer Verlag, Heidelberg

Penrose R (1995) Shadows of the mind: a search for the missing science of consciousness. Oxford University Press, Oxford

Picot A, Ripperger T, Wolff B (1996) The fading boundaries of the firm: the role of information and communication technology. Journal of Institutional and Theoretical Economics 152:65–79

Poincaré H (1899) Les méthodes nouvelles de la mechanique céleste. Gauthiers Villars, Paris

Porat MU (1977) The information economy: definition and measurement. OT Special Publications 77–12(1), Washington

Postrel V (1998) Technocracy R. I. P. Wired 1/8852–56

Prigogine I (1976) Order through fluctuations: self organization and social systems. In: Jantsch E, Waddington CH (eds) Evolution and consciousness: human systems in transition. Addison-Wesley, Reading

Prusinkiewicz P, Lindenmayer A (1990) The algorithmic beauty of plants. The virtual laboratory. Springer Press, New York

Radermacher FJ (1996) Telework: its role in achieving a sustainable global economy. Universität Ulm (Internet: http:// www.faw.uni-ulm.de/deutsch/Literatur/Radermacher/telework.html)

Raenke V, Richter G (1998) Jahresbericht 1997 der Stiftung Innovation und Arbeit Sachsen. Dresden

Rayport JF, Sviokla JJ (1996) Die virtuelle Wertschöpfungskette – kein fauler Zauber. Harvard Business Manager 2/1996:104–113

Rechenberg I von (1991) Evolutionäre Optimierung, In: Kreibich R (Hrsg) Neue Wege in die Zukunft. Beltz, Heidelberg

Regierungspräsidium Leipzig (Hrsg) (1997) Made in Leipzig. Der Regierungsbezirk im Spiegel von Stadtentwicklung, Wohnen und Verkehr. Gehrig Verlag, Merseburg

Rheinisch-Westfälisches Institut für Wirtschaftsforschung (Hrsg) (1995) Neue Beschäftigungsfelder und Beschäftigungspotentiale – eine Bestandsaufnahme und erste Bewertung vorliegender Studien. Kurzexpertise im Auftrag des Bundesministeriums für Wirtschaft, Essen

Riedl R (1989) Evolutionäre Erkenntnistheorie. Piper Verlag, München

Rifkin J (1995) The end of work. Putnam, New York

Ring I (1993) Möglichkeiten und Grenzen marktwirtschaftlicher Umweltpolitik aus ökologischer Sicht. Dissertation, Universität Bayreuth

Rösch A, Grossmann WD (1997) Structural change, creative milieu and regional planning. In: National Technical University of Athens (ed) Proceedings of the International Conference „Urban, Regional, Environmental Planning and Informatics to Planning in an Era of Transition", Athens, Greece – October 22–24, pp 50–71

Rößler OR (1976) Chaotic behavior in simple reaction systems. Zeitschrift für Naturforschung 31a:259–264

Rothschild ML (1995) Bionomics: economy as ecosystem. Henry Hold & Co, New York

Sack R (1990) The realm of meaning: the inadequacy of human-nature theorey and the view of mass consumption. In: Turner BL, Clark WC, Kates RW, Richards JF, Mathews JT, Meyer WB (eds) The earth as transformed by human action. Cambridge University Press, Cambridge, pp 659–672

Scherpenberg N von (1997) Wie es in Deutschland weitergehen könnte. 2. Zyklus der 3. Kempfenhausener Gespräche, Hypo-Vereinsbank München

Schmidt A (1996) Der überproportionale Beitrag kleinerer und mittlerer Unternehmen zur Beschäftigungsdynamik: Realität oder Fehlinterpretation der Statistiken? Zeitschrift für Betriebswirtschaft 66(5):537–557

Schmiede R (1996) Informatisierung und gesellschaftliche Arbeit, Strukturveränderungen von Arbeit und Gesellschaft. WSI-Mitteilungen 9/1996:533–544

Schmitz S (1992) Sachstand Ökobilanzen – Einführung in die Diskussion. Umweltbundesamt, Berlin

Schott A, Soden W von (1989) Das Gilgamesch-Epos. Reclam, Stuttgart

Schumpeter JA (1961) Theorie der wirtschaftlichen Entwicklung. Duncker, Göttingen

Schumpeter JA (1962) Capitalism, socialism and democracy. Harper Torchbooks, New York

Schütte G (1989) Entwicklungstendenzen der räumlichen Ausbreitung und Nutzung neuer Techniken am Beispiel der Telematik. Informationen zur Raumentwicklung 4/1989:277–292

Schwartz EI (1997) It's not retail! Wired 11/1997:218–223 und 287–294

Schwartz P (1996) The art of the long view: planning for the future in an uncertain world. Doubleday

Schwartz P (1993) Shock wave (anti) warrior. A conversation with Peter Schwartz. (Internet: http://nswt.tuwien.ac.at/info-boat/schwartz-toffler.html)

Schwefel H-P (1988) Collective intelligence in evolving systems. In: Wolff W, Soeder D-J, Drepper FR (eds) Ecodynamics. Springer Verlag, Berlin, pp 95–100

Senge P (1990) The fifth discipline. The art and practice of the learning organisation. Currency, New York

Shannon GB (1949) The transmission capacity of information channels. Univ. of Illinois Press, Urbana

Siebenhüner B (1998) Homo Sustinens – Für ein neues Menschenbild. Ökonomie:448–459

Sinanoglu O (1975) Theory of chemical reaction networks. All possible mechanisms or synthetic pathways with given number of reaction steps or species. J Amer Chem Soc 97:2309–2320

Slobotkin (1994) Simplicity and complexity in games of the intellect. Harvard University Press

Smith P, Tenner A (eds) (1997) Dimensions of sustainability. Nomos Verlag, Baden-Baden

Sorkin M, Vowk A, Yokoo Y (1996) Visselhövede 1999. (Michael Sorkin Studios, New York, 145 Hudson St. New York, New York 10013)

Spectrum Strategy Consultants (1996) The development of the information society: an international analysis. A Report for the Department of Trade and Industry (zu beziehen über HMSO, Her Majesty's Stationery Office, hhtp://www.isi.gov.uk/dotis/index.html)

Spitzer H (1997) Ebenen der Nachhaltigkeit. Tagungsbeitrag „Konzepte und Wege zur nachhaltigen Stadtentwicklung", ETH Wohnforum, Zürich

Spree R (1991) Lange Wellen der wirtschaftlichen Entwicklung in der Neuzeit. Historische Befunde, Erklärungen und Untersuchungsmethoden. Historical Social Research (Historische Sozialforschung), Suppl 4/1991:1–144

Sproull L, Kiesler S (1995) Vernetzung und Arbeitsorganisation. Spektrum der Wissenschaft, Dossier Datenautobahn, S 52–60

Steinbock O, Showalter K (1996) Logical gates by means of chemical oscillations. Science 271:858–863

Steinitz C (1990) Toward a sustainable landscape where visual preference and ecological integrity are congruent. The Loop road in Acadia National Park. Landscape Planning 19(1)

Sterman JD (1985) A behavioral model of the economic long wave. Theory and evidence. Journal of Economic Behavior and Organization 6:17–53

Sternberg R (1993) Wachstumsregionen der EG. In: Schätzl L (Hrsg) Wirtschaftsgeographie der Europäischen Gemeinschaft. Schöningh Verlag, Paderborn, S 53–110

Sternberg R (1995) Assessment of innovation centres – methodological aspects and empirical evidence from Western and Eastern Germany. European Planning Studies 3(1):85–97

Stockhammer E, Hochreiter H, Obermayr B, Steiner K (1997) The index of sustainable welfare (ISEW) as an alternative to GNP in measuring economic welfare, the results of the Austrian (revised) ISEW calculation 1955–1992. Ecological Economics 21:19–34

Szydlik M (1996) Zur Übereinstimmung von Ausbildung und Arbeitsplatzanforderungen in der Bundesrepublik Deutschland. MittAB 2/96:295–305

Tarnas R (1991) The passion of the western mind. Ballantine Books, New York

Tarnas R (1996) Towards a new world view. Interview von Richard Tarnas durch Russell E. DiCarlo. Internet. http://www.ncinter.net/~rdicarlo. (s.a. DiCarlo RE (1996) Towards a new world view. Epic Publishing

Theißen G (1984) Biblischer Glaube in evolutionärer Sicht. Herder Verlag, Kassel

Thom R (1975) Structural stability and morphogenesis. Benjamin, Reading

Thompson WI (1987) Der Fall in die Zeit. Rohwolt Verlag, Reinbek

Toffler A (1980) The third wave. W. Morrow (Bantam Books 1981)

Trömel M, Loose S (1995) Das Wachstum technischer Systeme. Die Naturwissenschaften 82:160–169

Turner BL, Clark WC, Kates RW, Richards JF, Mathews JT, Meyer WB (1990) The earth as transformed by human action. Cambridge University Press, Cambridge

UFZ (1996) Jahresbericht/Annual Report 1992–95 – Vier Jahre UFZ. Messedruck, Leipzig

Uhlig G (1994) Südraum Leipzig. Eine Region im Wandel. Schäfer Verlag, Leipzig

U. S. Bureau of the Census (1995) Statistical abstract of the United States, 115th edn. Washington DC

Vester F, Hesler A von (1980) Das Sensitivitätsmodell. DVA, Frankfurt/Main

Wager H, Kubicek H (1995) Community Networks in den USA: Aktueller Entwicklungsstand im Vergleich zu Deutschland. Referat für den Workshop der Friedrich-Ebert-Stiftung „Die Digitale Stadt", Leipzig

Waldrop M (1993) Complexity: the emerging science at the edge of order and chaos. Penguin, London

Warf B (1995) Telecommunications and the changing geographies of knowledge transmission in the late 20th century. Urban Studies 32(2):361–378

Watt K (1990) Taming the future, vol 7: The necessary revolution in scientific forecasting. The Contextured Web Press

Weizsäcker EU von (1999) Nachhaltigkeit: Neue Technologien, neue Zivilisation. In: Grossmann WD, Eisenberg W, Meiß K-M, Multhaup T (Hrsg) Nachhaltigkeit, Bilanz und Ausblick. Lang-Verlag

Weizsäcker EU von, Lovins AB, Lovins LH (1996) Faktor vier, Doppelter Wohlstand – halbierter Naturverbrauch. München

Welsch J (1996) Die Multimedia-Industrie: Sozialer und ökologischer Reformbedarf? Arbeit und Umwelt in einer „Zukunftsbranche". WSI-Mitteilungen 9/1996:544–555

Wickler W (1977) Die Biologie der Zehn Gebote. Piper Verlag, München

Wiegleb G (1996) Konzepte der Hierarchie-Theorie in der Ökologie. In: Mathes K, et al. (Hrsg) Systemtheorie in der Ökologie. Zur Entwicklung und aktuellen Bedeutung der Systemtheorie in der Ökologie. Tagung auf Schloß Rauschholzhausen, März 1996, S 7–24

Wilber K (1988) Halbzeit der Evolution. Goldmann

Winter G (1993) Das umweltbewußte Unternehmen. Beck Verlag, München

Winter G (1995) Blueprint for green management: creating your company's own environmental action plan

Winter G (1996) Vortrag auf der Konferenz der Ecological Society of Israel, Jerusalem

Wuermeling J (1993) Informationsgesellschaft: Neubelebung des ländlichen Raums? LL.M, Brüssel

Yogananda P (1956) SRF-Lessons. SRF, Los Angeles

ZVEI, VDMA (1995) Informationsgesellschaft – Herausforderungen für Politik, Wirtschaft und Gesellschaft. Frankfurt/Main

Zusätzliche Literatur

ARL (Hrsg) (1994) Dauerhafte, umweltgerechte Raumentwicklung. Akademie für Raumforschung und Landesplanung. Hannover (Arbeitsmaterial, Bd 212)

Binnig G (1989) Aus dem Nichts. Über die Kreativität von Mensch und Natur. Piper, München

BMBF (Hrsg) (1996) Zur technologischen Leistungsfähigkeit Deutschlands. Bonn (Studie erstellt durch Niedersächsisches Institut für Wirtschaftsforschung, Deutsches Institut für Wirtschaftsforschung, Fraunhofer-Institut für Systemtechnik und Innovationsforschung und Zentrum für Europäische Wirtschaftsforschung)

Busch-Lüty C, Dürr HP, Langer H (Hrsg) (1992) Ökologisch nachhaltige Entwicklung von Regionen. Politische Ökologie 9/1992

Cansier D (1993) Umweltökonomie. Gustav Fischer, Stuttgart

Cheshire P (1995) A new phase of urban development in Western Europe? The evidence for the 1980s. Urban Studies 32(7):1045–1063

Cornelsen C (1994) Entwicklung der Erwerbstätigkeit nach Wirtschaftsbereichen und Berufen, Ergebnis des Mikrozensus April 1993. Wirtschaft und Statistik 12/94:991–997

Eisenberg W, Renner U (1996) Das Prinzip der Nachhaltigkeit. In: Eisenberg W et al. (Hrsg) Synergie, Syntropie, Nichtlineare Systeme. Verlag im Wissenschaftszentrum, Leipzig (Heft 2: Nachhaltigkeit, S 16–35)

European Commission (1995) Green Paper on Innovation. Draft, 12/1995 (http://www.cordis.lu/ innovation/src/grnpap1.htm)

Fischer M (1996) Grundfragen und Grundprobleme der modernen Wirtschaftsgeographie. Teil I und II. WSG, Wien

Fränzle O, Zölitz-Möller R, et al. (1992) Erarbeitung und Erprobung einer Konzeption für die ökologisch orientierte Planung auf der Grundlage der regionalisierenden Umweltbeobachtung am Beispiel Schleswig-Holsteins. Texte des Umweltbundesamtes 20/1992, Berlin

Gleick J (1987) Chaos. Penguin Books

Gore A (1992) Earth in the balance. Houghton Mifflin, Boston

Grabow B et al. (1995) Weiche Standortfaktoren. Kohlhammer Verlag/Deutscher Gemeindeverlag, Stuttgart (Schriften des Deutschen Instituts für Urbanistik, Bd 89)

Graßl H, Schellnhuber HJ et al. (1993) Welt im Wandel: Grundstruktur globaler Mensch-Umwelt-Beziehungen. Economica, Bonn (WBGU-Jahresgutachten 1993)

Graßl H, Schellnhuber HJ et al. (1994) World in transition: basic structure of global people – environment interactions. Economica, Bonn (WBGU Annual Report 1993)

Green Paper (1995) Green Paper on the Liberalisation of Telecommunications Infrastructure and cable Television Networks. European Commission. Directorate General XIII. Brüssel (Internet: infrastr\ infgp\gpv16c.doc)

Grießhammer R, Gensch C-O, Kupetz R, Lüers A, Seifried D (1997) Umweltschutz im Cyberspace. Öko-Institut (Hrsg), Freiburg

Grossmann WD (1991) Integration of Social and Ecological Factors: Dynamic Area Models of Subtle Human Influences on Ecosystems. In: Likens G, McDonnel M, Pickett S (eds) Humans as Components of Ecosystems. Springer Verlag, New York, pp 241–254

Grossmann WD (1995) Überlegungen zu einer alternativen Wachstumsstrategie, dargelegt am Beispiel der Stadt Leipzig. Mitteilungen zur Arbeitsmarkt- und Berufsforschung 1/95:129–138

Grossmann WD, Fränzle S, Meiß K-M (1997) Chancen und Bedingungen neuer Wirtschaft und Arbeitsplätze – Ergebnisse der Systemforschung. In: Rotholz Consult Berlin (Hrsg) Industrieller Wandel als Chance für neue Arbeitsplätze – Ergebnisse aus Wissenschaft und Praxis:73–96

Haber W (1996) Die ökologischen Grenzen menschlichen Handelns. In: Brickwedde F (Hrsg) Nachhaltigkeit 2000 – tragfähiges Leitbild für die Zukunft? 1. Internationale Sommerakademie in St. Marienthal, S 73–97

Haken H (ed) (1982) Evolution of Order and Chaos. Springer Verlag, Berlin

Henninges H von (1996) Steigende Qualifikationsanforderungen im Arbeiterbereich? MittAB 1/96:73–83

Hesse M (1995) Verkehrswende. Raumforschung und Raumordnung 2/1995:85–93

Hirschfeld M (1996) Enwicklungsunterschiede von Städtetypen. Eine Untersuchung zur langfristigen Stadtentwicklung in Deutschland. In: Gesellschaft für Regionalforschung (Hrsg), Seminarbericht 37:105–129

HLEG (1996) High level expert group on the social and societal aspects of the information society, Jan. 1996. (Internet, http://www.ispo.cec.be/hleg/hleg-ref.html; First Version of Paper)

Hofmann H, Saul C (1996) Qualitative und quantitative Auswirkungen der Informationsgesellschaft auf die Beschäftigung. ifo-Schnelldienst 10/96:12–24

Huber J (1995) Nachhaltige Entwicklung durch Suffizienz, Effizienz und Konsistenz. In: Fritz P, Huber J, Levi HW (Hrsg) Nachhaltigkeit in naturwissenschaftlicher und sozialwissenschaftlicher Perspektive. Wissenschaftliche Verlagsgesellschaft, Stuttgart, S 31–46

Humpert K, Brenner K, Becker S (1996) Von Nördlingen bis Los Angeles – fraktale Gesetzmäßigkeiten der Urbanisation. Spektrum der Wissenschaft 6/1996:18–22

IHK München (Hrsg) (1994) Europäische Verdichtungsräume im Wettbewerb – und München? Internationale Konferenz der Industrie- und Handelskammer für München und Oberbayern, Schriftenreihe, München

Immler H (1989) Vom Wert der Natur. Westdeutscher Verlag, Opladen

IUCN/UNEP/WWF (1991) Caring for the earth. A strategy for sustainable living. Gland, Switzerland

Kreibich R, et al. (Hrsg) (1994) Bauplatz Zukunft – Dispute über die Entwicklung von Industrieregionen. Klartext Verlag, Essen

Loske R (1997) Arbeit in einer nachhaltigen Wirtschaft. 2. Zyklus der 3. Kempfenhausener Gespräche, 1997 (Internet: http://hypovereinsbank.de/KulturundGesellschaft/foren/kempfenhausen/zyklus2/ inhalt.htm)

Maierhofer E (1993) Diplomarbeit. Wirtschaftsuniversität Wien, Lehrstuhl für Wirtschaftsgeographie

Miller GT jr (1996) Living in the environment, 9th edn. Wadsworth, Belmont

Montanari AC, Gerhard F, Leslie (eds) (1996) Urban landscape dynamics, a multi-level innovation process. Avebury

Pöppe C (1995) Der Data Enscryption Standard. Spektrum der Wissenschaft, Dossier Datenautobahn, S 96–98

Powell, Walter W (1996) Inter-organizational collaboration in the biotechnology industry. Journal of Institutional and Theoretical Economics 152:197–215

Quirk J, Ruppert R (1965) Qualitative economics and the stability of equilibrium. Review of Economic Studies 32:310–326

Schellnhuber HJ, Wenzel V (eds) (1997, 1999). Earth system analysis: integrating science for sustainability. Springer Verlag, Heidelberg

Spinney L (1997) The unselfish gene – Can the kind of society we live in influence which genes are passed to our grandchildren? New Scientist 2105:28–32

Stoneman P (1987) The economic analysis of technology policy. Oxford University Press, Oxford

World Commission on Environment and Development (ed) (1987) Our common Future („Brundlandt Report"). Oxford University Press, Oxford

Sachverzeichnis

Druck (Computer to Film): Saladruck, Berlin
Verarbeitung: Lüderitz & Bauer, Berlin